II

幾何学百科

小島定吉・三松佳彦
［編集］

幾何解析

酒井　隆
小林　治
芥川和雄
西川青季
小林亮一
［著］

朝倉書店

■編集委員

小島定吉（こじま　さだよし）
早稲田大学理工学術院教授

三松佳彦（みつまつ　よしひこ）
中央大学理工学部教授

■執筆者（執筆順）

酒井　隆（さかい　たかし）
岡山大学名誉教授

小林　治（こばやし　おさむ）
前 大阪大学教授

芥川和雄（あくたがわ　かずお）
中央大学理工学部教授

西川青季（にしかわ　せいき）
東北大学名誉教授

小林亮一（こばやし　りょういち）
名古屋大学大学院多元数理科学研究科教授

まえがき

「幾何学百科」第2巻として刊行する本書のテーマは，今日リーマン幾何学と呼ばれる分野における，曲率という局所的情報からいかなる大域的情報が得られるかという基本的な問いである．この問いに対するこれまでの成果を網羅することは不可能だが，解析的手法がたいへん充実し，本書のタイトルである「幾何解析」と呼ばれる分野が急成長しているという事実があり，その中からいくつか話題を絞って専門家に紹介いただくことが目標である．

少し歴史を振り返る．ガウスによる3次元ユークリッド空間内の曲面の曲率の研究は，1854年のリーマンによるゲッチンゲン大学教授資格取得のための「幾何学の基礎にある仮説について」と題する講演で決定的な転機を迎えた．ガウスの曲率はリーマン曲率テンソルとして一般化され，次元が高くなるともはや空間上定義された関数としては表すことはできず，扱いが煩わしい4階のテンソルとして表現される．しかしながら歴史は，曲率テンソルそのままでは複雑すぎるが，リーマン多様体の大域的構造とくにそのトポロジーを理解するには，曲率テンソルを制限して得られる断面曲率，縮約を取ることにより得られるリッチ曲率，さらなる縮約を取り得られるスカラー曲率が有効であることを明らかにしてきた．例えばアインシュタインの重力場の方程式にはリッチ曲率とスカラー曲率が現れる．今日では曲率はより根源的な接続を通して定義される．

曲率の研究は必然的に非線形偏微分方程式が関わり，その理解に正面から取り組むことが課題で，本格的な解析を用いる研究が進み時に「大域解析」と呼ばれるようになった．こうした流れの中には，たとえば山辺の問題，あるいは調和写像のような今日でも脈々と話題を提供し続けているテーマがある．一方，本巻のタイトルの「幾何解析」は，さらにグロモフの崩壊理論に始まるリーマン多様体の極限を扱うアイデアを組み入れ，計量が退化するときの状況をも解析する比較的新しい分野の名称である．ハミルトンが1980年代初頭にリッチフローを提唱し，崩壊理論を非線形偏微分方程式理論に持ち込んだのは，紛れもなく「幾何解析」が表舞台に登場する一つの契機であった．そしてペレルマンのリッチフローの幾何解析による幾何化予想の解決がさらなる今日の進展を促している．

こうした背景を念頭に，本巻は酒井隆氏による簡潔明瞭なリーマン幾何学の速成コースの後，小林治氏によるリーマン幾何学の試金石である物理の相対論の純粋に数学サイドからの理解，芥川和雄氏による小林氏の協力の下での山辺の問題と山辺不変量に関する歴史およびリッチフローを用いた最近の発展，西川青季氏による調和写像の存在と剛性の理論の解説，そして小林亮一氏によるケーラー・リッチフロー研究の最近の進展で構成されている．冒頭で本書は今日の「幾何解析」の一端の紹介が目標と記したが，珠玉の布陣によるかなり仔細に踏み込んだ各章は，いずれも読者の期待に十二分に応えるものと確信している．

2018 年 9 月

編集委員を代表して　小島定吉

目次

第 1 章

リーマン幾何速成コース

本章は，多様体に関する基本的な知識を仮定して，リーマン幾何の基礎的な概念・手法について簡潔に解説したリーマン幾何速成コースを目指す．

1854 年に，G. F. B. リーマン（Riemann）はゲッチンゲン大学の就職講演「幾何学の基礎をなす仮説」で，一般の n 次元多様体を幾何学における空間概念として導入し，多様体の計量概念の基礎として各点の接空間に内積を指定することによりリーマン計量を与えた．リーマンはこれを基にガウス（Gauss）の曲面論にならい，2 点間の距離を 2 点を結ぶ曲線の長さの下限で与え，曲率の概念を導入して新しい幾何の世界を開いた．就職講演は通常の論文の形式を取っていない 16 ページの短いものであるが，28 歳のリーマンの夢に溢れた内容である．その後多くの数学者によりリーマンの幾何学は大きく発展した．新世紀に入っても G. ペレルマン（Perelman）による W. P. サーストン（Thurston）の幾何化予想の解決をはじめ画期的な進展が続き，本書の 2 章以降ではそれらについての解説が与えられる．本章はそのための基礎編である．

古典幾何の復習（1.1 節）の後で，リーマン幾何の基礎的な概念として，レヴィ＝チヴィタ接続（共変微分）・平行移動・曲率・測地線・ヤコビ場・変分公式等を 1.2 節で説明するが，その際なるべく多くの例を挙げることを心がけた．1.3 節ではリーマン幾何の手法から，測地線の大域的な挙動・測度に関する手法・スペクトル幾何の初歩について述べ，まとめとして比較定理を解説した．これらは非常に多くの応用を持つが，本章の性格からそれら幾つかを選んで解説するにとどめた．読者が 2 章以降を読むときの一助になれば幸いである．

多様体に関する用語

1. 距離空間 (X,d) の開球 $B_r(x;X)$，閉球 $\bar{B}_r(x;X)$ は，$B_r(x;X) := \{y \in X \mid d(x,y) < r\}$，$\bar{B}_r(x;X) := \{y \in X \mid d(x,y) \leq r\}$ で与える．

2. 多様体は有限次元，パラコンパクト（従って，開被覆に対して1の分割が取れる）で，微分可能性は断らない限り C^∞ 級（単に滑らかという）とする．

3. n 次元多様体 M の局所チャート（局所座標系）は $(U, \varphi, \{x^i\})$ で表す：U は座標近傍，$\varphi : U \to \mathbf{R}^n = \{u = (u^1, \ldots, u^n) \mid u^i \in \mathbf{R}(1 \leq i \leq n)\}$ は開集合 $\varphi(U)$ の上への同相写像，$x^i(q) = u^i(\varphi(q))$ $(1 \leq i \leq n)$, $q \in U$ は座標関数．

4. M の $p \in M$ における接空間を T_pM，余接空間を T_p^*M，接束を TM，余接束を T^*M と表記する．局所チャート $(U, \varphi, \{x^i\})$ に関する T_pM の自然基底は $\{\frac{\partial}{\partial x^i}|_p\}_{i=1}^n$ で表し，$\frac{\partial}{\partial x^i} = \partial_i$ とも書く．T_p^*M の自然基底は $\{dx^i\}_{i=1}^n$ で表す．また，$\tau_M : TM \to M$ は接束の射影を表す．

5. $\mathcal{F}(M)$ $(\mathcal{F}(U))$ で M（開集合 $U \subset M$）上の滑らかな関数全体の環を表す．

6. $\mathcal{X}(M)$ を M 上の滑らかなベクトル場全体のなす $\mathcal{F}(M)$ 加群とする．ベクトル場 X, Y の括弧積 $[X, Y]$ は**ヤコビの恒等式** $[[X,Y],Z] + [[Y,Z],X] + [[Z,X],Y] = 0$ を満たし，$\mathcal{X}(M)$ はリー環の構造を持つ．また，$\mathcal{X}^*(M)$ は M 上の1次微分形式全体のなす $\mathcal{F}(M)$ 加群とする．

7. $\mathcal{T}_s^r(M)$ は M 上の (r,s) 型テンソル場 T のなす $\mathcal{F}(M)$ 加群を表す．T はテンソル束 $T_s^r(M)$ の断面であるが，各変数について $\mathcal{F}(M)$ 線形である写像：

$$T : \underbrace{\mathcal{X}^*(M) \times \cdots \times \mathcal{X}^*(M)}_{r\,\text{回}} \times \underbrace{\mathcal{X}(M) \times \cdots \times \mathcal{X}(M)}_{s\,\text{回}} \to \mathcal{F}(M)$$

として与えられる．局所チャート $(U, \varphi, \{x^i\})$ に関する成分表示は，**アインシュタインの規約**（p.13 参照）を用いれば，次のようになる：

$$T = T^{i_1 \cdots i_r}_{j_1 \cdots j_s} \partial_{i_1} \otimes \cdots \otimes \partial_{i_r} \otimes dx^{j_1} \otimes \cdots \otimes dx^{j_s}.$$

8. $\Lambda^k(M)$ を M の k 次微分形式のなす $\mathcal{F}(M)$ 加群とし，$\wedge$ で外積を表す．$\Lambda^1(M) = \mathcal{X}^*(M)$ である．**外微分** $d : \Lambda^k(M) \to \Lambda^{k+1}(M)$ は，$\omega \in \Lambda^k(M)$, $X_0, \ldots, X_k \in \mathcal{X}(M)$ に対して，次式で与えられる：

$$\begin{aligned} d\omega(X_0, \ldots, X_k) &= \sum_{i=0}^{k} (-1)^i X_i(\omega(X_0, \ldots, \hat{X}_i, \ldots, X_k)) \\ &\quad + \sum_{i<j} (-1)^{i+j} \omega([X_i, X_j], X_0, \ldots, \hat{X}_i, \ldots, \hat{X}_j, \ldots, X_k). \end{aligned}$$

ここで記号ˆの下の X_i, X_j は省くものとする．d は $\mathbf{R}$ 線形で $d(\omega \wedge \sigma) = d\omega \wedge \sigma + (-1)^k \omega \wedge d\sigma$ $(\omega \in \Lambda^k(M))$ を満たし，基本的な関係式 $d^2 (:= d \circ d) = 0$ が成り立つ．

9. ベクトル場 $X \in \mathcal{X}(M)$ による**リー微分** $\mathcal{L}_X : \mathcal{X}(M) \to \mathcal{X}(M)$ が $\mathcal{L}_X(Y) := [X, Y]$ で定義され，$\mathcal{T}(M) = \bigoplus_{r,s} \mathcal{T}_s^r(M)$，$\Lambda(M) = \bigoplus_{k=1}^n \Lambda^k(M)$ の微分に拡張される．

10. 向き付けられた n 次元多様体 M の n 次微分形式 ω に対して，その M 上の**積分** $\int_M \omega$ を考えることができる．ω がコンパクトな台をもち，台が正の向きの局所チャート $(U, \varphi, \{x^i\})$ の座標近傍 U に含まれていれば，$\omega = f dx^1 \cdots dx^n$ と表すとき次で積分を与える．

$$\int_M \omega = \int_{\varphi^{-1}(U)} f \circ \varphi^{-1} du^1 \cdots du^n$$

もし台が他の正の向きの局所チャートの座標近傍にも含まれていれば，$\mathbf{R}^n$ の積分変数変換公式より上式はチャートの取り方によらない．一般にコンパクトな台を持つ連続な n 次微分形式 ω の積分は 1 の分割を用いて与えられる．

1.1 距離の立場から見た古典幾何

本節では，古典幾何を距離の幾何の立場から復習する（[17], [18] を参照）．

1.1.1 ユークリッド幾何

E^n を n 次元**ユークリッド**（Euclid）**空間**とする．すなわち，内積 $\langle , \rangle$ の与えられた n 次元（実）ベクトル空間 V^n が E^n 上作用し，$p \in E^n$ を $v \in V$ により平行移動した点 $p + v \in E^n$ が定まる．この作用は単純推移的で，$p \in E^n$ を与えると，任意の $q \in E^n$ に対してベクトル $v = \overrightarrow{pq}\ (= q - p) \in V^n$ が一意に存在して $q = p + v$ と表せる．V^n の正規直交基底 $\{e_i\}_{i=1}^n$ を選べば，V^n は標準的内積 $x \cdot y = \sum_{i=1}^n x^i y^i$ を持った $\mathbf{R}^n = \{x = (x^1, \ldots, x^n) \mid x^i \in \mathbf{R}, 1 \leq i \leq n\}$ と同一視できた．対応して E^n の正規直交座標系 $\{o(\in E^n), \{e_i\}\}$ を取れば，$p \in E^n$ は $p = o + \sum_{i=1}^n x^i e_i$ と一意に表せる．以後，写像 $E^n \ni p \mapsto (x^1, \ldots, x^n) \in \mathbf{R}^n$ により，点 p にその座標を対応させることで E^n を $\mathbf{R}^n$ と同一視する．このとき，2 点 $p, q \in E^n$ $(\cong \mathbf{R}^n)$ の**距離** $d(p, q)$ が内積を用いて

$$d(p, q) = |q - p| \left(= \sqrt{\langle q - p, q - p \rangle} = \left(\sum_{i=1}^n (y^i - x^i)^2 \right)^{1/2} \right) \tag{1.1}$$

で定義され，次の距離の公理を満たす：任意の $p, q, r \in E^n$ に対して

$$\begin{cases} \text{(D1)} & d(p,q) \geq 0,\ \text{かつ}\ d(p,q)=0 \Leftrightarrow p=q. \\ \text{(D2)} & d(p,q)=d(q,p). \\ \text{(D3)} & d(p,r)+d(r,q) \geq d(p,q). \end{cases} \tag{1.2}$$

(D1), (D2) は内積の正定値性，対称性から明らか．(D3) は $v=r-p$，$w=q-r$ と置くとき，$|v|+|w| \geq |v+w|$ と書けるが，これはコーシー–シュワルツ（Cauchy–Schwarz）の不等式 $|\langle v,w\rangle| \leq |v||w|$ に帰着する．さて，距離を用いて E^n の（連続）曲線 $c:[a,b]\to E^n$ の**長さ** $L(c)$ $(0 \leq L(c) \leq +\infty)$ が与えられる：

$$L(c) := \sup\{\Sigma_\Delta(c) \mid \Delta : a=t_0<\cdots<t_k=b\ \text{は}\ [a,b]\ \text{の分割}\}. \tag{1.3}$$

ここで，$\Sigma_\Delta(c)=\sum_{i=1}^k d(c(t_{i-1}),c(t_i))$ は c の相隣る分点の距離の総和である．$L(c)$ は c のパラメータの変換[*1]で不変であり，c が（区分的）C^1 級曲線なら，定積分の理論から c の接ベクトル $\dot{c}(t)$ のノルムの積分 $\int_a^b |\dot{c}(t)|dt$ に等しい．

$p=c(a)$，$q=c(b)$ とすると，$L(c) \geq d(p,q)$ であるが，$L(c)=d(p,q)$ を満たす距離を実現する曲線は p,q を結ぶ**最短線**であるという．

さてユークリッド幾何では，2 点 p,q を結ぶ**線分**が，唯一つの最短線であることが基本になっている．この事実は，ユークリッドの距離が内積によるノルムで与えられていることによるが，これを説明しよう．まずコーシー–シュワルツの不等式で，等号成立のための必要十分条件は v,w が 1 次従属であることを用いて，(D3) で等号成立の場合を特徴付けることができる：$p \neq q$ に対して，$d(p,r)+d(r,q)=d(p,q)$ が成り立つ条件は，上の (D3) の証明で $r=p$ であるか $w=\lambda v$, $\lambda \geq 0$ のとき，すなわち $r=p+t(q-p)$, $0 \leq t = 1/(1+\lambda) \leq 1$ と書けることで，これは r が p,q を結ぶ線分 γ 上にある場合である．

さて，p,q を結ぶ線分のパラメータ表示を $\gamma(t)=p+t(q-p)$ $(0 \leq t \leq 1)$ で与える．$[0,1]$ の任意の分割 Δ に対して

$$\Sigma_\Delta(\gamma)=\sum_{i=1}^k |\gamma(t_{i-1})-\gamma(t_i)| = \left(\sum_{i=1}^k (t_i-t_{i-1})\right)|q-p| = |q-p|.$$

よって $L(\gamma)=d(p,q)$ であり，γ は p,q を結ぶ最短線である．逆に，$c:[a,b]\to E^n$ を p,q を結ぶ最短線とする．$[a,b]$ の任意の分割 Δ に対して，

$$d(p,q)=L(c) \geq \Sigma_\Delta(c) = \sum_{i=1}^k d(c(t_{i-1}),c(t_i)) \geq d(p,q)$$

[*1] $\phi:[\alpha,\beta]\to[a,b]$ を同相写像とするとき，曲線 $c\circ\phi:[\alpha,\beta]\to E^n$ を c からパラメータを変換して得られた曲線という．

で，(D3) で等号成立の場合から各 $c(t_i)$ $(i=0,\ldots,k)$ はこの順に p,q を結ぶ線分上にある．Δ は任意ゆえ，c は p,q を結ぶ線分のパラメータ表示を与える[*2]．

さて，ベクトル v,w $(\neq 0)$ のつくる角 $\angle(v,w)$ $(\in[0,\pi])$ は $\cos\angle(v,w)=\langle v,w\rangle/|v||w|$ で与えられた．E^n の 3 角形 pqr の頂点 p の角を α，p,q,r の対辺の長さをそれぞれ a,b,c とする．$v=q-p$，$w=r-p$ と置くとき，$b=|w|$，$c=|v|$，$a=|w-v|$ であり，$|w-v|^2$ を計算して次を得る：

$$a^2=b^2+c^2-2bc\cos\alpha \quad \text{(余弦公式)}. \tag{1.4}$$

E^n を $\mathbf{R}^n$ と同一視する．$\mathbf{R}^n$ の距離 d を保つ**等長変換**[*3] ϕ 全体の集合 $\mathrm{I}(\mathbf{R}^n,d)$ は，写像の合成を積として群の構造を持つ．$\psi\in\mathrm{I}(\mathbf{R}^n,d)$ が原点 0 を不変にすれば，ψ は位置ベクトルの長さと（式 (1.4) より）位置ベクトルのなす角を保ち，従って内積を保つ．よって $\psi:\mathbf{R}^n\to\mathbf{R}^n$ は任意の $x,y,z\in\mathbf{R}^n,\lambda,\mu\in\mathbf{R}$ に対し

$$(\psi(\lambda x+\mu y)-\lambda\psi(x)-\mu\psi(y))\cdot\psi(z)=(\lambda x+\mu y)\cdot z-\lambda x\cdot z-\mu y\cdot z=0$$

を満たすから線形写像となり，直交群 $O(n)$ の元で表される．$\mathbf{R}^n$ の一般の等長変換 ϕ に対して，τ_a，$a=\phi(0)\in\mathbf{R}^n$ を a による平行移動（すなわち，$\tau_a(x)=x+a$ で与えられる等長変換）とすれば，$\psi=\tau_a^{-1}\circ\phi$ は 0 を保つので $O(n)$ の元で，$\phi=\tau_a\circ\psi$ は平行移動と直交変換の積で表せる．このとき，平行移動全体 T は $\mathrm{I}(\mathbf{R}^n,d)$ の正規部分群で，$\mathrm{I}(\mathbf{R}^n,d)$ は T と $O(n)$ の半直積である．

$\mathbf{R}^n$ の a $(\neq 0)$ を法ベクトルとする超平面 $a\cdot x=t$ に関する**鏡映（折り返し）**は $x\mapsto x+2(t-a\cdot x)a$ で与えられ，向きを逆にする等長変換である．このとき，$\mathrm{I}(\mathbf{R}^n,d)$ の任意の元は高々 $(n+1)$ 個の超平面に関する鏡映の積として表され，$O(n)$ の任意の元は高々 n 個の原点を通る超平面に関する鏡映の積として表されることが知られている．次に，$\mathbf{R}^n$ $(n\geq 2)$ で中心 a，半径 r の球面 $S_r^{n-1}(a)$ に関する**鏡映（反転）** ϕ は，x $(\neq a)$ に半直線 ax 上 $|\phi(x)-a||x-a|=r^2$ を満たす点 $\phi(x)$ を対応させる対合的な写像で，$S_r^{n-1}(a)$ の元を固定し

$$\phi(x)=a+r^2(x-a)/|x-a|^2 \tag{1.5}$$

で与えられる．これは向きを逆にする**共形変換**[*4]で，$\mathbf{R}^n$ の超平面・超球面を超平面や超球面に写す．有限個の超平面や超球面に関する鏡映の積として得られる $\mathbf{R}^n$ の変

[*2] 最短線はパラメータの取り方を除いて決まる．直線を "真っ直ぐに進む曲線 $\gamma(t)$" と考えるときは，その加速度ベクトル $\ddot{\gamma}(t)$ が $\ddot{\gamma}(t)\equiv 0$ を満たし，従って $\gamma(t)=p+tu$，$u=\dot{\gamma}(0)$ と書け，パラメータは初期条件から一意に決まる．なお，$\mathbf{R}^n$ にノルム $|x|_1:=\sum_{i=1}^n|x^i|$ から得られる距離 d_1 を導入すれば，2 点を結ぶ最短線は無数にあることを確かめよ．

[*3] $d(\phi(x),\phi(y))=d(x,y)$ $(x,y\in\mathbf{R}^n)$ を満たす全単射 $\phi:\mathbf{R}^n\to\mathbf{R}^n$ のことである．

[*4] ϕ のヤコビ行列が，各点で直交行列の正定数倍になっている写像で，角の大きさを保つ．

換を，$\mathbf{R}^n$ の**メビウス** (Möbius) **変換**といい，その全体のなす群を $\mathrm{M}(\mathbf{R}^n)$ で表す．さて，$S_r^{n-1}(a)$ に関する鏡映 $\phi(x)$ に対して

$$1-|\phi(x)|^2 = r^2(1-|x|^2)/|x-a|^2 + (r^2+1-|a|^2)(1-r^2/|x-a|^2)$$

が成立する．これより，E^n の単位開球 $B^n = \{x \in \mathbf{R}^n \mid |x| < 1\}$ に対して，$\phi|_{B^n}$ が B^n の微分同相写像（従って，境界の S^{n-1} の微分同相写像）を与えるためには $|a|^2 = 1+r^2$ が成り立つこと，すなわち $S_r^{n-1}(a)$ が B^n の境界の単位超球面 S^{n-1} と直交することが必要十分である．有限個の，S^{n-1} と直交する球面に関する鏡映（原点を通る超平面に関する鏡映も含める）の合成として得られるメビウス変換の B^n (S^{n-1}) への制限を，B^n (S^{n-1}) の**メビウス変換**といい，その全体のなす群を $\mathrm{M}(B^n)$ ($\mathrm{M}(S^{n-1})$) で表す．特に $O(n)$ は $\mathrm{M}(B^n)$ ($\mathrm{M}(S^{n-1})$) の部分群である．

1.1.2 球面幾何

地球を 2 次元球面と思えば，その幾何学は航海法・天文学により古くから知られていた．n (≥ 2) 次元（単位）**球面** $S^n := \{x = (x^1, \ldots, x^{n+1}) \in \mathbf{R}^{n+1} \mid |x|^2 = \sum_{i=1}^{n+1}(x^i)^2 = 1\}$ の 2 点 x, y の**距離** $d(x,y)$ は，この立場からは（原点を始点とする位置ベクトル）x, y のなす角 $\angle(x,y)$，すなわち

$$\cos d(x,y) = x \cdot y = \sum_{i=1}^{n+1} x_i y_i;\ 0 \leq d(x,y) \leq \pi \tag{1.6}$$

によって定める[*5]．距離の公理の (D1), (D2) は明らかで，$d(x,y)$ が最大値 π を取るためには $y = -x$，すなわち y が x の対蹠点であることが必要十分であることも容易に分かる．(D3) を示す前に，次を注意する：直交群 $O(n+1)$ の元は S^n 上この距離を保つ**等長変換**として作用するが，逆に ϕ を S^n の等長変換とすると，$\tilde{\phi}(tx) = t\phi(x); x \in S^n$ $(t \geq 0)$ と定義することにより写像 $\tilde{\phi} : \mathbf{R}^{n+1} \to \mathbf{R}^{n+1}$ を得る．これは原点と内積を保ち，従って線形写像となり，$\mathrm{I}(S^n, d) = O(n+1)$ である．特に，3 点 $x, y, z \in S^n$ が与えられたとき，これらの点を $S^2 := \{x = (x^1, x^2, x^3, 0, \ldots, 0) \in \mathbf{R}^3\}$ に写す $\mathrm{I}(S^n, d)$ の元が存在する．さて，(D3) の証明に戻る．上の注意から $x, y, z \in S^2 (\subset \mathbf{R}^3)$ としてよい．$\mathbf{R}^3$ の場合には，$x, z \in \mathbf{R}^3$ に対して，外積（ベクトル積）$x \times z \in \mathbf{R}^3$ が

$$x \times z = \left(\begin{vmatrix} x^2 & x^3 \\ z^2 & z^3 \end{vmatrix}, \begin{vmatrix} x^3 & x^1 \\ z^3 & z^1 \end{vmatrix}, \begin{vmatrix} x^1 & x^2 \\ z^1 & z^2 \end{vmatrix} \right) \tag{1.7}$$

[*5] 半径 r の球面 S_r^n のときは，$d(x,y) = r\angle(x/r, y/r)$ で与える．これらの定める位相は $\mathbf{R}^{n+1}$ の相対位相と一致し，球面はコンパクトである．

で与えられた：$x \times z$ は x, z に直交し，そのノルムは x, z の張る平行四辺形の面積に等しい．外積と内積に関しては

$$(x \times y) \cdot (z \times w) = (x \cdot z)(y \cdot w) - (x \cdot w)(y \cdot z) \tag{1.8}$$

が成り立つことを注意する．特に，$x, y, z \in S^2$ に対して，$\alpha = d(x, z)$，$\beta = d(z, y)$ と置くと，$x \cdot z = \cos\alpha$，$|x \times z| = \sin\alpha$ 等に注意して

$$\begin{aligned}\cos(d(x,z) + d(z,y)) &= \cos\alpha\cos\beta - \sin\alpha\sin\beta \\ &= (x \cdot z)(z \cdot y) - |x \times z||z \times y| \\ &\leq (x \cdot z)(z \cdot y) - (x \times z) \cdot (z \times y) = x \cdot y = \cos d(x, y)\end{aligned}$$

で，(D3) が示された．もし，$y = -x$ ならば，任意の $z \in S^2$ に対して，(D3) は

$$\cos(d(x,z) + d(z,-x)) = -\cos^2\alpha - \sin^2\alpha = -1 = \cos d(x, -x)$$

より，$d(x,z) + d(z,-x) = \pi = d(x,-x)$ で等号の形で成立する．$y \neq \pm x$ のとき，z $(\neq x, y)$ に対して (D3) で等号が成立する条件は，$d(x,z) + d(z,y) < \pi$ かつコーシー–シュワルツの不等式で等号が成立し $x \times z$, $z \times y$ が同じ向きに 1 次従属のときであることが分かる．これは $z = ax + by$ $(a, b > 0)$，すなわち z が x, y で張られる原点を通る平面と S^2 の交線である x, y を結ぶ**大円弧**上にある場合である．

さて，点 $x \in S^n$ で S^n に接するベクトルは x と直交し，x での接空間 T_xS^n は $x^\perp = \{u \in \mathbf{R}^{n+1} \mid u \cdot x = 0\}$ と同一視できた．x を始点，単位接ベクトル $u \in x^\perp$ を始方向とする大円 γ は $\gamma(t) = \cos t\, x + \sin t\, u$ で与えられ，任意の u に対して $t = \pi$ で x の対蹠点 $-x$ を通る．いま，球面上の（連続）曲線の長さを再び式 (1.3) で与える[*6]．$\cos d(\gamma(t), \gamma(s)) = \cos t \cos s + \sin t \sin s = \cos(s - t)$ は $\gamma(t)$, $\gamma(s)$ の式を代入して容易に確かめられる．よって，$0 \leq t < s \leq \pi$ なら $d(\gamma(t), \gamma(s)) = s - t$ で，$[0, l]$ $(0 < l \leq \pi)$ の任意の分割 Δ に対して

$$\Sigma_\Delta(\gamma) = \sum_{i=1}^{k} d(\gamma(t_{i-1}), \gamma(t_i)) = \sum_{i=1}^{k}(t_i - t_{i-1}) = l = d(x, \gamma(l))$$

となる．これより $L(\gamma|_{[0,l]}) = d(x, \gamma(l)) = l$ で，$\gamma|_{[0,l]}$ は x と $\gamma(l)$ を結ぶ**最短線**である．また，$x, y \in S^n$ $(y \neq \pm x)$ を結ぶ大円弧 γ は，$\gamma(l) = \cos l\, x + \sin l\, u = y$ を解いて $l = d(x, y)$，$u = (y - \cos l\ x)/\sin l$ より

[*6] 球面の場合も，$c : [a, b] \to S^n$ が区分的に滑らかならば $L(c) = \int_a^b |\dot{c}(t)| dt$ である．これは，$\lim_{d(x,y)\to 0} d(x, y)/|x - y| = 1$ が球面上一様に成り立つことと定積分の性質から従う．

$$\gamma(t) = \frac{\sin(l-t)\,x + \sin t\,y}{\sin l} \qquad (0 \leq t \leq l = d(x,y)) \tag{1.9}$$

で与えられる．特に γ は x, y を結ぶ最短線である．逆に，$c : [a,b] \to S^n$ が x, y $(y \neq \pm x)$ を結ぶ最短線ならば，1.1.1 項と同様に (D3) の等号成立の場合を用いて，c が x, y を結ぶ大円弧のパラメータ表示を与えることが分かる．なお $y = -x$ の場合は，x を始点とする任意の大円は長さ π で $-x$ を通り最短線を与える．逆に $x, -x$ を結ぶ最短線 c に対して，c の点 $c(t) \neq \pm x$ を取り上の議論を行うと，c が大円弧のパラメータ表示を与えることが分かる．

S^n の大円弧を辺とする**球面 3 角形** xyz の頂点 x における角を α，x, y, z の対辺の長さをそれぞれ a, b, c とする（図 1.1 左図）．α は頂点 x, y を結ぶ大円弧 γ_y と頂点 x, z を結ぶ大円弧 γ_z の始方向 u, v のなす角で，前段から $\cos\alpha = u \cdot v$，$u = (y - \cos c\,x)/\sin c$，$v = (z - \cos b\,x)/\sin b$．これより次を得る：

$$\cos a = \cos b \cos c + \sin b \sin c \cos \alpha \quad \text{（球面 3 角形の余弦公式）}. \tag{1.10}$$

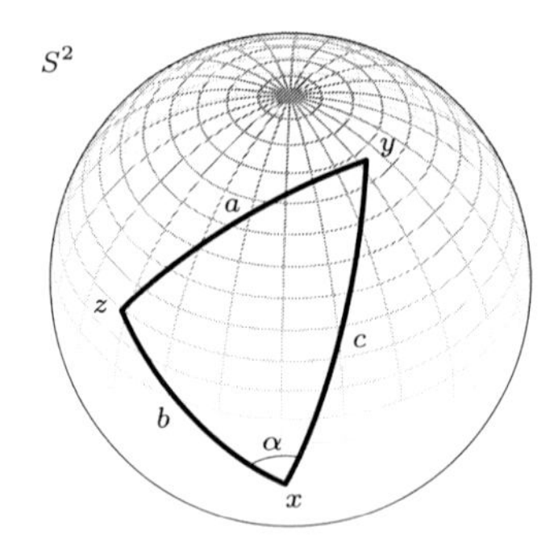

$\cos a = \cos b \cos c + \sin b \sin c \cos \alpha$

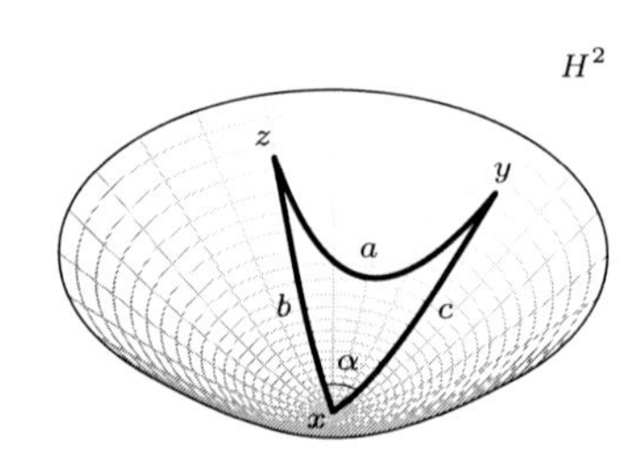

$\cosh a = \cosh b \cosh c - \sinh b \sinh c \cos \alpha$

図 1.1　余弦公式

S^n の点 x とその対蹠点 $-x$ を同一視することにより，**実射影空間** $\mathbf{R}P^n$ を得る．いま，$\pi : S^n \to \mathbf{R}P^n$ を標準的な射影とするとき，$\mathbf{R}P^n$ 上の距離 $\bar{d}$ を，$\bar{d}(\pi(x), \pi(y)) := \min\{d(x,y), d(-x,y)\}$ で与えることができる．このとき，異なる 2 点 $\pi(x)$, $\pi(y)$ を結ぶ最短線は，x, y を結ぶ S^n の大円弧と $-x, y$ を結ぶ S^n の大円弧の短い方を γ とするとき，$\pi \circ \gamma$ で与えられる．

1.1.3　双曲幾何

ユークリッド幾何の第 5 公準を他の公理から導こうとして，2 千年以上にわたりこれを否定し矛盾を導こうという様々の試みがあった．19 世紀に入り第 5 公準の否定を公理とする新しい幾何学（双曲幾何）が打ち立てられた[*7]．その後，ユークリッド空間の中で（ユークリッドの距離とは）異なる計量の基準を採用し，それに基づいて“直線”を定めることにより，双曲幾何の公理を満たすモデルが構成された．このようなモデルは幾つもあり双曲幾何の豊かさを示しているが，ここではユークリッド空間での通常の内積の代わりに**ローレンツ**（Lorentz）**内積**を取り，“半径 i の球面”を考えることによって球面幾何の場合と平行な議論で双曲幾何を構成する[*8]．

$(n+1)$ 次元ユークリッド空間 $\mathbf{R}^{n+1} = \{x = (x^1, \ldots, x^{n+1})\}$ において

$$x \circ y = x^1 y^1 + \cdots + x^n y^n - x^{n+1} y^{n+1} \tag{1.11}$$

でローレンツ内積を与える．これは対称性，双 1 次性を満たし正定値性の代わりに非退化性[*9]が成り立つ．$x \in \mathbf{R}^{n+1}$ は，$x \circ x > 0, < 0$ に応じてそれぞれ**空間的**，**時間的**という．特に，$x \circ x < 0$，$x^{n+1} > 0$ を満たす x は**正時間的**であるという．これらは相対性理論の用語で，$C := \{x \in \mathbf{R}^{n+1} \mid x \circ x = 0\}$ は

$$x \circ x = 0 \Longleftrightarrow (x^{n+1})^2 = (x^1)^2 + \cdots + (x^n)^2$$

より光錐と呼ばれる錐になる．$x \circ x \geq 0, < 0$ に応じて $\|x\|$ をそれぞれ $\sqrt{x \circ x}$，$\sqrt{-x \circ x}\, i$（i は虚数単位）で定義する．すなわち，x が空間的（時間的）ならば $\|x\|$ は正の実数（正の純虚数）である．

補題 1.1 (1) x は時間的とする．$y\ (\neq 0)$ が $y \circ x = 0$ を満たせば，y は空間的である．特に，$x^\perp := \{y \in \mathbf{R}^{n+1} \mid x \circ y = 0\}$ を x の直交補空間とすれば，$(x^\perp, \circ)$ は正定値内積を持った n 次元ベクトル空間である．

(2) x, y を正の時間的ベクトルとすれば次が成り立つ：

$$x \circ y \leq \|x\| \|y\|. \tag{1.12}$$

ここで等号成立は x, y が 1 次従属のときかつそのときに限る．

証明. (1) $x = (\bar{x}, x^{n+1})$; $\bar{x} = (x^1, \ldots, x^n)$ とおき，$x \circ y = 0$ とする．仮定より $|\bar{x}|^2 < (x^{n+1})^2$，$\langle \bar{x}, \bar{y} \rangle = x^{n+1} y^{n+1}$ であり，$x^{n+1} \neq 0$ に注意して

$$y \circ y = |\bar{y}|^2 - (y^{n+1})^2 = |\bar{y}|^2 - \frac{\langle \bar{x}, \bar{y} \rangle^2}{(x^{n+1})^2} \geq \frac{|\bar{x}|^2 |\bar{y}|^2 - \langle \bar{x}, \bar{y} \rangle^2}{(x^{n+1})^2} \geq 0.$$

[*7] 第 5 公準は，平面上与えられた直線 l とその上にない点 p に対して，p を通り l に平行な直線の一意性を意味し，双曲幾何学は，J. ボヤイ（Bolyai），N. ロバチェフスキー（Lobachevskiĭ），C. F. ガウス等による．

[*8] W. キリング（Killing），F. クライン（Klein）等による．他のモデルについては後に述べる．

[*9] $x \circ y = 0$ が任意の $y \in \mathbf{R}^{n+1}$ に対して成立すれば $x = 0$ である．

等号成立は，$y=0$ のときかつそのときに限る．非退化性から $\dim x^{\perp}=n$.

(2) 仮定より $x^{n+1}>|\bar{x}|$，$y^{n+1}>|\bar{y}|$．よって式 (1.12) の両辺は負である．

$$\begin{aligned}(\|x\|\|y\|)^2 &= ((x^{n+1})^2-|\bar{x}|^2)((y^{n+1})^2-|\bar{y}|^2)\\ &\le (x^{n+1}y^{n+1}-|\bar{x}||\bar{y}|)^2 \le (x^{n+1}y^{n+1}-\bar{x}\cdot\bar{y})^2=(x\circ y)^2\end{aligned}$$

これより式 (1.12) が従う．等号成立は，$\bar{y}=t\bar{x}$ $(t\ge 0)$ かつ $|\bar{x}|y^{n+1}=|\bar{y}|x^{n+1}$ を満たすとき，すなわち $y=tx,\, t>0$ の場合である． □

いま，$H^n := \{x\in \mathbf{R}^{n+1} \mid x\circ x=-1,\, x^{n+1}>0\}$ によって n 次元**双曲空間**を定義する．H^n は光錐を漸近錐として持つ 2 葉双曲超曲面の連結成分 $\{x=(\bar{x},\sqrt{1+|\bar{x}|^2}) \mid \bar{x}\in\mathbf{R}^n\}$ で $\mathbf{R}^n$ と微分同相であるが，ここでは H^n をローレンツ内積に関して半径 i の球面とみなす．このとき $x,y\in H^n$ に対して，式 (1.12) から $-x\circ y\ge -\|x\|\|y\|=1$ で，$\cosh\theta(x,y)=-x\circ y$ を満たす $\theta(x,y)\ge 0$ が一意に決まる．そこで x,y の**距離** $d(x,y)$ を $\theta(x,y)$ で与える：

$$\cosh d(x,y)=-x\circ y. \tag{1.13}$$

このとき，(D2) は明らかで，(D1) も補題 1.1 (2) の不等式の等号成立の場合から容易に確かめられる．(D3) を示すのに，球面の場合に応じた準備をする．ローレンツ内積は $n+1$ 次行列 $J=\begin{pmatrix} E_n & 0\\ 0 & -1\end{pmatrix}$ と $\mathbf{R}^{n+1}$ の標準的内積を用いて $x\circ y=Jx\cdot y$ と表せる．ここで E_n は n 次単位行列である．線形写像 $\phi:\mathbf{R}^{n+1}\to\mathbf{R}^{n+1}$ は，ローレンツ内積を保つ（$\phi(x)\circ\phi(y)=x\circ y,\ x,y\in\mathbf{R}^{n+1}$）とき**ローレンツ変換**という．$\phi$ の表す行列を A とすれば，この条件は ${}^tAJA=J$ と書けるので，ローレンツ変換全体の群を $O(n,1)=\{A \mid {}^tAJA=J\}$ で表す．このとき，$PO(n,1)=\{A\in O(n,1) \mid A$ は正の時間的ベクトルを正の時間的ベクトルに写す $\}$ の元は H^n の距離 $d(x,y)$ を保つ等長変換である[*10]．$PO(n,1)$ の変換によって H^n の 3 点を $H^2=\{x=(x^1,x^2,0,\ldots,0,x^{n+1})\in H^n\}$ の 3 点に写像できるので，(D3) を示すのに $n=2$ としてよい．さて，$\mathbf{R}^3$ でローレンツ外積を

$$x*y=J(x\times y)=\left(\begin{vmatrix} x^2 & x^3\\ y^2 & y^3\end{vmatrix}, \begin{vmatrix} x^3 & x^1\\ y^3 & y^1\end{vmatrix}, -\begin{vmatrix} x^1 & x^2\\ y^1 & y^2\end{vmatrix}\right) \tag{1.14}$$

で定義すれば，$x*y=-(Jx)\times(Jy)$ で，式 (1.8) より次式が成り立つ：

$$(x*y)\circ(z*w)=(x\circ w)(y\circ z)-(x\circ z)(y\circ w). \tag{1.15}$$

[*10] $A\in O(n,1)$ が $PO(n,1)$ に属するためにはその $(n+1)\times(n+1)$-要素が正であることが必要十分である．また，H^n の等長変換は $PO(n,1)$ の行列によって表せ $I(H^n,d)=PO(n,1)$ であることが分かる．

$x, y \in H^2$ に対し $(x*y)\circ x = (x \times y)\cdot x = 0$，同様に $(x*y)\circ y = 0$ で，$x*y$ は空間的 (または 0) である．また式 (1.15) より，$(x*y)\circ(x*y) = (x\circ y)^2 - \|x\|^2\|y\|^2 = \cosh^2 d(x,y) - 1 = \sinh^2 d(x,y)$ であり

$$\|x*y\| = \sinh d(x,y) \tag{1.16}$$

が成り立つ．このとき (D3) は，$x*z, z*y \in z^{\perp}$ に注意して，$(z^{\perp}, \circ)$ におけるコーシー–シュワルツの不等式を用いた次式から従う：

$$\begin{aligned}\cosh(d(x,z)+d(z,y)) &= (x\circ z)(z\circ y) + \|x*z\|\|z*y\| \\ &\geq (x\circ z)(z\circ y) + (x*z)\circ(z*y) \\ &= (x\circ y)(z\circ z) = -x\circ y = \cosh d(x,y).\end{aligned}$$

$x \neq y$ のとき，$z\ (\neq x, y)$ に対して (D3) で等号が成立すれば，$x*z = J(x\times z)$ と $z*y = J(z\times y)$ が同じ向きに 1 次従属で，$z = ax + by,\ a, b > 0$ と書ける．これより z は x, y の張る原点を通る平面と H^2 の交線の x, y を結ぶ弧の上にあることが分かる．さて，点 $x \in H^n$ の接空間 T_xH^n は $x^{\perp}$ と同一視でき，"$\circ$" が内積を与えた (補題 1.1)．x を始点，単位ベクトル $u \in x^{\perp}$ を始方向とする

$$\gamma(t) = \cosh t\, x + \sinh t\, u,\quad 0 \leq t \leq l$$

を考えれば，γ は原点を通り x, u で張られる平面と H^n の交線（双曲線の分枝）である．$0 \leq t < s$ なら $\cosh d(\gamma(t), \gamma(s)) = -\gamma(t)\circ\gamma(s) = \cosh t\cosh s - \sinh t\sinh s = \cosh(s-t)$ より，$d(\gamma(t),\gamma(s)) = s - t$ である．さて，H^n の場合も（連続）曲線の長さを式 (1.3) で与える[*11]．$[0, l]$ の任意の分割 Δ に対して

$$\Sigma_{\Delta}(\gamma|_{[0,l]}) = \sum_{i=1}^{k} d(\gamma(t_{i-1}), \gamma(t_i)) = \sum_{i=1}^{k}(t_i - t_{i-1}) = l = d(x, \gamma(l))$$

となるから，$L(\gamma|_{[0,l]}) = d(x,\gamma(l)) = l$ で，$\gamma|_{[0,l]}$ は x と $\gamma(l)$ を結ぶ弧長をパラメータとする最短線である．このような γ を H^n の測地線と呼ぶ．特に，異なる 2 点 $x, y \in H^n$ を結ぶ測地線 γ は，$y = \gamma(l) = \cosh l\, x + \sinh l\, u$ を解いて，$l = d(x,y)$，$u = (y - \cosh l\, x)/\sinh l$ を得るから

$$\gamma(t) = \frac{\sinh(l-t)\, x + \sinh t\, y}{\sinh l} \quad (0 \leq t \leq l = d(x,y)) \tag{1.17}$$

で与えられ，x, y を結ぶ最短線である．逆に，$c : [a, b] \to H^n$ が x, y を結ぶ最短線ならば，前と同様に (D3) の等号成立の場合を用いて c が x, y を結ぶ測地線のパラメー

[*11] 球面の場合と同様，H^n でも，$c : [a, b] \to H^n$ が区分的に滑らかならば，$L(c) = \int_a^b \|\dot{c}(t)\|dt$．実際，$\lim_{d(x,y)\to 0} d(x,y)/\|x-y\| = 1$ が H^n 上一様に成り立つ．

タ表示を与えることが分かる．従って，H^n の任意の2点を結ぶ最短線はパラメータ表示を除いて唯一つ存在する．

また，H^n の任意の測地線は，$e_{n+1} \in H^n$ を始点，e_1 を始方向とする測地線を $PO(n+1)$ の元である等長変換で写像することにより得られる．

H^n の測地線を辺とする測地 **3 角形** xyz の頂点 x における角を α，x, y, z の対辺の長さをそれぞれ a, b, c とする（図 1.1 右図）．α は頂点 x, y を結ぶ測地線 γ_y と頂点 x, z を結ぶ測地線 γ_z の始方向 u, v のなす角で，これらは空間的であるから，前段から $\cos\alpha = u \circ v$，$u = (y - \cosh c\, x)/\sinh c$，$v = (z - \cosh b\, x)/\sinh b$ で与えられる．これより次を得る：

$$\cosh a = \cosh b \cosh c - \sinh b \sinh c \cos\alpha \text{ (双曲 3 角形の余弦公式)}. \tag{1.18}$$

1.2 リーマン計量に関する基礎概念

この節では，リーマン（Riemann）計量の定義から始め，最も基本となるレヴィ＝チヴィタ接続と共変微分について述べる．それにより，平行移動・測地線の概念，またユークリッド計量との差を測る量として曲率テンソルや種々の曲率の概念が導入される．基本的な例を挙げて，それらに留意しながら解説する．文献として，[5], [6], [7, chapter 1], [9], [12], [14], [15], [16], [19], [20], [22] を挙げておく．

1.2.1 リーマン計量の定義と例

M を n 次元可微分多様体とする[*12]．いま，M の各点 p の接空間 T_pM に内積 g_p が与えられていて，p と共に滑らかに変化するとき，すなわち，次の条件

1. $g_p : T_pM \times T_pM \to \mathbf{R}$ は対称な正定値[*13]双1次線形写像である
2. M 上滑らかなベクトル場 X, Y に対して $M \ni p \mapsto g_p(X_p, Y_p) \in \mathbf{R}$ で与えられる関数 $g(X, Y)$ は M 上滑らかな関数である

を満たすとき，g を M 上の**リーマン計量**，(M, g) を**リーマン多様体**という．$(M, g), (N, h)$ をリーマン多様体とする．微分同相写像 $\Phi : M \to N$ は，$\Phi^* h = g$，すなわちその微分 $D\Phi(p) : T_pM \to T_{\Phi(p)}N$ が内積を保つ条件

$$g_p(u, v) = h_{\Phi(p)}(D\Phi(p)u, D\Phi(p)v) \ (= (\Phi^* h)_p(u, v)),\ u, v \in T_pM \tag{1.19}$$

*12 以下，微分可能性は断らない限り C^∞ 級（単に滑らかという）とする．

*13 $g_p(u, u) \geq 0$, $u \in T_pM$ で，等号成立は $u = 0_p$（零ベクトル）のときに限る．

を満たすとき，**等長写像**と呼ばれる．等長写像 Φ の逆写像 $\Phi^{-1}: N \to M$ も等長写像であり，このとき (M,g), (N,h) は**等長的**であるといいリーマン多様体としては同じ性質を持つと考える．特に，(M,g) から自身への等長写像を (M,g) の**等長変換**というが，等長変換の全体 $\mathrm{I}(M,g)$ は写像の合成を積としてリー (Lie) 群の構造を持つ．

リーマン計量 g を固定して議論するときは，$g_p(X_p,Y_p)$ や $g(X,Y)$ の代わりに，以下 $\langle X_p,Y_p\rangle$ や $\langle X,Y\rangle$ と書くこともある．g は M 上の $(0,2)$ 型の共変テンソル場であり，局所チャート $(U,\varphi,\{x^i\})$ に関して

$$g_{ij} := g(\partial_i,\partial_j),\ 1 \le i,j \le n;\ \ \partial_i := \frac{\partial}{\partial x^i},\ 1 \le i \le n \tag{1.20}$$

と置くと，$u = \sum_{i=1}^n u^i\partial_i$，$v = \sum_{j=1}^n v^j\partial_j \in T_pM$ に対して

$$g_p(u,v)\ (= \langle u,v\rangle) = \sum_{1\le i,j\le n} g_{ij}u^iv^j = g_{ij}u^iv^j$$

である．この和のように，テンソルの成分の同じ添え字（例えば上の和の i,j）が上下に対で現れているときは常に和を取るものとして，以後記号 $\sum$ を省略する（上の例では，$\langle u,v\rangle = g_{ij}u^iv^j$）．これを**アインシュタイン**（Einstein）**の規約**という．$g_{ij}: U \to \mathbf{R}$ は滑らかな関数で，$(g_{ij})_{1\le i,j\le n}$ は U の各点で正定値対称行列を与える．$(g^{ij}) = (g_{ij})^{-1}$ を (g_{ij}) の逆行列とする（すなわち，アインシュタインの規約で $g^{ik}g_{kj} = g_{jk}g^{ki} = \delta^i_j$）．他の局所チャート $(V,\psi,\{y^a\})$, $U\cap V \neq \emptyset$ に対して $h_{ab} := g(\partial_a,\partial_b)$，$\partial_a = \partial/\partial y^a$ と置くと，次の座標変換公式を得る：

$$h_{ab} = g_{ij}\frac{\partial x^i}{\partial y^a}\frac{\partial x^j}{\partial y^b},\ h^{ab} = g^{ij}\frac{\partial y^a}{\partial x^i}\frac{\partial y^b}{\partial x^j} \quad (1 \le i,j,a,b \le n).$$

ここで，$(\partial x^i/\partial y^a)$, $(\partial y^a/\partial x^i)$ はそれぞれ座標変換 $\varphi\circ\psi^{-1}$, $\psi\circ\varphi^{-1}$ のヤコビ (Jacobi) 行列である．

リーマン計量が与えられると，接ベクトル $u \in T_pM$ の長さ $|u|$ や，接ベクトル $u,v \in T_pM$ $(u,v \neq 0)$ のなす角 $\theta = \angle(u,v)$ $(\in [0,\pi])$ が

$$|u| = \sqrt{\langle u,u\rangle}, \quad \cos\theta = \cos\angle(u,v) = \frac{\langle u,v\rangle}{|u||v|} \tag{1.21}$$

で定義される．また，（区分的に）滑らかな曲線 $c:[a,b]\to M$ の**長さ** $L(c)$ が，次のように c の接ベクトル $\dot{c}(t)$ の長さの積分により与えられる[*14]：

$$L(c) = \int_a^b |\dot{c}(t)|dt. \tag{1.22}$$

[*14] $L(c)$ はパラメータの取り方によらない．$s = s(t) = \int_a^t |\dot{c}(t)|dt$ を c の弧長というが，c のパラメータを弧長 s に取ることができる．このとき c の接ベクトルは単位ベクトルになる．

この曲線の長さを用いて，2 点 $p, q \in M$ の**距離** $d(p,q)$ を

$$d(p,q) = \inf\{L(c) \mid c : [a,b] \to M; c(a) = p, c(b) = q\} \tag{1.23}$$

で定義する[*15]．**等長変換** Φ はこの距離を保つ：$d(\Phi(x), \Phi(y)) = d(x,y)$．すなわち $\mathrm{I}(M,g) \subset \mathrm{I}(M,d)$ であるが，両者は一致することが分かる（p.43，問 7）．

次に，リーマン計量 g により，T_pM とその双対空間である余接空間 T_p^*M の間の同一視を与える線形同型写像 $\flat : T_pM \to T_p^*M$ を

$$\flat(X)(Y) = g(X,Y), \quad (\flat(X))_i = g_{ij}X^j$$

で定義する（ベクトルの上付き添え字 X^i を g_{ij} とアインシュタインの規約を用いて 1 次微分形式の下付き添え字に変える．逆写像 $\sharp : T_p^*M \to T_pM$ は $(\sharp\alpha)^i = g^{ij}\alpha_j$ で与えられる）．これより，T_p^*M の内積を $\langle \alpha, \beta \rangle = \langle \sharp\alpha, \sharp\beta \rangle = g^{ij}\alpha_i\beta_j$（$= \alpha_i\beta^i = \alpha^i\beta_i$ とも書く）で与えることができる．同様に，接束 TM と余接束 T^*M を同一視できる．

また，T_pM の内積はテンソル空間 $T_s^r(T_pM)$ の内積を導くことを注意しよう：$T = T^{i_1\cdots i_r}_{j_1\cdots j_s}\partial_{i_1}\otimes\cdots\otimes\partial_{i_r}\otimes dx^{j_1}\otimes\cdots\otimes dx^{j_s}$，$S = S^{k_1\cdots k_r}_{l_1\cdots l_s}\partial_{k_1}\otimes\cdots\otimes\partial_{k_r}\otimes dx^{l_1}\otimes\cdots\otimes dx^{l_s}$ に対して

$$\langle T, S \rangle = g_{i_1k_1}\cdots g_{i_rk_r}g^{j_1l_1}\cdots g^{j_sl_s}T^{i_1\cdots i_r}_{j_1\cdots j_s}S^{k_1\cdots k_r}_{l_1\cdots l_s} \; (= T^{i_1\cdots i_r}_{j_1\cdots j_s}S^{j_1\cdots j_s}_{i_1\cdots i_r}).$$

$U_pM := \{u \in T_pM \mid |u| = 1\}$ を T_pM の単位球面，$UM := \bigcup_{p\in M} U_pM (\subset TM)$ を M の**単位接束**という．$\tau_M : UM \to M$ は M 上の S^{n-1} をファイバーとするファイバー束である．さてリーマン多様体の例を挙げよう．

例 1.2　ユークリッド空間 E^n $(\cong \mathbf{R}^n)$ の各点 p における接空間 T_pE^n は，平行移動により $(V, \langle\ ,\ \rangle)$ $(\cong (\mathbf{R}^n, \cdot))$ と同一視でき，内積 $\langle\ ,\ \rangle(\cdot)$ が E^n $(\cong \mathbf{R}^n)$ 上標準的リーマン計量と呼ばれるリーマン計量 g_{can} を与える．

単位球面 $S^n \subset \mathbf{R}^{n+1}$ の各点 x の接空間 $T_xS^n \cong x^\perp$ に $\mathbf{R}^{n+1}$ の内積 $\cdot$ を制限することにより，S^n 上リーマン計量 g_{can} が決まるが，これを S^n の標準的リーマン計量という．同様に，**双曲空間** H^n の各点 x の接空間 $T_xH^n \cong x^\perp$ にはローレンツ内積 $\circ$ を制限して得られる内積 $\langle\ ,\ \rangle$ が定まり，これより H^n 上の標準的リーマン計量 g_{can} が得られる．これら g_{can} から式 (1.23) によって決まる距離が，1.1 節の古典幾何の距離に他ならない．

[*15] M が連結なら p, q を結ぶ（区分的に）滑らかな曲線が存在し，$d(p,q) < +\infty$．M が連結でなければ，異なる連結成分に属する 2 点の距離は $+\infty$ とするが，以下特に断らなければ，連結の場合を考える．距離の公理を満たすことは p.19 で示す．

例 1.3 (N,h) をリーマン多様体，M を N の部分多様体とする．M の接空間 T_pM $(p\in M)$ は T_pN の部分空間で，h の T_pM への制限 $g=h|_{T_pM\times T_pM}$ は M 上リーマン計量（h から誘導された計量という）を定める．一般に，はめ込み $\Phi: M\to N$ が与えられたとき，M 上 h からの**誘導計量** $g=\Phi^*h$ が

$$g(u,v)=h(D\Phi(p)u, D\Phi(p)v);\ u,v\in T_pM, p\in M \tag{1.24}$$

によって与えられる[*16]．実際，写像 Φ の微分 $D\Phi(p): T_pM\to T_{\Phi(p)}N$ は単射で，これより g_p の正定値性が従う．

例 1.4 $(M_1,g_1),(M_2,g_2)$ をリーマン多様体とする．直積多様体 $M=M_1\times M_2=\{(p_1,p_2)\mid p_i\in M_i\,(i=1,2)\}$ の接空間 $T_{(p_1,p_2)}(M_1\times M_2)$ はベクトル空間の直和 $T_{p_1}M_1\oplus T_{p_2}M_2$ と同一視できるので，M 上

$$(g_1\times g_2)_{(p_1,p_2)}((u_1,u_2),(v_1,v_2))=(g_1)_{p_1}(u_1,v_1)+(g_2)_{p_2}(u_2,v_2) \tag{1.25}$$

によって**直積リーマン計量** $g_1\times g_2$（$g_1\oplus g_2$ とも書く）が定義できる．例えば，$(\mathbf{R}^n, g_{\mathrm{can}})$ は n 個の $(\mathbf{R}, g_{\mathrm{can}})$ の直積に等長的である．なお，M 上の二つのリーマン計量の和もリーマン計量である．

例 1.5 $\pi: M\to N$ を被覆写像とする．N 上のリーマン計量 h に対して，例 1.3 と同様に $g=\pi^*h$ は M 上リーマン計量を与え，任意の被覆変換は (M,g) の等長変換となる．実際，$D\pi(p): T_pM\to T_{\pi(p)}N$ $(p\in M)$ は内積を保つ線形同型写像であり，被覆変換 ϕ は $\pi\circ\phi=\pi$ で特徴付けられるので，$D\phi(p)=D\pi(\phi(p))^{-1}\circ D\pi(p)$ は内積を保つ．逆に，任意の被覆変換が等長変換となるリーマン計量 g が M 上与えられたとする．このとき，$q\in N$ に対して $p\in\pi^{-1}(q)$ を選び，$h_q(u,v)=g_p(D\pi(p)^{-1}(u), D\pi(p)^{-1}(v))$ と定義すれば，これは p の選び方によらないことが上と同様にして分かり，h は N のリーマン計量である．このとき，$\pi:(M,g)\to(N,h)$ は**局所等長写像**[*17]であり，**リーマン被覆**と呼ばれる．

例えば，単位球面 S^n の対蹠点 $x,-x$ を同一視して得られる**実射影空間** $\mathbf{R}P^n$ に対して，標準的全射 $\pi: S^n\to\mathbf{R}P^n$ は位数 2 の被覆写像である．被覆変換 $S^n\ni x\to -x\in S^n$ は $\mathbf{R}^n$ の内積を保ち，(S^n, g_{can}) の等長変換なので，S^n の標準的リーマン計量 g_{can} は $\mathbf{R}P^n$ の標準的リーマン計量 g_{can} を導く．

[*16] 歴史的には，ガウスがユークリッド空間 E^3 内の曲面 S に誘導された計量（第 1 基本形式）を導入し，その幾何を組織的に考察したのが微分幾何の始まりであった．

[*17] 任意の $p\in M$ に対して p の開近傍 U が存在して，$\pi|_U$ は U から N の開集合 $\pi(U)$ への等長写像である．

例 1.6　(M,g) をリーマン多様体，$\mathcal{F}(M)$ を M 上滑らかな関数のなす環とする．至るところ正値の $f \in \mathcal{F}(M)$ に対して，$M \ni p \to f^2(p)g_p$ で定義されたテンソル場は M 上 g に**共形的なリーマン計量**と呼ばれる計量 f^2g を定める．このような関数は M 上（無限次元の自由度で）存在するので，g から多くのリーマン計量が得られることになる．変換 $\Phi : M \to M$ は，至るところ正値の $f \in \mathcal{F}(M)$ が存在して $\Phi^*g = f^2g$ を満たすとき，(M,g) の**共形変換**であるという．(M,g) の共形変換全体は $\mathrm{I}(M,g)$ を含む（リー）群をなす．

共形的な計量の例を挙げる（図 1.2）．**双曲空間** $H^n \subset \mathbf{R}^{n+1}$ に対して，$B^n := \{x = (x^1,\ldots,x^n) \in \mathbf{R}^n \mid |x| < 1\}$ を $\mathbf{R}^n \times \{0\}(\subset \mathbf{R}^{n+1})$ の単位開球と考え，B^n を点 $-e_{n+1} = (0,\ldots,0,-1)$ から H^n 上に立体射影する．すなわち，$x \in B^n$ に，$-e_{n+1}$ と $(x,0)$ を結ぶ直線 $s \mapsto x + s(x + e_{n+1})$ と H^n の交点 $\chi(x)$ を対応させる．$\|\chi(x)\|^2 = -1$ より $s = (1+|x|^2)/(1-|x|^2)$ で，この写像は

$$\chi(x) = \left(\frac{2x^1}{1-|x|^2},\ldots,\frac{2x^n}{1-|x|^2},\frac{1+|x|^2}{1-|x|^2}\right)$$

で与えられ，微分同相写像となる．実際，逆写像は $x = \chi^{-1}(y) = (y^1/(1+y^{n+1}),\ldots,y^n/(1+y^{n+1}))$ で与えられる．$\chi^{-1} : B^n \to H^n$ による (H^n, g_{can}) の誘導計量 $(\chi^{-1})^*g_{\mathrm{can}}$ を双曲空間の**単位開球モデル**の標準的計量，あるいは**ポアンカレ**（Poincaré）**計量**と呼び，(B^n, g_{can}) で表す．このとき

$$\sum_{i=1}^{n}(dy^i)^2 - (dy^{n+1})^2 = \frac{4}{(1-|x|^2)^2}\sum_{i=1}^{n}(dx^i)^2$$

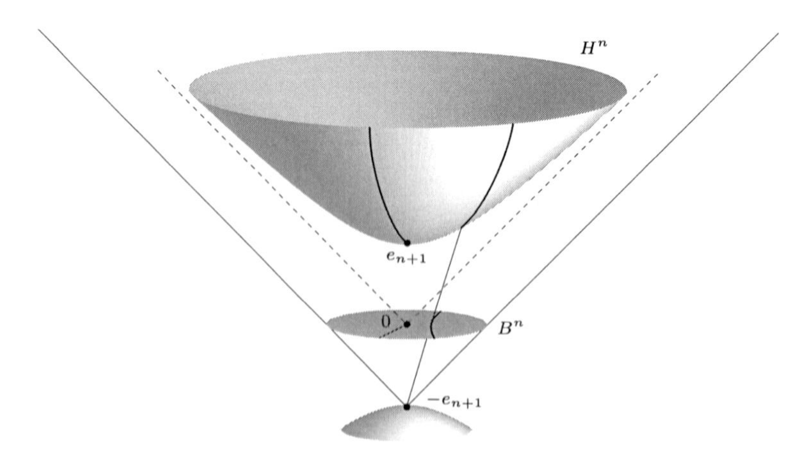

図 1.2　双曲空間の開球モデル

を得るが，これは $\mathbf{R}^n$ の標準的リーマン計量の B^n への制限を g_0 とするとき

$$g_{\mathrm{can}} = \frac{4}{(1-|x|^2)^2} g_0, \ x \in B^n \tag{1.26}$$

を意味し，g_{can} は B^n 上 g_0 に共形的である．このとき (B^n, g_{can}) の距離 d_B は，χ の定義と式 (1.13) の (H^n, d) から

$$\cosh d_B(x,y) = -\chi(x) \circ \chi(y) = 1 + \frac{2|x-y|^2}{(1-|x|^2)(1-|y|^2)} \tag{1.27}$$

で与えられる．(B^n, g_{can}) の**等長変換群**を求めよう．1.1.1 項で見たように，B^n の境界の S^{n-1} と直交する球面 $S^{n-1}_r(a)$ $(|a|^2 = 1 + r^2)$ に関する E^n の**鏡映** σ_a は B^n の微分同相写像を誘導した．式 (1.5) を用いて上と同様の計算をすれば，σ_a は (B^n, g_{can}) の等長変換であることが分かる．また，原点を通る超平面に関する**鏡映** $\phi \in O(n)$ は明らかに (B^n, g_{can}) の等長変換であり，従って B^n の**メビウス変換**は (B^n, g_{can}) の等長変換である．逆に，(B^n, g_{can}) の等長変換 ϕ は距離 d_B を保つ．特に ϕ が原点 0 を保てば式 (1.27) より B^n のベクトルの長さ・距離，従って内積を保つ．これより ϕ は B^n の半径を半径に写し（$\phi(tx) = t\phi(x)$），$O(n)$ の元の B^n への制限となることが分かりメビウス変換である．次に，B^n の等長変換 ϕ で $b = \phi(0) \neq 0$ であるものを考える．$\sigma_a(0) = a/|a|^2$ に注意して，$b^* := b/|b|^2$ と置けば，$\sigma_{b^*}(0) = b$，$\sigma_{b^*}(b) = 0$ である．よって，$\sigma_{b^*}\phi$ は原点を保つ (B^n, g_{can}) の等長変換だから B^n のメビウス変換であり，$\phi = \sigma_{b^*}(\sigma_{b^*}\phi)$ もメビウス変換である．従って，$\mathrm{I}(B^n, g_{\mathrm{can}}) = \mathrm{M}(B^n) \cong PO(n,1)$ が分かる．

次に，ρ を $\mathbf{R}^n$ の超平面 $\{x = (\bar{x}, 0) \mid \bar{x} \in \mathbf{R}^{n-1}\}$ に関する**鏡映**，σ を e_n を中心とする半径 $\sqrt{2}$ の球面 $S^{n-1}_{\sqrt{2}}(e_n)$ に関する**鏡映**とすると[*18]，$\psi = \rho\sigma$ は B^n を上半空間 $U^n = \{u = (\bar{u}, u^n) \in \mathbf{R}^n \mid u^n > 0\}$ の上に微分同相に写す．$\psi^{-1} : U^n \to B^n$ による U^n 上 (B^n, g_{can}) からの誘導計量 $(\psi^{-1})^* g_{\mathrm{can}}$ を (U^n, g_{can}) で表し，双曲空間の**上半空間モデルの標準的計量**，あるいは**ポアンカレ計量**と呼ぶ．逆写像 $\psi^{-1} : x = \sigma\rho(u)$ は

$$x^i = \frac{2u^i}{|u+e_n|^2} \ (1 \leq i \leq n-1), \ \ x^n = 1 - \frac{2(u^n+1)}{|u+e_n|^2}$$

で与えられる．これより $1 - |x|^2 = 4u^n/|u+e_n|^2$ に注意して次を得る：

$$\sum_{i=1}^{n} (dx^i)^2 = \frac{4\sum_{i=1}^n (du^i)^2}{|u+e_n|^4}, \quad \frac{4}{(1-|x|^2)^2} \sum_{i=1}^{n} (dx^i)^2 = \frac{\sum_{i=1}^n (du^i)^2}{(u^n)^2}.$$

[*18] $\rho(\bar{x}, x^n) = (\bar{x}, -x^n)$，$\sigma(x) = e_n + 2(x-e_n)/|x-e_n|^2$ で与えられる．

これは，$\mathbf{R}^n$ の標準的リーマン計量の U^n への制限を g_0 とするとき

$$g_{\mathrm{can}} = \frac{1}{(u^n)^2} g_0,\ u \in U^n \tag{1.28}$$

を意味し，g_{can} は U^n 上 g_0 に**共形的**である．また，U^n をそれ自身の上に写す E^n のメビウス変換の U^n への制限を U^n の**メビウス変換**と呼べば，$\mathrm{I}(U^n, g_{\mathrm{can}}) = \mathrm{M}(U^n)$ であることも分かる．

例 1.7 $(M^n, g), (N^m, h)$ をリーマン多様体，$\Phi : N \to M$ を沈め込み（滑らかな写像で，$D\Phi(p) : T_pN \to T_{\Phi(p)}M$ が任意の $p \in N$ に対して全射）とする．$\Phi^{-1}(\Phi(p))$ は N の $(m-n)$ 次元部分多様体となるが，$V_p := T_p\Phi^{-1}(\Phi(p))$ は $D\Phi(p)$ の核に等しく T_pN の垂直部分という．その直交補空間 H_p を水平部分という．$D\Phi(p) : H_p \to T_{\Phi(p)}M$ は各 $p \in N$ に対して線形同型であるが，内積 $h_p, g_{\Phi(p)}$ に関して等長的であるとき，Φ は**リーマン沈め込み**であるという．

例を挙げる．$(m+1)$ 次元複素数空間 $\mathbf{C}^{m+1} = \{z = (z^1, \ldots, z^{m+1}) \mid z_i \in \mathbf{C}\}$ から原点 0 を除いた空間を，同値関係

$$z \sim w \Leftrightarrow w = \lambda z \text{ を満たす複素数 } \lambda \neq 0 \text{ が存在する}$$

で割った商空間 $\mathbf{C}P^m := (\mathbf{C}^{m+1} \setminus \{0\})/\sim$ を m 次元**複素射影空間**という．$\mathbf{C}^{m+1}$ の単位超球面 S^{2m+1} に制限すれば，同値関係を与える λ は $|\lambda| = 1$ を満たし $\lambda = e^{it}$ と書ける．いま，S^{2m+1} に標準的計量 $h_0 = g_{\mathrm{can}}$ を与える．$z \to e^{it}z$ は $U(m+1) \subset SO(2m+2)$ の元で S^{2m+1} の等長変換であり，$S^1 = \{e^{it} \mid t \in \mathbf{R}\}$ は等長変換群として S^{2m+1} 上作用し，固定点を持たない．$z \in S^{2m+1}$ を通る軌道 $t \to e^{it}z = (\cos t)z + (\sin t)iz$ は，z を始点，$\xi_z := iz \in T_zS^{2m+1}$ を始方向とする大円である．これより，$\mathbf{C}P^m$ は S^{2m+1} を S^1 の作用で割った空間 S^{2m+1}/S^1 であり，$2m$ 次元多様体構造を持ち，標準的全射 $\pi : S^{2m+1} \to \mathbf{C}P^m$ は全射沈め込みを与える．$z \in S^{2m+1}$ に対して，ξ_z は $V_z := T_z\pi^{-1}(\pi(z))$ の基底で，その直交補空間を H_z とすれば $\psi_z := D\pi(z) : H_z \to T_{\pi(z)}\mathbf{C}P^m$ は線形同型となる．直交分解 $T_zS^{2m+1} = V_z \oplus H_z$ は等長変換群 S^1 の作用で保たれることを注意しよう．さて，$p \in \mathbf{C}P^m$ に対して，$T_p\mathbf{C}P^m$ の内積 $(g_0)_p$ を，$z \in \pi^{-1}(p)$ を選んで $(g_0)_p(u, v) = (h_0)_z(\psi_z^{-1}(u), \psi_z^{-1}(v))$ で定義する．これは上の注意から，$z \in \pi^{-1}(p)$ の選び方によらず，$\mathbf{C}P^m$ のリーマン計量 g_0 を定義する．明らかに，$\pi : (S^{2m+1}, h_0) \to (\mathbf{C}P^m, g_0)$ は**リーマン沈め込み**であり，この g_0 を $\mathbf{C}P^m$ の標準的計量と呼んで g_{can} とも書く．$U(m+1)$ の元は $(S^{2m+1}, g_{\mathrm{can}})$ の等長変換で S^1 の作用と可換だから，$(\mathbf{C}P^m, g_0)$ の等長変換を定め，$U(m+1)$ は $\mathbf{C}P^m$ 上推移的に作用する．4 元数射影空間 $\mathbf{Q}P^m$ に対しても同様の構成 $\pi : S^{4m+3} \to \mathbf{Q}P^m = S^{4m+3}/S^3$ が可能である．

式 (1.23) でリーマン計量 g を用いて M 上**距離** d を導入した．d が距離の公理を満たすことを確かめよう．(D2) は，p, q を結ぶ区分的に滑らかな曲線 $c : [a, b] \to M$ に対して，パラメータの向きを変えた曲線 $c^{-1} : [a, b] \to M; c^{-1}(t) = c(a + b - t)$ は q を p に結び，c と同じ長さを持つことから従う．(D3) は，c_1 を p, r を結ぶ曲線，c_2 を r, q を結ぶ曲線とすると，これらをつないだ曲線 $c = c_1 \cup c_2$ は p, q を結び，$L(c) = L(c_1) + L(c_2)$ を満たすことから分かる．(D1) を示す．p の周りのチャート $(U, \varphi, \{x^i\})$ を取る．$\{\partial_i(p)\}_{i=1}^n$ を正規直交化して $GL(n; \mathbf{R})$ の作用を考えることにより，最初から $x^i(p) = 0$，$g_{ij}(p) = \delta_{ij}$ で，座標近傍は $U_r := \{q \in U \mid \sum (x^i(q))^2 < r^2\}$ としてよい．このときリーマン計量 g は，p の近傍では $\{x^i\}$ を正規直交座標系とするユークリッド計量で近似できる：$K > 0$ が存在して，コンパクト集合 $\bar{U}_\epsilon$ $(0 < \epsilon < r)$ 上で $|g_{ij}(q) - \delta_{ij}| \le K|q - p|_E$ が成り立つ ($|q - p|_E$ はユークリッド距離を表す)．よって次を得る：

$$||u| - |u|_E| \le nK|u|_E|q - p|_E \le nK\epsilon|u|_E \quad (u \in T_qM, q \in \bar{U}_\epsilon).$$

これより，$\bar{U}_\epsilon$ 内の曲線 c の g に関する長さ $L(c)$ とユークリッド計量に関する長さ $L_E(c)$ を比較できて，$L_E(c)(1 - nK\epsilon) \le L(c) \le L_E(c)(1 + nK\epsilon)$.

ここで $0 < \epsilon < 1/nK$ としてよく，上の不等式から p と $q \notin \bar{U}_\epsilon$ を結ぶ曲線 c の長さは $L(c) \ge \epsilon(1 - nK\epsilon)$ を満たす[*19]．よって $d(p, q) = 0$ ならば $q \in U_\epsilon$ であり，また $|q - p|_E = 0$ が成り立つので $q = p$ が分かる．

同様の議論で，$\lim_{|q-p|_E \to 0} d(p, q)/|q - p|_E = 1$ であり，距離 d から決まる M の位相は M の多様体位相に等しいことも分かる．また，区分的に滑らかな曲線 $c : [a, b] \to M$ に対して，$[a, b]$ の分割 $\Delta : a = t_0 < \cdots < t_k = b$ を取り，$\Sigma_\Delta(c) = \sum_{i=1}^k d(c(t_{i-1}), c(t_i))$ と置くと次が成り立つ：

$$L(c) \left(= \int_a^b |\dot{c}(t)| dt \right) = \sup\{\Sigma_\Delta(c) \mid \Delta \text{は } [a, b] \text{ の分割 }\}. \tag{1.29}$$

なお，連続曲線 $c : [a, b] \to M$ に対して，その長さを式 (1.29) で定義できる．

多様体にリーマン計量を導入することにより，距離が定義されて多様体がいわば目に見える形を取るのであるが，多様体 M は常にリーマン計量を許容するだろうか？M はパラコンパクトとしたので，ホイットニー（Whitney）の定理より M を十分高い次元のユークリッド空間 $\mathbf{R}^N$ に埋め込む（はめ込む）ことが可能で，M は $\mathbf{R}^N$ の標準的計量から誘導されるリーマン計量を持つ．このような埋め込み（はめ込み）は多くの自由度を持ち，（また例 1.6 より）多様体には非常に多くのリーマン計量が存

[*19] ここで，M がハウスドルフ空間であることを用いる．実際，$\bar{U}_\epsilon$ は M のコンパクト集合で，従って閉集合である．これより p と $q \notin \bar{U}_\epsilon$ を結ぶ曲線 c は $\bar{U}_\epsilon$ の境界の点を通る．

在する．M 上のリーマン計量全体の空間を $\mathcal{MET}_M$ とすれば，M の微分同相 Φ のなす群 $\mathcal{DIFF}_M$ が $\mathcal{MET}_M$ 上 $g \to \Phi^* g$ によって作用する．g と $\Phi^* g$ は等長的なので，これらを同一視して得られる空間 $\mathcal{MET}_M/\mathcal{DIFF}_M$ を M 上のリーマン計量の空間と考えることが多い．

1.2.2 レヴィ＝チヴィタ接続と共変微分・平行移動

多様体 M 上の幾何学的な量は，例えばリーマン計量のように，M 上のベクトル束 $\tau : E \to M$ の断面 s として現れることが多いが，断面 s の M 上のベクトル場による微分法として**接続**と呼ばれる概念がある．$\Gamma(E)$ ($\mathcal{X}(M)$) を E の断面（M 上のベクトル場）全体のなす $\mathcal{F}(M)$-加群とする．$\nabla : \mathcal{X}(M) \times \Gamma(E) \to \Gamma(E)$ は次を満たすとき，E の（線形）**接続**を与えるという（以下 $\nabla(X, s)$ の代わりに，s を X 方向に微分する意味合いで $\nabla_X s$ と書き，s の X による**共変微分**と呼ぶ）：$s \in \Gamma(E)$; $f, g \in \mathcal{F}(M)$, $X, Y \in \mathcal{X}(M)$ に対して

$$\begin{aligned} &\nabla_{fX+gY} s = f\nabla_X s + g\nabla_Y s,\ \nabla_X(s_1 + s_2) = \nabla_X s_1 + \nabla_X s_2, \\ &\nabla_X(fs) = (Xf)s + f\nabla_X s\ \ (Xf \in \mathcal{F}(M) \text{ は } f \text{ の } X \text{ による微分}). \end{aligned} \tag{1.30}$$

s の $X, Y \in \mathcal{X}(M)$ による共変微分は一般に微分の順序によるが，

$$R(X, Y)s := \nabla_X \nabla_Y s - \nabla_Y \nabla_X s - \nabla_{[X,Y]} s \tag{1.31}$$

と置くと，R は各変数について $\mathcal{F}(M)$-線形である．従って $(R(X, Y)s)(p)$ の値は $X(p)$, $Y(p)$, $s(p)$ によって決まることが分かるが，R を線形接続の**曲率テンソル**と呼ぶ．接続 ∇ は s 変数に関して $\mathcal{F}(M)$-線形でなく，M 上のテンソル場ではない．しかし，M の開集合 U に対して $(\nabla_X s)|_U$ は $X|_U, s|_U$ のみによって決まる[*20]．これより，局所チャートを取ることにより，$\nabla_X s$ の点 $p \in M$ における値は X_p と s の p の近傍における値によって決まることが分かる．

特に M の接束 $\tau_M : TM \to M$ の場合，$\Gamma(TM) = \mathcal{X}(M)$ であり，上の性質を満たす共変微分 $\nabla_X Y \in \mathcal{X}(M); X, Y \in \mathcal{X}(M)$ に対して

$$T(X, Y) = \nabla_X Y - \nabla_Y X - [X, Y] \tag{1.32}$$

は**捩れテンソル**と呼ばれる (1, 2) 型のテンソル場を与える．さて，リーマン計量が与えられると，次の条件を満たす τ_M の線形接続が一意に定まる：

[*20] 例えば，$s|_U \equiv 0$ ならば，$(\nabla_X s)|_U \equiv 0$ を示す．任意の $q \in U$ に対して q の近傍 $V \subset \bar{V} \subset U$ と，$\varphi|_V \equiv 0$，$\varphi|_{M \setminus U} \equiv 1$ を満たす $\varphi \in \mathcal{F}(M)$ を取れば，$\varphi s \equiv s$ であり，$\nabla_X s = \nabla_X(\varphi s) = (X\varphi)s + \varphi \nabla_X s$．よって，$(\nabla_X s)(q) = 0$．

$$\begin{cases} \nabla_X Y - \nabla_Y X = [X,Y], \text{ すなわち捩れテンソル場 } T \equiv 0, \\ X\langle Y,Z\rangle = \langle \nabla_X Y, Z\rangle + \langle Y, \nabla_X Z\rangle. \end{cases} \tag{1.33}$$

実際，この条件から次の 3 式

$$\begin{aligned} X\langle Y,Z\rangle &= \langle \nabla_X Y, Z\rangle + \langle Y, \nabla_X Z\rangle \\ Y\langle Z,X\rangle &= \langle \nabla_Y Z, X\rangle + \langle Z, \nabla_Y X\rangle = \langle \nabla_Y Z, X\rangle + \langle Z, \nabla_X Y + [Y,X]\rangle \\ -Z\langle X,Y\rangle &= -\langle \nabla_Z X, Y\rangle - \langle X, \nabla_Z Y\rangle \end{aligned}$$

が得られるが，これらを加えて式 (1.33) に注意すれば，次式を得る：

$$\begin{aligned} \langle \nabla_X Y, Z\rangle = \frac{1}{2}\{ & X\langle Y,Z\rangle + Y\langle Z,X\rangle - Z\langle X,Y\rangle \\ & + \langle [X,Y],Z\rangle - \langle [Y,Z],X\rangle + \langle [Z,X],Y\rangle\}. \end{aligned} \tag{1.34}$$

これより，$\nabla_X Y$ の一意性が従う．逆に，式 (1.34) の右辺から左辺のベクトル場 $\nabla_X Y$ が決まること，またこれが線形接続を与える条件 (1.30), (1.33) を満たすことは直接の計算で確かめることができる．以上をまとめると：

定理 1.8　リーマン多様体上，条件 (1.30), (1.33) を満たす**レヴィ＝チヴィタ**（Levi–Civita）**接続**と呼ばれる τ_M の線形接続が唯一つ定まり，式 (1.34) で表される．

共変微分を局所座標系によって表そう．(U, φ, x^i) を局所チャートとし，$\{\partial_i = \partial/\partial x^i\}$ と置く．このとき，**クリストッフェル**（Christoffel）**の記号**と呼ばれる $\Gamma_{ij}^k \in \mathcal{F}(U)$ $(1 \leq i,j,k \leq n)$ が $\nabla_{\partial_i}\partial_j := \Gamma_{ij}^k \partial_k$ によって定まり，式 (1.34) より

$$\Gamma_{ij}^k = \frac{1}{2} g^{kl}(\partial_i g_{jl} + \partial_j g_{il} - \partial_l g_{ij}) \tag{1.35}$$

と書ける．特に $\Gamma_{ij}^k = \Gamma_{ji}^k$，$\partial_k g_{ij} = g_{lj}\Gamma_{ki}^l + g_{il}\Gamma_{kj}^l$ であり，$X, Y \in \mathcal{X}(M)$ に対して $X|_U = X^i \partial_i$，$Y|_U = Y^i \partial_i$ と置くと，$\nabla_X Y|_U$ は次のように表される（XY^i は成分関数 Y^i のベクトル場 X による微分である）：

$$\begin{aligned} \nabla_X Y|_U &= (XY^k + \Gamma_{ij}^k Y^j X^i)\partial_k = X^i(\nabla_i Y^k)\partial_k; \\ \nabla_i Y^k &= \partial_i Y^k + \Gamma_{ij}^k Y^j. \end{aligned} \tag{1.36}$$

注意 1.9　特に $\nabla_X Y(p)$ は，ベクトル場 X の p における値 X_p と p で X_p に接する曲線 $c(t)$ 上の Y の値 $Y_{c(t)}$ によって決まる．また式 (1.36) より，M の滑らかな曲線 $c : [a,b] \to M$ に沿ったベクトル場 Y $(Y_{c(t)} \in T_{c(t)}M)$ の共変微分 $\nabla_{\dot{c}} Y$ や，部分多様体 N に沿ったベクトル場 Y $(Y_q \in T_q M,\ q \in N)$ の $X \in \mathcal{X}(N)$ による共変微分 $\nabla_X Y$ を考えることができる．

なお，$\Gamma_{ij}^k, \bar{\Gamma}_{ab}^c$ をそれぞれ，局所チャート (U, φ, x^i), (V, ψ, y^a) に関するクリストッフェルの記号とすれば，次の座標変換公式が成り立つ：

$$\bar{\Gamma}^c_{ab} = \frac{\partial y^c}{\partial x^k}\frac{\partial x^i}{\partial y^a}\frac{\partial x^j}{\partial y^b}\Gamma^k_{ij} + \frac{\partial^2 x^k}{\partial y^a \partial y^b}\frac{\partial y^c}{\partial x^k}.$$

例 1.10　正規直交座標系 $(o, \{e_i\})$ を選び，**ユークリッド空間** E^n を $(\mathbf{R}^n, g_{\mathrm{can}})$ と同一視すれば，$X, Y \in \mathcal{X}(E^n)$ は $X = X^i e_i$, $Y = Y^j e_j$; $X^i, Y^j \in \mathcal{F}(E^n)$ $(1 \leq i, j \leq n)$ と表せる．このとき，g_{can} のレヴィ＝チヴィタ接続の**共変微分** $D_X Y$ は

$$D_X Y = X^i \frac{\partial Y^j}{\partial x^i} e_j = (XY^j)e_j \tag{1.37}$$

で与えられる（条件 (1.30), (1.33) を満たすことを確かめよ）．特に，$\Gamma^k_{ij} \equiv 0$ である．

次に，m 次元リーマン多様体 (N, h) の n 次元部分多様体 M に対して，その**誘導計量** g に関する**共変微分** ∇^M を求める．$p \in M$ に対して T_pM を T_pN の n 次元部分空間と考え，$u \in T_pN$ の T_pM 方向の成分を $u^\top$，直交成分を $u^\perp$ で表す．∇^N で (N, h) の共変微分を表し，$X, Y \in \mathcal{X}(M)$ に対して

$$\nabla^M_X Y = (\nabla^N_X Y)^\top,\ S(X, Y) = (\nabla^N_X Y)^\perp \tag{1.38}$$

と置けば，$\nabla^M_X Y$ が (M, g) の共変微分を与える（条件 (1.30), (1.33) を満たすことを確かめよ）．$S(X, Y)$ は M の法束 $\nu M = \bigcup_{p \in M}(T_pN)^\perp$ に値を持つ対称なテンソル場で，M の**第 2 基本形式**と呼ばれる．また，法ベクトル場 ξ に対して $A_\xi : \mathcal{X}(M) \to \mathcal{X}(M)$ を $A_\xi X = (\nabla^N_X \xi)^\top$ によって与えれば，$\langle A_\xi X, Y \rangle = -\langle \xi, S(X, Y) \rangle$ が成り立つ．A_ξ は M 上 (1,1) 型テンソル場で各点 $p \in M$ で対称な線形写像 $A_\xi : T_pM \to T_pM$ を定め，ξ に関する M の**シェイプ作用素**と呼ばれる．A_ξ の固有値（固有ベクトル）を ξ 方向の M の**主曲率（主曲率ベクトル）**という．

特に，ユークリッド空間 $(\mathbf{R}^{n+1}, g_{\mathrm{can}})$ の超曲面 M（n 次元部分多様体）の**誘導計量** g に関する**共変微分** ∇^M は，M の滑らかな単位法ベクトル場 ξ を選んで $S_\xi(X, Y) = (D_X Y) \cdot \xi$ と置くとき，次を満たす：$X, Y \in \mathcal{X}(M)$ に対して

$$D_X Y = \nabla^M_X Y + S_\xi(X, Y)\xi = \nabla^M_X Y - (A_\xi X \cdot Y)\xi. \tag{1.39}$$

(N, h) の部分多様体 (M, g) は，その第 2 基本形式 $S \equiv 0$ のとき，**全測地的**であるという．例えば，m 次元ユークリッド空間 (E^m, V^m) で，V の n 次元部分空間 W に対して n 次元ユークリッド部分空間 $o + W \subset E$, $o \in E$ は全測地的部分多様体である．単位球面 $S^m \subset \mathbf{R}^{m+1}$ で，$\mathbf{R}^{m+1}$ の $(n+1)$ 次元部分ベクトル空間 V に対して，$S^m \cap V$ は n 次元大球面を与えるがこれは全測地的である．同様に，双曲空間 $H^m \subset \mathbf{R}^{m+1}$ で，$(\mathbf{R}^{m+1}, \circ)$ の時間的ベクトルを含む $(n+1)$ 次元部分空間 W に対して，$H^m \cap W$ は n 次元双曲部分空間と呼ばれる全測地的部分多様体を与える．

また，各点 $p \in M$ で第 2 基本形式 S の跡（トレース）$\sum_{i=1}^{n} S(e_i, e_i)$（**平均曲率ベクトル**という．$\{e_i\}$ は T_pM の正規直交基底）が 0 のとき，M は**極小部分多様体**であるという．例えば，$\mathbf{R}^3$ の極小部分多様体（極小曲面）は非常に詳しく調べられている．

さて，レヴィ＝チヴィタ接続の**曲率テンソル場**は，$X, Y, Z \in \mathcal{X}(M)$ に対して

$$R(X,Y)Z := \nabla_X \nabla_Y Z - \nabla_Y \nabla_X Z - \nabla_{[X,Y]} Z \tag{1.40}$$

で与えられる (1, 3) 型テンソル場であり，また，(0, 4) 型テンソル場（これも同じ記号 R を用いる）が $R(X,Y,Z,W) := \langle R(X,Y)Z, W\rangle$ で定義される[*21]．局所チャートに関して

$$R(\partial_i, \partial_j)\partial_k = R_{ijk}{}^l \partial_l,\ R(\partial_i, \partial_j, \partial_k, \partial_l) = R_{ijkl}$$

を曲率テンソルの成分表示とすれば

$$\begin{cases} R_{ijk}{}^l = \partial_i \Gamma^l_{jk} - \partial_j \Gamma^l_{ik} + \Gamma^l_{im}\Gamma^m_{jk} - \Gamma^l_{jm}\Gamma^m_{ik}, \\ R_{ijkl} = R_{ijk}{}^m g_{ml}. \end{cases} \tag{1.41}$$

定理 1.11　**曲率テンソル** $R(X,Y)Z$ は次の（歪）対称性を満たす[*22]．

$$\begin{aligned} &(1)\ R(X,Y)Z = -R(Y,X)Z. \\ &(2)\ R(X,Y)Z + R(Y,Z)X + R(Z,X)Y = 0. \\ &(3)\ \langle R(X,Y)Z, W\rangle + \langle R(X,Y)W, Z\rangle = 0. \\ &(4)\ \langle R(X,Y)Z, W\rangle = \langle R(Z,W)X, Y\rangle. \\ &(5)\ (\nabla_X R)(Y,Z)U + (\nabla_Y R)(Z,X)U + (\nabla_Z R)(X,Y)U = 0. \end{aligned} \tag{1.42}$$

(2), (5) をそれぞれ**ビアンキ**（Bianchi）**の第 1，第 2 公式**と呼ぶ．

証明. (1) は定義から明らか．(2) の左辺は定義に戻り式 (1.33) を用いれば，$\nabla_X[Y,Z] - \nabla_{[Y,Z]}X = [X,[Y,Z]]$ の巡回和になり，括弧積に関するヤコビの恒等式から 0 になる．(5) も同様に定義に戻り，計算は煩雑になるが式 (1.33) を用いれば，左辺は $\nabla_{[X,[Y,Z]]}U$ の巡回和になる．(3) は $\langle R(X,Y)Z, Z\rangle = 0$ の場合に示せばよいが，定義に戻り式 (1.33) を用いればよい．(4) は成分表示で $R_{ijkl} = R_{klij}$ を示せばよいが，例えば

[*21] 曲率テンソルの定義や符号は著者によって異なるので注意されたい．後で出てくる断面曲率，リッチテンソル，スカラー曲率については皆同じである．

[*22] (0, 4) 型曲率テンソル R も対応した性質を満たす．また，曲率テンソルに関するこれらの公式は，各点 $p \in M$ の接空間 T_pM に制限しても成り立つ．

$$\begin{aligned}2R_{ijkl} &= R_{ijkl} + R_{jilk} = -(R_{jkil} + R_{kijl}) - (R_{iljk} + R_{ljik}) \\ &= -R_{iklj} - (R_{kjli} + R_{jlki}) - R_{iljk} \\ &= (R_{klij} + R_{likj}) + R_{lkji} - R_{iljk} = 2R_{klij}.\end{aligned}$$ □

例 1.12 **ユークリッド空間** $(\mathbf{R}^n, g_{\mathrm{can}})$ **の曲率テンソル**は $R \equiv 0$ を満たす．実際 $R(X,Y)Z = \{X(YZ^j) - Y(XZ^j) - [X,Y]Z^j\}e_j \equiv 0$．次に，$m$ 次元リーマン多様体 (N,h) の n 次元部分多様体 M に対して，その**誘導計量** g に関するレヴィ＝チヴィタ接続の**曲率テンソル**を求める．R^M, R^N をそれぞれ ∇^M, ∇^N に関する曲率テンソルとする．このとき $X,Y,Z,W \in \mathcal{X}(M)$ に対して，曲率テンソルの定義から

$$\begin{aligned}R^N(X,Y)Z =& \nabla^N_X\{\nabla^M_Y Z + S(Y,Z)\} - \nabla^N_Y\{\nabla^M_X Z + S(X,Z)\} \\ &- \nabla^M_{[X,Y]}Z - S([X,Y],Z).\end{aligned}$$

この両辺の TM 成分を取れば

$$\begin{aligned}(R^N(X,Y)Z)^\top =& \nabla^M_X\nabla^M_Y Z - \nabla^M_Y\nabla^M_X Z - \nabla^M_{[X,Y]}Z \\ &+ (\nabla^N_X S(Y,Z))^\top - (\nabla^N_Y S(X,Z))^\top \\ =& R^M(X,Y)Z + A_{S(Y,Z)}X - A_{S(X,Z)}Y.\end{aligned}$$

この式と W の内積を取れば，次の**ガウス** (Gauss) **の公式**が成り立つ：

$$\begin{cases}(R^N(X,Y)Z)^\top = R^M(X,Y)Z + A_{S(Y,Z)}X - A_{S(X,Z)}Y, \\ R^N(X,Y,Z,W) = R^M(X,Y,Z,W) + \langle S(X,Z), S(Y,W)\rangle \\ \qquad\qquad - \langle S(Y,Z), S(X,W)\rangle.\end{cases} \tag{1.43}$$

特に，$(\mathbf{R}^{n+1}, g_{\mathrm{can}})$ の超曲面 M の**誘導計量** g に関するレヴィ＝チヴィタ接続の**曲率テンソル** R については，M の滑らかな単位法ベクトル場 ξ に関して

$$R(X,Y)Z = S_\xi(X,Z)A_\xi Y - S_\xi(Y,Z)A_\xi X. \tag{1.44}$$

例 1.13 例 1.12 をユークリッド空間 $\mathbf{R}^{n+1}$ の半径 r の球面 $S^n_r = \{x \in \mathbf{R}^{n+1} \mid |x|^2 = r^2\}$ の誘導計量 g_{can} の場合に適用する．$x \in S^n_r$ における単位法ベクトルとして $\xi = x/r$ を取ると，$U \in \mathcal{X}(S^n_r)$ は $U_x \cdot x = 0$ を満たし，$D_U\xi = \frac{1}{r}U$ に注意すると

$$S_\xi(U,V) = (D_U V)\cdot\xi = -V\cdot(D_U\xi) = -\frac{1}{r}V\cdot U, \quad A_\xi U = \frac{1}{r}U$$

を得る．よって，**曲率テンソル** R は式 (1.44) から次で与えられる：

$$R(U,V)W = \frac{1}{r^2}\{(V\cdot W)U - (U\cdot W)V\}.$$

双曲幾何 (H^n, g_{can}) は，ローレンツ空間 $(\mathbf{R}^{n+1}, \circ)$ の超曲面 H^n の誘導計量から得られるリーマン多様体と考えた．そのレヴィ＝チヴィタ接続の共変微分を求める．

T_xH^n を $\mathbf{R}^{n+1}$ におけるローレンツ内積 $\circ$ に関する x の直交補空間 $x^\perp$ と同一視し，$u \in \mathbf{R}^{n+1}$ の T_xH^n 方向の成分を $u^\top$，直交成分を $u^\perp$ で表す．このとき，$U, V \in \mathcal{X}(H^n)$ に対して $D_UV = (D_UV)^\top - (D_UV \circ x)x$ と直交分解すれば，**双曲空間**の共変微分は $\nabla_UV = (D_UV)^\top$ で与えられる．ここで，$D_UV \circ x = -V \circ D_Ux = -V \circ U$ に注意して $D_UV = \nabla_UV + (U \circ V)x$ を得る．後は球面の場合と同様に計算して，**曲率テンソル**に対して次を得る：

$$R(U,V)W = -(V \circ W)U + (U \circ W)V.$$

例 1.14 $(M^n, g), (N^m, h)$ をリーマン多様体，$\Phi : N \to M$ を**全射リーマン沈め込み**とする．$\nabla, \nabla^\top$ をそれぞれ h, g の共変微分，$\nabla^\perp$ を h のファイバー $F_b := \pi^{-1}(b)$, $b \in M$ への誘導計量 h_b に関する共変微分とする．以下，各点 $p \in N$ で垂直部分 $V_p = T_pF_b, b = \Phi(p)$ に接する垂直ベクトル場 ($U, V, W, \ldots$ 等で表す)，水平部分 H_p に接する水平ベクトル場（$X, Y, Z, \ldots$ 等で表す）を考える．特に水平ベクトル場 X は，$\hat{X} \in \mathcal{X}(M)$ が存在して $D\Phi(p)X_p = \hat{X}_{\Phi(p)} (p \in N)$ を満たすとき，基本ベクトル場という．$\hat{X} \in \mathcal{X}(M)$ に対して，各点 $p \in N$ で $X_p = (D\pi(p)|_{H_p})^{-1}\hat{X}_{\Phi(p)} \in H_p$ が決まり，$p \mapsto X_p$ は $\hat{X}$ の水平リフトと呼ばれる滑らかな基本ベクトル場 X を定める．X, Y が基本ベクトル場なら，$[X, Y]$ の水平部分 $[X, Y]^\top$ は $[\hat{X}, \hat{Y}]$ の水平リフトであり，X が基本ベクトル場で U が垂直ベクトル場なら $[X, U]$ は垂直ベクトル場である．また，基本ベクトル場 X, Y と垂直ベクトル場 U に対して，$U\langle X, Y\rangle = 0$ が成り立つ．さて $E, F \in \mathcal{X}(N)$ に対して，N 上の $(1,2)$ 型テンソル場

$$T_EF := (\nabla_{E^\perp}F^\perp)^\top + (\nabla_{E^\perp}F^\top)^\perp,\ A_EF := (\nabla_{E^\top}F^\perp)^\top + (\nabla_{E^\top}F^\top)^\perp$$

が定まる．基本ベクトル場 X, Y, 垂直ベクトル場 U, V に対しては $A_XY = -A_YX = \frac{1}{2}[X, Y]^\perp$ （式 (1.34) を用いよ），$T_UV = T_VU$ であり，次が成り立つ：

$$\begin{aligned} \nabla_UV &= \nabla^\perp_UV + T_UV, \quad \nabla_UX = T_UX + (\nabla_UX)^\top, \\ \nabla_XU &= (\nabla_XU)^\perp + A_XU, \quad \nabla_XY = A_XY + (\nabla_XY)^\top. \end{aligned} \tag{1.45}$$

また，X, Y がそれぞれ $\hat{X}, \hat{Y}$ の水平リフトならば，$(\nabla_XY)^\top$ は $\nabla^\top_{\hat{X}}\hat{Y}$ の水平リフトである．このとき，$\nabla, \nabla^\perp, \nabla^\top$ の**曲率テンソル**をそれぞれ $R, R^\perp, R^\top$ とすれば，種々の関係式が導かれる．計算は省略するが，例えば，次が成り立つ：

$$\begin{aligned} \langle R(U,V)W, W'\rangle &= \langle R^\perp(U,V)W, W'\rangle + \langle T_UW, T_VW'\rangle - \langle T_VW, T_UW'\rangle, \\ \langle R(X,Y)Z, Z'\rangle &= \langle R^\top(X,Y)Z, Z'\rangle + 2\langle A_XY, A_ZZ'\rangle \\ &\quad + \langle A_XZ, A_YZ'\rangle - \langle A_YZ, A_XZ'\rangle. \end{aligned}$$

ここで，$R^\top(X_p, Y_p)Z_p (p \in N)$ は $R^\top(D\Phi(p)X_p, D\Phi(p)Y_p)(D\Phi(p)Z_p)$ の水平リフトを意味する（[2], [9], [19] を参照）．

以下レヴィ＝チヴィタ接続の共変微分に関して基本的なことをまとめておこう．

(1) **(テンソル場の共変微分)** レヴィ＝チヴィタ接続は M のテンソル場の共変微分を導く：$X \in \mathcal{X}(M)$ と (r,s) 型テンソル場 $T \in \mathcal{T}_s^r(M)$ に対し，同じ型のテンソル場 $\nabla_X T \in \mathcal{T}_s^r(M)$ がテンソル積に関してライプニッツ (Leibniz) の公式を満たし，縮約 C と可換であるという性質の下で一意に定まる．ただし，$\nabla_X f = Xf$, $f \in \mathcal{F}(M) = \mathcal{T}_0^0(M)$．例えば，$\nabla_X : \mathcal{T}_0^r(M) \to \mathcal{T}_0^r(M)$ は

$$\nabla_X(Y_1 \otimes \cdots \otimes Y_r) := \sum_{i=1}^{r} Y_1 \otimes \cdots \otimes \nabla_X Y_i \otimes \cdots \otimes Y_r$$

で定義され，$\alpha \in \mathcal{T}_1^0(M)$ に対しては

$$\begin{aligned}(\nabla_X \alpha)(Y) &= C(\nabla_X \alpha \otimes Y) = C(\nabla_X(\alpha \otimes Y)) - C(\alpha \otimes \nabla_X Y) \\ &= \nabla_X(C(\alpha \otimes Y)) - C(\alpha \otimes \nabla_X Y) = X(\alpha(Y)) - \alpha(\nabla_X Y).\end{aligned}$$

一般に，$T \in \mathcal{T}_s^r(M)$ に対しては，$T(Y_1, \ldots, Y_s) \in \mathcal{T}_0^r(M)$ であるから

$$(\nabla_X T)(Y_1, \ldots, Y_s) := \nabla_X(T(Y_1, \ldots, Y_s)) - \sum_{i=1}^{s} T(Y_1, \ldots, \nabla_X Y_i, \ldots, Y_s)$$

となる．よって $(\nabla T)(X, Y_1, \ldots, Y_s) := (\nabla_X T)(Y_1, \ldots, Y_s)$ と定義すれば，共変微分は写像 $\nabla : \mathcal{T}_s^r(M) \to \mathcal{T}_{s+1}^r(M)$ とみなすことができる．局所チャートに関して表せば，$T = T^{i_1 \cdots i_r}_{j_1 \cdots j_s} dx^{j_1} \otimes \cdots \otimes dx^{j_s} \otimes \partial_{i_1} \otimes \cdots \otimes \partial_{i_r}$ に対して $(\nabla_{\partial_k} T)(\partial_{j_1}, \ldots, \partial_{j_s}) = \nabla_k T^{i_1 \cdots i_r}_{j_1 \cdots j_s} \partial_{i_1} \otimes \cdots \otimes \partial_{i_r}$ と置くと

$$\nabla_k T^{i_1 \cdots i_r}_{j_1 \cdots j_s} = \partial_k T^{i_1 \cdots i_r}_{j_1 \cdots j_s} + \sum_{\alpha=1}^{r} \Gamma^{i_\alpha}_{kl} T^{i_1 \cdots l \cdots i_r}_{j_1 \cdots \cdots j_s} - \sum_{\beta=1}^{s} \Gamma^m_{k j_\beta} T^{i_1 \cdots \cdots i_r}_{j_1 \cdots m \cdots j_s}. \tag{1.46}$$

ただし，添え字 l, m はそれぞれ α 番目，β 番目の位置にある．

特に，$\nabla T = 0$ を満たすテンソル場は平行であるという．例えば，式 (1.33) の第 2 式はリーマン計量テンソル g が平行であることを意味する．多くの幾何学的対象がテンソル場として与えられるため，その微分法 (テンソル解析) は微分幾何で重要な役割を果たす．さて，共変微分を繰り返して，高階の共変微分 $\nabla^{(k)} : \mathcal{T}_s^r(M) \to \mathcal{T}_{s+k}^r(M)$ が帰納的に

$$\nabla^{(k)} T(X_1, X_2, \ldots, X_l, \ldots) = \nabla_{X_1}(\nabla^{(k-1)} T)(X_2, \ldots, X_l, \ldots)$$

によって与えられる．例えば，

$$\nabla^{(2)} T(X, Y, \ldots) = (\nabla_X \nabla_Y T)(\cdots) - \nabla_{\nabla_X Y} T(\cdots)$$

であり，これより次を得る：

$$\nabla^{(2)}T(X,Y,\ldots)-\nabla^{(2)}T(Y,X,\ldots)=R(X,Y)\circ T. \tag{1.47}$$

ここで $R(X_p,Y_p)$ は T_pM の線形写像 $Z\to R(X,Y)Z$ を微分としてテンソル空間 $T(T_pM)$ の線形写像に拡張したものである．こうして，テンソル場の共変微分の順序を入れ替えると**曲率テンソル**が現れる．局所座標系に関しては

$$\begin{aligned}&\nabla_k\nabla_l T^{i_1\cdots i_r}_{j_1\cdots j_s}-\nabla_l\nabla_k T^{i_1\cdots i_r}_{j_1\cdots j_s}\\&=\sum_{\alpha=1}^{r}R_{klm}{}^{i_\alpha}T^{i_1\cdots m\cdots i_r}_{j_1\cdots\cdots\cdots j_s}-\sum_{\beta=1}^{s}R_{klj_\beta}{}^{n}T^{i_1\cdots\cdots\cdots i_r}_{j_1\cdots n\cdots j_s}\end{aligned} \tag{1.48}$$

となる．ただし，m,n はそれぞれ α 番目，β 番目の位置にある．

(2) **(平行移動)** ユークリッド幾何では，始点 $p\in E^n$ の位置ベクトル $v=\overrightarrow{pq}$ を，任意の点 r を始点とする位置ベクトル $\overrightarrow{rs}, s=r+v$ に平行移動することができた．リーマン多様体 M の場合は，区分的に滑らかな曲線 $c:[a,b]\to M$ に沿ったベクトル場 $X(t)$ が $\nabla_{\dot c}X\equiv 0$ を満たすとき（注意 1.9 参照），$X(t)$ は c に沿って**平行**であるという．局所チャートに関して，$x^i(t)=x^i(c(t))$，$X(t)=X^i(t)\partial_i$ $(1\le i\le n)$ と表すと，この条件は

$$\frac{dX^i}{dt}+\Gamma^i_{jk}\frac{dx^j}{dt}X^k=0\quad(1\le i\le n) \tag{1.49}$$

という 1 階線形常微分方程式系で書ける．この微分方程式を解くことにより，任意にベクトル $\xi\in T_pM,\ p=c(a)$ を与えるとき，初期条件 $X(a)=\xi$ を満たす c に沿って平行なベクトル場 $X(t)$ が $[a,b]$ 全体で一意に定義される．$\xi=X(a)$ に $X(b)$ を対応させることによって，線形写像 $P(c)^a_b:T_{c(a)}M\to T_{c(b)}M$ を得るが，これを c に沿っての**平行移動**という．$P(c)^a_b$ は $P(c^{-1})^a_b\ (=P(c)^b_a):T_{c(b)}M\to T_{c(a)}M$ が逆写像を与えるので同型写像であり，さらに内積を保つ．実際，c に沿って平行な $X(t),Y(t)$ に対して

$$\frac{d}{dt}\langle X(t),Y(t)\rangle=\langle\nabla_{\dot c(t)}X(t),Y(t)\rangle+\langle X(t),\nabla_{\dot c(t)}Y(t)\rangle=0$$

より $\langle X(b),Y(b)\rangle=\langle X(a),Y(a)\rangle$．例えば，2 次元球面 $S^2=\{x(u,v)=(\cos u\cos v,\,\cos u\sin v,\,\sin u)\in\mathbf{R}^3\mid 0\le v\le 2\pi,\,-\pi/2\le u\le\pi/2\}$ の小円 $c_u:[0,2\pi]\ni v\to x(u,v)\in S^2$ に沿っての平行移動 $P(c_u)$ は，$SO(2)$ の元として角 $-2\pi\sin u$ の回転である（確かめてみよ）．一般に，リーマン多様体 M の点 p を基点とする（区分的に滑らかな）ループ $c:[0,1]\to M; p=c(0)=c(1)$ に沿う平行移動は T_pM の直交変換を与える．このような p を基点とする二つのループ c_1,c_2 の積

$c_1 \cup c_2$ に対応する平行移動は積 $P(c_2) \circ P(c_1)$ で与えられるから，p を基点とするループに沿う平行移動全体は**ホロノミー群**と呼ばれる $O(n)$ の部分群 $H(p)$ をなす．$H(p)$ はリー群の構造を持ち，そのリー環は曲率テンソルを用いて表されることが知られている．

(3) 共変微分を用いて与えられる幾つかの微分演算について述べよう．

定義 1.15　(1) $f \in \mathcal{F}(M)$ に対してその**勾配ベクトル** $\nabla f \in \mathcal{X}(M)$ が

$$\langle \nabla f, X \rangle := Xf,\ X \in \mathcal{X}(M) \tag{1.50}$$

によって与えられる．局所チャートに関しては，$(\nabla f)^i = g^{ij}\partial_j f$.

(2) $f \in \mathcal{F}(M)$ の**ヘッシアン**（Hessian）と呼ばれる対称な $(0,2)$ 型テンソル場が

$$D^2 f(X,Y) = \langle \nabla_X \nabla f, Y \rangle = XYf - (\nabla_X Y)f, \quad X, Y \in \mathcal{X}(M) \tag{1.51}$$

で定義される（局所チャートでは，$(D^2 f)_{ij} = g_{jk}\nabla_i(\nabla f)^k = \nabla_i \partial_j f$）．

(3) $X \in \mathcal{X}(M)$ に対して，その**発散**と呼ばれる関数 $\mathrm{div}X$ が次で与えられる：tr は線形写像の跡（トレース），$G = \det(g_{ij})$ とし，$\partial_i\sqrt{G}/\sqrt{G} = \partial_i G/2G = g^{jk}\partial_i g_{jk}/2 = \Gamma^k_{ki}$ に注意する．

$$\mathrm{div}X = \mathrm{tr}(Y \mapsto \nabla_Y X)\left(= \nabla_i X^i = \frac{1}{\sqrt{G}}\partial_i(\sqrt{G}X^i)\right) \tag{1.52}$$

(4) $f \in \mathcal{F}(M)$ の**ラプラシアン**（Laplacian）$\Delta f \in \mathcal{F}(M)$ が

$$\Delta f = -\mathrm{tr}D^2 f = -\mathrm{div}(\nabla f) = -\nabla^j \nabla_j f = -\frac{1}{\sqrt{G}}\partial_j(g^{jk}\sqrt{G}\partial_k f) \tag{1.53}$$

で定義される．$\Delta f = 0$ を満たす $f \in \mathcal{F}(M)$ を**調和関数**という．リーマン多様体 M の（区分的に）滑らかな境界 $\partial\Omega$ を持つ領域 Ω 上で，$\partial\Omega$ で連続な関数 φ を与えるとき，境界条件 $f|_{\partial\Omega} = \varphi$ を満たす $\bar{\Omega}$ で連続で Ω で調和な関数 f が一意に存在する．以下の基本的事項は問とする．以下の問の解答は省略するが，よりよい理解のために計算を実行して確かめてみることを勧める．

問 1　次の公式が成り立つことを示せ：

$$\begin{aligned}
&\nabla(fh) = f\nabla h + h\nabla f, \quad D^2 f(X,Y) = D^2 f(Y,X), \\
&\mathrm{div}(fX) = Xf + f\mathrm{div}X, \quad \mathrm{div}(h\nabla f) = -h\Delta f + \langle \nabla f, \nabla h \rangle, \\
&\Delta(fh) = h\Delta f - 2\langle \nabla f, \nabla h \rangle + f\Delta h.
\end{aligned}$$

問 2 (1)　k 次微分形式 ω の**外微分** $d\omega$ は次のように表されることを示せ：

$$d\omega(X_0, X_1, \ldots, X_k) = \sum_{i=0}^{k} (-1)^i (\nabla_{X_i}\omega)(X_0, \ldots, \hat{X}_i, \ldots, X_k).$$

(2) $(0, s)$ 型テンソル場 T の $X \in \mathcal{X}(M)$ による**リー微分** $\mathcal{L}_X T$ は

$$\mathcal{L}_X T(X_1, \ldots, X_s) = \nabla_X T(X_1, \ldots, X_s) + \sum_{i=1}^{s} T(X_1, \ldots, \nabla_{X_i} X, \ldots, X_s)$$

と表されることを示せ．リーマン多様体 (M, g) のベクトル場 X は，$\mathcal{L}_X g = 0$ を満たすとき**キリング** (Killing) 場であるという（X の生成する 1 径数変換群が等長変換から成ることを意味する）．X $(= X^i \partial_i)$ がキリング場であるためには，各点 p で T_pM の線形写像 $Y \mapsto \nabla_Y X$ が歪対称であること（$\nabla_i X_j + \nabla_j X_i = 0$, $X_i = g_{ij} X^j$）が必要十分であることを示せ．

問 3 $\Phi : (M, g) \to (N, h)$ を**等長写像**とする．∇^g, ∇^h (R^g, R^h) をそれぞれ (M, g), (N, h) の共変微分（曲率テンソル），$D\Phi : \mathcal{X}(M) \to \mathcal{X}(N)$ をベクトル場のなすリー環の同型写像とするとき，$X, Y, Z \in \mathcal{X}(M)$ に対して次を示せ：

$$D\Phi(\nabla^g_X Y) = \nabla^h_{D\Phi(X)} D\Phi(Y),$$
$$D\Phi(R^g(X, Y)Z) = R^h(D\Phi(X), D\Phi(Y))D\Phi(Z).$$

1.2.3 測地線，ヤコビ場と指数写像

ユークリッド幾何における直線 γ の真っ直ぐに進むという性質 $\ddot{\gamma}(t) \equiv 0$ は，リーマン幾何においては平行移動の観点から

$$\nabla_{\dot{\gamma}(t)} \dot{\gamma}(t) \equiv 0 \tag{1.54}$$

で与えられる．これを満たす（C^2 級）曲線 γ は**測地線**と呼ばれ，リーマン幾何で重要な役割を果たす[*23]．特に，弧長パラメータの測地線を**正規測地線**という．局所チャート $(U, \varphi, \{x^i\})$ に関して式 (1.54) は，$x^i(t) = x^i(\gamma(t))$ と置くとき

$$\frac{d^2 x^i}{dt^2} + \Gamma^i_{jk} \frac{dx^j}{dt} \frac{dx^k}{dt} = 0 \quad (i = 1, \ldots, n) \tag{1.55}$$

となる．特に，$d^2x^i/dt^2 = -\Gamma^i_{jk} dx^j/dt \cdot dx^k/dt$ は次々に t で微分できて測地線は C^∞ 級曲線であることが分かる．式 (1.55) は 2 階の非線形常微分方程式系であり，微分方程式の基本定理から次がなりたつ：$p_0 \in M$ と $u_0 \in T_{p_0}M$ を与えるとき，$a > 0$

[*23] 式 (1.54) は γ のパラメータに制限を与える：実際，$d/dt\langle\dot{\gamma}(t), \dot{\gamma}(t)\rangle = 2\langle\nabla_{\dot{\gamma}(t)}\dot{\gamma}(t), \dot{\gamma}(t)\rangle = 0$ より接ベクトルの長さ $|\dot{\gamma}(t)|$ は一定（**定速**という）である．

と u_0 の TM における近傍 $\tilde{U}$ が存在して，$u \in \tilde{U}$ に対して $|t| \leq a$ で定義された測地線 γ_u で初期条件 $\gamma(0) = p = \tau_M u$，$\dot{\gamma}(0) = u$ を満たすものが唯一つ存在する．このとき，$\gamma_u(t)$ は t と u に滑らかに依存する．

まず，測地線の次の性質に注意しよう：$a \in \mathbf{R}$ に対して

$$\gamma_{au}(t) = \gamma_u(at). \tag{1.56}$$

実際，上式の両辺共にパラメータ t に関して式 (1.54) を満たし，同じ始点 $\tau_M u$ と同じ始方向 au を持つので，微分方程式の解の一意性から一致する．

さて，$p \in M$ に対して U_pM はコンパクトだから，各 $\gamma_u(t)$ $(u \in U_pM)$ が $|t| \leq \delta$ で定義されるような $\delta > 0$ が存在する．すると式 (1.56) から，$\gamma_u(1)$ が T_pM の原点 0_p を中心とする半径 δ の距離閉球 $\bar{B}_\delta(0_p)$ の任意の元 u に対して定義される．こうして $\exp_p u := \gamma_u(1)$ と定義することにより，$\bar{B}_\delta(0_p)$ を含む T_pM のある開集合 D で定義された**指数写像**と呼ばれる滑らかな写像 $\exp_p$ を得る．式 (1.56) を書き直せば

$$\exp_p tu = \gamma_u(t), \quad \exp_p 0_p = p \tag{1.57}$$

である．$T_{0_p}(T_pM)$ を T_pM と同一視すれば，$\exp_p$ の原点における微分は

$$D\exp_p(0_p)u = \left.\frac{d}{dt}\right|_{t=0} \exp_p tu = \dot{\gamma}_u(0) = u$$

であり，$D\exp_p(0_p)$ は恒等写像である．よって逆写像定理から $\exp_p|_{B_\epsilon(0_p)}$ が M の p を含む開集合 B [*24]の上への微分同相写像となるように $\epsilon > 0$ を選べる．そこで，T_pM の正規直交基底 $\{e_i\}_{i=1}^n$ を一つ選び，$q \in B$ に対して $(\exp_p|_{B_\epsilon(0_p)})^{-1}(q) = x^i(q)e_i$ と表す．$\varphi(q) = (x^1(q), \ldots, x^n(q))$ と定義すれば，微分同相写像 $\varphi : B \to B_\epsilon(0; \mathbf{R}^n)$ を得る．こうして p の周りの**正規座標系**と呼ばれる局所チャート $(B, \varphi, \{x^i\})$ が，リーマン計量を用いて与えられた．

問 4　$\Phi : (M, g) \to (N, h)$ を**等長写像**とする．$p \in M$ を始点，$u \in T_pM$ を始方向とする M の測地線 γ_u に対して $\Phi(\gamma_u(t)) = \gamma_{D\Phi(p)u}(t)$ を示せ．

例 1.16　ユークリッド幾何，すなわち標準的な計量を持った**ユークリッド空間** $(\mathbf{R}^n, g_{\mathrm{can}})$ では，$T_p\mathbf{R}^n$ を $\mathbf{R}^n$ と同一視するとき，p を始点，u を始方向とする測地線 γ_u は，$\gamma_u(t) = p + tu$ で与えられ，これは直線である．指数写像 $\exp_p$ は上の同一視の下で恒等写像に他ならない．

次に，半径1の**球面** (S^n, g_{can}) の $x \in S^n$ を始点，$u \in T_xS^n \cong x^\perp = \{u \in \mathbf{R}^{n+1} \mid u \cdot x = 0\}$ を始方向とする測地線 $\gamma_u(t)$ を求める：例 1.10 より，測地線の方程式は

[*24] 実際，$B = B_\epsilon(p; M)$ となることを後で示す．

$(D_{\dot\gamma_u(t)}\dot\gamma_u(t))^\top = (\ddot\gamma_u(t))^\top = 0$ で与えられ，$\ddot\gamma_u(t) = f(t)\gamma_u(t)$ と書けるが，この両辺と $\gamma_u(t)$ の内積を取って，$f(t) \equiv -|u|^2$ を得る．よって $\ddot\gamma_u(t) = -|u|^2\gamma_u(t)$ を初期条件の下に解くことにより，$\gamma_u(t) = \cos(|u|t)x + (\sin(|u|t)/|u|)u$ を得る．これは S^n の大円である（1.1.2 項）．指数写像 $\exp_x$ は $B_\pi(0_x)$ に制限すると微分同相写像であるが，その境界 $S_\pi^{n-1}(0_x)$ を x の対蹠点 $-x$ に写す．

双曲空間 (H^n, g_{can}) の場合，$x \in H^n$ を始点，$u \in T_xH^n \cong x^\perp = \{u \in \mathbf{R}^{n+1} \mid u \circ x = 0\}$ を始方向とする測地線 $\gamma_u(t)$ は，球面の場合と同様に $(D_{\dot\gamma_u(t)}\dot\gamma_u(t))^\top = (\ddot\gamma_u(t))^\top = 0$ で与えられ，$\ddot\gamma_u(t) = f(t)\gamma_u(t)$ と書ける．この両辺と $\gamma_u(t)$ のローレンツ内積を取り，この場合は $f(t) \equiv \|u\|^2$ で次を得る（1.1.3 項参照）：$\gamma_u(t) = \cosh(\|u\|t)x + (\sinh(\|u\|t)/\|u\|)u$．指数写像 $\exp_x : x^\perp \to H^n$ は微分同相写像であることが容易に分かる．

単位開球モデル (B^n, g_{can}) では，境界の球面 S^{n-1} と直交する円（と B^n の直径）が測地線を与える．実際，例 1.6 の等長写像 $\chi^{-1} : (H^n, g_{\mathrm{can}}) \to (B^n, g_{\mathrm{can}})$ により，H^n の e_{n+1} を通る測地線 $t \to \cosh t\, e_{n+1} + \sinh t\, u\,(u \in \mathbf{R}^n,\ \|u\| = 1)$ は B^n の直径 $t \to (\sinh t/(1 + \cosh t))u$ に写される．B^n の測地線は，この直径を等長変換である B^n のメビウス変換 ϕ で写像して得られる．ϕ は S^{n-1} に直交する円（B^n の直径を含む）を S^{n-1} に直交する円（B^n の直径を含む）に写すので結論を得る．同様に，**上半空間モデル** (U^n, g_{can}) の測地線は境界の $\mathbf{R}^{n-1}$ に直交する半円（e_n に平行な半直線を含む）で与えられる．

ユークリッド幾何では，2 点を結ぶ距離を実現する**最短線**は線分で与えられ，定速パラメータを取れば測地線になる．リーマン多様体 M の 2 点を結ぶ最短線は存在するか，存在するとして一意かという問題を扱う前に，$p, q \in M$ を結ぶ曲線 γ が最短線であるための必要条件を変分学の観点から求めよう．

$\mathcal{C}_{pq} = \{c : [0,1] \to M \mid c(0) = p,\ c(1) = q\}$ [*25]を p, q を結ぶ（区分的に）滑らかな曲線全体のなす空間，$L : \mathcal{C}_{pq} \ni c \mapsto L(c) \in \mathbf{R}$ を長さを対応させる $\mathcal{C}_{pq}$ 上の関数として，$\gamma \in \mathcal{C}_{pq}$ における L の微分を考える．長さはパラメータの取り方によらないので，$\gamma : [0,1] \to M$ は弧長に比例するパラメータを持つ（すなわち，定速）とし，区間 $[0,1]$ の分割 $0 = t_0 < t_1 < \cdots < t_k < t_{k+1} = 1$ を $\gamma|_{[t_i, t_{i+1}]}$ $(0 \le i \le k)$ が滑らかであるように取る．

さて，連続写像 $\alpha : [0,1] \times (-\epsilon, \epsilon) \to M$ は $\alpha|_{[t_i,t_{i+1}]\times(-\epsilon,\epsilon)}$ $(0 \le i \le k)$ が滑らかで，$\alpha(t, 0) = \gamma(t)$ を満たすとき γ の**変分**という．また $\alpha_s(t) := \alpha(t, s)$ と置いて得られる曲線 $\alpha_s; s \in (-\epsilon, \epsilon)$ を γ の**変分曲線**という．特に $\alpha(0, s) = p$，$\alpha(1, s) = q$ を満たすときは，$s \mapsto \alpha_s \in \mathcal{C}_{pq}$ は γ を通る $\mathcal{C}_{pq}$ の “滑らかな” 曲線とみなせる．まず，

[*25] パラメータの範囲は便宜上 $[0,1]$ に取ったが，一般に $[a,b]$ としても同じである．

一般の変分の場合に $dL(\alpha_s)/ds|_{s=0}$ を求めよう．$X(t) = \partial\alpha(t,0)/\partial s \in T_{\gamma(t)}M$ と置けば，$X(t)$ は γ に沿うベクトル場で，変分曲線 $s \mapsto \alpha_s$ の $s=0$ での接ベクトルに対応し，α の**変分ベクトル場**と呼ばれる．α が γ の $\mathcal{C}_{pq}$ における変分，すなわち $\alpha_s \in \mathcal{C}_{pq}$ の場合は $X(0) = X(1) = 0$ に注意する．

命題 1.17（第1変分公式） γ を $\mathcal{C}_{pq}$ の定速曲線とし，$|\dot\gamma(t)| \equiv l$ と置く．γ の任意の変分 α に対して，X をその変分ベクトル場とするとき

$$\left.\frac{dL(\alpha_s)}{ds}\right|_{s=0} = \frac{1}{l}\sum_{i=1}^{k}\langle X(t_i), \dot\gamma(t_i - 0) - \dot\gamma(t_i + 0)\rangle + \frac{1}{l}\{\langle X(1), \dot\gamma(1)\rangle - \langle X(0), \dot\gamma(0)\rangle\} - \frac{1}{l}\int_0^1 \langle X(t), \nabla_{\dot\gamma(t)}\dot\gamma(t)\rangle dt \tag{1.58}$$

が成り立つ．左辺を $DL_\gamma(X)$ とも書いて，L の X による**第1変分**という．

証明. まず $\nabla_{\partial\alpha/\partial s}\partial\alpha/\partial t = \nabla_{\partial\alpha/\partial t}\partial\alpha/\partial s$ が成り立つことを注意する．実際，局所チャートに関して表せば，$\Gamma_{ij}^k = \Gamma_{ji}^k$ に注意して

$$\nabla_{\frac{\partial\alpha}{\partial s}}\frac{\partial\alpha}{\partial t} = \left(\frac{\partial^2\alpha^k}{\partial s\partial t} + \Gamma_{ij}^k\frac{\partial\alpha^i}{\partial s}\frac{\partial\alpha^j}{\partial t}\right)\partial_k = \left(\frac{\partial^2\alpha^k}{\partial t\partial s} + \Gamma_{ij}^k\frac{\partial\alpha^i}{\partial t}\frac{\partial\alpha^j}{\partial s}\right)\partial_k = \nabla_{\frac{\partial\alpha}{\partial t}}\frac{\partial\alpha}{\partial s}.$$

$\dot\alpha_s(t) = \partial\alpha/\partial t$ だから，共変微分を用いて計算すると

$$\begin{aligned}\frac{dL(\alpha_s)}{ds} &= \int_0^1 \frac{d}{ds}\left\langle\frac{\partial\alpha}{\partial t}, \frac{\partial\alpha}{\partial t}\right\rangle^{1/2} dt \\ &= \int_0^1 \left\langle\nabla_{\frac{\partial\alpha}{\partial t}}\frac{\partial\alpha}{\partial s}, \frac{\partial\alpha}{\partial t}\right\rangle\left\langle\frac{\partial\alpha}{\partial t}, \frac{\partial\alpha}{\partial t}\right\rangle^{-1/2} dt.\end{aligned} \tag{1.59}$$

$s=0$ では $\langle\partial\alpha/\partial t, \partial\alpha/\partial t\rangle^{-1/2} = l^{-1}$ に注意して，次式が成り立つ：

$$\begin{aligned}l\left.\frac{dL(\alpha_s)}{ds}\right|_{s=0} &= \int_0^1 \langle\nabla_{\dot\gamma(t)}X(t), \dot\gamma(t)\rangle dt \\ &= \int_0^1 \left\{\frac{d}{dt}\langle X(t), \dot\gamma(t)\rangle - \langle X(t), \nabla_{\dot\gamma(t)}\dot\gamma(t)\rangle\right\} dt \\ &= -\int_0^1 \langle X(t), \nabla_{\dot\gamma(t)}\dot\gamma(t)\rangle dt + \sum_{i=1}^{k}\langle X(t_i), \dot\gamma(t_i - 0) - \dot\gamma(t_i + 0)\rangle \\ &\quad + \{\langle X(1), \dot\gamma(1)\rangle - \langle X(0), \dot\gamma(0)\rangle\}.\end{aligned}$$

□

さて，$\gamma \in \mathcal{C}_{pq}$ が p, q を結ぶ（定速）最短線ならば γ は L の最小値を取り，$\mathcal{C}_{pq}$ の任意の変分曲線 α に対して $dL(\alpha_s)/ds|_{s=0} = 0$ を満たす L の**臨界点**（危点）である．

いま，第1変分公式で $X(0)=X(1)=0$ に注意する．γ を L の臨界点とする．$[0,1]$ で滑らかな関数 $f(t)$ で，$f(t_i)=0$ $(0\le i\le k+1)$，それ以外では $f(t)>0$ となるものを選ぶ．$X(t)=f(t)\nabla_{\dot\gamma(t)}\dot\gamma(t)$ を変分ベクトル場とする γ の変分 α [*26]を考えれば，命題1.17より $\int_0^1 f(t)|\nabla_{\dot\gamma(t)}\dot\gamma(t)|^2dt=0$ を得る．よって各小区間 $[t_i,t_{i+1}]$ で $\nabla_{\dot\gamma(t)}\dot\gamma(t)=0$ である．次に，変分ベクトル場 $X(t)$ を，$X(t_i)=\dot\gamma(t_i-0)-\dot\gamma(t_i+0)$ $(1\le i\le k)$ を満たすように選び，命題1.17を適用すれば，$\dot\gamma(t_i+0)=\dot\gamma(t_i-0)$ を得る．よって $\gamma(t)$ は C^1 級で，各小区間で $\nabla_{\dot\gamma(t)}\dot\gamma(t)=0$．局所チャート $(U,\varphi,\{x^a\})$ に関して $x^a(t)=x^a(\gamma(t))$ と置くと

$$\frac{d^2x^a}{dt^2}=-\Gamma^a_{jk}\frac{dx^j}{dt}\frac{dx^k}{dt}\quad(a=1,\dots,n)$$

が成り立ち，$d^2x^a/dt^2(t_i-0)=d^2x^a/dt^2(t_i+0)$ である．すなわち，γ は C^2 級（従って上式を次々微分してこの議論を繰り返せば C^∞ 級）である．よって，$\gamma\in\mathcal{C}_{pq}$ が L の臨界点ならば，γ は測地線である．逆に，$\gamma\in\mathcal{C}_{pq}$ が測地線なら，命題1.17から $\mathcal{C}_{pq}$ の任意の変分曲線 α に対して $dL(\alpha_s)/ds|_{s=0}=0$ を満たし，γ は L の臨界点（危点）である．以上をまとめて次を得る：

命題 1.18　弧長に比例したパラメータを持つ $\gamma\in\mathcal{C}_{pq}$ が測地線であるための必要十分条件は，γ が長さの関数 L の**臨界点**（危点）となることである．特に，$\gamma\in\mathcal{C}_{pq}$ が p,q を結ぶ（定速）最短線ならば測地線である．

リーマン多様体 M の**指数写像** $\exp_p:D(\subset T_pM)\to M$ は，p を始点とする測地線が M 上どのように走っていくかを表し，リーマン計量の性質を反映する（図1.3）．その挙動を調べるのに，$\exp_p$ の $u\in D$ における微分 $D\exp_p(u)$ を求める．$T_u(T_pM)$ を T_pM と同一視し，u で $v\in T_pM$ に接する T_pM の曲線 $s\mapsto u+sv$ を取れば，$s\mapsto\exp_p(u+sv)$ の $s=0$ での接ベクトルが $D\exp_p(u)v$ である．さて，

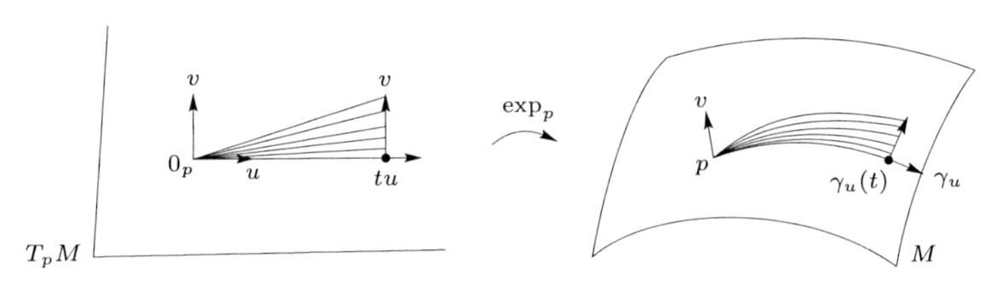

図1.3　指数写像

[*26] 例えば，$\alpha(t,s):=\exp_{\gamma(t)}sX(t)$ によって与えられる．

$\alpha(t,s)=\gamma_{u+sv}(t)=\exp_p t(u+sv)$ は測地線 γ_u の測地線から成る変分である．その変分ベクトル場 $Y(t)=\partial\alpha/\partial s(t,0)$ に対して $Y(1)=D\exp_p(u)v$ であるが，$Y(t)$ は初期条件 $Y(0)=0$，$\nabla_{\dot\gamma(0)}Y=v$ を満たす．実際

$$\nabla_{\dot\gamma(0)}Y=\nabla_{\frac{\partial\alpha}{\partial t}(0,0)}\frac{\partial\alpha}{\partial s}(t,0)=\nabla_{\frac{\partial\alpha}{\partial s}(0,0)}\frac{\partial\alpha}{\partial t}(0,s)=\nabla_{\frac{\partial}{\partial s}|_{s=0}}(u+sv)=v$$

である．一般に，測地線 $\gamma(t)$ の測地線による変分 α の変分ベクトル場を $Y(t)$，$\nabla=\nabla_{\dot\gamma(t)}$ と置くとき，$Y(t)$ は次を満たす：

$$\begin{aligned}\nabla\nabla Y(t)&=\nabla_{\frac{\partial\alpha}{\partial t}(t,0)}\nabla_{\frac{\partial\alpha}{\partial t}(t,0)}\frac{\partial\alpha}{\partial s}(t,0)=\nabla_{\frac{\partial\alpha}{\partial t}(t,0)}\nabla_{\frac{\partial\alpha}{\partial s}(t,0)}\frac{\partial\alpha}{\partial t}(t,0)\\&=R(\dot\gamma(t),Y(t))\dot\gamma(t)+\nabla_{\frac{\partial\alpha}{\partial s}(t,0)}\nabla_{\frac{\partial\alpha}{\partial t}}\frac{\partial\alpha}{\partial t}=R(\dot\gamma(t),Y(t))\dot\gamma(t).\end{aligned}$$

さて，測地線 $\gamma(t)$ に沿うベクトル場 $Y(t)$ は微分方程式

$$\nabla\nabla Y(t)+R(Y(t),\dot\gamma(t))\dot\gamma(t)=0 \tag{1.60}$$

を満たすとき γ に沿う**ヤコビ**（Jacobi）**場**という．式 (1.60) は測地線の方程式を線形化した2階線形常微分方程式系で，初期条件 $Y(0),\nabla Y(0)$ を与えると測地線 $\gamma(t)$ が定義されている範囲で一意な解を持つ．特に，測地線 $\gamma(t)$ に沿うヤコビ場全体は $2n$ 次元ベクトル空間をなす．$f(t):=\langle Y(t),\dot\gamma(t)\rangle$ と置くと

$$f''(t)=\langle\nabla\nabla Y(t),\dot\gamma(t)\rangle=\langle R(\dot\gamma(t),Y(t))\dot\gamma(t),\dot\gamma(t)\rangle=0$$

であるから，$f(t)=\langle Y(0),\dot\gamma(0)\rangle+\langle\nabla Y(0),\dot\gamma(0)\rangle t$ は t の1次式である．

これを $D\exp_p(u)v$ に適用して次の**ガウス**（Gauss）**の補題**を得る．

補題 1.19 $\exp_p:D\to M$ を**指数写像**とする．$u\in D$，$v\in T_pM$ に対して，$Y(t)$ を γ_u に沿う初期条件 $Y(0)=0,\nabla Y(0)=v$ を満たす**ヤコビ場**とすれば，$D\exp_p(u)v=Y(1)$ であり，次が成立する：

$$D\exp_p(u)u=\dot\gamma_u(1),\quad \langle D\exp_p(u)v,\dot\gamma_u(1)\rangle=\langle v,u\rangle. \tag{1.61}$$

特に，$\langle v,u\rangle=0$ であれば，$D\exp_p(u)v$ は $\dot\gamma_u(1)$ に直交する．なお，$t>0$ に対して $D\exp_p(tu)v=Y(t)/t$ で，これより $\lim_{t\downarrow0}Y(t)/t=\nabla Y(0)=v$．

$Y(t)$ を $\gamma(t)$ に沿うヤコビ場，$u=\dot\gamma(0)$，$l=|u|$ とする．$Y(t)$ の $\dot\gamma(t)$ 方向の成分 $\langle Y(t),\dot\gamma(t)\rangle\dot\gamma(t)/l^2=(\langle Y(0),u\rangle+\langle\nabla Y(0),u\rangle t)\dot\gamma(t)/l^2$，$\dot\gamma(t)$ の直交成分 $Y^\perp(t)=Y(t)-\langle Y(t),\dot\gamma(t)\rangle\dot\gamma(t)/l^2$ はともに $\gamma(t)$ に沿うヤコビ場である．

例 1.20 **ユークリッド空間** $(\mathbf{R}^n, g_{\mathrm{can}})$ の測地線 $\gamma(t) = p + tu$ に沿う初期条件 $Y(0) = a$，$\nabla Y(0) = b$ を満たすヤコビ場 $Y(t) = Y^i(t)e_i$ は，$R \equiv 0$ に注意してヤコビ場の方程式 $d^2Y^i/dt^2 = 0$ を解けば，$Y(t) = a + tb$ で与えられる．

次に，**単位球面** (S^n, g_{can}) の正規測地線 γ に沿うヤコビ場 Y で γ に直交するものを求める．例 1.13 より，ヤコビ場の方程式は $\nabla\nabla Y(t) + Y(t) = 0$ となる．$\{e_i\}_{i=1}^n$，$e_1 = \dot\gamma(0)$ を $T_{\gamma(0)}M$ の正規直交基底，e_i を $\gamma(t)$ に沿って平行移動したベクトル場を $e_i(t)$ とすれば，$e_1(t) = \dot\gamma(t)$ で $Y(t) = \sum_{i=2}^n Y^i(t)e_i(t)$ と書ける．初期条件 $Y(0) = a$，$\nabla Y(0) = b$ の下でヤコビ場の方程式 $d^2Y^i(t)/dt^2 = -Y^i(t)$ を解けば，求めるヤコビ場は a, b を $\gamma(t)$ に沿って平行移動したベクトル場をそれぞれ $a(t), b(t)$ とするとき，次で与えられる：

$$Y(t) = \cos t\, a(t) + \sin t\, b(t).$$

双曲空間 (H^n, g_{can}) の場合は，上の単位球面の議論と比べて $\nabla\nabla Y(t) - Y(t) = 0$ となる点だけ違うから，正規測地線 γ に沿うヤコビ場 $Y(t)$ で γ に直交するものは，球面の場合と同様にして次の形で与えられる：

$$Y(t) = \cosh t\, a(t) + \sinh t\, b(t).$$

命題 1.21 $(\{x^i\}_{i=1}^n, U)$ を $p \in M$ を中心とする**正規座標系**とする．

(1) p を始点，$a^i\partial/\partial x^i(p)$ を始方向とする測地線 $\gamma(t)$ は $x^i(t) = x^i(\gamma(t))$ $(1 \le i \le n)$ と置くとき，$x^i(t) = a^i t$ で与えられる．

(2) $g_{ij}(p) = \delta_{ij}$，$\partial_k g_{ij}(p) = 0$，$\Gamma_{jk}^i(p) = 0$ が成り立つ．

(3) $q \in U$ の正規座標を $x^i = x^i(q)$ とし，$x = (x^1, \ldots, x^n)$ と置けば

$$g_{ij}(q)\ (= g_{ij}(x)) = \delta_{ij} + \frac{1}{3}R_{ikjl}(p)x^k x^l + O(|x|^3). \tag{1.62}$$

証明. T_pM の正規直交基底 $\{e_i\}$ を取る．微分同相写像 $\exp_p : B_\epsilon(0_p) \to U$ により，$q \in U$ の正規座標系 $x^i = x^i(q)$ が $q = \exp_p(\sum x^i e_i)$ で与えられた．他方，式 (1.57) から，$\gamma(t) = \exp_p(t\sum a^i e_i)$ であり，これより (1) が従う．$\partial/\partial x^i(p) = e_i$ より (2) の最初の主張は明らか．よって γ は正規座標系に関して

$$0 = \frac{d^2x^i(t)}{dt^2} + \sum_{j,k}\Gamma_{jk}^i(x(t))\frac{dx^j(t)}{dt}\frac{dx^k(t)}{dt} = \sum_{j,k}\Gamma_{jk}^i(x(t))a^j a^k$$

を満たす．特に，p を始点とする任意の測地線に対して上の式を $t = 0$ で考えれば，$\sum_{jk}\Gamma_{jk}^i(p)a^j a^k = 0$ が任意の $(a_1, \ldots, a_n)$ に対して成り立つ $(1 \le i \le n)$．Γ_{jk}^i は j, k に関して対称だから $\Gamma_{jk}^i(p) = 0$．式 (1.35) の後の式に注意すれば $\partial_k g_{ij}(p) = \Gamma_{ki}^j(p) + \Gamma_{kj}^i(p) = 0$ を得る．

(3) の証明のために $g_{ij}(t) = g_{ij}(tx^1, \ldots, tx^m)$ と置いて，$g_{ij}(t)$ の $t = 0$ におけるテイラー展開を考える．$x = (x^1, \ldots, x^m)$ に対し曲線 $\gamma(t) := (tx^1, \ldots, tx^m)$ は p を始点とする測地線である．初期条件 $Y_i(0) = 0$，$\nabla Y_i(0) = \partial/\partial x^i(p)$ を満たす γ に沿うヤコビ場 $Y_i(t)$ を取れば，$t^2 g_{ij}(t) = \langle Y_i(t), Y_j(t)\rangle$ を満たす．計算は省略するが，この両辺を次々に t で微分して $t = 0$ と置くことにより，テイラー展開の係数が得られる．右辺では，ヤコビ場の方程式の高階微分を求めるがそのとき曲率テンソルの共変微分が現れる．この操作で，$g_{ij}(t)$ の $t = 0$ におけるテイラー展開の l 次の係数は曲率テンソルの $(l-2)$ 次までの共変微分の p における値の普遍的な多項式として表されることが分かる． □

さて，指数写像を考えることにより，測地線の局所的な最短性が得られる．

定理 1.22 $\exp_p : B_\epsilon(0_p; T_pM) \to B(\subset M)$ は微分同相写像であるとする．このとき，任意の $q \in B$ に対して p, q を結ぶ**最短測地線** $\gamma \in \mathcal{C}_{pq}$ が唯一存在し，γ は $\gamma_{pq}(t) := \exp_p tu; u = (\exp_p|_{B_\epsilon(0_p)})^{-1}(q)$ $(0 \le t \le 1)$ で与えられる．特に，$\exp_p(B_\epsilon(0_p; T_pM)) = B_\epsilon(p; M)$ である．

証明. $\gamma = \gamma_{pq}$ が p, q を結ぶ $L(\gamma) = |u|$ の測地線であることは明らか．$c \in \mathcal{C}_{pq}$ に対して $L(c) \ge L(\gamma)$ で，等号成立なら c が（パラメータを除いて）γ に一致することを示せば証明が終わる．まず，c が B 内にあり $c(t) \ne p$ $(t > 0)$ の場合を考え，$\tilde{c}(t) := (\exp_p|_{B_\epsilon(0_p)})^{-1}(c(t))$ と置く．c の接ベクトル $\dot{c}(t) \in T_{c(t)}M$ $(t > 0)$ を，半径 $\dot{\gamma}_{pc(t)}(1)$ 方向とその直交成分 $\dot{c}(t)^\perp$ に分解する：

$$\dot{c}(t) = \left\langle \frac{\dot{\gamma}_{pc(t)}(1)}{|\dot{\gamma}_{pc(t)}(1)|}, \dot{c}(t) \right\rangle \frac{\dot{\gamma}_{pc(t)}(1)}{|\dot{\gamma}_{pc(t)}(1)|} + \dot{c}(t)^\perp.$$

$\dot{\gamma}_{pc(t)}(1) = D\exp_p(\tilde{c}(t))\tilde{c}(t)$，$|\dot{\gamma}_{pc(t)}(1)| = |\tilde{c}(t)|$ と補題 1.19 から

$$\begin{aligned} |\dot{c}(t)| &\ge \left| \left\langle \frac{\dot{\gamma}_{pc(t)}(1)}{|\dot{\gamma}_{pc(t)}(1)|}, \dot{c}(t) \right\rangle \right| = \left| \left\langle \frac{D\exp_p(\tilde{c}(t))\tilde{c}(t)}{|\tilde{c}(t)|}, D\exp_p(\tilde{c}(t))(\dot{\tilde{c}}(t)) \right\rangle \right| \\ &= \left| \left\langle \frac{\tilde{c}(t)}{|\tilde{c}(t)|}, \dot{\tilde{c}}(t) \right\rangle \right| = \left| \frac{d}{dt}|\tilde{c}(t)| \right| \ge \frac{d}{dt}|\tilde{c}(t)| \end{aligned}$$

であり，これより次式が成り立つ：

$$L(c) = \int_0^1 |\dot{c}(t)|dt \ge \int_0^1 \frac{d}{dt}|\tilde{c}(t)|dt = |\tilde{c}(1)| = |(\exp_p|_{B_\epsilon(0_p)})^{-1}(q)| = |u|.$$

もし $L(c) = |u|$ ならば，上の不等式はすべて等式になり

$$\dot{\tilde{c}}(t) = \left\langle \frac{\tilde{c}(t)}{|\tilde{c}(t)|}, \dot{\tilde{c}}(t) \right\rangle \frac{\tilde{c}(t)}{|\tilde{c}(t)|}, \quad \langle \tilde{c}(t), \dot{\tilde{c}}(t) \rangle \ge 0$$

で，これより $d/dt(\tilde{c}(t)/|\tilde{c}(t)|)=0$ を得る．よって $\tilde{c}(t)$ は $0\le t\le 1$ に対し T_pM の 0_p と u を結ぶ線分上を 0_p から u へ単調に動き，c は γ のパラメータ表示を与える．もし $c\in\mathcal{C}_{pq}$ $(q\neq p)$ に対して $c(t)=p$ となる $t>0$ があれば，$t_0:=\sup\{t\in[0,1]\mid c(t)=p\}$ とおいて，$c_1:=c|_{[t_0,1]}$ $(0<t_0<1)$ を考える．c_1 が B に含まれれば，上の議論が有効である．c_1 が B 以外の点を含めば，p と B の境界の点を結ぶ B 内の部分弧が存在し，$L(c)\ge L(c_1)\ge\epsilon>|u|$ となり，c は最短線ではない．$q=p$ の場合，最短線は $\gamma_{pp}(t)\equiv p$ で与えられる．　□

$p\in M$ に対して，$(p,0)\in TM$ の近傍 $\tilde{V}$ を選び，写像 $F:\tilde{V}\to M\times M$ を $F(q,v):=(q,\exp_q v)$, $q=\tau_M v$ で与える．同一視 $T_{(p,0)}TM\cong T_pM\oplus T_pM$ の下で，$DF(p,0)(u,v)=(u,u+v)$ より，$DF(p,0):T_{(p,0)}TM\to T_pM\oplus T_pM$ は線形同型写像である．よって逆写像定理より，必要なら $\tilde{V}$ を小さく取り F は $M\times M$ の (p,p) を含む開集合の上への微分同相写像であるとしてよい．いま，p の開近傍 $U\subset M$ と $\epsilon>0$ を，$\tilde{U}_\epsilon:=\{(q,v)\in TM\mid q\in U,|v|<\epsilon\}\subset\tilde{V}$ となるように取り，p の開近傍 $W\subset M$ を $W\times W\subset F(\tilde{U}_\epsilon)$ を満たすように選ぶ．このとき定理 1.22 から次が成り立つ：

系 1.23　任意の $x,y\in W$ を結ぶ最短測地線 $\gamma_{xy}:[0,1]\to M$ が唯一つ存在し，その始方向は x,y に滑らかに依存する．各 $q\in W$ に対し $\exp_q:B_\epsilon(0_q;T_qM)\to M$ は W を含む q の開近傍の上への微分同相写像である．

なお，系 1.23 では γ_{xy} が W に含まれるかどうかは分からないことを注意しておこう．また系 1.23 より次が分かる：p,q を結ぶ連続曲線 $c:[a,b]\to M$ が $L(c)=d(p,q)$ を満たす最短線ならば，パラメータを取り替えれば測地線となる（$L(c)$ は式 (1.29) で与えられた）．これを示すのに，コンパクト集合 $K=c([a,b])$ の各点 $c(t)$ を中心として系 1.23 の開近傍 W を取り，それらから K の有限開被覆 $\{W_i\}$ と $\epsilon_i>0$ を選んで上の (W,ϵ) の性質を持つようにする．$[a,b]$ の分割を，各 $c|_{[t_{k-1},t_k]}$ がある W_i に含まれるように細かく取る．各 $c|_{[t_{k-1},t_k]}$ は最短線である．もし，$c(t), t\in(t_{k-1},t_k)$ が $c(t_{k-1}), c(t_k)$ を結ぶ一意な最短測地線分 $\gamma_{c(t_{k-1})c(t_k)}$ 上になければ

$$d(c(t_{k-1}),c(t_k))<d(c(t_{k-1}),c(t))+d(c(t),c(t_k))=L(c|_{[t_{k-1},t_k]})$$

で $c|_{[t_{k-1},t_k]}$ が最短線であることに矛盾する．よって $c|_{[t_{k-1},t_k]}$ はパラメータを変換すれば測地線分で c は区分的に滑らかにできる．分点を取り直し，同じ議論をすれば c は測地線になる．また上の議論から，連続曲線 $c:[a,b]\to M$ に対して $[a,b]$ の分割を十分細かく取れば，各 $c|[t_{k-1},t_k]$ を $c(t_{k-1}), c(t_k)$ を結ぶ最短測地線に置き換えて $L(\tilde{c})\le L(c)$ を満たす区分的に滑らかな曲線 $\tilde{c}$ を得る．よって式 (1.23) の距離の定義で，区分的に滑らかな曲線の族を連続曲線の族に拡張しても同じ距離を得る．

指数写像 $\exp_p : D \to M$ は一般には微分同相写像とは限らない．$u \in D$ で微分 $D\exp_p(u) : T_pM \to T_{\exp_p(u)}M$ の階数 $\mathrm{rk}D\exp_p(u) < n$ となるためには，補題1.19より γ_u に沿う恒等的に0でない**ヤコビ場** Y で $Y(0) = Y(1) = 0$ となるものが存在することが必要十分である．さて，p を始点とする測地線 γ に対して，γ に沿う恒等的に0でないヤコビ場 $Y(t)$ で，$Y(0) = Y(t_0) = 0$ $(t_0 > 0)$ を満たすものが存在するとき，$\gamma(t_0)$ を γ に沿った p の**共役点**，t_0 を p の**共役値**，そのようなヤコビ場のなすベクトル空間の次元 $n(t_0)$ を共役点 $\gamma(t_0)$ の**重複度**という[*27]．上の γ_u の場合には，p の共役点 $\exp_p u$ の重複度は $D\exp_p(u)$ の零数（核の次元）に等しい．測地線の局所最短性から共役点は離散的に現れることを注意しよう．もし，$q = \gamma(l)$ が γ に沿っての共役点でなければ，$v \in T_pM$ に対して $Y(0) = 0$，$\nabla Y(0) = v$ を満たす γ に沿ったヤコビ場 Y の l における値 $Y(l)$ を対応させる線形写像 $\phi : T_pM \to T_qM$ は単射で，従って全単射になる．特に，任意の $w \in T_qM$ に対して $Y(0) = 0$，$Y(l) = w$ を満たす γ に沿ったヤコビ場 Y が唯一つ存在する．例えば，標準的計量を持つユークリッド空間や双曲空間では，p を始点とする任意の測地線に沿って p の共役点は存在しない．単位球面の場合，任意の正規測地線 $\gamma(t)$ に沿って始点 p の共役点は $\gamma(k\pi)$ $(= \pm p,\ k \in \mathbf{N})$ で，その重複度は $n-1$ である．

次に，測地線 $\gamma : [0,1] \to M$ の変分 α が与えられたとき，変分曲線 α_s に対して，長さの関数の**第2変分** $d^2L(\alpha_s)/ds^2|_{s=0}$ を求めよう[*28]．

命題 1.24（**第2変分公式**） 測地線 γ の変分 α に対する変分ベクトル場を X とする．$l \equiv |\dot\gamma(t)|$ とし，$X^\perp(t) := X(t) - \langle X(t), \dot\gamma(t)\rangle\dot\gamma(t)/l^2$ を $X(t)$ の $\dot\gamma(t)$ に直交する成分とする．このとき，次式が成立する：

$$\begin{aligned}\left.\frac{d^2L(\alpha_s)}{ds^2}\right|_{s=0} (= D^2L(X,X)) &= \frac{1}{l}\left[\left\langle \nabla_{X(t)}\frac{\partial\alpha}{\partial s}, \dot\gamma(t)\right\rangle\right]_0^1 \\ &+ \frac{1}{l}\int_0^1 \{\langle\nabla X^\perp(t), \nabla X^\perp(t)\rangle - \langle R(X^\perp(t),\dot\gamma(t))\dot\gamma(t), X^\perp(t)\rangle\}dt.\end{aligned} \tag{1.63}$$

α が $\mathcal{C}_{pq}$ に属する γ の変分ならば，式 (1.63) の右辺の最初の項は0となる．

証明．第1変分の計算式 (1.59) を $s=0$ で微分して，$d^2L(\alpha_s)/ds^2|_{s=0}$ は

$$\begin{aligned}&\frac{1}{l}\int_0^1 \left.\frac{d}{ds}\right|_{s=0}\left\langle \nabla_{\frac{\partial\alpha}{\partial t}}\frac{\partial\alpha}{\partial s}, \frac{\partial\alpha}{\partial t}\right\rangle dt - \frac{1}{l^3}\int_0^1 \left.\left\langle \nabla_{\frac{\partial\alpha}{\partial t}}\frac{\partial\alpha}{\partial s}, \frac{\partial\alpha}{\partial t}\right\rangle^2\right|_{s=0} dt \\ &= \frac{1}{l}\int_0^1 \left\{\left.\left\langle \nabla_{\frac{\partial\alpha}{\partial s}}\nabla_{\frac{\partial\alpha}{\partial t}}\frac{\partial\alpha}{\partial s}, \frac{\partial\alpha}{\partial t}\right\rangle\right|_{s=0} + \left.\left\langle \nabla_{\frac{\partial\alpha}{\partial t}}\frac{\partial\alpha}{\partial s}, \nabla_{\frac{\partial\alpha}{\partial t}}\frac{\partial\alpha}{\partial s}\right\rangle\right|_{s=0}\right\} dt\end{aligned}$$

[*27] $q = \gamma(t_0)$ が γ に沿う p の共役点ならば，p は γ^{-1} に沿う q の共役点である．

[*28] パラメータの範囲は $[0,1]$ としているが，任意の $[a,b]$ に対しても同様に成り立つ．

$$-\frac{1}{l^3}\int_0^1 \left\langle \nabla_{\frac{\partial\alpha}{\partial t}} \frac{\partial\alpha}{\partial s}, \frac{\partial\alpha}{\partial t} \right\rangle^2 \Big|_{s=0} dt$$

に等しい．ここで，$\partial\alpha/\partial s(t,0) = X(t)$，$\partial\alpha/\partial t(t,0) = \dot\gamma(t)$ であり，また

$$\nabla_{\frac{\partial\alpha}{\partial s}} \nabla_{\frac{\partial\alpha}{\partial t}} \frac{\partial\alpha}{\partial s} = \nabla_{\frac{\partial\alpha}{\partial t}} \nabla_{\frac{\partial\alpha}{\partial s}} \frac{\partial\alpha}{\partial s} + R\left(\frac{\partial\alpha}{\partial s}, \frac{\partial\alpha}{\partial t}\right)\frac{\partial\alpha}{\partial s},$$
$$\langle \nabla X^\perp(t), \nabla X^\perp(t)\rangle = \langle \nabla X(t), \nabla X(t)\rangle - \langle \nabla X(t), \dot\gamma(t)\rangle^2/l^2,$$
$$\langle R(X^\perp(t), \dot\gamma(t))\dot\gamma(t), X^\perp(t)\rangle = \langle R(X, \dot\gamma(t))\dot\gamma(t), X(t)\rangle$$

に注意すると，$d^2L(\alpha_s)/ds^2|_{s=0}$ は次のようになる：

$$\frac{1}{l}\int_0^1 \left\langle \nabla_{\dot\gamma(t)} \nabla_{X(t)} \frac{\partial\alpha}{\partial s}, \dot\gamma(t) \right\rangle dt$$
$$+\frac{1}{l}\int_0^1 \{\langle \nabla X^\perp(t), \nabla X^\perp(t)\rangle - \langle R(X^\perp(t), \dot\gamma(t))\dot\gamma(t), X^\perp(t)\rangle\} dt.$$

γ が測地線であることに注意すれば

$$\left\langle \nabla_{\dot\gamma(t)} \nabla_{X(t)} \frac{\partial\alpha}{\partial s}, \dot\gamma(t) \right\rangle = \frac{d}{dt}\left\langle \nabla_{X(t)} \frac{\partial\alpha}{\partial s}, \dot\gamma(t) \right\rangle$$

であり，これより主張が従う． □

命題 1.18 より，測地線 $\gamma \in \mathcal{C}_{pq} = \{c : [0,1] \to M \mid c(0) = p,\ c(1) = q\}$ は，$\mathcal{C}_{pq}$ 上の長さの関数 L の臨界点であった．γ が L の極小値を取るかどうかを調べるために，多変数微分法の場合にならって L のヘッシアン D^2L にあたるものを考える．測地線 γ の $\mathcal{C}_{pq}$ に属する変分に対応する変分ベクトル場全体を $\mathcal{C}_{pq}$ の γ における接空間 $T_\gamma\mathcal{C}_{pq}$ とみなす．$X, Y \in T_\gamma\mathcal{C}_{pq}$ に対して

$$D^2L(X,Y) = \frac{1}{l}\int_0^1 \{\langle \nabla X^\perp(t), \nabla Y^\perp(t)\rangle - \langle R(X^\perp(t), \dot\gamma(t))\dot\gamma(t), Y^\perp(t)\rangle\} dt$$

は $T_\gamma\mathcal{C}_{pq}$ 上の対称な双 1 次形式で，これを γ の**指数形式**という．$D^2L(X,X) = d^2L(\alpha_s)/ds^2|_{s=0}$ より，指数形式は L の γ でのヘッシアンに対応する．

問 5 D^2L の $T_\gamma\mathcal{C}_{pq}$ における零空間は γ に沿うヤコビ場 $Y(t)$ で $Y(0) = Y(1) = 0$ を満たすもの全体に一致することを示せ．

定理 1.25 $\gamma \in \mathcal{C}_{pq}$ を測地線とするとき，次が成り立つ．

(1) もし，どの $\gamma(t)$ $(0 < t \leq 1)$ も γ に沿う p の**共役点**でないならば，$\mathcal{C}_{pq}$ における γ の（一様位相に関する）近傍 $\mathcal{U}$ が存在して，任意の $c \in \mathcal{U}$ に対して

$L(c) \geq L(\gamma)$ が成り立つ．さらに，等号が成り立てば c は γ からパラメータ変換によって得られる．

(2) もし，γ に沿う p の共役点 $\gamma(t_0)$, $0 < t_0 < 1$ が存在すれば γ の変分曲線 α_s が存在して，$L(\alpha_s) < L(\gamma)$ が十分小さな $|s| > 0$ に対して成り立つ．

証明. (1) $u := \dot\gamma(0)$ と置く．各 $t \in [0,1]$ に対して $tu \in T_pM$ の近傍 $\tilde W_t$ で $\exp_p|_{\tilde W_t}$ が M の開集合の上への微分同相写像となるものが取れる．$K = [0,1]u$ のコンパクト性から，K はこのような $\tilde W_t$ から選んだ有限個の $\tilde W_i$ の和集合 $\tilde W$ で覆える．必要なら番号 i を付け替え，$[0,1]$ の分割 $0 = t_0 < t_1 < \cdots < t_{k+1} = 1$ を選んで，$[t_{i-1}, t_i]u \subset \tilde W_i$ $(1 \leq i \leq k+1)$ であるとしてよい．

$$\mathcal{U} = \{c \in \mathcal{C}_{pq} \mid c([t_{i-1}, t_i]) \subset W_i = \exp_p(\tilde W_i), 1 \leq i \leq k+1\}$$

とおき，$c \in \mathcal{U}$ に対して，$i = 1$ から始めて $c|_{[t_{i-1}, t_i]}$ を $(\exp_p|_{\tilde W_i})^{-1}$ によって，$\tilde W_i$ 内の曲線に次々にリフトする．こうして，0_p と u を結ぶ区分的に滑らかな曲線 $\tilde c : [0,1] \to \tilde W$ で $\exp_p \circ \tilde c = c$ を満たすものを得る．このとき定理 1.22 の証明法が適用できて (1) が示される．

(2) 仮定より，γ に沿う自明でないヤコビ場 $Y(t)$ で $Y(0) = Y(t_0) = 0$ を満たすものが取れる．$Y(t)$ は $\dot\gamma(t)$ に垂直であり，$\nabla Y(t_0) \neq 0$ に注意する．いま，$\tilde Y(t) = Y(t)$, $0 \leq t \leq t_0$; $\tilde Y(t) = 0$, $t_0 \leq t \leq 1$ と置けば

$$\begin{aligned} lD^2L(\tilde Y, \tilde Y) &= \int_0^1 \{\langle \nabla \tilde Y(t), \nabla \tilde Y(t)\rangle - \langle R(\tilde Y(t), \dot\gamma(t))\dot\gamma(t), \tilde Y(t)\rangle\}dt \\ &= \int_0^1 \frac{d}{dt}\langle \nabla \tilde Y(t), \tilde Y(t)\rangle - \langle \nabla\nabla \tilde Y(t) + R(\tilde Y(t), \dot\gamma(t))\dot\gamma(t), \tilde Y(t)\rangle\}dt = 0. \end{aligned}$$

さて，$Z(t)$ を γ に沿って平行なベクトル場で，$Z(t_0) = -\nabla Y(t_0)$ を満たすものとする．また，$[0,1]$ で滑らかな関数 $f(t)$ で

$$0 \leq f(t) \leq 1,\ f(0) = f(1) = 0,\ f(t_0) = 1,\ f'(t_0) = 0$$

を満たすものを選び，γ に沿ってのベクトル場 $Y_\epsilon(t) = \tilde Y(t) + \epsilon f(t) Z(t)$ を考えれば，$Y_\epsilon(t)$ は γ と直交する．$Z_1(t) = f(t)Z(t)$ と置くと

$$\begin{aligned} D^2L(Y_\epsilon, Y_\epsilon) &= D^2L(\tilde Y + \epsilon Z_1, \tilde Y + \epsilon Z_1) = 2\epsilon D^2L(\tilde Y, Z_1) + \epsilon^2 D^2L(Z_1, Z_1), \\ lD^2L(\tilde Y, Z_1) &= -\int_0^1 \langle \nabla\nabla \tilde Y(t) + R(\tilde Y(t), \dot\gamma(t))\dot\gamma(t), Z_1(t)\rangle dt \\ &\quad + \int_0^1 \frac{d}{dt}\langle \nabla \tilde Y(t), Z_1(t)\rangle dt = \langle \nabla Y(t_0), Z_1(t_0)\rangle = -|\nabla Y(t_0)|^2 \end{aligned}$$

より，$D^2L(Y_\epsilon, Y_\epsilon) = -2\epsilon|\nabla Y(t_0)|^2/l + \epsilon^2 D^2L(Z_1, Z_1)$ であり，これは十分小さな $\epsilon > 0$ に対して負となる．Y_ϵ を変分ベクトル場とする γ の変分曲線 α_s をとれば，$dL(\alpha_s)/ds|_{s=0} = 0$，$d^2L(\alpha_s)/ds^2|_{s=0} < 0$ が成り立つ．よって，十分小さな $s > 0$ に対して $L(\alpha_s) < L(\alpha_0) = L(\gamma)$ である．□

従って，p を始点とする測地線 γ は p の**第 1 共役点**を過ぎると最短線ではなくなる（単位球面 $(S_1^n, g_{\mathrm{can}})$ の場合を想起されたい）．測地線 $\gamma \in \mathcal{C}_{pq}$ に対して，指数形式 D^2L が負定値となる $T_\gamma\mathcal{C}_{pq}$ の極大な部分空間の次元 ind_γ を γ の**指数**という．ind_γ は有限で，γ に沿う p の $(0,1)$ における共役値 $0 < t_1 < \cdots < t_k < 1$ に対応する重複度を $n(t_i)$ とするとき，$\sum_{1\le i\le k} n(t_i)$ に等しい（**モース**（Morse）**指数定理**）[*29]．なお，$d(M) = \sup\{d(p,q) \mid p, q \in M\}$ をリーマン多様体 M の**直径**という．M がコンパクトならば $d(M) = \max\{d(p,q) \mid p, q \in M\}$ である．どの正規測地線もそのパラメータが直径を超えるともはや最短線ではない．

1.2.4　曲率

式 (1.40) で**曲率テンソル** R を導入した．R はヤコビ場の方程式や第 2 変分公式のように，テンソルの共変微分の順序を変えると現れる．また，$p \in M$ を中心とする正規座標系に関しては，式 (1.62) より $\partial^2 g_{ij}/\partial x^k \partial x^l(p) = (R_{ikjl}(p) + R_{iljk}(p))/3$ であり，曲率はリーマン計量や測地線の挙動を制御すると思われる．他方，曲率テンソル R は定理 1.11 で述べたような複雑な（歪）対称性を持ち，取り扱いが容易でない点がある．ここでは，いくつかの観点から曲率テンソル R から得られる曲率の概念について述べる．まず $\dim M = 1$ なら，常に $R \equiv 0$ である．

次に $\dim M = 2$ なら，各 T_pM の正規直交基底 $\{e_1, e_2\}$ に対して，線形写像 $\phi : T_pM \ni x \mapsto R(e_1, e_2)x \in T_pM$ は曲率テンソルの性質から $\phi(e_1) = \lambda e_2$，$\phi(e_2) = \mu e_1$ を満たす．ここで $\mu = -\lambda$ で，この値 $K = R(e_1, e_2, e_2, e_1)$ は正規直交基底 $\{e_1, e_2\}$ の選び方によらない．K は M 上の関数で曲率テンソル R を決め，M の**ガウス曲率**と呼ばれる[*30]．以下 $n = \dim M \ge 2$ とする．

(1)（**断面曲率**）　リーマン多様体 M の各点 p で接空間 T_pM の 2 次元部分空間（断面）σ が与えられたとき，$R(e_1, e_2, e_2, e_1) = \langle R(e_1, e_2)e_2, e_1\rangle$ は上と同様 σ の正規直交基底 $\{e_1, e_2\}$ の選び方によらない．これを K_σ と書いて σ の**断面曲率**と呼ぶ．σ の任意の基底 $\{x, y\}$ に対しては

---

*29 指数定理は $\mathcal{C}_{pq}$ のモース理論で重要な役割を果たす．なお，長さの関数 $L(c)$ の代わりにエネルギー積分 $E(c) = (1/2)\int_0^1 |\dot{c}|^2 dt$ を用いることもある．[15], [14], [19] を参照．

*30 $\mathbf{R}^3$ 内の曲面の場合，これはガウスの導入した曲面のガウス曲率に他ならない．

$$K_\sigma = \frac{\langle R(x,y)y, x\rangle}{\langle x,x\rangle\langle y,y\rangle - \langle x,y\rangle^2} \ (= K(x,y)) \tag{1.64}$$

と表せる（分母は x, y の張る平行4辺形の面積の平方に等しい）．

断面曲率 K_σ は M の各点の接空間の2次元部分空間全体のなすグラスマン (Grassmann) 束 $G_{n,2}(M)$ [*31]上の滑らかな関数と考えられるので，曲率テンソルより扱いやすい面がある．例えば，K_σ がすべての $\sigma \in G_{n,2}(M)$ に対して定数 k に等しいとき，(M, g) は**定曲率 k のリーマン多様体**であるという[*32]．

例 1.26 例 1.12 より**ユークリッド空間** $(\mathbf{R}^n, g_{\rm can})$ は定曲率 0（**平坦**ともいう）のリーマン多様体である．次に，例 1.13 より，ユークリッド空間 $\mathbf{R}^{n+1}$ の半径 r の**球面** $(S_r^n, g_{\rm can})$ は正定曲率 $1/r^2$ のリーマン多様体である．また，**双曲空間**に関しては，例 1.13 より $(H^n, g_{\rm can})$ は負定曲率 -1 のリーマン多様体である．なお $H_r^n = \{x \in \mathbf{R}^{n+1} \mid x \circ x = -r^2, x^{n+1} > 0\}$ $(r > 0)$ を考えれば，負定曲率 $-1/r^2$ のリーマン多様体を得る．このように，ユークリッド幾何，球面幾何，双曲幾何は定曲率リーマン多様体として統一的に捉えられる．これら定曲率 k の3種類の n 次元モデル空間を M_k^n で表す．

また，(N, h) からの**誘導計量** g を持つリーマン部分多様体 (M, g) に対しては，式 (1.43) から次を得る：$\{x, y\}$ を T_pM, $p \in M$ の正規直交系とすると

$$K^N(x,y) = K^M(x,y) - \langle S(x,x), S(y,y)\rangle + \langle S(x,y), S(x,y)\rangle.$$

問 6 次を示せ．

(1) **定曲率** k のリーマン多様体 M の**曲率テンソル**は次の形に表される：

$$R(x,y)z = k\{\langle y,z\rangle x - \langle x,z\rangle y\}; \quad x, y, z \in T_pM,\ p \in M.$$

(2) 初期条件 $f(0) = 0$, $f'(0) = 1$ を満たす2階定数係数線形常微分方程式 $f''(t) + kf(t) = 0$ の解を $s_k(t)$, $c_k(t) = s_k'(t)$ と置く．$c_k'(t) = -ks_k(t)$ である[*33]．このとき，定曲率 k のリーマン多様体 M の正規測地線 γ に沿う初期条件 $Y(0) = a$, $\nabla Y(0) = b \in T_{\gamma(0)}M$ を満たす γ に垂直な**ヤコビ場** $Y(t)$ は，$a(t)$ $(b(t))$ を $\gamma(t)$ に沿う a (b) の平行移動とすると，$Y(t) = c_k(t)a(t) + s_k(t)b(t)$ で与えられる（例 1.20 参照）．特に $k > 0$ ならば，任意の正規測地線に沿っての**第1共役点**までの距離は $\pi/\sqrt{k}$ であり，$d(M) \le \pi/\sqrt{k}$．

[*31] これは $3n-4$ 次元可微分多様体の構造を持つ．

[*32] また，定曲率多様体を一般化して，断面曲率 K_σ を M の曲線に沿って平行移動しても K_σ の値が不変な（局所）対称空間や，断面曲率が定符号のリーマン多様体が重要な研究対象となる．

[*33] $s_0(t) = t$, $c_0(t) = 1$; $k > 0$ なら $s_k(t) = \sin\sqrt{k}t/\sqrt{k}$, $c_k(t) = \cos\sqrt{k}t$ であり，$k < 0$ なら $s_k(t) = \sinh\sqrt{-k}t/\sqrt{-k}$, $c_k(t) = \cosh\sqrt{-k}t$ である．

さて，**定曲率** k のリーマン多様体 (M,g) は，局所的には同じ次元の**モデル定曲率多様体** (M^n_k, g_0)（例 1.26）に**等長的**であることを示そう．実際，$p \in M$，$\tilde{p} \in M_k$ と等長線形同型写像 $I: T_{\tilde{p}}M_k \to T_pM$ を選ぶ．いま $r > 0$ を $\exp_p : B_r(0_p; T_pM) \to B_r(p;M)$，$\exp_{\tilde{p}} : B_r(0_{\tilde{p}}; T_{\tilde{p}}M_k) \to B_r(\tilde{p}; M_k)$ が微分同相写像となるように取り，$\Phi := \exp_p \circ I \circ \exp_{\tilde{p}}^{-1} : B_r(\tilde{p}; M_k) \to B_r(p;M)$ と置く．Φ は微分同相写像であるが，さらに等長写像であることを見よう．$\tilde{q} = \exp_{\tilde{p}} lu \in B_r(\tilde{p}; M_k)$, $u \in U_{\tilde{p}}M_k$, $l = d(\tilde{p}, \tilde{q})$ と表すとき，$\Phi(\tilde{q}) = \exp_p lI(u)$ である．$v \in T_{\tilde{q}}M_k$ を，$\tilde{p}$ を始点とする測地線 $\tilde{\gamma}_u$ に沿う $\tilde{Y}(0) = 0$ を満たすヤコビ場 $\tilde{Y}$ を用いて $v = \tilde{Y}(l)$ と表すとき，$D\Phi(\tilde{q})v$ は M の測地線 $\gamma_{I(u)}$ に沿う $Y(0) = 0$, $\nabla Y(0) = I(\nabla \tilde{Y}(0))$ を満たすヤコビ場 $\tilde{Y}$ を用いて $\tilde{Y}(l)$ で表される．$\nabla \tilde{Y}(0)$, $I(\nabla \tilde{Y}(0))$ のそれぞれ $\tilde{\gamma}_u$, $\gamma_{I(u)}$ に沿う平行移動を $\tilde{b}(t)$, $b(t)$ とするとき，問 6 (2) より $\tilde{Y}(l) = s_k(l)\tilde{b}(l)$，$Y(l) = s_k(l)b(l)$ である．$b(0) = I(\tilde{b}(0))$ より，$D\Phi(\tilde{q}) : T_{\tilde{q}}M_k \to T_qM$ は内積を保ち，$\Phi^* g = g_0$ である．

問 7　$(M,g), (N,h)$ を n 次元連結リーマン多様体，リーマン計量から決まる**距離**をそれぞれ d_g, d_h とする．$\Phi : (M, d_g) \to (N, d_h)$ を距離を保つ $(d_h(\Phi(x), \Phi(y)) = d_g(x,y);\ x,y \in M)$ 上への写像とすれば，Φ は**等長写像**であることの証明を試みよ．特に，距離 $d = d_g$ を保つ M の変換全体のなす群 $I(M,d)$ は**等長変換群** $I(M,g)$ に一致する．

例 1.27　$\Phi : (N,h) \to (M,g)$ を全射**リーマン沈め込み**とする．K, $K^\perp$, $K^\top$ でそれぞれ ∇, $\nabla^\perp$, $\nabla^\top$ に対応する断面曲率を表せば，次の**オニール**（O'Neill）**の公式**が成り立つ（計算は省略するが，例 1.14 の記法を用いている）：

$$
\begin{aligned}
K(U,V) &= K^\perp(U,V) + |T_U V|^2 - \langle T_U U, T_V V \rangle, \\
&\qquad \text{（ここで，}\{U,V\}\text{ は垂直ベクトルからなる正規直交系である）} \\
K(X,U) &= \langle (\nabla_X T)_U U, X \rangle - |T_U X|^2 + |A_X U|^2 \ (|X| = |U| = 1), \\
K(X,Y) &= K^\top(\hat{X}, \hat{Y}) - 3|A_X Y|^2 = K^\top(\hat{X}, \hat{Y}) - \frac{3}{4}|[X,Y]^\perp|^2.
\end{aligned}
$$

ここで，$\{\hat{X}, \hat{Y}\}$ は M の正規直交系で，X, Y はそれぞれ $\hat{X}, \hat{Y}$ の水平リフトである．これより，M の断面曲率は水平リフトとして得られる対応する N の断面の断面曲率より大きいか等しい．

(2)（**リッチ**（Ricci）**曲率・スカラー曲率**）(M,g) の**リッチテンソル** Ric は

$$
\mathrm{Ric}(X,Y) := \mathrm{tr}\,(Z \mapsto R(Z,X)Y),\quad X, Y \in \mathcal{X}(M) \tag{1.65}
$$

で定義され，局所座標系に関する成分表示を R_{kl} とすれば，$R_{kl} = R_{ikl}{}^i = g^{ij}R_{iklj}$ である．すなわち，**リッチテンソル**は曲率テンソルを一度縮約して得られる $(0,2)$ 型

テンソル場で，式 (1.42) より $\mathrm{Ric}(X,Y)=\mathrm{Ric}(Y,X)$ を満たす．また，$u\in UM$ に対して $\rho(u)=\mathrm{Ric}_M(u,u)$ を**リッチ曲率**と呼ぶ．ρ は M の単位接束 UM 上の滑らかな関数であり，断面曲率を用いて次のように表される：$\{e_i\}_{i=1}^n$ を T_pM の $e_1=u$ を満たす正規直交基底とすると，$\rho(u)=\sum_{i=2}^n K(u,e_i)$ である．ここで，$K(u,e_i)$ は $\{u,e_i\}$ により張られる T_pM の断面の断面曲率を表す．また，リッチ曲率がリッチテンソルを定めることは容易に分かる．

リッチテンソルを縮約して得られる $\tau=\mathrm{tr}\,\mathrm{Ric}=g^{ij}R_{ij}$ は M 上の関数であるが，これを**スカラー曲率**と呼ぶ．

問 8　$p\in M$ の周りの正規座標系 $\{x^i\}$ に関する計量テンソルのテイラー展開 (1.62) を用いて次の**リッチ曲率**の幾何学的な解釈を示せ．

$$\det(g_{ij}(ru))=1-\frac{\rho(u)}{3}r^2+O(r^3),\ \ u\in U_pM,\ r\in\mathbf{R}^+ \tag{1.66}$$

さて，定数 k に対して $\rho(u)\equiv k,\ u\in UM$ が成り立つとき，すなわち，$\mathrm{Ric}=kg$ を満たすとき，(M,g) を**アインシュタイン** (Einstein) **多様体**と呼ぶ．定曲率リーマン多様体はその例であるが，さらに非常に多くのアインシュタイン多様体の例があり，どのような多様体がアインシュタイン計量を許容するかは重要な問題である（例えば，[2] 参照)．

問 9　3次元アインシュタイン多様体は定曲率空間であることを示せ．同じリッチ曲率を持つアインシュタイン多様体の**直積リーマン多様体**はアインシュタイン多様体であることを示せ．

例 1.28　例 1.7 で与えた標準的計量を持つ**複素射影空間** $(\mathbf{C}P^m,g_0)$ の曲率について述べる．**リーマン沈め込み** $\pi:(S^{2m+1},h_0)\to(\mathbf{C}P^m,g_0)$ に関して，S^{2m+1} の基本ベクトル場 X,Y は S^1 作用で不変で，$[\xi,X]=0,\ \xi\cdot h_0(X,Y)=0$ を満たした（例 1.7)．特に，$T\equiv 0$，$A_XY=h_0(\nabla_XY,\xi)\xi=-h_0(Y,\nabla_X\xi)\xi$ が成り立つ（例 1.14)．例 1.27 より M の断面 σ の正規直交基底 $\{\hat{X},\hat{Y}\}$ に対し

$$K_\sigma^\top=K^\top(\hat{X},\hat{Y})=1+3|A_XY|^2$$

が成り立つ．さて，$\mathbf{C}P^m$ には**複素多様体**の構造が入った．ここでは，$\hat{X}\in\mathcal{X}(\mathbf{C}P^m)$ に対して X をその水平リフトとし，(1,1) 型テンソル場 J を $J\hat{X}:=D\pi(\nabla_\xi X)=D\pi(\nabla_X\xi)$ で与える．$\nabla_\xi X=\nabla_X\xi\ (=iX)$ は S^1 不変な基本ベクトル場で，$J^2\hat{X}:=D\pi(\nabla_\xi\nabla_X\xi)=D\pi(R(\xi,X)\xi)=-D\pi(X)=-\hat{X}$ が成立する．このとき，J は $\mathbf{C}P^m$ 上**概複素構造**を与えるという．さらに

$$g_0(J\hat{X},\hat{Y})=h_0(\nabla_\xi X,Y)=\xi h_0(X,Y)-h_0(X,\nabla_\xi Y)=-g_0(\hat{X},J\hat{Y})$$

より $g_0(J\hat{X},\, J\hat{Y}) = g_0(\hat{X},\, \hat{Y})$ であり，J は g_0 を保つ（g_0 はエルミート (Hermite) 計量であるという）．$T \equiv 0$，$[\xi, X] = 0$ に注意して計算すれば

$$\begin{aligned}(\nabla^{\top}_{\hat{X}} J)\hat{Y} &= \nabla^{\top}_{\hat{X}}(J\hat{Y}) - J\nabla^{\top}_{\hat{X}}\hat{Y} = \nabla^{\top}_{\hat{X}} D\pi(\nabla_\xi Y) - D\pi\nabla_\xi(\nabla_X Y)^{\top} \\ &= D\pi((\nabla_X\nabla_\xi Y)^{\top} - (\nabla_\xi\nabla_X Y)^{\top}) = D\pi(R(X,\xi)Y) \\ &= -D\pi(h_0(X,Y)\xi) = 0\end{aligned}$$

で J は平行である．このような g_0 は**ケーラー** (Kähler) **計量**であるという．$A_X Y = -h_0(Y, \nabla_X\xi)\xi = -g_0(J\hat{X}, \hat{Y})\xi$ より，正規直交基底 $\{\hat{X}, \hat{Y}\}$ に対して

$$K^{\top}(\hat{X}, \hat{Y}) = 1 + 3g_0(J\hat{X}, \hat{Y})^2 \tag{1.67}$$

を得る．特に，**断面曲率**は $1 \le K^{\top}_{\sigma} \le 4$ を満たす．最大値 $K^{\top}_{\sigma} = 4$ を取るのは，σ が $\hat{X}$, $J\hat{X}$ で定められる正則断面のときかつそのときに限り，最小値を取るのは $\hat{Y} \perp \hat{X}, J\hat{X}$ のときかつそのときに限る．これより，任意の $u \in UM$ に対して正規直交基底 $\{e_1 = u,\, e_2 = Ju,\, e_3, \ldots, e_{2m}\}$ を取れば

$$\rho(u) = \sum_{i=2}^{2m} K(e_1, e_i) \equiv 4 + (2m-2) = 2m+2$$

で，$(\mathbf{C}P^m, g_0)$ は**アインシュタイン多様体**である．g_0 を**フビニ–ストゥディ** (Fubini–Study) **計量**と呼ぶ．もし半径 2 の球面から始めれば，$1/4 \le K^{\top}_{\sigma} \le 1$ である．

(3) **（ワイル (Weyl) 共形曲率テンソル）** 式 (1.42) (1), (3), (4) で与えた曲率テンソルの代数的性質より，(0, 4) 型曲率テンソル R は各点 $p \in M$ で $\Lambda^2 T_pM \otimes_S \Lambda^2 T_pM$ の元[*34]とみなせるが，さらに**ビアンキの公式** (1.42) (2) より

$$\beta(R)(X,Y,Z,W) = \frac{1}{3}\{R(X,Y,Z,W) + R(X,Z,W,Y) + R(X,W,Y,Z)\}$$

により与えられる線形写像 $\beta : \Lambda^2 T_pM \otimes_S \Lambda^2 T_pM \to T^4_0(T_pM)$ の核 $\mathcal{R} = \mathrm{Ker}(\beta)$ に属する．$\mathcal{R}$ は代数的曲率テンソルのなす $n^2(n^2-1)/12$ 次元ベクトル空間で，直交群 $O(n)$ が自然に作用する．$\mathcal{R}$ は $O(n)$ の作用に関して既約成分に分解されるが，これについて簡単に述べる．$c : \mathcal{R} \to S^2 T_pM$ は 1 回縮約する操作，すなわち $c(R)_{kl} = g^{ij}R_{iklj}$ で与えられる線形写像で，$c(R) = \mathrm{Ric}$ とも書く．また $k, h \in T^*_pM \otimes_S T^*_pM$ に対して

$$\begin{aligned}(k \odot h)(x,y,z,w) := {}& k(x,w)h(y,z) + k(y,z)h(x,w) - k(x,z)h(y,w) \\ & - k(y,w)h(x,z)\end{aligned}$$

[*34] $\otimes_S$ は対称テンソル積を表す．$S^2 T_pM$ は $(0,2)$ 型の対称テンソルのなす空間である．

と定義すると，$k \odot h \in \mathcal{R}$ である．このとき表現論の結果から，$\mathcal{R}$ は

$$\mathcal{R} = (\mathbf{R}g \odot g) \oplus (S_0^2 T_p M \odot g) \oplus \mathcal{W}$$

と $O(n)$-加群として既約分解される．ここで，$S_0^2 T_p M$ は跡（トレース）が 0 の対称 $(0,2)$ 型テンソルの空間，$\mathcal{W} = \mathrm{Ker}(c)$ であり，$\mathcal{W}$ の元を**ワイル（共形曲率）テンソル**と呼ぶ．これより $R \in \mathcal{R}$ を与えるとき，$\tau = \mathrm{tr}\,\mathrm{Ric}$ とすると $n \geq 3$ の場合

$$\begin{aligned} R &= -\frac{\tau}{2(n-1)(n-2)} g \odot g + \frac{1}{n-2} \mathrm{Ric} \odot g + W \\ &= \frac{1}{n-2}\left(\mathrm{Ric} - \frac{\tau}{2(n-1)} g\right) \odot g + W \\ &= \frac{\tau}{2n(n-1)} g \odot g + \frac{1}{n-2} \mathrm{Ric}_0 \odot g + W \end{aligned} \tag{1.68}$$

と分解される．ここで $\mathrm{Ric}_0 := \mathrm{Ric} - (\tau/n)g \in S_0^2 T_p M$ であり，ワイルテンソル $W \in \mathcal{W}$ は式 (1.68) で定義される．局所チャートに関して表せば

$$\begin{aligned} W_{ijkl} = R_{ijkl} &+ \frac{\tau}{(n-1)(n-2)}(g_{il}g_{jk} - g_{ik}g_{jl}) \\ &- \frac{1}{n-2}(R_{il}g_{jk} + R_{jk}g_{il} - R_{ik}g_{jl} - R_{jl}g_{ik}). \end{aligned} \tag{1.69}$$

式 (1.68) に現れる $S := \mathrm{Ric} - \frac{\tau}{2(n-1)} g$ を**スカウテン–リッチ** (Schouten–Ricci) **テンソル**という．$\dim M = 2$ のとき，$R = (\tau/2) g \odot g$ で $W = \mathrm{Ric}_0 = S = 0$ である．$\dim M = 3$ の場合はやはり $W = 0$ で，$R = S \odot g = (\tau/12) g \odot g + \mathrm{Ric}_0 \odot g$ である．

さて，(M, g) は各点 $p \in M$ に対して局所チャート $(U, (x^i))$ と $\varphi \in \mathcal{F}(U)$ が存在して $g_{ij} = e^{-2\varphi}\delta_{ij}$ を満たすとき，すなわち，局所的に平坦計量に共形同値であるとき，**共形的平坦**であるという．

定理 1.29 (1) **ワイルテンソルは共形不変量**である：$W(e^{2\varphi}g) = e^{2\varphi}W(g)$ （$e^{2\varphi}g$ に関する $(1,3)$ 型ワイルテンソルは g に関するものに一致する）．

(2) リーマン多様体 (M, g) が**共形的平坦**であるためには，$n \geq 4$ ならば**ワイルテンソル** $W \equiv 0$ であることが必要十分である．$n = 3$ ならば，**スカウテン–リッチテンソルの共変微分** ∇S が対称な $(0,3)$ 型テンソルであること，すなわち，$\nabla_i S_{jk} = \nabla_j S_{ik}$ が成り立つことが必要十分である．2 次元リーマン多様体は常に共形的平坦である．

証明について簡単に説明しよう．$\tilde{g} = e^{2\varphi}g$ とし，$\tilde{g}$ に関する共変微分や曲率は˜をつけて表し（$\nabla\varphi, D^2\varphi, \Delta\varphi$ は g に関するものとして）計算を実行すると

$$\begin{cases} \tilde{\nabla}_X Y = \nabla_X Y + (X\varphi)Y + (Y\varphi)X - g(X,Y)\nabla\varphi \\ \tilde{R} = e^{2\varphi}\left\{R - \left(D^2\varphi - d\varphi\otimes d\varphi + \dfrac{1}{2}|\nabla\varphi|^2 g\right)\odot g\right\} \\ \tilde{\mathrm{Ric}} = \mathrm{Ric} - (n-2)(D^2\varphi - d\varphi\otimes d\varphi) + (\Delta\varphi - (n-2)|\nabla\varphi|^2)g \\ \tilde{\tau} = e^{-2\varphi}\{\tau + 2(n-1)\Delta\varphi - (n-1)(n-2)|\nabla\varphi|^2\} \end{cases} \tag{1.70}$$

を得る[*35]．これより $\tilde{W} = e^{2\varphi}W$ が成り立ち (1) を得る．特に，共形的平坦なら $W \equiv 0$ が従う．$n=3$ のときは，かなり計算を要するが $\nabla_i S_{jk} - \nabla_j S_{ik}$ は共形不変量であることが分かるので，共形的平坦の場合この量は 0 となる．逆に，(M,g) に対して $W \equiv 0$ とし，$\tilde{g} = e^{2\varphi}g$ が平坦となるような関数 φ を局所的に求めよう．式 (1.68), (1.70) から，$R = S\odot g/(n-2)$ であり，φ は

$$\left\{D^2\varphi - d\varphi\otimes d\varphi + \frac{1}{2}|\nabla\varphi|^2 g - \frac{S}{n-2}\right\}\odot g = 0$$

を満たす．$h\odot g = 0$ なら $h = 0$ なので，φ を求めるには

$$\nabla_i\nabla_j\varphi - \nabla_i\varphi\nabla_j\varphi + \frac{1}{2}|\nabla\varphi|^2 g_{ij} - \frac{1}{n-2}S_{ij} = 0$$

を解けばよい．詳細は省くがこの方程式の可積分条件はフロベニウス (Frobenius) の定理から，$\nabla_k S_{ij} = \nabla_i S_{kj}$ で与えられることが分かる．$n \geq 3$ ならば，$\nabla^l W_{ijkl} = \frac{n-3}{n-2}(\nabla_i S_{jk} - \nabla_j S_{ik})$ が成立するので，$n \geq 4$ の場合は $W \equiv 0$ から可積分条件が従う．$n=3$ の場合は常に $W \equiv 0$ なので，$\nabla_k S_{ij} = \nabla_i S_{kj}$ のもとで，解 φ が存在する．$n=2$ のときは $W \equiv S \equiv 0$ なので，$g_{ij} = e^{-2\varphi}\delta_{ij}$ を満たす座標系（等温座標系という）が常に取れることになる．

問 10 **定曲率リーマン多様体は共形的平坦**であることを示せ．$(M,g),(N,h)$ をそれぞれ定曲率 $k,-k$ の n 次元リーマン多様体とすれば，**直積リーマン多様体** $(M\times N,\, g\oplus h)$ は共形的平坦であることを示せ．

(4)（**曲率作用素**） 曲率テンソルの代数的性質 (1.42) (1), (3), (4) より，各接空間 T_pM の 2 階の外積 $\Lambda_2 T_pM$ の対称な線形写像 $\hat{R}: \Lambda_2 T_pM \to \Lambda_2 T_pM$ が

$$\langle \hat{R}(X\wedge Y), U\wedge V\rangle = R(X,Y,V,U); \quad \hat{R}(\alpha)^{ij} = g^{ia}g^{jb}R_{bakl}\alpha^{kl}$$

によって与えられ，**曲率作用素**と呼ばれる．例えば，(S^n, g_{can}) では $\hat{R}$ は任意の点で恒等写像である．任意の $p\in M$ で $\hat{R}$ の固有値がすべて正（非負）のとき，曲率作用

[*35] 特に $\tilde{g} = c^2 g$ $(c>0)$ の場合，$\tilde{\nabla}_X Y = \nabla_X Y$，$\tilde{R} = c^2 R$（(0, 4) 型曲率テンソル），$\tilde{\mathrm{Ric}} = \mathrm{Ric}$，$\tilde{K}_\sigma = c^{-2}K_\sigma$，$\tilde{\tau} = c^{-2}\tau$ である．

素は正（非負）であるといい，$\hat{R} > 0$ (≥ 0) と表す．これらは $K_\sigma > 0$ ($K_\sigma \geq 0$) より強い条件になる．実際，$(\mathbf{C}P^m, g_0)$ の場合は $\hat{R} \geq 0$ であるが，$\hat{R} > 0$ ではない．

(5)（**等方性曲率**） リーマン計量から決まる T_pM ($\Lambda_2 T_pM$) の内積 $\langle , \rangle$ を，その複素化 $T_pM \otimes \mathbf{C}$ ($\Lambda_2 T_pM \otimes \mathbf{C}$) にエルミート内積として拡張したものを $\langle\!\langle , \rangle\!\rangle$ で表す．また，曲率作用素を複素線形写像 $\hat{R} : \Lambda_2 T_pM \otimes \mathbf{C} \to \Lambda_2 T_pM \otimes \mathbf{C}$ に拡張する．各複素平面 $\sigma \subset T_pM \otimes \mathbf{C}$ に対してその基底 $\{z, w\}$ を選び

$$K_\sigma = \frac{\langle\!\langle \hat{R}(z \wedge w), z \wedge w \rangle\!\rangle}{\|z \wedge w\|^2}$$

と定義する．これは基底の選び方によらない実数で，σ の複素断面曲率という．σ が実平面のときは (1) の断面曲率に他ならない．$z \in T_pM \otimes \mathbf{C}$ は $\langle\!\langle z, \bar{z} \rangle\!\rangle = 0$ を満たすとき等方的であるといい，複素部分空間はその任意の元が等方的であるとき等方的であるという．等方的な複素平面 σ に対する複素断面曲率 K_σ を特に**等方性曲率**と呼ぶ．さて，等方的複素平面 σ に対して T_pM の実正規直交系 $\{e_1, \ldots, e_4\}$ を選び，$\{z = e_1 + ie_2,\ w = e_3 + ie_4\}$ を σ の基底に取れて

$$\begin{aligned}\langle\!\langle \hat{R}(z \wedge w), z \wedge w \rangle\!\rangle &= R(e_1, e_3, e_3, e_1) + R(e_2, e_4, e_4, e_2) + R(e_1, e_4, e_4, e_1) \\ &\quad + R(e_2, e_3, e_3, e_2) + 2R(e_1, e_2, e_3, e_4)\end{aligned}$$

と表せることが分かる．例えば，各点 $p \in M$ で $\min_{\sigma \subset T_pM} K(\sigma) > 0$ であり $\min_{\sigma \subset T_pM} K(\sigma) / \max_{\sigma \subset T_pM} K(\sigma) > 1/4$ が成立すれば，等方性曲率が至るところ正になることが分かる．また，等方性曲率が定符号という性質はリッチ流と相性が良いが，ここでは定義を述べるにとどめる．

1.3 リーマン幾何の諸手法

この節では，リーマン多様体 M の計量不変量と M の大域的性質の関連を調べるための手法について述べる．その際，測地線がいくらでも延ばせるという完備性の条件が必要になる．まず完備性について述べ，続いて測地線の大域的挙動，測度に関する概念，ラプラシアン，比較定理について解説する．基本的文献として，[5], [6], [9], [12], [14], [15], [16], [19] を挙げる．

1.3.1 測地線の大域的挙動

測地線を用いてリーマン多様体の構造を調べるとき，与えられた 2 点を**最短測地線**で結ぶことが基本になるが，一般にはこれは成立しない．例えば，$(\mathbf{R}^n, g_{\mathrm{can}})$ から原点 0 を除いたリーマン多様体 M に対して，x ($\neq 0$) と $-x$ を結ぶ最短線は存在し

ない．しかし，これは無理に 1 点を除いたためで，(M,d) は距離空間として完備ではない．(M,d) が完備なリーマン多様体は次のような良い性質を持つことが分かる（**ホップ–リノウ**（Hopf–Rinow）**の定理**）．

定理 1.30 連結リーマン多様体 (M,g) に対して，次の (1)〜(5) は同値であり，このとき g は**完備リーマン計量**であるという．

(1) (M,d) は**完備**である（任意のコーシー（Cauchy）列は収束列である）．
(2) 任意の点 $p \in M$ に対して次が成り立つ：任意の $u \in T_pM$ に対して測地線 $\gamma_u(t)$ はすべての $t \geq 0$ に対して定義され，$\exp_p$ は T_pM 全体で定義される．
(3) ある点 $p \in M$ に対して次が成り立つ：任意の $u \in T_pM$ に対して測地線 $\gamma_u(t)$ はすべての $t \geq 0$ に対して定義され，$\exp_p$ は T_pM 全体で定義される．
(4) 任意の点 $p \in M$ に対して次が成り立つ：$\bar{B}_r(p;M)$ $(= \{q \in M \mid d(p,q) \leq r\})$ は任意の $r > 0$ に対してコンパクトである．
(5) ある点 $p \in M$ に対して次が成り立つ：$\bar{B}_r(p;M)$ は任意の $r > 0$ に対してコンパクトである．

完備連結リーマン多様体 M の任意の 2 点を結ぶ**最短測地線**が存在し，各点 $p \in M$ での**指数写像** $\exp_p$ は T_pM 全体で定義された M の上への写像である．完備な M がコンパクトのためには，**直径** $d(M) < +\infty$ が必要十分である．

証明． (5)→(4)→(1)→(2)→(3)→(5) の順に示すが，(2)→(3) は明らか．(5) を仮定する．任意の $q \in M$，$r > 0$ に対して $\bar{B}_r(q;M) \subset \bar{B}_{r+d(p,q)}(p;M)$ はコンパクト集合 $\bar{B}_{r+d(p,q)}(p;M)$（M は連結だから，$d(p,q) < +\infty$ に注意）の閉部分集合ゆえコンパクトで，(4) が示された．(4)→(1) を示す．$\{p_i\}_{i=1}^{\infty}$ をコーシー列とする．コーシー列は有界だから，$r > 0$ が存在して $\{p_i\}$ はコンパクト集合 $\bar{B}_r(p_1)$ に含まれる．よって $\{p_i\}$ は収束部分列を持ち，その極限点を q とすれば，コーシー列の性質から $\{p_i\}$ も q に収束する．(1)→(2) を示す．測地線 γ に対して $T := \sup\{t > 0 \mid \gamma|_{[0,t]}$ が定義される $\}$ と置く．$T > 0$ であるが（1.2.3 項），$T < +\infty$ とし矛盾を出せばよい．$0 < t_k \uparrow T$ $(k = 1, 2, \ldots)$ を選び，$q_k = \gamma(t_k)$ と置く．$a := |\dot{\gamma}(t)|$ とすれば，$k < l$ に対して $d(q_k, q_l) \leq L(\gamma|_{[t_k,t_l]}) = a(t_l - t_k)$ が成立し，$\{q_k\}$ はコーシー列で点 $q \in M$ に収束する．q の近傍 W で系 1.23 の性質を持つものを選ぶ．k が十分大なら $\gamma(t_k) \in W$ で，$l > k$ に対して $\gamma|_{[t_k,t_l]}$ は最短線で $d(\gamma(t_k), \gamma(t_l)) = a(t_l - t_k)$，$d(\gamma(t_l), q) = a(T - t_l)$ を満たす．$\gamma(t_l)$, q を結ぶ最短測地線 γ_1 $(|\dot{\gamma}_1(t)| = a)$ を取れば，$\gamma|_{[t_k,t_l]} \cup \gamma_1$ は $\gamma(t_k)$ と q を結ぶ最短線で滑らかゆえ $\gamma|_{[t_l,T)}$ を含む．q を始点，$\dot{\gamma}_1(d(\gamma(t_l), q))$ を始方向とする測地線を取れば，γ を $[0, T + \epsilon]$ $(\epsilon > 0)$ まで延長でき T の定義に矛盾する．

(3)→(5) を示す前に次を示す：$\bar{B}_{R_1}(p;M)$ がコンパクトならば，任意の $q \in B_{R_1}(p;M)$ に対して，p,q を結ぶ最短線が存在する．実際，p と q を結ぶ（区分的に滑らかな定速）曲線 $c_k : [0,1] \to M$ で $L(c_k) < d(p,q) + \epsilon_k < R_1$, $\epsilon_k \downarrow 0$ を満たすものを選ぶ（$k = 1,2,\ldots$）．この曲線列 $\{c_k\}$ は

$$d(c_k(t), c_k(t')) \leq L(c_k)|t-t'| < R_1|t-t'|$$

より同程度連続で，コンパクト集合 $\bar{B}_{R_1}(p;M)$ に含まれるから，アスコリ–アルツェラ（Ascoli–Arzera）の定理より一様収束位相に関して収束する部分列を持つ．極限の（連続）曲線を $c : [0,1] \to M$ とすれば，$L(c) \leq \lim L(c_k)$ に注意して，$d(p,q) \leq L(c) \leq \lim L(c_k) = d(p,q)$ より，c は p と q を結ぶ最短線である．系1.23の後の注意より，この c のパラメータを取り替え p,q を結ぶ正規最短測地線 $\gamma : [0,l] \to M$, $l = d(p,q)$ を得る．

さて，(3) を仮定し $R := \sup\{r > 0 \mid \bar{B}_r(p;M)$ はコンパクトである $\}$ と置く．十分小さな $r > 0$ に対しては，$\bar{B}_r(p;M)$ はユークリッド空間の閉球に同相だからコンパクトであり，$R > 0$ が成り立つ．前と同様に，$R < +\infty$ として矛盾を導く．まず，$\bar{B}_R(p;M)$ がコンパクトであることを示そう．点列 $\{p_i\} \subset \bar{B}_R(p;M)$ を任意に取る．ここで，各 i に対して $d(p,p_i) < R$ $(i = 1,2,\ldots)$ であるとしてよい．実際もし $d(p,p_i) = R$ なら，p と p_i を結ぶ（定速）曲線 $c : [0,1] \to M$ で，$L(c) < d(p,p_i) + 1/(2i) = R + 1/(2i)$ を満たすものを取る．c 上 $d(p_i, \tilde{p}_i) = 1/i$ を満たす点 $\tilde{p}_i := c(t_i)$ を選べば，$d(p,\tilde{p}_i) \leq L(c) - 1/i < R - 1/(2i)$ である．よって，必要なら p_i を $\tilde{p}_i$ に置き換えた点列が収束部分列を持つことを示せば，対応する $\{p_i\}$ の部分列も同じ極限点に収束するからである．このとき，各 i に対して $d(p,p_i) < R_1 < R$ となる R_1 を選び，$\bar{B}_{R_1}(p;M)$ がコンパクトであることに注意すれば，p と p_i を結ぶ正規最短測地線 $\gamma_i : [0,l_i] \to M$ $(l_i = d(p,p_i) < R)$ が存在する．$\{u_i := \dot{\gamma}_i(0)\}$ はコンパクト集合 U_pM の列で収束部分列 $\{u_{i_k}\}$ を持ち，$\{l_{i_k}\}$ も収束するとしてよい．極限 $\lim u_{i_k} = u \in U_pM$, $l = \lim l_{i_k}$ とすれば，$\gamma_u(t)$ は (3) を仮定したから任意の $t \geq 0$ に対して定義され，$\lim p_{i_k} = \lim \gamma_{i_k}(l_{i_k}) = \gamma_u(l)$ となる．よって $\bar{B}_R(p;M)$ はコンパクトである．

次に M の局所コンパクト性から，各点 $q \in \bar{B}_R(p;M)$ に対して相対コンパクトな距離開球 $B_{\epsilon_q}(q;M)$ を選ぶことにより，コンパクトな $\bar{B}_R(p;M)$ の開被覆 $\{B_{\epsilon_q}(q;M); q \in \bar{B}_R(p;M)\}$ を得る．有限個の $\{B_{\epsilon_i}(q_i;M)\}_{i=1}^N$ を選んで $\bar{B}_R(p;M)$ を覆えるが，上と同様の議論で十分小さな $\epsilon > 0$ を選んで $B_{R+\epsilon}(p;M) \subset \bigcup_{i=1}^N B_{\epsilon_i}(q_i;M)$ とできることが分かる．$\bar{B}_{R+\epsilon}(p;M)$ はコンパクト集合 $\bigcup_{i=1}^N \bar{B}_{\epsilon_i}(q_i;M)$ に含まれる閉集合ゆえコンパクト．これは R の定義に矛盾し (5) が示された．

完備連結なリーマン多様体 M の任意の 2 点 p, q を結ぶ最短線が存在することは，定理の証明で (3)→(5) の前の議論を適用すればよい．また，任意の $p \in M$ に対して $\exp_p$ が上への写像になっていることもこれより分かる．直径に関する主張は (4) より明らか． □

前にあげた $(\mathbf{R}^n, g_{\mathrm{can}})$, (S^n, g_{can}), (H^n, g_{can}) はいずれも完備連結リーマン多様体であり，コンパクト多様体 M 上の任意のリーマン計量は完備である（定理 1.30 (5) を M の連結成分に適用せよ）．また，どんな多様体 M も完備なリーマン計量を許容する[*36]．なお，$(\mathbf{R}^n, g_{\mathrm{can}})$ の有界凸領域 D は完備ではないが，そのどの 2 点も D に含まれる測地線で結べる．完備性の仮定の下で，測地線がいくらでも延ばせることを用いてリーマン多様体の大域的な性質を調べることができるが，例として最も基本的な**定曲率**の場合を考えよう．まず次を準備する．

命題 1.31 $(M, g), (N, h)$ を n 次元連結リーマン多様体，写像 $\Phi : M \to N$ は $\Phi^* h = g$ を満たす（$D\Phi(p) : T_pM \to T_{\Phi(p)}N$, $p \in M$ は内積を保つ線形同型である）とする．(M, g) が**完備**ならば，$\Phi : M \to N$ は**リーマン被覆写像**である．

証明. Φ は逆写像定理から局所等長写像で，M の測地線を N の測地線に写す．まず (N, h) も完備であることを見る．$q = \Phi(p)$ を始点，$v \in U_qN$ を始方向とする (N, h) の任意の測地線 γ_v に対して，$p \in M$ を始点，$u = D\Phi(p)^{-1}(v) \in U_pM$ を始方向とする M の測地線 γ_u を取れば，(M, g) の完備性から γ_u はすべての $t \geq 0$ に対して定義される．よって，$\Phi \circ \gamma_u = \gamma_v$ もすべての $t \geq 0$ に対して定義され N は完備である（定理 1.30 (3)）．次に，任意の $r \in N$ に対して q, r を結ぶ正規最短測地線 γ を取り，$l = d(q, r)$ と置く．$u = D\Phi(p)^{-1}(\dot{\gamma}(0))$ を始方向とする M の測地線 γ_u に対して，$\Phi(\gamma_u(l)) = \gamma(l) = r$ で $\Phi : M \to N$ は全射である．$\Phi : M \to N$ が被覆写像であることを見るには，任意の $q \in N$ が均等に被覆される近傍を持つことを言えばよい：$B = B_\epsilon(q; N)$ を定理 1.22 を満たす q の近傍とする．このとき，$\Phi^{-1}(B) = \bigcup_{p \in \Phi^{-1}(q)} B_\epsilon(p; M)$ は $\Phi^{-1}(B)$ の連結成分による分解であり，$\Phi|_{B_\epsilon(p;M)} : B_\epsilon(p; M) \to B$ が等長写像であることを示す．$r \in \Phi^{-1}(B)$ に対して，$\Phi(r) \in B$ と q を結ぶ N の最短正規測地線 $\gamma (\subset B)$ を取る．このとき，r を始点，$D\Phi(r)^{-1}(\dot{\gamma}(0)) \in U_rM$ を始方向とする測地線 $\delta : [0, l] \to M$; $l = d(\Phi(r), q) < \epsilon$ は $\Phi \circ \delta = \gamma$ を満たし，最短線である．特に，$\Phi(\delta(l)) = \gamma(l) = q$，すなわち，$p := \delta(l) \in \Phi^{-1}(q)$ かつ $r \in B_\epsilon(p; M)$ である．同様に，異なる $p_1, p_2 \in \Phi^{-1}(q)$ に対して $B_\epsilon(p_1; M) \cap B_\epsilon(p_2; M) = \emptyset$ であること，$\Phi|_{B_\epsilon(p;M)} : B_\epsilon(p; M) \to B$ が全単

[*36] M はユークリッド空間 $\mathbf{R}^N$ に閉部分多様体として埋め込むことができる（ホイットニーの定理）ので，g_{can} の誘導計量は完備になる．また，M の任意のリーマン計量が完備なら，M はコンパクトであることが分かる．

射であることが示される. □

定理 1.32 (M_k^n, g_0) を例 1.26 のモデルの n 次元定曲率空間とする. (M, g) が完備単連結な $n\ (\geq 2)$ 次元定曲率 k のリーマン多様体ならば, (M, g) は (M_k^n, g_0) に等長的である. これより完備連結な $n\ (\geq 2)$ 次元定曲率 k のリーマン多様体は M_k^n を**普遍リーマン被覆空間**として持つ[*37].

証明. $M_k^n\ (n \geq 2)$ は完備単連結である. $k \leq 0$ なら $\exp_{\tilde{p}} : T_{\tilde{p}}M_k^n \to M_k^n\ (\tilde{p} \in M_k^n)$ は微分同相写像であった. $p \in M$ と内積を保つ線形同型 $I : T_{\tilde{p}}M_k^n \to T_pM$ を選ぶ. 完備性の仮定から, $\Phi(\tilde{q}) = \exp_p \circ I \circ \exp_{\tilde{p}}^{-1}(\tilde{q})$ により写像 $\Phi : M_k^n \to M$ を定義できる. $\tilde{q} \in M_k^n$ に対して, $\tilde{\gamma}_u$ を $\tilde{p}, \tilde{q}$ を結ぶ一意な正規最短測地線とする: $\tilde{q} = \tilde{\gamma}_u(l), l = d(\tilde{p}, \tilde{q})$. さて $v \in T_{\tilde{q}}M_k^n$ に対して, $\tilde{\gamma}_u$ に沿う $\tilde{Y}(0) = 0$, $\tilde{Y}(l) = v$ を満たす一意なヤコビ場 $\tilde{Y}$ を取れば, $D\Phi(\tilde{q})v$ は, M の測地線 $\gamma_{I(u)}$ に沿う $Y(0) = 0$, $\nabla Y(0) = I(\nabla\tilde{Y}(0))$ を満たすヤコビ場を Y とするとき, $Y(l)$ で与えられる. このとき, 問 6 の後の議論により $D\Phi(\tilde{q}) : T_{\tilde{q}}M_k^n \to T_qM\ (q = \Phi(\tilde{q}))$ は内積を保つ. よって $\Phi^*g = g_0$ で, 命題 1.31 から Φ は被覆写像になる. M は単連結ゆえ, Φ は全単射で等長写像を与える.

$k > 0$ なら M_k^n は半径 $1/\sqrt{k}$ の球面 $S_{1/\sqrt{k}}^n$ である. 点 $\tilde{p} \in M_k^n$ の対蹠点を $\tilde{p}'$ とすれば, $\exp_{\tilde{p}}$: $B_{\pi/\sqrt{k}}(0_{\tilde{p}}; T_{\tilde{p}}M_k^n) \to M_k^n \setminus \tilde{p}'$ は微分同相写像で, 境界の超球面 $S_{\pi/\sqrt{k}}^{n-1}(0_{\tilde{p}}; T_{\tilde{p}}M_k^n)$ を 1 点 $\tilde{p}'$ に写す. 他方, M は完備定曲率 k のリーマン多様体だから, 正規測地線 γ に沿う $Y(0) = 0$ を満たす γ に垂直な任意のヤコビ場 Y は $Y(\pi/\sqrt{k}) = 0$ を満たし, $D\exp_p$ は $S_{\pi/\sqrt{k}}^{n-1}(0_p; T_pM)$ の接空間に制限すれば零写像となる. 特に $\exp_p(S_{\pi/\sqrt{k}}^{n-1}(0_p; T_pM))$ は 1 点 p' で, $\Phi(\tilde{p}') = p'$ と定義すれば $M_k^n \setminus \tilde{p}'$ で滑らかな連続写像 $\Phi : M_k^n \to M$ を得る. 前段の議論から, $\Phi|_{M_k^n \setminus \{\tilde{p}'\}} : M_k^n \setminus \{\tilde{p}'\} \to M$ は $\Phi^*g = g_0$ を満たし, $\tilde{p}$ を始点とする正規測地線 $\tilde{\gamma}_u$ に対して, p を始点とする M の正規測地線 $\gamma_{Iu} = \Phi \circ \tilde{\gamma}_u$ の局所的な挙動は $\tilde{\gamma}_u$ のそれに等しい. 特に, $\dot{\tilde{\gamma}}_u(\pi/\sqrt{k}) \in U_{\tilde{p}'}M_k^n$ を $\dot{\gamma}_{I(u)}(\pi/\sqrt{k}) \in U_{p'}M$ に写すことにより, 角を保つ写像 $I' : U_{\tilde{p}'}M_k^n \to U_{p'}M$ を得るが, これは内積を保つ線形同型 $I' : T_{\tilde{p}'}M_k^n \to T_{p'}M$ に拡張される. よって Φ は, $\tilde{p}'$ の近傍で $\exp_{p'} \circ I' \circ \exp_{\tilde{p}'}^{-1}$ の形に表され, 従って滑らかな写像で $\Phi^*g = g_0$ を満たす. 後の議論は $k \leq 0$ の場合と同じである. □

以下, 完備リーマン多様体 (M, g) の点 $p \in M$ を始点とする測地線の挙動を調べよう. $u \in U_pM$ を始方向とする正規測地線 γ_u は, 定理 1.22 より十分小さな $t > 0$ に対して $\gamma_u|_{[0,t]}$ が p と $\gamma_u(t)$ を結ぶ (パラメータを除き唯一の) **最短線**であるという

[*37] 完備連結 1 次元リーマン多様体は $(\mathbf{R}, g_{\mathrm{can}})$ か, 半径 r の円周 $(S_r^1, g_{\mathrm{can}})$ に等長的である.

性質を持つ．しかし，t が例えば M の直径 $d(M)$ を超えれば，$\gamma_u|_{[0,t]}$ は最短線にはなり得ない．そこで，$u \in U_pM$ に対して

$$i_p(u) := \sup\{t > 0 \mid \gamma_u|_{[0,t]} \text{は } p \text{ と } \gamma_u(t) \text{ を結ぶ最短線である}\} \tag{1.71}$$

と置く．$0 < i_p(u) \le +\infty$ である．このとき，次が成り立つ．

補題 1.33 完備リーマン多様体に対して $i_p(u) < +\infty$ ならば，$t_0 = i_p(u)$ と置くとき $\gamma_u|_{[0,t_0]}$ は最短線で，次のいずれかが成り立つ：

(1) $\gamma_u(t_0)$ は $\gamma_u|_{[0,t_0]}$ に沿って p の第 1 **共役点**である．
(2) $v \in U_pM, v \neq u$ が存在して，$\gamma_u(t_0) = \gamma_v(t_0)$ を満たす．

逆に，$u \in U_pM$ に対して $\gamma_u|_{[0,t_0]}$ が最短線で，(1) か (2) が成り立てば $t_0 = i_p(u)$ である．さらに，$UM \ni u \mapsto i_p(u) \in \mathbf{R}^+ \cup \{+\infty\}$ は連続である．

証明. 任意の $0 < t < t_0$ に対して $\gamma_u|_{[0,t]}$ は最短線だから，距離関数の連続性より $\gamma_u|_{[0,t_0]}$ は最短線である．もし (1) が成立しなければ，$\exp_p$ は $t_0u \in T_pM$ で正則で，その近傍 $\tilde{U}$ に制限すれば微分同相写像になる．定義より数列 $t_n \downarrow t_0$ $(t_n > t_0)$ に対して $\gamma_u|_{[0,t_n]}$ は最短線ではなく，$s_n := d(p, \gamma_u(t_n)) < t_n$ は $\lim s_n = t_0$ を満たす．p と $\gamma_u(t_n)$ を結ぶ正規最短測地線 γ_n を取れば $\gamma_u(t_n) = \gamma_n(s_n)$ であり，$u_n := \dot{\gamma}_n(0)$ $(\neq u)$ に対して，必要なら部分列を選び $\lim_{n\to\infty} u_n = v \in U_pM$ としてよい．もし $v = u$ ならば，十分大きな n に対して $s_nu_n, t_nu \in \tilde{U}$ かつ $\exp_p s_nu_n = \gamma_n(s_n) = \gamma_u(t_n) = \exp_p t_nu$ だから，$s_nu_n = t_nu$ を得るがこれは矛盾である．よって $v \neq u$ であり，かつ $\gamma_u(t_0) = \lim \gamma_u(t_n) = \lim \gamma_n(s_n) = \gamma_v(t_0)$．逆の主張を見るには，(1) か (2) が成り立つとき，$t > t_0$ に対して $\gamma|_{[0,t]}$ が最短線にはなり得ないことを示せばよい．(1) の場合は定理 1.25 (2) から従う．(2) の場合は，十分小さな任意の $\epsilon > 0$ に対して，$\gamma_v|_{[t_0-\epsilon,t_0]} \cup \gamma_u|_{[t_0,t_0+\epsilon]}$ は $q = \gamma_u(t_0) = \gamma_v(t_0)$ の系 1.23 の近傍 W に含まれ，q で滑らかではないので最短線ではない．よって，$d(\gamma_v(t_0 - \epsilon), \gamma_u(t_0 + \epsilon)) < 2\epsilon$ より

$$d(p, \gamma_u(t_0 + \epsilon)) \le d(p, \gamma_v(t_0 - \epsilon)) + d(\gamma_v(t_0 - \epsilon), \gamma_u(t_0 + \epsilon)) < t_0 + \epsilon$$

で (2) の場合も示された．$u \to i_p(u)$ の連続性を示す前に，$UM \ni u_n \to u \in UM$, $t_n\,(> 0) \to t_\infty$ で，正規測地線 $\gamma_{u_n}|_{[0,t_n]}$ が最短線ならば $\gamma_u|_{[0,t_\infty]}$ も最短線であることを注意する．さて，$u_n\,(\in U_{p_n}M) \to u \in U_pM$ に対して $\lim i_{p_n}(u_n) = i_p(u)$ を $i_p(u) < +\infty$ として示す（$i_p(u) = +\infty$ の場合も同様に示せる）．$\gamma_{u_n}|_{[0,i_{p_n}(u_n)]}$ は最短線で，$l := \limsup i_{p_n}(u_n)$ と置くと $\gamma_u|_{[0,l]}$ も最短線で $l \le i_p(u)$ を満たす．$l' = \liminf i_{p_n}(u_n) \le l$ とし，対応する収束部分列 $\{u_{n_k}, t_{n_k} = i_{p_{n_k}}(u_{n_k})\}$ を取る．

$l = l'$ を示せばよい．$\gamma_u(l')$ が p の γ_u に沿う共役点なら $l' = i_p(u) \geq l \geq l'$ だから，$\gamma_u(l')$ は p の共役点でないとする．もし無限個の $\gamma_{u_{n_k}}(t_{n_k})$ に対して補題の (1) が成立すれば極限の $\gamma_u(l')$ も p の共役点となるから，$\gamma_{u_{n_k}}(t_{n_k})$ の無限個に対して補題の (2) が成立する．すなわち，$v_{n_k}(\neq u_{n_k}) \in U_{p_{n_k}}M$ が存在して $\gamma_{v_{n_k}}(t_{n_k}) = \gamma_{u_{n_k}}(t_{n_k})$ となる．必要なら部分列を取り，$\lim v_{n_k} = v$ としてよい．$\gamma_u(l')$ は p の共役点でないから $v \neq u$ [*38]で補題の (2) より $l' = i_p(u) \geq l$，よって $l = l'$ である． □

例えば，**単位球面** S^n では任意の $u \in T_pS^n$ に対して $i_p(u) = \pi$，$\exp_p \pi u = -p$ で，上の (1), (2) が共に成立している．**実射影空間** $(\mathbf{R}P^n, g_{\mathrm{can}})$ では，任意の $u \in T_p\mathbf{R}P^n$ に対して $i_p(u) = \pi/2$ で，$\gamma_u(\pi/2)$ は p の共役点ではなく $\gamma_v(\pi/2) = \gamma_u(\pi/2)$ を満たす $v(\neq u)$ は $v = -u$ のみである．

さて，$p \in M$ に対して $i_p(u) < +\infty$ のとき，$\exp_p i_p(u)u = \gamma_u(i_p(u))$ を γ_u に沿う p の**切断点**（最小点）といい，p の切断点全体の集合 C_p を p の**切断跡**という．また，$i_p(u)u \in T_pM$ を γ_u に沿う p の**接切断点**（接最小点）といい，p の接切断点全体の集合 $\tilde{C}_p$ を p の**接切断跡**という．$(\mathbf{R}^n, g_{\mathrm{can}})$ や (H^n, g_{can}) では，任意の点 p に対して $C_p = \emptyset$ である．(S^n, g_{can}) では $C_p = \{-p\}$ は p の対蹠点からなり，$(\mathbf{R}P^n, g_{\mathrm{can}})$ では $C_p = \{q \in \mathbf{R}P^n \mid d(p,q) = \pi/2\}$ は，全測地的超平面として与えられる**実射影超平面** $\mathbf{R}P^{n-1}$ である．

$q \in M \setminus C_p$ は p と唯一の最短正規測地線で結べ，$q \in C_p$ が p と唯一の最短正規測地線 γ で結ばれれば，q は γ に沿っての p の第1共役点である．さて

$$\tilde{\mathcal{I}}_p := \{tu \mid 0 \leq t < i_p(u),\, u \in U_pM\}$$

とおき，$\mathcal{I}_p := \exp_p \tilde{\mathcal{I}}_p$ を p の**内部集合**という．このとき $\exp_p|_{\tilde{\mathcal{I}}_p} : \tilde{\mathcal{I}}_p \to M \setminus C_p$ は微分同相写像であることは容易に分かる．特に，$\mathcal{I}_p = M \setminus C_p$ は n 次元開円板に同相であり，また $\exp_p(\partial\tilde{\mathcal{I}}_p) = C_p$ で，C_p は閉集合である．

M がコンパクトならば，$\tilde{\mathcal{I}}_p$ の境界 $\partial\tilde{\mathcal{I}}_p = \tilde{C}_p$ は S^{n-1} に同相で，M は p の切断跡 C_p に写像 $\exp_p : \tilde{C}_p \to C_p$ により n 次元円板を接着させて得られる．また，C_p は $M \setminus \{p\}$ の強変位レトラクトになっている（ホモトピーは $0 \leq s \leq 1$ に対して，次で与えられる）：

$$H_s(q) := \begin{cases} \exp_p\left\{\left(s \cdot i_p\left(\dfrac{\exp_p^{-1} q}{|\exp_p^{-1} q|}\right) + (1-s)|\exp_p^{-1} q|\right)\dfrac{\exp_p^{-1} q}{|\exp_p^{-1} q|}\right\}; & \\ \qquad\qquad\qquad\qquad q \in M \setminus (C_p \cup \{p\}) \text{ の場合}, & \\ q; \qquad\qquad\qquad\qquad\qquad q \in C_p \text{の場合}. & \end{cases}$$

[*38] 写像 $F : TM \to M \times M$ を $F(w) = (q, \exp_q w)$, $q = \tau_M w$ で定義すれば，F は $l'u$ で正則で，$l'u$ の TM における近傍 $\tilde{U}$ が存在して $F|_{\tilde{U}}$ が微分同相となることを用いる．

このように，C_p は M の位相の本質的な部分を含むといえる．

$p \in M$ に対し，$i_p := \inf_{u \in U_pM} i_p(u)$ を M の p における**単射半径**という．これは p における正規座標近傍の大きさを表し，p を始点とする測地線の第 1 共役値の最小値と，p を基点とする自明でない測地ループ*39の長さの最小値の半分の小さい方で与えられる．また補題 1.33 を用いて，$p \mapsto i_p$ は M 上連続であることも分かる．完備リーマン多様体 M の**単射半径**は $i_M := \inf_{p \in M} i_p$ で与えられる．一般には $i_M = 0$ となり得るが，M の正規座標近傍の大きさの一様な評価を与え，計量構造と多様体の構造の関連を調べる際に重要な役割を果たす．特に，M がコンパクトならば i_M は正で，M の測地線の第 1 共役値の最小値と自明でない閉測地線の長さの最小値の半分の小さい方で与えられる．

例 1.34 Γ を $\mathbf{R}^n$ の格子とし，n 次元**トーラス** $T^n = \mathbf{R}^n/\Gamma$ を考える．Γ の元は普遍被覆 $\pi : \mathbf{R}^n \to T^n$ の被覆変換とみると，$\mathbf{R}^n$ の平行移動すなわち $(\mathbf{R}^n, g_{\mathrm{can}})$ の等長変換として作用する．よって，T^n には π が局所等長写像となるような平坦なリーマン計量 g_Γ が入る．$p = \pi(0)$ に対して，0 を通る $\mathbf{R}^n$ の直線は π により p を通る T^n の測地線に写るので，$\mathbf{R}^n = T_pT^n$，$\pi = \exp_p$ と考えてよい．$(\mathbf{R}^n, g_{\mathrm{can}})$，従って (T^n, g_Γ) には共役点は存在しないので

$$\tilde{\mathcal{I}}_p = \{v \in \mathbf{R}^n \mid |v| < |v - \gamma| \text{ が任意の} \gamma \in \Gamma \setminus \{0\} \text{ に対して成り立つ } \}$$

であり，これは $\frac{1}{2}\gamma$ $(\gamma \in \Gamma \setminus \{0\})$ を通り γ に垂直な超平面達に囲まれた 0 を含む開凸集合で，切断跡 C_p は $\pi(\partial\tilde{\mathcal{I}}_p)$ で与えられる．特に $\Gamma = \mathbf{Z}^n$ の場合，すなわち Γ が正規直交基底 $\{e_i\}_{i=1}^n$ を基底に持つとき，$\tilde{C}_p = \partial\tilde{\mathcal{I}}_p$ は $i = 1, \ldots, n$ に対して $x_i = \pm\frac{1}{2}$，$-\frac{1}{2} \leq x_j \leq \frac{1}{2}$ $(j \neq i)$ で与えられる集合の和集合であり，切断跡 C_p は n 個の部分トーラス T^{n-1} の和集合である．

問 11 格子 Γ が $\Gamma := \langle (1,0), (a_1, a_2) \rangle_{\mathbf{Z}}$ で与えられるとき，平坦トーラス $T^2 = (\mathbf{R}^2/\Gamma, g_\Gamma)$ の（接）切断跡 $C_p(\tilde{C}_p)$ を考察せよ．

例 1.35 複素射影空間 $(\mathbf{C}P^m, g_0)$ **はリーマン沈め込み** $\pi : (S^{2m+1}, h_0) \to (\mathbf{C}P^m, g_0)$ により与えられた（例 1.7, 例 1.28）が，その**切断跡**を求めよう．式 (1.45) によれば $\hat{X} \in \mathcal{X}(\mathbf{C}P^m)$ の水平リフトを $X \in \mathcal{X}(S^{2m+1})$ とするとき，$(\nabla_X X)^\top$ は $\nabla^\top_{\hat{X}} \hat{X}$ の水平リフトに等しい．$x \in S^{2m+1}$ を始点とし，水平ベクトル $u \in U_pS^{2m+1}$，$\langle u, \xi \rangle = 0$ を始方向とする測地線 γ_u は $\gamma_u(t) = \cos t\, x + \sin t\, u$ で与えられ，各点で $\xi_{\gamma_u(t)}$ と直交し水平である．従って，$\pi \circ \gamma_u$ は $\mathbf{C}P^m$ の $D\pi(x)u$ を始方向とする測地

*39 測地線 $\gamma : [0, l] \to M$ は $\gamma(l) = \gamma(0)$ を満たすとき測地ループ，$\gamma(l) = \gamma(0)$，$\dot{\gamma}(l) = \dot{\gamma}(0)$ を満たすとき閉測地線であるという．これらは自明な点曲線を含む．

線となる．逆に，$\hat{p}$ を始点，$\hat{u} \in U_{\hat{p}}\mathbf{C}P^m$ を始方向とする $\mathbf{C}P^m$ の測地線 $\hat{\gamma}_{\hat{u}}$ に対して，$x \in \pi^{-1}(\hat{p})$ を始点，x における $\hat{u}$ の水平リフト u を始方向とする S^{2m+1} の測地線 γ_u は水平で，$\pi \circ \gamma_u = \hat{\gamma}$ である．

いま $\hat{u} \in U_{\hat{p}}\mathbf{C}P^m$ を始方向とする測地線 $\hat{\gamma}_{\hat{u}}$ に対して，$e_1 = \hat{u}$，$e_2 = J\hat{u}$ を含む正規直交基底 $\{e_i\}_{i=1}^{2m}$ を取り，これらの $\hat{\gamma}_{\hat{u}}$ に沿う平行移動を $\{e_i(t)\}$ とする．このとき $e_1(t) = \hat{\gamma}'_{\hat{u}}(t)$，$e_2(t) = Je_1(t)$ で，$e_1(t)^\perp \ni w \mapsto R(w, e_1(t))e_1(t)$ は，断面曲率の最大値 $K_\sigma^\top = 4$ に対応する固有ベクトル $w = e_2(t)$ と，最小値 $K_\sigma^\top = 1$ に対応する固有ベクトル $w \in \langle e_3(t), \ldots, e_{2m}(t)\rangle_{\mathbf{R}}$ を持つ．これより，$\hat{\gamma}_{\hat{u}}$ に沿う $Y(0) = 0$，$\nabla Y(0) = w = \sum_{i=2}^{2m} a_i e_i$ を満たすヤコビ場は $Y(t) = (a_2 \sin 2t/2)e_2(t) + \sum_{j=3}^{2m}(a_j \sin t)e_j(t)$ の形に表される．特に，第1共役点は $w = e_2$ に対応するヤコビ場の零点 $\hat{\gamma}_{\hat{u}}(\pi/2)$ で与えられ，重複度1である．次に $\hat{v} \in U_{\hat{p}}\mathbf{C}P^m$，$\hat{v} \neq \hat{u}$ に対して，$\hat{\gamma}_{\hat{u}}(t) = \hat{\gamma}_{\hat{v}}(t)$ $(0 < t \leq \pi/2)$ がいつ成り立つか調べる．すなわち，$x \in \pi^{-1}(\hat{p})$ を始点とする $\hat{\gamma}_{\hat{u}}, \hat{\gamma}_{\hat{v}}$ の水平リフトを上の記法で，$\gamma_u(t) = \cos t\, x + \sin t\, u$，$\gamma_v(t) = \cos t\, x + \sin t\, v$ とするとき，実数 a が存在して $\gamma_v(t) = e^{ai}\gamma_u(t)$ となる場合である．これは容易に解けて，$t = \pi/2$ かつ $v = e^{ia}u$，すなわち，$v \in \langle u, iu\rangle_{\mathbf{R}}$ の場合である．従って，$\hat{\gamma}_{\hat{u}}(t) = \hat{\gamma}_{\hat{v}}(t)$ $(0 < t \leq \pi/2)$ は $t = \pi/2$，$\hat{v} \in \langle \hat{u}, J\hat{u}\rangle_{\mathbf{R}}$ のとき，かつそのときに限り成立する．これより $i_{\hat{p}}(\hat{u}) \equiv \pi/2$ であり，**切断跡**は $C_{\hat{p}} = \{\hat{q} \in \mathbf{C}P^m \mid d(\hat{p}, \hat{q}) = \pi/2\} = \pi(\{y \in S^{2m+1} \mid y \perp x, ix\})$ で与えられる．これは，S^{2m+1} の大球 S^{2m-1} の π による像である全測地的な**複素射影超平面** $\mathbf{C}P^{n-1}$ である．

点 $p \in M$ の**切断跡** C_p は p からの**距離関数** $d_p; d_p(q) := d(p, q)$ の微分可能性と関連する．実際，$\Phi := \exp_p|_{\mathcal{I}_p} : \mathcal{I}_p \to M \setminus C_p$ は微分同相だから，$d_p(q) = |\Phi^{-1}(q)|$ は $M \setminus C(p) \cup \{p\}$ 上微分可能である．$q \in M \setminus C(p) \cup \{p\}$ での**勾配ベクトル** $\nabla d_p(q)$ は，p と q を結ぶ最短正規測地線を γ とするとき，**第1変分公式**より $\dot{\gamma}(l)$, $l = d(p, q)$ で与えられ，$|\nabla d_p(q)| = 1$ を満たす．他方 $q \in C(p)$ では，d_p の勾配ベクトルは一意とは限らず微分可能とは限らない．

さて，q $(\neq p)$ は $\xi \in U_qM$ が存在して，任意の q から p への正規最短線 γ の始方向と鋭角をなすとき（すなわち，これら始方向が T_qM のある開半空間に含まれるとき），d_p の**正則点**であるという．p から q への正規最短測地線が一意なら，$q \neq p$ は d_p の正則点である．逆に，どんな $\xi \in U_qM$ に対しても q から p への正規最短測地線 γ でその始方向が ξ と角 $\alpha \leq \pi/2$ をなすものが存在するとき，q は d_p の**臨界点**（**危点**）であるという．例えば，M がコンパクトのとき，p からの最遠点 q $(d(p, q) = \max d_p)$ は p の臨界点であることが分かる．p も d_p の最小値0を取る唯一の点としての臨界点と考える．d_p の p 以外の臨界点は補題1.33 (2) を満たし C_p に含まれるが，そこでは d_p は微分可能でないことに注意されたい．これらの概念

はグローブ (Grove) –塩浜により導入され，曲率と位相の関連で重要な役割を果たした．

1.3.2 リーマン多様体上の測度

多様体 M の体積や関数の積分，M の曲線の長さや曲面の面積などの測度に関する概念は M 上あらかじめ与えられているのではない．M にリーマン計量 g が与えられると対応して M の測度が得られることを示そう．M のアトラス $\{(U_\alpha, \varphi_\alpha)\}$ の各チャート $(U_\alpha, \varphi_\alpha, \{x_\alpha^i\})$ に対し，L_n を $\mathbf{R}^n$ のルベーグ (Lebesgue) 測度として $\varphi_\alpha(U_\alpha)$ 上

$$\nu_\alpha = \sqrt{\det(g_{ij}^\alpha)} \circ \varphi_\alpha^{-1} L_n; \quad g_{ij}^\alpha = g(\partial_i^\alpha, \partial_j^\alpha), \quad \partial_i^\alpha = \frac{\partial}{\partial x_\alpha^i} \quad (1 \leq i, j \leq n) \tag{1.72}$$

と定義する．各 $p \in U_\alpha$ に対して，$\sqrt{\det(g_{ij}^\alpha)}(p)$ は $\{\partial_i^\alpha(p)\}$ によって張られる T_pM の n 次元平行多面体の体積を表す．ν_α は $\varphi_\alpha(U_\alpha)$ 上 L_n に関して滑らかな正値測度であり，$U_\alpha \cap U_\beta (\neq \emptyset)$ 上 g の座標変換公式を用いて

$$\nu_\alpha \circ \varphi_\alpha = (|\det D(\varphi_\beta \circ \varphi_\alpha^{-1})| \circ \varphi_\alpha)\nu_\beta \circ \varphi_\beta \tag{1.73}$$

を満たすことが分かる[*40]．$U_\alpha \cap U_\beta$ にコンパクトな台を持つ連続関数 f に対して，ユークリッド空間における重積分の座標変換公式から

$$\int_{\varphi_\alpha(U_\alpha \cap U_\beta)} f \circ \varphi_\alpha^{-1} d\nu_\alpha = \int_{\varphi_\beta(U_\alpha \cap U_\beta)} f \circ \varphi_\beta^{-1} d\nu_\beta \tag{1.74}$$

である（$d\nu_\alpha = \sqrt{\det(g_{ij}^\alpha)} \circ \varphi_\alpha^{-1} dx^1 \cdots dx^n$ と置いた）．これより M 上正値測度 ν_g が導かれる：まず U_α にコンパクトな台を持つ連続関数 $f : M \to \mathbf{R}$ に対し

$$\nu_g(f) \left(= \int_M f d\nu_g \right) = \int_{\varphi_\alpha(U_\alpha)} f \circ \varphi_\alpha^{-1} d\nu_\alpha$$

と定義する．もし f の台が U_β にも含まれていれば，式 (1.74) からこの定義はチャート $(\varphi_\alpha, U_\alpha), (\varphi_\beta, U_\beta)$ の選び方によらない．一般にはコンパクトな台を持つ連続関数 $f : M \to \mathbf{R}$ に対して，アトラスに付随した 1 の分割 $\{u_\alpha\}$ を用いて

$$\nu_g(f) \left(= \int_M f d\nu_g \right) = \sum_\alpha \int_{\varphi_\alpha(U_\alpha)} (u_\alpha f) \circ \varphi_\alpha^{-1} d\nu_\alpha \tag{1.75}$$

[*40] $D(\varphi_\beta \circ \varphi_\alpha^{-1}) = (\partial x_j^\beta / \partial x_i^\alpha)$ は写像のヤコビ行列で，このような $\{\nu_\alpha\}$ を M 上の密度という．

と定義する．$\nu_g(f)$ は有限和で，1 の分割 $\{u_\alpha\}$ の選び方にもまたアトラスの選び方にもよらないことを確かめることができる．

これより測度論・積分論を適用して，M 上の可測集合，零集合，可測関数の概念が導入され，これらはリーマン計量 g の選び方によらないことが分かる．実際，可算個のチャートからなる M のアトラス $\{(U_i, \varphi_i)\}$ で，$\bar{U}_i$ がコンパクトであるものを取り，M の開被覆 $\{W_i\}$ を $\bar{W}_i \subset U_i$ が各 i に対して成り立つように選ぶ．このとき，$A \subset M$ が ν_g に関して可測集合（零集合）であるためには，すべての i に対して $\varphi_i(A \cap W_i) \subset \mathbf{R}^n$ がルベーグ測度に関して可測集合（零集合）であることが必要十分である[*41]．M 上の可測関数 f で $\int_M |f|^2 d\nu_g < +\infty$ を満たすもの全体を $L^2(M)$ $(= L_2(M, d\nu_g))$ で表せば，これは関数の和，積の下で閉じており，内積を

$$(f,h) = \int_M fhd\nu_g, \quad \|f\|^2 = (f,f) \tag{1.76}$$

で与えればヒルベルト空間になる．

特に，(M,g) の**体積**は $\mathrm{vol}(M,g) := \nu_g(1) = \int_M d\nu_g$ で与えられる[*42]．実際にリーマン多様体の体積を求めるには，適当なチャート，例えば正規座標系を選んで計算する．(M,g) を完備連結リーマン多様体とする．$\exp_p : \tilde{\mathcal{I}}_p \cup \tilde{C}_p \to M$ は上への写像で $C_p = \exp_p(\tilde{C}_p)$ であり，$\exp_p|_{\tilde{\mathcal{I}}_p} : \tilde{\mathcal{I}}_p \to \mathcal{I}_p = M \setminus C_p$ は微分同相写像であった．ここで，切断跡 C_p は零集合である．実際，$\tilde{C}_p = \partial\tilde{\mathcal{I}}_p = \{i_p(u)u \mid u \in U_pM\}$ は i_p の連続性から T_pM の零集合であり，従ってその $\exp_p$ による像 C_p も零集合である．よって

$$\mathrm{vol}(M,g) = \int_{M \setminus C_p} d\nu_g = \int_{\tilde{\mathcal{I}}_p} d\nu_{\exp_p^* g}$$

であるが，$d\nu_{\exp_p^* g}$ を**ヤコビ場**を用いて計算しよう．$u \in U_pM$ に対し，T_pM の正規直交基底 $\{e_1 = u, e_2, \ldots, e_n\}$ を選び，測地線 γ_u に沿うヤコビ場 $Y_i(t)$ で初期条件 $Y_i(0) = 0$，$\nabla Y_i(0) = e_i$ を満たすものを取る $(2 \le i \le n)$．補題 1.19 より，$D\exp_p(tu)e_1 = \dot{\gamma}_u(t)$，$D\exp_p(tu)e_i = Y_i(t)/t$ であり，$\{x^i\}$ を $\{e_i\}$ に対応する正規座標系とすれば $\det(g_{ij}) = \det(\langle Y_i(t), Y_j(t)\rangle)_{2 \le i,j \le n}/t^{2(n-1)}$．

$$\theta(u,t) := \sqrt{\det(\langle Y_i(t), Y_j(t)\rangle)} \tag{1.77}$$

と置けば，これは $\{e_2, \ldots, e_n\}$ の選び方によらず，極座標表示により

$$d\nu_{\exp_p^* g} = \theta(u,t)t^{1-n}dx^1 \cdots dx^n = \theta(u,t)dtdS^{n-1}$$

[*41] これより n 次元リーマン多様体の k $(< n)$ 次元部分多様体は零集合である．滑らかな写像 $\Phi : M \to N$ の臨界値の集合 $\{q = \Phi(p) \mid \mathrm{rank} D\Phi(p) < \dim N\}$ もサードの定理から零集合．

[*42] M がコンパクトならば体積は有限であり，非コンパクトでもこの値が有限になることがある．

が成り立つ．ここで，dS^{n-1} はユークリッド空間 (T_pM, g_p) の単位球面のルベーグ測度に対応する．よってフビニ（Fubini）の定理から次式を得る：

$$\begin{aligned}\mathrm{vol}(M,g) &= \int_{\tilde{\mathcal{I}}_p} \theta(u,t)t^{1-n}dx^1\cdots dx^n \\ &= \int_{S^{n-1}} dS^{n-1}\int_0^{i_p(u)}\theta(u,t)dt.\end{aligned} \tag{1.78}$$

同様に，半径 r の距離球 $\bar{B}_r(p;M)=\{q\in M \mid d(p,q)\le r\}$ の体積は

$$\mathrm{vol}\,\bar{B}_r(p;M)\ (=\mathrm{vol}\,B_r(p;M)) = \int_{S^{n-1}} dS^{n-1}\int_0^{\min\{r,i_p(u)\}}\theta(u,t)dt \tag{1.79}$$

で与えられる．なお，n 次元リーマン多様体 M の $m\ (<n)$ 次元部分多様体は零集合でその n 次元体積は零であるが，幾何学的にはその誘導リーマン計量 h に関する m 次元測度 ν_h に関する m 次元体積を考えるのが自然である．例えば，リーマン多様体 M の曲線の長さはその例であり，M の曲面 $\mathbf{p}: D\ni(u,v)\mapsto \mathbf{p}(u,v)\in M$ の面積は，$\mathbf{p}_u := D\mathbf{p}(\partial/\partial u)$，$\mathbf{p}_v := D\mathbf{p}(\partial/\partial v)$ に対して $|\mathbf{p}_u\wedge\mathbf{p}_v|^2 = |\mathbf{p}_u|^2|\mathbf{p}_v|^2-\langle\mathbf{p}_u,\mathbf{p}_v\rangle^2$ と置くとき，$\int_D|\mathbf{p}_u\wedge\mathbf{p}_v|dudv$ で与えられる．

例 1.36 ユークリッド空間 $(\mathbf{R}^n, g_{\mathrm{can}})$ の半径 1 の距離球 $\bar{B}_1(0;\mathbf{R}^n)$ の n 次元体積を ω_n，単位球面 S^{n-1} の $(n-1)$ 次元体積を α_{n-1} とする．$\theta(u,t)=t^{n-1}$ に注意して

$$\mathrm{vol}\,\bar{B}_r(p;\mathbf{R}^n) = \int_{S^{n-1}} dS^{n-1}\int_0^r t^{n-1}dt = \frac{1}{n}r^n\alpha_{n-1}$$

で，特に $\omega_n=\alpha_{n-1}/n$ を得る．n 次元単位球面 (S^n, g_{can}) の体積 α_n は，同様に $i_p\equiv\pi$，$\theta(u,t)=\sin^{n-1}t$ に注意してガンマ関数を用いて計算すれば

$$\begin{aligned}\alpha_n &= \alpha_{n-1}\int_0^\pi \sin^{n-1}t\,dt = \frac{2\pi^{(n+1)/2}}{\Gamma((n+1)/2)} \\ &\begin{cases} = \dfrac{2(2\pi)^m}{(2m-1)!!} & (n=2m：偶数次元) \\ = \dfrac{(2\pi)^{m+1}}{(2m)!!} = \dfrac{2\pi^{m+1}}{m!} & (n=2m+1：奇数次元). \end{cases}\end{aligned}$$

一般に定曲率 k のモデル空間 M_k^n の場合は $\theta(u,t)=s_k^{n-1}(t)$ となるので（問 6），$k>0$ なら $r\le\frac{\pi}{\sqrt{k}}$ として

$$\mathrm{vol}\,\bar{B}_r(p;M_k^n) = \int_{S^{n-1}} dS^{n-1}\int_0^r s_k^{n-1}(t)\,dt$$

で与えられる．特に**双曲空間** $(H^n, g_{\rm can})$ では，$r \uparrow +\infty$ に対して漸近的に $\mathrm{vol}\,\bar{B}_r(p; H^n) \sim c_n e^{(n-1)r}$ $(c_n = \alpha_{n-1}/(n-1)2^{n-1})$ となる．**複素射影空間** $(\mathbf{C}P^m, g_0)$ の場合は，$i_p \equiv \pi/2$，$\theta(u,t) = \sin^{2(m-1)} t \sin(2t)/2$ より

$$\mathrm{vol}\,\mathbf{C}P^m = \int\int_{S^{2m-1}} dS^{2m-1} \int_0^{\pi/2} \sin^{2m-1} t \cos t\, dt = \frac{\alpha_{2m-1}}{2m} = \frac{\pi^m}{m!}$$

となる．この値はまた，リーマン沈め込み $\pi : (S^{2m+1}, h_0) \to (\mathbf{C}P^m, g_0)$ において，ファイバーが (S^{2m+1}, h_0) の長さ 2π の閉測地線（大円）であることに注意してフビニの定理を使えば，$\alpha_{2m+1}/2\pi$ としても求まる．

次に，**発散定理**，あるいは**グリーン**（Green）**の定理**と呼ばれる重要な積分公式とその系について述べる．(M, g) をリーマン多様体，Ω を滑らかな境界 $\partial\Omega$ を持つ M の領域とし，$\partial\Omega$ 上滑らかな外向き単位法ベクトル場 ν を取る．$\partial\Omega$ 上 g からの誘導計量 h から測度 ν_h が決まる．

定理 1.37　$X \in \mathcal{X}(M)$ はコンパクトな台を持つとする．次が成り立つ：

$$(1)\ \int_M \mathrm{div} X d\nu_g = 0, \quad (2)\ \int_\Omega \mathrm{div} X\, d\nu_g = \int_{\partial\Omega} \langle X, \nu\rangle\, d\nu_h. \tag{1.80}$$

系 1.38　$\varphi, \psi \in \mathcal{F}(M)$ に対して次が成り立つ：

(1) $\psi\nabla\varphi$ がコンパクトな台を持てば

$$\int_M \{\langle \nabla\varphi, \nabla\psi\rangle - \psi\Delta\varphi\} d\nu_g = 0. \tag{1.81}$$

φ がコンパクトな台を持てば $\int_M \Delta\varphi d\nu_g = 0$．また，コンパクト連結リーマン多様体上の**調和関数**は定数である．$\psi\nabla\varphi, \varphi\nabla\psi$ がコンパクトな台を持てば

$$\int_M \{\psi\Delta\varphi - \varphi\Delta\psi\} d\nu_g = 0. \tag{1.82}$$

(2) $\psi\nabla\varphi$ がコンパクトな台を持てば，M の滑らかな境界を持つ領域 Ω に対してその外向き単位法ベクトル場を ν とするとき

$$\int_\Omega \{\langle \nabla\varphi, \nabla\psi\rangle - \psi\Delta\varphi\} d\nu_g = \int_{\partial\Omega} \psi(\nu\varphi) d\nu_h. \tag{1.83}$$

特に，$\int_\Omega \Delta\varphi d\nu_g = -\int_{\partial\Omega} \nu\varphi d\nu_h$ であり

$$\int_\Omega \{\varphi\Delta\psi - \psi\Delta\varphi\} d\nu_g = \int_{\partial\Omega} \{\psi(\nu\varphi) - \varphi(\nu\psi)\} d\nu_h. \tag{1.84}$$

証明. 系を示す．問 1 (p.28) より $\langle\nabla\varphi, \nabla\psi\rangle - \psi\Delta\varphi = \mathrm{div}(\psi\nabla\varphi)$ である．式 (1.81), (1.83) はこの式と定理の (1), (2) から従うが，$\langle\nabla\varphi, \nu\rangle = \nu\varphi$ に注意．式 (1.82), (1.84) も同様に示せる．なお M がコンパクト連結なら，調和関数 φ に対して式 (1.81) で $\psi = \varphi$ と置けば，$\int_M |\nabla\varphi|^2 d\nu_g = 0$，すなわち φ は定数である． □

なお，この定理で領域 Ω の境界 $\partial\Omega$ は連結でなくても良い．もし内向き法ベクトルを取るときは，グリーンの定理の式の右辺の符号を変える必要がある．ここでは定理 1.37 の証明は述べない（例えば，[19] 参照）．その代わりに，向き付け可能な n 次元リーマン多様体 (M, g) の場合に，この定理が微分形式に対する**ストークスの定理**から従うことを説明する．

まず，向き付けられた n 次元リーマン多様体 (M, g) に対して，**体積要素**と呼ばれる n 次微分形式 dM が定まり，それを用いて先のリーマン計量から導かれる測度を表すことができる．いま，$\{(U_\alpha, \varphi_\alpha, \{x_\alpha^i\})\}$ を正の向きの局所チャートからなる M のアトラスとする．すなわち，$U_\alpha \cap U_\beta \neq \emptyset$ に対して座標変換のヤコビアン $\det D(\varphi_\alpha \circ \varphi_\beta^{-1}) > 0$ が常に成り立ち，各点 $p \in M$ の接空間 T_pM で正の向きの基底を連続的に選べる．そこで各 T_pM で正の向きを持つ正規直交基底 $\{e_1, \ldots, e_n\}$ を選び，$dM(e_1, \ldots, e_n) = 1$ により dM を定義する．上のチャートに関しては

$$dM = \sqrt{\det(g(\partial_\alpha^i, \partial_\alpha^j))}dx_\alpha^1 \wedge \cdots \wedge dx_\alpha^n \quad (\partial_\alpha^i = \partial/\partial x_\alpha^i)$$

($\sqrt{\det(g(\partial_\alpha^i, \partial_\alpha^j))} = \det(g(\partial_\alpha^i, e_j)) = \det^{-1}(dx_\alpha^i(e_j))$ に注意)．従って

$$\nu_g(f) = \int_M f dM. \tag{1.85}$$

dM は平行な n 次微分形式である．さてベクトル場 $X \in \mathcal{X}(M)$ に対して，$\omega \in \Lambda^k(M)$ の X による**内部微分** $i_X\omega \in \Lambda^{k-1}(M)$ が次で与えられる：

$$i_X\omega(X_1, \ldots, X_{k-1}) = \omega(X, X_1, \ldots, X_{k-1}).$$

問 12 $\omega \in \Lambda^k(M)$ に対する**リー微分** $\mathcal{L}_X$ は d を**外微分**として，$\mathcal{L}_X\omega = d(i_X\omega) + i_X(d\omega)$ で与えられることを示せ．

特に，$\mathcal{L}_X dM = d(i_X dM)$ である．他方，dM は平行だから問 2 (2) より

$$\mathcal{L}_X dM(e_1, \ldots, e_n) = \sum_i dM(e_1, \ldots, \nabla_{e_i}X, \ldots, e_n) = \sum_i \langle\nabla_{e_i}X, e_i\rangle$$

でこれは $\mathrm{div}X$ に等しく，$d(i_X dM) = \mathcal{L}_X dM = \mathrm{div}X dM$ が成り立つ．

次に，Ω を滑らかな境界 $\partial\Omega$ を持つ M の領域とし，$\partial\Omega$ 上滑らかな外向き単位法ベクトル ν を取る．$p \in \partial\Omega$ に対して，$T_p\partial\Omega$ の正規直交基底 $\{e_2, \ldots, e_n\}$ は

$\{\nu, e_2, \ldots, e_n\}$ が $T_p\Omega$ の正の向きを定めるとき正の基底であるとすることにより $\partial\Omega$ は自然に向き付けられる．すなわち，$dA = i_\nu dM$ が $\partial\Omega$ の $n-1$ 次元体積要素（面積要素とよぶ）を定め，これは g の $\partial\Omega$ への誘導計量から決まる測度に対応する．さて，**ストークスの定理**は次で与えられた：$\omega \in \Lambda^{n-1}(M)$ がコンパクトな台を持てば

$$\int_M d\omega = 0, \quad \int_\Omega d\omega = \int_{\partial\Omega} \omega.$$

いま，$\omega = i_X dM$ と置く．$d\omega = \mathrm{div} X\, dM$ であり，$\partial\Omega$ 上では $\omega = i_X dM = \langle X, \nu\rangle dA$ が成り立つことに注意して，定理 1.37 の**発散公式**を得る：

$$\int_M \mathrm{div} X dM = 0, \quad \int_\Omega \mathrm{div} X dM = \int_{\partial\Omega} \langle X, \nu\rangle\, dA.$$

1.3.3 ラプラシアン

式 (1.53) で関数 $f \in \mathcal{F}(M)$ の**ラプラシアン** $\Delta f = -\mathrm{div}(\nabla f) = -\mathrm{tr} D^2 f$ を導入した．局所チャート $(U, \varphi, \{x^i\})$ に関しては，$\Delta f = -g^{ij}\nabla_i\nabla_j f$ と表される．特に $p \in M$ の周りの正規座標系に関して，p では $\Delta f(p) = -\sum_{i=1}^n \frac{\partial^2 f}{\partial x^{i2}}(p)$ となり（符号を除いて）通常のものと一致する．また，T_pM の正規直交基底 $\{e_i\}$ を選び，測地線 $\gamma_i = \gamma_{e_i}$ $(i = 1, \ldots, n)$ を取れば次の表示を得る：

$$\Delta f(p) = -\sum_{i=1}^n \frac{d^2}{dt^2}\bigg|_{t=0} f(\gamma_i(t)). \tag{1.86}$$

例 1.39 $p \in M$ からの**距離関数** $r(q) = d_p(q) = d(p, q)$ のラプラシアンを $q \in \mathcal{I}_p \setminus \{p\}$ で求める：$u = \exp_p^{-1} q / |\exp_p^{-1} q| \in U_pM$, $r = r(q)$ と置くと

$$\Delta r(q) = -\frac{\theta'(u, r)}{\theta(u, r)}. \tag{1.87}$$

ここで，$\theta(u, r)$ は式 (1.77) で与えたもので，θ' は r に関する微分を表す．これを示そう．$\gamma = \gamma_u$ を p を始点，u を始方向とする測地線とすれば，$q = \gamma(r)$ である．いま $e_1 = u$ を満たす T_pM の正規直交基底 $\{e_i\}$ を選び，$e_i(t)$ $(1 \leq i \leq n)$ は e_i を γ に沿って平行移動したベクトル場とする．このとき，$q = \gamma(r)$ を始点とする測地線 $\gamma_i = \gamma_{e_i(r)}$ に対して，$d^2/dt^2|_{t=0} r(\gamma_i(t))$ を計算する．$i = 1$ に対しては，$r(\gamma_1(t)) = r(\gamma(r+t)) = r + t$ よりこの値は 0 である．$i = 2, \ldots, n$ に対しては，p を $\gamma_i(s)$ に結ぶ最短測地線 $\alpha_s : [0, r] \to M$ から成る γ の変分を考える．対応する変分ベクトル場は $Z_i(0) = 0$, $Z_i(r) = e_i(r)$ を満たすヤコビ場 $Z_i(t)$ である．γ_i は γ に直交し，**第 1 変分公式**から $d/dt|_{t=0} r(\gamma_i(t)) = 0$ である．Z_i がヤコビ場であることに注意して**第 2 変分公式**を用いれば

$$\left.\frac{d^2}{dt^2}\right|_{t=0} r(\gamma_i(t)) = \langle \nabla Z_i(r), Z_i(r) \rangle.$$

さて，$Y_i(t)$ $(2 \le i \le n)$ を γ に沿うヤコビ場で初期条件 $Y_i(0) = 0$, $\nabla Y_i(0) = e_i$ を満たすものとすれば，$\theta(u,t) = \sqrt{\det\langle Y_i(t), Y_j(t)\rangle}$ であった．いま $Z_i = a_i^j Y_j$ と表せば ($\det(a_i^j) > 0$ に注意して) $\sqrt{\det\langle Z_i(t), Z_j(t)\rangle} = \det(a_i^j)\theta(u,t)$ であり，$\{Z_i(r)\}_{i=2}^n$ が $\dot{\gamma}^\perp(r)$ の正規直交基底だから $\det(a_i^j) = 1/\theta(u,r)$ である．よって式 (1.86) より

$$\frac{\theta'(u,r)}{\theta(u,r)} = \left.\frac{d}{dt}\right|_{t=r} \sqrt{\det\langle Z_i(t), Z_j(t)\rangle} = \sum_{i=2}^n \langle \nabla Z_i(r), Z_i(r)\rangle = -\Delta r(q).$$

M をコンパクト（連結）リーマン多様体とする．$f \mapsto \Delta f$ は**ラプラシアン**（あるいは**ラプラス–ベルトラミ作用素**）と呼ばれる $\mathcal{F}(M)$ の線形作用素を与える．$\mathcal{F}(M)$ $(\subset L_2(M) = L_2(M, d\nu_g))$ には，積分による内積 $(f,h) = \int_M fh d\nu_g$ が入った．この内積に関してラプラシアンは次を満たす．まず，問 1 の $f\Delta f = \frac{1}{2}\Delta f^2 + \langle \nabla f, \nabla f\rangle$ の両辺を M 上積分して**グリーンの定理**を用いれば

$$(\Delta f, f) = \|\nabla f\|^2 - \frac{1}{2}\int_M \mathrm{div}(\nabla f^2) d\nu_g = \|\nabla f\|^2 \ge 0 \tag{1.88}$$

である．同様に $(\Delta f, h) - (f, \Delta h) = \int_M \mathrm{div}(-h\nabla f + f\nabla h) d\nu_g = 0$ となり，Δ は正値自己随伴作用素となる．ラプラシアンはリーマン多様体上最も基本的な 2 階楕円型偏微分作用素であり，その固有値問題を考えることができる．まず物理的な背景を述べよう．M を振動膜と考えると，その振動の様子は $u = u(p,t)$ に関する波動方程式と呼ばれる偏微分方程式

$$\frac{\partial^2 u}{\partial t^2} + \Delta u = 0 \tag{1.89}$$

で与えられると解釈できる．変数分離法で $u(p,t) = f(t)\varphi(p)$ と置けば，式 (1.89) は $\Delta\varphi(p)/\varphi(p) = -f''(t)/f(t)$ に帰着し，この量は定数 λ になる．従って

$$\Delta\varphi = \lambda\varphi,\ f'' + \lambda f = 0$$

を満たす λ, φ を求めることが問題となる．また，M の点に熱源を置けば時間とともに熱は拡散する．時刻 t での点 $p \in M$ の温度 $u(p,t)$ は熱方程式と呼ばれる偏微分方程式

$$\Delta u + \frac{\partial u}{\partial t} = 0 \tag{1.90}$$

を満たす．この場合も，変数分離法で $\Delta\varphi = \lambda\varphi$, $f' + \lambda f = 0$ に帰着し，$\Delta\varphi = \lambda\varphi$ を満たす $\varphi \in \mathcal{F}(M)$ を見つけることが基本になる．

そこで，$\lambda \in \mathbf{R}$ に対して恒等的に零ではない滑らかな関数 $\varphi \in \mathcal{F}(M)$ が存在して $\Delta\varphi = \lambda\varphi$ を満たすとき，λ を Δ の**固有値**，φ を固有値 λ に対する Δ の**固有関数**という．式 (1.88) より $\lambda \geq 0$ である．固有値 λ に対する Δ の固有関数全体のなすベクトル空間を固有値 λ に対する**固有空間**と呼び，Δ の固有値全体の集合 $\mathrm{Spec}(M)$ を Δ の**スペクトル**という．このとき，楕円型微分作用素の基本的な結果によれば，次が成り立つ：

定理 1.40 M をコンパクト連結リーマン多様体とする．ラプラシアン Δ の固有値について次が成り立つ．

(1) Δ の**スペクトル**は $\mathbf{R}^+$ の可算無限個の離散集合

$$\mathrm{Spec}(M) = \{0 < \lambda_1 < \lambda_2 < \cdots < \lambda_k < \cdots\}$$

で，$\lim_{k\to\infty} \lambda_k = +\infty$ を満たす．

(2) 各固有値 λ_k の**重複度**（固有空間の次元）は有限で，異なる固有値に対する固有空間は互いに直交する．

(3) 固有空間の直和は $\mathcal{F}(M)$ で一様位相に関して稠密であり，ヒルベルト空間 $L_2(M)$ は Δ の固有関数からなる基底を持つ．

特に，固有値 0 に対する固有関数は定数関数で，その重複度は 1 である．固有値をその重複度分だけ並べて

$$0 = \bar{\lambda}_0 < \bar{\lambda}_1 \leq \bar{\lambda}_2 \leq \cdots \leq \bar{\lambda}_k \leq \cdots$$

と書き，対応する $\bar{\lambda}_k$ の固有関数 ϕ_k が $L^2(M)$ の正規直交基底をなすように表すこともある：このとき $f \in L^2(M)$ は

$$f = \sum_{k=0}^{\infty} a_k\phi_k,\ a_k = (f, \phi_k) = \int_M f\phi_k d\nu_g$$

と $L^2(M)$ において**フーリエ展開**され，次を得る：

$$(f, h) = \sum_{k=0}^{\infty} a_k b_k,\ a_k = (f, \phi_k), b_k = (h, \phi_k); \quad \|f\|^2 = \sum_{k=0}^{\infty} a_k^2.$$

特に，$f \in \mathcal{F}(M)$ ならば，$\Delta f = \sum_k \bar{\lambda}_k a_k \phi_k$ で，$(\Delta f, f) = (\nabla f, \nabla f) = \sum_k \bar{\lambda}_k a_k^2$ を満たす．そこで，$f \in \mathcal{F}(M)$ $(f \not\equiv 0)$ の**レイリー**（Rayleigh）**商**を

$$R(f) := (\nabla f, \nabla f)/(f, f) = \sum_{k=0}^{\infty} \bar{\lambda}_k a_k^2 \bigg/ \sum_{k=0}^{\infty} a_k^2 \tag{1.91}$$

で与える．このとき $k=1,2,\ldots$ に対して

$$\bar{\lambda}_k = \inf\{R(f) \mid (f,\phi_i)=0\,(0\le i\le k-1); f\in\mathcal{F}(M)\setminus\{0\}\} \tag{1.92}$$

である．実際，$R(\phi_k)=\bar{\lambda}_k$ であり，式 (1.92) の f に関する条件はそのフーリエ展開の係数が $a_0=\cdots=a_{k-1}=0$ を満たすことだから，そのような f に対し

$$R(f)=\sum_{i=k}^{\infty}\bar{\lambda}_i a_i^2 \Big/ \sum_{i=k}^{\infty} a_i^2 \ge \sum_{i=k}^{\infty}\bar{\lambda}_k a_i^2 \Big/ \sum_{i=k}^{\infty} a_i^2 = \bar{\lambda}_k.$$

命題 1.41 (1) $k=0,1,2,\ldots$ に対して

$$\bar{\lambda}_k = \sup_{F_k}\inf\{R(u) \mid u\in\mathcal{F}(M)\setminus\{0\}, u\perp F_k\}$$

が成り立つ．ただし，上限は $\mathcal{F}(M)$ の k 次元部分空間 F_k 全体にわたって取り，$\perp$ は L^2 内積 $(\ ,\ )$ に関して直交することを意味する．

(2) $k=0,1,2,\ldots$ に対して

$$\bar{\lambda}_k = \inf_{F_{k+1}}\sup\{R(u) \mid u\in F_{k+1}\setminus\{0\}\}$$

が成り立つ．下限は $\mathcal{F}(M)$ の $k+1$ 次元部分空間 F_{k+1} 全体にわたって取る．

証明. (2) も同様に示されるので (1) のみ示す．まず $F_k := \langle\phi_0,\ldots,\phi_{k-1}\rangle_{\mathbf{R}}$ と取れば，式 (1.92) より $\bar{\lambda}_k\le$ 右辺が分かる．逆に，$F_k\subset\mathcal{F}(M)$ を任意の k 次元部分空間とすれば，$L^2(M)$ におけるその直交補空間 $F_k^{\perp}$ は $F_k^{\perp}\cap\langle\phi_0,\ldots,\phi_k\rangle_{\mathbf{R}}\ne\{0\}$ を満たす．実際，そうでなければ F_k 上への直交射影を $E_{k+1}:=\langle\phi_0,\ldots,\phi_k\rangle_{\mathbf{R}}$ に制限すれば単射となり，$\dim E_{k+1}>k$ に矛盾する．これより $u=\sum_{i=0}^{k}a_i\phi_i\ (\ne 0)$ で，$u\perp F_k$ となるものが取れて $R(u)=\sum_{i=0}^{k}\bar{\lambda}_i a_i^2/\sum_{i=0}^{k}a_i^2\le\bar{\lambda}_k$ を満たす．よって $\bar{\lambda}_k\ge$ 右辺である． □

これを適用して，n 次元コンパクト連結多様体 M 上のリーマン計量 g_1,g_2 が $c^{-2}g_1\le g_2\le c^2 g_1$（$c>1$ は定数）を満たすとき，固有値 $\bar{\lambda}_k(g_1),\bar{\lambda}_k(g_2)$ を評価することができる：$c^{-n}d\nu_{g_1}\le d\nu_{g_2}\le c^n d\nu_{g_1}$，$c^{-1}|\nabla f|_{g_1}\le|\nabla f|_{g_2}\le c|\nabla f|_{g_1}$ よりレイリー商に対して $c^{-2(n+1)}R_{g_1}(f)\le R_{g_2}(f)\le c^{2(n+1)}R_{g_1}(f)$ である．これに命題 1.41 を適用すれば，次の評価が成立する：

$$c^{-2(n+1)}\bar{\lambda}_k(g_1)\le\bar{\lambda}_k(g_2)\le c^{2(n+1)}\bar{\lambda}_k(g_1).$$

例 1.42 球面 (S^n, g_{can}) を $\mathbf{R}^{n+1}$ の単位球面とみなす．$f\in\mathcal{F}(\mathbf{R}^{n+1})$ とその制限 $f|_{S^n}\in\mathcal{F}(S^n)$ に対して，r を原点 0 からの（$\mathbf{R}^{n+1}$ の）距離，$\partial/\partial r$ を S^n の外向き単位法線方向の微分とすると次が成り立つ：

$$\Delta^{S^n}(f|_{S^n}) = (\Delta^{\mathbf{R}^{n+1}} f)|_{S^n} + \left.\frac{\partial^2 f}{\partial r^2}\right|_{S^n} + n\left.\frac{\partial f}{\partial r}\right|_{S^n}. \tag{1.93}$$

実際，$p \in S^n$ で T_pS^n の正規直交基底 $\{e_i\}_{i=1}^n$ を取り，$\{p, e_1, \ldots, e_n\}$ を $\mathbf{R}^{n+1}$ の正規直交基底とみて直交座標系 $(r, x^1, \ldots, x^n)$ を考える．p を始点，e_i を始方向とする測地線 $\gamma_i(t) = \cos t\, p + \sin t\, e_i$ $(i = 1, \ldots, n)$ に対して

$$\left.\frac{d^2}{dt^2}\right|_{t=0} f(\gamma_i(t)) = \frac{\partial^2 f}{\partial x^{i\,2}}(p) - \frac{\partial f}{\partial r}(p)$$

が成り立ち，式 (1.86) が適用できる．さて非負整数 k と $h \in \mathcal{F}(S^n)$ に対して S^n の近傍で滑らかな関数 f を $f(x) := r^k(x)h(x/|x|)$ で定義すれば，$f|_{S^n} = h$ で式 (1.93) より

$$\Delta^{S^n} h = (\Delta^{\mathbf{R}^{n+1}} f)|_{S^n} + k(n+k-1)h \tag{1.94}$$

を得る．特に，f が $\mathbf{R}^{n+1}$ の次数 k の**斉次調和多項式**であれば，$h := f|_{S^n}$ は Δ^{S^n} の固有値 $k(n+k-1)$ の固有関数である．いま，$\mathcal{H}_k$ を $\mathbf{R}^{n+1}$ の次数 k の斉次調和多項式全体のなすベクトル空間，$\tilde{\mathcal{H}}_k \subset \mathcal{F}(S^n)$ をその S^n への制限とする．ここでは証明は省くが，$\bigoplus_{k \geq 0} \tilde{\mathcal{H}}_k \subset \mathcal{F}(S^n)$ は $L^2(S^n)$ で稠密になることが分かるので，固有値はこれらで尽くされ次が成り立つ：(S^n, g_{can}) のラプラシアンの固有値は $\lambda_k := k(n+k-1), k = 0, 1, \ldots$ で与えられる．なお，$\dim \mathcal{H}_k$ は計算できて，λ_k の重複度は $\binom{n+k}{k} - \binom{n+k-2}{k-2}$ に等しい．

問 13 実射影空間 $(\mathbf{R}P^n, g_{\mathrm{can}})$ のスペクトルを求めよ．

例 1.43（平坦トーラス (T^n, g_Γ)） Γ を $\mathbf{R}^n$ の格子，$\{e_1, \ldots, e_n\}$ をその基底とする．例 1.34 よりトーラス $T^n = \mathbf{R}^n/\Gamma$ には，$(\mathbf{R}^n, g_{\mathrm{can}}) \to (T^n, g_\Gamma)$ が普遍リーマン被覆となるような平坦計量 g_Γ が入る．Γ の元は $\mathbf{R}^n$ 上平行移動として作用し，$\mathbf{R}^n$ のラプラシアン $\Delta^{\mathbf{R}^n}$ は等長変換である Γ の作用と可換である．従って T^n のラプラシアン Δ の固有関数は，$f \in \mathcal{F}(\mathbf{R}^n) \setminus \{0\}$ で $\Delta^{\mathbf{R}^n} f = \lambda f$ を定数 λ に対して満たし，Γ の作用で不変なものによって与えられる．いま，$\Gamma^* := \{y \in \mathbf{R}^n \mid$ 任意の $x \in \Gamma$ に対して $\langle y, x \rangle \in \mathbf{Z}\}$ と置けば，Γ^* は Γ の双対格子と呼ばれる $\mathbf{R}^n$ の格子で，条件 $\langle e_i^*, e_j \rangle = \delta_{ij}$ $(1 \leq i, j \leq n)$ から決まる基底 $\{e_i^*\}$ を持つ．このとき，$y \in \Gamma^*$ に対して $\mathbf{R}^n$ 上の関数 $\phi_y^c(x) := \cos 2\pi\langle x, y \rangle$, $\phi_y^s(x) := \sin 2\pi\langle x, y \rangle$ は Γ の作用で不変で

$$\Delta^{\mathbf{R}^n} \phi_y^c = 4\pi^2|y|^2\phi_y^c, \quad \Delta^{\mathbf{R}^n} \phi_y^s = 4\pi^2|y|^2\phi_y^s$$

を満たす．従ってこれらは T^n 上の関数（同じ記号 ϕ_y^c, ϕ_y^s で表す）を定義し，固有値 $4\pi^2|y|^2$ のラプラシアンの固有関数を与える．このとき，$\{1, \phi_y^c, \phi_y^s; y \in \Gamma^* \setminus \{0\}\}$ は

$\mathcal{F}(T^n)$ で 1 次独立で，証明は省くが $L^2(T^n)$ の稠密な部分空間を張ることが分かる．よって，次が成り立つ：平坦トーラス (T^n, g_Γ) の**スペクトル**は $\{4\pi^2|y|^2; y \in \Gamma^*\}$ で与えられる．$y = 0$ に対応する固有関数は定数関数であり，$y, -y \in \Gamma^* \setminus \{0\}$ に対応する固有関数の空間は $\phi_y^c(x)$, $\phi_y^s(x)$ で張られる．

上の (T^n, g_Γ) における Δ の固有値問題で，固有値 λ の重複度を求めようとすると，$\mathbf{R}^n$ の半径 $\sqrt{\lambda}/2\pi$ の超球面上に双対格子 Γ^* の幾つの元が載っているかという数論の問題になる．同様に，$\mathbf{R}^n$ の二つの格子 Γ_1, Γ_2 に対して，もし $\mathrm{Spec}(T^n, g_{\Gamma_1}) = \mathrm{Spec}(T^n, g_{\Gamma_2})$ なら g_{Γ_1} と g_{Γ_2} は等長的か？という問題がある．これは $n = 2, 3$ に対しては正しいが，$n = 4, 5, 6, 8, 12, 16, \ldots$ に対しては反例がある (J. H. コンウェイ 著, 細川尋史 訳, 素数が香り, 形がきこえる, シュプリンガー・フェアラーク東京, 2006)．一般に，二つのコンパクトリーマン多様体 $(M_1, g_1), (M_2, g_2)$ に対して，$\mathrm{Spec}(M_1, g_1) = \mathrm{Spec}(M_2, g_2)$ ならばこれらは等長か？という興味深い問題がある（[21], [4] を参照されたい）．

さて，**固有値の分布**を調べるため λ 以下の固有値の総数を $N(\lambda) := \sharp\{\overline{\lambda}_k \mid \overline{\lambda}_k \leq \lambda\}$ と置く．$N(\lambda)$ は $\lambda \to +\infty$ につれてどのように振舞うであろうか？ 平坦トーラス (T^n, g_Γ) の場合次が成り立つ：

命題 1.44 平坦トーラス (T^n, g_Γ) に対して

$$N(\lambda) \sim \omega_n \lambda^{\frac{n}{2}} \mathrm{vol}(T^n, g_\Gamma)/(2\pi)^n \ (\lambda \to +\infty). \tag{1.95}$$

ここで，ω_n は $\mathbf{R}^n$ の単位距離球の体積であった（例 1.36）．

証明. 今の場合 $N(\lambda) = \sharp\{y \in \Gamma^* \mid |y| \leq \sqrt{\lambda}/2\pi\}$ である．$y = n^j e_j^* \in \Gamma^*\,(n_j \in \mathbf{Z}; 1 \leq j \leq n)$ を中心とする $\mathbf{R}^n$ の平行多面体

$$P(y) := \{z = a^j e_j^* \mid |a^j - n^j| < 1/2\,(j = 1, \ldots, n)\}$$

を考える．$y \in \Gamma^*$ に対して $P(y)$ 達は互いに交わらず，その閉包 $\overline{P(y)}$, $y \in \Gamma^*$ は互いに合同で $\mathbf{R}^n$ 全体を覆う．すなわち，$\overline{P(y)}$ は普遍被覆 $\pi : \mathbf{R}^n \to \mathbf{R}^n/\Gamma^*$ の基本領域である．さて，$y \in \Gamma^*$ に対して $d := \max\{d(y, x) \mid x \in \partial P(y)\}$ と置く．$y \in \bar{B}_r(0) \cap \Gamma^*$ ならば $\overline{P(y)} \subset \bar{B}_{r+d}(0)$ であり，$\bigcup_{y \in \bar{B}_r(0) \cap \Gamma^*} \overline{P(y)} \subset \bar{B}_{r+d}(0)$ となる．他方，任意の $z \in \bar{B}_{r-d}(0)$ に対して $z \in \overline{P(y)}$ となる $y \in \Gamma^*$ が存在するから，$d(y, 0) \leq d(y, z) + d(z, 0) \leq r$ に注意して

$$\bar{B}_{r-d}(0) \subset \bigcup_{y \in \bar{B}_r(0) \cap \Gamma^*} \overline{P(y)} \subset \bar{B}_{r+d}(0).$$

これより，$r = \sqrt{\lambda}/2\pi$ とおいて体積を考えることにより

$$(\sqrt{\lambda}/2\pi - d)^n \omega_n \leq N(\lambda) \mathrm{vol}\, P(y) \leq (\sqrt{\lambda}/2\pi + d)^n \omega_n \tag{1.96}$$

を得る．ここで，$\mathrm{vol}\, P(y) = \sqrt{\det\langle e_i^*, e_j^* \rangle} = 1/\sqrt{\det\langle e_i, e_j \rangle}$ である．他方，$\mathrm{vol}(T^n, g_\Gamma)$ はリーマン普遍被覆 $\pi : \mathbf{R}^n \to T^n = \mathbf{R}^n/\Gamma$ の基本領域である $\{a^j e_j \mid 0 < a^j < 1\}$ の体積に等しい．よって，$\mathrm{vol}(T^n, g_\Gamma) = \sqrt{\det\langle e_i, e_j \rangle}$, $\mathrm{vol}\, P(y) = \mathrm{vol}(T^n, g_\Gamma)^{-1}$ を得る．式 (1.96) の両辺を $\lambda^{n/2}$ で割り，$\lambda \to +\infty$ とすることにより式 (1.95) が成り立つことが分かる． □

コンパクトリーマン多様体 (M, g) に対して，ラプラシアンの固有値とその重複度を具体的に求めることは一般には不可能であるが，ラプラシアンの固有値の定性的な性質を求めることができる場合がある．例えば命題 1.44 は一般のコンパクト連結多様体 (M^n, g) に対して同じ形で成立する（**ワイルの漸近公式**）．

他方，ラプラシアンの正の**第 1 固有値**は楽器の基音（最低音）に対応し，リーマン多様体の構造に関連する．その評価は重要な問題であるが，ここでは一例として**リヒネロビッツ**（Lichnerowicz）－**小畠の定理**を挙げるにとどめる．

問 14 まず練習として $f \in \mathcal{F}(\mathcal{M})$ に対し次の**ボホナ**（Bochner）**の公式**を示せ：

$$\Delta \nabla_i f = \nabla_i \Delta f - R_{ij} \nabla^j f, \tag{1.97}$$

$$-\frac{1}{2}\Delta |\nabla f|^2 = |D^2 f|^2 + \mathrm{Ric}(\nabla f, \nabla f) - \langle \nabla f, \nabla \Delta f \rangle. \tag{1.98}$$

定理 1.45 M を**リッチ曲率**が $\rho(u) \geq n-1$ を満たす n (≥ 2) 次元コンパクト連結リーマン多様体とする．$\lambda_1(M)$ を**ラプラシアン**の正の**第 1 固有値**とすれば $\lambda_1(M) \geq n$ で，等号成立は M が**球面** (S^n, g_{can}) に等長的かつそのときに限る．

これを見るのに，$f \in \mathcal{F}(M)$ の**ヘッシアン**のノルムに関する次の分解

$$|D^2 f|^2 = \left| D^2 f + \frac{\Delta f}{n} g \right|^2 + \frac{(\Delta f)^2}{n}$$

を，固有値 $\lambda_1 = \lambda_1(M)$ の固有関数 f に適用し式 (1.98) を用いると

$$-\frac{1}{2}\Delta |\nabla f|^2 \geq \left| D^2 f + \frac{\lambda_1 f}{n} g \right|^2 + \frac{\lambda_1^2}{n} f^2 + \{(n-1) - \lambda_1\} |\nabla f|^2$$

を得る．M 上積分してグリーンの定理と式 (1.92) から

$$n\{\lambda_1 - (n-1)\} \int_M |\nabla f|^2 d\nu_g \geq \lambda_1^2 \int_M f^2 d\nu_g = \lambda_1 \int_M |\nabla f|^2 d\nu_g.$$

これより求める不等式を得る．等号成立のときの証明の大体の方針を示す：f のヘッシアンは $D^2 f = -fg$ を満たす．これより f の最大点を始点とする測地線の挙動は f によって完全に制御され，定理 1.32 の $k = 1$ の場合と同じ状況になる．

注意 1.46 Ω をリーマン多様体 M の滑らかな境界 $\partial\Omega$ を持ったコンパクト領域とする．この場合も，境界条件を考慮したラプラシアンの固有値問題を考えることができる：実数 $\lambda \in \mathbf{R}$ に対して，D 上滑らかな恒等的に零ではない関数 φ が存在して $\varphi|_{\partial\Omega} \equiv 0$（$\partial\Omega$ で法線方向の微分 $\nu\varphi \equiv 0$）かつ $\Delta\varphi = \lambda\varphi$ を満たすとき，λ をディリクレ（Dirichlet）境界値問題（ノイマン（Neumann）境界値問題）に関する Δ の固有値，φ を固有値 λ に対する Δ の固有関数という．この場合も対応した類似の結果が成り立つ．なお，コンパクトリーマン多様体（リーマン多様体のコンパクト領域）のスペクトルの詳しい性質は，対応する熱方程式の基本解（熱核）や波動方程式の基本解を用いて調べることができるが，本章のレベルを超える．ここでは触れなかった非コンパクトなリーマン多様体のラプラシアンの場合とともに，[1], [4], [21] を参照されたい．

次に**微分形式**に対する**ラプラシアン**について述べる．$\Lambda^k(M)$ を向き付けられた n 次元多様体 M の k 次微分形式のなす $\mathcal{F}(M)$ 加群とすれば，$\Lambda(M) := \bigoplus_{k=0}^{n} \Lambda^k(M)$ は外積 $\wedge$ に関して多元環の構造を持つ．外微分 $d : \Lambda^k(M) \to \Lambda^{k+1}(M)$ は $d^2 = 0$ を満たし，**ド・ラム**（de Rham）**複体**

$$\Lambda^0(M) \xrightarrow{d} \Lambda^1(M) \xrightarrow{d} \cdots \xrightarrow{d} \Lambda^k(M) \xrightarrow{d} \cdots \xrightarrow{d} \Lambda^n(M) \xrightarrow{d} \{0\} \tag{1.99}$$

が定義された．$F^k(M) := \{\omega \in \Lambda^k(M) \mid d\omega = 0\}$ を k 次閉形式の空間，$d\Lambda^{k-1}(M)(\subset F^k(M))$ を k 次完全形式の空間とすれば，k 次**ド・ラム**（de Rham）**コホモロジー群** $H^k_{DR}(M) := F^k(M)/d\Lambda^{k-1}(M)$ が定義され，これは式 (1.99) が完全系列となる障害を計る解析的な量である．他方位相幾何では，δ をコバウンダリー作用素として，特異コホモロジー群 $H^k(M;\mathbf{R}) := \{\varphi : 特異\ k\ コサイクル \mid \delta\varphi = 0\}/\{\delta\psi \mid \psi は特異\ (k-1)\ コチェイン\ \}$ が考えられた．いま，$c = \sum r_i\sigma_i$ を M の特異 k チェインとする．ここで $r_i \in \mathbf{R}$ で，$\sigma_i := (S_k, \varphi_i)$ は標準 k 単体 $S_k(\subset \mathbf{R}^k)$ と滑らかな写像 $\varphi_i : S_k \to M$ の対である．このとき $\omega \in \Lambda^k(M)$ に対して，線形写像

$$c \mapsto \int_c \omega := \sum r_i \int_{S_k} \varphi_i^* \omega$$

は M の特異 k コチェイン $\Phi(\omega)$ を定める．**ストークスの定理**

$$\int_{\partial c} \omega = \int_c d\omega \quad (\omega \in \Lambda^{k-1}(M),\ c : 特異\ k\ チェイン)$$

より $\delta\Phi(\omega) = \Phi(d\omega)$ で，Φ は準同型写像 $\Phi_* : H^k_{DR}(M) \to H^k(M;\boldsymbol{R})$ を導く．**ド・ラムの定理**により，Φ_* は上への同型写像を与える．

さて M 上リーマン計量が与えられると，**調和形式**と呼ばれる微分形式によってド・ラムコホモロジー類を表すことができる．準備として，リーマン計量を用いて幾つかの作用素を定義する．まず，線形写像 $*: \Lambda^k(T_pM) \to \Lambda^{n-k}(T_pM)$ が次の条件で与えられる：T_pM の正規直交系 $\{e_{k+1}, \ldots, e_n\}$ に対して，正規直交系 $\{e_1, \ldots, e_k\}$ を $\{e_i\}_{i=1}^n$ が T_pM の正の向きの正規直交基底となるように選び，次のように定める：

$$*\alpha_p(e_{k+1} \wedge \cdots \wedge e_n) = \alpha_p(e_1 \wedge \cdots \wedge e_k), \quad \alpha \in \Lambda^k(M).$$

$*$ は線形同型写像で，$** \alpha_p = (-1)^{k(n-k)}\alpha_p \ (\alpha_p \in \Lambda^k(T_pM))$ を満たす．これより $*: \Lambda^k(M) \to \Lambda^{n-k}(M)$ が各点ごとに定義され

$$*1 = dM, \quad \alpha \wedge *\beta = \beta \wedge *\alpha = \langle \alpha, \beta \rangle dM$$

が成り立つ（dM は M の**体積要素**）．また，$\Lambda^k(M)$ 上の L^2 内積が

$$(\alpha, \beta) := \int_M \alpha \wedge *\beta = \int_M \langle \alpha, \beta \rangle dM \tag{1.100}$$

で与えられる．次に，$\delta : \Lambda^k(M) \to \Lambda^{k-1}(M)$ を

$$\delta\alpha := (-1)^{nk+n+1} * d * \alpha; \quad (\delta\alpha)_{i_2 \cdots i_k} = -\nabla^l \alpha_{l i_2 \cdots i_k} \tag{1.101}$$

で定義すれば，$\delta^2 = 0$ が成り立つ．特に $f \in \mathcal{F}(M)$ に対して $\delta f = 0$，$\delta df = -\mathrm{div}\nabla f = \Delta f$ であり，$\alpha \in \Lambda^k(M)$，$\beta \in \Lambda^{k-1}(M)$ に対して

$$\alpha \wedge *d\beta = d\beta \wedge *\alpha = d(\beta \wedge *\alpha) + \delta\alpha \wedge *\beta \tag{1.102}$$

が成り立つ．そこで，k 次微分形式に作用する**ラプラシアン** $\Delta : \Lambda^k(M) \to \Lambda^k(M)$（**ラプラス–ベルトラミ**（Laplace–Beltrami）**作用素**ともいう）を $\Delta := d\delta + \delta d$ で定義する．この定義は $\mathcal{F}(M)$ に対しては式 (1.53) で与えたものに一致し，また $d, \delta, *$ や等長変換の作用と可換である．さて，$\alpha \in \Lambda^k(M)$ は $\Delta\alpha = 0$ を満たすとき**調和形式**であるといい，k 次調和形式のなす空間を $\mathcal{H}^k(M)$ で表す．

以下，M はコンパクトで向き付けられたリーマン多様体とする．式 (1.102) より L^2 内積に関して $(\alpha, d\beta) = (\delta\alpha, \beta)$ が成立し，δ は d の随伴作用素である．また，$(\Delta\alpha, \alpha) = (d\alpha, d\alpha) + (\delta\alpha, \delta\alpha) = (\alpha, \Delta\alpha)$ より Δ は自己随伴的であり，**調和形式** α は $d\alpha = \delta\alpha = 0$ と言う条件で特徴付けられる．このとき次の基本的な**ホッジ**（Hodge）–**小平の定理**が成り立つ（例えば [13] 参照）：

定理 1.47 コンパクトで向き付けられたリーマン多様体 M の k 次調和形式のベクトル空間 $\mathcal{H}^k(M)$ は有限次元で，L^2 内積に関して次の直交分解が成り立つ：

$$\Lambda^k(M) = \mathcal{H}^k(M) \oplus \Delta\Lambda^k(M) = \mathcal{H}^k(M) \oplus d(\Lambda^{k-1}(M)) \oplus \delta(\Lambda^{k+1}(M)).$$

証明について注意する．もし $\dim \mathcal{H}^k(M) = +\infty$ なら，L^2 内積に関して互いに直交し $\|\omega_n\| = 1$ を満たす k 次調和形式の列 $\{\omega_n\}_{n=1}^{\infty}$ が取れる．関数解析におけるレリッヒ（Rellich）の定理によれば，このような $\{\omega_n\}$ はノルムに関して収束する部分列を持つので矛盾であり，$\mathcal{H}^k(M)$ は有限次元である．次に，Δ の自己随伴性から $\alpha \in \Lambda^k(M)$ に対し，$\Delta\alpha$ は L^2 内積に関して $\mathcal{H}^k(M)$ と直交することが分かる．証明の主要な部分は，逆に $\gamma \perp \mathcal{H}^k(M)$ ならば $\Delta\alpha = \gamma$ を満たす α を関数解析の手法で見つけることにある．これができれば，$(\Delta\Lambda^k(M))^{\perp} = \mathcal{H}^k(M)$ で定理の直交分解が得られる．なお，定理から，任意の**ド・ラムコホモロジー類**は唯一の調和形式を代表元として含み，$\mathcal{H}^k(M) \cong H^k_{DR}(M) \cong H^k(M; \mathbf{R})$ が従う．また α が k 次調和形式なら $*\alpha$ は $n-k$ 次調和形式なので，**ポアンカレ**（Poincaré）**の双対定理** $\mathcal{H}^k(M) \cong \mathcal{H}^{n-k}(M)$ が従う．よって $b_k(M)$ を k 次元**ベッチ**（Betti）**数**とすれば，$\dim \mathcal{H}^k(M) = b_k(M) = b_{n-k}(M)$.

例 1.48 $(T^n = \mathbf{R}^n/\Gamma, g_\Gamma)$ を**平坦トーラス**とする．Γ の基底 $\{e_i\}$ に対応する $\mathbf{R}^n$ の座標系 $(x^1, \ldots, x^n)$ に関して，$\omega = \sum_{i_1<\cdots<i_k} f_{i_1\cdots i_k} dx^{i_1} \wedge \cdots \wedge dx^{i_k} \in \Lambda^k(T^n)$ と表す．$f_{i_1\cdots i_k}$ は Γ の作用で不変で，$\Delta\omega = \sum_{i_1<\cdots<i_k} (\Delta f_{i_1\cdots i_k}) dx^{i_1} \wedge \cdots \wedge dx^{i_k}$ である．よって，ω が調和形式であるためには各 $f_{i_1\cdots i_k}$ が T^n 上の関数として調和関数であることが必要十分で，T^n はコンパクトだから各 $f_{i_1\cdots i_k}$ は定数関数である（系 1.38 (1)）．よって $\{dx^{i_1} \wedge \cdots \wedge dx^{i_k}\}$ が $\mathcal{H}^k(T^n)$ の基底で，$\dim \mathcal{H}^k(M) = b_k(T^n) = \binom{n}{k}$.

再び $\Delta\alpha$ の表現に戻る．一般に，$(0,k)$ 型のテンソル場 Z に対してその**発散**と呼ばれる $(0, k-1)$ 型テンソル場 $\mathrm{div}Z$ が

$$(\mathrm{div}Z)(v_1, \ldots, v_{k-1}) = \sum_i (\nabla_{e_i} Z)(e_i, v_1, \ldots, v_{k-1})$$

により定義される．ここで，$\{e_i\}_{i=1}^n$ は正規直交基底で，局所座標系に関しては $(\mathrm{div}Z)_{i_1\cdots i_{k-1}} = \nabla^i Z_{ii_1\cdots i_{k-1}}$ と書ける．∇ を 1.2.2 項 (1)（p.26）で与えた共変微分とするとき，$(0,k)$ 型のテンソル場 $\Delta^{(0)} Z = -\mathrm{div}\nabla Z$ をテンソル場 Z の**粗ラプラシアン**という．局所座標系に関しては $(\Delta^{(0)} Z)_{i_1\cdots i_k} = \Delta Z_{i_1\cdots i_k}$ である．

$\alpha \in \Lambda^k(M)$ に対して $\Delta\alpha = d\delta\alpha + \delta d\alpha$ を定義に従って計算すると

$$(\Delta\alpha)_{i_i\cdots i_k} = \Delta\alpha_{i_i\cdots i_k} + \sum_{j=1}^{k} (-1)^{j-1} (\nabla^l \nabla_{i_j} - \nabla_{i_j} \nabla^l) \alpha_{li_1\cdots i_{j-1}i_{j+1}\cdots i_k}$$

となる．特に，$\alpha \in \Lambda^1(M)$ に対しては $(\Delta\alpha)_i = \Delta\alpha_i + R_{ij}\alpha^j$．ここで，上式の右辺の第 2 項 $\rho(\alpha)_{i_1\cdots i_k} = \sum_{j=1}^{k} (-1)^{j-1} (\nabla^l \nabla_{i_j} - \nabla_{i_j} \nabla^l) \alpha_{li_1\cdots i_{j-1}i_{j+1}\cdots i_k}$ は共変微分の順序を変えた式の差で書けているので，**曲率テンソル**（と**リッチテンソル**）を含ん

だ代数的な式で表示される $(0, k)$ テンソル場である．このとき，次の**ワイツェンベック（Weitzenböck）の公式**が成り立つ：

$$\Delta\alpha = \Delta^{(0)}\alpha + \rho(\alpha), \tag{1.103}$$

$$\langle \Delta\alpha, \alpha \rangle = \frac{1}{2}\Delta|\alpha|^2 + |\nabla\alpha|^2 + \langle \rho(\alpha), \alpha \rangle. \tag{1.104}$$

特に **1 次調和形式** α に対して，式 (1.104) は $(\Delta|\alpha|^2)/2 + |\nabla\alpha|^2 + R_{ij}\alpha^i\alpha^j = 0$ と**リッチテンソル**を用いて表され，M 上積分して次を得る（$\sharp\alpha$ については p.14 参照）：

$$\int_M \mathrm{Ric}_M(\sharp\alpha, \sharp\alpha)dM = -\int_M |\nabla\alpha|^2 dM.$$

これより n 次元コンパクト連結リーマン多様体 M の位相に関する次の**ボホナの定理**を得る[*43]：リッチ曲率が至るところ正なら，リッチテンソルは正定値で $\alpha = 0$ となり $b_1(M) = \dim \mathcal{H}^1(M) = 0$ である．もしリッチ曲率が非負なら，任意の 1 次調和形式 α は平行となり 1 点における値から決まるから，$b_1(M) \le n$ を得る．なお，$b_1(M) = n$ なら M は平坦トーラスに等長的であることも分かる（[9] 参照）．また同じ手法で，M の曲率作用素が至るところ正ならば，$b_i(M) = 0\,(1 \le i \le n-1)$ で M はホモロジー球面である．$\rho(\alpha)$ の正定値性を用いて**調和形式**が 0 になることを示す手法は**ボホナの消滅定理**と呼ばれ，このアイデアは数学の多くの分野で適用されている．

1.3.4 比較定理

定曲率リーマン多様体 M_k^n は最も標準的なリーマン多様体であり，その上の測地線やヤコビ場の挙動はよく分かっている．n 次元リーマン多様体 M の**断面曲率** K が定数 $\delta\,(\Delta)$ に対して，常に $K \ge \delta\,(K \le \Delta)$ を満たすとき，あるいは**リッチ曲率** $\rho(u)$ が常に $\rho(u) \ge (n-1)\delta$ を満たすとき（$\mathrm{Ric}_M \ge (n-1)\delta$ とも表す），M の幾何学的量を定曲率空間の対応する量と比較する手法について述べる（文献としては，本節冒頭に挙げたものの他に例えば [11] がある）．

以下考えるリーマン多様体 M は完備であると仮定する．$\gamma : [0, \infty) \to M$ を p を始点，$u \in U_pM$ を始方向とする正規測地線とする．$\gamma(t)$ が p の共役点でなければ $\exp_p$ は $tu \in T_pM$ で正則で，$N_t = \exp_p S_t$; $S_t = \{v \in T_pM \mid |v| = t\}$ は $\gamma(t)$ の近傍で滑らかな超曲面であり，$\dot\gamma(t)$ はその外向き単位法ベクトルである．その体積要素は式 (1.77) の $\theta(u,t)$ と単位球面 S^{n-1} の体積要素を用いて $\theta(u,t)dS^{n-1}$ で与えられる．さて**ガウスの補題**から，γ に沿う $Y(0) = 0$ を満たす**ヤコビ場** $Y(t)$ が γ に垂

*43 M が向き付け可能という仮定は不要である．必要なら向き付け可能な 2 重被覆を考えよ．

直であるためには，u と $v := \nabla Y(0)$ が直交することが必要十分である．このとき，$Y(t) \in T_{\gamma(t)}N_t$ で，N_t の**シェイプ作用素**（例 1.10）を用いて $\nabla Y(t) = \nabla_{\dot\gamma(t)}Y(t) = A_{\dot\gamma(t)}Y(t)$ と書ける．さて $A(t) := A_{\dot\gamma(t)}$ を γ に沿った $(1,1)$ 型対称テンソル場とみなし，$\nabla A(t) = \nabla_{\dot\gamma(t)}A(t)$，$R(t)v = R(v, \dot\gamma(t))\dot\gamma(t)$，$v \in T_{\gamma(t)}N_t$ と置く．このとき，$\nabla\nabla Y(t) = \nabla(A_{\dot\gamma(t)}Y(t)) = (\nabla A_{\dot\gamma(t)})Y(t) + A^2_{\dot\gamma(t)}Y(t)$ であるが，ヤコビ場の方程式から

$$\nabla A(t) + R(t) + A(t)^2 = 0 \tag{1.105}$$

という**リッカチ**(Ricatti)**型の微分方程式**が成立する．定曲率 k のリーマン多様体の場合，上のヤコビ場は $\nabla Y(0)$ の γ に沿う平行移動を $v(t)$ とするとき，$Y(t) = s_k(t)v(t)$ と書ける．これより $A(t) = (c_k/s_k)(t)\,\mathrm{id}_{T_{\gamma(t)}N_t}$ となる（問 6 (2)，脚注 *33 参照）．

定理 1.49 (1) M の**断面曲率**は $K_\sigma \geq \delta$ を満たすとする．正規測地線 $\gamma : [0, \infty) \to M$ に沿う $p = \gamma(0)$ の**第 1 共役値**を t_0 とすれば，$0 < t_0 \leq \pi/\sqrt{\delta}$ *44である．γ に沿う γ に垂直な**ヤコビ場** $Y(t)$ が $Y(0) = 0$ を満たせば，$t \mapsto |Y(t)|/s_\delta(t)$ は $0 < t < t_0$ で単調減少であり，特に次が成立する：

$$|Y(t)| \leq |\nabla Y(0)| s_\delta(t),\ 0 \leq t \leq t_0. \tag{1.106}$$

(2) $K_\sigma \leq \Delta$ とし，γ, $Y(t)$ は (1) の通りとする．このとき，$t_0 \geq \pi/\sqrt{\Delta}$ で，$t \mapsto |Y(t)|/s_\Delta(t)$ は $0 < t < \pi/\sqrt{\Delta}$ で単調増加である．特に次が成立する：

$$|Y(t)| \geq |\nabla Y(0)| s_\Delta(t),\ 0 \leq t \leq \pi/\sqrt{\Delta}. \tag{1.107}$$

(3) M の**リッチ曲率**は $\rho(u) \geq (n-1)\delta$ を満たすとし，γ は (1) の通りとする．このとき，$0 < t_0 \leq \pi/\sqrt{\delta}$ で，超曲面 N_t の $\gamma(t)$ における体積要素 $\theta(u,t)dS^{n-1}$ に対して，$t \mapsto \theta(u,t)/s_\delta^{n-1}(t)$ は $0 < t < t_0$ で単調減少である．特に次が成立する：

$$\theta(u,t) \leq s_\delta^{n-1}(t),\ 0 \leq t \leq t_0. \tag{1.108}$$

また，$p \in M$ からの**距離関数**を $r(q) = d(p,q)$ とするとき次が成り立つ：

$$\Delta r(q) \geq -(n-1)(c_\delta/s_\delta)(r(q)); \quad q \in \mathcal{I}_p \setminus C_p.$$

特に，$\rho(u) \geq 0$ なら $\Delta r(q) \geq -(n-1)/r(q); q \in \mathcal{I}_p \setminus C_p$ である．

証明. (1) $v(t)$ を γ に沿って平行で γ に垂直な単位ベクトル場とする．式 (1.105)，$A(t)$ の対称性，コーシー–シュワルツの不等式より $0 < t < t_0$ に対して

---

*44 $\delta \leq 0$ の場合は，$\pi/\sqrt{\delta} = +\infty$ と考える．

$$\frac{d}{dt}\langle A(t)v(t), v(t)\rangle = -\langle R(v(t), \dot\gamma(t))\dot\gamma(t), v(t)\rangle - \langle A(t)v(t), A(t)v(t)\rangle$$
$$\leq -K(v(t), \dot\gamma(t)) - \langle A(t)v(t), v(t)\rangle^2 \leq -\delta - \langle A(t)v(t), v(t)\rangle^2$$

が成り立つ．他方，$d/dt(c_\delta(t)/s_\delta(t)) = -\delta - (c_\delta(t)/s_\delta(t))^2$ である．これより $0 < t < \min\{t_0, \pi/\sqrt{\delta}\}$ の範囲で

$$\langle A(t)v, v\rangle \leq (c_\delta/s_\delta)(t)|v|^2, \ v \in T_{\gamma(t)}N_t \tag{1.109}$$

が成り立つことが分かる．実際，そうでなければ $0 < t_1 < \min\{t_0, \pi/\sqrt{\delta}\}$，十分小さな $\epsilon > 0$ と単位ベクトル $v \in \dot\gamma(t_1)^\perp$ が存在して，$\langle A(t_1)v, v\rangle > (c_\delta/s_\delta)(t_1 - \epsilon)$ を満たす．$v(t)$ を γ に沿って v を平行移動したベクトル場とし，$g(t) = \int_{t_1}^t \{\langle A(t)v(t), v(t)\rangle + (c_\delta/s_\delta)(t-\epsilon)\}dt$ と置く．いま，$\epsilon < t \leq t_1$ で $f(t) = \{\langle A(t)v(t), v(t)\rangle - (c_\delta/s_\delta)(t-\epsilon)\}\exp(g(t))$ を考えると

$$f'(t) = \left\{\frac{d}{dt}\left(\langle A(t)v(t), v(t)\rangle - \frac{c_\delta}{s_\delta}(t-\epsilon)\right)\right.$$
$$\left. + \langle A(t)v(t), v(t)\rangle^2 - \left(\frac{c_\delta}{s_\delta}\right)^2(t-\epsilon)\right\}\exp(g(t)) \leq 0.$$

よって，$f(t_1) \geq 0$ より $\epsilon < t \leq t_1$ に対して $f(t) \geq f(t_1) \geq 0$，すなわち，$\langle A(t)v(t), v(t)\rangle \geq (c_\delta/s_\delta)(t-\epsilon)$ である．他方 $\lim_{t\downarrow\epsilon}(c_\delta/s_\delta)(t-\epsilon) = +\infty$ で矛盾を得る．同じ議論で，もし，$v(\neq 0) \in T_{\gamma(t_1)}N_{t_1}$ に対して式 (1.109) で等号が成立すれば，$0 < t \leq t_1$ で $A(t)v(t) = (c_\delta/s_\delta)(t)v(t)$，$K(v(t), \dot\gamma(t)) \equiv \delta$ が成り立つことが分かる．さて式 (1.109) より，$0 < t < \min\{t_0, \pi/\sqrt{\delta}\}$ に対して

$$(|Y(t)|/s_\delta)'(t) = \{\langle \nabla Y(t), Y(t)\rangle - (c_\delta/s_\delta)(t)|Y(t)|^2\}/s_\delta(t)|Y(t)|$$
$$= \{\langle A(t)Y(t), Y(t)\rangle - (c_\delta/s_\delta)(t)|Y(t)|^2\}/s_\delta(t)|Y(t)| \leq 0.$$

ここで，$\lim_{t\downarrow 0}(|Y(t)|/s_\delta(t)) = |\nabla Y(0)|$ に注意すると，式 (1.106) が $0 < t < \min\{t_0, \pi/\sqrt{\delta}\}$ に対して示される．もし $t_0 > \pi/\sqrt{\delta}$ なら $\delta > 0$ で，恒等的に 0 でないヤコビ場 Y に対して $|Y(\pi/\sqrt{\delta})| \leq 0$ となり，t_0 の定義に矛盾する．よって $0 < t_0 \leq \pi/\sqrt{\delta}$．もし式 (1.106) で等号が $t = t_1$ に対して成立すれば，$0 \leq t \leq t_1$ でも等号が成立し，$Y(t) \equiv s_\delta(t)v(t)$，$K(v(t), \dot\gamma(t)) \equiv \delta$ が成り立つ．

(2) V を T_pM の $\{u = \dot\gamma(0), v = \nabla Y(0)\}$ で張られる 2 次元部分空間とする．$W = \exp_p V$ は $\gamma([0, t_0))$ を含み，その近傍で 2 次元部分多様体を与える．W の g からの誘導計量を極座標 (t, θ) に関して $ds^2 = dt^2 + G^2(t,\theta)d\theta^2$ と表す．さて $\theta =$ 定数で与えられる t 曲線 γ_θ は W の測地線なので，γ_θ に沿うヤコビ場 $Y(t) = \partial/\partial\theta(\gamma_\theta(t))$ を用いて次のように表せる：

$$G(t,\theta) = |Y(t)|, \quad K = -G_{tt}(t,\theta)/G(t,\theta) \ (K \text{ は } W \text{ のガウス曲率}).$$

このとき，γ に沿って $k(t) := G_t(t,0)/G(t,0)$ はリッカチ型方程式

$$k'(t) + K + k^2(t) = 0$$

を満たす．他方，W で t 曲線は測地線であり部分多様体の曲率に対するガウスの公式から $K \leq K_\sigma \leq \Delta$ である（例 1.26）．よって次を得る：

$$k'(t) \geq -\Delta - k^2(t); \quad \left(\frac{c_\Delta}{s_\Delta}\right)'(t) = -\Delta - \left(\frac{c_\Delta}{s_\Delta}\right)^2(t).$$

これより，(1) と同じ議論で $k(t) \geq c_\Delta/s_\Delta(t)$ が $0 < t < \min\{t_0, \pi/\sqrt{\Delta}\}$ に対して成り立ち，$t \mapsto |Y(t)|/s_\Delta(t)$ は単調増加関数である．特に，$0 < t \leq \min\{t_0, \pi/\sqrt{\Delta}\}$ に対して式 (1.107) が成り立つ．もし，$t_0 < \pi/\sqrt{\Delta}$ ならば $s_\Delta(t_0) = 0$ で矛盾だから $t_0 \geq \pi/\sqrt{\Delta}$．もし，ある $0 < t_1 \leq \pi/\sqrt{\Delta}$ に対して式 (1.107) で等号が成立すれば，$0 < t \leq t_1$ で $Y(t) \equiv s_\Delta(t)v(t)$; $K(\dot\gamma(t), v(t)) \equiv \sqrt{\Delta}$ の形に書けることも (1) と同様の議論で分かる．

(3) T_pM の正規直交基底 $\{e_i\}_{i=1}^n$ を $e_1 = u = \dot\gamma(0)$ となるように選ぶ．γ に沿うヤコビ場 $Y_i(t)$ $(2 \leq i \leq n)$ で，$Y_i(0) = 0$，$\nabla Y_i(0) = e_i$ を満たすものを取れば，$\theta(u,t) = \sqrt{\det(y_{ij}(t))}$; $y_{ij}(t) := \langle Y_i(t), Y_j(t)\rangle$ であった（式 (1.77)）．ここで $y'_{ij}(t) = 2\langle A(t)Y_i(t), Y_j(t)\rangle$ に注意して，$(y^{ij}(t)) = (y_{ij}(t))^{-1}$ と置けば

$$\theta'(u,t) = \frac{(\det(y_{ij}(t)))'}{2\theta(u,t)} = y^{ij}(t)\langle A(t)Y_i(t), Y_j(t)\rangle\theta(u,t) = \mathrm{tr}(A(t))\theta(u,t)$$

が成立する．さて，式 (1.105) の両辺のトレースを取れば次を得る：

$$\frac{d}{dt}\mathrm{tr}A(t) + \rho(\dot\gamma(t)) + \mathrm{tr}A(t)^2 = 0.$$

リッチ曲率に関する仮定とコーシー–シュワルツの不等式 $(n-1)\mathrm{tr}A(t)^2 \geq (\mathrm{tr}A(t))^2$（等号成立の必要十分条件は $A(t) = \lambda\,\mathrm{id}_{\dot\gamma(t)^\perp}$）より

$$\left\{\frac{\theta'(u,t)}{\theta(u,t)}\right\}' = \frac{d}{dt}\mathrm{tr}A(t) \leq -(n-1)\delta - \frac{\{\theta'(u,t)/\theta(u,t)\}^2}{n-1}$$

が成り立つ．他方次は容易に分かる：

$$\left\{(n-1)\frac{c_\delta}{s_\delta}(t)\right\}' = -(n-1)\delta - \frac{\{(n-1)(c_\delta/s_\delta)(t)\}^2}{n-1}.$$

これより，(1) と同様の議論で

$$\frac{\theta'(u,t)}{\theta(u,t)} \leq (n-1)\frac{c_\delta}{s_\delta}(t);\ 0 < t < \min\{t_0, \pi/\sqrt{\delta}\} \tag{1.110}$$

が成り立つことが分かる．従って，$\lim_{t\downarrow 0}\theta(u,t)/(s_\delta^{n-1}(t))=1$ と

$$\left(\frac{\theta(u,t)}{s_\delta^{n-1}(t)}\right)' = \frac{\theta(u,t)}{s_\delta^{n-1}(t)}\left\{\frac{\theta'(u,t)}{\theta(u,t)} - (n-1)\frac{c_\delta(t)}{s_\delta(t)}\right\} \leq 0$$

に注意して式 (1.108) を得る．すると (1) と同様にして $t_0 \leq \pi/\sqrt{\delta}$ であり，またある $0 < t_1 \leq t_0$ に対して式 (1.108) で等号が成立すれば，$\theta(u,t) \equiv s_\delta^{n-1}(t)$, $A(t) \equiv s_\delta(t)\mathrm{id}_{\dot\gamma(t)^\perp}$ が $0 < t \leq t_1$ で成立する．よってこの範囲で，ヤコビ場 $Y_i(t) = s_\delta(t)e_i(t)$ $(2 \leq i \leq n)$ であり，$\dot\gamma(t)$ を含む任意の断面 σ に対して $K_\sigma \equiv \delta$ であることが分かる．最後の Δr の評価は例 1.39 と (1.110) から導かれる．□

応用として，**測地 3 角形**や**ヒンジ** (hinge) に関する比較定理について述べる．リーマン多様体 M の測地 3 角形 T とは，M の頂点と呼ばれる異なる 3 点 $\{p_i\}_{i=1}^3$ と，辺と呼ばれる p_{i+1}, p_{i+2} を結ぶ最短測地線 γ_i （$i = 1,2,3$ で 3 を法として考える）からなる図形である．頂点 p_i $(i = 1,2,3)$ において γ_{i-1}, γ_{i+1}^{-1} （の始方向）がなす角 α_i を 3 角形 T の角という．M の**断面曲率**が $K \geq \delta$ や $K \leq \Delta$ を満たすとき，T_δ や T_Δ で**定曲率モデル平面** M_δ^2 や M_Δ^2 の T と同じ辺長を持つ測地 3 角形を表す[*45]．次に，M の**ヒンジ**（測地 2 辺形）$H = H(p;\gamma,\tau)$ とは，頂点 p とそれぞれ $p,q;p,r$ を結ぶ 2 本の最短測地線分 γ,τ からなる図形で，γ,τ が p でなす角を H の角という．定曲率モデル平面 M_δ^2 で，H と同じ辺長と角をもつヒンジを H_δ で表す．測地 3 角形は三つのヒンジを与え，ヒンジ H の 2 辺の終点 q,r を最短測地線で結んで閉じれば測地 3 角形 T_H を得る．このとき，M の測地 3 角形とヒンジに関して次が成り立つ（$\dim M \geq 2$ とする）．

定理 1.50　(1)（**ラウチ (Rauch) 比較定理**）　完備連結リーマン多様体 M は $K \leq \Delta$ を満たすとする．M の**測地 3 角形** T で次の条件を満たすものを考える：T は各頂点の内部集合に含まれ，その周長 $l(T)$ は $l(T) < 2\pi/\sqrt{\Delta}$ を満たすとする（$\Delta \leq 0$ ならこの条件は不要）．このとき，対応する M_Δ^2 の**測地 3 角形** T_Δ が存在して，その角を α_i^Δ $(i = 1,2,3)$ とするとき，$\alpha_i \leq \alpha_i^\Delta$ $(i = 1,2,3)$ が成り立つ．同様に，M の**ヒンジ** H で次の条件を満たすものを考える：H を閉じて得られる測地 3 角形 T_H は頂点 p の内部集合に含まれ，周長は $l(T_H) < 2\pi/\sqrt{\Delta}$ を満たす．このとき，M_Δ^2 で，同じ辺長と角を持つ**ヒンジ** $H_\Delta = (\tilde p;\tilde\gamma,\tilde\tau)$ を考えれば，$d(q,r) \geq d(\tilde q,\tilde r)$ を満たす（$\tilde q, \tilde r$ はそれぞれ $\tilde\gamma, \tilde\tau$ の終点である）（図 1.4）．

(2)（**トポノゴフ (Toponogov) 比較定理**）　完備連結リーマン多様体 M は $K \geq \delta$ を満たすとする．このとき，M の**測地 3 角形** T に対して周長は $l(T) \leq 2\pi/\sqrt{\delta}$ を満

[*45] 定曲率モデル空間 M_k^n の任意の測地 3 角形（ヒンジ）は，M_k^2 に等長的な 2 次元全測地的部分多様体に含まれるので，M_k^n のモデル 3 角形（ヒンジ）は M_k^2 で考えてよい．

たす．また，対応する M_δ^2 の測地 **3 角形** T_δ が存在して，その角を α_i^δ $(i=1,2,3)$ とするとき $\alpha_i \geq \alpha_i^\delta$ $(i=1,2,3)$ が成り立つ．同様に M の**ヒンジ** H に対して，同じ辺長と角を持つ M_δ^2 の**ヒンジ** $H_\delta=(\tilde{p};\tilde{\gamma},\tilde{\tau})$ を考えれば，$d(q,r)\leq d(\tilde{q},\tilde{r})$ を満たす ($\tilde{q},\tilde{r}$ はそれぞれ $\tilde{\gamma},\tilde{\tau}$ の終点である)（図 1.4）．

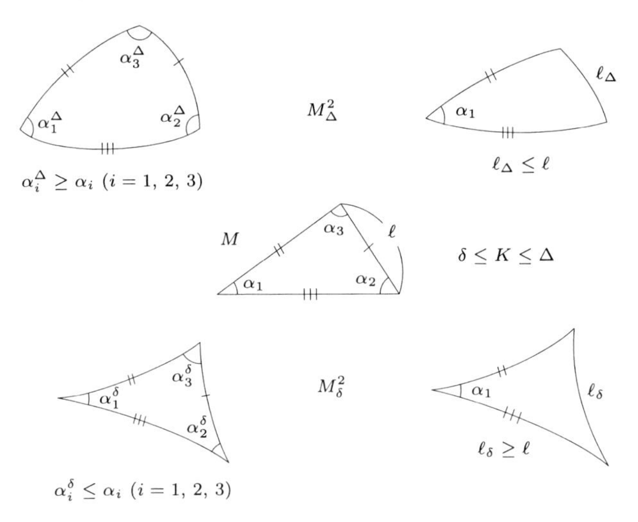

図 1.4　3 角形の比較定理

証明．ここでは (1) の証明だけ述べる．ヒンジの場合の主張を示せばよい．実際，M_Δ^2 の 3 角形に対しては，**余弦公式**（1.1 節参照）から 3 角形の辺と角の大小関係が成り立つ．M の測地 3 角形 T と対応する T_Δ の角の比較については，T の三つのヒンジの辺長を対応する T_Δ のヒンジの辺長と比較し，辺と角の大小関係を用いればよい．さて，H の辺の端点 q,r を結ぶ最短測地線 $c:[0,1]\to M$ は $p\in M$ の内部集合に含まれるので，$\exp_p:\mathcal{I}_p\to I_p$ の逆写像によって T_pM の曲線 $\xi(t)=\exp_p^{-1}(c(t))$ に持ち上げれば

$$\dot{c}(t)=D\exp_p(\xi(t))\dot{\xi}(t)=\frac{d}{dt}(\exp_p\xi(t))=Y_t(1)$$

を得る．ここで，$Y_t(s)$ は p を始点とする測地線 $\gamma_t:[0,1]\ni s\to\exp_p s\xi(t)$ に沿うヤコビ場で $Y_t(0)=0$，$\nabla Y_t(0)=\dot{\xi}(t)$ を満たすものである．さて，M_Δ^n の点 $\tilde{p}$ と等長線形同型 $I:T_pM\to T_{\tilde{p}}M_\Delta^n$ を選び，c に対して M_Δ^n の曲線 $\tilde{c}(t)=\exp_{\tilde{p}}I\xi(t)$ を考える．$\tilde{c}:[0,1]\to M_\Delta^n$ は，H と同じ角と辺長を持つ $\tilde{p}$ を頂点とする M_Δ^n のヒンジ H_Δ の端点 $\tilde{q},\tilde{r}$ を結ぶ曲線であり

$$\dot{\tilde{c}}(t) = D\exp_{\tilde{p}}(I\xi(t))I\dot{\xi}(t) = \frac{d}{dt}(\exp_{\tilde{p}} I\xi(t)) = \tilde{Y}_t(1)$$

を満たす．ここで，$\tilde{Y}_t(s)$ は M^n_Δ の測地線 $\tilde{\gamma}_t : [0,1] \ni s \mapsto \exp_{\tilde{p}} s\xi(t)$ に沿った $\tilde{Y}_t(0) = 0$，$\nabla\tilde{Y}_t(0) = I(\dot{\xi}(t))$ を満たすヤコビ場で，その $\tilde{\gamma}_t$ への垂直成分のノルム $|\tilde{Y}_t^{\perp}(s)|$ は $|\nabla\tilde{Y}_t^{\perp}(0)|s_\Delta(|\xi(t)|s) = |\nabla Y_t^{\perp}(0)|s_\Delta(d(p,c(t))s)$ に等しい．**ガウスの補題**から $Y_t(1)$, $\tilde{Y}_t(1)$ のそれぞれ $\gamma_t, \tilde{\gamma}_t$ 方向の成分は同じ長さを持ち，垂直成分は式 (1.107) から $|Y_t^{\perp}(1)| \geq |\nabla Y_t^{\perp}(0)|s_\Delta(d(p,c(t))) = |\tilde{Y}_t^{\perp}(1)|$ を満たす．よって $|\dot{c}(t)| \geq |\dot{\tilde{c}}(t)|$ $(0 \leq t \leq 1)$ であるが，この両辺を t で積分して

$$d(q,r) = L(c) = \int_0^1 |\dot{c}(t)|dt \geq \int_0^1 |\dot{\tilde{c}}(t)|dt = L(\tilde{c}) \geq d(\tilde{q},\tilde{r})$$

を得る．なお，(1) で測地3角形の大きさに関する制限は必要で，これがないと反例がある．他方，(2) の主張では測地3角形の大きさに制限がないことに注意されたい．(2) で測地3角形の大きさに (1) と同様の制限を設ければ，同じやり方で証明ができる．一般の場合は小3角形（や細長い3角形）に分割して証明するが，議論は非常に複雑になる（[3], [6], [11], [12], [14], [19] を参照されたい）．　□

次に**リッチ曲率** $\rho(u) \geq (n-1)\delta$ の仮定の下で，**体積**に関する**ビショップ–グロモフ**（Bishop–Gromov）の**比較定理**を述べよう．$v^n_\delta(r)$ は**モデル空間** M^n_δ の半径 r の距離球の**体積**を表し，$S^n(\delta)$ は定曲率 $\delta > 0$ の n 次元**球面**を表す．

定理 1.51　$n\ (\geq 2)$ 次元完備連結リーマン多様体 M^n は $\rho(u) \geq (n-1)\delta$ を満たすとする．このとき次が成立する．

(1) $\operatorname{vol} B_r(p;M) \leq v^n_\delta(r)$（$\delta > 0$ のときは $r \leq \pi/\sqrt{\delta}$ とする）であり，等号は $B_r(p;M)$ が**モデル空間** M^n_δ の半径 r の距離球に等長的であるとき，かつそのときに限り成立する．特に $\delta > 0$ の場合，$\operatorname{vol} M \leq v^n_\delta(\pi/\sqrt{\delta}) = \operatorname{vol} S^n(\delta)$ で，等号は M が球面 $S^n(\delta)$ に等長的なときにちょうど成立する．

(2) $r \mapsto \operatorname{vol} B_r(p;M)/v^n_\delta(r)$ はすべての $r \geq 0$ に対して単調減少である．特に，任意の $0 \leq r \leq R$ に対して次が成り立つ：

$$\frac{\operatorname{vol} B_R(p;M)}{v^n_\delta(r)} \leq \frac{\operatorname{vol} B_R(p;M)}{\operatorname{vol} B_r(p;M)} \leq \frac{v^n_\delta(R)}{v^n_\delta(r)} \leq \frac{v^n_\delta(R)}{\operatorname{vol} B_r(p;M)}. \qquad (1.111)$$

証明. (1)　$p \in M$ とする．定理 1.49 (3) より，任意の $u \in U_pM$, $t \in [0, t_0(u)]$ に対して $\theta(u,t) \leq s^{n-1}_\delta(t)$ が成立した．ここで，$t_0(u)$ は $\theta(u,t)$ の最初の（正の）零点であり，γ_u に沿っての p の第1共役値に等しい．さらに等号がある $t \in (0, t_0(u)]$ に対して成立すれば，$\theta(u,s) \equiv s_\delta(s)^{n-1}$ がすべての $s \in [0,t]$ に対して成り立ち，$\dot{\gamma}_u(s)$ を含む $T_{\gamma_u(s)}M$ の任意の断面 σ に対して $K_M(\sigma) \equiv \delta$ であった．いま，

$t(u) = i_p(u) \le t_0(u) \le \pi/\sqrt{\delta}$*46 を γ_u に沿っての切断点までの距離とし，$t \ge 0$ に対してあらためて

$$\begin{cases} \bar{\theta}(u,t) = \theta(u,t),\ t \le t_0(u) \text{ の場合;} \quad \bar{\theta}(u,t) = 0,\ t > t_0(u) \text{ の場合} \\ \bar{s}_\delta^{n-1}(t) = s_\delta^{n-1}(t),\ t \le \pi/\sqrt{\delta} \text{の場合;} \quad \bar{s}_\delta^{n-1}(t) = 0,\ t > \pi/\sqrt{\delta} \text{の場合} \end{cases}$$

と置くと，上の不等式は $\bar{\theta}(u,t) \le \bar{s}_\delta^{n-1}(t)$ と書ける．式 (1.79) より $r \le \pi/\sqrt{\delta}$ なら

$$\begin{aligned} \operatorname{vol} B_r(p;M) &= \int_{S^{n-1}} dS^{n-1} \int_0^r \bar{\theta}(u,t)dt \\ &\le \int_{S^{n-1}} dS^{n-1} \int_0^r \bar{s}_\delta^{n-1}(t)dt = \alpha_{n-1} \int_0^r s_\delta^{n-1}(t)dt = v_\delta^n(r). \end{aligned}$$

もし等号が成立すれば，すべての $u \in U_pM$，$0 \le t \le r$ に対して $\theta(u,t) \equiv s_\delta(t)^{n-1}$ であり，$\dot{\gamma}_u(t)$ を含む断面に対して $K_M(\sigma) \equiv \delta$ が成り立つ．さらに，γ_u に沿う $Y(0) = 0$ を満たす γ_u に垂直なヤコビ場 $Y(t)$ は，$v = \nabla Y(0)$ の γ_u に沿う平行移動を $v(t)$ とするとき，$Y(t) = s_\delta(t)v(t)$ の形に表せる．これより，p.43 で与えた写像 $\Phi : B_r(\tilde{p}, M_\delta^n) \to B_r(p;M)$ がこの場合も同様に定義でき，$\Phi^* g = g_{\mathrm{can}}$ を満たすことが分かる．もし，$q_1 \ne q_2$ に対して $\Phi(q_1) = \Phi(q_2)$ ならば $\operatorname{vol} B_r(p;M) < v_\delta^n(r)$ が容易にわかるので，Φ は単射で等長写像を与える．なお，$\delta > 0$ の場合は，定理 1.32 の証明の議論がこの場合にも適用できる．

(2) $r \ge \pi/\sqrt{\delta}$ の場合は $\delta > 0$ であり，$t_0(u) \le \pi/\sqrt{\delta}$ に注意すると

$$\operatorname{vol} B_R(p) = \operatorname{vol} B_r(p) = \operatorname{vol} B_{\pi/\sqrt{\delta}}(p) \le v_\delta^n(\pi/\sqrt{\delta}) = v_\delta^n(r) = v_\delta^n(R)$$

より主張は正しい．よって $r < \pi/\sqrt{\delta}$ のとき式 (1.111) の真ん中の不等式を示せばよい．さて s, t はそれぞれ $0 \le s \le r$，$r \le t \le R$ の範囲を動くものとし，$\bar{t} \mapsto s_\delta^{n-1}(\bar{t})/\theta(u,\bar{t})$ は $0 \le \bar{t} < t_0(u)$ で単調増加であることに注意すれば，$\bar{\theta}(u,t)$，$\bar{s}_\delta(t)$ の定義より $\bar{\theta}(u,t)\bar{s}_\delta^{n-1}(s) \le \bar{\theta}(u,s)\bar{s}_\delta^{n-1}(t)$ を得る．この不等式の両辺を順次 $0 \le s \le r$，$r \le t \le R$ について積分して

$$\int_r^R \bar{\theta}(u,t)dt \Big/ \int_r^R \bar{s}_\delta^{n-1}(t)dt \le \int_0^r \bar{\theta}(u,s)ds \Big/ \int_0^r \bar{s}_\delta^{n-1}(s)ds$$

が成立することが分かる．このとき，再び式 (1.79) より

$$\frac{\operatorname{vol} B_R(p) - \operatorname{vol} B_r(p)}{v_\delta^n(R) - v_\delta^n(r)} = \frac{\int_{S^{n-1}} dS^{n-1} \int_r^R \bar{\theta}(u,t)dt}{\alpha_{n-1} \int_r^R \bar{s}_\delta^{n-1}(t)dt}$$

---

*46 $\delta \le 0$ の場合は，$\pi/\sqrt{\delta} = +\infty$ と考える．

$$= \frac{1}{\alpha_{n-1}} \int_{S^{n-1}} \left\{ \int_r^R \bar{\theta}(u,t)dt \Big/ \int_r^R \bar{s}_\delta^{n-1}(t)dt \right\} dS^{n-1}$$
$$\leq \frac{1}{\alpha_{n-1}} \int_{S^{n-1}} \left\{ \int_0^r \bar{\theta}(u,s)ds \Big/ \int_0^r \bar{s}_\delta^{n-1}(s)ds \right\} dS^{n-1} = \frac{\mathrm{vol}\, B_r(p)}{v_\delta^n(r)}.$$

これより，式 (1.111) の真ん中の不等式が成り立つことが分かる． □

定理から次の古典的な**マイヤーズ**（Myers）**の定理**と，**チェン**（Cheng）**の最大直径定理**が従う．$n = \dim M \geq 2$ とする．

系 1.52 n 次元完備連結リーマン多様体 M の**リッチ曲率**が $\rho(u) \geq (n-1)\delta$ (>0) を満たすとする．M はコンパクトでその**直径** $d(M) \leq \pi/\sqrt{\delta}$ であり，M の基本群 $\pi_1(M)$ は有限である．$d(M) = \pi/\sqrt{\delta}$ なら M は $S^n(\delta)$ に等長的である．

証明．定理 1.49 (3) より任意の正規測地線はパラメータの値が $\pi/\sqrt{\delta}$ を超えれば始点の共役点を含み最短線にはなり得ない．特に，$d(M) \leq \pi/\sqrt{\delta}$ で M はコンパクトである．これより，M の普遍リーマン被覆空間 $\tilde{M}$ も完備でリッチ曲率について同じ条件を満たし，コンパクトになる．従って $\pi_1(M)$ は有限である．さて，$d(M) = \pi/\sqrt{\delta}$ とする．定理 1.51 (1) より，$\mathrm{vol}\, M = \mathrm{vol}\, S^n(\delta) = v_\delta^n(\pi/\sqrt{\delta})$ を示せばよい．直径を実現する 2 点 p, q; $d(p,q) = \pi/\sqrt{\delta}$ を取り，$B_r^1 = B_r(p;M)$，$B_r^2 = B_r(q;M)$ と置く．任意の $0 < r < \pi/\sqrt{\delta}$ に対して，直径に関する仮定から $B_r^1 \cap B^2_{\pi/\sqrt{\delta}-r} = \emptyset$ である．また，$S^n(\delta)$ の距離球の体積を考えて，$v_\delta^n(\pi/\sqrt{\delta}) = v_\delta^n(r) + v_\delta^n(\pi/\sqrt{\delta} - r)$ に注意する．さて，式 (1.111) より次が成り立つ：

$$\frac{\mathrm{vol}\, M}{\mathrm{vol}\, B_r^1} \leq \frac{v_\delta^n(\pi/\sqrt{\delta})}{v_\delta^n(r)}, \quad \frac{\mathrm{vol}\, M}{\mathrm{vol}\, B^2_{\pi/\sqrt{\delta}-r}} \leq \frac{v_\delta^n(\pi/\sqrt{\delta})}{v_\delta^n(\pi/\sqrt{\delta}-r)}. \tag{1.112}$$

よって，$\mathrm{vol}\, B_r^1 + \mathrm{vol}\, B^2_{\pi/\sqrt{\delta}-r} \geq \mathrm{vol}\, M$ で，これより $\bar{B}_r^1 \cup \bar{B}^2_{\pi/\sqrt{\delta}-r} = M$ が成り立つ．実際そうでなければ，$x \in M$ と $\epsilon > 0$ が存在して $B_\epsilon(x;M) \subset M \setminus \bar{B}_r^1 \cup \bar{B}^2_{\pi/\sqrt{\delta}-r}$ となり上の体積の評価に矛盾する．よって $\mathrm{vol}\, M = \mathrm{vol}\, B_r^1 + \mathrm{vol}\, B^2_{\pi/\sqrt{\delta}-r}$ となり，式 (1.112) の不等式はすべての $0 < r < \pi/\sqrt{\delta}$ に対して等式となる．特に，$\mathrm{vol}\, M/v_\delta^n(\pi/\sqrt{\delta}) = \mathrm{vol}\, B_r^1/v_\delta^n(r) = \mathrm{vol}\, B_r(p;M)/v_\delta^n(r)$ であるが，$r \downarrow 0$ とすれば式 (1.79) より右辺は 1 に収束し，$\mathrm{vol}\, M = v_\delta^n(\pi/\sqrt{\delta})$． □

比較定理の手法はリーマン幾何で広く応用されているが，以下幾つかを選んで解説して本章を終わる（参考文献として [6], [14], [16], [19] を挙げておく）．

(1) M を $K_\sigma \geq \delta$ (>0) を満たす完備連結リーマン多様体とする．もし，M の直径 $d(M) > \pi/(2\sqrt{\delta})$ ならば M は球面に同相である（**グローブ–塩浜の定理**）：これ

を示すのに $\delta = 1$ としてよい．M はコンパクトだから $d(p,q) = d(M)$ を満たす 2 点 p,q を取る．p,q は**距離関数** d_p の**臨界点**であった（1.3.1 項）が，これ以外に臨界点はないことを示す．これが示せれば，d_p の正則点の近傍 U でベクトル場をうまく選びその積分曲線に沿って U を p に近づけるイソトピーが構成できるので，微分位相幾何のレーブ（Reeb）の定理の場合と同じ手法で M は球面と同相になることが分かる．そこで p,q 以外の臨界点 r があったとし，p,q および p,r を最短測地線で結ぶ．測地 3 角形 pqr で，臨界点の定義から r,q を結ぶ最短測地線を r における角が $\pi/2$ 以下になるように取れる．$d = d(p,q)$, $l = d(p,r)$, $t = d(q,r)$; $d \geq l > 0$, $t > 0$ と置くと，球面における余弦公式と**トポノゴフの比較定理**から $\cos l \geq \cos d \geq \cos l \cos t$ を得る．もし，$\cos l \geq 0$ なら $\cos d \geq \cos l \cos t \geq \cos l \cos d$ で $\cos d < 0$ に矛盾．$\cos l < 0$ なら $\cos l \geq \cos l \cos t$ より $t = 0$ で $t > 0$ に矛盾する．

これに関連して，M を $\delta \leq K_\sigma \leq 1$ を満たす完備単連結リーマン多様体とする．$\delta = 1$ なら M は S^n に等長的であるが（定理 1.32），δ が 1 に近ければ位相的に球面に近いかという**ピンチの問題**がある．$\delta > 1/4$ なら M は球面に同相であり，$\delta = 1/4$ なら球面に同相か階数 1 の単連結対称空間のいずれかに等長的である．W. クリンゲンバーグ–M. ベルジェ（Klingenberg–Berger）によるこの定理は曲率と位相に関する研究で重要な役割を果たしたが，最近 S. ブレンドル – R. シェーン（Brendle–Schoen）により，曲率のピンチの仮定を各点ごとに $0 < \max K_\sigma \leq \min K_\sigma/\delta$ が成り立つ形に弱め，同じ δ の仮定の下で同相を微分同相に置き換えた形で成り立つことが（リッチフローを用いて）証明された．

(2) M を $K_\sigma \geq 0$ を満たす完備連結非コンパクトリーマン多様体とすれば，各点 p を始点とする正規測地線 $\gamma : [0, +\infty) \to M$ で，各 $t > s$ に対して $d(\gamma(t), \gamma(s)) = t - s$ を満たす**半直線**が存在する．このとき，γ の定める無限遠点からの距離関数とみなせる**ブーゼマン**（Busemann）**関数** b_γ：

$$b_\gamma(q) = \lim_{t \uparrow +\infty} (t - d(q, \gamma(t))); \; q \in M$$

は凸関数（各測地線に制限すれば凸関数）になる．これを用いて，J. チーガー – D. グロモール（Cheeger–Gromoll）は M の魂（soul）と呼ばれるコンパクトな全測地的部分多様体 S で全凸（任意の S の 2 点を結ぶ M の測地線は S に含まれる）なものを構成した．特に M は S の法束に微分同相になる．また，$K_\sigma > 0$ なら S は 1 点で，M はユークリッド空間に微分同相である（なお，G. ペレルマンは $K_\sigma \geq 0$ で M の 1 点で $K_\sigma > 0$ なら S が 1 点であることを示した）．

リッチ曲率非負の完備連結非コンパクトリーマン多様体 M に対して，ブーゼマン関数 b_γ は（弱い意味で）劣調和になる（定理 1.49 (3) 参照）．もし M が正規測地線 $\gamma : (-\infty, +\infty) \to M$ で任意の t, s に対して $d(\gamma(t), \gamma(s)) = |t - s|$ を満たす**直線**を

含めば，γ の定める二つの半直線 $\gamma_\pm$ に対応するブーゼマン関数 $b_\pm = b_{\gamma_\pm}$ は（滑らかな）調和関数で，$|\nabla b_\pm| = 1$ となる．J. チーガー–D. グロモールは上の条件の下で，M が直線を含めば $M = \mathbf{R} \times N$ と**リーマン直積**の形に分解することを示した．これらは多くの応用を持つ．

(3) 次に，至るところ $K_\sigma \leq 0$ である非正曲率完備連結リーマン多様体 M の場合について述べる．任意の $p \in M$ に対して，$\exp_p : T_pM \to M$ は定理 1.49 (2) より至るところ正則になる．T_pM の誘導計量 $h = \exp_p^* g$ も完備になり命題 1.31 より $\exp_p : T_pM \to M$ は被覆写像になる．特に，M が単連結ならば M は $\mathbf{R}^n$ に微分同相になり（**アダマール–カルタン**（Hadamard–Cartan）**の定理**），このようなリーマン多様体は**アダマール多様体**と呼ばれる．この場合，定理 1.50 (1) で任意の測地 3 角形に対して比較定理が成り立ち，また任意の点 p に対して $f = d_p^2$ は滑らかな凸関数である．一般の完備非正曲率多様体の場合は，**基本群**の構造が問題になるが，**リーマン被覆** $\exp_p : (T_pM, h) \to (M, g)$ の被覆群を調べることに帰着し，アダマール多様体の等長変換の性質を調べることが基本になる．

(4) コンパクト多様体の**基本群**に対して，有限個の生成元集合 Γ が取れる．高々 k 個の（重複を許した）Γ の元で表される基本群の元の個数 $g(k)$ を増大度関数という．これは Γ の選び方によるが，$g(k)$ が多項式増大度（指数的増大度）を持つという性質は Γ の選び方によらない．リッチ曲率非負の場合，基本群は多項式増大度を持ち，断面曲率 $K_\sigma \leq \Delta\ (< 0)$ を満たす場合は指数的増大度を持つことが知られている．いずれも，普遍リーマン被覆 $\pi : \tilde{M} \to M$ で $\tilde{p}$ を含む基本領域を $g(k)$ 個の基本群の元で写したとき，それらの和集合がどのような半径 R の距離球 $B_R(\tilde{p}; \tilde{M})$ に含まれるか（を含むか）を調べ，体積を評価することにより得られる．

$K_\sigma > 0$ のコンパクト連結リーマン多様体 M が偶数次元 $n = 2m$ のときは，その基本群の位数は高々 2 である（**シンジ**（Synge）**の定理**）．証明は向き付け可能性を仮定して単連結であることを示せばよい．そうでなければ自明でない閉曲線の自由ホモトピー類の中で最も長さの短い**閉測地線** $\gamma : [0, l] \to M;\ l = L(\gamma) > 0$ が存在する．$v \in \dot{\gamma}(0)^\perp$ を γ に沿って平行移動することにより，線形写像 $P : \dot{\gamma}(0)^\perp \to \dot{\gamma}(l)^\perp = \dot{\gamma}(0)^\perp$ を得る．P は仮定より $SO(2m-1)$ の元で 1 を固有値として持つので，γ に沿って平行な周期的ベクトル場 $X(t) \neq 0$ が取れる．$\gamma_s(t) = \exp_{\gamma(t)} sX(t)$ とし，**第 1，第 2 変分公式**を用いれば次の矛盾を得る：$d/ds|_{s=0} L(\gamma_s) = 0$ かつ

$$\left.\frac{d^2}{ds^2}\right|_{s=0} L(\gamma_s) = D^2L(X, X) = -\int_0^l K(\dot{\gamma}(t), X(t))|X(t)|^2 dt < 0.$$

(5) なお本章で扱えなかったが，計量不変量（曲率・直径・体積等）がある条件を満たすリーマン多様体を族として捉え，そのようなリーマン多様体の列の収束や極限

を考える M. グロモフ（Gromov）によって導入され大きな影響を与えた見方がある．これについては，[10], [8], [3] を参照されたい．また，文献 [1] は非常に豊富な話題をアイデアを中心に述べていて読みやすい．詳細な文献も与えられているので眺めてみることを薦める．

参考文献

[1] M. Berger, A panoramic View of Riemannian Geometry, Springer-Verlag, 2003.
[2] A. L. Besse, Einstein Manifolds, Ergebnisse der Math. 3. Folge · Band 10, Springer-Verlag, 1987.
[3] D. Burago, Y. Burago, and S. Ivanov, A Course in Metric Geometry, Graduate Studies in Math., 33, Amer. Math. Soc., 2001.
[4] I. Chavel, Eigenvalues in Riemannian Geometry, Academic Press, 1984.
[5] I. Chavel, Riemannian Geometry, a modern introduction, Cambridge University Press, 1993.
[6] J. Cheeger and D. G. Ebin, Comparison Theorems in Riemannian Geometry, North-Holland P.C., 1975.
[7] B. Chow, P. Lu, and L. Ni, Hamilton's Ricci Flow, Graduate Studies in Math., 77, Amer. Math. Soc., 2006.
[8] 深谷賢治 編, リーマン多様体とその極限（数学メモアール 3）, 日本数学会, 2004.
[9] S. Gallot, D. Hulin, and J. Lafontaine, Riemannian Geometry, second ed., Springer-Verlag, 1990.
[10] M. Gromov, Metric Structures for Riemannian and Non-Riemannian Spaces, Birkhäuser, 1999.
[11] H. Karcher, Riemannian Comparison Constructions, S. S. Chern ed., Global Differential Geometry; Studies in Math., 27, 170–222, The Mathematical Association of America, 1989.
[12] 加須栄篤, リーマン幾何学（数学レクチャーノート基礎編 2）, 培風館, 2001.
[13] 北原晴夫, 河上 肇, 調和積分論（現代数学ゼミナール 14）, 近代科学社, 1991.
[14] W. Klingenberg, Riemannian Geometry, 2nd edition, Walter de Gruyter, 1995.
[15] J. Milnor 著, 志賀浩二 訳, モース理論（数学叢書 8）, 吉岡書店, POD 版, 2004.
[16] P. Petersen, Riemannian Geometry, Graduate Texts in Math., 171, Springer-Verlag, 1998.

[17] J. G. Ratcliffe, Foundations of Hyperbolic Manifolds, Graduate Texts in Math., 147, Springer-Verlag, 1994.

[18] E. G. Rees 著, 三村 護 訳, 幾何学講義, 共立出版, 1992.

[19] 酒井 隆, リーマン幾何学（数学選書 11), 裳華房, 1992.

[20] 塩谷 隆, 重点解説 基礎微分幾何（臨時別冊 数理科学 SGC ライブラリ 70), サイエンス社, 2009.

[21] 砂田利一, 基本群とラプラシアン（紀伊国屋数学叢書 29), 紀伊国屋書店, 1988.

[22] 立花俊一, リーマン幾何学（復刊：近代数学講座 8), 朝倉書店, 2004.

第 2 章

相対論

2.1　ミンコフスキー時空のローレンツ幾何

時刻と位置を指定することにより**事象**（event）が定まる．事象全体からなる集合として**時空**（space-time）の概念に至る．これは 3 次元の空間，1 次元の時間の積として，$\mathbf{R}^4 = \mathbf{R}^3 \times \mathbf{R}$ とするのがもっともらしいように見える．この $\mathbf{R}^4$ モデルは，私たちの近傍の世界を記述するときには良いかも知れないが，大域的には 4 次元多様体としておくのが無難である．しかしまず初めに，最も単純な $\mathbf{R}^4$ モデルでの考察をしよう．

アインシュタインの**特殊相対論**（special relativity, 1905）は，$\mathbf{R}^4$ における，以下に述べる意味でのローレンツ幾何学である．アインシュタインは**特殊相対性原理**（principle of relativity）と**光速度不変の原理**（principle of constancy of light velocity）から，この時空幾何学を導いた，と言うことになっているが，厳密にとは言い難い．ユークリッド幾何が，原論に書かれている定義，公理，公準だけから，それに続く命題を完全に論理的に導いているわけではないのと同様である．しかしこのような細かな点は拘らないことにしよう．

第一の原理，特殊相対性原理は，物理法則が，特殊な座標系（慣性系）において同じ形式で記述できると言う考えである．現代の幾何学では，座標系を用いずに諸量を表し，取り扱うことができる．座標系を用いずに，と言うことは，座標系の取り方によらないと言うことであって，従って幾何学的に法則を述べることができれば，特殊と限定せずともそれは相対性原理である．つまり相対性原理とは，物理法則が座標によらず時空の幾何構造で述べられることと解釈する．

第二の原理，光速度不変の原理は，この時空の幾何構造を特定するための原理である．真空中での光速，あるいは電磁波の伝播速度が観測者によらず不変であることを主張する．本章の大部分では，真空中での光速 $c \approx 299{,}792\,\mathrm{km/s}$ を無単位量 1 とみなす．これは理論的には，電磁場のマクスウェル方程式からの帰結である．また単に理論的な帰結と言うだけでなく，有名なマイケルソン–モーリーの実験（1887）をはじめ，無数の実験で検証されている．にもかかわらず相対性原理は認めるが，どう言うわけか光速度不変の原理は認めない，と言う人がいる．光速度不変の原理を認めると言うことは不思議な体験である．初めて負の数や虚数の数学的実在を理解したとき，非ユークリッド幾何を一つの幾何として承認したとき，他にもいろいろあるが，光速度の不変性を認めることは，このような体験の一種であろう．しかし数学的な定式化は単純明快である．

定義 2.1 $\mathbf{R}^4$ の点を座標 (x, y, z, t) で表す．(x, y, z) は空間，t は時間の座標と考える．$\mathbf{R}^4$ の計量 $-dt^2 + dx^2 + dy^2 + dz^2$ を**ミンコフスキー計量**（Minkowski metric）と言う．これは，$\mathbf{R}^4$ の各点において，4 次元ベクトル X, Y の内積を次のように考えるのと同等である．$X = (x_1, y_1, z_1, t_1)$，$Y = (x_2, y_2, z_2, t_2)$ に対し

$$\langle X, Y\rangle = x_1x_2 + y_1y_2 + z_1z_2 - t_1t_2.$$

ミンコフスキー計量を備えた $\mathbf{R}^4$ を**ミンコフスキー時空**（Minkowski space-time, 1908）と言う．この内積を保つ線形変換の全体を $O(3,1)$ と書く．すなわち，

$$O(3,1) = \{A \in GL(4,\mathbf{R}) \mid {}^tAMA = M\},\ \text{ここで } M = \begin{pmatrix} 1 & 0 & 0 & 0 \\ 0 & 1 & 0 & 0 \\ 0 & 0 & 1 & 0 \\ 0 & 0 & 0 & -1 \end{pmatrix}.$$

これは 4 個の連結成分からなるリー群である．恒等変換を含む連結成分に含まれる変換と $\mathbf{R}^4$ の平行移動の合成で表せる変換を**ローレンツ変換**（Lorentz transformation）と言う．ローレンツ変換全体のなす群を**ローレンツ群**（Lorentz group）または**ポアンカレ群**（Poincaré group）と言う．

ローレンツ変換はマイケルソン–モーリーの実験を説明するために，ローレンツ収縮のアイデアとともに，ローレンツが 1899 年に発表した．不完全な形ではあるが，すでに 1880 年代にフィッツジェラルド他の物理学者によっても見出されていた．

以下ではミンコフスキー時空のローレンツ幾何，すなわちローレンツ変換で不変な幾何を展開する．はじめにローレンツ変換とはどのようなものか見ておく．次の行列が与える線形変換はローレンツ変換である．

$$A_\theta = \begin{pmatrix} \cosh\theta & 0 & 0 & \sinh\theta \\ 0 & 1 & 0 & 0 \\ 0 & 0 & 1 & 0 \\ \sinh\theta & 0 & 0 & \cosh\theta \end{pmatrix} = \begin{pmatrix} 1/\sqrt{1-v^2} & 0 & 0 & v/\sqrt{1-v^2} \\ 0 & 1 & 0 & 0 \\ 0 & 0 & 1 & 0 \\ v/\sqrt{1-v^2} & 0 & 0 & 1/\sqrt{1-v^2} \end{pmatrix} \tag{2.1}$$

ここで $v = \tanh\theta,\ \theta \in \mathbf{R}$. これは yz-平面を軸とする**双曲的回転**（hyperbolic rotation）である．$A_{\theta_1}A_{\theta_2} = A_{\theta_1+\theta_2}$ に注意する．任意のローレンツ変換は，空間の向きを保つ直交変換，双曲的回転，平行移動の合成で書けるので，この双曲的回転を知っておけば十分であろう．次に定義する未来向き時間的単位ベクトルのなす空間に，ローレンツ群は推移的に作用することも注意しておく．

定義 2.2　ミンコフスキー時空 $(\mathbf{R}^4, \langle,\rangle)$ の接ベクトル X は $\langle X, X\rangle < 0$ のとき**時間的** (timelike)，$\langle X, X\rangle = 0$ のとき**ナル** (null)，$\langle X, X\rangle > 0$ のとき**空間的** (spacelike) であると言う (図 2.1)．時間的またはナルであるベクトルは**非空間的** (non spacelike) であると言う．ナルベクトルの全体は二つの球錐をなし，これを**光錐**（light cone; null cone）と言う．非空間的ベクトル X は $-\langle X, \partial/\partial t\rangle$ が正のとき**未来向き**（future-directed），負のとき**過去向き**（past-directed）であると言う．これにしたがって光錐は**未来光錐**（future light cone），**過去光錐**（past light cone）と**現事象**（now-here）に分かれる．

ここで定義された概念はすべてローレンツ変換で不変である．

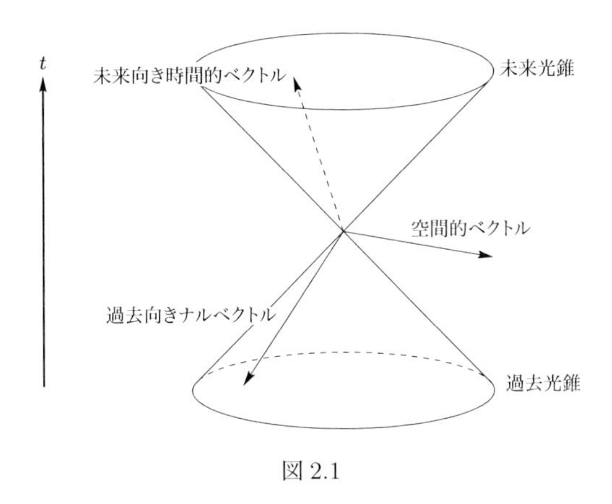

図 2.1

ミンコフスキー時空内での粒子の運動は，未来向き非空間的曲線で表現される．この曲線を**世界線**（world line）と言う．$I \subset \mathbf{R}$ を区間とし，

$$\gamma\colon I \to \mathbf{R}^4;\ \gamma(\tau) = (x(\tau), y(\tau), z(\tau), t(\tau)).$$

ただし $\dot\gamma := d\gamma/d\tau$ は非空間的かつ未来向き．光子は $\dot\gamma$ がナルかつ未来向きの世界線で表されると考える．質量が 0 でない，すなわち正の粒子は，$\dot\gamma$ が時間的かつ未来向きの世界線で表される．

さて，$[a,b]\subset I$ としたとき，事象 $p=\gamma(a)$ は事象 $q=\gamma(b)$ の過去にある．γ に沿って p から q に至るまでの時間 T はどのように考えたら良いだろうか？ ニュートン力学的には $T=t(b)-t(a)$ であるが，これはローレンツ変換で不変でない．ローレンツ幾何的には次の量が自然である．

定義 2.3 γ に沿う $p=\gamma(a)$ から $q=\gamma(b)$ までの時間を

$$T=\int_a^b\sqrt{-\langle\dot\gamma,\dot\gamma\rangle}\,d\tau \tag{2.2}$$

で定義する．これを**固有時**（proper time）と言う．

命題 2.4 二つの事象 $p,q\in\mathbf{R}^4$ は，時間的曲線で結ぶことができ，p は q の過去にあるとする．このとき，p,q を結ぶ非空間的曲線 γ で，γ に沿う p,q 間の時間が最大になるのは γ が p,q を結ぶ線分のとき，そのときに限る．

証明．適当なローレンツ変換を施せば，$p=(0,0,0,0)$，$q=(0,0,0,T)$, $T>0$ として良い．すると，p,q を結ぶ非空間的曲線は

$$\begin{cases}\gamma(t)=(x(t),y(t),z(t),t), & t\in[0,T]\\ \gamma(0)=p, \quad \gamma(T)=q\end{cases}$$

と表せる．式 (2.2) より，γ に沿って p から q に至る時間は，

$$\int_0^T\sqrt{1-(\dot x(t)^2+\dot y(t)^2+\dot z(t)^2)}\,dt\le\int_0^T dt=T.$$

これは，$\dot x=\dot y=\dot z=0$，すなわち，$x(t)=y(t)=z(t)=0$ のとき最大値 T をとる．γ が p,q を結ぶ線分でない場合は，T より小さな値をとる． □

ユークリッド幾何では2点を結ぶ最短線が線分であるが，ミンコフスキー時空では，時間的曲線に関して“最長線”が線分になる．この事実は**双子のパラドックス**（twin paradox）と言われている．双子の兄弟が時空の一点 p で別れ，一人は時空内の時間的線分に沿った生き方をし，もう一人は，それとは異なる生き方をして，その後事象 q で二人が出会ったとき，前者は後者より老けていると言うものである．

2.2 観測者

定義 2.5 **観測者**（observer）とは，未来向き時間的曲線 γ で $\langle\dot\gamma,\dot\gamma\rangle=-1$ となるものを言う．また事象 p における未来向き時間的ベクトル $V\in T_p\mathbf{R}^4$ は $\langle V,V\rangle=-1$ のとき，これも**観測者**（instantaneous observer）と言う．$\theta\in\mathbf{R}$ とする．

$$\gamma_\theta(\tau) := (\tau\sinh\theta, 0, 0, \tau\cosh\theta) \tag{2.3}$$

は典型的な観測者である．またベクトルでは，

$$V_\theta = (\sinh\theta, 0, 0, \cosh\theta) \tag{2.4}$$

が典型的な観測者である．

時間的ベクトル V に対して，$V^\perp := \{W \in T_p\mathbf{R}^4 | \ \langle V, W\rangle = 0\}$ は 3 次元線形部分空間で，ミンコフスキー計量を $V^\perp$ に制限すると正定値内積．従って $V^\perp$ は 3 次元ユークリッド空間である．

定義 2.6 $V \in T_p\mathbf{R}^4$ を観測者とする．p を通るアファイン部分空間 $p + V^\perp$ を，V にとって事象 p と**同時刻の事象全体からなる空間**（rest space）と言う．これは 3 次元ユークリッド空間である．

この定義は重要で，アインシュタインの相対論は，"同時刻" の考察から始まっている．二つの事象が同時刻に起こったかどうかは観測者によって異なる．これを**同時刻の相対性**と言う．$p = (0, 0, 0, 0)$, $V_\theta \in T_p\mathbf{R}^4$ は式 (2.4) で与えられる観測者とする．このとき，同時刻空間

$$V_\theta^\perp = \{(x\cosh\theta, y, z, x\sinh\theta) | \ (x, y, z) \in \mathbf{R}^3\} \tag{2.5}$$

は確かに，異なる θ に対して異なる．

さて $p \in \mathbf{R}^4$ を通る粒子の運動，すなわち未来向き非空間的曲線

$$\gamma \colon I \to \mathbf{R}^4; \ \gamma(0) = p$$

を考える．$X := \dot\gamma(0) \in T_p\mathbf{R}^4$ である．$V \in T_p\mathbf{R}^4$ を観測者とする．直和分解 $T_p\mathbf{R}^4 = \mathbf{R}V \oplus V^\perp$ に従って，$X = -\langle V, X\rangle V + \tilde{X}$ と分解する．

$$X_V := -\frac{\tilde{X}}{\langle V, X\rangle} \in V^\perp$$

と置く．従って $X = -\langle V, X\rangle(V + X_V)$ である．

定義 2.7 X_V を観測者 V が観測する X の**速度ベクトル**（velocity vector）と言い，$|X_V|$ を V が観測する X の**速さ**（speed）と言う．

簡単な計算で次が分かる．

補題 2.8 $v = |X_V|$ と置くと，$v = \sqrt{1 + \frac{\langle X, X\rangle}{\langle V, X\rangle^2}}$．よって，$\langle X, X\rangle = -1$ のとき $\langle V, X\rangle = -1/\sqrt{1 - v^2}$．

系 2.9（速度の限界）　$X \neq 0$ が非空間的のとき，$|X_V| \leq 1$.

系 2.10（光速度不変の原理）　$\langle X, X \rangle = 0$, $X \neq 0$ のとき，任意の観測者 V に対して $|X_V| = 1$.

このように時空の幾何学がローレンツ幾何であれば，光速度不変の原理の説明ができる．従って，実際の時空の幾何がミンコフスキー時空のローレンツ幾何であることを納得してしまえば，光速度不変の原理も納得できたことになる．

V_θ を式 (2.4) にあるものとする．V_0 から見た V_θ の速さ v は，補題 2.8 を用いれば，

$$v = \tanh\theta \tag{2.6}$$

と計算される．従って，

$$\cosh\theta = \frac{1}{\sqrt{1-v^2}}, \quad \sinh\theta = \frac{v}{\sqrt{1-v^2}}. \tag{2.7}$$

よって式 (2.5) は次のようになる．

$$V_\theta^\perp = \left\{ \left(\frac{x}{\sqrt{1-v^2}}, y, z, \frac{vx}{\sqrt{1-v^2}} \right) \middle| (x, y, z) \in \mathbf{R}^3 \right\}$$

光速を 1 とする単位で考えていることを思い出す．私たちの日常感覚での速さは大変小さい．音速，マッハ 1 ですら光速のほぼ百万分の一である．v としてこのような数値を入れて考えると，$V_\theta^\perp$ は空間 $V_0^\perp = \{(x, y, z, 0)\}$ とほとんど変わらない．つまり日常感覚では，同時性のずれを感ずることはまずないと言ってよい．つまり，実際の時空の幾何学がローレンツ幾何であっても，ほとんどの人にとってそれまでの時空認識と矛盾するようなことは起こらないと言ってよい（地球の自転速度は赤道において約 462 m/s，地球の太陽の周りを回る公転速度は約 30 km/s，また銀河系の中心から見た地球の速さは約 220 km/s，と尋常ならざる速さであるが，これらの速さは普通の生活をしていると気付かない）．

ここでローレンツ変換 (2.1) についての注意を一つ．光速 $c = 1$ の正規化をしてこれまで議論してきたが，この c を復元すると式 (2.1) の行列は

$$\begin{pmatrix} 1/\sqrt{1-(v/c)^2} & 0 & 0 & v/\sqrt{1-(v/c)^2} \\ 0 & 1 & 0 & 0 \\ 0 & 0 & 1 & 0 \\ v/(c^2\sqrt{1-(v/c)^2}) & 0 & 0 & 1/\sqrt{1-(v/c)^2} \end{pmatrix} \underset{c\to\infty}{\to} \begin{pmatrix} 1 & 0 & 0 & v \\ 0 & 1 & 0 & 0 \\ 0 & 0 & 1 & 0 \\ 0 & 0 & 0 & 1 \end{pmatrix} \tag{2.8}$$

となり，$c \to \infty$ の極限で，速さ v で相対運動する系へのニュートン力学的変換，すなわちガリレイ変換が現れる．

次の有名な速度の合成公式はアインシュタインより前に，ポアンカレが得ていた．ポアンカレはアインシュタインに先んじて特殊相対論をほぼ完成していたと言われている．

定理 2.11（速度の合成公式）　三つの観測者 $U, V, W \in T_p\mathbf{R}^4$ は1次従属，かつ，この順で並んでいるとする．$v = |V_U|$，$w = |W_V|$ とすると，

$$|W_U| = \frac{v+w}{1+vw}. \tag{2.9}$$

証明. ローレンツ変換を施して，$U = (0,0,0,1)$，$V = (\sinh\alpha, 0, 0, \cosh\alpha)$，$W = (\sinh\beta, 0, 0, \cosh\beta)$，$0 \le \alpha \le \beta$ とする．$v = \tanh\alpha$，$w = \tanh(\beta-\alpha)$ より，双曲線関数の加法公式を用いて，$|W_U| = \tanh\beta = \tanh((\beta-\alpha)+\alpha) = (v+w)/(1+vw)$ を得る．□

この速度合成公式も，どう言うわけか認めるのを拒む人がいる．ニュートン力学では，$|W_U| = v + w$ である．日常生活で体験する速さは，光速の百万分の一以下であると言ってよいだろう．すると，vw は一兆分の一程度になる．つまり，普通の生活をしている限り，$v + w$ と $(v+w)/(1+vw)$ の違いは分からない．

このように同時性，合成速度は観測者によって異なる．さらに，より基本的な，長さ，時間も相対的である．

命題 2.12（ローレンツ収縮）　2個の質点 p_1, p_2 が等間隔 δ で静止している．

$$p_1(t) = (0,0,0,t), \quad p_2(t) = (\delta, 0, 0, t).$$

このとき，観測者 V_θ が測る p_1, p_2 の距離は

$$-\frac{\delta}{\langle \dot{p}_1, V_\theta \rangle} = \frac{\delta}{\cosh\theta} = \delta\sqrt{1-v^2} \le \delta.$$

ここで，$v = \tanh\theta$（式 (2.6) 参照）．

証明. $V_\theta^\perp = \{(x\cosh\theta, y, z, x\sinh\theta) | \ (x,y,z) \in \mathbf{R}^3\}$ である．よって，求める距離を λ とすると，$\lambda(\cosh\theta, 0, 0, \sinh\theta) = (\delta, 0, 0, t)$（図 2.2）．□

つまり，長さ δ の物体があるとき，この方向に速さ v で運動する観測者は，その長さを $\delta\sqrt{1-v^2}$ と認識する．その物体が縮むわけではない．誰かが自分を観察していて，その誰かが動けば自分は痩せる，と言うことはない．

命題 2.13（時計の遅れ）　γ_θ を式 (2.3) で定義される観測者とする．$p = \gamma_\theta(0)$，$q = \gamma_\theta(1)$ とすると，q は γ_0 にとって $\gamma_0(\cosh\theta)$ と同時刻の事象．また $r = \gamma_0(1)$ とすると，r は γ_θ にとって $\gamma_\theta(\cosh\theta)$ と同時刻の事象．

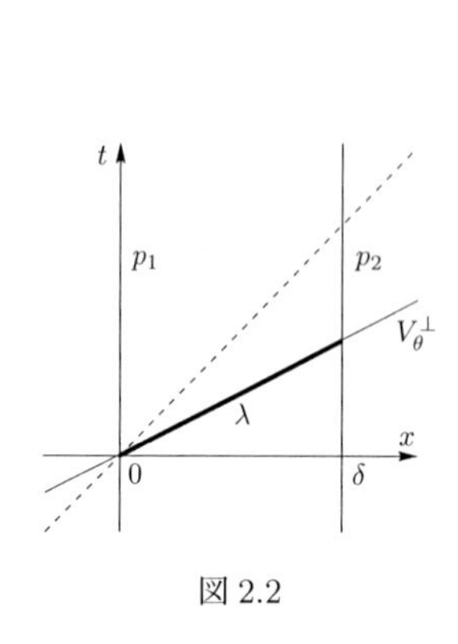

図 2.2

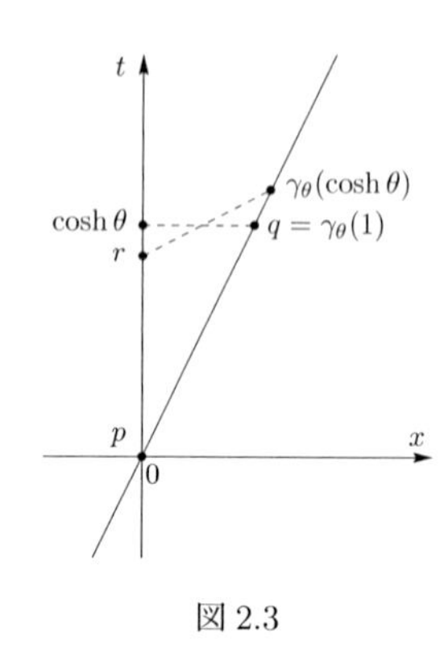

図 2.3

証明. 図 2.3 を見よ. □

事象 p, q 間の時間は γ_θ にとって 1, γ_0 にとって $\cosh\theta$. 事象 p, r 間の時間は γ_0 にとって 1, γ_θ にとって $\cosh\theta$. つまり, γ_0, γ_θ は時計の進み方が “互い” に遅れているように認識する. これは時間が伸縮するとか, 時計が進んだり遅れたりするなどと言われることがある. ここでも習慣上 “時計の遅れ” と言っている. 実際はそうでない. 時間は伸縮せず, 時計も正確で, その上でこのような結果が得られるのである.

2.3 相対論的運動学

ミンコフスキー時空 $(\mathbf{R}^4, \langle,\rangle)$ での質点の運動 $\gamma\colon I \to \mathbf{R}^4$ を考察する. 質量は $m > 0$ とする. γ は未来向き時間的曲線で固有時助変数で表示されているとする. ニュートンの運動方程式に相当するものは次のように表せる.

定義 2.14 質量 $m > 0$ の質点の運動 γ について,

$$m\ddot{\gamma} = F, \quad \langle\dot{\gamma}, \dot{\gamma}\rangle = -1$$

を**運動の法則** (the law of motion) と言う. 4 次元ベクトル $F \in \dot{\gamma}(\tau)^\perp$ を質点の受ける**力** (force) と言い, $\ddot{\gamma}(\tau) \in \dot{\gamma}(\tau)^\perp$ を**加速度ベクトル** (acceleration vector) と言う. また, $\dot{\gamma}$ を **4 元速度ベクトル** (4-velocity vector; world velocity vector) と言う.

この方程式から, 外力を受けない質点の運動は等速直線運動になる. より正確には, 外力を受けない質点の運動が等速直線運動として表せる座標系がとれる. そのような座標系を**慣性系** (inertial system) と言う. 上の運動法則は慣性系で成り立つ. このように言うべきかも知れない. ニュートンの運動法則には他に, 作用・反作用の法則があるが, この法則の定式化は読者に委ねる.

$m\dot{\gamma}$ は固有の運動量と呼ぶべきものである．しかし以下の考察により，これは**エネルギー・運動量ベクトル**（energy momentum vector）と呼ぶのがふさわしいことが分かる．

V を観測者とし

$$m\dot{\gamma} = EV + \vec{p} = E(V + \vec{v}), \quad \vec{p} \in V^{\perp}$$

と分解する．$\vec{p} \in V^{\perp}$ を V が観測する γ の**運動量**と言う．また，$\vec{v} = \dot{\gamma}_V$ は V が観測する γ の速度である（定義 2.7）．

$$E = -m\langle\dot{\gamma}, V\rangle = \frac{m}{\sqrt{1-v^2}} = m + \frac{1}{2}mv^2 + \cdots \tag{2.10}$$

を V が観測する γ の**エネルギー**（energy）と言う．ここで $v = |\vec{v}|$．なぜこのように言うのか以下で説明する．

$p := |\vec{p}|$ と置くと，

$$E^2 = m^2 + p^2. \tag{2.11}$$

さて適当なローレンツ変換を施して $V = (0,0,0,1)$ となるようにする．$\gamma(\tau)$ の助変数変換をして

$$\tilde{\gamma}(t) = (x_1(t), x_2(t), x_3(t), t)$$

とすると，$\vec{v} = (dx_1/dt, dx_2/dt, dx_3/dt, 0)$ となる．そして $\langle d\tilde{\gamma}/dt, d\tilde{\gamma}/dt\rangle = v^2 - 1$ である．よって，

$$\frac{d}{dt} = \sqrt{1-v^2}\frac{d}{d\tau}.$$

また，

$$\vec{p} = E\vec{v} = \frac{m}{\sqrt{1-v^2}}\vec{v}.$$

$\vec{p} = m\vec{v}$ ではないことに注意する．

さて，式 (2.11) を t で微分すると，$E\frac{d}{dt}E = \langle\vec{p}, d\vec{p}/dt\rangle$．すなわち，

$$\frac{d}{dt}E = \left\langle \vec{v}, \frac{d}{dt}\vec{p} \right\rangle.$$

$\vec{f} := d\vec{p}/dt$ を，加速度運動をしてない観測者 V の観測する質点に作用する力，と解釈すれば（F と $\vec{f}$ の関係式の計算は省略する），この式の右辺は $\langle\vec{v}, \vec{f}\rangle$，つまり仕事の変化量である．よって E は**エネルギー**と解釈される．光速のパラメータ c を復元して式 (2.10) をもう一度書くと，$E = mc^2/\sqrt{1-v^2}$ となり，$v = 0$ のとき，アインシュタインの**エネルギー公式**

$$E = mc^2 \tag{2.12}$$

を得る．これは質量とエネルギーの等価性を表している．おそらくアインシュタインの最も有名な公式である．定理と言いたいところだが，これを定理とするようなまとめ方をするのは難しい．上の議論を見直すと，数学的に話が進んでいるように見えて，実のところそうでもない．肝心なことは，式 (2.11) の関係式を満たす E が，V の観測する質点のエネルギーと考えるのが妥当だ，と言う根拠である．ここでは数学の観点から，次の命題で論拠を補強しておく．

命題 2.15 $\vec{x} = (x_1, x_2, x_3)$，$\vec{p} = (p_1, p_2, p_3)$ とし，$H(\vec{x}, \vec{p}) := \sqrt{m^2 + |\vec{p}|^2} + U(\vec{x})$ をハミルトニアンとすると，運動方程式は

$$\begin{cases} d\vec{x}/dt = \vec{v}, \\ d\vec{p}/dt = -\mathrm{grad}\, U. \end{cases}$$

ここで，$\vec{v} = \vec{p}/\sqrt{m^2 + |\vec{p}|^2}$.

証明. ハミルトン方程式 $dx_i/dt = \partial H/\partial p_i$，$dp_i/dt = -\partial H/\partial x_i$ より単純計算． □

例 2.16 質点の運動

$$\gamma(\tau) = (\cosh \tau - 1, 0, 0, \sinh \tau), \quad \tau \geq 0$$

を考える．時空での軌跡は，$t = x \pm 1$，$y = z = 0$ を漸近線とする双曲線の一部である．簡単な計算により $\langle \dot{\gamma}, \dot{\gamma} \rangle = -1$．よって助変数 τ は γ の固有時となっている．そして $\langle \ddot{\gamma}, \ddot{\gamma} \rangle = 1$．つまり加速度 1 の等加速度運動となっている．

あまりにも簡単な例だが，少しだけ現実的な解釈をする．まず，空間座標 (x, y, z) の単位は光年とする．光速を 1 とする正規化をしていたので，時間座標 t の単位は年である．直線 $\{(0, 0, 0, t) | \ t \in \mathbf{R}\}$ は地球の世界線をほぼ近似するものと考える．x 軸方向は地球から見てマゼラン星雲の方向とする．マゼラン星雲までの距離はおよそ 16 万光年であり，地球との位置関係はほぼ一定であると見なせば，その世界線はほぼ $\{(160000, 0, 0, t) | \ t \in \mathbf{R}\}$．ちなみに銀河系は直径約 10 万光年．マゼラン星雲は言わば隣の銀河で地球からはほぼ南極の方向なので日本からは見えない．γ は地球を出発しマゼラン星雲に向かう宇宙船の世界線と考える．さて加速度 1 とは 1 光年毎年毎年である．これはほぼ $9.5\mathrm{m/s}^2$ なので地上の重力加速度よりやや小さい．普通の人が十分耐えうる加速度である．一方，$\gamma(0) = (0, 0, 0, 0)$，$\gamma(12.7) \approx (160000, 0, 0, 160001)$．つまり 13 年弱で 16 万光年離れたマゼラン星雲まで到達できることになる．光速で 16 万年もかかる場所に，光速を超えられないと言う制限の下で 13 年弱で到達．おかしいと思われるかもしれないが，相対論的にはこうなる．

ちなみに同じ条件の運動をニュートン力学で考えると

$$\tilde{\gamma}(\tau) = \left(\frac{\tau^2}{2}, 0, 0, \tau\right).$$

これが等加速度 1 光年毎年毎年の運動である．速度制限はなく，実際，出発から 1 年後に光速に達し，n 年後には光速の n 倍と，どんどん速くなる．しかし，$\tilde{\gamma}(565) \approx (160000, 0, 0, 565)$．つまりマゼラン星雲に到達するのに 565 年以上の時間を要する．これは人の一生より長い．生きている間に到着するのは無理である．それにしても，速度制限のある相対論で考える方がニュートン力学で考えるより早く到達できるとは，ほとんど魔術のようだ．

2.4 ローレンツ多様体

M を連結な 4 次元多様体とする．対称 $(0,2)$ テンソル場 g は $(+,+,+,-)$ の符号を持つとき，**ローレンツ計量**と言う．$C_p := \{X \in T_pM |\ g(X,X) = 0\}$ を点 $p \in M$ における**光錐**と言う．$C_p \setminus \{0\}$ は二つの連結成分からなる．片方を未来側，もう片方を過去側と区別したい．この区別が p に関して連続的にできるとき (M,g) は時間的に向き付け可能と言う．さらに，未来側，過去側の指定がされているとき，時間的に向き付けられていると言う．以後これを仮定する．さらに M は通常の意味で向き付け可能で，かつ向き付けられているものとする．すなわち，G を $O(3,1)$ の単位元を含む連結成分とするとき，M は G 構造が与えられた連結多様体であると言うことと同じである．このような多様体 (M,g) を**ローレンツ多様体**と言う．

これまで特殊相対論をミンコフスキー空間のローレンツ幾何として解説したが，そこでの主要な概念，結果は，多様体上に拡張される．定義 2.2, 2.3, 2.5, 2.7 は $\langle , \rangle$ を g に変えてそのまま読める．補題 2.8 から定理 2.11 も読み替えは簡単である．命題 2.4，定義 2.6，命題 2.12, 2.13 は若干の修正を要する．2.3 節に時間的曲線の 2 階微分が出てくるが，これは，g の定める**レヴィ＝チヴィタ接続** ∇ を用いて考える．すなわち，定義 2.14 の $\ddot{\gamma}$ は $\nabla_{\dot{\gamma}}\dot{\gamma}$ と読み替える．その他 2.3 節の内容で，観測者の観測するエネルギー，アインシュタインのエネルギー公式など肝心なことは，ローレンツ多様体上で定式化できる．

要するに，特殊相対論の本質は，時空をミンコフスキー時空に限る必用はなく，ローレンツ多様体で展開できる．すると光速度不変の原理は何だったのか？ 系 2.10 はローレンツ多様体でそのまま読めるので，時空をローレンツ多様体と仮定すれば光速度不変の原理が説明できる．逆に光速度不変の原理を認めればローレンツ多様体 (M,g) が定まるかと言うと，そうではない．ローレンツ計量 g と，それと共形的なローレンツ計量 $e^u g$, $u \in C^\infty(M)$ はどちらで考えても，光速は同じである．つまり光速度不変の原理を認めて得られる時空 M の幾何構造は，ローレンツ計量の**共形構造**（conformal structure; causal structure）である．あるいは光速の観測をして捉えることができるのはローレンツ計量ではなく，ローレンツ計量の共形類である．しかし共形類だけで考えると，世界線の加速度を定義するのに必要な共変微分を定めることができない．すなわち基本的な力学を記述することができなくなる．つまり，観測可能な時空の共形構造，すなわちローレンツ計量の共形類の中から現実の時空に合うローレンツ計量はどのように定まるか，あるいはどのようにして観測可能となるか，は問題となる．この問題はいろいろな解答が可能で，さほど難しい問題ではない．ホーキング–エリスの教科書では，エネルギー・運動量の保存則によって共形類の中の計量が特定されるべきとして，これを相対論における，光速度不変の原理に並ぶ基本仮説の一つとしている．それでは，エネルギー・運動量保存則はどのように定式化されるのか．これは**エネルギーテンソル**（energy-momentum tensor; stress-energy tensor）と呼ばれるテンソル場の微分方程式として表される．続く節において，**物質場**（matter field）とそのエネルギーテンソルを解説する．

2.5 物質場

(M, g) を4次元ローレンツ多様体とする．∇ を g のレヴィ＝チヴィタ接続とする．

定義 2.17 未来向き時間的ベクトル場 W で $g(W, W) = -1$ となるものと，非負関数 $\mu \in C^\infty(M)$ の組，(W, μ) を**粒子流**（particle flow）と言う．これは塵埃状の粒子群の様子を表す．μ はこの粒子群の質量密度，つまり $W^\perp$ における，単位体積当たりの質量である．

注意 2.18 質量が0の粒子，たとえば，光子（photon）の粒子流も考えることができるが，その定式化は省略する．少し工夫が必要だが，質量が正，0に関わらずほぼ同じ形式で定式化ができる．

定義 2.19 $V \in T_pM$ を観測者とする．$\mu g(V, W)^2 \geq 0$ を V が観測する粒子流 (W, μ) の**エネルギー密度**（energy density）と言う．$-\mu g(V, W)W$ を V が観測する**エネルギーの流れ**（energy flow）と言う．

式(2.10)より，エネルギー密度は $-\mu g(V, W)$ とするのが自然と思われるかも知れない．しかし密度は単位体積当たりのエネルギーである．$W^\perp$ の単位体積は，V から見ると，ローレンツ収縮により体積 $-1/g(V, W)$ と観測される（命題2.12）．従って V の観測する粒子流 (W, μ) のエネルギー密度は $\mu g(V, W)^2$ とするのが妥当．なおここで式(2.12)より，エネルギーは質量に等価と見なしている．

定義 2.20　粒子流 (W, μ) の**エネルギーテンソル**を，$(2,0)$ テンソル場 $\hat{T} = (T^{ij}) = \mu W \otimes W$ で定義する．計量 g によって共変化した $(0,2)$ テンソル場を T と書く．

系 2.21　観測者 V が観測する粒子流のエネルギー密度は $T(V,V) \geq 0$ である．エネルギーの流れは $-\hat{T} \cdot V$ でこれは非空間的（$\cdot$ は g による縮約を表す）．

補題 2.22　$\operatorname{div} \hat{T} = (\operatorname{div} \mu W)W + \mu \nabla_W W$.

証明. div の意味をはっきりさせるため，添え字記法での計算を与える．

$$T^{ij}{}_{;i} = (\mu W^i W^j)_{;i} = (\mu W^i)_{;i} W^j + \mu W^i W^j{}_{;i}$$

□

系 2.23　粒子流に対して，$\operatorname{div} \hat{T} = 0$ はエネルギー保存則ならびに運動量保存則を表す．

証明. $\operatorname{div} \mu W = 0$ は質量（エネルギー）保存則，すなわち考えている系の外部と質量の授受がないことを表している．$\mu \nabla_W W = 0$. これは粒子流の受ける力が 0，すなわち外部と運動量の授受がないことを表している．　□

補題 2.24　任意の非空間的ベクトル $X \in T_pM$ に対して，

$$\left(T - \frac{1}{2}(\mathrm{tr}_g T)g\right)(X,X) \geq 0.$$

証明. $(T - \frac{1}{2}(\mathrm{tr}_g T)g)(X,X) = \mu(g(W,X)^2 - \frac{1}{2}g(W,W)g(X,X)) \geq \frac{1}{2}\mu g(W,W) \cdot g(X,X) \geq 0$（不等式の向きに注意）．　□

さて，いろいろな速度を持った無数の粒子流があり，それらが相混じって，ランダムな衝突をしているとする．すると全体としては一つの流れができる．このような現象のモデルとして完全流体がある．

定義 2.25　エネルギーテンソルが

$$\hat{T} = (\mu + p) W \otimes W + p g^{-1}$$

の形をとる物質場 (W, μ, p) を**完全流体**（perfect fluid）と言う．ここで W は未来向き時間的ベクトル場で $g(W,W) = -1$ となるもので，この流体の流れを表す．μ, p はそれぞれ**エネルギー密度**（energy density），**圧力**（pressure）を表す関数で，$0 \leq 3p \leq \mu$ を満たすとする（よって，$\mathrm{tr}_g T \leq 0$）．g^{-1} は g によって g を反変化した $(2,0)$ テンソル場（以後 g^{-1} も単に g と書く）．

補題 2.26 $V \in T_pM$ を観測者とする．$T(V,V) \geq 0$．また $-\hat{T}\cdot V$ は 0 でなければ未来向き時間的ベクトル．

証明. $T(V,V) = (\mu+p)g(V,W)^2 - p \geq \mu \geq 0$．また，$-\hat{T}\cdot V = -(\mu+p)g(V,W)W - pV$ であり，$\mu \geq p$ より，$g(\hat{T}\cdot V, \hat{T}\cdot V) \leq -\mu^2$． □

補題 2.27 $\operatorname{div}\hat{T} = 0$ は次の 2 条件と同値．

(1) $W\mu + (\mu+p)\operatorname{div} W = 0$.
(2) $(\mu+p)\nabla_W W = -(\operatorname{grad} p)^\perp$，ここで $(\operatorname{grad} p)^\perp$ は $\operatorname{grad} p$ の $W^\perp$ 成分．

証明. $\operatorname{div}\hat{T} = ((\mu+p)\operatorname{div} W + W(\mu+p))W + (\mu+p)\nabla_W W + \operatorname{grad} p$ より． □

(2) は流体の運動方程式である．左辺の $(\mu+p)$ がニュートン力学と異なるところで，相対論的効果と考えられる．(1) は保存則の感じが今ひとつである．これを理解するために，等エントロピー性と言う条件を課す．

定義 2.28 完全流体 (W,μ,p) が**等エントロピー的** (isentropic) とは，$p = p(\mu)$ のような関数関係（状態方程式）があるときを言う．

補題 2.29 完全流体 (W,μ,p) は等エントロピー的であるとする．このとき，

(1) 密度関数 ρ，弾性ポテンシャル $\epsilon = \epsilon(\rho)$ で，$\mu = (1+\epsilon)\rho$，$p = \rho^2 d\epsilon/d\rho$ を満たすものが存在する．
(2) 補題 2.27(1) は，$\operatorname{div}\rho W = 0$ と同値．

証明. (1) $\rho = \rho(\mu) := \exp(\int(\mu+p(\mu))^{-1}d\mu)$ の逆関数を $\mu = \mu(\rho)$ とするとき，$\epsilon = \epsilon(\rho) := \mu(\rho)/\rho - 1$ とすればよい．
(2) (1) を使えば，$W\mu + (\mu+p)\operatorname{div} W = \frac{\mu+p}{\rho}\operatorname{div}\rho W$ となる．

□

従って $\operatorname{div}\hat{T} = 0$ はエネルギー・運動量保存則と言っても良いだろう．

補題 2.30 任意の非空間的ベクトル $X \in T_pM$ に対して，

$$\left(T - \frac{1}{2}(\operatorname{tr}_g T)g\right)(X,X) \geq 0.$$

証明. $(T - \frac{1}{2}(\operatorname{tr}_g T)g)(X,X) = (\mu+p)g(X,W)^2 + \frac{\mu-p}{2}g(X,X) \geq -(\mu+p)g(X,X) + \frac{\mu-p}{2}g(X,X) = \frac{\mu+3p}{2}|g(X,X)| \geq 0$．ここで，$\mu+p \geq 0$，$\mu+3p \geq 0$ を使った． □

2.6　エネルギーテンソル

前節で取り上げた，粒子流，完全流体は基本的な物質場である．エネルギーテンソル $\hat{T}$，あるいは T の性質は次のようにまとめられる．

- 物質場に対して**エネルギーテンソル**と呼ばれる対称 $(2,0)$ テンソル場 $\hat{T}$ が定義される．対称 $(0,2)$ テンソル場 T は $\hat{T}$ の g による共変化（定義 2.20，定義 2.25）．
- （**弱エネルギー条件**（weak energy condition））　観測者 V に対して $T(V,V)$ は V の観測する場のエネルギー密度であり，$T(V,V) \geq 0$ が任意の観測者 V に対して成り立つ（系 2.21，補題 2.26）．
- （**優エネルギー条件**（dominant energy condition））　任意の観測者 V に対し，$T(V,V) \geq 0$ かつ $-\hat{T} \cdot V$ は非空間的．$-\hat{T} \cdot V$ は V の観測するエネルギーの流れと解釈された（系 2.21，補題 2.26）．
- （**エネルギー・運動量保存則**）　$\operatorname{div} \hat{T} = 0$（系 2.23，補題 2.27）．
- （**強エネルギー条件**（strong energy condition））　任意の観測者 V に対し，

$$\left(T - \frac{1}{2}(\operatorname{tr}_g T)g\right)(V,V) \geq 0.$$

  （補題 2.24，補題 2.30）．この条件の意味は，後で述べる重力場の方程式を認めると明らかになる．強エネルギー条件を満たさない場の例があることが知られている．例えば π^0 中間子のスカラー場がそうである．しかしこれは量子力学的効果の現れる小さなスケールでの話で，大きなスケールでは無視できると考えられている．

次の補題はほとんど明らか．

補題 2.31　エネルギーテンソル T について，任意の時間的ベクトル $X \in T_pM$ に対し，$T(X,X) = 0$ ならば，点 p において $T = 0$．

補題 2.32　エネルギーテンソル T は優エネルギー条件を満たすとする．$\{e_1, e_2, e_3, e_4\} \subset T_pM$ を正規直交基底（e_4 が時間的）とするとき，

$$|T(e_i, e_j)| \leq T(e_4, e_4).$$

証明．$\hat{T} \cdot (e_i \pm e_4)$ が非空間的であると言う条件を書けば求める不等式を得る．　□

系 2.33　エネルギーテンソル T は優エネルギー条件を満たすとする．ある時間的ベクトル $V \in T_pM$ に対して，$T(V,V) = 0$ ならば点 p において $T = 0$．

さて，$U \subset M$ とし，$t\colon U \to \mathbf{R}$ を $-\nabla t$ が未来向き時間的ベクトル場となるような関数とする．$D \subset U$ は $\bar{D}$ がコンパクトな領域で，境界 ∂D は次のように三つの部分からなるとする．$\partial D = \partial D_- \cup \partial D_0 \cup \partial D_+$．ここで，$\partial D_\pm$ は空間的，∂D_0 は非空間的な部分であって，ν を ∂D の外向き単位法線ベクトル場とするとき，

$$\partial D_\pm := \{p \in \partial D | \ \pm g(\nu(p), \nabla t) > 0\}$$

である．∂D_+ は未来側の境界，∂D_- は過去側の境界である．また

$$D(\tau) := \{p \in D | \ t(p) \leq \tau\}, \qquad H(\tau) := \{p \in D | \ t(p) = \tau\}$$

とする（図 2.4）．T を優エネルギー条件を満たすエネルギーテンソルとすると，

$$\partial D_\pm \text{ において } \ \pm T(\nabla t, \nu) \leq 0. \tag{2.13}$$

また，補題 2.32 から，正数 λ で次の条件を満たすものが取れる．

$$D \text{ において } g(T, \nabla^2 t) \leq \lambda T(\nabla t, \nabla t) \tag{2.14}$$

∂D_0 で $T = 0$ を仮定すると，ガウスの発散定理を使って

$$\begin{aligned}
&\int_{D(t)} \mathrm{div}(T \cdot \nabla t)\, d\mu \\
&\quad = -\int_{\partial D_- \cap \partial D(t)} g(T \cdot \nabla t, \nu)\, d\sigma - \int_{\partial D_+ \cap \partial D(t)} g(T \cdot \nabla t, \nu)\, d\sigma \\
&\qquad + \int_{H(t)} g\left(T \cdot \nabla t, \frac{\nabla t}{|dt|}\right) d\sigma \\
&\quad = -\int_{\partial D_- \cap \partial D(t)} T(\nabla t, \nu)\, d\sigma - \int_{\partial D_+ \cap \partial D(t)} T(\nabla t, \nu)\, d\sigma \\
&\qquad + \int_{H(t)} \frac{1}{|dt|} T(\nabla t, \nabla t)\, d\sigma \\
&\quad \geq -\int_{\partial D_- \cap \partial D(t)} T(\nabla t, \nu)\, d\sigma + \int_{H(t)} \frac{1}{|dt|} T(\nabla t, \nabla t)\, d\sigma.
\end{aligned} \tag{2.15}$$

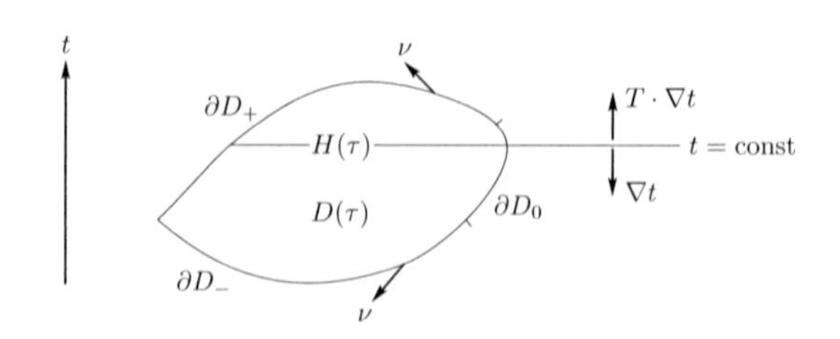

図 2.4

ここで，$d\mu$ は M の g に関する 4 次元体積要素，$d\sigma$ は超曲面 $\partial D(t)$ の 3 次元体積要素．積分公式を使うとき，第 1 の等号の右辺の符号に注意．最後の不等号は式 (2.13) による．左辺の被積分関数について，$\operatorname{div}(T \cdot \nabla t) = g(T, \nabla^2 t) + g(\operatorname{div} T, \nabla t)$ である．よって，T がエネルギー・運動量保存則を満たすとすると，式 (2.14) より

$$\operatorname{div}(T \cdot \nabla t) \leq \lambda T(\nabla t, \nabla t).$$

一方，

$$\frac{d}{dt} \int_{D(t)} \lambda T(\nabla t, \nabla t)\, d\mu = \int_{H(t)} \frac{\lambda}{|dt|} T(\nabla t, \nabla t)\, d\sigma$$

なので，さらに ∂D_- でも $T = 0$ を仮定すると，式 (2.15) より

$$\int^t \left(\int_{H(t)} \frac{\lambda}{|dt|} T(\nabla t, \nabla t)\, d\sigma \right) \geq \int_{H(t)} \frac{1}{|dt|} T(\nabla t, \nabla t)\, d\sigma$$

を得る．従って，

$$e(t) := \int_{D(t)} T(\nabla t, \nabla t)\, d\mu = \int^t \left(\int_{H(t)} \frac{1}{|dt|} T(\nabla t, \nabla t)\, d\sigma \right)$$

とすると，

$$\lambda e(t) \geq \frac{de}{dt}(t) \geq 0.$$

十分小さな t に対して $e(t) = 0$．よって任意の t に対して $e(t) = 0$．弱エネルギー条件から，$T(\nabla t, \nabla t) = 0$．優エネルギー条件を仮定していたので，系 2.33 より，$T = 0$．以上の議論は次のようにまとめられる．

命題 2.34 ローレンツ多様体 (M, g) の相対コンパクトな領域 D で，その境界が，上述のように ∂D_-，∂D_0 と ∂D_+ からなるものとする．T はエネルギーテンソルで，優エネルギー条件を満たし，$\partial D_- \cup \partial D_0$ で $T = 0$ とする．さらにエネルギー・運動量保存則 $\operatorname{div} T = 0$ を満たすとする．すると，D において $T = 0$．

この結果を繰り返し使うことによって次を得る．

定理 2.35 ローレンツ多様体 (M, g) 内の領域 S に対し，

$$D^+(S) := \{p \in M \mid p \text{ を通る任意の過去向き非空間的曲線は } S \text{ と交わる}\}$$

とする．エネルギーテンソル T が優エネルギー条件およびエネルギー・運動量保存則を満たすとする．このとき，S において $T = 0$ ならば，$D^+(S)$ において，$T = 0$ である．

この定理は，優エネルギー条件のもとでは，どんなものも光速より速く移動することができないことを改めて言い直している．

物理的な場 Ψ に対して，エネルギーテンソルを決める方法がある．それは場の方程式が変分問題で書けるときである．$L = L(\Psi, g)$ をラグランジアンとする（Ψ の微分が関係していてよい）．$I := \int L(\Psi, g)\, d\mu_g$ とおく．場の方程式は，オイラー–ラグランジュ方程式

$$\frac{\partial}{\partial \Psi} I = 0$$

で与えられる．エネルギーテンソルを

$$dI(\delta g) = \frac{1}{2} \int \langle T, \delta g \rangle\, d\mu_g \tag{2.16}$$

で定める．ここで $\langle , \rangle$ は g による内積である．

命題 2.36 Ψ が場の方程式を満たしていれば，$\operatorname{div} T = 0$.

証明. X をコンパクトな台を持つ任意のベクトル場とし，$\phi_t := \operatorname{Exp} tX$ とする．$I(\phi_t^* \Psi, \phi_t^* g) = I(\Psi, g)$ の両辺を t で微分すれば，

$$0 = dI(L_X g) = \frac{1}{2} \int \langle T, L_X g \rangle\, d\mu_g = -\int \langle \operatorname{div} T, X \rangle\, d\mu_g.$$

よって $\operatorname{div} T = 0$. □

2.7 電磁場

相対論はもともと電磁場の方程式，すなわちマクスウェルの方程式ならびにローレンツ力の法則が従うような相対性原理，すなわち時空の幾何構造を求めることで始まった．結果として相対論では電磁場の方程式は驚くほど簡単に記述できる．なお電磁場も物質場の一種と見なす．

以下 (M, g) を 4 次元ローレンツ多様体とする．M は向き付けられているので g の定める体積要素 $d\mu$ は体積形式 dv で表せる．ホッジの $*\colon \Lambda^k T_p M \to \Lambda^{4-k} T_p^* M$ は $\alpha \wedge *\beta = k! g(\alpha, \beta) dv$ で定義される．$g\colon T_p M \to T_p^* M$ による，$T_p M$ と $T_p^* M$ の同一視は断りなしに自由に行う．$A^k(M)$ で M 上の k 形式全体の空間を表す．微分形式の発散 $\delta\colon A^k(M) \to A^{k-1}(M)$ はこの場合 $\delta = *d*$ で定義される．

定義 2.37 (1) $F \in A^2(M)$ は次の**マクスウェルの方程式** (Maxwell's equation) を満たすとき**電磁場** (electromagnetic field) と言う．

$$dF = 0, \qquad \delta F = -4\pi J. \tag{2.17}$$

ここでベクトル場 J は**電荷電流密度**（charge-current density）と言う．なお δF は添え字表示をすると，$(\delta F)_i = 2F_i{}^j{}_{;j}$ である．

(2)　(γ, m, q) が**荷電粒子**（charged particle）とは，γ は $g(\dot\gamma, \dot\gamma) = -1$ なる未来向き曲線，$m \in \mathbf{R}_+$, $q \in \mathbf{R}$ のときを言う．m, q はそれぞれこの粒子の質量，電荷を表す．荷電粒子は**ローレンツ力の法則**（Lorentz world force law）：

$$m\nabla_{\dot\gamma}\dot\gamma = q\iota_{\dot\gamma}F \tag{2.18}$$

に従う．ここに ι は内部積を表す．

注意 2.38　$\delta^2 F = 0$ より $\operatorname{div} J = 0$．これを**電荷保存則**と言う．

定義 2.39　$V \in T_pM$ を観測者とする．電磁場 F に対して，$E, F \in V^\perp \subset T_pM$ を

$$\vec{E} := \iota_V F, \qquad \vec{B} := \iota_V {*F}$$

で定義し，それぞれ V が観測する**電場**（electric field），**磁場**（magnetic field）と言う．電荷電流密度 J に対し，

$$J = \sigma V + \vec{\jmath}, \qquad \vec{\jmath} \in V^\perp$$

で定義される σ, $\vec{\jmath}$ をそれぞれ V の観測する**電荷密度**（electric charge density），**電流密度**（electric current density）と言う．

$\{e_1, e_2, e_3, e_4 = V\}$ を T_pM の正規直交基底，$\{e^1, e^2, e^3, e^4\}$ を双対基底，$F = F_{ij}e^i \wedge e^j = F_{ij}e^i \otimes e^j$，$\vec{E} = E^1e_1 + E^2e_2 + E^3e_3$，$\vec{B} = B^1e_1 + B^2e_2 + B^3e_3$ とするとき，

$$\begin{aligned}
F =& - E^1e^1 \wedge e^4 - E^2e^2 \wedge e^4 - E^3e^3 \wedge e^4 \\
& - B^1e^2 \wedge e^3 - B^2e^3 \wedge e^1 - B^3e^1 \wedge e^2, \\
*F =& E^1e^2 \wedge e^3 + E^2e^3 \wedge e^1 + E^3e^1 \wedge e^2 \\
& - B^1e^1 \wedge e^4 - B^2e^2 \wedge e^4 - B^3e^3 \wedge e^4.
\end{aligned}$$

つまり，

$$\begin{aligned}
(F_{ij}) &= \frac{1}{2}\begin{pmatrix} 0 & -B^3 & B^2 & -E^1 \\ B^3 & 0 & -B^1 & -E^2 \\ -B^2 & B^1 & 0 & -E^3 \\ E^1 & E^2 & E^3 & 0 \end{pmatrix}, \\
(F^{ij}) &= \frac{1}{2}\begin{pmatrix} 0 & -B^3 & B^2 & E^1 \\ B^3 & 0 & -B^1 & E^2 \\ -B^2 & B^1 & 0 & E^3 \\ -E^1 & -E^2 & -E^3 & 0 \end{pmatrix}.
\end{aligned} \tag{2.19}$$

さて観測者 $V \in T_pM$ に対し，$\omega \in T_p^*M$ を，$\omega(\cdot) = -g(V,\cdot)$ で定める．$\Lambda := \oplus \Lambda^k T_p^*M$ と書く．

$$\pi_V \colon \Lambda \to \Lambda;\ \alpha \mapsto \omega \wedge \iota_V \alpha, \qquad \pi_\perp \colon \Lambda \to \Lambda;\ \alpha \mapsto \iota_V(\omega \wedge \alpha)$$

とし，$\Lambda_V := \pi_V(\Lambda)$，$\Lambda_\perp := \pi_\perp(\Lambda)$ と置く．

補題 2.40　(1) $\Lambda = \Lambda_V \oplus \Lambda_\perp$，$\dim \Lambda_V = \dim \Lambda_\perp$．

(2) $\pi_V \circ * = * \circ \pi_\perp$，$\pi_\perp \circ * = * \circ \pi_V$，$*\Lambda_V = \Lambda_\perp$，$*\Lambda_\perp = \Lambda_V$．

証明．　(1) $\pi_V + \pi_\perp = 1, \pi_V \circ \pi_\perp = \pi_\perp \circ \pi_V = 0$，$\pi_V^2 = \pi_V, \pi_\perp^2 = \pi_\perp$ は簡単に確かめられる．$\iota_V \circ \pi_V = \pi_\perp \circ \iota_V$ より $\iota_V \colon \Lambda_V \to \Lambda_\perp$．$\mathrm{id}|\Lambda_V = \pi_V|\Lambda_V = (\omega\wedge) \circ \iota_V|\Lambda_V$ より $\iota_V|\Lambda_V$ は可逆．よって $\dim \Lambda_V = \dim \Lambda_\perp$．

(2) 同様の計算．

□

定義 2.41　記号は上の通りとする．V は $g(V,V) = -1$ を満たす局所ベクトル場に拡張しておく．$\tilde{dv} = -\iota_V dv$，$\tilde{*} \colon \Lambda_\perp \to \Lambda_\perp$; $\tilde{*} := * \circ (\omega\wedge)$ とする．$X, Y \in \Lambda_\perp^1$ に対し，$X \times Y := \tilde{*}(X \wedge Y)$ とする．$\Lambda_\perp^k$ の切断 α に対し，$\Lambda_\perp^{k+1}$ の切断 $\tilde{d}\alpha := \pi_\perp(d\alpha)$ とする．$\Lambda_\perp^k$ の切断 α に対し，$\Lambda_\perp^{k-1}$ の切断 $\tilde{\delta}\alpha$ を $\tilde{*}\tilde{\delta}\alpha := (-1)^k \tilde{d}\tilde{*}\alpha$ とする．

込み入った定義だが，何をしようとしているのかはすぐに分かるであろう．観測者 V が与えられると，$T_pM = V^\perp \oplus \mathbf{R}V$ と分解できる．これに応じて $\Lambda = \Lambda_\perp \oplus \Lambda_V$ の分解ができる．$V^\perp$ でのベクトル解析に必要な事項を用意したのである．

命題 2.42　L_V でベクトル場 V によるリー微分を表す．

(1) $F = \omega \wedge \vec{E} - \tilde{*}\vec{B}$，$*F = \omega \wedge \vec{B} + \tilde{*}\vec{E}$．

(2) $*J = \omega \wedge \tilde{*}\vec{\jmath} - \tilde{*}\sigma$．

(3) $dF = d\omega \wedge \vec{E} - \omega \wedge \tilde{*}(\tilde{*}\tilde{d}\vec{E} + \tilde{*}L_V\tilde{*}\vec{B}) + \tilde{*}\tilde{\delta}\vec{B}$．
$*\delta F = d{*}F = d\omega \wedge \vec{B} - \omega \wedge \tilde{*}(\tilde{*}\tilde{d}\vec{B} - \tilde{*}L_V\tilde{*}\vec{E}) - \tilde{*}\tilde{\delta}\vec{E}$．

証明．　(1) $F = \pi_V F + \pi_\perp F = \pi_V F - **\pi_\perp F = \pi_V F - *\pi_V * F = \omega \wedge \vec{E} - *(\omega \wedge \vec{B}) = \omega\wedge\vec{E} - \tilde{*}\vec{B}$．$*F = \pi_V{*}F + \pi_\perp{*}F = \pi_V{*}F + *\pi_V F = \omega\wedge\vec{B} + *(\omega\wedge\vec{E}) = \omega \wedge \vec{B} + \tilde{*}\vec{E}$．

(2) $*J = \iota_{\sigma V} dv + \iota_{\vec{\jmath}}(\tilde{dv} \wedge \omega) = -\sigma\tilde{dv} + (\iota_{\vec{\jmath}}\tilde{dv}) \wedge \omega = -\tilde{*}\sigma + \tilde{*}\vec{\jmath} \wedge \omega$．

(3) $\omega\wedge L_V\tilde{*}\vec{B} = \omega\wedge(d\iota_V\tilde{*}\vec{B} + \iota_V d\tilde{*}\vec{B}) = \omega\wedge\iota_V d\tilde{*}\vec{B} = \pi_V d\tilde{*}\vec{B} = d\tilde{*}\vec{B} - \pi_\perp d\tilde{*}\vec{B} = d\tilde{*}\vec{B} - \tilde{d}\tilde{*}\vec{B} = d\tilde{*}\vec{B} - \tilde{*}\tilde{\delta}\vec{B}$．これを使って，$dF = d\omega \wedge \vec{E} - \omega \wedge d\vec{E} - d\tilde{*}\vec{B} = d\omega \wedge \vec{E} - \omega \wedge (d\vec{E} + L_V\tilde{*}\vec{B}) + \tilde{*}\tilde{\delta}\vec{B}$．$d{*}F$ の計算も同様．

□

従って $\nabla V = 0$（1 点ではいつでもこうできる）とすると，マクスウェルの方程式は

$$\begin{cases} \tilde{*}\tilde{d}\vec{E} + L_V \vec{B} = 0, & \tilde{\delta}\vec{B} = 0, \\ \tilde{*}\tilde{d}\vec{B} - L_V \vec{E} = 4\pi\vec{\jmath}, & \tilde{\delta}\vec{E} = -4\pi\sigma. \end{cases}$$

$L_V = \partial/\partial t$ と書き，ベクトル解析の記号 $\mathrm{rot} = \tilde{*}\tilde{d}$, $\mathrm{div} = -\tilde{\delta}$ を使えば，

$$\begin{cases} \mathrm{rot}\,\vec{E} + \frac{\partial}{\partial t}\vec{B} = 0, & \mathrm{div}\,\vec{B} = 0, \\ \mathrm{rot}\,\vec{B} - \frac{\partial}{\partial t}\vec{E} = 4\pi\vec{\jmath}, & \mathrm{div}\,\vec{E} = 4\pi\sigma \end{cases} \tag{2.20}$$

のようにおなじみのマクスウェルの方程式が出てくる．

(γ, m, q) を荷電粒子とする．

$$m\dot{\gamma} = EV + \vec{p} = E(V + \vec{v}), \quad \vec{p} \in V^{\perp}$$

と分解する．観測者 $V \in T_pM$ の測るこの粒子に働く力 $\vec{f} \in V^{\perp}$ は，$\nabla V(p) = 0$ のような局所的なベクトル場 V をとるとき，$m\sqrt{1-v^2}\nabla_{\dot{\gamma}}\dot{\gamma} = (m^2/E)\nabla_{\dot{\gamma}}\dot{\gamma}$ の $V^{\perp}$ 成分と考えられる（2.3 節）．ここで $v = |\vec{v}|$．ローレンツ力の法則 (2.18) により，

$$\begin{aligned} \frac{m^2}{E}\nabla_{\dot{\gamma}}\dot{\gamma} &= q\frac{m}{E}\iota_{\dot{\gamma}}F = q(\iota_V F + \iota_{\vec{v}}F) = q(\vec{E} - g(\vec{E}, \vec{v})\omega - \iota_{\vec{v}}\tilde{*}\vec{B}) \\ &= q(\vec{E} - g(\vec{E}, \vec{v})\omega + \vec{v} \times \vec{B}). \end{aligned}$$

よって

$$\vec{f} = q(\vec{E} + \vec{v} \times \vec{B}). \tag{2.21}$$

これがローレンツ力の法則の古典的な表現である．式 (2.20) と合わせて電磁気学の基本方程式となっている．相対論の枠組みではこれらの方程式が式 (2.17), (2.18) と，とても簡単な形式で表される．

定義 2.43　$F \in A^2(M)$ を電磁場とする．電磁場 F のエネルギーテンソル T を次で定義する．

$$T(X, Y) := \frac{1}{\pi}\left(g(F\cdot X, F\cdot Y) - \frac{1}{4}g(F, F)g(X, Y)\right) \tag{2.22}$$

F は 2 形式なので，$F \otimes F - F \wedge F$ は曲率型テンソルである．対応するリッチテンソル，スカラー曲率をそれぞれ Ric^F, R^F と書けば，$T = \frac{1}{\pi}(\mathrm{Ric}^F - \frac{1}{4}R^F g)$ と書ける．添え字記法で書けば，

$$T_{ij} = \frac{1}{\pi}\left(F_{ik}F_j{}^k - \frac{1}{4}F_{kl}F^{kl}g_{ij}\right)$$

である．

命題 2.44 電磁場 F のエネルギーテンソル T について次が成り立つ.

(1) T は優エネルギー条件および強エネルギー条件を満たす. 詳しく言うと, 観測者 V に対して次が成り立つ.

$$-\hat{T}\cdot V = \frac{1}{4\pi}\left(\frac{|\vec{E}|^2 + |\vec{B}|^2}{2}V + \vec{E}\times\vec{B}\right)$$

(2) $\operatorname{div}\hat{T} = -\iota_J F$.

注意 2.45 $(|\vec{E}|^2 + |\vec{B}|^2)/8\pi$ を観測者 V の観測する**エネルギー密度**と言う. $(\vec{E}\times\vec{B})/4\pi$ は**ポインティングベクトル** (Poynting vector) と呼ばれる.

証明. (1) 式 (2.19) を用いて計算すれば, $\hat{T}\cdot V$ が求められる. すると

$$g(\hat{T}\cdot V, \hat{T}\cdot V) = -\frac{1}{16\pi^2}\left(\frac{(|\vec{E}|^2 - |\vec{B}|^2)^2}{4} + g(\vec{E},\vec{B})^2\right) \leq 0$$

となるので優エネルギー条件が成り立つ. 従って弱エネルギー条件も満たされ, 一方, 明らかに $\operatorname{tr}_g T = 0$ なので, 強エネルギー条件も満たされる.

(2) 添え字記法で計算すると

$$\begin{aligned}
&\left(F^i{}_k F_j{}^k - \frac{1}{4}F_{kl}F^{kl}\delta^i_j\right)_{;i} \\
&\quad = F^i{}_{k;i}F_j{}^k + F^i{}_k F_j{}^k{}_{;i} - \frac{1}{2}F_{kl;j}F^{kl} \\
&\quad = F^{ki}{}_{;i}F_{kj} + \frac{1}{2}F^{ik}(F_{jk;i} + F_{ki;j} + F_{ij;k}) = F^{ki}{}_{;i}F_{kj} \\
&\quad = -2\pi J^k F_{kj}.
\end{aligned}$$

よって, $\operatorname{div}\hat{T} = -\iota_J F$. □

この計算でエネルギー・運動量保存則が出てこないのは, 電荷電流の場すなわち荷電粒子の物質場を考慮に入れてないからである. これも考慮に入れると閉じた系としての保存則が成り立つ.

定理 2.46 完全流体 (W,μ,p) は電荷密度 q を伴い, 電磁場 F は $\delta F = -4\pi q W$ を満たすとする. これらのエネルギーテンソルを合わせて,

$$T = (\mu + p)W\otimes W + pg + T_F$$

とする. ここで, T_F は式 (2.22) で定義された電磁場 F のエネルギーテンソル. このとき,

(1)（電荷保存則）$\operatorname{div} qW = 0$.

(2) $\operatorname{div} T = 0$ は次と同値：$\operatorname{div}(\mu W) + p \operatorname{div} W = 0$, $(\mu + p)\nabla_W W = -(\operatorname{grad} p)^\perp + q\iota_W F$.

証明. (1) は $\delta^2 F = 0$ より．(2) については次の計算から．$\operatorname{div} T = (\operatorname{div}(\mu W) + p \operatorname{div} W)W + (\mu + p)\nabla_W W + (\operatorname{grad} p)^\perp - q\iota_W F$．ここで最後の項は，命題 2.44 (2) の結果を用いて得られる．□

例 2.47（電磁波）　ミンコフスキー時空 $(\mathbf{R}^4, -dt^2 + dx^2 + dy^2 + dz^2)$ で，

$$F = f(x - t)d(x - t) \wedge dy$$

とすると，

(1) $dF = 0$，$\delta F = 0$.

(2) 観測者 $V = (0, 0, 0, 1)$ に対して，$E = f\partial_y$, $B = f\partial_z$.

(3) $\hat{T} = \dfrac{f^2}{4\pi}(\partial_x + \partial_t) \otimes (\partial_x + \partial_t)$，$\operatorname{div} \hat{T} = 0$，$-\hat{T} \cdot V = \dfrac{f^2}{4\pi}(\partial_x + \partial_t)$.

電磁場 $F \in A^2(M)$ は $dF = 0$ を満たすのでポアンカレの補題より局所的に

$$F = dA$$

の形に書ける．局所 1 形式 A を電磁ポテンシャルと言う．ここまで踏み込むと数学的には次のような枠組みを提示できる．$L \to M$ を複素直線束でエルミート計量が備わっているものとする．L の $U(1)$ 接続を A と書く（A は純虚数に値を取る局所 1 形式の族）．F を A の曲率形式，すなわち $F = dA$ とすると，F の純虚数倍は M の 2 形式で，形式的な虚数倍を無視すれば $\delta F = 4\pi i J$ のとき，F は電磁場である．電磁場をこのように捉えることは単に数学の話だけでなく物理学的にも正当化されている．しかしこれは本書で扱う相対論の範囲を超える場の量子論と呼ばれる物理の話なのでこれ以上詳しい説明はしない．とは言え大切な考え方で，ゲージ粒子の相互作用を記述するヤン–ミルズ理論はこの定式化の延長線上にあり，その理論的成果は物理学だけでなく現代数学にも大きな影響をもたらした．この方面では 20 世紀も終わり近くになってサイバーグ–ウィッテン理論が現れ，現在なお活発な研究がされている．

2.8　重力場

前の節までは拡大解釈した特殊相対論の要点の解説であった．本節よりいわゆるアインシュタインの**一般相対論**（general relativity, 1916）について述べる．現在では四つの相互作用が知られている．すなわち，重力，電磁気力，強い相互作用そして

弱い相互作用である．アインシュタインの時代にはまだ重力と電磁気力しか知られていなかった．電磁気力は2.7節で解説したように相対論の枠組みできれいに定式化できた．すると問題は重力場をいかに相対論に組み込むかであって，これにこたえるのが一般相対論である．アインシュタインのアイデアは**等価原理**（equivalence principle），すなわち重力質量と慣性質量が同じであると言う考えに集約される．これはガリレイにまでさかのぼることのできるものであるが，アインシュタインはこの考えを深めて4次元ローレンツ多様体上で重力理論を構築した．

結論から言うと，4次元ローレンツ多様体 M のローレンツ計量 g は，重力ポテンシャルに相当すると考える．重力以外の力を受けない物体は非空間的測地線を世界線とする運動をする．重力場の方程式は

$$\mathrm{Ric}_g - \frac{1}{2}R_g\, g = 8\pi T. \tag{2.23}$$

ここで Ric_g, R_g はそれぞれ計量 g のリッチテンソル，スカラー曲率，右辺の T は電磁場を含めたもろもろの物質場の総体のエネルギーテンソルである．

この方程式はどのように導出されたのだろうか？ ローレンツ計量 g を重量ポテンシャルと考えた以上，g の2階微分までを使った幾何学的量が，エネルギーテンソルと関係していると考えるのは自然である．エネルギーテンソルは対称2階テンソル場で，最も基本的な性質としてエネルギー・運動量保存則 $\mathrm{div}_g T = 0$ を満たしているとするのは当然の要請である．一方，リーマン幾何的見地からは，計量の2階微分までを用いた量と言えば，曲率が基本である．曲率から定まるテンソルで，エネルギーテンソルと同じ型でかつ発散が0となるものは種々考えられるが $\mathrm{Ric}_g - \frac{R_g}{2}g + \Lambda g$ が最も簡明な形式をもつ．ここで Λ は定数である．発散が0となることはビアンキの第2恒等式から確かめられる．これでほぼ式 (2.23) が求める方程式であろうことの確信が得られる．さらに2.10節で述べるニュートンの重力理論との関係を考察することによって比例定数 8π が定まる．

補題 2.48 方程式 (2.23) は次と同値．

$$\mathrm{Ric}_g = 8\pi\left(T - \frac{\mathrm{tr}_g T}{2} g\right) \tag{2.24}$$

証明． 式 (2.23) のトレースをとって，$-R_g = 8\pi\, \mathrm{tr}_g T$ となるから． □

系 2.49 重力場の方程式 (2.23) のもとに，エネルギーテンソルが強エネルギー条件を満たすことと，任意の観測者 V に対して，$\mathrm{Ric}_g(V, V) \geq 0$ となることは同値．

強エネルギー条件は大きなスケールでは物理的に妥当であるとされている．この系は，強エネルギー条件のもと，時間的測地線は互いに引き合う傾向にあることを言っ

ている．すなわち，重力は万有引力と呼ばれるように，斥力ではなく引力であることと符合している．

方程式 (2.23) が変分問題の形に書けることを述べておく．これは場の方程式 (2.23) が確かなものらしいと言う数学的論拠の一つである．

命題 2.50（ヒルベルト）　$L(\psi, g)$ を物質場のラグランジアン，計量 g が作用積分

$$I = \int \left(\frac{1}{16\pi} R_g + L(\Psi, g) \right) d\mu_g$$

の臨界計量であるための条件は式 (2.23)．ただしエネルギーテンソル T は式 (2.16) で与えられるものとする．

証明．単純計算なので省略． □

この変分問題はヒルベルトによる．1915 年 11 月にアインシュタインが一般相対論の論文を提出する数日前に，ヒルベルトはこの変分問題を載せた論文を提出している．これはこの年にアインシュタインとヒルベルトに交流があり，ヒルベルトがアインシュタインの新しい理論についてその要点をあらかじめ知っていたからだそうである．

なお幾何学では作用積分を体積で正規化したものを考えるのが習慣である．参考のために述べておく．簡単のためコンパクト多様体で考える．

命題 2.51　M を n 次元コンパクト多様体とし，$\mathfrak{M}(M)$ をリーマン計量の全体とする（計量の符号は決めておく．正定値でなくてもよい）．

$$E\colon \mathfrak{M}(M) \to \mathbf{R};\ E(g) := \frac{\int_M R_g\, d\mu_g}{(\int_M\, d\mu_g)^{(n-2)/n}} \tag{2.25}$$

とすると，$n \geq 3$ のとき，この汎関数の臨界点 $g \in \mathfrak{M}(M)$ は

$$\mathrm{Ric}_g - \frac{R_g}{n} g = 0, \qquad R_g = \mathrm{const} \tag{2.26}$$

を満たす．

これも証明は単純計算なので省略する．式 (2.26) を満たす計量を，幾何学では**アインシュタイン計量**（Einstein metric）と呼んでいる．$n \geq 3$ で M が連結のとき，R_g が定数と言う条件は，ビアンキの第 2 恒等式より式 (2.26) の前半の方程式から導かれるので，これは無視してよい．

2.9　曲率の計算

この節では後で必要になる計量の曲率を求める公式を与える．ローレンツ計量だけでなく，正定値のリーマン計量も含めた公式を与える．また多様体 M の次元は n とする．本書ではリーマン幾何の基礎は前提として書かれているが，曲率については著者によって符号のつけ方などの流儀がいろいろある．そこで，はじめにリーマン計量の曲率の定義を与えておく．（正定値とは限らない）リーマン計量 g に対して，**レヴィ＝チヴィタ接続** $\nabla = {}^g\nabla$ が次で定義される．

$$\begin{aligned} g(\nabla_X Y, Z) =& \frac{1}{2}(Xg(Y,Z) + Yg(Z,X) - Zg(X,Y) \\ & - g(X,[Y,Z]) + g(Y,[Z,X]) + g(Z,[X,Y])) \end{aligned}$$

このとき，**曲率テンソル** R^g は

$$R^g(X,Y)Z = \nabla_X \nabla_Y Z - \nabla_Y \nabla_X Z - \nabla_{[X,Y]} Z$$

で定義される．**リーマンの曲率テンソル**は，

$$R^g(X,Y,Z,U) = g(R^g(Z,U)Y, X)$$

で与えられる（記号の重複使用に注意）．$R^g = 0$ となる計量を**平坦な計量**と言う．**リッチテンソル** Ric_g は

$$\mathrm{Ric}_g(X,Y) = \mathrm{tr}\,[Z \mapsto R^g(Z,Y)X]$$

で定義される．定数 λ に対して $\mathrm{Ric}_g = \lambda g$ を満たす計量を**アインシュタイン計量**と言う．計量 g，リッチテンソル Ric_g，いずれも，接空間 T_pM から余接空間 T_p^*M への線形写像と見なせることに注意する．**スカラー曲率** R_g は

$$R_g = \mathrm{tr}_g\,\mathrm{Ric}_g = \mathrm{tr}\,(g^{-1} \circ \mathrm{Ric}_g)$$

で与えられる．定数 K に対して，$R^g(X,Y)Z = K(g(Y,Z)X - g(Z,X)Y)$，すなわち $R^g(X,Y,Z,U) = K(g(X,Z)g(Y,U) - g(X,U)g(Y,Z))$ となるとき，g は定曲率 K の**定曲率計量**であると言う．このとき $\mathrm{Ric}_g = (n-1)Kg$，$R_g = n(n-1)K$ である．

対称テンソル L_g を

$$L_g = \mathrm{Ric}_g - \frac{R_g}{2(n-1)} g$$

とするとき，

$$\begin{aligned}W_g(X,Y,Z,U) =& R^g(X,Y,Z,U)\\&-\frac{1}{n-2}(L_g(X,Z)g(Y,U)+g(X,Z)L_g(Y,U)\\&-L_g(X,U)g(Y,Z)-g(X,U)L_g(Y,Z))\end{aligned}$$

ならびに

$$C_g(X,Y,Z) = -(\nabla_Z L_g)(X,Y)+(\nabla_Y L_g)(X,Z)$$

で定義されるテンソル W_g, C_g をそれぞれ**ワイルの共形曲率テンソル**，**コットンテンソル**と言う．計量 g が**共形平坦**であることは，$n=3$ のとき $C_g=0$，$n\geq 4$ のとき $W_g=0$ となることと同値である．計量 g が定曲率計量であることと，共形平坦なアインシュタイン計量であることは同値である．

以上，リーマン計量のさまざまな曲率の定義をしたが，計量 g との関係を明示するため，曲率それぞれの記号に g を添え字として付けた．基本的に添え字 g は下付きであるが，曲率テンソルは上付きであることに注意して頂きたい．まぎらわしいが，曲率テンソルとスカラー曲率の，記号上の違いをつけるためのものである．

さて，以下において，M は区間 $I\subset\mathbf{R}$ と $(n-1)$ 次元多様体 N の積

$$M = I\times N$$

で，h を N の（正定値とは限らない）リーマン計量とする．

命題 2.52 $r=r(s)>0$, $s\in I$ を滑らかな関数とする．$X,Y,Z\in T_xN\subset T_{(s,x)}M$ とする（必要に応じて N に接するベクトル場に拡張する）．

$$g = \pm ds^2 + r(s)^2 h \tag{2.27}$$

このとき，次が成り立つ．

(1) $\nabla_{\partial_s}\partial_s = 0$，$\nabla_X\partial_s = (\dot r/r)X$，$\nabla_X Y = {}^h\nabla_X Y \mp (\dot r/r)g(X,Y)\partial_s$.

(2) $R^g(\partial_s,X)\partial_s = (\ddot r/r)X$，$R^g(\partial_s,X)Y = \mp(\ddot r/r)g(X,Y)\partial_s$,
$R^g(X,Y)\partial_s = 0$,
$R^g(X,Y)Z = R^h(X,Y)Z \mp (\dot r/r)^2(g(Y,Z)X - g(X,Z)Y)$.

(3) $\mathrm{Ric}_g(\partial_s,\partial_s) = -(n-1)\ddot r/r$，$\mathrm{Ric}_g(\partial_s,X)=0$,
$\mathrm{Ric}_g(X,Y) = \mathrm{Ric}_h(X,Y) \mp (\ddot r/r + (n-2)(\dot r/r)^2)g(X,Y)$.

(4) $R_g = r^{-2}R_h \mp 2(n-1)\ddot r/r \mp (n-1)(n-2)(\dot r/r)^2$.

(5) $\mathrm{Ric}_h = \frac{1}{n-1}R_h h$ ならば
$\mathrm{Ric}_g = -(n\ddot r/r \pm R_g/(n-1))ds^2 + (R_g/(n-1)\pm \ddot r/r)g$.

証明． 単純計算． □

命題 2.53 $f = f(x) > 0$, $x \in N$ を滑らかな関数とする．X, Y, $Z \in T_xN \subset T_{(t,x)}M$ とする（必要に応じて N に接するベクトル場に拡張する）．M の計量 g を次で定義する．

$$g = \pm f(x)^2 dt^2 + h \tag{2.28}$$

$\xi = \partial_t / f$ とする．つまり，$g(\xi, \xi) = \pm 1$．このとき，次が成り立つ．

(1) $L_{\partial_t} g = 0$，$\nabla_\xi \xi = \mp \nabla f / f$，$\nabla_X \xi = 0$，$\nabla_X Y = {}^h\nabla_X Y$．

(2) $R^g(\xi, X)\xi = \pm {}^h\nabla^2 f(\cdot, X)/f$，$R^g(\xi, X)Y = -({}^h\nabla^2 f(X,Y)/f)\xi$，
$R^g(X,Y)\xi = 0$，$R^g(X,Y)Z = R^h(X,Y)Z$．

(3) $\mathrm{Ric}_g(\xi,\xi) = \mp \Delta_h f/f$，$\mathrm{Ric}_g(\xi, X) = 0$，
$\mathrm{Ric}_g(X,Y) = \mathrm{Ric}_h(X,Y) - \frac{1}{f}{}^h\nabla^2 f(X,Y)$．

(4) $R_g = R_h - 2\Delta_h f/f$．

(5) $\gamma = \gamma(\tau)$ を (M, g) の測地線とする．$\gamma(\tau) = (t(\tau), \tilde{\gamma}(\tau)) \in I \times N$ と書くとき $\nabla_{\dot{\tilde{\gamma}}}\dot{\tilde{\gamma}} = -\nabla U$．ここで $U = \pm a^2/2f^2 + b$．ただし，a, b は定数．さらにこのとき $\dot{\gamma} = \frac{a}{f}\xi + \dot{\tilde{\gamma}}$．また $\frac{1}{2}|\dot{\tilde{\gamma}}|^2 + U =$ 定数．

証明. (1) から (4) までは単純計算．(5) を示す．

$\dot{\gamma} = \dot{\tilde{\gamma}} + \dot{t}\partial_t = \dot{\tilde{\gamma}} + f\dot{t}\xi$ に注意する．$\dot{\tilde{\gamma}}$ は $[\partial_t, \dot{\tilde{\gamma}}] = 0$ となるように拡張しておく．

$$\begin{aligned}
\nabla_{\dot{\gamma}}\dot{\gamma} &= \nabla_{\dot{\gamma}}\dot{\tilde{\gamma}} + \nabla_{\dot{\gamma}} f\dot{t}\xi = \nabla_{\dot{\tilde{\gamma}}}\dot{\tilde{\gamma}} + \dot{t}\nabla_{\partial_t}\dot{\tilde{\gamma}} + (f\dot{t})^{\cdot}\xi + f\dot{t}\nabla_{\dot{\gamma}}\xi \\
&= \nabla_{\dot{\tilde{\gamma}}}\dot{\tilde{\gamma}} + \dot{t}\nabla_{\dot{\tilde{\gamma}}}\partial_t + (f\dot{t})^{\cdot}\xi \mp f\dot{t}^2\nabla f \\
&= \nabla_{\dot{\tilde{\gamma}}}\dot{\tilde{\gamma}} + \dot{t}\nabla_{\dot{\gamma}}\partial_t - \dot{t}^2\nabla_{\partial_t}\partial_t + (f\dot{t})^{\cdot}\xi \mp f\dot{t}^2\nabla f.
\end{aligned}$$

一方，

$$\nabla_{\dot{\gamma}}\partial_t = \dot{f}\xi + f\nabla_{\dot{\gamma}}\xi = \dot{f}\xi + f^2\dot{t}\nabla_\xi\xi = \dot{f}\xi \mp f\dot{t}\nabla f.$$

また，

$$\nabla_{\partial_t}\partial_t = f^2\nabla_\xi\xi = \mp f\nabla f.$$

よって，

$$\nabla_{\dot{\gamma}}\dot{\gamma} = \nabla_{\dot{\tilde{\gamma}}}\dot{\tilde{\gamma}} \mp f\dot{t}^2\nabla f + (f\ddot{t} + 2\dot{f}\dot{t})\xi.$$

よって $\nabla_{\dot{\gamma}}\dot{\gamma} = 0$ となるための必要十分条件は，$f\ddot{t} + 2\dot{f}\dot{t} = 0$ かつ $\nabla_{\dot{\tilde{\gamma}}}\dot{\tilde{\gamma}} = \pm f\dot{t}^2\nabla f$．すなわち，$f^2\dot{t} = a =$ 定数 で，$\nabla_{\dot{\tilde{\gamma}}}\dot{\tilde{\gamma}} = -\nabla U$．最後に，$\frac{1}{2}|\dot{\tilde{\gamma}}|^2 + U = \frac{1}{2}|\dot{\gamma}|^2 + b =$ 一定． □

例 2.54（定曲率空間） (1) n 次元球面 (S^n, g_{S^n}), $n \geq 2$.

$M = (0,\pi) \times S^{n-1}$，$g = dr^2 + \sin^2 r\, g_{S^{n-1}}$ とする．$r = 0, \pi$ での特異性は見かけの特異性で，$\{0\} \times S^{n-1}$, $\{\pi\} \times S^{n-1}$ をそれぞれ 1 点につぶせば，S^n 上の計量 g_{S^n} が得られる．命題 2.52 (2) を使って，n に関する帰納法により，$g = g_{S^n}$ に対して

$$R^g(X,Y)Z = g(Y,Z)X - g(Z,X)Y, \qquad \forall X,Y,Z \in T_pS^n$$

が得られる．

(2) ド・ジッター空間（De Sitter space, 1917）

$M = \mathbf{R} \times S^{n-1}$，$g = -dt^2 + \cosh^2 t\, g_{S^{n-1}}$，$n \geq 2$ とする．命題 2.52 (2) より

$$R^g(X,Y)Z = g(Y,Z)X - g(Z,X)Y, \qquad \forall X,Y,Z \in T_pM.$$

(3) ユークリッド空間 $(\mathbf{R}^n, g_{\mathbf{R}^n})$

$M = (0,\infty) \times S^{n-1}$，$g = dr^2 + r^2 g_{S^{n-1}}$ とする．命題 2.52 (2) より，$R^g = 0$. $\{0\} \times S^{n-1}$ を 1 点につぶせば，$\mathbf{R}^n$ の平坦計量 $g_{\mathbf{R}^n}$ となる．

(4) ミンコフスキー空間（Minkowski space, 1908）

$N = \mathbf{R} \times \mathbf{R}^{n-1}$，$g = -dt^2 + g_{\mathbf{R}^{n-1}}$ とすると，$R^g = 0$.

(5) 双曲空間 (H^n, g_{H^n})，$n \geq 2$

$M = (0,\infty) \times S^{n-1}$, $g = dr^2 + \sinh^2 r\, g_{S^{n-1}}$ とする．命題 2.52 (2) より

$$R^g(X,Y)Z = -g(Y,Z)X + g(Z,X)Y, \qquad \forall X,Y,Z \in T_pM.$$

$\{0\} \times S^{n-1}$ を 1 点につぶせば，$(\mathbf{R}^n, g_{H^n})$ を得る．普通これを (H^n, g_{H^n}) と書く．

(6) 反ド・ジッター空間（anti-de Sitter space, 1917）

$M = (-\pi/2, \pi/2) \times H^n$，$g = -dt^2 + \cos^2 t\, g_{H^{n-1}}$，$n \geq 2$ とすると，命題 2.52 (2) より

$$R^g(X,Y)Z = -g(Y,Z)X + g(Z,X)Y, \qquad \forall X,Y,Z \in T_pM.$$

しかしこれはもっと大きな定曲率空間の一部である．その全体は $M^* = \mathbf{R} \times H^{n-1}$，$g^* = -\cosh^2 r\, dt^2 + h$，$h = dr^2 + \sinh^2 r\, g_{S^{n-2}}$，$n \geq 2$ で表せる．命題 2.52 (1) より，

$$\frac{{}^h\nabla^2 \cosh r}{\sinh r} = h.$$

これと命題 2.53 (2) より，g^* は定曲率 -1 の空間であることがわかる．

2.10 ニュートン近似

ニュートンの**重力定数** (gravitational constant) を $G \approx 6.67 \times 10^{-11}\mathrm{m}^3/\mathrm{s}^2\mathrm{kg}$ と書く．重力ポテンシャルを ϕ，質量密度を $\mu \geq 0$ とすると，重力場は $-\mathrm{grad}\,\phi$ で与えられ，ポテンシャル ϕ はポアソン方程式

$$\Delta\phi = 4\pi G\mu$$

を満たす．これがニュートンの重力場理論である．ニュートンの重力理論がアインシュタインの方程式 (2.23) の近似になっていることを見るのがこの節の目的である．以下，重力定数 G が無単位量 1 となるような正規化をする．よって上の方程式は，単に

$$\Delta\phi = 4\pi\mu \tag{2.29}$$

となる．なおこの式の右辺の 4π は単位球面の表面積である．

さて相対論でニュートンの重力論との関係を見るのに，時空の**静的モデル** (static model) が使われる．これは $M = N \times \mathbf{R}$, (N, h) は 3 次元リーマン多様体とし，さらに $f = f(x) > 0$ を N 上の関数とするとき，M のローレンツ計量 g を

$$g = -f(x)^2dt^2 + h, \qquad (x,t) \in N \times \mathbf{R}$$

としてできる時空 (M, g) である．静的モデルは，物質の相対速度が光速と比べて小さい場合，その相対速度をいっそのこと無視してしまうと言うモデルである．さらに $N \subset \mathbf{R}^3$ とし，g は $M = N \times \mathbf{R}$ のミンコフスキー計量 $g_0 = -dt^2 + h_0$, $h_0 = \sum_{i,j}\delta_{ij}dx^idx^j$ に十分近い場合を考える．これは弱い重力場を念頭においていることによる．さらに

$$g = -f(x)^2dt^2 + h, \qquad h = f(x)^{-2}h_0 \tag{2.30}$$

を仮定し，関数 f は定数 1 に十分近いとする．

$\xi = (1/f)\partial_t$ とすると，$g(\xi,\xi) = -1$ で，ξ の積分曲線の加速度は，命題 2.53 (1) より $\nabla f/f$ である．従って，ベクトル場 $-\nabla f/f$ はニュートンの重力論における重力場と見なすことができ，さらに，$f \approx 1$ であるから，$f - 1$ はそのポテンシャルと考えられる．このことは命題 2.53 (5) で，$a = 1$, $b = 1/2$ とおいて，$U \approx f - 1$ となることからも分かる．そこで，あらためてポテンシャルとして

$$\phi = f - 1 \approx 0 \tag{2.31}$$

とおく．

式 (2.30) の第 1 式から，命題 2.53 (3), (4) を用いて，

$$\begin{cases} \left(\mathrm{Ric}_g - \dfrac{R_g}{2}g\right)(\xi,\xi) = \dfrac{R_h}{2} \\ \left(\mathrm{Ric}_g - \dfrac{R_g}{2}g\right)(\xi,X) = 0 \\ \left(\mathrm{Ric}_g - \dfrac{R_g}{2}g\right)(X,Y) = \left(\mathrm{Ric}_h - \dfrac{{}^h\nabla^2 f}{f} + \left(\dfrac{\Delta_h f}{f} - \dfrac{R_h}{2}\right)h\right)(X,Y) \end{cases} \tag{2.32}$$

である．ここで，$g(X,\xi) = g(Y,\xi) = 0$ としている．式 (2.30) の第 2 式から h の曲率を計算すると，少し手間がかかるがよく知られた計量の共形変形の公式を用いて，次が得られる．

$$\mathrm{Ric}_h = \frac{{}^h\nabla^2 f}{f} - 2\frac{df^2}{f^2} + \frac{\Delta_h f}{f}h, \qquad R_h = 4\frac{\Delta_h f}{f} - 2\left|\frac{df}{f}\right|_h^2$$

これと式 (2.31), (2.32) を合わせて次を得る．

$$\begin{cases} \left(\mathrm{Ric}_g - \dfrac{R_g}{2}g\right)(\xi,\xi) = 2\dfrac{\Delta_h\phi}{1+\phi} - \dfrac{|d\phi|_h^2}{(1+\phi)^2} \\ \left(\mathrm{Ric}_g - \dfrac{R_g}{2}g\right)(\xi,X) = 0 \\ \left(\mathrm{Ric}_g - \dfrac{R_g}{2}g\right)(X,Y) = \dfrac{1}{(1+\phi)^2}(-2d\phi^2 + |d\phi|_h^2 h)(X,Y) \end{cases}$$

$\phi \approx 0$ としているので，ϕ の 2 次以上の項を捨てて，結局次が得られる．

$$\mathrm{Ric}_g - \frac{R_g}{2}g \approx 2(\Delta_h\phi)\xi\otimes\xi \tag{2.33}$$

さて物質場として粒子流を考え，そのエネルギーテンソルは

$$T = \mu\xi\otimes\xi$$

とする．するとアインシュタイン方程式 (2.23) および式 (2.33) から

$$\Delta_h\phi \approx 4\pi\mu$$

となり，これはニュートン方程式 (2.29) の近似である．

アインシュタインはこのニュートン近似計量を用いて，相対論の効果による**光線の屈曲** (bending of light) を予言し，水星の**近日点移動** (perihelion precession)（100 年で約 43 秒角というごく小さなもの．ニュートン力学では説明がつかなかった）を説明した (1916)．これらは次節で述べる重力場方程式の厳密解によっても確かめら

れる．相対論の初期における観測可能な検証事実として重要なことであるが本書では立ち入らない．

ところで光速，重力定数をそれぞれ1とする単位の正規化をしたが，これによって，長さ m，重さ kg，時間 s は互いに換算可能な量となる．換算表は以下の通り．

$2.9979 \times 10^{8}\,\mathrm{m}$	$\approx$	$1\,\mathrm{s}$	$3.3357 \times 10^{-9}\,\mathrm{s}$	$\approx$	$1\,\mathrm{m}$
$2.477 \times 10^{-36}\,\mathrm{s}$	$\approx$	$1\,\mathrm{kg}$	$4.037 \times 10^{35}\,\mathrm{kg}$	$\approx$	$1\,\mathrm{s}$
$1.347 \times 10^{27}\,\mathrm{kg}$	$\approx$	$1\,\mathrm{m}$	$7.426 \times 10^{-28}\,\mathrm{m}$	$\approx$	$1\,\mathrm{kg}$

参考までに太陽の質量は $2 \times 10^{30}\,\mathrm{kg}$ 程度，そして陽子の半径（電子の半径より小さい）は $10^{-16}\,\mathrm{m}$ 程度．数学では基本的に，単位付きの量は考えないし，有限と分かれば 10^{-10000} も 10^{10000} もさしたる違いはないと見るので，ついついこうした量に対する感覚が鈍ってしまう．現実には，ある程度小さな有限は限りなく0であり，ある程度大きな有限は果てしなく無限であることを，時には思い出す必要がある．

2.11 シュヴァルツシルト解

シュヴァルツシルト解は，球対称な物質の外側の球対称静的な真空時空の解で，1916年に発表された．いわば一体問題の解である．中心の物質が帯電している場合（ライスナー–ノルトシュトレーム解，1916, 1918），回転している場合（カー解，1963），電荷を帯びた回転物質の場合の厳密解（カー–ニューマン解，1965）も知られている．ここでは最も基本的なシュヴァルツシルト解を解説する．因みに相対論での2体問題の厳密解は知られていないようである．ニュートン力学でさえ3体問題はある意味解けなかったのだから，相対論で2体問題と言うのはすでに手に負えないのかもしれない．しかし重力波理論との関係，その他，2体問題の厳密解が得られれば理論の新展開があるだろう．

$n \geq 3$ とし，n 次元多様体 $N = I \times S^{n-1}$, $I \subset \mathbf{R}$ の正定値計量 h は次の形をしているとする．

$$h = ds^2 + r(s)^2 g_{S^{n-1}}$$

ここで，$g_{S^{n-1}}$ は S^{n-1} の単位球としての計量である．この形から h は共形平坦計量であることがわかる．$(n+1)$ 次元ローレンツ多様体 $(M = \mathbf{R} \times N, g)$ は，

$$g = -f(s)^2 dt^2 + h$$

で与えられているとする．この形の計量を球対称静的計量と言う．g が真空解であることは式 (2.23) より，$\mathrm{Ric}_g = 0$ が成り立つことである．この条件は，命題 2.53 (3) より次の条件と同値である．

$$\Delta_h f = 0, \qquad \mathrm{Ric}_h = \frac{1}{f}\nabla^2 f \tag{2.34}$$

従って命題 2.52 (4) と合わせて，

$$R_h = (n-1)\left(\frac{n-2}{r^2} - 2\frac{\ddot{r}}{r} - (n-2)\left(\frac{\dot{r}}{r}\right)^2\right) = 0. \tag{2.35}$$

命題 2.53 (1) より，

$$\nabla^2 f = \left(\ddot{f} - \dot{f}\frac{\dot{r}}{r}\right)ds^2 + \dot{f}\frac{\dot{r}}{r}h, \quad \text{よって}\ \Delta_h f = \ddot{f} + (n-1)\dot{f}\frac{\dot{r}}{r}.$$

命題 2.52 (3) および式 (2.35) より，

$$\mathrm{Ric}_h = -n\frac{\ddot{r}}{r}ds^2 + \frac{\ddot{r}}{r}h.$$

よって式 (2.34) は次と同値.

$$R_h = 0, \quad \dot{f}\dot{r} = f\ddot{r}, \quad \ddot{f} = -(n-1)\frac{\ddot{r}}{r}f$$

2 番目と 3 番目の方程式から，定数 $l \neq 0, m$ が取れて

$$f = l\dot{r}, \qquad \ddot{r} = mr^{1-n}$$

となる．これらと，式 (2.35) から，

$$\dot{r}^2 = 1 - \frac{2m}{n-2}r^{2-n}. \tag{2.36}$$

これより次のことが分かる．$m = 0$ のとき，N に 1 点を加えて，h はユークリッド計量になる．$m > 0$ のとき，(N, h) は完備共形平坦なスカラー曲率 0 の空間になる．$m < 0$ のとき，(N, h) は完備でない．

積分定数 l は変数 t の変換で吸収されるので $l = 1$ とする．さらに，$n = 3$ とすると，

$$f^2 = 1 - \frac{2m}{r}, \qquad ds^2 = \left(1 - \frac{2m}{r}\right)^{-1}dr^2.$$

従ってわれわれは次のローレンツ計量を得た.

$$g = -\left(1 - \frac{2m}{r}\right)dt^2 + \left(1 - \frac{2m}{r}\right)^{-1}dr^2 + r^2 g_{S^2}, \quad r > 2m \tag{2.37}$$

これを**シュヴァルツシルト解** (Schwarzschild solution) と言う．命題 2.53 (5) で $a = 1$，$b = 1/2$ とおくと，$U \approx -m/r$．一方，原点に質量 a の質点があるとき，

ニュートンポテンシャルは $-Gm/r$. 重力定数 $G=1$ の正規化をしたのだから，これらは一致する．つまり，シュヴァルツシルト解は空間の中心に球対称な質量 m の物体があるとき，そのまわりの重力場を記述している．と同時に，ニュートンの重力理論は，場の方程式 (2.23) による重力理論をよく近似していることも示している．この解の表示は，$r=2m$ で特異性を持つ．$r=2m$ を**シュヴァルツシルト半径**と言う．シュヴァルツシルト半径は質量の 1/3 乗ではなく，1 乗に比例することに注意する．太陽，地球，月のデータは次の通りである．

	質量	シュヴァルツシルト半径	実際の半径
太陽	1.99×10^{30} kg	2.95 km	6.96×10^{5} km
地球	5.97×10^{24} kg	0.89 cm	6.38×10^{3} km
月	7.3×10^{22} kg	0.11 mm	1.74×10^{3} km

実際の半径はシュヴァルツシルト半径よりはるかに大きい．しかし，シュヴァルツシルト半径より小さな天体，いわゆる**ブラックホール**が存在することは今や常識となっている．これは星の重力崩壊によって起きる現象で，そのような天体が生まれる仕組みもかなり明らかになっている．この場合，相対論ではどのように対応するのであろうか．上のシュヴァルツシルト解の表現はシュヴァルツシルト半径のところで発散している．しかし，この特異性は座標の取り方から来るもので真の特異性ではない．このことはエディントンによる座標（1924），フィンケルシュタインにより再発見された同じ座標（1958）を導入すると分かる．ここではより包括的なクラスカルの座標（1960）を用いて説明する．

$$u := \sqrt{r-2m}\, e^{r/4m} \cosh \frac{t}{4m}, \quad v := \sqrt{r-2m}\, e^{r/4m} \sinh \frac{t}{4m}$$

これを微分すると，

$$\begin{aligned}
\frac{4m}{\sqrt{r}} e^{-r/4m}\, du &= \left(1-\frac{2m}{r}\right)^{-1/2} \cosh \frac{t}{4m}\, dr + \left(1-\frac{2m}{r}\right)^{1/2} \sinh \frac{t}{4m}\, dt, \\
\frac{4m}{\sqrt{r}} e^{-r/4m}\, dv &= \left(1-\frac{2m}{r}\right)^{-1/2} \sinh \frac{t}{4m}\, dr + \left(1-\frac{2m}{r}\right)^{1/2} \cosh \frac{t}{4m}\, dt.
\end{aligned}$$

よって

$$\begin{aligned}
g^* &:= \frac{16m^2}{r} e^{-r/2m} (du^2 - dv^2) + r^2 g_{S^2} \\
&= -\left(1-\frac{2m}{r}\right) dt^2 + \left(1-\frac{2m}{r}\right)^{-1} dr^2 + r^2 g_{S^2}.
\end{aligned}$$

この式の右辺はシュヴァルツシルト解 (2.37) そのものである．左辺は $r=2m$ のところで特異性を持たない．すなわち，シュヴァルツシルト解は拡張可能なのである．左

辺の計量 g^* は**クラスカル計量** (Kruskal metric) と言う．$u^2 - v^2 = (r - 2m)e^{r/2m}$ に注意すれば，$U = \{(u, v) \in \mathbf{R}^2 |\ u^2 - v^2 > -2m\}$ とするとき，クラスカル計量 g^* は $S^2 \times U$ で定義される．$U_1 := \{(u, v) \in U |\ u > |v|\}$, $U_2 := \{(u, v) \in U |\ v > |u|\}$, $U_3 := \{(u, v) \in U |\ u < -|v|\}$, $U_4 := \{(u, v) \in U |\ v < -|u|\}$ とおくと，シュヴァルツシルト解は $g^*|S^2 \times U_1$ である．この部分は $S^2 \times U_3$ と等長的である．さて問題はシュヴァルツシルト半径の中に入るとどうなるかであった．われわれがいるのは領域 $S^2 \times U_1$ である．クラスカル計量にとって $r = 2m$ で定義される超曲面は時間的ではなく，ナルである．この計量で考える限り，シュヴァルツシルト半径の中，つまり領域 $S^2 \times U_2$ に入って行くことに何の問題もない．しかしその先に問題がある．クラスカル図 (図 2.5) を見ると明らかなように，領域 $S^2 \times U_2$ に入ると，そこから出ることはできない．図 2.5 における事象 p の可能な未来は影をつけた部分で，領域 $S^2 \times U_2$ 内にある．すなわちこの領域内に入ると光でさえ，その外の世界に脱出できない．従って外の領域 $S^2 \times U_1$ からは何も見えない．この意味で，超曲面 $r = 2m$ は**事象の地平** (event horizon) と呼ばれる (図 2.5 の点線)．また，領域 $S^2 \times U_2$ は**ブラックホール**と呼ばれる．問題はこれだけではない．と言うのは，クラスカル計量は $r = 0$ で特異性をもつが，今度は見かけの特異性ではなく，真の特異性である (図 2.5 の太線)．例えば曲率テンソルの大きさを計算すると発散していることからわかる．しかも，ブラックホールに入ると有限時間でこの特異点に到達する．そこから先は無い．その先の時間そのものがない．世界そのものが無い．ところで，この特異性の問題を除くと，ブラックホールに相当するものは 18 世紀にすでにラプラスその他の科学者により理論的に見出されていた．もちろんニュートン力学での話だが，驚くべき先駆性である．さて図 2.5 を見ると，領域 $S^2 \times U_4$ は $S^2 \times U_2$ と似ている．違いは

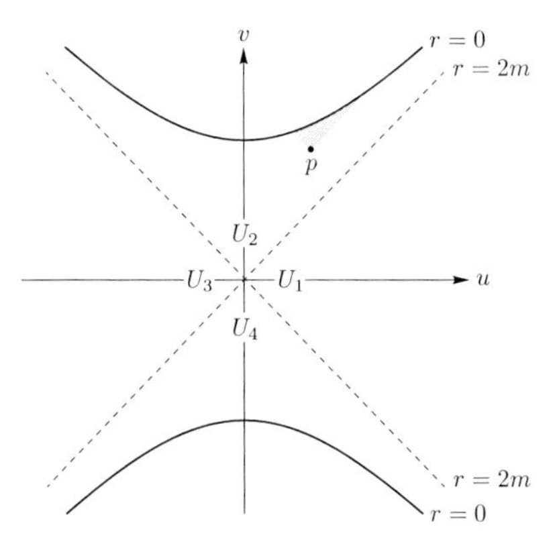

図 2.5

時間の向きである．この領域にあるものは必ず有限時間でその外の領域に出る．ちょうどブラックホールと反対の性質をもっている．そのため，この領域は**ホワイトホール**と呼ばれている．またホワイトホールで過去にさかのぼると，ここにも真の特異性が現れる（図 2.5 の太線）．

さて，式 (2.37) より

$$h = \left(1 - \frac{2m}{r}\right)^{-1} dr^2 + r^2 g_{S^2}$$

で，h は明らかに共形平坦であるが，これを直接示しておこう．

$$h = F(\rho)^2(d\rho^2 + \rho^2 g_{S^2})$$

を満たす．$F(\rho)$ および ρ は，微分方程式

$$\left(1 - \frac{2m}{r}\right)^{-1/2} dr = F(\rho)d\rho, \qquad r = F(\rho)\rho$$

を満たす．よって

$$\left(1 - \frac{2m}{r}\right)^{-1/2} dr = \frac{r}{\rho} d\rho.$$

これを変数分離し，$\cosh u = (r - m)/m$ とおくと容易に積分できて，

$$e^u = A\rho, \qquad A = \text{定数}.$$

よって

$$r = \left(\sqrt{\frac{Am}{2}} + \frac{1}{\sqrt{\frac{2A}{m}\rho}}\right)^2 \rho.$$

$\lim_{\rho\to\infty} \rho/r = 1$ のように定数 A をとると，

$$r = \left(1 + \frac{m}{2\rho}\right)^2 \rho, \qquad F(\rho) = \left(1 + \frac{m}{2\rho}\right)^2.$$

よって

$$h = \left(1 + \frac{m}{2\rho}\right)^4 (d\rho^2 + \rho^2 g_{S^2}).$$

$d\rho^2 + \rho^2 g_{S^2}$ は明らかに平坦なので，h は共形平坦．さらに，簡単な計算で次が分かる．

命題 2.55 $m>0$ とする．$((0,\infty)\times S^2,h)$ に対して，

$$\phi(\rho,x)=\left(\frac{m^2}{4\rho},x\right)$$

とすると，ϕ は，$\phi^2=\mathrm{id}$ となる等長写像でその固定点集合は，$\{m/2\}\times S^2$.

ついでながら，変数 ρ を用いるとシュヴァルツシルト解は

$$g=-\frac{\left(1-\frac{m}{2\rho}\right)^2}{\left(1+\frac{m}{2\rho}\right)^2}dt^2+\left(1+\frac{m}{2\rho}\right)^4(d\rho^2+\rho^2 g_{S^2})$$

と書ける．これはクラスカル図の $U_1\cup U_3$ をカバーしている．

2.12 宇宙論モデル

シュヴァルツシルト解は，太陽系のようなスケールでの局所的な時空をかなり正確に表していると考えられる．では宇宙の全体像はどうなのか．この問題について，アインシュタインは 1917 年に，静的モデル $(M,g)=(\mathbf{R}\times S^3,-dt^2+g_{S^3})$ を提示した．このモデルを場の方程式 (2.23) に通してみると，物質場の解釈に不自然さが生じ，それを解消するために，アインシュタインは場の方程式そのものの変更を行った．つまり式 (2.23) の代わりに，

$$\mathrm{Ric}_g-\frac{R_g}{2}g+\Lambda g=8\pi T$$

を採用した．ここで Λ は**宇宙定数**（cosmological constant）と呼ばれる定数である．のちにアインシュタインは考えを変えて宇宙定数の導入を取り下げた．しかし現代の宇宙論では全く否定されているわけではないようである．

この節ではフリードマンモデル（1922）を解説する．宇宙の全体像について，細かな不規則性は無視して大局的に見ると，空間的な一様性と等方性を持っているとするのは一つのもっともらしい考え方である．空間的な一様性はコペルニクスの原理とも言われる．この考えを基にすると，われわれの時空は $M=I\times N,\ I\subset\mathbf{R}$ で，h は 3 次元多様体 N の定曲率 k の正定値計量，そして，M のローレンツ計量 g は次の形をしていることになる．

$$g=-dt^2+a(t)^2h$$

この計量は共形平坦であるから，場の方程式 (2.23) は，g の曲率をすべて決める．この形の計量を持つ時空を**ロバートソン–ウォーカー時空**（Robertson–Walker space）と言う．このとき，命題 2.52 (3) より，

$$\mathrm{Ric}_g - \frac{R_g}{2}g = 3\left(\left(\frac{\dot{a}}{a}\right)^2 + \frac{k}{a^2}\right)dt^2 + \left(-2\frac{\ddot{a}}{a} - \left(\frac{\dot{a}}{a}\right)^2 - \frac{k}{a^2}\right)(g + dt^2)$$

となる．従って場の方程式 (2.23) より，物質場は完全流体 (∂_t, μ, p) となり，エネルギー密度 μ，圧力 p は次の関係式を満たす．

$$\begin{cases} 8\pi\mu = 3\left(\left(\dfrac{\dot{a}}{a}\right)^2 + \dfrac{k}{a^2}\right) \\ 8\pi p = -2\dfrac{\ddot{a}}{a} - \left(\dfrac{\dot{a}}{a}\right)^2 - \dfrac{k}{a^2} \end{cases}$$

これより直ちに，

$$\ddot{a} + \frac{4\pi}{3}(\mu + 3p)a = 0. \tag{2.38}$$

また補題 2.27 (1) より，

$$\dot{\mu} + 3(\mu + p)\frac{\dot{a}}{a} = 0. \tag{2.39}$$

残りの方程式は

$$\dot{a}^2 - \frac{8\pi}{3}\mu a^2 + k = 0 \tag{2.40}$$

となる．

現実の宇宙を考えるとき，$\mu \gg p \geq 0$ である．そこで以下では $\mu > 0$，$p = 0$ を仮定する．有名なハッブルの観測，いわゆるハッブルの法則 (1929) によると，現在，$\dot{a} > 0$，つまり宇宙は膨張している．従って，シュトルム–リュービル方程式 (2.38) は，現在から有限時間の過去に $a = 0$ となることを意味する．時間のパラメータ t は，$a(0) = 0$ となるように取ることにする．

方程式 (2.39) から

$$\frac{4\pi}{3}\mu a^3 = A = \text{定数} > 0.$$

よって，式 (2.40) は

$$\dot{a}^2 - \frac{2A}{a} + k = 0, \qquad a(0) = 0$$

となる．これを**フリードマン方程式**と言う．これは式 (2.36) で $n = 3$ とした場合と似ているが，何か関係があるのだろうか．この方程式は具体的に解くことができ，特に $k = 0$ のとき，$a(t) = Bt^{2/3}$ である．ここで $B = B(A) > 0$ は定数である．このときの時空

$$(\mathbf{R}^3 \times (0, \infty), -dt^2 + t^{4/3}(dx^2 + dy^2 + dz^2))$$

はアインシュタイン–ド・ジッター時空（Einstein–de Sitter spacetime）と呼ばれている．この時空ははじめにフリードマンが見つけたのだが，その後，アインシュタインとド・ジッターが再発見し（1932），このように呼ばれている．

ここに述べたモデルで特に注目すべき点は，$t=0$ の特異性は見かけの特異性ではなく真の特異性であると言うことである．これは曲率が $t=0$ で発散することから分かる．つまり有限時間の過去に宇宙の始まりに相当する特異点があり，それを**ビッグバン**（big bang）と呼ぶ．およそ140億年前とされている．このようなことはニュートン力学では想像すらできなかったことであろう．否，ひょっとしたらそうでないかも知れない．2.11節でふれた，18世紀にラプラスが求めたブラックホールの半径は奇しくもシュヴァルツシルト半径と同じである．宇宙の密度は大変低く，非常に大まかに言って $10^{-26}\mathrm{kg/m^3}$ 程度と言われている（実験室で得られる真空の限界は約 $10^{-17}\mathrm{kg/m^3}$）．このような低い密度でも半径を大きくするとついにはシュヴァルツシルト半径を超える．これをユークリッド幾何で計算すると半径約150億光年．およそ150億年前に何かしら途方も無いことがあったと想像を逞しくした科学者がアインシュタイン以前にいてもおかしくない．

2.13　重力波

現代の標準理論は重力場の方程式の線形化が基本とされているので，その概要を解説する．$\mathfrak{M}$ で M のローレンツ計量の全体，$\mathfrak{S}$ で対称2テンソルの全体を表す．

$$G\colon \mathfrak{M}\to\mathfrak{S};\ G(g)=\mathrm{Ric}_g-\frac{R_g}{2}g$$

とする．$h\in T_g\mathfrak{M}=\mathfrak{S}$ に対して，

$$\bar{h}=h-\frac{1}{2}(\mathrm{tr}_g h)g$$

とする．次は計量の符号に関係なく，また次元にも関係なく成り立つ．

補題 2.56　G の線形化は次で与えられる．

$$dG_g(h)_{ij}=-\frac{1}{2}(\bar{h}_{ij;k}{}^{k}-\bar{h}^{k}{}_{i;jk}-\bar{h}^{k}{}_{j;ik}+\bar{h}^{kl}{}_{;lk}g_{ij}-\langle\mathrm{Ric}_g,\bar{h}\rangle g_{ij}+R_g\bar{h}_{ij})$$

g が平坦で，さらに $\bar{h}_{ij;}{}^{j}=0$ ならば

$$dG_g(h)_{ij}=-\frac{1}{2}\bar{h}_{ij;k}{}^{k}.$$

証明．単純計算．　□

補題 2.57　ミンコフスキー空間の座標を $(x,t)\in\mathbf{R}^3\times\mathbf{R}$ と書く．

$$u(x,t)=-\frac{1}{4\pi}\int_{\mathbf{R}^3}\frac{f(y,t-|x-y|)}{|x-y|}dy$$

について $(-\partial_t^2+\Delta_x)u=f$.

証明. 単純計算.　□

$\mathfrak{X}(M)$ で M の接ベクトル場全体を表す．

$$A_g=\{X_{i;j}+X_{j;i}|\ X\in\mathfrak{X}(M)\}\subset T_g\mathfrak{M}$$
$$B_g=\left\{h=(h_{ij})|\ \bar{h}_{ij;}{}^j=0\right\}\subset T_g\mathfrak{M}$$

と置く．$L_Xg=X_{i;j}+X_{j;i}$ より A_g は微分同相群の軌道の接空間である．$h\in T_g\mathfrak{M}$ を $h+a,\ a\in A_g$ に変えることを h の**ゲージ変換**と言う．ゲージ変換で移り合えるものは本質的に同じものと見なす．

補題 2.58（**ローレンツゲージ**）　(M,g) をミンコフスキー空間とする．$h\in T_g\mathfrak{M}$ が補題 2.57 の可積分条件を満たせばゲージ変換 $h'\in B_g$ が取れる．

証明. h を $h'_{ij}=h_{ij}+X_{i;j}+X_{j;i}$ に変えるゲージ変換で，$\bar{h}$ は $\bar{h}_{ij}+X_{i;j}+X_{j;i}-X^k{}_{;k}g_{ij}$ に変わるので，$X\in\mathfrak{X}(M)$ を，

$$\operatorname{tr}\nabla^2X+\operatorname{Ric}_g\cdot X=-h_{ij;}{}^j+\frac{1}{2}h^j{}_{j;i}$$

のように取れれば，$h'\in B_g$．ミンコフスキー空間の場合，補題 2.57 により求める X が積分表示できる．　□

$A_g\cap B_g=0$ は言えないのでさらなる簡約が可能である．具体例でそれを見る．問題とするのは次の方程式である：$\bar{h}_{ij;}{}^j=0$ となるゲージで，

$$\bar{h}_{ij;k}{}^k=-16\pi T_{ij}. \tag{2.41}$$

ここで T はエネルギーテンソルである．g の曲率はほぼ 0 であることを仮定し，そして T は十分小さいとする．

例 2.59　ミンコフスキー空間 $(\mathbf{R}^4,g)$ で $\bar{h}_{ij}=A_{ij}\cos W_kx^k$ は，$A_{ij}W^j=0$, $W_kW^k=0$ のとき，$T=0$ に対して方程式 (2.41) を満たし，**単色平面波** (monochromatic plane wave) と呼ばれる．$X^i=C^i\sin W_kx^k$ とすると，$L_Xg\in A_g\cap B_g$ となっている．簡単のため $W^i=(0,0,1,1)$ とし，さらに $C_1=A_{14}$，$C_2=A_{24}$，$C_3-C_4=A_{34}$，$C_3+C_4=\frac{1}{2}A^i{}_i$ とすれば，X を用いたゲージ変換で

$$h_{i4} = 0, \quad h_i{}^i = 0, \quad h_{ij;}{}^j = 0 \tag{2.42}$$

となる．h をこの形にするゲージを **TT ゲージ** (transverse-traceless gauge) と言う．結局標準形は

$$(h_{ij}) = \begin{pmatrix} h_+ & h_\times & 0 & 0 \\ h_\times & -h_+ & 0 & 0 \\ 0 & 0 & 0 & 0 \\ 0 & 0 & 0 & 0 \end{pmatrix}$$

となる．以上から，重力波は光速で進む横波で，二つの偏極（プラスモード，クロスモード）を持つと考えられる．

次にエネルギーテンソルが 0 でない場合について考える．g はミンコフスキー計量とする．方程式 (2.41) に補題 2.57 を使って

$$\bar{h}(x,t)_{ij} = 4\int_{\mathbf{R}^3} \frac{T_{ij}(y, t-|x-y|)}{|x-y|} dy \tag{2.43}$$

を得る．$|y| \ll C$ で重力場の著しい変動があり，その外では $T \approx 0$，そして $|x| \gg C$ のどこかに重力波の観測者がいる．そのような状況を想定する．式 (2.43) を $|x|$ で展開すると

$$\begin{aligned} \bar{h}_{ij}(x,t) =& \frac{4}{|x|}\int_{\mathbf{R}^3} \Big(T_{ij}(y, t-|x|) + \frac{x\cdot y}{|x|}\partial_t T_{ij}(y, t-|x|) \\ &+ \frac{(x\cdot y)^2}{2|x|^2}\partial_t^2 T_{ij}(y, t-|x|) + \cdots \\ &+ \frac{(x\cdot y)^k}{k!|x|^k}\partial_t^k T_{ij}(y, t-|x|) + \cdots \Big) dy + O(|x|^{-2}). \end{aligned} \tag{2.44}$$

波源内部の運動の特徴的速さを v とすれば，被積分関数の括弧内で，$|$ 第 k 項 $|/|$ 第 $(k-1)$ 項 $| \approx v/k$ であるから $0 \leq v \ll 1$ のとき，被積分関数の括弧内はこの順で主要な項の順となる．

$$\begin{aligned} m &= \int_{\mathbf{R}^3} T_{44}(y, t-|x|)dy, \quad d^i = \int_{\mathbf{R}^3} y^i \partial_t T_{44}(y, t-|x|)dy, \\ I^{ij} &= \int_{\mathbf{R}^3} y^i y^j T_{44}(y, t-|x|)dy, \quad 1 \leq i, j \leq 3 \end{aligned}$$

と置くと，$T^i{}_{j;i} = 0$ および部分積分を使って，式 (2.44) から次を得る．

$$\begin{aligned} \bar{h}_{44}(x,t) &= \frac{2}{|x|}\Big(2m + 2n^i d_i + n^i n^j \ddot{I}_{ij} + \cdots\Big) + O(|x|^{-2}), \\ \bar{h}_{i4}(x,t) &= -\frac{2}{|x|}\Big(2d_i + n^j \ddot{I}_{ij} + \cdots\Big) + O(|x|^{-2}), \end{aligned}$$

$$\bar{h}_{ij}(x,t) = \frac{2}{|x|}\left(\ddot{I}_{ij} + \cdots\right) + O(|x|^{-2}), \quad 1 \leq i,j \leq 3.$$

ここで $\dot{}= \partial_t$，そして $n^i = x^i/|x|$ は重力波の伝播方向である．m は波源の総エネルギー，d^i は総運動量と解釈され，保存則によりこれらの時間変化はないと考えられる．実際，前提としていたローレンツゲージ条件を計算すると $\dot{m} = O(|x|^{-1})$，$\dot{d}_i = O(|x|^{-1})$ が得られる．知りたいのは TT ゲージである．しかしすべての摂動 h に対して TT ゲージが取れるわけではない．標準的な教科書が採用している結果は，**4 重極公式**と呼ばれている

$$h^{\circ}_{ij} = \frac{2}{|x|}\left(P_i^k \ddot{I}_{kl} P_j^l - \frac{1}{2}\langle P, \ddot{I}\rangle P_{ij}\right) = \frac{2}{|x|}\left(P_i^k \ddot{J}_{kl} P_j^l - \frac{1}{2}\langle P, \ddot{J}\rangle P_{ij}\right)$$

である．ここで，$P_{ij} = g_{ij} - n_i n_j$，$J_{ij} = I_{ij} - \frac{1}{3} I_k^k g_{ij}$ $(1 \leq i,j,k \leq 3)$ である．h°_{ij} は大体 TT テンソルの形をしている：$\mathrm{tr}\, h^{\circ} = 0$, $h^{\circ}_{i4} = 0$．しかし $h^{\circ}_{ij;}{}^{j}$ は一般に十分小さくならない．m, d^i は時間変化が無視できることから波動への寄与はないと見なされ，m は単極部分，d^i は双極部分と呼ばれ I^{ij} が関与する部分を **4 重極**部分と言う．つまり重力波は 4 重極部分から始まり，4 重極モーメント I^{ij} が変化するとき，発生すると考えられている．

ここの議論は曖昧である．重力波のエネルギーの考察から説明する文献もある．ところが一般相対論の基本原理である等価原理から重力場のエネルギーは局所化できないという事情があり，その定式化は分かりにくい．そのため重力波のエネルギーについての解説は省く．しかし 4 重極公式と合わせて，連星が重力波を放射し，そのために生ずる公転周期の減少を理論的に計算することができ，しかも観測値がこの理論値と驚くほどに一致する連星が確認されている．重力波に対して懐疑的な研究者もいた（重力波を予言したアインシュタイン自身も一時期そうだった）が，この連星の発見で重力波の存在そのものは疑いないとされるようになった．重力波を直接捉えることは目下重要な研究と認められ，各国が巨費を投じて競っている．しかし理論的にはやはり 2 体問題の厳密解が欲しい．惑星の運動の解析は，場の方程式のニュートン近似を用いるよりも，シュヴァルツシルト解を用いる考察の方が説得力を持つと言うことを思い起こすと，また，そもそも線形近似自体が，本来非線形波動である重力波の記述のための方便であることを思い起こすと，上に述べた議論は少々心許無い．

例 2.60 (M,g) を $M \subset \mathbf{R}^4$，$g = p^2(e^{2q}dx^2 + e^{-2q}dy^2) + dz^2 - dt^2$ とする．ただし $p = p(u)$，$q = q(u)$，$u = t - z$．曲率を根気よく計算すれば，$\mathrm{Ric}_g = 0$ は次の条件 (i) と，そして g が平坦であるための条件は (i) かつ (ii) と同値であることが分かる．

$$\text{(i)} \quad p'' + (q')^2 p = 0, \qquad \text{(ii)} \quad 2p'q' + pq'' = 0$$

$q \neq 0$ を，$\operatorname{supp} q \subset [-1,1]$ で，$|q'| \ll 1$ のように取る．$u \leq -1$ で $p(u) = 1$ とすると，この領域で g は平坦である．(i) は p について線形常微分方程式であるから，$u \geq -1$ ではこの方程式の解として p を定義する．$u \geq 1$ では $p'' = 0$ なので，$p(u) = p'(1)(u-1) + p(1)$ である．よって $u = 1 - p(1)/p'(1)$ で計量 g は特異点を持つが，曲率を見ると平坦なので，この特異点は座標変換で解消できる．しかし簡単のため $M = \{u < 1 - p(1)/p'(1)\}$ とする．これは重力波の厳密解である．これが，z 軸の正の方向に光速で進むプラス偏極のパルス状の波動を表していることは明らかである．たいていの数学者はこの例だけでも，重力波の存在は十分明らかと考えるであろう．しかし物理学者にとっては，この例は単なる衒学的な，かつ現実的には起こりそうも無い例．と言うことで，話の決着はなかなかつかない．

重力波は電磁波（例 2.47）のアナロジーである．しかし大分違う．重力波の基本方程式は非線形だが電磁波の方程式は線形である．定性論だけでなく，定量的にも違う．陽子一つと電子一つの間の万有引力はクーロン力の 4.3×10^{-40} 倍である．この違いがいかに極端かは，銀河系の総質量が 2×10^{42} kg と言われていることと比較すれば分かる．重力は極めて弱い．これが重力波検出の困難さの大きな理由の一つとなっているようである．

2.14 特異点定理

これまで概ね 20 世紀前半までの相対論で扱われた題材を解説した．相対論的重力論にリーマン幾何が不可欠であったように，相対論と微分幾何学は関係が深い．ポアンカレによる先駆的な論考はしばしば話題にのぼる．比較的知られていない先行研究として 1870 年代のリーとラゲールの幾何学がある．これらは物理とは独立に数学上の問題から生まれた幾何学であるが，後に生まれるアインシュタインの静的モデル (2.11 節)，ミンコフスキー空間（2.9 節）について興味深い議論が展開されている．クラスカル図（図 2.5）をさらに洗練させたペンローズ図もその萌芽をリーとラゲールの幾何学に見出すことができる．アインシュタイン以後はこれを契機として，重力場として採用された接続の概念の見直し，リッチ曲率への関心の高まりなど幾何学に新たな研究の方向性を与えた．また事象の因果関係の構造は計量の共形構造と同じであること，あるいはナル測地線は助変数の取り方を無視すれば計量の共形類にのみ依存することから，計量の共形構造に対する興味をおこした．1918 年にワイルは共形接続を用いて重力場と電磁場の統一を試みている．1921 年のバッハによる論文は共形曲率についての論文であるが，その題名を見ると相対論の論文である．1924 年に，ブリンクマンは計量の共形変換でアインシュタイン計量がアインシュタイン計量に変換されるための条件についての研究を行っている．その他，相対論と何らかの関わりを持つ幾何学の研究論文は相当な数になる.

一方，相対論での進展は 1965 年に始まるペンローズの特異点定理が特に注目される．シュヴァルツシルト解，フリードマン–ロバートソン–ウォーカー時空，いずれも現実の宇宙に当てはめたとき，局所的，大域的の違いはあるものの非常にもっともらしい時空のモデルである．しかしどちらも特異点を持つ．前者はブラックホールの中に，後者は宇宙の始まりビッグバンにおいて．時空に特異性が生ずるのは，できれば避けたいことである．一時は，これらのモデルで特異点が生じるのは大きな対称性を仮定したからであり，現実の時空では対称性の揺らぎがあるので特異点は生じないと考える研究者もいた．アインシュタインもその一人であった．そのような中，ペンローズは対称性を仮定しない一般的かつ物理的に妥当な条件のもとで特異点の存在は避け得ないことを示した．ここではホーキングとペンローズによる結果を紹介する．それは次のような主張である．

(1) ローレンツ多様体 (M, g) の非空間的曲線は測地的に完備.
(2) 任意の時間的ベクトル V に対し，$\mathrm{Ric}_g(V, V) \geq 0$.
(3) 時間的な閉曲線は存在せず，閉じた捕捉面が存在する.

この 3 条件を満たす時空 (M, g) は存在しない.

ここで**閉じた捕捉面** (closed trapped surface) とは空間的閉曲面 S で，S から発した光の外向きフロント，内向きフロント，いずれも面積が S の面積よりも小さくなり収斂するときを言う．シュヴァルツシルト解のブラックホール，図 2.5 の領域 U_2 の点に対応する球面は閉じた捕捉面の例となっている．この定理の言わんとするところは，条件 (2), (3) は現実の時空にあてはまるものと考えられるので，条件 (1) の否定である．すなわち，有限時間で到達可能な特異点の存在を主張している．実際，現実の時空において，観測に基づく物理的考察により，定理の条件の妥当性を論ずることができる．その結果，対称性の条件なしにブラックホール内の特異点，そして時間を過去向きとして定理を使うと，ビッグバンの特異点の存在が導かれる．この定理の証明は述べないが，次のマイヤーズの定理と比較してみれば数学的側面の同質性が見えるであろう．

定理 2.61 (**マイヤーズ**, 1941) 次の条件がすべて満たされる正定値リーマン多様体 (M, g) は存在しない.

(1) (M, g) は測地的に完備.
(2) 正数 λ があって，$\mathrm{Ric}_g \geq \lambda g$.
(3) M の基本群は無限群.

マイヤーズの定理の読み方は，(1), (2) を仮定すれば基本群は有限群と言うことである．ホーキング–ペンローズの定理と読み方の違いはあるものの，このように並べると両者の類似は一目瞭然であろう．

この後の大きな出来事は，おそらくシェーンとヤウによる，**正質量予想**（positive mass conjecture）の解決（1979）であろう．続く節でこの問題の解説を行う．

2.15　正質量定理

2.10 節で触れたニュートンの重力理論を復習する．重力定数を 1 とする単位系で考える．3 次元空間 $\mathbf{R}^3$ の原点に質量 m_0 の物体があるときその周囲でスカラー場を $\phi(x) = -m_0/|x|$ とすることにより，重力場は $-\mathrm{grad}\,\phi = -(m_0/|x|^3)x$ のように表せる．質量 m_1 の別の質点の位置を x とするとき，その位置エネルギーは $m_1\phi(x)$ で，この質点が受ける力は $-m_1(\mathrm{grad}\,\phi)(x)$．したがってその大きさは $m_0m_1/|x|^2$ となり，これがニュートンの万有引力の法則である．ϕ を**重力ポテンシャル**と呼ぶ．質量密度 μ で物質が分布しているとき，ポテンシャル ϕ は重ね合わせ原理により $\Delta\phi = 4\pi\mu$ を満たすと考えられる．これをニュートンの重力場方程式と呼ぶ．一般の n 次元ユークリッド空間 $\mathbf{R}^n$ での**ニュートン方程式**は

$$\Delta\phi = |S^{n-1}|\mu \tag{2.45}$$

である．ここで $|S^{n-1}| = 2\pi^{n/2}/\Gamma(n/2)$ は $(n-1)$ 次元単位球面の面積を表す．以下では $n \geq 3$ を仮定する．δ_0 で原点でのディラックのデルタ関数を表すとき $\mu = m_0\delta_0$ に対し，

$$\phi(x) = -\frac{m_0}{n-2}|x|^{2-n} \tag{2.46}$$

は式 (2.45) の解になっている．以下では質量密度 μ を**局所質量**（local mass）と呼ぶ．ポテンシャル ϕ は方程式 (2.45) から一意的には定まらないので，まず $\lim_{|x|\to\infty}\phi(x) = 0$ を仮定する．さらに

$$\phi(x) = -\frac{a}{n-2}|x|^{2-n} + \alpha, \quad \alpha = O(|x|^{1-n}),\ |\partial\alpha| = O(|x|^{-n}), \quad |x| \to \infty$$

を仮定すると，広義積分 $\int_{\mathbf{R}^n}\Delta\phi\,dx = \lim_{R\to\infty}\int_{|x|\leq R}\Delta\phi\,dx$ は収束し $\int_{\mathbf{R}^n}\Delta\phi\,dx = |S^{n-1}|a$ が得られる．したがってニュートン方程式 (2.45) より総質量 $\int_{\mathbf{R}^n}\mu\,dx$ は a に等しい．この計算は次の定義を導く．

定義 2.62　$\phi \in C^\infty(\mathbf{R}^n)$ に対して

$$m(\phi) = \frac{1}{|S^{n-1}|}\lim_{R\to\infty}\int_{S_R}\partial_\nu\phi\,d\sigma_R$$

をポテンシャル ϕ の**全質量**（total mass）という．S_R は原点中心半径 R の $(n-1)$ 次元球面，$d\sigma_R$ はその面積要素，ν は S_R の外向き単位法線ベクトルを表す．

積分 $\int_{S_R} \partial_\nu \phi \, d\sigma_R$ は

$$\phi(x) = O(|x|^{2-n}), \quad |\partial\phi(x)| = O(|x|^{1-n}), \quad (|x| \to \infty) \tag{2.47}$$

のとき R に関して有界となるので $\Delta\phi \geq 0$ などの条件を加えれば全質量は確定する．以上の設定のもとにニュートン理論での正質量定理が次のように述べられる．

定理 2.63（**正質量定理**） (1) 局所質量 $\mu \geq 0$ ならば全質量 $m(\phi) \geq 0$.
(2) さらに $m(\phi) = 0$ ならば $\phi = 0$.

(1) はニュートン方程式から $m(\phi) = \int_{\mathbf{R}^n} \mu \, dx$ が得られることより分かる．(2) の証明で調和関数の大域的な性質を用いる．

この議論を一般相対論すなわちアインシュタインの重力理論で行いたい．はじめに 2.11 節のシュヴァルツシルト解を思い出す．時空の次元を一般に $n+1$ としたときその計量は次のように与えられる．

$$-\left(1 - \left(\frac{r_S}{r}\right)^{n-2}\right) dt^2 + \left(1 - \left(\frac{r_S}{r}\right)^{n-2}\right)^{-1} dr^2 + r^2 g_{S^{n-1}} \tag{2.48}$$

ここで $g_{S^{n-1}}$ は $(n-1)$ 次元単位球 S^{n-1} のリーマン計量を表し，

$$r_S = \left(\frac{2m_0}{n-2}\right)^{\frac{1}{n-2}} \tag{2.49}$$

を**シュヴァルツシルト半径**という．$B = \{x \in \mathbf{R}^n | \ |x| \leq r_S\}$ とし，$\mathbf{R}^n \setminus B \simeq (r_S, \infty) \times S^{n-1}$ のリーマン計量

$$g = \left(1 - \left(\frac{r_S}{r}\right)^{n-2}\right)^{-1} dr^2 + r^2 g_{S^{n-1}} = \left(1 - \frac{2m_0}{n-2} r^{2-n}\right)^{-1} dr^2 + r^2 g_{S^{n-1}} \tag{2.50}$$

に注目する．ここで $x \in \mathbf{R}^n$ に対して $r = |x|$ とした．これはシュヴァルツシルト時空の空間的スライスである．一般相対論では計量が重力ポテンシャルに相当すると考えるが，この計量 (2.50) とニュートンポテンシャル (2.46) との類似は明らかである．$\mathbf{R}^n$ の標準座標 $(x^1, \ldots, x^n)$ を用いて $g = g_{ij} dx^i dx^j$ のように成分表示すると

$$g_{ij} - \delta_{ij} = O(|x|^{2-n}), \quad |\partial g_{ij}| = O(|x|^{1-n}), \quad |\partial^2 g_{ij}| = O(|x|^{-n}), \quad |x| \to \infty \tag{2.51}$$

である．この条件を満たすリーマン計量 g は**漸近平坦**（asymptotically flat）であると言う．第 3 の条件式から曲率も無限遠で 0 に近づく．計量 (2.50) から質量 m_0 を

抽出する方法は定義 2.62 ほど容易ではない．次はアーノウィット，デサー，ミスナー (1960) による．

定義 2.64　漸近平坦計量 g に対して

$$m(g) = \frac{1}{2(n-1)|S^{n-1}|} \lim_{R\to\infty} \int_{S_R} \sum_{i,j} (\partial_i g_{ij} - \partial_j g_{ii}) \nu_j \, d\sigma_R$$

を g の **ADM 質量**という．ここで $\nu_j = x^j/r$ は S_R の外向き法線ベクトルの成分．計量 (2.50) に対して $m(g) = m_0/(n-2)$ である．

補題 2.65　g が漸近平坦のとき正定数 λ に対して $\lambda^2 g$ も漸近平坦で，$m(\lambda^2 g) = \lambda^{n-2} m(g)$.

例 2.66　$g_{ij} = (1 + a|x|^{2-n} + \alpha)^{4/(n-2)} \delta_{ij}$ (a は定数，$\alpha = O(|x|^{1-n})$, $\partial\alpha = O(|x|^{-n})$) のとき $m(g) = 2a$.

補題 2.67　$\rho_0 = (m_0/2(n-2))^{1/(n-2)} = 2^{-2/(n-2)} r_S$，$dx^2 = \delta_{ij} dx^i dx^j$ とする．このとき

$$\begin{aligned} g_S &= \left(1 + \frac{m_0}{2(n-2)}|x|^{2-n}\right)^{\frac{4}{n-2}} dx^2 \\ &= \left(1 + \left(\frac{\rho_0}{\rho}\right)^{n-2}\right)^{\frac{4}{n-2}} (d\rho^2 + \rho^2 g_{S^{n-1}}) \end{aligned} \tag{2.52}$$

は $\rho = |x| > \rho_0$ の範囲で式 (2.50) の計量 g と等長的で $m(g_S) = m_0/(n-2)$.

証明. $r = \rho\left(1 + (\rho_0/\rho)^{n-2}\right)^{2/(n-2)}$，すなわち

$$\left(\frac{r}{r_S}\right)^{n-2} = \left(\frac{\left(\frac{\rho}{\rho_0}\right)^{\frac{n-2}{2}} + \left(\frac{\rho}{\rho_0}\right)^{-\frac{n-2}{2}}}{2}\right)^2$$

の変数変換を式 (2.50) に施して g_S が得られる（上式の右辺 ≥ 1 に注意）．$m(g_S) = m_0/(n-2)$ は例 2.66 による．　□

定義 2.68　n 次元完備リーマン多様体 (M, g) は次の条件を満たすとき漸近平坦であるという．

(i) あるコンパクト集合 $K \subset M$ の補集合 $M \setminus K$ は $\mathbf{R}^n \setminus B$ と微分同相．ここで B は $\mathbf{R}^n$ の原点中心のある球体.

(ii) この微分同相を通して $g|\mathbf{R}^n \setminus B$ はすでに述べた意味で漸近平坦．すなわち条件 (2.51) をみたす．

(iii) スカラー曲率 R_g は可積分．すなわち積分 $\int_M |R_g|\,d\mu_g$ は収束する．

漸近平坦空間 (M,g) の**全質量**を $m(g) = m(g|\mathbf{R}^n \setminus B)$ （右辺は定義 2.64 による）で定義する．

条件 (iii) は $m(g)$ が収束するための技術的な条件である．$m(g)$ は漸近平坦条件 (2.51) のもとに g のアファイン関数．したがって g に関して滑らかである．補題 2.67 が具体計算例となっているように，一般に次が示される．

命題 2.69　漸近平坦空間 (M,g) の全質量 $m(g)$ は条件 (i) の微分同相写像の取り方によらない．

次に局所質量を考えたい．超球面 S_R は内部領域 U の境界 $S_R = \partial U$ で，計量 g が U に拡張されると考えれば，形式的には

$$\int_{S_R} \sum_{i,j} (\partial_i g_{ij} - \partial_j g_{ii}) \nu_j \, d\sigma_R = \int_U \sum_{i,j} (\partial_j \partial_i g_{ij} - \partial_j \partial_j g_{ii}) dx. \tag{2.53}$$

スカラー曲率の変形公式から

$$\sum_{i,j} (\partial_j \partial_i g_{ij} - \partial_j \partial_j g_{ii}) = R_g + O(|x|^{2(1-n)}). \tag{2.54}$$

この計算は命題 2.69 とも関係するが，それはともかくスカラー曲率 R_g が局所質量の役割を持つと考えてよさそうである．しかし相対論での重力理論は (M,g) を空間的超曲面として含む $(n+1)$ 次元時空 $(N,\hat{g})$ で考える必要がある．以下等長埋め込み $(M,g) \subset (N,\hat{g})$ を仮定する．$(N,\hat{g})$ のエネルギーテンソル T はアインシュタイン方程式より正の普遍定数倍を無視すれば $\mathrm{Ric}_{\hat{g}} - \frac{R_{\hat{g}}}{2}\hat{g} = T$ をみたす．$x \in M$ における局所質量すなわち質量密度は $T(\xi,\xi)$, $\xi \in T_xN$, $\hat{g}(\xi,\xi) = -1$ で表されるがこれは点 x だけでなく観測者 ξ にも依存する．そこで以下では ξ は M の単位法線ベクトルとする．埋め込み $M \subset N$ の第 2 基本形式を h とする．すなわち M の接ベクトル X, Y に対して $\hat{\nabla}_X Y = \nabla_X Y + h(X,Y)\xi$．ガウス–コダッチ方程式を用いて

$$\begin{aligned} T(\xi,\xi) &= \left(\mathrm{Ric}_{\hat{g}} - \frac{R_{\hat{g}}}{2}\hat{g}\right)(\xi,\xi) = \frac{1}{2}\left(R_g + (\mathrm{tr}\,h)^2 - |h|^2\right) \\ &= \frac{1}{2}\left(R_g + ({h^i}_i)^2 - h^{ij}h_{ij}\right), \\ T(X,\xi) &= \left(\mathrm{Ric}_{\hat{g}} - \frac{R_{\hat{g}}}{2}\hat{g}\right)(X,\xi) = (\mathrm{div}\,h - d\,\mathrm{tr}\,h)(X) = ({h^i}_{j;i} - {h^i}_{i;j})X^j. \end{aligned} \tag{2.55}$$

この計算結果は思いのほかすっきりしている．次のようにさらに簡潔にまとめられる．

$$T \cdot \xi = -\frac{1}{2}\left(R_g + (\operatorname{tr} h)^2 - |h|^2\right)\xi + (\operatorname{div} h - d \operatorname{tr} h) \tag{2.56}$$

局所質量あるいは局所エネルギーはエネルギーテンソル T から読み取る以外に方法はないが，その積分が全質量となるような量を取り出すことはできそうもない（実際，無理であることが示される）．それでもなお局所質量の非負性は 2.6 節で述べた優エネルギー条件と考えるのが妥当であろう．優エネルギー条件の主要な部分は $(e_1, \ldots, e_n)$ を T_xM の正規直交枠とするとき次のように表せる．

$$T(\xi, \xi) \geq \sqrt{\sum_i |T(e_i, \xi)|^2} \tag{2.57}$$

シュヴァルツシルト解は静的なためエネルギーの移動を考えなかったが一般には運動量も関係する．全質量の定義 2.68，式 (2.53), (2.54) と上の式 (2.55) からの類推で全運動量を次のように定義する．

定義 2.70 $M \setminus K$ で $h_{ij} = O(|x|^{1-n})$，$|\partial h_{ij}| = O(|x|^{-n})$ を仮定する．

$$p(h) = \frac{1}{(n-1)|S^{n-1}|}\sum_i \left(\lim_{R\to\infty}\int_{S_R}\sum_j \left(h_{ij} - \delta_{ij}\sum_k h_{kk}\right)\nu_j \, d\sigma_R\right)\partial_i$$

を**全運動量ベクトル**という．

以上の準備で問題の輪郭を述べることができる．「局所質量」そのものには数学的な定義を与えない．つまり文脈に応じて様々な言い換えが可能．しかし「局所質量の非負性」はエネルギーテンソルの優エネルギー条件と考える．「全質量の非負性」は優エネルギー条件 (2.57) にならって $m(g) \geq |p(h)|$ と考える．局所質量の非負性から全質量の非負性を導くこと．さらにこのとき全質量 $m(g)$ が 0 ならば (M, g) はユークリッド空間，さらに $(N, \hat{g})$ がミンコフスキー時空であることを示すこと．これが**正質量問題**あるいは**正エネルギー問題**と呼ばれる問題である．M を時空 N の空間的初期超曲面として，計量 g を初期値，第 2 基本形式 h を計量の時間微分の初期値と見なして $\hat{g}$ に関するアインシュタイン方程式のコーシー問題を考えれば，正質量問題が単に M の平坦性だけでなく時空 N の平坦性まで問うことの意味が了解される．エネルギー 0 の条件がリッチ曲率の条件であるにもかかわらず，すべての曲率が 0 であることまで期待できるのは，漸近平坦性という大域的な条件から来る．定理 2.63 でのニュートン方程式 (2.45) の役割は明快である．ここに述べた問題でのアインシュタイン方程式は式 (2.55)，あるいはこれと等価な式 (2.56) に集約される．

$M \subset N$ の第2基本形式まで関係しているので問題の述べ方が複雑になっている．M が N の極大超曲面，すなわち平均曲率0の超曲面，またはこの条件を仮定しても一般性が失われないことを保証する別の議論があれば，$T(\xi,\xi)=\frac{1}{2}(R_g-|h|^2)$ としてよいので，式 (2.57) から $R_g \geq 0$ を得る．これを局所質量の非負性条件とし，全質量の非負性も単に $m(g) \geq 0$ とすれば問題はすっきりした形になる．この簡約された問題を**正質量問題**，一般の場合を**正エネルギー問題**と用語を使い分けることがある．本節の表題である正質量定理は次の定理を指す．

定理 2.71（正質量定理） (M,g) は漸近平坦で，$n=\dim M \geq 3$ とする．

(1) $R_g \geq 0$ ならば $m(g) \geq 0$.
(2) $R_g \geq 0$ かつ $m(g)=0$ ならば (M,g) はユークリッド空間 $\mathbf{R}^n$ に等長的.

この定理は1979年にシェーン–ヤウが $n=3$ の場合に証明を与え，その方法は $n=\dim M \leq 7$ まで有効である．その後1981年にウィッテンが M がスピン多様体の場合に証明を与えた．残る場合についてはローカンプの研究が注目されている．さらに最近（2017），シェーンとヤウは次元の制限なしに一般の場合の証明を発表している．

物理的に自然な次元の条件 $n=3$ に限らず研究が進められていることには別の動機もある．1984年にシェーンは，コンパクト n 次元共形多様体 (M,C) に対する**山辺の共形不変量** $\mu(M,C)$ がユークリッド球面 (S^n,C_0) のそれと等しいならば $(M,C)=(S^n,C_0)$ であることが一般の正質量定理から導けることを示す論文を発表した．この結果はスカラー曲率に関する**山辺の定理**（1960）の証明の完成につながった（1980年代）．一般の正質量定理が証明されれば山辺の定理もより洗練されたものになる．相対論に始まる問題が物理的現実から離れて純粋に幾何学の問題の解決を導いたことは画期的であった．

正質量定理のシェーン–ヤウによる証明は安定極小超曲面を用いる．空間 $\mathbf{R}^3$ 内に閉曲線 Γ が与えられたとき，Γ を境界とする面積最小曲面は，石鹸膜の実験をすればその存在は確かなものと考えられる．しかし数学的な存在証明は難しく**プラトーの問題**と呼ばれていたが，1930年にダグラスとラドーによって解かれた．しかしダグラス–ラドーの解に特異点がないことが示されたのは1970年代のオッサーマン以後の研究による．ユークリッド空間 $\mathbf{R}^3$ ではなく一般の漸近平坦空間 (M,g) でプラトーの問題を考える．境界は $(n-2)$ 次元球面 $\Gamma_r=\{x=(x^1,\ldots,x^n) \in M \setminus K|\ \sum_{i=1}^{n-1}(x^i)^2=r^2, x^n=0\}$（右辺の記号は定義2.68の通り．技術的な理由により座標 x^n の値は0以外にもある程度動き得るようにしておく）とし，Γ_r を境界とする面積最小超曲面を $\tilde{M}_r$ とする．$r \to \infty$ の極限として境界のない完備な超曲面 $\tilde{M}$ を得る．この議論で用いる**幾何学的測度論**（geometric measure theory）の一般

論によれば $\tilde{M}$ に余次元 7 の特異性が生じる可能性があるので，$(n-1)-7<0$，つまり $n \leq 7$ でないと続く議論に支障をきたす．特異性の問題を無視すれば得られた超曲面 $\tilde{M}$ は次の性質を持つことがわかる：$\tilde{M}$ は漸近平坦空間で，かつ M の安定極小超曲面．すなわち平均曲率が 0 で，面積の変分問題の解と考えたとき極小性条件をみたす．安定性条件は次のように表される．

$$\int_{\tilde{M}} \left(|df|^2 + \frac{1}{2} \left(R_{g'} - R_g - |\sigma|^2 \right) f^2 \right) d\mu_{g'} \geq 0, \quad f \in C_0^{\infty}(\tilde{M}) \tag{2.58}$$

ここで $g' = g|\tilde{M}$ は $\tilde{M}$ の第 1 基本形式，σ は第 2 基本形式を表す．$R_g \geq 0$ を仮定しているので，この条件から $R_{g'} \geq 0$ が導けそうだが，これは早計で，スカラー曲率が非負となるように計量 g' を共形的に計量 $\tilde{g}$ に改変するためもう一工夫必要である．さらにこうして得られる $(n-1)$ 次元漸近平坦空間 $(\tilde{M}, \tilde{g})$ の全質量については，仮定の条件を否定して $m(g) < 0$ とすれば $m(\tilde{g}) < 0$ が示される．あとは次元に関する帰納法で矛盾を導き $m(g) \geq 0$ を得る．

証明の困難さはスカラー曲率にあり，これがリッチ曲率の問題であれば極小超曲面ではなくより簡明な測地線を用いる議論でも対応できる．実際 2.14 節の特異点定理は測地線の第 2 変分公式が主要な証明技法となっている．一方リッチ曲率の問題は調和 1 形式に関するボホナーの積分公式も有効な方法で，上に述べた正質量定理もスカラー曲率条件をリッチ曲率条件に置き換えればボホナー公式の応用として証明できる．その概略は次の通り：M の無限遠での $\mathbf{R}^n$ の標準座標 (x^i) は一般に調和的でないが，これら座標成分それぞれに漸近的な調和関数 $y^1, \ldots, y^n$ を考える（これは偏微分方程式の問題でその存在は自明ではない）．$\eta^i = dy^i$ は調和 1 形式であり，これらに対してボホナーの積分公式を計算すると，$m(g)$ が $\sum_i \int_M (|\nabla \eta^i|^2 + \mathrm{Ric}_g(\eta^i, \eta^i))$ と同符号であることが分かる．したがって $\mathrm{Ric}_g \geq 0$, $m(g) = 0$ ならば $\nabla \eta^i = 0$ となり，これから (y^i) はユークリッド座標，したがって M がユークリッド空間 $\mathbf{R}^n$ であることが示される．シェーン–ヤウによる定理 2.71 (2) の証明は，限界条件 $m(g) = 0$ からリッチ曲率が 0 となることを導き，このボホナーの方法を用いてユークリッド空間の特定へと議論を進める．

ウィッテンによる証明はボホナー公式（広い意味で使うときにはワイツェンベック公式と呼ぶのが習慣）型の証明である．正エネルギー問題に適合する形でその証明の概略を以下に述べる．

$n \geq 3$ のとき直交群 $SO(n)$ の基本群の位数は 2 で，その 2 重被覆群 $\mathrm{Spin}(n)$ を**スピン群**と言う．(M, g) は向き付けられているとし，接空間の正の向きの正規直交枠のなす $SO(n)$ 主束 $P \to M$ の全空間の 2 重被覆をとって $\mathrm{Spin}(n)$ 主束 $\tilde{P} \to M$ が得られるとき M を**スピン多様体**と言う．このような P の 2 重被覆 $\tilde{P}$ をとることはいつでも可能というわけではなく（たとえば M が複素射影平面 $\mathbf{CP}^2$ のとき），多様体 M

の位相に制限がつく．スピン群の表現の考察からスピン多様体には**スピナー束**とよばれるエルミートベクトル束 $S \to M$ が付随する．S の要素を M の**スピナー** (spinor) と呼ぶ．S の切断すなわちスピナー場の全体を $\Gamma(S)$ と書く．計量 g の定める M の接ベクトル空間のクリフォード代数はスピナーに作用し，特に M の接ベクトル X とスピナー ψ の積 $X\psi$ がスピナーとして定義される．さらに計量 g のレヴィ＝チヴィタ接続 ∇ はスピナー束の接続を誘導し，これも同じ記号 ∇ で表す．**ディラック作用素** $\not{D}\colon \Gamma(S) \to \Gamma(S)$ が

$$\not{D}\psi = \sum_i e_i \nabla_{e_i} \psi, \quad (e_i) \in P \tag{2.59}$$

で定義される．ディラック作用素は $-\not{D}^2$ がラプラス作用素 Δ になるような 1 階微分作用素として考案されたものだが，正確には次のようにスカラー曲率 R_g の補正項がつく．

$$\not{D}^2 \psi = -\Delta\psi + \frac{1}{4} R_g \psi \tag{2.60}$$

ここで $\Delta = -\nabla^* \nabla$ であり，∇^* は ∇ の形式的随伴作用素を表す．これはリシュネロヴィッツ (1963) による公式でスピン幾何で最も基本的な公式であろう．ウィッテンはディラック作用素に用いる接続を，時空 N の接続，計量 g のレヴィ＝チヴィタ接続に第 2 基本形式 h の 0 階項も加えたものを用い，この新たなディラック作用素に対して議論を進めた．正確には N の接束 TN を M に制限した $TN|M$ の枠束から話をやり直す必要があるがここでは省略する．この新たな接続，ディラック作用素もそれぞれ同じ記号 ∇, $\not{D}$ で表す．リシュネロヴィッツ公式 (2.60) にあたるものは

$$\begin{aligned} &\not{D}^2 \psi = -\Delta\psi + q(\psi), \\ &q(\psi) = \frac{1}{2}\left(T(\xi,\xi)\psi + \sum_i T(\xi, e_i)\xi e_i \psi \right) = -\frac{1}{2}(T\cdot\xi)\xi\psi \end{aligned} \tag{2.61}$$

となる．ここでアインシュタイン方程式 (2.55), (2.56) を用いた．

$$\langle q(\psi), \psi \rangle \geq \frac{1}{2}\left(T(\xi,\xi) - \sqrt{\sum_i |T(\xi, e_i)|^2} \right) |\psi|^2 \tag{2.62}$$

に注意する．ユークリッド空間 $\mathbf{R}^n$ で大きさ 1 の定スピナー場 s_0 を考える．(M, g) の漸近平坦性から無限遠で漸近的に s_0 となるようなスピナー場 ψ_0 で $\not{D}\psi_0 = 0$ となるものを一意的に指定できる．ここで ψ_0 の存在に偏微分方程式の解析が必要となる．この証明の中で最も重い部分であるが線形方程式なのでシェーン–ヤウの証明で用いる極小超曲面の解析ほどではない．この ψ_0 を用いると，手間のかかる計算をへて

$$\int_M \left(|\nabla\psi_0|^2 + \langle q(\psi_0), \psi_0\rangle\right) d\mu_g = |S^{n-1}|\left(m(g) - |p(h)|\right) \tag{2.63}$$

が得られる．よって局所質量の非負性 (2.57) と式 (2.62) から全質量の非負性 $m(g) \geq |p(h)|$ が得られる．このとき全質量 $m(g)$ が 0 ならばスピナー ψ_0 は平行，すなわち $\nabla\psi_0 = 0$ となる．これはスピナー束 $S \to M$ が平行なスピナー場で自明化されることを意味する．さらにこの自明化は $\mathrm{Spin}(n)$ 主束 $\tilde{P} \to M$ の平行な大域切断を与えるので，$P \to M$ についても同様の自明化が与えられる．このようにして (M, g) がユークリッド空間に等長的であることが示される．

再びシュヴァルツシルト時空 (2.48), $m_0 \geq 0$ を考える．シュヴァルツシルト時空は t を時間変数と考えて導出した（2.11 節）が，$t =$ 一定 として得られる計量 (2.50) は $r = r_S$ で発散し，$r < r_S$ では正定値にもなっていない．$r = r_S$ を事象の地平と呼び，その内部は外部からは見ることができず，これがブラックホールの名前の由来であった．したがって計量 (2.50) は $r > r_S$ の範囲でのみ空間を記述している．$r \to r_S$ としたときの発散は見かけの発散であることを 2.11 節で論じたが，ここでは補題 2.67 をもとに話を進める．$\rho_0 = (m_0/2(n-2))^{1/(n-2)} = 2^{-2/(n-2)} r_S$, $M_S = \{x \in \mathbf{R}^n |\ |x| \geq \rho_0\}$ として，境界付きリーマン多様体 (M_S, g_S) を**シュヴァルツシルト空間**と呼ぶ．ここで g_S は式 (2.52) で与えられる計量．次の命題はシュヴァルツシルト空間の形状の直観的な理解の助けになる．

命題 2.72　(M_S, g_S) はユークリッド空間 $\mathbf{R}^{n+1}$ の超曲面 $\{(X, Y) \in \mathbf{R} \times \mathbf{R}^n |\ |Y| = r(X), X \geq 0\}$ に等長的．ここで

$$\frac{dr}{dX} = \sqrt{\left(\frac{r}{r_S}\right)^{n-2} - 1}, \quad r(0) = r_S.$$

$n = 2$ のとき $r(X) = r_S$，$n = 3$ のとき $r(X) = \frac{X^2}{4r_S} + r_S$，$n = 4$ のとき $r(X) = r_S \cosh \frac{X}{r_S}$ である．

続く考察では次の命題が重要となる．

命題 2.73　$\Sigma_0 = \partial M_S = \{x \in \mathbf{R}^n |\ |x| = \rho_0\}$ とする．

(i) $\Sigma_0 \subset \mathbf{R}^n \setminus \{0\}$ に関する反転 $x \mapsto {\rho_0}^2 x/|x|^2$ で計量 g_S は不変．
(ii) $\Sigma_0 \subset \mathbf{R}^n \setminus \{0\}$ は g_S に関して全測地的．よって平均曲率 0.
(iii) Σ_0 は同心球の中で最小の面積を持ち，その面積は $|\Sigma_0| = \left(\frac{2m_0}{n-2}\right)^{\frac{n-1}{n-2}} |S^{n-1}|$.
(iv) Σ_0 は $(\mathbf{R}^n \setminus \{0\}, g_S)$ の唯一つの閉極小超曲面．

証明．ユークリッド計量を極座標表示で $dx^2 = d\rho^2 + \rho^2 g_{S^{n-1}}$ のように書く．$u(\rho) = \log\rho - \log\rho_0$，すなわち $e^u = \rho/\rho_0$ の変数変換をすると

$$g_S = r_S^2 \left(\cosh \frac{n-2}{2} u\right)^{\frac{4}{n-2}} \left(du^2 + g_{S^{n-1}}\right), \quad r_S = \left(\frac{2m_0}{n-2}\right)^{\frac{1}{n-2}} = 2^{\frac{2}{n-2}} \rho_0. \tag{2.64}$$

(i) の反転は $u \mapsto -u$ の変換であるから g_S は不変（$n = 3$ のときの (i) は命題 2.55 ですでに述べた）．したがって (ii) は明らか．$|x| = \rho_0$ は $u = 0$ と同値であるから $|\Sigma_0| = r_S^{n-1}|S^{n-1}|$ となり (iii) の等式が得られる．$\Sigma(\rho) = \{x \in \mathbf{R}^n \setminus \{0\} | \, |x| = \rho\}$ と書くと，式 (2.64) よりその面積は

$$\begin{aligned} |\Sigma(\rho)| &= r_S^{n-1} \left(\cosh \frac{n-2}{2} u(\rho)\right)^{\frac{2(n-1)}{n-2}} |S^{n-1}| \\ &= |\Sigma_0| \left(\cosh \frac{n-2}{2} u(\rho)\right)^{\frac{2(n-1)}{n-2}}. \end{aligned} \tag{2.65}$$

これより $\Sigma_0 = \Sigma(\rho_0)$ の同心球の中での面積の最小性が分かる．$\Sigma(\rho)$ が平均曲率一定超曲面であることは対称性から明らかで，その平均曲率は面積の第 1 変分公式から $H = -\frac{1}{(n-1)|\partial_\rho|} \frac{d}{d\rho} \log |\Sigma(\rho)|$ で与えられる．ここで $|\partial_\rho| = \sqrt{g_S(\partial_\rho, \partial_\rho)}$. 計算の結果は

$$H = -\frac{1}{\rho|\partial_\rho|} \tanh \frac{n-2}{2} u(\rho) = -\frac{1}{|\partial_u|} \tanh \frac{n-2}{2} u \tag{2.66}$$

となり平均曲率ベクトル（その方向に超曲面を微小変形すると面積は減少する）は $-\rho^{-1}|\partial_\rho|^{-2}(\tanh \frac{n-2}{2} u(\rho))\partial_\rho = -|\partial_u|^{-2}(\tanh \frac{n-2}{2} u)\partial_u$. したがって Σ を $(\mathbf{R}^n \setminus \{0\}, g_S)$ の任意の閉極小超曲面とするとき，Σ 上で $u(\rho)$ が最大・最小となる点での平均曲率の絶対値はその点で Σ に接する $\Sigma(\rho)$ の平均曲率の絶対値以上であることが分かる．よって $u(\rho) = 0$. これは $\Sigma \subset \Sigma_0$ を意味するので (iv) が示された． □

これまでの議論では質量 m_0 が計量 g_S の漸近挙動から読み取れること（定義 2.64）が要点であったが，上の命題によれば

$$m(g_S) = \frac{m_0}{n-2} = \frac{1}{2} \left(\frac{|\Sigma_0|}{|S^{n-1}|}\right)^{\frac{n-2}{n-1}} \tag{2.67}$$

のように無限遠でなく，M_S の境界の大きさからも読み取れる．これはブラックホールの大きさとその質量の間の関係式と見ることができる．

n 次元漸近平坦空間 (M, g) の極小超曲面 Σ は，その外側すなわち無限遠側に Σ を包み込むような別の閉極小超曲面がない，すなわち Σ 以外の閉極小超曲面によって Σ と無限遠が分離できないとき，**最外** (outermost) であるという．上の命題の (iv) から Σ_0 は M_S の最外極小超曲面である．最外極小超曲面 $\Sigma \subset M$ に対する等周不等式風な次の不等式を**ペンローズ不等式**という．

$$m(g) \geq \frac{1}{2}\left(\frac{|\Sigma|}{|S^{n-1}|}\right)^{\frac{n-2}{n-1}} \tag{2.68}$$

2.11 節で考察したようにブラックホールは $n+1$ 次元時空の構造，特にその共形構造から判断されるものであって，n 次元空間的切片 (M,g) だけからその範囲を定めることには困難がある．命題 2.73 だけでは根拠として十分でないが，ここでは最外極小超曲面がブラックホールを範囲付けるものと考える．その内部は外部からは見えないので切り捨てて，最外極小超曲面を境界 ∂M として M を区切る．切り捨てたブラックホールの保持する質量は $\Sigma = \partial M$ として式 (2.68) の右辺が表すと考え，一方 (M,g)，すなわちブラックホールの外部に局所質量の非負性を仮定すれば，これも全質量 $m(g)$ に寄与するであろうから，$\Sigma = \partial M$ に対して不等式 (2.68) が成立するであろう．これをペンローズ予想という（1973）．正質量定理はこの予想の特別な場合となる．次はその簡約版で**リーマン的ペンローズ予想**と呼ばれる．

予想 2.74（**ペンローズ**）　(M,g) は境界付き漸近平坦空間で，その境界 ∂M は最外極小超曲面とする．

(1) $R_g \geq 0$ ならば $\Sigma = \partial M$ に対してペンローズ不等式 (2.68) が成立する．
(2) このときペンローズ不等式の等号条件は，(M,g) がシュヴァルツシルト空間 (M_S, g_S) と等長的であること．

2000 年頃，フイスケンとイルマネン，続いてブレイが $n=3$ の場合にこの予想の証明を与えたことはこの方面の研究での大きな進歩であった．n 次元リーマン多様体 (M,g) の閉超曲面 Σ に対して

$$m_{\text{ins}}(\Sigma) = \frac{1}{2}\left(\frac{|\Sigma|}{|S^{n-1}|}\right)^{\frac{n-2}{n-1}}\left(1-\left(\frac{1}{|S^{n-1}|}\int_\Sigma |H|^{n-1}d\sigma\right)^{\frac{2}{n-1}}\right) \tag{2.69}$$

と置く．ここで H は Σ の平均曲率，$d\sigma$ は Σ の面積要素を表す．式 (2.65), (2.66) から次を得る．

補題 2.75　シュヴァルツシルト空間の超曲面 $\Sigma(\rho) \subset (M_S, g_S)$ を $\Sigma(\rho) = \{x \in \mathbf{R}^n \setminus \{0\} \mid |x| = \rho\}$ とする．すべての $\rho \geq \rho_0$ に対して $m_{\text{ins}}(\Sigma(\rho)) = m_{\text{ins}}(\Sigma_0) = m(g_S)$.

この補題は $m_{\text{ins}}(\Sigma)$ が Σ の内部，すなわち Σ が囲む部分の総質量と関係することを示唆する．$n=3$ のとき $m_{\text{ins}}(\Sigma)$ は**ホーキング質量**（1968）と呼ばれ

$$m_H(\Sigma) = \frac{1}{2}\sqrt{\frac{|\Sigma|}{4\pi}}\left(1-\frac{1}{4\pi}\int_\Sigma H^2\,d\sigma\right) \tag{2.70}$$

のように書かれる．これを質量と見なすことによるさまざまな研究があり，ペンローズ予想とも密接な関係がある．このアイデアはフイスケン–イルマネンの逆平均曲率

流の方法と合わせて，3 次元実射影空間 $\mathbf{R}\mathrm{P}^3$ の**山辺数**（**山辺不変量**とも呼ばれる）を決定する際に用いられた（ブレイ–ニヴズ，2004）．ここでも幾何学の問題の解決に相対論での考察が重要であったことは印象的である．シュヴァルツシルト空間がどのように実射影空間と関係するかの仕組みを述べておく．命題 2.73 (i) で反転による g_S の不変性を述べたが

$$\sigma\colon \mathbf{R}^n \setminus \{0\} \to \mathbf{R}^n \setminus \{0\}; x \mapsto -{\rho_0}^2 \frac{x}{|x|^2}$$

に関しても計量 g_S は不変である．この対合 σ は不動点を持たず，σ による商空間 $(\mathbf{R}^n\setminus\{0\})/\langle\sigma\rangle$ は境界を持たない多様体になる．自然な写像 $M_S \to (\mathbf{R}^n\setminus\{0\})/\langle\sigma\rangle$ は全射で，$M\setminus\partial M$ においては単射，$\partial M = \Sigma_0$ では対蹠点の対が同一の点にうつり ∂M の像は $\mathbf{R}\mathrm{P}^{n-1}$ に同相である．つまり $(\mathbf{R}^n \setminus \{0\})/\langle\sigma\rangle$ は $\Sigma_0/\langle\sigma\rangle \simeq \mathbf{R}\mathrm{P}^{n-1}$ を例外因子とする $\mathbf{R}^n$ のブローアップと見なすことができる．位相的には $(\mathbf{R}^n \setminus \{0\})/\langle\sigma\rangle = \mathbf{R}^n \# \mathbf{R}\mathrm{P}^n$ すなわち $\mathbf{R}\mathrm{P}^n$ から一点を除いたものとなっている．

ホーキング質量 (2.70) に現れる $\int_\Sigma H^2\, d\sigma$ が閉曲面のはめ込みの**ウィルモア汎関数**であることに注意したい．ユークリッド空間で $\int_\Sigma H^2\, d\sigma$ を最小化するトーラスについての**ウィルモア予想**（1965）がマルケとニヴズによって証明されたことは 2010 年代の幾何学の注目すべき成果として話題となった．式 (2.69) の右辺の平均曲率積分の項が一般次元のウィルモア汎関数の類似となっていることもまた興味深い．

あとがき[*1]

本章は，相対性理論を G 構造と見なすことを基本方針とした．これはニュートン力学からアインシュタインの相対論への移行は相対性の群，すなわち構造群がガリレイ群からポアンカレ群に変わったことが本質的であるという考えに基づく．草稿は 2008 年には用意したが，ニュートン近似（2.10 節）を構造群の変形で説明しようとした当初の試みに修正を要する箇所があったこと，また重力波の項目（2.13 節）を新たに求められるなどがあり，2.14 節までがほぼ整ったのは 2013 年春である．2.15 節を加えた最終稿は 2017 年暮れに完成したが，その際の 2013 年の原稿の扱いについて，次の 2 点を補足しておきたい．

1. 今世紀に入って宇宙の加速度膨張などの話題が関心を集め，その結果 2.12 節のロバートソン–ウォーカーモデルは宇宙定数 Λ を 0 に限定しないとするのが妥当と考えられるようになった．これに伴う 2.12 節の改変は容易であるが，2013 年原稿のままとした．

[*1] 脱稿後編集委員による校閲があったのち校了

2. 2017 年は重力波観測のニュースが話題となった．そのため 2.13 節に書き換えを要する箇所が生じたが，これも 2013 年原稿のままとした．重力波はアインシュタイン以前にポアンカレの研究があったがこれも割愛した．

本章は全体として焦点がぼやけてしまったかも知れない．相対性理論の解説という体裁であるが，スカラー曲率の微分幾何学が基本にあり，これが趣意でもあった．他方ワイル曲率はスカラー曲率中心の考察からはおよばない範囲を見渡す視点を与える．この視点からのまとまった解説ができなかったことが心残りである．またローレンツ幾何学をいったん相対論から離れて大域の幾何学として考察することも踏み込んだ解説ができなかった．アインシュタイン方程式を退化した非線形双曲型偏微分方程式として扱うことは重要な問題とされているが，もとよりこの方面は私の能力が及ばない．他の不備と合わせて御宥恕を願いたい．

参考文献

[1] S. W. Hawking and G. F. R. Ellis, The large scale structure of space-time, Cambridge Univ. Press, 1973.

[2] W. Misner, K. S. Thorne, and J. A. Wheeler, Gravitation, Freeman and Co., 1970.

[3] R. K. Sachs and H. Wu, General relativity for mathematicians, Springer, 1977.

[4] S. Weinberg, Gravitation and cosmology, John Wiley & Sons, 1972.

[5] アブラハム・パイス 著, 西島和彦 監訳, 神は老獪にして…アインシュタインの人と学問, 産業図書, 1987.

[6] 小林 治, Riemann 多様体の質量— Schwarzschild 構成, 質量公式, 負質量と特異性, 第 65 回幾何学シンポジウム予稿集, 177–184, 日本数学会幾何学分科会, 2018.

第 3 章

山辺の問題と山辺不変量

3.1 スカラー曲率

曲率の概念は平面曲線の曲率から始まる．曲線を一定の速さ 1 の点の運動と考えたときの加速度ベクトルの大きさが曲率である．この概念は直ちに空間内の曲面の曲率として法曲率と言う名前で一般化される．法曲率が恒等的に 0 な曲面は平面である．オイラーは，法曲率が主曲率と呼ばれる二つの曲率で決まることを示した．二つの主曲率の平均 H を平均曲率と呼び，積 K をガウス曲率と呼ぶ．平均曲率とガウス曲率で曲面の曲率，つまりその形状が決定される．曲面の理論は平均曲率の理論とガウス曲率の理論に大きく二つに分けることができる．平均曲率は曲面の面積の変分問題で基本的な量となり，極小曲面，平均曲率一定曲面の理論として発展し，その研究は今なお続いている．ガウス曲率で重要な点は，この曲率が内在的な曲率であることにある．この事実を発見したガウスは自身でこれを驚異の定理と呼んだ．平面のガウス曲率はもちろん 0 であるが，柱面，錐面，そして空間内の捩率が 0 でない曲線の接線の 1 係数族が作る接線曲面は，平面ではないがガウス曲率 0 である．これらの曲面は外側の 3 次元空間から見たら異なる形に見えるが，曲面内だけを認識する知能があると想像すれば局所的な違いは見出せない．曲面論の言葉を用いればガウス曲率は第 1 基本形式 g のみに依存すると言うことである．このことを明示するために $K = K_g$ と書く．本章で扱うのはこのような内在的な曲率である．

曲面論における曲率の定式化は，まず高い次元のユークリッド空間内の超曲面の場合に一般化される．そしてガウス曲率にあたる内在的な曲率，すなわち計量にしかよらない曲率はリーマンの曲率テンソルと言う形で一般化される．その結果は次のように述べることができる．M を n 次元多様体，g を M のリーマン計量とする．局所座標 $(x^1, \ldots, x^n)$ を用いて，クリストッフェルの記号を

$$\Gamma_{ij}^k = \frac{1}{2} g^{kl}(\partial_i g_{jl} + \partial_j g_{li} - \partial_l g_{ij})$$

で定義すればレヴィ＝チヴィタ接続が

$$\nabla_j \partial_i = \Gamma_{ij}^k \partial_k$$

で定まる．この接続の曲率としてリーマンの曲率テンソル $\mathrm{Rm} = R^i{}_{jkl} \partial_i \otimes dx^j \otimes dx^k \otimes dx^l$ が $\mathrm{Rm}(\partial_k, \partial_l)\partial_j = [\nabla_k, \nabla_l]\partial_j = R^i{}_{jkl}\partial_i$ で定まる．簡単な計算で

$$R^i{}_{jkl} = -\partial_l \Gamma_{jk}^i + \partial_k \Gamma_{jl}^i - \Gamma_{jk}^m \Gamma_{ml}^i + \Gamma_{jl}^m \Gamma_{mk}^i$$

となる．$\dim M = 2$ のときは

$$\mathrm{Rm}(X, Y)Z = K_g(g(Y, Z)X - g(X, Z)Y)$$

なので，リーマンの曲率テンソルはガウス曲率の一般化である．

$$\mathrm{Ric}_g(X, Y) = \mathrm{tr}[Z \mapsto \mathrm{Rm}(Z, Y)X]$$

でリッチテンソルが定義される．$R_{ij} = \mathrm{Ric}_g(\partial_i, \partial_j)$ と書けば

$$R_{ij} = R^k{}_{ikj}$$

である．そして

$$R_g = \mathrm{tr}(g^{-1} \circ \mathrm{Ric}_g) = g^{ij} R_{ij}$$

をスカラー曲率と言う．これは M 上の関数である．$\dim M = 2$ のとき $R_g = 2K_g$ の関係がある．スカラー曲率 R_g が定数で

$$\mathrm{Ric}_g - \frac{R_g}{n} g = 0$$

であるような計量 g をアインシュタイン計量と言う．これはリッチ曲率一定の計量と言える．少々複雑であるが，以上のようにしてリーマン計量から，その 2 階微分までを用いて，曲率という量が抽出される．

我々は当面の関心をスカラー曲率に置こう．点 $x \in M$ から長さ r 以下の曲線で結べる点の全体を $B_r(x)$，ユークリッド空間の半径 r の球体を単に B_r と書くと

$$\mathrm{Vol}(B_r(x)) = \mathrm{Vol}(B_r)\left(1 - \frac{R_g(x)}{6(n+2)} r^2 + o(r^2)\right)$$

である．これがスカラー曲率の幾何学的意味である．しかし，この関係式からスカラー曲率を深く理解しようとするのは無理がある．スカラー曲率の本性は別の観点からの考察から現れる．2 次元の場合にそれを見よう．基本はガウス–ボンネ公式である．

定理 3.1 閉曲面 M において $\int_M R_g d\mu_g = 4\pi\chi(M)$.

したがってスカラー曲率が一定ならば，面積を 1 に正規化することによりその値はオイラー数 $\chi(M)$ の 4π 倍と一致する．ガウス–ボンネ公式に劣らず，あるいはそれ以上に重要なのは次の一意化定理である．

定理 3.2 閉曲面 M の任意の計量はスカラー曲率一定計量と共形同値である．

この結果によってオイラー数が正の閉曲面は正の定曲率空間 S^2 または $\mathbf{R}P^2$ に共形的，オイラー数が 0 の場合はユークリッド平面 $\mathbf{R}^2$ を合同変換群の離散群で割ったものと共形的，そしてオイラー数が負の場合は双曲平面 H^2 を $PSL(2,\mathbf{R})$ の離散群で割ったものと共形的となる．この結果は 2 次元多様体の幾何学において決定的な重要性を持つ．

ここで定理に現れる用語「共形同値」の意味を述べておこう．M を一般次元の多様体，g_1, g_2 をリーマン計量とする．g_1 が g_2 に共形的とは，$g_2 = u^{-2}g_1$ と書けるときを言う．ここで u は正値関数である．すなわち g_1 で測った角度が g_2 で測った角度と同じと言うことなので等角的とも言う．またこの関係は明らかに同値関係であるので共形同値とも言う．共形同値類を単に共形類と言う．$\mathbf{R}^n \cup \{\infty\} = S^n$ と考えると，S^n の定曲率計量 g_{S^n} は立体射影を通して

$$g_{S^n} = \left(\frac{2}{1+|x|^2}\right)^2 dx^2, \quad dx^2 = \delta_{ij}dx^i dx^j = g_{\mathbf{R}^n}$$

となるので $g_{S^n}|\mathbf{R}^n$ は $g_{\mathbf{R}^n}$ と共形的である．これは共形的な関係の最も代表的な例で，上の定義に u^{-2} とあるのはこの例を念頭に置いているからである．

補題 3.3 $\tilde{g} = u^{-2}g$ のとき，

$$2(n-1)u\Delta_g u - n(n-1)|du|^2 + R_g u^2 = R_{\tilde{g}}.$$

ここで $\Delta_g u = \mathrm{tr}\, g^{-1} \circ \nabla^2 u$.

証明は単純計算なので略す．一般に曲率の計算は大変で，しかも初心者がしても達人がしても手間はあまり変わらない．是非計算を試みられたい．

系 3.4 $n=2$ のとき $\tilde{g} = e^u g$ とすると $-\Delta_g u + R_g = e^u R_{\tilde{g}}$.

系 3.5 $n \geq 3$ のとき

$$L_g = -4\frac{n-1}{n-2}\Delta_g + R_g$$

と置き，$\tilde{g} = u^{4/(n-2)}g$ とすると

(1) $L_g u = R_{\tilde{g}} u^{(n+2)/(n-2)}$.
(2) 任意の $v \in C^\infty(M)$ に対して $L_g v = u^{(n+2)/(n-2)} L_{\tilde{g}}(u^{-1}v)$.

この $L_g \colon C^\infty(M) \to C^\infty(M)$ を共形ラプラシアンと言う．上の公式を見れば定理3.2は非線形偏微分方程式の問題と見なせることが分かる．2次元に限らず，3次元以上でも同様の問題を考えることができる．正式な定式化は次の節で述べるが，これが本章の題名にある山辺の問題である．つまり，与えられたリーマン計量と共形同値なスカラー曲率一定計量が存在するか？　この問題は1980年代に肯定的に解決された．

2次元の場合，共形構造は複素構造と密接な関係にあり，またスカラー曲率はリーマンの曲率テンソルを決定する．しかし3次元以上では共形構造は共形構造でしかあり得ないし，スカラー曲率も曲率テンソルのほんの一部で，幾何学を決定する程の力を持ってない．したがって問題を高次元化した場合，数学的に，あるいは幾何学において，この問題がどのような意味を持つのかはあらためて考える必要がある．これらのことも含めて続く節で山辺の問題について明らかにしていきたい．

3.2　山辺の問題

以下 M でコンパクト連結 n 次元多様体を表す．特に断らない限り，$\partial M = \phi$ とする．$\mathfrak{M}(M)$ で M のリーマン計量全体のなす空間を表す．ガウス–ボンネからの類推で

$$I \colon \mathfrak{M}(M) \to \mathbf{R};\ I(g) = \int_M R_g d\mu_g$$

を考えよう．3次元以上の場合，これが定数でないことは容易に分かる．$c > 0$ を正定数とするとき，$I(c^2 g) = c^{n-2} I(g)$ であるから，$I(g) \neq 0$ であれば c を変えるだけで値が変わる．これを補正して

$$E \colon \mathfrak{M}(M) \to \mathbf{R};\ E(g) = \frac{\int_M R_g d\mu_g}{\left(\int_M d\mu_g\right)^{\frac{n-2}{n}}} \tag{3.1}$$

を考える．これでも事態はあまり改善されない．実際次が成り立つ．

補題 3.6　$n \geq 3$ のとき，$\inf_{g \in \mathfrak{M}(M)} E(g) = -\infty$，$\sup_{g \in \mathfrak{M}(M)} E(g) = \infty$.

しかし式 (3.1) は次の注目すべき性質を持っている．

命題 3.7（ヒルベルト）　g が $E \colon \mathfrak{M}(M) \to \mathbf{R}$ の臨界計量であるための必要十分条件は g がアインシュタイン計量，つまりリッチ曲率一定計量．

したがって汎関数 E を詳しく解析して，アインシュタイン計量の存在問題を扱うことができればこれは嬉しい話である．特に 3 次元ではリッチテンソルがリーマンの曲率テンソルを決めるので，アインシュタイン計量は定曲率計量となり，多様体の幾何学を決定する．山辺英彦は次のような観察を得た．以下 $C \subset \mathfrak{M}(M)$ で共形類を表す．$g \in C$ のとき，$C = [g] = \{u^{-2}g \in \mathfrak{M}(M) | \ u \in C^\infty(M),\ u > 0\}$ とも書く．

補題 3.8 $n \geq 3$ のとき，任意の共形類 $C \subset \mathfrak{M}(M)$ に対して，

(1) $g \in C$ が $E\colon C \to \mathbf{R}$ の臨界計量であるための必要十分条件は R_g が定数.
(2) $\inf_{g\in C} E(g) > -\infty$.

すると直ちに次の問題が当面の焦点となることは明らかであろう．

山辺の問題 任意の共形類 C で $E\colon C \to \mathbf{R}$ を最小にする計量は存在するか？

定義 3.9 $Y(M,C) = \inf_{g\in C} E(g)$ を C の**山辺定数**と呼ぶ．$E(g) = Y(M,C)$ を満たす $g \in C$ を**山辺計量**と呼ぶ．

$n = 2$ のときはガウス–ボンネにより $Y(M,C) = 4\pi\chi(M)$ である．$n \geq 3$ のとき，山辺計量のスカラー曲率は定数である．さらに

$$Y(M,C) = R_g \mathrm{Vol}(M,g)^{2/n} \tag{3.2}$$

となり，山辺計量のスカラー曲率の符号は山辺定数の符号と一致する．スカラー曲率が一定でも山辺計量でない計量の例がある．$S^k(r)$ で半径 r のユークリッド球面を表す．$n \geq 3$, $r > 1/\sqrt{n-2}$ のとき，$S^1(r) \times S^{n-1}(1)$ はスカラー曲率 $= (n-1)(n-2)$ で一定だが，E の第 2 変分の計算により安定ではなく，すなわち最小を与える計量でないことが分かる．

山辺は上記問題が肯定的に解けると発表した [56]（1960）が，その後，トルーディンガーが証明にギャップがあることを指摘し，長く山辺の問題と呼ばれるようになった．その後オーバンの研究が続き，そして 1980 年代になってシェーンが最終的な解決をした．

以下，解決に至る道の概略を述べる．$n \geq 3$ とする．$g \in C$ を山辺計量とは限らない任意の計量とする．$C = \{u^{4/(n-2)}g | \ u \in C^\infty(M),\ u > 0\}$ と書くと系 3.5 より

$$E(u^{\frac{4}{n-2}}g) = \frac{4\frac{n-1}{n-2}\int_M |du|^2 d\mu_g + \int_M R_g u^2 d\mu_g}{\left(\int_M u^{\frac{2n}{n-2}} d\mu_g\right)^{\frac{n-2}{n}}} \tag{3.3}$$

となる．この式はソボレフ埋め込み $W^{1,2} \hookrightarrow L^{2n/(n-2)}$ との関係を連想させるが，この点に関しては解析学の言葉を使わずに，次の補題のように述べることができる [25].

補題 3.10 $Y(M,C) \leq 0$ のとき，任意の g に対して

$$\left(\min_{x\in M} R_g(x)\right) \mathrm{Vol}(M,g)^{2/n} \leq Y(M,C).$$

補題3.8 (2) はこれから従う．$p < 2n/(n-2)$ ならばソボレフ埋め込み $W^{1,2} \hookrightarrow L^p$ はコンパクト作用素なので，このような p に対しては汎関数

$$\frac{4\frac{n-1}{n-2}\int_M |du|^2 d\mu_g + \int_M R_g u^2 d\mu_g}{\left(\int_M |u|^p d\mu_g\right)^{2/p}}$$

を最小化する u は容易に求めることができ，$p \to 2n/(n-2)$ の極限として，式 (3.3) の最小を求めようとするのが山辺の方法であった．しかしこれは思いのほか難問で，最小化列の収束性に関して間違いがあった．そのほぼ 100 年前にリーマンが陥ったディリクレ原理の確信によるやはり変分問題での歴史的な誤りと比較できるものであろう．この誤りを指摘したのはトルーディンガーで，その後オーバンがあらためて山辺の方法を精査して次の結果に至った．

定理 3.11（山辺，トルーディンガー，オーバン） $Y(M,C) < Y(S^n, C_0)$ ならば山辺計量は存在する．ここで C_0 は S^n の定曲率計量を含む共形類．

補題3.6 と合わせて以下が得られる．

系 3.12 $n \geq 3$ のとき，$R_g < 0$ な計量 $g \in \mathfrak{M}(M)$ が存在する．

さらにオーバンは次を示した．

定理 3.13（オーバン） $Y(S^n, C_0) = n(n-1)\mathrm{Vol}(S^n(1))^{2/n}$.

$n(n-1)$ は単位ユークリッド球面 $S^n(1)$ のスカラー曲率の値であるから，したがって S^n の定曲率計量は山辺計量であることをこの定理は主張している．定曲率計量が定スカラー曲率計量であることは明らかであるが，山辺計量かどうかは明らかでないことに注意．上記 2 定理から問題は $Y(M,C) \geq n(n-1)\mathrm{Vol}(S^n(1))^{2/n}$ となるような共形多様体 (M,C) の決定問題に移り変わる．オーバンはこのような多様体はユークリッド球面になることを予想した．この予想の背景に，山辺とほぼ同年代の幾何学者 小畠守生の研究があるが，ここでは詳述しない．この方向でオーバンが得られた結果は次の定理である．

定理 3.14（オーバン） 任意の (M,C) に対して $Y(M,C) \leq n(n-1)\mathrm{Vol}(S^n(1))^{2/n}$. ここで等号が成り立つならば，$n = \dim M = 3, 4, 5$，または (M,C) は共形平坦である．

ここで C が共形平坦とは，任意の点 $p \in M$ に対して p の近傍で平坦，すなわち曲率テンソルが 0 となる $g_p \in C$ が存在することを言う．この定理の結論の条件は何かしら不自然な印象を与えるかも知れないが，実は本質をついたものである．その理由をここで述べるのは省略する．この定理の証明は，定理 3.11，定理 3.13 が解析の色彩が強いのに比較して，非常に幾何学的な方法をとっていることに注意しておく．

以上が 1970 年代までの成果である．問題解決に向かう確かな進展があったが，問題の難しさが何かもはっきりして，むしろ当初考えられていた以上に困難な問題であることが明らかになったように当時の幾何学者には思えたようである．そのような状況の中 1980 年代に，問題の解決を伝えるシェーンのプレプリントが出回ったことは青天の霹靂であった．その論文の主定理は次である．

定理 3.15（シェーン）　$Y(M,C) = n(n-1)\mathrm{Vol}(S^n(1))^{2/n}$ でかつ，$n = \dim M = 3$, 4, 5，または (M,C) は共形平坦であるならば，$(M,C) = (S^n, C_0)$.

要するに山辺の問題は肯定的に完全に解かれたと言う定理である．定理 3.2 の S^2 の場合の証明が有理型関数の存在問題にあったことを考えると，山辺の問題のこの残された部分も共形ラプラシアンのグリーン関数が鍵を握ると考えていた幾何学者は少なくない．しかしそれだけでは先に進まない．シェーンの偉大なアイデアは，すでにヤオと研究が進められていた相対論の正質量定理とのつながりを見抜いたことにある．正質量定理の解説をここでするのは略すが，シェーンとヤオの方法は極小超曲面の安定性の考察に基づく．極小超曲面の第 2 変分公式にスカラー曲率が現れることがポイントである．極小超曲面は面積最小超曲面として幾何学的測度論を用いて用意するが，幾何学的測度論の一般論によれば次元 n が 8 以上のときは極小超曲面の特異点の非存在が保証されない．この部分は予告論文となっているが，実はほぼ 30 年経った現在なお公表されていない．しかし幾何学的測度論で問題となる部分について，シェーンはヤオとの共同研究で，まったく別の方法で証明を与えた．この辺の事情は少々込み入っているが，山辺の問題が解けたことは確実である．得られた結果をまとめておこう．

定理 3.16（山辺の定理）　コンパクト連結 n 次元多様体 M の任意の共形類 C に対して山辺計量 $g \in C$ が存在する．$n \geq 3$ のとき，この計量は次の性質を持つ．

(1) R_g は定数.
(2) ラプラシアン $-\Delta_g$ の正の最小固有値 $\geq R_g/(n-1)$.
(3) $Y(M,C) = R_g \mathrm{Vol}(M,g)^{2/n} \leq n(n-1)\mathrm{Vol}(S^n(1))^{2/n}$．等号は $M = S^n$ で g は正の定曲率計量.

この定理の (2) は山辺計量の変分問題での第 2 変分公式，つまり安定性条件である．

3.3 山辺不変量

山辺の問題の解決について前節で述べた．しかしこれは問題の終わりではない．3 次元以上の場合，単に定スカラー曲率計量が得られただけでは，多様体の幾何学について分かることは少ない．次の問題は

$$Y(M, C_i) \uparrow \sup_C Y(M, C)$$

のような共形類の列 $\{C_i\}$ の極限の問題である．うまく収束してアインシュタイン計量が得られることもある．あるいは収束はうまくいかず，極限は特異性を持った空間となることもある．いずれの場合も，この問題の極限は多様体が持ちうる標準幾何構造とでも呼ぶべきものが現れると期待される．この方面の研究はまだ十分になされているとは言えない．重い問題なのである．我々は一歩退いて，次の多様体の不変量の考察をしよう．

定義 3.17　$Y(M) = \sup_C Y(M, C)$ を多様体 M の**山辺不変量**と呼ぶ．

オーバンの定理（定理 3.13, 3.14）より，一般に

$$Y(M) \leq Y(S^n) = n(n-1)\mathrm{Vol}(S^n(1))^{2/n}$$

である．$n = \dim M = 2$ の場合はガウス–ボンネより $Y(M) = 4\pi\chi(M)$ であるから山辺不変量はオイラー数の微分幾何学的一般化と見なすこともできる．式 (3.2) と補題 3.10 より

$$Y(M) > 0 \iff R_g > 0 \text{ のような } g \in \mathfrak{M}(M) \text{ が存在する．}$$

与えられたコンパクト多様体が正のスカラー曲率計量を許容するか？　この問題は山辺の問題とは独立に盛んに研究がされてきた．グロモフ，ローソン，ストルツにより現在では次が知られている．

定理 3.18　$\dim M \geq 5$ で M は単連結とする．$Y(M) > 0$ となるための必要十分条件は，M はスピンでない，またはスピンで $\alpha(M) = 0$.

スピン構造については 3.5 節で解説する．この定理にある α は，α-準同型と呼ばれるスピンコボルディズム不変量で調和スピナー空間の次元と関係がある．$Y(M) \leq 0$ の場合は補題 3.10 より次を得る．

補題 3.19 $Y(M) \leq 0$ のとき，$Y(M) = \sup_{g \in \mathfrak{M}(M)} \left(\min_{x \in M} R_g(x) \right) \mathrm{Vol}(M, g)^{2/n}$.

系 3.20 $Y(M) \leq 0$ ならば，$\mathrm{Vol}(M, g) = 1$ となる任意の $g \in \mathfrak{M}(M)$ に対して，$\min R_g \leq Y(M)$.

例えば $R_g = 0$ な計量を許容する多様体について $Y(M) \geq 0$ が分かる．トーラス T^n は正のスカラー曲率計量を持たないことが知られている（シェーン–ヤオ，グロモフ–ローソン）ので $Y(T^n) = 0$ となる．山辺計量を用いて次の公式が得られる．

補題 3.21 $Y(M) \leq 0$ のとき，$Y(M) = -\inf_{g \in \mathfrak{M}(M)} \left(\int_M |R_g|^{n/2} d\mu_g \right)^{2/n}$.

$n \geq 3$，$Y(M) > 0$ のとき，この等式の右辺は 0 である．

問題 3.22 負の断面曲率計量を許容する M に対して $Y(M) < 0$ となるか？

一般に山辺不変量を求めることは難しい．一つの理由は山辺定数（定義 3.9）の値を知ることの困難さにある．$Y(M, C) \leq 0$ の場合には，スカラー曲率一定計量 $g \in C$ は山辺計量になることが容易に分かり，$Y(M, C) = E(g)$ である．$Y(M, C) > 0$ の場合は難しい．次は数少ない判定法の一つである．

定理 3.23（小畠） アインシュタイン計量は山辺計量である．

系 3.24 アインシュタイン計量 $g \in \mathfrak{M}(M)$ があれば $Y(M) \geq R_g \mathrm{Vol}(M, g)^{2/n}$.

例えば $\mathbf{C}P^2$ のフビニ–スタディ計量 g_{FS} はアインシュタイン計量であることから，$Y(\mathbf{C}P^2) \geq 12\sqrt{2}\pi$ と言う評価が得られる．この不等式が実は等式であることを 3.6 節で示す．

多様体の手術と山辺不変量の関係について興味深い結果がいくつか知られている．M はコンパクト n 次元多様体で k 次元球面を埋め込む．

$$S^k \hookrightarrow M$$

このとき法束は自明とすると，S^k は $S^k \times D^{n-k}$ と同相な近傍を持つ．ここで D^l は l 次元ディスクを表す．$\partial(S^k \times D^{n-k}) = S^k \times S^{n-k-1} = \partial(D^{k+1} \times S^{n-k-1})$ であるから，この近傍を除いて，替わりに $D^{k+1} \times S^{n-k-1}$ を貼り付ければ新たな多様体 $\hat{M}$ が得られる．このような多様体の構成を S^k に沿う球面改変または単に手術と言う．

定理 3.25（小林） $n \geq 3$，$k = 0$ ならば $Y(\hat{M}) \geq Y(M)$.

これから例えば $n \geq 3$ のとき $Y(S^1 \times S^{n-1}) = Y(S^1 \tilde{\times} S^{n-1}) = Y(S^n)$ が得られる．ここで $S^1 \tilde{\times} S^{n-1}$ は，向き付け不可能な S^1 上の S^{n-1} 束を表す．また次のよう

な連結和不等式が得られる．

系 3.26 $n \geq 3$ のとき

$$Y(M_1 \# M_2) \geq \begin{cases} -(|Y(M_1)|^{\frac{n}{2}} + |Y(M_2)|^{\frac{n}{2}})^{\frac{2}{n}} & Y(M_1) \leq 0, Y(M_2) \leq 0, \\ \min\{Y(M_1), Y(M_2)\} & \text{その他.} \end{cases}$$

因みに2次元のときは $Y(M_1 \# M_2) = Y(M_1) + Y(M_2) - Y(S^2)$ である．次の結果は補題3.19を使うのが鍵である．

定理 3.27（ペティアン–ユン） $k \leq n-3$，$Y(M) \leq 0$ ならば，$Y(\hat{M}) \geq Y(M)$.

ペティアンはこの手術公式を巧みに用いて次を示した．

定理 3.28（ペティアン） M は単連結で $\dim M \geq 5$ ならば $Y(M) \geq 0$.

$\dim M \geq 5$ の仮定は必要で，実際単連結4次元多様体で山辺不変量が負となるものが知られている（3.7節）．一方，5次元以上の多様体で山辺不変量が負となるものはまだ知られていない．

手術と山辺不変量の関係については，アマン–ダール–フンバート [3] による最近の研究があるが，これについては直接文献にあたって頂きたい．いろいろな進展があるものの未解決のままの問題も多い．

問題 3.29 $Y(S^2 \times S^2)$，$Y(\mathbf{C}\mathrm{P}^2 \# \overline{\mathbf{C}\mathrm{P}^2})$ を求めよ．

$S^2 \times S^2$ は S^4 の $S^1 \subset S^4$ に沿う手術で得られることに注意する．$S^2 \times S^2$，$\mathbf{C}\mathrm{P}^2 \# \overline{\mathbf{C}\mathrm{P}^2}$ はどちらも S^2 上の S^2 束である．構造群を $SO(3)$ にしておけばちょうどこの二つが現れる．この二つの多様体はベッチ数が同じであるが，コホモロジー環が異なる．$S^2 \times S^2$ はスピン多様体だが $\mathbf{C}\mathrm{P}^2 \# \overline{\mathbf{C}\mathrm{P}^2}$ はスピンではない．似ているが異なる．山辺不変量で区別できるだろうか？ すなわち $Y(S^2 \times S^2) = Y(\mathbf{C}\mathrm{P}^2 \# \overline{\mathbf{C}\mathrm{P}^2})$ か否かを問うだけでも興味深い問題である．$S^2 \times S^2$ は直積計量 $S^2(1) \times S^2(1)$ がアインシュタイン計量になるので，$Y(S^2 \times S^2) \geq 16\pi$ である．ベーム–ワン–ツィラーはこの不等式で等号は成り立たないことを示した．$\mathbf{C}\mathrm{P}^2 \# \overline{\mathbf{C}\mathrm{P}^2}$ はページによるアインシュタイン計量が知られているが，この計量を用いても，系3.26から分かる $Y(\mathbf{C}\mathrm{P}^2 \# \overline{\mathbf{C}\mathrm{P}^2}) \geq Y(\mathbf{C}\mathrm{P}^2) = 12\sqrt{2}\pi$ より良い評価式は得られない．$Y(S^4) = 8\sqrt{6}\pi$ に注意しておく．最後に4次元のガウス–ボンネ公式を述べておく．

命題 3.30 $\dim M = 4$ のとき，$W(M, C) \geq -\frac{1}{6} Y(M, C)^2 + 32\pi^2 \chi(M)$．ここで $W(M, C) = \int_M |W_g|^2 d\mu_g$，$W_g$ は共形曲率テンソル．不等式の等号条件は C がアインシュタイン計量を含むことである．

3.4 $\mathbf{R}^n$ でのディラック作用素

1980 年代に山辺の問題が解決し，新たに山辺不変量が現れた．1990 年代の最も大きな進展はルブランによる 4 次元多様体の山辺不変量の研究であろう．この研究を理解するためにはスピン幾何の知識が必要である．スピン幾何の解説から始めたい．

まず 4 元数体 $\mathbf{H} = \{a + bi + cj + dk |\ a, b, c, d \in \mathbf{R}\}$ についての注意から．$q \in \mathbf{H}$ は $q = x + jy,\ x, y \in \mathbf{C}$ と書ける．次の同一視をする．

$$q = \begin{pmatrix} x & -\bar{y} \\ y & \bar{x} \end{pmatrix} \in \mathbf{C}(2)$$

ここで $\mathbf{C}(m)$ は $\mathbf{C}$ 係数 $m \times m$ 行列の全体である．この同一視で例えば，$\det q = |x|^2 + |y|^2$ となる．また $\mathbf{H} \subset \mathbf{C}(2)$ であるが，$\mathbf{H} \otimes \mathbf{C} = \mathbf{C}(2)$ となる．これは代数の同型である．ここで $\otimes = \otimes_{\mathbf{R}}$.

さて V を正定値内積を持つ実 n 次元ベクトル空間，$e_1, \ldots, e_n$ をその正規直交基底とする．$V = \mathbf{R}^n$ のときは標準内積で考え，標準基底を $e_1, \ldots, e_n$ とする．

$$T(V) = \mathbf{R} \oplus V \oplus V \otimes V \oplus \cdots \tag{3.4}$$

で V のテンソル代数を表し，$I(V) \subset T(V)$ を $\{|v|^2 + v \otimes v \in T(V)|\ v \in V\}$ の生成する両側イデアルとする．$\mathrm{Cl}(V) = T(V)/I(V)$ を V の**クリフォード代数**と言う．$\mathrm{Cl}_n = \mathrm{Cl}(\mathbf{R}^n)$ と書く．$V \hookrightarrow T(V) \to \mathrm{Cl}(V)$ は単射である．

$$\Lambda V = \mathbf{R} \oplus V \oplus V \wedge V \oplus \cdots \tag{3.5}$$

をグラスマン代数（外積代数）とする．$a \in V$，$b \in \Lambda V$ に対して

$$ab = a \wedge b - \iota_a b$$

として，結合則が成り立つ新たな積演算を ΛV に定義できる．ここで右辺第 2 項の内部積に内積が関与している．この積に関して ΛV は $\mathrm{Cl}(V)$ に代数として同型である (外積の定義にもよるが $\Lambda V \hookrightarrow T(V) \to \mathrm{Cl}(V)$ を次数に応じて定数倍することにより同型写像が得られる)．しばしば $\Lambda V = \mathrm{Cl}(V)$ の同一視をする．

$\mathrm{Cl}^0(V) = \Lambda^{\mathrm{even}} V$，$\mathrm{Cl}^1(V) = \Lambda^{\mathrm{odd}} V$ とすると $\mathrm{Cl}(V) = \mathrm{Cl}^0(V) \oplus \mathrm{Cl}^1(V)$．この分解は重要で $a = a^0 + a^1 \in \mathrm{Cl}(V)$ のように書く．自己同型

$$\alpha \colon \mathrm{Cl}(V) \to \mathrm{Cl}(V);\ a^0 + a^1 \mapsto a^0 - a^1$$

が定義される．これは等長変換 $V \to V;\ v \mapsto -v$ の誘導する代数 $\mathrm{Cl}(V)$ の同型である．テンソル代数の反自己同型 $(a_1 \otimes \cdots \otimes a_k)^t = a_k \otimes \cdots \otimes a_1$ は $\mathrm{Cl}(V)$ に反自己同型を導き，これを用いて

$$N\colon \mathrm{Cl}(V) \to \mathrm{Cl}(V);\ N(a) = a\alpha(a^t) \tag{3.6}$$

とする．

命題 3.31 直交直和 $V = V_1 \oplus V_2$ に対して，$\mathrm{Cl}(V) \simeq \mathrm{Cl}(V_1)\hat{\otimes}\mathrm{Cl}(V_2)$．ここで $\hat{\otimes}$ は普通の実テンソル積空間に次の積を入れたものを表す．$(u \otimes x_i)(y_j \otimes v) = (-1)^{ij} u y_j \otimes x_i v$，$x_i \in \mathrm{Cl}^i(V_2)$，$y_j \in \mathrm{Cl}^j(V_1)$．$\mathrm{Cl}^0(V) \simeq \mathrm{Cl}^0(V_1)\hat{\otimes}\mathrm{Cl}^0(V_2) \oplus \mathrm{Cl}^1(V_1)\hat{\otimes}\mathrm{Cl}^1(V_2)$．$\mathrm{Cl}^1(V) \simeq \mathrm{Cl}^0(V_1)\hat{\otimes}\mathrm{Cl}^1(V_2) \oplus \mathrm{Cl}^1(V_1)\hat{\otimes}\mathrm{Cl}^0(V_2)$．

証明. $V = V_1 \oplus V_2 \to \mathrm{Cl}(V_1)\hat{\otimes}\mathrm{Cl}(V_2);\ v_1 + v_2 \mapsto v_1 \otimes 1 + 1 \otimes v_2$ が同型を誘導する． □

明らかに $\mathrm{Cl}_1 = \mathbf{C}$ なので $\mathbf{R}^n = \mathbf{R} \oplus \cdots \oplus \mathbf{R}$ にこの命題を使えば $\dim \mathrm{Cl}_n = 2^n$ が再確認できる．一般に次の同型がある．

$$\mathrm{Cl}(V) \cong \mathrm{Cl}^0(V \oplus \mathbf{R}e);\ a^0 + a^1 \mapsto a^0 + a^1 e \tag{3.7}$$

補題 3.32 n が偶数のとき $\mathrm{Cl}(V)$ の中心は $\mathbf{R}$，奇数のときは $\mathbf{R} \oplus \mathbf{R}e_1 \cdots e_n$．

証明. $e_j(e_{i_1} \cdots e_{i_t}) = \pm(e_{i_1} \cdots e_{i_t})e_j$．ここで $j \notin \{i_1, \ldots, i_t\}$ ならば $\pm = (-1)^t$．$i_1, \ldots, i_t$ にちょうど1回 j があるとき $\pm = (-1)^{t-1}$．後は簡単． □

$$\omega_{\mathbf{C}} = i^{\lfloor (n+1)/2 \rfloor} e_1 \cdots e_n \in \mathrm{Cl}(V) \otimes \mathbf{C}$$

と置く．${\omega_{\mathbf{C}}}^2 = 1$ であり，また n が偶数のとき $\omega_{\mathbf{C}} a = \alpha(a)\omega_{\mathbf{C}}$ である．$\omega_{\mathbf{C}}$ の左掛け算により

$$\mathrm{Cl}(V) \otimes \mathbf{C} = (\mathrm{Cl}(V) \otimes \mathbf{C})^+ \oplus (\mathrm{Cl}(V) \otimes \mathbf{C})^-$$

と固有空間分解する．n が奇数のとき，これは代数の直和で

$$(\mathrm{Cl}(V) \otimes \mathbf{C})^\pm \cong \mathrm{Cl}^0(V) \otimes \mathbf{C};\ a^0 + a^1 \mapsto a^0 \pm a^1 \omega_{\mathbf{C}} = 2a^0. \tag{3.8}$$

特に $\mathrm{Cl}_1 \otimes \mathbf{C} = \mathbf{C} \oplus \mathbf{C}$．$n$ が偶数のときは

$$\mathrm{Cl}^0(V) \otimes \mathbf{C} = (\mathrm{Cl}^0(V) \otimes \mathbf{C})^+ \oplus (\mathrm{Cl}^0(V) \otimes \mathbf{C})^-$$

と分解され，式 (3.7), (3.8) より

$$(\mathrm{Cl}^0(V) \otimes \mathbf{C})^\pm \cong \mathrm{Cl}(V') \otimes \mathbf{C}, \quad V = V' \oplus \mathbf{R}^2.$$

よって特に $(\mathrm{Cl}_2^0 \otimes \mathbf{C})^\pm \cong \mathbf{C}$．

命題 3.33 (1) $n = 2k+1$ のとき，$(\mathrm{Cl}_n \otimes \mathbf{C})^\pm \cong \mathrm{Cl}_n^0 \otimes \mathbf{C} \cong \mathbf{C}(2^k)$．

(2) $n = 2k$ のとき，$\mathrm{Cl}_n \otimes \mathbf{C} \cong \mathbf{C}(2^k)$．$(\mathrm{Cl}_n^0 \otimes \mathbf{C})^{\pm} \cong \mathbf{C}(2^{k-1})$．

証明． $\mathbf{R}^2 = \mathbf{R}e_1 \oplus \mathbf{R}e_2$ と書いて，$e_1 \mapsto j$，$e_2 \mapsto k$ により $\mathrm{Cl}_2 \cong \mathbf{H} \subset \mathbf{C}(2)$．これを複素化して $\mathrm{Cl}_2 \otimes \mathbf{C} \cong \mathbf{C}(2)$．$V \oplus \mathbf{R}^2 \to (\mathrm{Cl}(V) \otimes \mathbf{C}) \otimes (\mathrm{Cl}_2 \otimes \mathbf{C}) \cong (\mathrm{Cl}(V) \otimes \mathbf{C}) \otimes \mathbf{C}(2)$ を $v \mapsto iv \otimes e_1e_2$，$e_j \mapsto 1 \otimes e_j$ とすれば，これは代数の同型 $\mathrm{Cl}(V \oplus \mathbf{R}^2) \otimes \mathbf{C} \to (\mathrm{Cl}(V) \otimes \mathbf{C}) \otimes (\mathrm{Cl}_2 \otimes \mathbf{C})$ を誘導する．明らかに $\mathrm{Cl}_1^0 \otimes \mathbf{C} = \mathbf{C}$，$\mathrm{Cl}_0 = \mathbf{R}$．よって帰納法により結果を得る． □

$S_{\mathbf{C}} = \mathbf{C}^{2^k}$，$k = \lfloor n/2 \rfloor$ を**スピナー空間**と言う．n が奇数のとき

$$\mathrm{Cl}_n \otimes \mathbf{C} \cong \mathrm{End}_{\mathbf{C}}(S_{\mathbf{C}}) \oplus \mathrm{End}_{\mathbf{C}}(S_{\mathbf{C}}). \tag{3.9}$$

これは $\omega_{\mathbf{C}}$ による固有空間分解．式 (3.8) より，α はこの直和因子を交換し，$\mathrm{Cl}_n^0 \otimes \mathbf{C}$ は対角線に入る．n が偶数のとき

$$\mathrm{Cl}_n \otimes \mathbf{C} \cong \mathrm{End}_{\mathbf{C}}(S_{\mathbf{C}}). \tag{3.10}$$

$\omega_{\mathbf{C}}$ の $S_{\mathbf{C}}$ への作用により

$$S_{\mathbf{C}} = S_{\mathbf{C}}^+ \oplus S_{\mathbf{C}}^-$$

と固有空間分解し，

$$\mathrm{Cl}_n \otimes \mathbf{C} = \begin{pmatrix} (\mathrm{Cl}_n^0 \otimes \mathbf{C})^+ & (\mathrm{Cl}_n^1 \otimes \mathbf{C})^+ \\ (\mathrm{Cl}_n^1 \otimes \mathbf{C})^- & (\mathrm{Cl}_n^0 \otimes \mathbf{C})^- \end{pmatrix}. \tag{3.11}$$

n が奇数のときは $\mathrm{Cl}_n \otimes \mathbf{C}$ を直和因子の一方に射影することにより，n が偶数のときはそのままで，$\mathrm{Cl}_n \otimes \mathbf{C}$ は $S_{\mathbf{C}}$ に作用する．これを**クリフォード作用**と言う．

定義 3.34 滑らかな写像 $\psi\colon U \to S_{\mathbf{C}}$ を $U \subset \mathbf{R}^n$ 上の**スピナー**と言う．n が偶数のとき，$S_{\mathbf{C}} = S_{\mathbf{C}}^+ \oplus S_{\mathbf{C}}^-$ による分解 $\psi = \psi^+ + \psi^-$ がある．

$$\not{D}\psi = \sum_{i=1}^{n} e_i \partial_i \psi$$

で定義される $\not{D}$ を**ディラック作用素**と言う．右辺の積はクリフォード作用（よって奇数次元のときは符号の違いを除いて決まる）．$\not{D}\psi = 0$ を満たすスピナーを**調和スピナー**と言う．

補題 3.35 (1) n が偶数のとき，正（負）のスピナー ψ に対して，$\not{D}\psi$ は負（正）のスピナー．

(2) $\not{D}^2\psi = -\Delta\psi = -\sum_{i=1}^{n} \partial_i^2 \psi$.

証明は簡単なので省くが (2) が肝要．ディラック作用素は $\sqrt{-\Delta}$ に相当するものとしてディラックが考案した．

V が内積と両立する複素構造 J を持つ場合を述べる．$v \in V$ に対して，$v' = \frac{1}{2}(v - iJv)$，$v'' = \frac{1}{2}(v + iJv)$．つまり $V \otimes \mathbf{C} = V^{1,0} \oplus V^{0,1}$．$\Lambda_{\mathbf{C}} = \Lambda V^{1,0}$ とし，V の $\Lambda_{\mathbf{C}}$ への作用を

$$v\eta = \sqrt{2}(v' \wedge \eta - \iota_{v'}\eta)$$

とすると，これは $\mathrm{Cl}(V) \otimes \mathbf{C}$ の作用に拡張される．このとき $S_{\mathbf{C}} = \Lambda_{\mathbf{C}}$，$S_{\mathbf{C}}^{+} = \Lambda_{\mathbf{C}}^{\mathrm{even}}$，$S_{\mathbf{C}}^{-} = \Lambda_{\mathbf{C}}^{\mathrm{odd}}$．このように V からスピナー空間が構成できる．

最後に 4 次元固有の性質を述べる．$\omega_{\mathbf{C}} = -e_1e_2e_3e_4$ で $S_{\mathbf{C}}^{+} = \mathbf{C}^2$．$i \neq j$ のとき $\omega_{\mathbf{C}} e_i e_j = *e_i e_j$ であるから，$(\mathrm{Cl}_4^0)^+ = \mathbf{R}\frac{1+\omega_{\mathbf{C}}}{2} \oplus \Lambda_+^2\mathbf{R}^4$．ここで $\Lambda_+^2\mathbf{R}^4 = \{a \in \Lambda^2\mathbf{R}^4 |\ *a = a\}$．$E = (1+\omega_{\mathbf{C}})/2$，$I = (e_1e_2 + e_3e_4)/2$，$J = (e_1e_3 + e_4e_2)/2$，$K = (e_1e_4 + e_2e_3)/2$ と置くと，計算により $I^2 = J^2 = K^2 = -E$，$IJ = K$，$JK = I$，$KI = J$．よって $E = \left(\begin{smallmatrix} 1 & 0 \\ 0 & 1 \end{smallmatrix}\right)$，$I = \left(\begin{smallmatrix} i & 0 \\ 0 & -i \end{smallmatrix}\right)$，$J = \left(\begin{smallmatrix} 0 & -1 \\ 1 & 0 \end{smallmatrix}\right)$，$K = \left(\begin{smallmatrix} 0 & -i \\ -i & 0 \end{smallmatrix}\right)$ の読替で $(\mathrm{Cl}_4^0 \otimes \mathbf{C})^+ = \mathrm{End}(S_{\mathbf{C}}^+)$．つまり $(\mathrm{Cl}_4^0)^+ = \left\{ \left(\begin{smallmatrix} x & -\bar{y} \\ y & \bar{x} \end{smallmatrix}\right) \middle|\ x, y \in \mathbf{C} \right\}$．よって $i\,\Lambda_+^2\mathbf{R}^4 = \left\{ \left(\begin{smallmatrix} x & \bar{y} \\ y & -x \end{smallmatrix}\right) \middle|\ x \in \mathbf{R}, y \in \mathbf{C} \right\}$．

定義 3.36 $\psi \in S_{\mathbf{C}}^+$ に対して $q(\psi) := \psi \otimes \psi^* - \frac{|\psi|^2}{2}E$．つまり $\psi = \left(\begin{smallmatrix} \psi_1 \\ \psi_2 \end{smallmatrix}\right)$ に対して $q(\psi) = \begin{pmatrix} \frac{|\psi_1|^2 - |\psi_2|^2}{2} & \psi_1\bar{\psi}_2 \\ \bar{\psi}_1\psi_2 & \frac{|\psi_2|^2 - |\psi_1|^2}{2} \end{pmatrix} \in i\,\Lambda_+^2\mathbf{R}^4 \subset \mathrm{End}(S_{\mathbf{C}}^+)$．$|q(\psi)| = |\psi|^2/2$ に注意．

補題 3.37 $h \in \Lambda_+^2\mathbf{R}^4$, $|h| = 2$ に対し $\langle JX, Y \rangle = h(X, Y)$ で J は複素構造．内積と両立する複素構造はすべてこの形．

証明．$S^2 \cong SO(4)/U(2)$．正準複素構造は $h = -e_1e_2 - e_3e_4$ に対応． □

補題 3.38 $h \in \Lambda_+^2\mathbf{R}^4$ に対し $S_{\mathbf{C}}^+ \to S_{\mathbf{C}}^+$; $\psi \mapsto ih\psi$ は対角化可能で固有値は $\pm|h|$．

証明．$ih = aI + bJ + cK$ の形に書ける．$|I| = |J| = |K| = 1$ より． □

3.5 スピン構造，スピン^c 構造

前節でディラック作用素を定義したが，これを多様体上で定義するにはどうしたら良いか？ 本節ではこの問に答える．

定義 3.39 $\{v \in V |\ |v| = 1\}$ で生成される $\mathrm{Cl}(V)^\times$ の部分群を $\mathrm{Pin}(V)$ と書く．$\mathrm{Spin}(V) := \mathrm{Pin}(V) \cap \mathrm{Cl}^0(V)$．$\mathrm{Spin}(V)$ と $U(1)$ で生成される $(\mathrm{Cl}(V) \otimes \mathbf{C})^\times$ の部分群を $\mathrm{Spin}^c(V)$ と書く．$\mathrm{Pin}(n) = \mathrm{Pin}(\mathbf{R}^n)$，$\mathrm{Spin}(n) = \mathrm{Spin}(\mathbf{R}^n)$，$\mathrm{Spin}^c(n) = \mathrm{Spin}^c(\mathbf{R}^n)$ と書く．$\mathrm{Spin}(n) \subset \mathrm{Spin}^c(n) \subset \mathrm{Cl}_n^0 \otimes \mathbf{C}$ であるから，式 (3.9), (3.10),

(3.11) より，

$$\Delta\colon \mathrm{Spin}(n) \subset \mathrm{Spin}^c(n) \to \mathrm{End}_{\mathbf{C}}(S_{\mathbf{C}}),$$

n が偶数のときは

$$\Delta^{\pm}\colon \mathrm{Spin}(n) \subset \mathrm{Spin}^c(n) \to \mathrm{End}_{\mathbf{C}}(S^{\pm}_{\mathbf{C}})$$

が得られる．これらを**スピン表現**と言う．

定義式 (3.6) から明らかに

$$p \in \mathrm{Pin}(V) \text{ に対して } N(p) = 1. \tag{3.12}$$

命題 3.40　(1) $\mathrm{Spin}(V)$ は $\mathrm{Cl}(V)$ からの位相でリー群．そのリー代数は $L(\mathrm{Spin}(V)) = \Lambda^2 V$．

(2) $\mathrm{Spin}^c(V)$ は $\mathrm{Cl}(V) \otimes \mathbf{C}$ からの位相でリー群．そのリー代数は $L(\mathrm{Spin}^c(V)) = i\mathbf{R} \oplus \Lambda^2 V$．

証明．　(1) $\mathrm{Spin}(V) = \{s \in \mathrm{Cl}^0(V)^{\times} \mid sVs^{-1} = V, N(s) = 1\}$ となる．$s_p \in \Lambda^p V$, $s = \sum s_p \in \mathrm{Cl}(V)$，$v \in V$ に対して $[s, v] = 2\sum_{2\nmid p} s_p \wedge v + 2\sum_{2|p} \iota_v s_p$ より最初の条件式の微分の核は $\mathbf{R} \oplus \Lambda^2 V$．$N(s) = 1$ の微分の核との共通部分は $L(\mathrm{Spin}(V)) = \Lambda^2 V$．この計算と陰関数定理から結果が従う．

(2) 省略．

□

$\rho\colon \mathrm{Pin}(n) \to O(n)$ を

$$\rho(p)v = \alpha(p)vp^{-1}, \quad v \in V = \mathbf{R}^n \tag{3.13}$$

とする．$p \in V$, $|p| = 1$ に対して $\rho(p)v = -pvp^{-1} = v - 2\langle v, p\rangle p$．つまり $\rho(p)$ は超平面 $p^{\perp} \subset V$ に関する鏡映．よって $\rho\colon \mathrm{Pin}(n) \to O(n)$ は全射．$p \in \mathrm{Spin}(n)$ に対して $\rho(p)v = pvp^{-1} = \mathrm{ad}(p)v$ に注意．

補題 3.41　(1) $\rho\colon \mathrm{Spin}(n) \to SO(n)$ は全射で $\mathrm{Ker}\,\rho = \{\pm 1\}$．

(2) $d\rho\colon L(\mathrm{Spin}(n)) \to so(n)$ は $d\rho(\sum a_{ij}e_ie_j) = -4(a_{ij})$．$a_{ij} + a_{ji} = 0$．

(3) $n \geq 3$ のとき $\mathrm{Spin}(n)$ は単連結．

証明．　(1) 全射であることはすでに論じた．$\mathrm{Ker}\,\rho \subset \mathrm{Cl}_n^0$ は Cl_n の中心に含まれるので補題 3.32 より $\mathrm{Ker}\,\rho \subset \mathbf{R}$．式 (3.12) より $\mathrm{Ker}\,\rho = \{\pm 1\}$．

(2) $[\sum a_{ij}e_ie_j, e_k] = -4\sum e_ia_{ik}$ より．

(3) $\exp te_1e_2 = \cos t + \sin t \cdot e_1e_2 = (\cos t/2 \cdot e_1 + \sin t/2 \cdot e_2)(-\cos t/2 \cdot e_1 + \sin t/2 \cdot e_2)$ は $\mathrm{Spin}(n)$ 内で 1 と -1 を結ぶので (1) と合わせて $\mathrm{Spin}(n)$ は連結. $\mathrm{Spin}(3) = \{a + be_1e_2 + ce_2e_3 + de_3e_1 \mid a^2+b^2+c^2+d^2 = 1\} = S^3$ より $SO(3) = \mathbf{R}\mathrm{P}^3$. つまり $\pi_1(SO(3)) = \mathbf{Z}/2\mathbf{Z}$. ファイバー束 $SO(n) \to SO(n+1) \to S^n$ のホモトピー完全系列 $\pi_2(S^n) \to \pi_1(SO(n)) \to \pi_1(SO(n+1)) \to \pi_1(S^n)$ と合わせて $n \geq 3$ のとき $\pi_1(SO(n)) = \mathbf{Z}/2\mathbf{Z}$. (1), (2) より $\mathrm{Spin}(n)$ は $SO(n)$ の 2 重被覆であるから結果が従う.

□

(M, g) を有向リーマン多様体とする. $SO(n) \to P \to M$ を正の向きの正規直交枠による $SO(n)$ 主束とする. $\mathrm{Cl}(TM) = P \times_{SO(n)} \mathrm{Cl}_n$ をクリフォード束とする. ∇ をレヴィ=チヴィタ接続とする. 主束 $\mathrm{Spin}(n) \to Q \to M$ で $Q \times_{\mathrm{Spin}(n)} SO(n) = P$ となるものが存在するとき, M は**スピン多様体**であると言う. Q を M の**スピン構造**と言う. ∇ は Q の接続を誘導し同じ記号 ∇ で表す. スピン表現により M 上の複素ベクトル束 $S = Q \times_{\mathrm{Spin}(n)} S_{\mathbf{C}}$, $S^{\pm} = Q \times_{\mathrm{Spin}(n)} S^{\pm}_{\mathbf{C}}$ が定義される. これらを**スピナー束**と言う.

補題 3.42 $\mathrm{Cl}(TM)$ の S へのクリフォード作用が定義される.

証明. $Q \to P = Q \times_{\mathrm{Spin}(n)} SO(n)$; $q \mapsto q' = [q, 1]$ と書く. ここで $1 \in SO(n)$ は単位行列. $[q', a] \in \mathrm{Cl}(TM)$, $[q, s] \in S$ に対して $[q', a][q, s] = [q, as]$ とする. $u \in \mathrm{Spin}(n)$ に対して, $q'\rho(u^{-1}) = [q, \rho(u^{-1})] = [qu^{-1}, 1] = (qu^{-1})' \in P$ より, $[q'\rho(u^{-1}), \rho(u)a][qu^{-1}, us] = [qu^{-1}, \rho(u)aus] = [qu^{-1}, uas]$ であるから矛盾なく定義される. □

定義 3.43 M をスピン多様体とするとき, 上に述べた記号を使って

$$\not{D}\colon \Gamma(S) \to \Gamma(S);\ \not{D}\psi = \sum e_i \nabla_i \psi$$

を**ディラック作用素**と言う. ここで e_i は TM の正規直交基底. $n = \dim M$ が偶数のとき

$$\not{D}\colon \Gamma(S^{\pm}) \to \Gamma(S^{\mp})$$

である.

補題 3.44 (1) $\mathrm{Spin}^c(n) \cong \mathrm{Spin}(n) \times_{\{\pm 1\}} U(1) \to SO(n) \times U(1)$; $(s, u) \mapsto (\rho(s), u^2)$ は 2 重被覆.

(2) 自然な準同型 $j\colon U(k) \to SO(2k)$ は $\mathrm{Spin}(2k)$ へのリフトを持たない. $U(k) \to SO(2k) \times U(1)$; $u \mapsto (j(u), \det u)$ は $\mathrm{Spin}^c(2k)$ へのリフト $l\colon U(k) \to \mathrm{Spin}^c(2k)$ を持つ.

証明.　(1) $U(1)$ は $\mathrm{Cl}_n \otimes \mathbf{C}$ の中心にあるので全射 $\mathrm{Spin}(n) \times U(1) \to \mathrm{Spin}^c(n)$ がある．後は簡単．

(2) 前半は $j_*\pi_1(U(k)) \neq 0$ より．後半は $\det\colon U(k) \to U(1)$ が基本群の同型を与えることと (1) から．

□

再び有向リーマン多様体 (M,g) を考える．$SO(n)$ 主束 P の $\mathrm{Spin}^c(n)$ リフト $Q \to M$ が取れるとき，M は**スピン^c 多様体**であると言う．Q を M の**スピン^c 構造**と言う．上の補題よりこれは複素直線束 $L \to M$ を定める．この直線束の $U(1)$ 接続を A と書く．レヴィ＝チヴィタ接続 ∇ と A により Q の $\mathrm{Spin}^c(n)$ 接続 ∇^A が定まる (3.6 節で詳しく述べる)．$\mathrm{Spin}^c(n)$ のスピン表現により M 上のスピナー束 $S = Q \times_{\mathrm{Spin}^c(n)} S_{\mathbf{C}}$，$S^{\pm} = Q \times_{\mathrm{Spin}^c(n)} S^{\pm}_{\mathbf{C}}$ が定義され，クリフォード作用も補題 3.42 と同様に定義される．

定義 3.45　M をスピン^c 多様体とするとき，上に述べた記号を使って

$$\not{D}_A\colon \Gamma(S) \to \Gamma(S);\ \not{D}_A\psi = \sum e_i \nabla_i^A \psi$$

を**ディラック作用素**と言う．ここで e_i は TM の正規直交基底．$n = \dim M$ が偶数のとき

$$\not{D}_A\colon \Gamma(S^{\pm}) \to \Gamma(S^{\mp})$$

である．L を**行列式束**と言う．

補題 3.44 (2) から複素多様体はスピン^c であることが分かる．一般には次が判定条件を与える．

命題 3.46　M は連結多様体で $E \to M$ を構造群が $SO(n)$ のベクトル束とする (n は $\dim M$ でなくても良い)．その $SO(n)$ 主束を $P \to M$ とする．$w_2(E) \in H^2(M, \mathbf{Z}/2\mathbf{Z})$ で第 2 スティーフェル–ホイットニー類を表す．

(1) P がスピンリフト $Q \to M$ を持つための必要十分条件は $w_2(E) = 0$．このときスピン構造の全体は $H^1(M, \mathbf{Z}/2\mathbf{Z})$ でパラメトライズされる．

(2) P がスピン^c リフト $Q \to M$ を持つための必要十分条件は $w_2(E) = c \bmod 2$ を満たす $c \in H^2(M, \mathbf{Z})$ が存在すること．このときスピン^c 構造の全体は $2H^2(M, \mathbf{Z}) \oplus H^1(M, \mathbf{Z}/2\mathbf{Z})$ でパラメトライズされる．また付随する行列式束 L について $w_2(E) = c_1(L) \bmod 2$．ここで $c_1(L) \in H^2(M, \mathbf{Z})$ は第 1 チャーン類．

証明. (1) P の 2 重被覆 $Q \to M$ は $\pi_1(P)$ の指数 2 の部分群と対応するので，全射 $\pi_1(P) \to \mathbf{Z}/2\mathbf{Z}$，つまり全射 $H_1(P) \to \mathbf{Z}/2\mathbf{Z}$ が対応する．よって普遍係数定理より $s \in H^1(P, \mathbf{Z}/2\mathbf{Z}) = \mathrm{Hom}(H_1(P), \mathbf{Z}/2\mathbf{Z})$ が定まる．このときファイバー Q_p は $SO(n) \times \{\pm 1\}$ または $\mathrm{Spin}(n)$ に同相となる．後者になるための条件は $s|SO(n) \neq 0$ である．

一方 P のルレー–セールのスペクトル系列 $E_2^{p,q} = H^p(M, H^q(SO(n), \mathbf{Z}/2\mathbf{Z}))$ で E_3 で安定するのは $d_2 \colon H^1(SO(n), \mathbf{Z}/2\mathbf{Z}) \to H^2(M, \mathbf{Z}/2\mathbf{Z})$ と書いて

$$
\begin{array}{llll}
E_3 : & \mathrm{Ker}\, d_2 & & \\
 & \mathbf{Z}/2\mathbf{Z} & H^1(M, \mathbf{Z}/2\mathbf{Z}) & \mathrm{Coker}\, d_2
\end{array}
$$

であるので（$SO(n)$ は連結なのでこの部分に関してコホモロジーの局所係数は気にしなくて良い），完全系列 $0 \to H^1(M, \mathbf{Z}/2\mathbf{Z}) \to H^1(P, \mathbf{Z}/2\mathbf{Z}) \to \mathrm{Ker}\, d_2 \to 0$ を得る．よって次の完全系列を得る．

$$
0 \to H^1(M, \mathbf{Z}/2\mathbf{Z}) \to H^1(P, \mathbf{Z}/2\mathbf{Z}) \to H^1(SO(n), \mathbf{Z}/2\mathbf{Z}) \xrightarrow{d_2} H^2(M, \mathbf{Z}/2\mathbf{Z})
$$

$n \geq 3$ のとき $H^1(SO(n), \mathbf{Z}/2\mathbf{Z}) = \mathbf{Z}/2\mathbf{Z}$ であり，また $d_2(1) = w_2(E)$ であることを見るのは容易である．したがって $s|SO(n) \neq 0$ となる $s \in H^1(P, \mathbf{Z}/2\mathbf{Z})$ が存在するための必要十分条件は $w_2(E) = 0$ である．$n = 2$ の場合は簡単．

(2) P と複素直線束 L の $U(1)$ 主束 P' とのファイバー積を P'' とする．

$$
\begin{array}{ccc}
\mathrm{Spin}^c(n) & \to & \mathrm{Spin}(n+2) \\
\downarrow & & \downarrow \\
SO(n) \times U(1) & \to & SO(n+2)
\end{array}
$$

の意味で P がスピン^c 持ち上げを持つことと，P'' がスピン持ち上げを持つことは同値である．$w_1(E) = 0$ より $w_2(E \oplus L) = w_2(E) + c_1(L) \bmod 2$．$P'$ は $H^2(M, \mathbf{Z})$ の元で決まるので，結局，与えられた P がスピン^c 持ち上げを持つための必要十分条件は $\exists c \in H^2(M, \mathbf{Z});\ w_2(E) = c \bmod 2$ である．　□

系 3.47　有向多様体 M がスピンであるための必要十分条件は $w_2(M) = 0$．スピン^c であるための必要十分条件は $w_2(M) = c \bmod 2$ を満たす $c \in H^2(M, \mathbf{Z}/2\mathbf{Z})$ が存在すること．

3.6　ディラック作用素とスカラー曲率

$L \to M$ をエルミート計量を持つ複素直線束とする．$M = \cup U_\lambda$ を局所自明化近傍による開被覆とする．D を L の $U(1)$ 接続とする．$u_\lambda \colon U_\lambda \to L$ を $|u_\lambda| = 1$ となる局所切断とすれば，$i\mathbf{R}$ 値局所 1 形式 A_λ を用いて

$$D_X u_\lambda = A_\lambda(X) u_\lambda$$

と書ける．前節の記号 A は正確には $A = \{A_\lambda\}$ である．

$$F_A(X,Y)u_\lambda = D_X D_Y u_\lambda - D_Y D_X u_\lambda - D_{[X,Y]} u_\lambda$$

で曲率 F_A が定義される．U_λ において $F_A = dA_\lambda$ で F_A は $i\mathbf{R}$ 値大域的 2 形式である．明らかに $dF = 0$．チャーン–ヴェイユ理論より $c_1(L) = [-\frac{1}{2\pi i}F] \in H^2_{DR}(M, \mathbf{R})$ である．

(M, g) を n 次元リーマン多様体とし，∇ をレヴィ＝チヴィタ接続とする．TM の局所正規直交枠 e_i を用いて接続形式 ω_i^j が

$$\nabla_X e_i = e_j \omega_i^j(X)$$

で定まる．曲率形式を $\mathrm{Rm}(X,Y)e_i = e_j \Omega_i^j(X,Y)$ で定めると

$$\Omega_j^i = d\omega_j^i + \omega_k^i \wedge \omega_j^k, \quad R^i{}_{jkl} = \Omega_j^i(e_k, e_l).$$

M がスピンのとき $\{e_i\}$ に適合するスピナー束 S の局所枠 $\{s_\alpha\}$ を取ると，S の接続は補題 3.41 (2) より

$$\nabla_X s_\alpha = -\frac{1}{4}\sum \omega_j^i(X) e_i e_j s_\alpha.$$

M がスピン^c のとき，行列式束 L の $U(1)$ 接続を A と書くと，スピナー束 S の接続 ∇^A は補題 3.44 (1) より

$$\nabla_X^A s_\alpha = \left(-\frac{1}{4}\sum \omega_j^i(X) e_i e_j + \frac{1}{2}A(X)\right) s_\alpha$$

である（A の前の $1/2$ に注意）．

ディラック作用素がスカラー曲率と関係するのは次のワイツェンベック公式による．

命題 3.48（リシュネロヴィッツ）

(1) (M, g) がスピンのとき

$$D\!\!\!/^2 \psi = -\Delta\psi + \frac{1}{4}R_g \psi. \tag{3.14}$$

ここで $\Delta\psi = \sum(\nabla^2\psi)(e_i, e_i)$．

(2) (M, g) がスピン^c のとき

$$D\!\!\!/_A^2 \psi = -\Delta_A \psi + \frac{1}{4}R_g\psi + \frac{1}{2}F_A\psi. \tag{3.15}$$

ここで $\Delta_A\psi = \sum((\nabla^A)^2\psi)(e_i, e_i)$．

証明. 計算に必要な準備はすでにしたので (2) の要点のみ書く. $D\!\!\!\!/_A^2\psi + \Delta_A\psi = \sum e_i((\nabla_i e_j)\nabla_j^A + e_j\nabla_{\nabla_i e_j}^A)\psi + \frac{1}{2}\sum e_i e_j R^A(e_i,e_j)\psi = \frac{1}{2}\sum e_i e_j R^A(e_i,e_j)\psi = \frac{1}{4}R_g\psi + \frac{1}{2}F_A\psi$. 第2の等号はレヴィ＝チヴィタ接続の性質から. 第3の等号はクリフォード代数. 係数に注意. ここで R^A は ∇^A の曲率テンソル. □

系 3.49 (ヒッチン) (M,g) がコンパクトでスピン $R_g > 0$ ならば調和スピナーは 0 のみ. よって $Y(M) > 0$ ならばスピンコボルディズム不変量 $\alpha(M) = 0$.

これより $Y(K3) \leq 0$, 9次元の異種球面 Σ^9 で $Y(\Sigma^9) \leq 0$ のものがある（どちらも等号が成り立つ）ことが分かる. この議論は指数定理が関係している.

定理 3.50 (アティヤー–シンガー) M が4次元コンパクトでスピンのとき $D\!\!\!\!/ : \Gamma(S^+) \to \Gamma(S^-)$ の指数は $-\frac{1}{8}\sigma(M)$. スピン^c のときは $\frac{1}{8}(c_1(L)^2 - \sigma(M))$. ここで $\sigma(M)$ は符号数.

$\mathrm{Spin}(4) = SU(2) \times SU(2)$ よりスピナー束は4元数構造が入るので調和スピナーの全体の複素次元は偶数. よって4次元コンパクトスピン多様体の符号数は16の倍数であると言うロホリンの定理の別証明ができる.

本節の残りで次の定理の証明を与える. 3次元以上の多様体 M で $0 < Y(M) < Y(S^n)$ を満たすことが確かめられた最初の例である. $Y(S^4) = 8\sqrt{6}\pi$ に注意する.

定理 3.51 (ルブラン) $Y(\mathbf{CP}^2) = 12\sqrt{2}\pi = E(g_{FS})$.

証明はガースキー–ルブランに従って述べる. (M,g) をコンパクト連結 n 次元リーマン多様体とする. $n \geq 3$ とする. 2形式 $\omega \in A^2(M)$ を一つ選び

$$\hat{R}_g = R_g - |\omega|_g$$

とする. これはリプシッツ関数である.

$$\hat{L}_g = -4\frac{n-1}{n-2}\Delta_g + \hat{R}_g$$

とする.

補題 3.52 $\tilde{g} = u^{4/(n-2)}g$, $u > 0$ とする.

(1) $\hat{L}_g u = \hat{R}_{\tilde{g}} u^{(n+2)/(n-2)}$.
(2) 任意の $v \in C^\infty(M)$ に対して $\hat{L}_g v = u^{(n+2)/(n-2)}\hat{L}_{\tilde{g}}(u^{-1}v)$.

証明は単純計算なので略す. 系 3.5 と比較すれば, $\hat{R}_g$ は共形変換に対してスカラー曲率と同様にふるまうことが分かる. $\hat{L}_g$ の最小固有値 λ を考える.

$$\lambda = \inf_u \frac{\int_M u\hat{L}_g u\, d\mu_g}{\int_M u^2\, d\mu_g}$$

この λ に対して $C^{2,\alpha}$ 級正値関数 u で $\hat{L}_g u = \lambda u$ を満たすものが取れる．よって $\hat{R}_{\tilde{g}} = u^{-4/(n-2)}\lambda$ は定符号で，その符号は共形類 $C = [g]$ で決まる．

$$||\omega|| = \left(\int_M |\omega|_g^{n/2}\, d\mu_g \right)^{2/n}$$

は共形不変である．次の補題が証明の鍵である．

補題 3.53 次のいずれか一つが成り立つ．

(1) $\exists g \in C;\ R_g > |\omega|_g$.
(2) $Y(M, C) < ||\omega||$.
(3) $Y(M, C) = ||\omega||$. $R_g = |\omega|_g$ を満たす山辺計量 $g \in C$ が取れる．

証明. (1) を否定すると，

$$Y(M, C) \leq \frac{\int_M R_g\, d\mu_g}{(\int_M d\mu_g)^{\frac{n-2}{n}}} \leq \frac{\int_M |\omega|_g\, d\mu_g}{(\int_M d\mu_g)^{\frac{n-2}{n}}} \leq ||\omega||.$$

□

以下 M は 4 次元で向き付けられているとする．共形類 C は偏極 $H^2(M, \mathbf{R}) = H^+ \oplus H^-$ を与える．コホモロジー類と調和形式を同一視する．$\omega \in H^+$ に対して $||\omega||^2 = 2\int \omega \wedge \omega = 2\omega^2 \in H^4(M, \mathbf{R}) = \mathbf{R}$ に注意する．

系 3.54 この仮定の下 $\zeta \in H^2(M, \mathbf{R})$ とする．次のいずれか一つが成り立つ：

(1) $\exists g \in C;\ R_g > |\zeta^+|_g$.
(2) $Y(M, C) < \sqrt{2(\zeta^+)^2}$.
(3) $Y(M, C) = \sqrt{2(\zeta^+)^2}$. $R_g = |\zeta^+|_g$ を満たす山辺計量 $g \in C$ が取れる．

定理 3.55 (ガースキー–ルブラン) 以上の仮定の下，$\eta \in H^2(M, \mathbf{Z})$ が $\eta \bmod 2 = w_2$，$\eta^2 > \sigma(M)$ を満たせば，$Y(M, C) \leq 4\pi\sqrt{2(\eta^+)^2}$.

証明. M はスピン^c である．任意に $g \in C$ を取る．g の定める $SO(4)$ 構造に適合するスピン^c 構造を取る．行列式束 L を $c_1(L) = \eta$ のように取る．L の $U(1)$ 接続を A，その曲率形式を $F_A = dA$ とする．$[F_A] = -2\pi i\eta$ である．必要ならば A を取り替えて $F_A = -2\pi i\eta$ としておく．定理 3.50 と仮定から調和スピナー $0 \neq \psi \in \Gamma(S^+)$ が存在する．ワイツェンベック公式 (3.15) から

$$0 = \int_M \left(|\nabla^A \psi|^2 + \frac{1}{4} R_g |\psi|^2 + \frac{1}{2} \langle F_A^+ \psi, \psi \rangle \right) d\mu_g.$$

補題 3.38 より F_A^+ の作用は対角化でき固有値は $\pm |F_A^+| = \pm 2\pi |\eta^+|$．よって

$$0 \geq \int_M \left(|\nabla^A \psi|^2 + \frac{1}{4}(R_g - 4\pi |\eta^+|)|\psi|^2 \right) d\mu_g.$$

よって $R_g \leq 4\pi |\eta^+|$．系 3.54 より $\zeta = 4\pi\eta$ として，$Y(M,C) \leq 4\pi\sqrt{2(\eta^+)^2}$．□

定理 3.51 の証明. 共形類 C を任意に取る．$\sigma(\mathbf{C}\mathrm{P}^2) = 1$ である．$\eta = \eta^+ = c_1(T\mathbf{C}\mathrm{P}^2)$ として $\eta^2 = 9$．よって定理 3.55 より $Y(M,C) \leq 12\sqrt{2}\pi$．フビニ–スタディ計量を考えれば，系 3.24 より等号が言える．□

$Y(\mathbf{C}\mathrm{P}^2) = Y(\mathbf{C}\mathrm{P}^2, C)$ を満たす共形類 C はフビニ–スタディ計量を含むことも分かっている．

最後に 4 次元固有の結果を述べる．

命題 3.56（ヒルツェブルフ–ホップ） 任意のコンパクト有向 4 次元多様体 M はスピン^c．

証明. M は連結とする．以下で $\dim = \dim_{\mathbf{Z}/2\mathbf{Z}}$ とする．$\cup$ でカップ積を表す．$T \subset H^2(M, \mathbf{Z})$ を捩れ部分群とする．普遍係数定理とポアンカレ双対性から，T は $H^3(M,\mathbf{Z})$ の捩れ部分群と同型である．完全系列

$$\to H^2(M,\mathbf{Z}) \xrightarrow{r} H^2(M, \mathbf{Z}/2\mathbf{Z}) \xrightarrow{b} H^3(M,\mathbf{Z}) \xrightarrow{2} H^3(M,\mathbf{Z}) \to$$

より $\mathrm{Im}\, b \cong \{t \in T |\ 2t = 0\}$．完全系列 $\mathrm{Im}\, b \to T \xrightarrow{2} T \to T/2T = r(T)$ より $\dim \mathrm{Im}\, b = \dim r(T)$．よって

$$\dim H^2(M, \mathbf{Z}/2\mathbf{Z}) = \dim \mathrm{Ker}\, b + \dim \mathrm{Im}\, b = \dim \mathrm{Im}\, r + \dim r(T).$$

$x = r(s) \in \mathrm{Im}\, r$，$y = r(t) \in r(T)$ に対して $x \cup y = r(s \cup t) = 0$ なので $\mathrm{Im}\, r \subset \{x \in H^2(M, \mathbf{Z}/2\mathbf{Z}) |\ x \cup r(T) = 0\}$ となるが，$\mathbf{Z}/2\mathbf{Z}$ 係数ポアンカレ双対性より右辺の次元 $= \dim H^2(M, \mathbf{Z}/2\mathbf{Z}) - \dim r(T) = \dim \mathrm{Im}\, r$ なので等号成立．ウーの公式より $w_2(M) \cup y = y^2$，$y \in H^2(M, \mathbf{Z}/2\mathbf{Z})$．$y \in r(T)$ ならば $y^2 = 0$ なので $w_2(M) \cup y = 0$．ゆえに $w_2(M) \in \mathrm{Im}\, r$．よって結果は命題 3.46 (2) より従う．□

3.7 サイバーグ–ウィッテン方程式

M は連結とし，参照点 $x_0 \in M$ を選んでおく．スピン^c 構造を選び行列式束を L とする．$\mathcal{A} = \mathcal{A}(L)$ を L の $U(1)$ 接続の全体，$\mathcal{G} = C^\infty(M, U(1)) = \mathrm{Aut}(L)$ をゲージ群とする．$\mathcal{G}_0 = \{g \in \mathcal{G} |\ g(x_0) = 1\}$ とする．$\mathcal{G} = \mathcal{G}_0 \times U(1)$.

定義 3.57 $\mathcal{G}$ の $\mathcal{A}\times\Gamma(S^+)$ への右作用を次で定義する．

$$(A,\psi)g=(A^g,\psi^g)=(A+2g^{-1}dg,g^{-1}\psi)$$

よって

$$\not{D}_{A^g}=g^{-1}\not{D}_A g,\quad F_{A^g}=F_A,\quad q(\psi^g)=q(\psi). \tag{3.16}$$

q の定義は定義 3.36 にある．$\Gamma(S^+)^*=\Gamma(S^+)\setminus\{0\}$ とすると，$\mathcal{A}\times\Gamma(S^+)^*$ への $\mathcal{G}$ 作用は自由である．

$$\mathcal{B}^*=\mathcal{A}\times\Gamma(S^+)^*/\mathcal{G}$$

と書く．

補題 3.58 $\mathcal{B}^*$ は $(S^1)^M=\mathcal{G}$ の分類空間で，$K(H^1(M,\mathbf{Z}),1)=T^{b_1(M)}$ と $K(\mathbf{Z},2)=\mathbf{C}\mathrm{P}^\infty$ の積にホモトピー同値．

証明． $\mathcal{A}$ はアファイン空間，$\Gamma(S^+)$ は無限次元線形空間なので $\mathcal{A}\times\Gamma(S^+)^*$ は可縮．さらに $\mathcal{A}\times\Gamma(S^+)^*\to\mathcal{B}^*$ は $\mathcal{G}$ 主束．よって $\mathcal{G}$ が離散集合 $H^1(M,\mathbf{Z})$ と S^1 の積にホモトピー同値であることを示せば結果が従う．$H_1(U(1),\mathbf{Z})=\mathbf{Z}$ より $g\in\mathcal{G}$ に対し $g_*\in H^1(M,\mathbf{Z})=\mathrm{Hom}(H_1(M,\mathbf{Z}),\mathbf{Z})$．次は容易に分かる．

- $(g_1g_2)_*=g_{1*}+g_{2*}$．
- $g_*=0$，$g(x_0)=1$ ならば $f\in C^\infty(M)$ で $\exp(2\pi i f)=g$，$f(x_0)=1$ となるものが一意的に存在する．
- $\mathcal{G}\to H^1(M,\mathbf{Z});\ g\mapsto g_*$ は全射．これは例えば $[c]\in H^1(M,\mathbf{Z})\subset H^1_{DR}(M)$ に対して $c=dg$ となる $g\colon M\to\mathbf{R}/\mathbf{Z}$ が取れることから分かる．

すると $\mathcal{G}\to H^1(M,\mathbf{Z})\times S^1;\ g\mapsto(g_*,g(x_0))$ が求めるホモトピー同型． □

定義 3.59 $U(1)$ 主束 $\mathcal{A}\times\Gamma(S^+)^*/\mathcal{G}_0\to\mathcal{B}^*$ の第 1 チャーン類を $\mu\in H^2(\mathcal{B}^*,\mathbf{Z})$ と書く．これは $\mathcal{B}^*$ の $\mathbf{C}\mathrm{P}^\infty$ 因子のコホモロジーの生成元．

以下，M は 4 次元コンパクト連結有向多様体でリーマン計量 g が与えられているとする．命題 3.56 より M はスピン^c であるのでスピン^c 構造も与えておく．スピン^c 構造の全体を $\mathrm{Spin}^c(M)$ と書くと，これは命題 3.46 より $\mathrm{Spin}^c(M)\simeq 2H^2(M,\mathbf{Z})\oplus H^1(M,\mathbf{Z}/2\mathbf{Z})$ である．自己双対 2 形式の全体を $A^2_+=\{a\in A^2(M)|\ *a=a\}$ と書く．

定義 3.60 $h\in A^2_+$ とする．$(A,\psi)\in\mathcal{A}\times\Gamma(S^+)$ に対する方程式

$$\not{D}_A\psi=0,\quad F_A^+=q(\psi)+ih$$

を（摂動）**サイバーグ–ウィッテン方程式** (SW_h) と言う（q については定義 3.36）．$\psi \neq 0$ であるような解を**既約解**と言う．式 (3.16) より，SW_h の解全体は $\mathcal{G}$ 不変である．SW_h の解の全体を $\mathcal{G}$ で割ったものを $\mathcal{M}_h$ と書く．既約解のモジュライを $\mathcal{M}_h^* = \mathcal{M}_h \cap \mathcal{B}^*$ と書く．

命題 3.61　ジェネリックな $h \in A_+^2$ に対して $\mathcal{M}_h^*$ は $d(L) = \frac{1}{4}(c_1(L)^2 - (2\chi(M) + 3\sigma(M)))$ 次元多様体．

証明は省略するがスメール–サード定理を使う．次元は指数定理から，

$$d(L) = -(1 - b_1(M) + b_+(M)) + \frac{1}{4}(c_1(L)^2 - \sigma(M))$$

である．$d(L)$ が偶数であることと $b_1(M) + b_+(M)$ が奇数であることは同値．最初の括弧は次の楕円型複体から来ている．

$$0 \to A^0(M) \xrightarrow{d} A^1(M) \xrightarrow{d_+} A_+^2(M) \to 0$$

ここで $d_+a = (da)_+$ である．ホッジ理論を使えばこの複体の第 2 ベッチ数は $b_+(M)$．よって以下が得られる．

補題 3.62　$\{iF_A^+ | \ A \in \mathcal{A}\} \subset A_+^2$ は余次元 $b_+(M)$．

系 3.63　$b_+(M) > 0$ のとき，ジェネリックな h に対して $\mathcal{M}_h = \mathcal{M}_h^*$.

SW_h の解についてワイツェンベック公式は

$$-\Delta_A\psi + \frac{R_g}{4}\psi + \frac{|\psi|^2}{4}\psi + \frac{1}{2}ih\psi = 0. \tag{3.17}$$

補題 3.64　SW_h の既約解 (A, ψ) に対して

(1) $|\psi|^2 \leq \max((R_g)_- + 2|h|)$，ここで $(R_g)_-(x) = \max\{-R_g(x), 0\}$.
(2) $|F_A^+| \leq \frac{1}{2}\max(R_g)_- + 2\max|h|$.

証明. 式 (3.17) で ψ との内積を取る．すると $x \in M$ で $|\psi|$ が最大ならばそこで $R_g + |\psi|^2 - 2|h| \leq 0$ となることが分かる．　□

系 3.65　$\mathcal{M} \neq \phi$ となるスピン^c 構造は有限個．

証明. $d(L) \geq 0$ とすると $c_1(L)^2 = \frac{1}{8\pi^2}\int(|F_A^+|^2 - |F_A^-|^2)d\mu \geq 2\chi(M) + 3\sigma(M)$. よって F_A^+ の有界性から F_A^- の L^2 有界性が出る．よって $\mathcal{M} \neq \phi$ となる $c_1(L)$ は $H_{DR}^2(M, \mathbf{R})$ で有界．　□

証明は省略するが次はサイバーグ–ウィッテン理論の基本定理である．

定理 3.66 $b_+(M) > 0$ のとき，ジェネリックな $h \in A_+^2$ に対して，$\mathcal{M}_h \subset \mathcal{B}^*$ はコンパクト $d(L)$ 次元向き付け可能多様体．

定義 3.67 スピン^c 構造 $Q \in \mathrm{Spin}^c(M)$ に対してその行列式束を L と書く．**サイバーグ–ウィッテン不変量** $\mathrm{SW}_M \colon \mathrm{Spin}^c(M) \to \mathbf{Z}$ を次のように決める．$d(L)$ が奇数のときは $\mathrm{SW}_M(Q) = 0$．$d(L)$ が偶数のとき

$$\mathrm{SW}_M(Q) = \int_{\mathcal{M}_h} \mu^{d(L)/2}.$$

ここで h は定理 3.66 の結論を導くジェネリックな 2 形式．

補題 3.62 より $b_+(M) > 1$ ならば SW_M の定義は成立する．$b_+(M) = 1$ の場合の処方箋もあるが込み入るので省略する．山辺不変量との関係で補題 3.64 (1) より以下が直ちに分かる．

命題 3.68（**ウィッテン**） $Y(M) > 0$ ならば $\mathrm{SW}_M = 0$.

ケーラー曲面（複素 2 次元 = 実 4 次元）は具体的な計算ができる例の宝庫である．例えば次が知られている．

定理 3.69 一般型極小曲面 M で反標準束 K^{-1} を行列式束とするスピン^c 構造 Q に対して $\mathrm{SW}_M(Q) = 1$.

以下，代数曲面に関する用語の説明はしない．一般型極小曲面について，その定義から $c_1(K)^2 > 0$ であることだけを注意しておく．次は 3 次元以上で負の山辺不変量を持つことが確認された最初の例である．

定理 3.70（**ルブラン**） 一般型極小曲面 M に対して

$$Y(M) = -4\pi\sqrt{2(2\chi(M) + 3\sigma(M))} < 0.$$

証明. 命題 3.68 より $Y(M) \leq 0$．$0 < c_1(K)^2 = c_1(TM)^2 = 2c_2(TM) + p_1(TM) = 2\chi(M) + 3\sigma(M)$．$g$ を任意の山辺計量とする．定理 3.69 で存在が保証されている SW_{h_n} の既約解 (A_n, ψ_n), $|h_n| < 1/n$ を考える．補題 3.64 (2) より

$$|F_{A_n}^+| \leq \frac{1}{2}|R_g| + \frac{2}{n}.$$

チャーン–ヴェイユ理論から

$$c_1(K)^2 = \frac{1}{8\pi^2}\int_M \left(|F_{A_n}^+|^2 - |F_{A_n}^-|^2\right) d\mu_g \leq \frac{1}{8\pi^2}\int_M |F_{A_n}^+|^2 d\mu_g$$

で $n \to \infty$ とすれば

$$c_1(K)^2 \leq \frac{1}{32\pi^2}|R_g|^2 \mathrm{Vol}(M,g).$$

R_g は非正定数なので

$$R_g\sqrt{\mathrm{Vol}(M,g)} \leq -4\pi\sqrt{2(2\chi(M)+3\sigma(M))}.$$

これで $Y(M) \leq -4\pi\sqrt{2(2\chi(M)+3\sigma(M))}$ が言えた．等号はカラビの問題の解のアインシュタイン計量で実現される（系 3.24）． □

より一般に次が成り立つ．

定理 3.71（ルブラン） コンパクトケーラー曲面 M について，

$$\begin{cases} Y(M) > 0 \iff \mathrm{Kod}(M) = -\infty \\ Y(M) = 0 \iff \mathrm{Kod}(M) = 0, 1 \\ Y(M) < 0 \iff \mathrm{Kod}(M) = 2. \end{cases}$$

ここで $\mathrm{Kod}(M)$ は M の小平次元．

コンパクトリーマン面 M に対しては

$$\begin{cases} Y(M) > 0 \iff \mathrm{Kod}(M) = -\infty \\ Y(M) = 0 \iff \mathrm{Kod}(M) = 0 \\ Y(M) < 0 \iff \mathrm{Kod}(M) = 1 \end{cases}$$

である．整然とした秩序が見出せる．しかし注意することもある．複素双曲平面のコンパクト商の小平次元は 2 で山辺不変量は負となる．これは良いとして，小平次元 2 で単連結なものがある（堀川曲面など）．代数曲面の世界では基本群がそもそも小さい．未だに実 4 次元実双曲コンパクト多様体の山辺不変量が負であるかどうかの証明がされてないことが気になる．

3.8 ペンローズ不等式と逆平均曲率流

本節では 3 次元多様体の正の山辺不変量に関する結果を解説する．

境界のないコンパクト多様体を閉多様体という．3 次元閉位相多様体上には可微分構造が一意的に存在することが知られているので，3 次元では位相多様体のカテゴリーと可微分多様体のカテゴリーは一致する．以下では，現れる多様体は（断らない限り）全て C^∞ 級とする．M を 3 次元閉多様体とする．M が $M = M_1 \# M_2$ と連結和分解されるならば M_1, M_2 の少なくとも一方は S^3 に同相となるとき，M を素という．ただし S^3 に同相な M は素ではないと定める．また M に埋め込まれた任意の2次元球面 S に対して，M の中の3次元球体 B で $\partial B = S$ となるものがあるとき，M を**既約**という．M が既約であることの定義は，$\partial M \neq \phi$ の場合でも有効である．次の命題が知られている．

命題 3.72 (1) M が既約であるが素でないならば，M は S^3 に同相である．
(2) M が素であるが既約でないならば，M は $S^1 \times S^2$ に同相である．

クネーザーは素元分解の存在を示し，ミルナーはその一意性を示した．それをまとめた次の**素元分解定理**が知られている．

定理 3.73 M を S^3 に同相でない向き付けられた3次元閉多様体とする．このとき M は，有限個の素な向き付けられた3次元閉多様体の連結和に順序を除き一意的に分解される：$M = M_1 \# M_2 \# \cdots \# M_k$.

上記の命題と素元分解定理より，向き付けられた3次元閉多様体 M は

$$M = (K_1 \# \cdots \# K_p) \# (L_1 \# \cdots \# L_q) \# r(S^1 \times S^2)$$

の形の素元分解をもつことが分かる．ここで各 K_i, L_j は，それぞれ無限基本群および有限基本群をもつ既約閉多様体である．シェーン–ヤウおよびグロモフ–ローソンの結果により，M が K_i-因子を持てば $Y(M) \leq 0$ であることが分かっている．次節で述べるペレルマン（のリッチフローの研究）による3次元ポアンカレ予想の解決より，各 L_j は $S^3(1)$ の計量商と同相となることが分かる．したがって，小林の連結和公式（系 3.26）を使うと，$Y(M) > 0$ であるための必要十分条件は M の素元分解において K_i-因子が現れないこと，すなわち $M = (L_1 \# \cdots \# L_q) \# r(S^1 \times S^2)$ と表されることである．これにより $Y(M) > 0$ である向き付け可能な3次元閉多様体 M は完全に分類されたことになる．

次に下記の問題を考える．

- $S^3(1)$ の計量商の山辺不変量を求めること．
- 連結和3次元閉多様体 $M = (L_1 \# \cdots \# L_q) \# r(S^1 \times S^2)$ の山辺不変量を求めること．

これらの問題に対して，ブレイ–ネヴェスは3次元実射影空間 $\mathbf{R}P^3$ の山辺不変量の決定を含む次の定理を示した．ただし本節の以下に述べる全ての結果は，ペレルマンによる研究とは独立に得られたものである．したがって素元分解 $M = (K_1 \# \cdots \# K_p) \# (L_1 \# \cdots \# L_q) \# r(S^1 \times S^2)$ において，有限基本群を持つ各素元 L_j が $S^3(1)$ の計量商と同相となることを使わないで，それらの結果は示される．また以下特に断らない限り3次元多様体の向き付け可能性は仮定しない．Σ を3次元閉多様体 M 内に埋め込まれた曲面とする．$M - \Sigma$ が連結のとき Σ を**非分離的**，Σ の

開近傍で $\Sigma \times (-1,1)$ に同相となるものがとれるとき Σ を**両側曲面**，そうでないとき**片側曲面**という．向き付け可能な3次元閉多様体が非分離的2次元球面を含むと，$M = M'\#(S^1 \times S^2)$ と連結和分解される．

定理 3.74（ブレイ–ネヴェス）　3次元閉多様体 M は，次の3条件を満たしているとする．

(i) M は S^3 に同相でない．
(ii) M は埋め込まれた非分離的2次元球面を含まない．
(iii) M は両側実射影平面 $\mathbf{R}\mathrm{P}^2$ を含まない．

このとき M 上の任意のリーマン計量 g に対して，

$$Y(M,[g]) \leq Y(\mathbf{R}\mathrm{P}^3,[h_0])$$

である．特に

$$Y(M) \leq Y(\mathbf{R}\mathrm{P}^3,[h_0])$$

である．また $Y(M,[g]) = Y(\mathbf{R}\mathrm{P}^3,[h_0])$ となるための必要十分条件は，$(M,[g])$ と $(\mathbf{R}\mathrm{P}^3,[h_0])$ が共形同値となることである．さらに

$$Y(\mathbf{R}\mathrm{P}^2 \times S^1) \leq Y(\mathbf{R}\mathrm{P}^3,[h_0]), \quad Y(M\#(\mathbf{R}\mathrm{P}^2 \times S^1)) \leq Y(\mathbf{R}\mathrm{P}^3,[h_0])$$

である．ここで h_0 は3次元実射影空間 $\mathbf{R}\mathrm{P}^3 = S^3/(\mathbf{Z}/2\mathbf{Z})$ 上の定曲率1の標準計量を表す．

注意 3.75　　(1) 特に M が非自明な有限基本群を持つ場合には，M は定理3.74の条件 (i)〜(iii) を満たす．

(2) 小畠の定理3.23より h_0 は $\mathbf{R}\mathrm{P}^3$ 上の山辺計量であるので，

$$\mathbf{Y_2} := Y(\mathbf{R}\mathrm{P}^3,[h_0]) = \frac{Y(S^3)}{2^{2/3}} = \frac{6(2\pi^2)^{2/3}}{2^{2/3}} = 6\pi^{4/3}$$

である．

さらに次の系が成立する．

系 3.76　$Y(\mathbf{R}\mathrm{P}^3) = \mathbf{Y_2}$ である．また $Y(\mathbf{R}\mathrm{P}^2 \times S^1) = \mathbf{Y_2}$ である．

次は定理3.74と $Y(S^1 \times S^2) = Y(S^1 \tilde{\times} S^2) = Y(S^3)$（定理3.25）より直ちに従う．

系 3.77　$Y(M) > \mathbf{Y_2}$ となる素な3次元閉多様体 M は，S^3，$S^1 \times S^2$，$S^1 \tilde{\times} S^2$ のいずれかに微分同相である．これら三つの多様体の山辺不変量は $Y(S^3)$ に等しい．

定理 3.74 において，“埋め込まれた非分離的 2 次元球面を含まない” という条件がついている．例えば $M = \mathbf{R}\mathrm{P}^3 \# (S^1 \times S^2)$ とおくと，この条件を満たさない．考えている 3 次元閉多様体が埋め込まれた非分離的 2 次元球面を持つと，ブレイ–ネヴェスの証明の手法にある種の困難が生じるのである．実はこの困難は，$\mathbf{R}\mathrm{P}^3 \# (S^1 \times S^2)$ の任意に大きい位数の有限被覆を考えることで解消できる．より一般に次が成立する．

定理 3.78 (芥川–ネヴェス)

(1) 3 次元閉多様体 M は定理 3.74 と同一の条件 (i)〜(iii) を満たしているとする．L を埋め込まれた非分離的 2 次元球面を持つ 3 次元閉多様体とする．このとき $M \# L$ 上の任意のリーマン計量 g に対して，

$$Y(M \# L, [g]) < \mathbf{Y_2}$$

である．特に

$$Y(M \# L) \leq \mathbf{Y_2}$$

である．

(2) 3 次元閉多様体 M はある両側実射影平面 $\mathbf{R}\mathrm{P}^2$ を含むとする．このとき M 上の任意のリーマン計量 g に対して，

$$Y(M, [g]) < \mathbf{Y_2}$$

である．特に

$$Y(M) \leq \mathbf{Y_2}$$

である．

この定理と定理 3.74 により，次が得られる．

系 3.79 S^3 に同相でない 3 次元閉多様体 L に対して，

$$Y(\mathbf{R}\mathrm{P}^3 \# L, [g]) < \mathbf{Y_2}, \quad Y((\mathbf{R}\mathrm{P}^2 \times S^1) \# L, [\tilde{g}]) < \mathbf{Y_2}$$

である．ここで $g, \tilde{g}$ はそれぞれ $\mathbf{R}\mathrm{P}^3 \# L$ および $(\mathbf{R}\mathrm{P}^2 \times S^1) \# L$ 上の任意のリーマン計量である．特に

$$Y(\mathbf{R}\mathrm{P}^3 \# L) \leq \mathbf{Y_2}, \quad Y((\mathbf{R}\mathrm{P}^2 \times S^1) \# L) \leq \mathbf{Y_2}$$

である．

小林の連結和不等式（系 3.26）に $Y(S^2 \times S^1) = Y(S^1 \tilde{\times} S^2) = Y(S^3)$（定理 3.25）を使うと，次を得る．

系 3.80

$$Y(\#p\mathbf{R}\mathrm{P}^3 \# q(\mathbf{R}\mathrm{P}^2 \times S^1) \# r(S^1 \times S^2) \# s(S^1 \tilde{\times} S^2)) = \mathbf{Y_2} \quad (p + q \geq 1).$$

系 3.77 と同様に次を得る．

系 3.81　$Y(M) > \mathbf{Y_2}$ となる 3 次元閉多様体 M は，S^3 または $p(S^1 \times S^2)\# q(S^1 \tilde{\times} S^2)$ $(p + q \geq 1)$ に微分同相である．

ブレイ–ネヴェスが証明に使った主要な手段が逆平均曲率流の手法である．この手法は，まずヒュースケン–イルマネンによる漸近的に平坦な 3 次元多様体の全質量に関するリーマン的ペンローズ予想の証明の主要な手段として使われた（リーマン的ペンローズ予想に対してこの手法を導入したのはゲロックが最初である）．ブレイ–ネヴェスは，例えば $Y(\mathbf{R}\mathrm{P}^3, [g]) > 0$ となる任意のリーマン計量 g から，まず $(\mathbf{R}\mathrm{P}^3)^* := \mathbf{R}\mathrm{P}^3 - \{1\text{ 点}\}$ 上で g を共形変形して漸近的に平坦な 3 次元多様体 $((\mathbf{R}\mathrm{P}^3)^*, g_{AF})$ をつくり，そのうえで $Y((\mathbf{R}\mathrm{P}^3)^*, [g_{AF}])\ (= (\mathbf{R}\mathrm{P}^3, [g])\ ) \leq \mathbf{Y_2}$ を示すための $(\mathbf{R}\mathrm{P}^3)^*$ 上の都合の良いテスト関数を構成する際に逆平均曲率流の手法を用いた．ここでリーマン的ペンローズ不等式（*i.e.*, リーマン的ペンローズ予想に表れる不等式）自身は使われてはいないが，その証明に用いられた手法・諸結果は，逆平均曲率流の手法とあわせて，フルに活用される．

山辺不変量・山辺の問題と漸近的に平坦な多様体との係わりは，シェーンに始まる．シェーンは，山辺の問題において残されていた最終問題：「$Y(M, C) = Y(S^n, C_0)$ をみたす n 次元共形閉多様体 (M, C) は (S^n, C_0) と共形同値か？」を，漸近的に平坦な多様体 $M - \{1\text{ 点}\}$ に対して正質量定理を適用することにより肯定的に解決したのであった．以下で説明するように，リーマン的ペンローズ予想は（3 次元の場合の）正質量予想の一般化となっている．したがって $Y(\mathbf{R}\mathrm{P}^3, [g]) \leq \mathbf{Y_2}$ 等を示すために，漸近的に平坦な 3 次元多様体 $\mathbf{R}\mathrm{P}^3 - \{1\text{ 点}\}$ を考え，リーマン的ペンローズ予想と関連付けるのは自然な流れであった．$Y(M, [g]) > 0$ となる共形閉多様体 $(M, [g])$ において，漸近的に平坦な多様体 $(M - \{1\text{ 点}\}, g_{AF})$ は一つの良いリーマン幾何的表現である．

以下，リーマン的ペンローズ予想および平均曲率流に関する用語の導入と諸結果を（証明なしで）与え，定理 3.74，系 3.76 および定理 3.78 の証明の概略を与える．

本巻「相対論」の本書 2.15 節「正質量定理」で解説されているように，非コンパクト 3 次元リーマン多様体 $X = (X, g)$ が**漸近的に平坦**であるとは，あるコンパクト部分集合 $K \subset X$ と $X - K$ から $\mathbf{R}^3 - B_1(0)$ への微分同相写像 $x = (x^1, x^2, x^3)$ が存在

して，リーマン計量 g が座標 (x^1, x^2, x^3) に関して次をみたすことである．$|x| \to \infty$ のとき，

$$g_{ij} = \delta_{ij} + O(|x|^{-1}), \quad \partial_k g_{ij} = O(|x|^{-2}), \quad \partial_k \partial_\ell g_{ij} = O(|x|^{-3}).$$

ここで $B_1(0) = \{x \in \mathbf{R}^3 \mid |x| < 1\}$ で，また X は必ずしも $\partial X = \phi$ とは限らない．このとき漸近的に平坦な多様体 (X, g) の**全質量** m_{ADM} は以下で定義される（**ADM 質量**とも呼ばれる）．

$$m_{\mathrm{ADM}} = \lim_{r\to\infty} \frac{1}{16\pi} \int_{\{|x|=r\}} \Sigma_{i,j=1}^3 (\partial_i g_{ij} - \partial_j g_{ii}) \partial_j \lrcorner dx^1 \wedge dx^2 \wedge dx^3$$

特にスカラー曲率 R_g が条件

$$\int_X R_g d\mu_g < \infty$$

をみたすならば，全質量 m_{ADM} は有限確定である．以後断りなしに，この条件も漸近的平坦性の定義に含めることにする．以上の準備の下で，リーマン的ペンローズ予想は次のように述べられる．

リーマン的ペンローズ予想　漸近的に平坦な完備連結 3 次元多様体 (X, g) は次の条件を満たすと仮定する．

(i) $R_g \geq 0$.
(ii) X の境界 ∂X は極小閉曲面（連結とは限らない）からなり，かつ X はそれら以外の極小閉曲面を含まない．

このとき X の全質量 m_{ADM} に関して，

$$\text{（リーマン的ペンローズ不等式）} \qquad m_{\mathrm{ADM}} \geq \sqrt{\frac{|\partial X|}{16\pi}}$$

が成立する．等号成立は，(X, g) が全質量 m_{ADM} のシュヴァルツシルト時空の事象の地平の外部領域における時間スライスに等長的であるときに限る．ここで $|\partial X|$ は，∂X の面積を表す．

この予想は，ヒュースケン–イルマネンおよびブレイによって完全に解決された．ただしヒュースケン–イルマネンが示したのは，リーマン的ペンローズ不等式における ∂X を “∂X の任意の連結成分 S” に置き換えた弱い不等式

$$m_{\mathrm{ADM}} \geq \sqrt{\frac{|S|}{16\pi}}$$

である．彼らが証明に使ったのが逆平均曲率流の手法である．また全質量 m のシュヴァルツシルト時空の事象の地平の外部領域における時間スライス $\mathcal{S}_m$ は，

$$\left(\mathbf{R}^3 - B_{m/2}(0),\ \left(1 + \frac{m}{2|x|}\right)^4 g_{\mathbf{R}^3}\right)$$

に等長的である．$\mathcal{S}_m$ の境界 $\partial B_{m/2}(0)$ は面積 $16\pi m^2$ の面積最小全測地的な 2 次元球面となっている．

さてリーマン的ペンローズ予想は，$\partial X = \phi$ の場合を含んでおり，リーマン的ペンローズ不等式は単に "$m_{\mathrm{ADM}} \geq 0$" となる．また全質量 $m = 0$ の $\mathcal{S}_0$ とは，3 次元ユークリッド空間 $\mathbf{R}^3$ のことである．よってリーマン的ペンローズ予想は正質量予想の一般化となっていることが容易に分かる．

次に逆平均曲率流の定義およびその簡単な解説を行い，その後にこの手法がリーマン的ペンローズ不等式の証明や 3 次元多様体の山辺不変量の研究においてどのように活用されたかを見る．

$X = (X, g)$ を漸近的に平坦な 3 次元多様体とし，さらに簡単のため X の境界 $S := \partial X$ は閉かつ '連結' と仮定する．Y は，(X, g) のなめらかな拡張で境界のない完備連結多様体とし，さらに $Y - X$ $(\subset Y)$ はプレコンパクトとする．X 上に拡張されたリーマン計量も再び g で表す．**初期条件 S の逆平均曲率流の古典解**とは，以下の条件をみたす超曲面 $S_t := x(S, t)$ のなす C^∞ 級族 $x : S \times [0, T] \to Y$ のことである．

$$\frac{\partial x}{\partial t} = \frac{\nu}{H}, \quad x \in S_t, \quad 0 \leq t \leq T \tag{3.18}$$

ただし ν は S_t の各点における外向きの単位法ベクトル，$H := \Sigma_{i=1}^2 g(\nabla_{e_i}\nu, e_i)$ は S_t の平均曲率を表す．またここで $\{e_1, e_2\}$ は各 $T_x S_t$ における正規直交基底を表す．例えば $X = \mathbf{R}^3 - B_{r_0}(0)$，$Y = \mathbf{R}^3$ とおくと，式 (3.18) の古典解

$$x : \partial B_{r_0}(0) \times [0, \infty) \to Y\ (\cong \partial B_1(0) \times [0, \infty)\ ), \quad x(z, t) = \left(\frac{z}{|z|}, r_0 \cdot \mathrm{e}^{t/2}\right)$$

を得る．しかし一般の Y と初期面 $S \subset Y$ では，ある点で H がゼロに収束する可能性があり，特異点が生じる．

この困難を克服するため，Y 上の関数 u のレベル集合による方程式 (3.18) の再定式化を行う．$E_t := \{x \in Y \mid u(x) < t\}$，$S_t := \partial E_t$ とおくと，方程式 (3.18) は次の退化した楕円型方程式

$$\mathrm{div}_Y\left(\frac{\nabla u}{|\nabla u|}\right) = |\nabla u| \tag{3.19}$$

によって置き換えられる．u が C^∞ 級かつ $|\nabla u| \neq 0$ ならば，方程式 (3.19) は方程式 (3.18) と同値である．以下逆平均曲率流の弱解について解説する．ここでのアプローチは**等高面の方法**と呼ばれ，平均曲率流に関しては既に多くの研究がなされている．Y 上の局所リプシッツ関数 u とコンパクト部分集合 K に対して，次の汎関数 J_u^K を定義する．

$$J_u^K(v) := \int_K (|\nabla v| + v|\nabla u|) d\mu_g$$

Y 上の局所リプシッツ関数 u が式 (3.19) の**弱解**（または**逆平均曲率流の弱解**）であるとは，$\{v \neq u\}$ が相対コンパクトとなる任意の局所リプシッツ関数 v と $\{v \neq u\} \subset K$ となる任意のコンパクト部分集合 K に対して次の不等式

$$J_u^K(u) \leq J_u^K(v) \tag{3.20}$$

が成立するときにいう．このとき弱解 u は，u がなめらかで $|\nabla u| \neq 0$ となるところでは方程式 (3.19) をみたす．E_0 を Y 内の C^∞ 級の境界を持つ（必ずしも連結とは限らない）開集合とする．このとき Y 上の局所リプシッツ関数 u が**初期条件 $\boldsymbol{E_0}$ を持つ逆平均曲率流の弱解**であるとは，以下の条件をみたすときにいう．

$$E_0 = \{u < 0\}, \quad u \text{ は } Y - E_0 \text{ 上において式 (3.20) をみたす}$$

境界のない漸近的に平坦な完備連結 3 次元多様体 Y 上では，次の弱解の大域的な存在が示されている．

定理 3.82（**ヒュースケン–イルマネン**）　Y 内のプレコンパクトでなめらかな境界を持つ任意の開集合 E_0 $(\neq \phi)$ に対して，初期条件 E_0 を持つ逆平均曲率流の弱解 u でプロパーなものが存在し，かつそのような u は $Y - E_0$ 上で一意的である．

以後 u は上記の Y 上の（大域的な）弱解を表すものとする．各 $t \geq 0$ に対して，$E_t := \{u < t\}$，$E_t^+ := \{u \leq t\}$ $(\supset E_t)$ とおく．$\partial E_t \neq \partial E_t^+$ となるような t のところで弱解 u のレベル集合のジャンプが起き，t 方向に関するなめらかさが損なわれる．しかしながら，等式 $|\partial E_t| = |\partial E_t^+|$ は全ての正の $t > 0$ に対して成立する．

プレコンパクトな集合 E $(\subset Y)$ が**面積最小包**であるとは，$F \supset E$ かつ $F - E \subset Y$ がプレコンパクトとなる任意の集合 F に対して

$$|\partial^* E| \leq |\partial^* F|$$

が成立するときに言う．ここで $\partial^* F$ は，F の簡約境界を表す．レベル集合 E_t は，さらに次の性質を持つ．

定理 3.83 (ヒュースケン–イルマネン)

(1) 各 ∂E_t $(t>0)$ は $C^{1,\alpha}$ 級曲面である.
(2) 各 E_t $(t>0)$ は Y における面積最小包である.
(3) ほとんど全ての $t \geq 0$ に対して, "$|\nabla u| \neq 0$ for a.e. $x \in \partial E_t$" である.
(4) $\mathrm{e}^{-t}|\partial E_t|$ $(t>0)$ は定数である.
(5) E_0 が Y における面積最小包であるならば, $|\partial E_t| = \mathrm{e}^t|\partial E_0|$ $(t \geq 0)$ が成立する.
(6) E_0 が連結ならば, 任意の $t>0$ に対して E_t およびその外部領域 $\{u>t\}$ ともに連結である (ただし ∂E_0 が連結であっても, ∂E_t が連結とは限らない. 十分大きい $t \gg 1$ に関しては ∂E_t は連結である).

以上で逆平均曲率流の弱解に関する説明を終え, 以下でこの逆平均曲率流の手法がリーマン的ペンローズ不等式の証明でどのように活用されたかを見る.

$X=(X,g)$ はリーマン的ペンローズ予想の条件をみたす漸近的に平坦な3次元多様体とし, Y はそのなめらかな拡張で境界のない完備連結3次元多様体とする. 特に ∂X は '連結' であると仮定していることに注意しておく. C^1 級閉曲面 Σ $(\subset Y)$ でその (弱) 平均曲率 $H_\Sigma \in L^2(\Sigma)$ となるものに対して, Σ の**ホーキングの擬局所質量** $m_H(\Sigma)$ を

$$m_H(\Sigma) := \sqrt{\frac{|\Sigma|}{16\pi}}\left(1 - \frac{1}{16\pi}\int_\Sigma H_\Sigma^2 d\sigma_g\right)$$

で定義する. このときヒュースケン–イルマネンによって次の単調性公式が示されている.

定理 3.84 (ゲロックの単調性公式) 次を仮定する.

(i) X 上 $R_g \geq 0$ である.
(ii) ∂X は連結な極小閉曲面でさらに X はそれ以外の極小閉曲面を含まない.

このときホーキングの擬局所質量 $m_H(\partial E_t)$ は, t (≥ 0) に関して単調非減少な関数である.

注意 3.85 条件 (i) はホーキングの擬局所質量の単調性には不可欠な条件である. ただし $Y-X$ 上ではスカラー曲率は負の値を取ってもよい. 条件 (ii) を満たす極小曲面は**最も外部の極小曲面**と呼ばれる (ただし連結性の仮定は必要ない). またこのとき $E_0 := Y-X$ は Y における面積最小包である. さらに条件 (ii), ∂X が連結, および下記の定理 3.87 より, X は $\mathbf{R}^3 - B_1(0)$ に微分同相であることが示される. このことより, 全ての t (≥ 0) に対して ∂E_t $(t \geq 0)$ は連結であることが導かれる.

“∂E_t $(t \geq 0)$ の連結性” も，ホーキングの擬局所質量の単調性には不可欠な条件である．より一般には（ある t について ∂E_t が連結ではない場合でも），∂E_t のオイラー標数がつねに $\chi(\partial E_t) \leq 2$ をみたすならば，その場合にも単調性は成立する．

ホーキングの擬局所質量と Y の全質量の間には，次の不等式が成立する．

定理 3.86（ヒュースケン–イルマネン） 定理 3.84 と同一の条件の下で，

$$\lim_{t\to\infty} m_H(\partial E_t) \leq m_{\mathrm{ADM}}.$$

リーマン的ペンローズ不等式の証明． $H_{\partial M} = 0$ であることに注意すると，定理 3.84, 3.86 より，

$$\sqrt{\frac{|\partial X|}{16\pi}} = m_H(\partial E_0) \leq \lim_{t\to\infty} m_H(\partial E_t) \leq m_{\mathrm{ADM}}$$

となる．∂X の連結性の制限下ではあるが，以上でリーマン的ペンローズ不等式が得られた．等号成立条件の証明は省略する． □

定理 3.87（ミークス–サイモン–ヤウ） X は境界のない漸近的に平坦な 3 次元多様体で，$\mathbf{R}^3$ に微分同相ではないとする．このとき X 内に最も外部の極小閉曲面 $\{S_i\}$（連結とは限らない）が存在する．また各連結成分 S_i は，弱埋め込み 2 次元球面（*i.e.*, 埋め込まれた 2 次元球面族の一様極限）となっている．さらに $\{S_i\}$ の外部領域は，$\mathbf{R}^3$ から有限個の互いに交わらない 3 次元閉球体を除いたものに微分同相である．

注意 3.88 弱埋め込み 2 次元球面とは，2 次元球面かまたは片側 2 次元実射影空間のことである．片側 2 次元実射影空間を X から除き，残りに距離的完備化を行うとその境界は 2 次元球面となる．

以上の準備の下，定理 3.74 および系 3.76 の証明の概略を与える．

定理 3.74 の証明． M は定理 3.74 で与えられている 3 次元閉多様体とする．まず不等式 $Y(M,[g]) \leq \mathbf{Y_2}$ を示す．ここで $Y(M) > 0$ と仮定してよいことに注意しておく．$Y(M,[g]) > 0$ となる M 上の任意のリーマン計量 g を取り固定する．

<u>**Step 1**</u> 1 点 $p \in M$ を固定する．$Y(M,[g]) > 0$ より，p にポールを持つ共形ラプラシアン $L_g = -8\Delta_g + R_g$ のグリーン関数 G_p が存在する．さらに，g の共形変形 $g_{AF} := G_p^4 \cdot g$ を $M^* := M - \{p\}$ 上で考える．このとき (M^*, g_{AF}) はスカラー平坦で漸近的に平坦な 3 次元多様体となる．(M^*, g_{AF}) 上で汎関数 $Q = Q_{(M^*, g_{AF})} : W^{1,2}(M^*, g_{AF}) - \{0\} \to \mathbf{R}$ を

$$Q(\psi) = \frac{\int_{M^*} 8|\nabla\psi|^2 d\mu_{g_{AF}}}{(\int_{M^*} |\psi|^6 dv_{g_{AF}})^{1/3}}$$

で定義すると,

$$Y(M,[g]) = \inf\{Q(\psi) \mid \psi \in W^{1,2}(M^*),\ \psi \not\equiv 0\}$$

である.

Step 2 同様に1点 $q \in \mathbf{R}\mathrm{P}^3$ を固定し, L_{h_0} のグリーン関数 $\mathbf{G}_q$ を考え, さらに h_0 の共形変形 $h_{0,AF} := \mathbf{G}_q^4 \cdot h_0$ を $(\mathbf{R}\mathrm{P}^3)^* := \mathbf{R}\mathrm{P}^3 - \{q\}$ 上で考える. このとき $\mathcal{S}_2 = (\mathbf{R}^3 - B_1(0), g_S = (1+1/|x|)^4 g_{\mathbf{R}^3})$ において, その境界 $\partial B_1(0)$ を対蹠点で同一視したもの $\widetilde{\mathcal{S}}_2$ は, $((\mathbf{R}\mathrm{P}^3)^*, h_{0,AF})$ に相似である. よってある正値な C^∞ 級関数 $\varphi_0 \in C_+^\infty(\widetilde{\mathcal{S}}_2)$ が存在して, $(\widetilde{\mathcal{S}}_2, \varphi_0^4 \cdot g_S)$ は $(\mathbf{R}\mathrm{P}^3 - \{q\}, h_0)$ に等長的である. 特に

$$Y(\mathbf{R}\mathrm{P}^3, [h_0]) = \mathbf{Y_2} = Q_{\widetilde{\mathcal{S}}_2}(\varphi_0)$$

となる. $\mathcal{S}_2$ のリーマン計量を $\mathbf{R}^3$ 上へなめらかに拡張しておく. このとき定理3.82より, $B_1(0)$ を初期条件とする逆平均曲率流の弱解 u_0 が存在する. 今の場合, $u_0 \in C^\infty(\mathbf{R}^3)$ となっている. また u_0 は $\widetilde{\mathcal{S}}_2$ 上の C^∞ 級関数にもなっていることに注意しておく.

$$S_t := \{x \in \mathbf{R}^3 \mid u_0(x) = t\} \quad (t \geq 0)$$

と置き, $f(t)$ を

$$f(t) := \varphi_0(S_t)$$

で定義する. ここで φ_0 は各 S_t 上一定であることが分かり, f は矛盾なく定義される. また

$$\varphi_0(x) = f(u_0(x)) \quad (x \in \mathbf{R}^3)$$

となる.

Step 3 M は S^3 に微分同相ではないので, M^* は $\mathbf{R}^3$ に微分同相ではない. このとき定理3.87より, M^* 内の最も外部の極小閉曲面 $\{S_i\}$ (連結とは限らない) が存在し, 各連結成分 S_i は, 弱埋め込み2次元球面となっている. さらに M^* は S^1 上の S^2 束との連結和多様体ではないので, その最も外部の極小閉曲面の各連結成分 S_i はプレコンパクト領域 $E(i)$ の境界となることが分かる. S_i が片側 $\mathbf{R}\mathrm{P}^2$ のときは, $E(i) = \mathbf{R}\mathrm{P}^2$ とおく. また $M^* - \sqcup_i \overline{E(i)}$ は, $\mathbf{R}^3$ から有限個の互いに交わらない閉球体を除いたものに微分同相である. いま $\{S_i\}$ の連結成分を一つ固定し, それが囲むプレコンパクト領域を E_0 と置く. すると再び定理3.82より, E_0 を初期条件とする M^* 上の逆平均曲率流の弱解 u が存在する. このとき M^* 上の局所リプシッツ関数 φ を,

$$\varphi(x) := \begin{cases} f(0) & \text{if } u(x) \leq 0 \\ f(u(x)) & \text{if } u(x) > 0 \end{cases}$$

で定義する．

Step 4 M^* 内の最も外部の極小閉曲面 $\{S_i\}$ の連結成分が二つ以上の場合は，$M^* - E_0$ は定理 3.84 の条件 (ii) をみたさない．しかし定理 3.83 の (6) および M に関する位相的条件：定理 3.74 の (ii), (iii) より $\chi(\partial E_t) \leq 2$ が示せ，注意 3.85 よりホーキングの擬局所質量 $m_H(\partial E_t)$ の単調性は依然成立する．この単調性と等式 $|\partial E_t| = \mathrm{e}^t|\partial E_0|$ を使うと，φ の構成法より次が導ける．

$$Y(M,[g]) \leq Q_{(M^*, g_{AF})}(\varphi) \leq Q_{\widetilde{\mathcal{S}}_2}(\varphi_0) \ = \mathbf{Y_2}$$

以上が不等式 $Y(M,[g]) \leq \mathbf{Y_2}$ の証明の概略である．上記不等式における等号成立条件の証明は省略する．

Step 5 つぎに $Y(\mathbf{R}\mathrm{P}^2 \times S^1) \leq \mathbf{Y_2}$, $Y(M\#(\mathbf{R}\mathrm{P}^2 \times S^1)) \leq \mathbf{Y_2}$ を示す．$Y(\mathbf{R}\mathrm{P}^2 \times S^1, [g]) > 0$ となる $N := \mathbf{R}\mathrm{P}^2 \times S^1$ のリーマン計量 g を任意に選び固定する．Step 1 と同様の操作を行い，境界のない漸近的に平坦な 3 次元多様体 (N^*, g_{AF}) および最も外部の極小閉曲面 $\{S_i\}$，それらを境界とするプレコンパクトな内部領域 $\{E(i)\}$ を得る．定理 3.87 の「$\{S_i\}$ の外部領域は $\mathbf{R}^3$ から有限個の互いに交わらない 3 次元閉球体を除いたものに微分同相である」という主張より，ある $E(i)$ が存在してそれは $N - \overline{B_\varepsilon(p)}$ に微分同相である．この $E(i)$ を初期条件 E_0 として逆平均曲率流を考えれば，同様の議論により $\chi(\partial E_t) \leq 2$ $(t > 0)$ が示せ，$Y(N,[g]) \leq \mathbf{Y_2}$ が導かれる．不等式 $Y(M\#N) \leq \mathbf{Y_2}$ の場合も，$Y(M\#N,[g']) > 0$ となる $M\#N$ のリーマン計量 g' を任意に選び固定し，同様に $((M\#N)^*, g'_{AF}), \{S'_i\}, \{E'(i)\}$ を考える．この場合も定理 3.87 より，ある $E'(i)$ が存在してそれは $N - \overline{B_\varepsilon(p)}$ に微分同相である．M に関する位相的条件より，再び $\chi(\partial E_t) \leq 2$ $(t > 0)$ が示せ，求める結論を得る． □

系 3.76 の証明. $Y(\mathbf{R}\mathrm{P}^3) = \mathbf{Y_2}$ は，定理 3.74 と山辺不変量の定義より直ちに従う．$\mathbf{R}\mathrm{P}^3$ の場合と同様に，h_0 で再び $\mathbf{R}\mathrm{P}^2$ 上の定曲率 1 の標準計量を表す．$g_r = h_0 + dt^2$ を $\mathbf{R}\mathrm{P}^2 \times ([0,r]/\sim)$ 上の直積計量とする．ただし $[0,r]/\sim$ は $\{0\}$ と $\{r\}$ を同一視した商空間 S^1 である．また $\pi : S^2 \times ([0,r]/\sim) \to \mathbf{R}\mathrm{P}^2 \times ([0,r]/\sim)$ を，被覆 $S^2 \to \mathbf{R}\mathrm{P}^2$ から誘導される 2 重被覆とする．各共形類 $[g_r]$ 内の山辺計量 $\check{g}_r$ の持ち上げ $\pi^*\check{g}_r$ は，$S^2 \times ([0,r]/\sim)$ 上の定スカラー曲率計量である．また $S^2 \times ([0,r]/\sim)$ 上の $[\pi^* g_r]$ 内の定スカラー曲率計量は，S^2-成分には依存しないリーマン計量であることが知られている．よって $\mathbf{R}\mathrm{P}^2 \times ([0,r]/\sim)$ 上のリーマン計量が存在し，その被覆写像 π による引き戻しが $S^2 \times ([0,r]/\sim)$ 上の山辺計量と一致する．それは $[g_r]$ 内の山辺計量となり，スケーリングを除いて $\check{g}_r$ に一致する．したがって

$$Y(\mathbf{R}\mathrm{P}^2 \times ([0,r]/\sim), [g_r]) = E(\check{g}_r) = \frac{E(\pi^*\check{g}_r)}{2^{2/3}} = \frac{Y(S^2 \times ([0,r]/\sim), [\pi^* g_r])}{2^{2/3}}$$

が得られる．一方 $\lim_{r\to\infty} Y(S^2 \times ([0,r]/\sim), [\pi^* g_r]) = Y(S^3)$ なので，

$$Y(\mathbf{R}\mathrm{P}^2 \times S^1) \geq \lim_{r\to\infty} Y(\mathbf{R}\mathrm{P}^2 \times ([0,r]/\sim), [g_r]) = \frac{Y(S^3)}{2^{2/3}} = \mathbf{Y_2}$$

となり，定理 3.74 とあわせて $Y(\mathbf{R}\mathrm{P}^2 \times S^1) = \mathbf{Y_2}$ が導かれる． □

定理 3.78 の証明のため，オーバンの補題と呼ばれる次の定理を準備する．

定理 3.89（オーバン，芥川–ネヴェス） (M, C) を n 次元閉共形多様体とし，$(\widetilde{M}, \widetilde{C}) \to (M, C)$ を非自明な有限被覆とする．もし $Y(M, C) > 0$ ならば，$Y(\widetilde{M}, \widetilde{C}) > Y(M, C)$ である．

定理 3.78 の証明. M を主張 (1) の条件を満たす 3 次元閉多様体とする．$L = S^1 \times S^2$ とおいた $N := M\#(S^1 \times S^2)$ の場合にのみ，N 上の任意のリーマン計量 g に対する不等式 $Y(N, [g]) < \mathbf{Y_2}$ の証明の概略を与える．

$Y(N, [g]) > 0$ と仮定してよい．この場合も境界のない漸近的に平坦な 3 次元多様体 $(N^* = N - \{p\}, g_{AF} = G_p^4 \cdot g)$ を考え，最も外部の極小閉曲面 $\{S_i\}$ を得る．M に関する位相的条件より，少なくとも一つの連結成分 S_{i_0} はプレコンパクトな領域 $E(i_0)$ を囲む．しかし N は非分離的 2 次元球面を含むので，ある連結成分 S_{i_1} はプレコンパクトな領域を囲まない可能性が生じる．$E(i_0)$ を初期条件 E_0 として，N^* 上の逆平均曲率流の弱解 u を得るが，S_{i_1} のような連結成分の存在が否定できないので，$\chi(\partial E_t) \leq 2$ を示すことができない（実際ある $t > 0$ が存在して $\partial E_t \cong S^2 \sqcup S^2$ となる可能性があり，この場合 $\chi(\partial E_t) = 4$ となる）．よってホーキングの擬局所質量 $m(\partial E_t)$ の単調性が保証されず，定理 3.74 の証明内の Step 3 で構成した φ のような良い性質をもつテスト関数が定義できない．この困難の原因は，N 内の非分離的 2 次元球面の存在にある．

ループ γ を $S^1 \times S^2$ の基本群の生成元の代表元とする．γ はまた自然に $N = M\#(S^1 \times S^2)$ の非自明なループとみなせる．N 内の非分離的 2 次元球面を解消するために，$[\gamma]$ に関する (N, g) の無限被覆空間 (N_∞, g_∞) を考える．その代価として，(N_∞, g_∞) は非コンパクトとなる．位相的には $N_\infty = \#_1^\infty M\#(\mathbf{R} \times S^2)$ である．しかし (N_∞, g_∞) は，シリンダー的多様体ではないが，それに類似した比較的扱いやすい完備リーマン多様体となっている．実際の証明では，任意に大きい位数 k の $[\gamma]$ に関する有限被覆 $(N_k, g_k) \to (N, g)$ を考えて議論をするのであるが，証明のアイデアを明らかにするために無限被覆 (N_∞, g_∞) を用いて形式的な証明を与える．定理 3.89 の無限被覆版（このケースでは成立）により，

$$Y(N,[g]) < Y(N_\infty,[g_\infty])$$

である．また (N_∞, g_∞) は非コンパクトであるが，$p \in N_\infty$ をポールに持つ L_{g_∞} のグリーン関数 $G_{\infty,p}$ が存在し，$(N^*_\infty = N_\infty - \{p\},\ g_{\infty,AF} = G^4_{\infty,p} \cdot g_\infty)$ は二つの特異点を持つスカラー平坦で漸近的に平坦な 3 次元多様体となる．この $(N^*_\infty, g_{\infty,AF})$ にはもはや非分離的 2 次元球面は存在しないので，この上で逆平均曲率流を考えると定理 3.74 の証明の Step 3, 4 と同様の議論が行える（実際はかなりの修正・工夫が必要である）．その結果として，不等式

$$Y(N^*_\infty,[g_{\infty,AF}]) \le \mathbf{Y_2}$$

が示される．等式 $Y(N_\infty,[g_\infty]) = Y(N^*_\infty,[g_{\infty,AF}])$ と上の二つの不等式をあわせると，求めていた不等式

$$Y(N,[g]) < \mathbf{Y_2}$$

を得る． □

注意 3.90

(1) $L = S^1 \times S^2$ 以外の場合，例えば $L = \#\ell(S^1 \times S^2)$ $(\ell \ge 2)$ の場合，$M\#L$ 内の非分離的 2 次元球面を解消するために，L の普遍（無限）被覆 $\widetilde{L} \to L$ に対応する $M\#L$ 上の無限被覆 $(M\#L)_\infty$ を考えることになる．$(M\#(S^1 \times S^2))_\infty$ のエンドの個数は 2 であったのに対し，$(M\#L)_\infty$ のエンドの個数は無限となり，$(M\#L)_\infty$ 上での幾何解析は質的に難しくなる．また $(M\#L)_\infty$ から作られるスカラー平坦で漸近的に平坦な 3 次元多様体 $(M\#L)^*_\infty$ は無限個の特異点を持つ．

(2) $\mathbf{RP}^3$ 以外の $S^3(1)$ の計量商の山辺不変量を求める問題は未解決である．

3.9 リッチフローと 3 次元多様体

3 次元多様体の基本問題であったサーストンの**幾何化予想「すべての 3 次元閉多様体は 8 種類の幾何を持つピースに標準的に分解する」**は，21 世紀の初頭にペレルマンにより肯定的に解かれた．この予想は，**3 次元ポアンカレ予想「基本群が自明な 3 次元閉多様体は 3 次元球面と同相である」**を一部として含み，その解決からポアンカレ予想の解決も導かれる．ハミルトンは，リッチフローを導入しそれを発展させ，リッチフローを用いて幾何化予想を解決するというプログラム（**ハミルトンプログラム**）を描き，その実現のための基礎を築いた．ペレルマンは，リッチフローに関する数々の斬新な考察・解析を展開して，ハミルトンプログラムにおおむね沿った形で幾何化予想を肯定的に解決した（ペレルマンは彼の論文の中で詳細な証明を与え

てはいない．詳細な証明はその他の多くの専門家の英知の結集により完遂され，彼の主張に誤りがないことが確認された）．このペレルマンの理論には，3 次元多様体の山辺不変量の決定にも画期的な応用がある．実際ペレルマンは手術付きリッチフローを導入し，それは微分幾何的に精密化され，以下の定理 3.91 が成立するまでに発展した．定理 3.91 を述べる準備として，まず次のことに注意しておく．3 次元ポアンカレ予想の解決の帰結として，「**向き付けられた 3 次元閉多様体 M は素元分解 $M = (K_1\# \cdots \# K_p)\#(L_1\# \cdots \# L_q)\# r(S^1 \times S^2)$ $(p, q, r \geq 0)$ を持つ**」ことが示される．ここで各 K_i, L_j はそれぞれ無限基本群を持つ既約閉多様体および $S^3(1)$ の計量商である．また $p = q = r = 0$ の場合は $M = S^3$ とする．さらに幾何化予想の解決の帰結として，「**各素元 K_i はトーラス分解から定まる双曲ピースとグラフ多様体のピースによる分解 $K_i = H_i \cup_{\mathcal{T}_i} G_i$ を持つ**」ことが分かる．ここで H_i は（双曲ピースと呼ばれる）有限個の有限体積を持つ（定曲率 -1 の）完備双曲多様体（からカスプエンドを除いた部分）の非交和，G_i は有限個のグラフ多様体の非交和，$\mathcal{T}_i$ は互いにイソトピックでない有限個の非圧縮的 2 次元トーラスの非交和を表す．ただし H_i の体積 $\mathrm{Vol}(H_i)$ を量る場合は，そのカスプエンドを除かない（定曲率 -1 の）完備双曲多様体の体積を量ることにする．

定理 3.91（ペレルマン，アンダーソン） M を向き付けられた 3 次元閉多様体とし，その素元分解を $M = (K_1\# \cdots \# K_p)\#(L_1\# \cdots \# L_q)\# r(S^1 \times S^2)$ とし，各素元 K_i のトーラス分解から定まる双曲ピースとグラフ多様体のピースによる分解を $K_i = H_i \cup_{\mathcal{T}_i} G_i$ とする．このとき次のことが成立する．

(1) $Y(M) > 0$ であるための必要十分条件は，$M = (L_1\# \cdots \# L_q)\# r(S^1 \times S^2)$ となることである．

(2) $Y(M) \geq 0$ であるための必要十分条件は，M がグラフ多様体となること，すなわち全ての i $(i = 1, \ldots, p)$ に対して $H_i = \phi$ となることである．

(3) $Y(M) < 0$ であるための必要十分条件は，ある i_0 $(1 \leq i_0 \leq p)$ が存在して $H_{i_0} \neq \phi$ となることである．このとき，$Y(M) = -6\big(\mathrm{Vol}(\Sigma_{i=1}^p H_i)\big)^{2/3}$ である．

本節では M の既約性を仮定して，上記の定理より弱い形の次の主張の証明の概略を与える．ただし定理 3.91 (1) および (2) の十分条件の部分は示す．

定理 3.92 M を向き付けられた既約な 3 次元閉多様体とする．このとき次のことが成立する．

(1) M の基本群 $\pi_1(M)$ が有限群であるとき，M は $S^3(1)$ の計量商に微分同相となる．このとき特に，$Y(M) > 0$ である．

(2) M の基本群 $\pi_1(M)$ が無限群であるとき，$Y(M) \leq 0$ である．さらに $Y(M) < 0$ となるための必要十分条件は，M のトーラス分解から定まる双曲ピースとグラフ多様体のピースによる分解 $M = H \cup_{\mathcal{T}} G$ において $H \neq \phi$ となることである．このとき特に，$Y(M) = -6\,\mathrm{Vol}(H)^{2/3}$ である．

まずはトーラス分解およびサーストンの幾何化予想に関する用語の導入と諸結果を（証明なしで）与える．以下では，現れる多様体は（断らない限り）全て C^∞ 級かつ向き付け可能とする．また M をコンパクト3次元多様体（$\partial M \neq \phi$ でもよい）とする．M に埋め込まれた閉曲面 Σ に対し，埋め込み $h : \Sigma \times [0,1] \to M$ で，

$$h(\Sigma \times \{0\}) = \Sigma, \quad h(\Sigma \times [0,1]) \cap \partial M = h(\Sigma \times \{1\})$$

をみたすものがあるとき，Σ は**境界平行**であるという．埋め込み $\Sigma \hookrightarrow M$ が誘導する基本群の準同型 $\pi_1(\Sigma) \to \pi_1(M)$ が単射のとき，埋め込まれた閉曲面 Σ は **π_1-単射的**であるという．種数が1以上の M に埋め込まれた向き付け可能な閉曲面 Σ が π_1-単射的のとき，Σ は**非圧縮的**であるという．さらにこの非圧縮的閉曲面 Σ が境界平行でないとき，Σ は**本質的**であるという．向き付け可能なコンパクト3次元多様体 M が本質的な埋め込み2次元トーラスを含まず，かつ M は $T^2 \times [0,1]$ にもクラインの壺 K^2 上のひねり $[0,1]$-束 $K^2 \widetilde{\times} [0,1]$ にも同相でないとき，M を**アトロイダル**という．この二つの3次元多様体 $T^2 \times [0,1]$ と $K^2 \widetilde{\times} [0,1]$ は，下記に述べるザイフェルト多様体になっている．

2次元閉円板 $\overline{B^2}$ 上に極座標 (r, θ) を導入する．互いに素な整数 p, q $(p > 0)$ に対して，$\overline{B^2}$ 上の微分同相写像を $f_{p,q} : \overline{B^2} \ni (r, \theta) \mapsto (r, \theta + 2\pi q/p) \in \overline{B^2}$ と定める．このとき $T_{p,q} = (\overline{B^2} \times [0,1])/(x, 0) \sim (f_{p,q}(x), 1)$ とおき，**(p,q) 型のファイバートーラス体**とよぶ．また自然な射影 $\pi : \overline{B^2} \times [0,1] \to T_{p,q}$ で定まる $T_{p,q}$ 上の各 S^1-軌道を**ファイバー**とよび，$T_{p,q}$ はこれらの S^1-軌道でファイバー付けされていると考える．中心のファイバー $\pi(\{0\} \times [0,1])$ を (p,q)-型ファイバーとよぶ．$p > 1$ のとき，中心のファイバーを **(p,q)-型の特異ファイバー**，$p = 1$ のとき**正則ファイバー**とよぶ．特に $p = 1$ のとき，$T_{1,q}$ は自明なファイバートーラス体 $T_{1,0}$ とファイバー付けを込めて同型となる．

定義 3.93 向き付け可能なコンパクト3次元多様体 M が次の2条件を満たすとき，M を**ザイフェルト多様体**という．

(i) M はファイバーと呼ばれる互いに交わらない S^1-軌道の族 $\{F_\alpha\}$ により，$M = \sqcup_\alpha F_\alpha$ とファイバー付けられる．

(ii) 任意のファイバー F に対して，その閉近傍 U とある (p,q) 型のファイバートーラス体 $T_{p,q}$，およびファイバー付けを保つ微分同相写像 $T_{p,q} \to U$ が存在する．

注意 3.94 $T_{p,q}$ において中心のファイバー以外はすべて正則ファイバーであり，また定義より ∂M の任意の点はある正則ファイバー上の点なので，特異ファイバーは孤立している．特にコンパクトなザイフェルト多様体の特異ファイバーは有限個しかない．

次はジェイコ–シャーレンとヨハンソンによる**トーラス分解定理**（または **JSJ-分解定理**）と呼ばれ，素元分解定理に並ぶ基本的な分解定理である．

定理 3.95 M を向き付け可能な既約3次元閉多様体とする．このとき互いに交わらない非圧縮的な埋め込まれた2次元トーラスの族 $\mathcal{T} = \{T_j^2\}$（$\mathcal{T} = \phi$ でもよい）で，次の条件を満たすものがイソトピーを除いて一意的に存在する．

(i) M を $\mathcal{T}$ で切り開いて得られる境界付き3次元多様体の各連結成分 $M_1, \ldots, M_k$ は，アトロイダルであるかザイフェルト多様体である．

(ii) $\mathcal{T}$ のどの成分を除いても主張 (i) は成立しない．

以後，定理 3.95 に現れる2次元トーラスの族 $\mathcal{T} = \{T_j^2\}$ も M のトーラス分解という．

注意 3.96 トーラス分解において，アトロイダル成分とザイフェルト成分は必ずしも排反的ではない．例えばレンズ空間は本質的2次元トーラスを含まないのでアトロイダルであるが，同時にザイフェルト多様体でもある．

定義 3.97 有限個のザイフェルト多様体の族 $S_1, \ldots, S_k$ のトーラス境界成分の族の組 $\mathcal{T}, \mathcal{T}'$ とその間の微分同相写像 $\varphi : \mathcal{T} \to \mathcal{T}'$ に対して，三つ組 $(\mathcal{T}, \mathcal{T}', \varphi)$ から $S_1, \ldots, S_k$ の境界の張り合わせ方が定まる．このようにして得られた向き付け可能なコンパクト3次元多様体を**グラフ多様体**という．

注意 3.98 M のトーラス分解においてすべてのアトロイダル成分を除いた部分は，グラフ多様体の有限個の集まりである．特に M のトーラス分解において，すべての連結成分がザイフェルト多様体であるならば M はグラフ多様体である．

グラフ多様体の山辺不変量に関しては，次が知られている．これは定理 3.91 の主張 (2) の十分条件の部分である．

命題 3.99 M を3次元閉グラフ多様体とすると，$Y(M) \geq 0$ である．

証明．チーガー–グロモフにより，任意の3次元閉グラフ多様体 M 上には次を満たすリーマン計量の列 $\{g_i\}_{i \in \mathbf{N}}$ が存在することが示されている：

$$|K_{g_i}| \leq 1, \qquad \mathrm{Vol}(M, g_i) < \frac{1}{i}.$$

ここで K_{g_i} は g_i の断面曲率を表す．$Y(M) \leq 0$ とすると，補題 3.19 より $Y(M) \geq \lim_{i\to\infty} \frac{-6}{i^{2/3}} = 0$ が示せ，$Y(M) = 0$ となる． □

サーストンの幾何化予想とは，定理 3.95 によりトーラス分解された向き付け可能な既約 3 次元閉多様体 M のザイフェルト成分，アトロイダル成分（の内部）がすべて幾何化可能であることを主張する．すべてのザイフェルト多様体（の内部）は，可解幾何 Sol，双曲幾何 $\mathbf{H}^3$ 以外の 6 種類の幾何モデルで幾何化されることが知られている．したがって幾何化予想は，ザイフェルトでないアトロイダル成分の幾何化に帰着する．ペレルマンの理論以前に次のような結果が知られていた．

定理 3.100（サーストン） M を空でない境界 ∂M を持つ**ホモトピカリーアトロイダル**な（*i.e.*, $\pi_1(M)$ が $\mathbb{Z} \oplus \mathbb{Z}$ を部分群として含めばそれは境界の 2 次元トーラスで生成される群の部分群に共役，かつ M は $T^2 \times [0,1]$，$K^2 \tilde{\times} [0,1]$ のどちらにも同相でない）コンパクト既約 3 次元多様体で，∂M はすべて非圧縮的 2 次元トーラス（の族）から成るとする．このとき M の内部は体積有限な完備双曲多様体として幾何化される．

ザイフェルトでない（境界を持つ）アトロイダル成分はホモトピカリーアトロイダルであることが知られている．したがって向き付け可能な既約 3 次元閉多様体 M が非自明なトーラス分解（*i.e.*,$\mathcal{T} \neq \phi$）を持てば，その各（ザイフェルトでない）アトロイダル成分の内部は体積有限な完備双曲多様体として幾何化される．M 自身がアトロイダルであるときそのトーラス分解は自明（*i.e.*,$\mathcal{T} = \phi$）であるので，幾何化予想に関して残されたのは M 自身がアトロイダルの場合である．一般に M の基本群が $\mathbf{Z} \oplus \mathbf{Z}$ に同型な部分群を含めば，M は非圧縮的 2 次元トーラスを含む（*i.e.*,M のトーラス分解は非自明）かまたはザイフェルト多様体になることが知られている．この場合も幾何化予想は解決されていることになる．一方 M の基本群が $\mathbf{Z} \oplus \mathbf{Z}$ に同型な部分群を含まなければ，M はアトロイダルである．特に M の基本群が有限であるならば M はアトロイダルである．以上をまとめると，幾何化予想は次の二つの予想に帰着することになる．

楕円化予想 向き付け可能な既約 3 次元閉多様体 M の基本群が有限ならば，M は $S^3(1)$ の計量商に同相である．

双曲化予想 向き付け可能な既約 3 次元閉多様体 M は無限基本群 $\pi_1(M)$ を持ち，さらに $\pi_1(M)$ は $\mathbf{Z} \oplus \mathbf{Z}$ に同型な部分群を含まないとする．このとき M は双曲閉多様体により幾何化される．

本節の冒頭で述べたように，リッチフローに関するペレルマンの理論によりこの二つの予想は肯定的に解決された．また楕円化予想の解決はポアンカレ予想の解決を含んでいる．幾何化予想においてペレルマンはサーストンの定理 3.100 を使わずにその証明を与えたが，この予想に関して彼が新たに示した決定的な結果をまとめると次のようになる．

定理 3.101（ペレルマン） M をアトロイダルな向き付け可能既約 3 次元閉多様体とする．このとき次が成立する．

(1) M の基本群が有限のとき，M は $S^3(1)$ の計量商に同相である．
(2) M の基本群が無限のとき，M はザイフェルト多様体であるかまたは双曲閉多様体により幾何化される．

楕円化予想の直前の説明とあわせて，定理 3.101 の主張 (1) より楕円化予想が，主張 (2) より双曲化予想が，それぞれ肯定的であることが導かれる．また冒頭で述べたとおり「向き付けられた 3 次元閉多様体 M は素元分解 $M=(K_1\#\cdots\#K_p)\#(L_1\#\cdots\#L_q)\#r(S^1\times S^2)$ $(p,q,r\geq 0)$ を持つ」ことが示される．ここで各 K_i は無限基本群を持つ既約閉多様であり，楕円化予想の肯定的解決より各 L_j は $S^3(1)$ の計量商である．さらに双曲化予想の肯定的解決の帰結として，「各素元 K_i はトーラス分解より定まる双曲多様体のピースとグラフ多様体のピースによる分解 $K_i=H_i\cup_{\mathcal{T}_i}G_i$ を持つ」ことが分かる．ここで $\mathcal{T}_i$ は，K_i のトーラス分解 $\mathcal{T}=\{T_j^2\}$ から，ザイフェルト成分同士を張り合わせるための 2 次元トーラス $\{T_{j'}^2\}$ $(\subset\mathcal{T})$ を除いたものである．

定理 3.91 (1)，定理 3.92 (1) の証明． これらに関しては 3.8 節の最初で簡単に言及しているがここで再度説明する．楕円化予想の肯定的解決により直ちに定理 3.92 の主張 (1) がしたがう．グロモフ–ローソンの結果により，$M=(K_1\#\cdots\#K_p)\#(L_1\#\cdots\#L_q)\#r(S^1\times S^2)$ が K_i-因子を持てば M はエンラージャブルと呼ばれるクラスの多様体となり，正スカラー曲率計量を許容しない．よって $Y(M)\leq 0$ となる．この事実と楕円化予想の肯定的解決および小林の連結和公式（系 3.26）をあわせると，$Y(M)>0$ であるための必要十分条件は M の素元分解において K_i-因子が現れないこと，すなわち $M=(L_1\#\cdots\#L_q)\#r(S^1\times S^2)$ と表されることである．この結果より，$\pi_1(M)$ が無限である既約な M は $Y(M)\leq 0$ であることも導かれる． □

残る定理 3.101 および定理 3.92 (2) の証明の概略を与えるため，以下リッチフローについて，特に 3 次元多様体上での理論を中心に解説する．$n\geq 2$ とし，N を n 次元多様体とする．N 上のリーマン計量の C^∞ 級 1 パラメータ族 $g(t),\,t\in[0,T)$ が発

展方程式

$$\frac{\partial}{\partial t}g(t) = -2\mathrm{Ric}_{g(t)}$$

を満たすとき，$g(t)$ を**リッチフロー（の解）**という．またこの方程式を**リッチフローの方程式**という．リッチフローに関する最初の画期的論文でハミルトンが行ったことは，次のようなものである．

- リッチフローの方程式を導入し，閉多様体上でその方程式に対する初期値問題の短時間存在と一意性を示した．
- テンソルに対する最大値原理の理論を開拓し，リッチフローの曲率テンソルの満たす発展方程式に適用するなど，リッチフローの研究における基本的方法論を確立した．
- 正のリッチ曲率計量 g を初期条件に持つ 3 次元多様体上のリッチフロー $g(t)$ に関して，リッチ曲率が正という条件は保存され，（適切なスケーリングの下）正の定曲率計量に収束することを示した．

上記の 1 番目と 3 番目の主張を正確に述べると次のようになる．

定理 3.102 N を閉多様体とする．このとき次が成立する．

(1) N 上の任意のリーマン計量 g_0 に対し，ある正数 $\varepsilon > 0$ が存在して，初期条件 $g(0) = g_0$ を満たすリッチフロー $g(t), t \in [0, \varepsilon)$ が存在する．

(2) $g_1(t), t \in [0, \varepsilon_1)$, および $g_2(t), t \in [0, \varepsilon_2)$ をそれぞれ $g_1(0) = g_0 = g_2(0)$ を満たすリッチフローとすると，$N \times [0, \varepsilon)$ 上 $g_1(t) \equiv g_2(t)$ となる．ただし $\varepsilon = \min\{\varepsilon_1, \varepsilon_2\} > 0$ である．

注意 3.103 上記の定理により，次を満たすある正数 $T = T(g_0)$ $(0 < T \leq \infty)$ が一意的に存在する．

(i) 初期条件 $g(0) = g_0$ を満たすリッチフロー $g(t), t \in [0, T)$ が存在する．

(ii) $T < \infty$ のとき，任意の $\varepsilon > 0$ に対して，初期条件 $\tilde{g}(0) = g_0$ を満たす $N \times [0, T + \varepsilon)$ 上で定義されたリッチフロー $\tilde{g}(t)$ は存在しない．

このような T を（初期値 g_0 のリッチフローに対する）**最大時間**（または**特異時刻**）と言う．$T < \infty$ のとき，$\lim_{t \nearrow T} \max_M |\mathrm{Rm}_{g(t)}| = \infty$ となることが知られている．またスカラー曲率 $R_{g(t)}$ は発展方程式

$$\frac{\partial}{\partial t}R_{g(t)} = \Delta_{g(t)}R_{g(t)} + 2|\mathrm{Ric}_{g(t)}|^2 \tag{3.21}$$

を満たす．したがって任意の正数 $\delta > 0$ に対して，$R_{g(0)} \geq -\delta$ ならば $R_{g(t)} \geq$

$-\frac{n}{2t+n\delta^{-1}}$，$R_{g(0)} \geq \delta$ ならば $R_{g(t)} \geq \frac{n}{n\delta^{-1}-2t}$ $(0 \leq t < T)$ であることがスカラー関数に対する最大値原理を使って示される．特に後者の場合 $T \leq \frac{n}{2\delta} < \infty$ である．以後（断りなしに）T は最大時間を表すものとする．

定理 3.104 M を3次元閉多様体とし，g_0 を正のリッチ曲率 $\mathrm{Ric}_{g_0} > 0$ を持つ M 上のリーマン計量とする．$g(t), t \in [0,T)$ を初期条件 $g(0) = g_0$ を満たすリッチフローとすると，次が成立する．

(1) 任意の $t \in [0,T)$ に対して $\mathrm{Ric}_{g(t)} > 0$ である．
(2) $t \nearrow T$ のとき，$\frac{1}{4(T-t)}g(t)$ は正定曲率1のリーマン計量へ C^∞-位相で収束する．

ハミルトンはさらに次のことを行った．

- **ピンチング集合**と言う概念を導入し，曲率の様々な正値性がリッチフローで保存されるための条件を代数的に，初期計量が定曲率計量に収束するための条件を常微分方程式の解の挙動により，それぞれ与えた．

リーマン多様体 (M,g) に対して，その**曲率作用素** $\mathcal{R}_g : \wedge^2 T_pM \to \wedge^2 T_pM, p \in M$ は $(\omega^{ij}) \mapsto ({R^{ij}}_{k\ell}\omega^{k\ell})$ で定義される．正の曲率作用素を持つという条件は，正の断面曲率を持つという条件より強い条件である．ピンチング集合の研究により，定理3.104は次の結果へと発展した．

- 正の曲率作用素を持つリーマン計量 g を初期条件に持つ n 次元多様体 $(n \geq 4)$ 上のリッチフロー $g(t)$ に関して，曲率作用素が正という条件は保存され（ハミルトン），（適切なスケーリングの下）正の定曲率計量に収束する（ハミルトン：$n=4$，ベーム–ウイルキン：$n \geq 4$）．

リーマン多様体 (M,g) が**強い意味で各点 1/4-ピンチ**とは，任意の点 $p \in M$ と任意の2-平面 $\pi_1, \pi_2 \subset T_pM$ に対して $0 < \frac{1}{4}K(\pi_1) < K(\pi_2)$ が成立するときにいう．ただし $K(\pi)$ は2-平面 $\pi \subset T_pM$ の断面曲率を表す．この条件はリッチフローで保存される条件ではないが，次が成立する．この定理はリッチフローによる正曲率計量の研究の一つの集大成である．

定理 3.105（ブレンドル–シェーン） 強い意味で各点1/4-ピンチのリーマン計量 g を初期条件に持つ n 次元多様体上のリッチフロー $g(t)$ に関して，$t \nearrow T$ のとき，$\frac{1}{2(n-1)(T-t)}g(t)$ は正定曲率1のリーマン計量へ C^∞-位相で収束する．

定理3.104は3次元特有の結果であるが，次もそうである．この定理は**ハミルトン–アイビーのピンチング定理**と呼ばれ，リッチフローを（放物型スケーリングにより）拡大して極限をとるブローアップ極限の研究において決定的な役割を果たす．

定理 3.106（ハミルトン–アイビー） $(M, g(t))$, $t \in [0, T)$ を3次元閉リーマン多様体上のリッチフローとする．$\mathcal{R}_{g(t)}(x)$ の固有値を $\lambda(x,t) \geq \mu(x,t) \geq \nu(x,t)$ とおき，$X(x,t) := \max\{-\nu(x,t), 0\}$ とおく．任意の $x \in M$ に対して，$\nu(x,0) \geq -1$ を仮定する．このとき任意の $0 \leq t < T$ と $x \in M$ に対して，

$$R_{g(t)}(x) \geq \frac{-6}{4t+1},$$

$$R_{g(t)}(x) \geq 2X(x,t)\bigl(\log X(x,t) + \log(1+t) - 3\bigr) \quad \text{if } X(x,t) > 0 \qquad (3.22)$$

が成立する．

上記の定理の初期計量 $g(0)$ に対する仮定は適切なスケーリングによっていつでも満たされるので，本質的な制限ではない．不等式 (3.22) は，「$t \nearrow T$ のとき $\nu = \nu(x,t) \searrow -\infty$ と仮定すると，スカラー曲率 $R_{g(t)}(x)$ は $-\nu \log(-\nu)$ のオーダーで正の無限大に発散する」ことを意味している．$T < \infty$ の場合，$\nu(x,t)$ が下に有界のケースも含めて $R_{g(t)}(x) \nearrow \infty$ となり，$|\nu(x,t)|/R_{g(t)}(x) \searrow 0$ $(t \nearrow T)$ が得られる．

以下，本節の冒頭で述べた**ハミルトンプログラム**について解説をする．M 上の初期計量 g_0 を任意にとってリッチフロー $g(t)$ を考えると，ある有限な時刻 T において，M のある部分領域上のみで曲率が無限大に発散し，その補集合上では曲率が有限にとどまるという状況が一般に生じる．このときまず考えることは次の特異点の近傍でのブローアップである．

(HP-1) 時刻の列 $\{t_i\}$ で $t_i \nearrow T$ なるものと点 $p_i \in M$ を $|\mathrm{Rm}_{g(t_i)}|(p_i) = \max_M |\mathrm{Rm}_{g(t_i)}| = \max_{M\times[0,t_i]} |\mathrm{Rm}_{g(\cdot)}|$ を満たすように選び，$Q_i := |\mathrm{Rm}_{g(t_i)}|(p_i)$ とおく．ここで $Q_i \nearrow \infty$ $(i \to \infty)$ である．

$$g_i(t) := Q_i \cdot g(t_i + Q_i^{-1} t)$$

とおくと，各 $g_i(t)$ は時間区間 $[-t_i Q_i, (T - t_i) Q_i)$ で定義された M 上のリッチフローになる．特に $[-t_i Q_i, 0]$ 上では，

$$|\mathrm{Rm}_{g_i(t)}| = \frac{1}{Q_i} |\mathrm{Rm}_{g(t_i + Q^{-1} t)}| \leq 1$$

である．M 上の基点付きリッチフローの列 $\{(M, g_i(t), p_i)\}$ は，各基点 p_i での単射半径がある正数で下から一様に評価されていれば（必要なら部分列を取り），時間区間 $(-\infty, 0]$ 上で定義された基点付き完備リッチフロー $(M_\infty, g_\infty(t), p_\infty)$ へ幾何収束

する（ハミルトン）．ここで $(M, g_i(t), p_i)$ が $(M_\infty, g_\infty(t), p_\infty)$ へ**幾何収束**するとは，次を満たすときにいう：

(i) p_∞ を含む M_∞ の相対コンパクトな開集合の列 $p_\infty \in U_1 \subset U_2 \subset \cdots \subset M_\infty$ で $\overline{U_i} \subset U_{i+1}$ $(\forall i \geq 1)$, $\cup_i U_i = M_\infty$ となるものと，

(ii) 各 i に対して，p_i を含む M_i の相対コンパクトな開集合 V_i と微分同相写像 $\varphi_i : U_i \to V_i$ が存在して，

(*) M_∞ の任意のコンパクト部分集合 K と任意の $L > 0$ に対して，引き戻し計量の列 $\{\varphi_i^* g_i(t)\}$ は $K \times [-L, 0]$ 上 C^∞ 位相で $g_\infty(t)$ に一様収束する．

この $(M_\infty, g_\infty(t), p_\infty)$ は**ブローアップ極限**と呼ばれる（一般には非コンパクトな）完備多様体である．ただし M 全体で曲率が無限大に発散する場合のブローアップ極限はコンパクトとなることもある．

(HP-2)　$n = \dim M = 3$ のとき，ハミルトン–アイビーのピンチング定理 3.106 より，ブローアップ極限 $(M_\infty, g_\infty(t), p_\infty)$ は非負の曲率作用素を持つ．リーマン多様体上の熱方程式の正値解に対するハルナック不等式とは，異なる時空の 2 点での正値解の値の比較を与えるものである．この不等式に現れる定数の背景の幾何に対する依存性は，一般に複雑で不明瞭である．この依存性を明示的に与えたのが，非負リッチ曲率を持つ場合の**リー–ヤウのハルナック不等式**である．これを（熱方程式の正値解の）行列版かつ非線形版であるリッチフローに拡張したのが**ハミルトンのハルナック不等式**である．それは非負の曲率作用素を持つ場合，リッチフローの時空の $M_\infty \times (-\infty, 0]$ の異なる 2 点の曲率の比較を明示的に可能にする．特に $\frac{\partial}{\partial t} R_{g_\infty(t)} \geq 0$ $(\forall t \leq 0)$ が導かれる．このハルナック不等式に基づいて 3 次元リッチフロー $g(t)$ に有限時間 T で曲率特異点が現れる場合，ハミルトンはその直前の曲率が大きい点の近傍は標準的な構造を持つことを予想した．

(HP-3)　上記の結果 $t = T$ で M の位相の変更（連結和分解）を行い，新しい閉多様体 M'（連結とは限らない）上で $g(t)$, $t = T$ を初期時刻とする適切な初期計量 g'_0 のリッチフローを考える．ハミルトンはさらにこれを繰り返すことによりいつか，M の素元分解が完了し，$t \to \infty$ においてこのフロー（**手術付きリッチフロー**と呼ばれる）が各素元のトーラス分解を実行すると予想した．

以上がハミルトンプログラムの概略であるが，最大の困難は (HP-1) の「基点付きリッチフローの列 $\{(M, g_i(t), p_i)\}$ の各基点 p_i での単射半径の下からの一様評価」である．またどのような汎関数を考えてもリッチフローは決してその勾配流とはならないことが知られていた（ハミルトン）．これらを含め様々な困難を解決し，ハミルトンプログラムを完成させたのがペレルマンである．その概略は次のようなものである．

- ペレルマンは M 上のリーマン計量 g と C^∞ 関数 f の組 (g,f) に対する **$\mathcal{F}$-汎関数**と呼ばれるものを導入し，その勾配流の一成分としてリッチフローが得られるとの解釈を与えた．そして勾配流の組 $(g(t),f(t))$ に対する単調性公式を示した．これはリッチフローに関する**勾配安定ソリトン**を特徴付ける．この $\mathcal{F}$-汎関数は，熱方程式の正値解に対するナッシュのエントロピー汎関数を微分して得られる汎関数の，組 $(g(t),f(t))$ に対するフロー版と解釈される．
- ブローアップの際に現れる特異点の解析に必要なのは，**勾配縮小ソリトン**を特徴付ける単調性公式である．そこで彼はスケールパラメータ τ との三つ組 (g,f,τ) に対する **$\mathcal{W}$-汎関数**と呼ばれるものを導入し，その勾配流の組 $(g(t),f(t),\tau(t))$ に対する求める単調性公式を示した．

ここでリーマン計量 g が勾配安定ソリトン（resp. 勾配縮小ソリトン）とは，g が方程式 $R_{ij}+\nabla_i\nabla_j f=0$ (resp. $R_{ij}-\frac{1}{2}g_{ij}+\nabla_i\nabla_j f=0$) を満たすときにいう．

- ペレルマンはこの $\mathcal{W}$-汎関数を使い，単射半径の下からの一様評価を保証する次の局所非崩壊定理を示した．

定理 3.107（**局所非崩壊定理**） $(M,g(t))$, $t\in[0,T)$ を $T<\infty$ となる n 次元閉多様体上のリッチフローとし，$\rho>0$, $c>0$ とする．このときある正数 $\kappa=\kappa(n,g(0),T,\rho,c)>0$ が存在して，評価式

$$|R_{g(t)}|\le\frac{c}{r^2}\quad\text{on}\quad B_r(p;g(t))$$

が満たされるような任意の $p\in M$, $t\in[0,T)$, $r\in(0,\rho]$ に対して，非体積崩壊条件

$$\mathrm{Vol}(B_s(p;g(t)))\ge\kappa s^n\quad\text{for}\quad 0<s<r \tag{3.23}$$

が成立する．

評価式 (3.23) と次の定理より，基点付きリッチフローの列 $\{(M,g_i(t),p_i)\}$ の各基点 p_i での単射半径の下からの一様評価がしたがう．

定理 3.108 (M,g) を $|\mathrm{Rm}_g|\le 1$ を満たす n 次元閉リーマン多様体とする．このときある正数 $\rho>0$ と $K=K(n)>0$ が存在して，任意の点 $p\in M$ に対して

$$\frac{\mathrm{Vol}(B_r(p))}{r^n}\le\frac{K}{r}\mathrm{inj}(M,g)\quad\text{for}\quad 0<r\le\rho$$

が成立する．ここで $\mathrm{inj}(M,g)$ は (M,g) の単射半径を表す．

以上により，基点付きリッチフローの列 $\{(M,g_i(t),p_i)\}$ のブローアップ極限 $(M_\infty,g_\infty(t),p_\infty)$, $t\in(-\infty,0]$ の存在が保証された．このブローアップ極限は，

局所非崩壊定理 3.107 とハミルトン–アイビーのピンチング定理 3.106 を使うと，$n=3$ のときある正数 $\kappa>0$ が存在して次に定義する κ-解となる（ペレルマン）．またハミルトンのハルナック不等式より，$\frac{\partial}{\partial t}R_{g_\infty(t)}\geq 0$ $(\forall t\leq 0)$ も成立している．

定義 3.109　時間区間 $(-\infty,0]$ で定義されたリッチフロー $(N,g(t))$ が**古代解**であるとは，各 $t\in(-\infty,0]$ に対してリーマン多様体 $(N,g(t))$ が連結，非平坦，完備で曲率作用素が非負，かつ各コンパクト時間区間 $[t_1,t_2]\subset(-\infty,0]$ に対して曲率 $|\mathrm{Rm}_{g(t)}|$ が $N\times[t_1,t_2]$ 上有界であるときにいう．ここで N は必ずしも閉多様体とは限らない．正数 $\kappa>0$，$\rho>0$ に対して，$(N,g(t))$ が**高々スケール $\boldsymbol{\rho}$ で $\boldsymbol{\kappa}$-非崩壊**とは，評価式

$$|\mathrm{Rm}_{g(t')}|(x)\leq\frac{1}{r^2}\quad\text{for}\quad(x,t')\in B_r(p;g(t))\times[t-r^2,t]$$

が満たされるような任意の $(p,t)\in N\times(-\infty,0]$，$r\in(0,\rho]$ に対し

$$\mathrm{Vol}(B_r(p;g(t)))\geq\kappa r^n$$

が成立するときにいう．$(N,g(t))$ が **$\boldsymbol{\kappa}$-非崩壊**とは，$(N,g(t))$ が任意の $\rho>0$ に対し高々スケール ρ で κ-非崩壊のときにいう．$(N,g(t))$ が **$\boldsymbol{\kappa}$-解**とは，$(N,g(t))$ が κ-非崩壊である古代解のときにいう．

- 多様体上の熱方程式の正値解に対するリー–ヤウのハルナック不等式をリッチフローに拡張したのがハミルトンのハルナック不等式であった．一方リッチフロー $g(t)$ は $\mathcal{W}$-汎関数の勾配流 $(g(t),\ f(t),\ \tau(t))$ の一成分として表された．成分 $f(t)$ を用いて関数 $u(t):=(4\pi\tau(t))^{-n/2}e^{-f(t)}>0$ を考えると，それは共役熱方程式 $(-\partial_t-\Delta_{g(t)}+R_{g(t)})u=0$ の正値解となる．背景のリーマン計量がリッチフローで変化する条件下で，この共役熱方程式の正値解に対してリー–ヤウのハルナック不等式の類似を考えると，**簡約弧長関数**と呼ばれる幾何学量が自然に現れ，正値解 u に対するハルナック不等式（*i.e.*, **ペレルマンのハルナック不等式**）が導かれる．この考察の下ペレルマンは **$\boldsymbol{\mathcal{L}}$-幾何**という概念を導入し，リーマン幾何における測地線論および比較定理の類似をリッチフローの時空で展開した．特に簡約弧長関数が満たすいくつかの偏微分不等式，および**簡約体積**と呼ばれる幾何学量を導入しその単調性公式を示した．これらの概念（$\mathcal{W}$-汎関数，$\mathcal{L}$-幾何および簡約体積）の導入のアイデアの源泉は，統計力学にある（**ペレルマンのリーマン幾何的熱浴**）．これらの結果を使い，任意の n 次元 κ-解 $(N,g(t))$, $t\in(-\infty,0]$ に対して，$-\infty$ の過去に向う時空の点列の各点を中心にして $g(t)$ を（放物型スケーリングにより）縮小して極限をとる**ブローダウン極限**と呼ばれる操作を行い，ある非平坦な勾配縮小ソリトン $(\widehat{N},\widehat{g}(t))$, $t\in(-\infty,0)$ が対応することが示される．特に $(\widehat{N},\widehat{g}(t))$ の勾配

縮小ソリトンの方程式に現れる関数は，ある簡約弧長関数の族の極限関数として得られる．この $(\widehat{N}, \widehat{g}(t))$ を κ-解 $(N, g(t))$ に付随する**漸近ソリトン**と呼ぶ．ここでソリトン g から自然に導かれるリッチフロー $g(t)$ もソリトンと呼ぶ．時間区間 $(-\infty, 0)$ 上のリッチフローに対しても，若干の読みかえの下，古代解および κ-解の定義は有効である．

ここまでのペレルマンの議論で，ハミルトン–アイビーのピンチング定理を使う個所以外は，多様体の次元 $n=3$ という仮定は必要ない．

- 3次元の κ-解に関しては次のコンパクト性が成立する．

定理 3.110（ペレルマン） 3次元 κ-解全体の集合は，適切なスケーリングの下，幾何収束に関してコンパクトである．すなわち任意の $R_{g_k}(p_k, 0)=1$ を満たす基点付き3次元 κ-解の族 $\{(M_k, g_k(t), (p_k, 0))\}$ に対しある部分列が存在して，それらはある基点付き3次元 κ-解に幾何収束する．

この系として次が得られる．

系 3.111 3次元 κ-解の漸近ソリトンは再び κ-解である．

以上をあわせると，3次元 κ-解に付随する漸近ソリトン $(\widehat{N}, \widehat{g}(t))$ は，勾配縮小ソリトンかつ κ-解で，さらに $\frac{\partial}{\partial t} R_{\widehat{g}(t)} \geq 0$ $(\forall t<0)$ を満たすことがわかる．このとき3次元漸近ソリトンは次のように分類される．

定理 3.112（ペレルマン） $(\widehat{N}, \widehat{g}(t))$, $t \in (-\infty, 0)$ を3次元漸近ソリトンとする．このとき $g=\widehat{g}(-1)$ とおくと，$(\widehat{N}, \widehat{g}(t))=(\widehat{N}, |t|g)$ となる．さらに $(\widehat{N}, \widehat{g}(t))$ は次のいずれかである．

(1) $g=2\mathrm{Ric}_g$ を満たす3次元正定曲率多様体 $(S^3/\Gamma, g)$ から得られる標準縮小ソリトン $(S^3/\Gamma, g(t):=-tg)$．

(2) 2次元縮小球面 $(S^2, h(t):=-th)$ から得られる標準縮小シリンダーソリトン $(S^2 \times \mathbf{R}, g(t):=h(t)+ds^2)$．ここで h は $h=2\mathrm{Ric}_h$ を満たす S^2 上の正定曲率計量を表す．

(3) (2) で得られた標準縮小シリンダーソリトン $(S^2 \times \mathbf{R}, g(t))$ の $\mathbf{Z}/2\mathbf{Z}$ 商として得られる縮小ソリトン $(S^2 \times \mathbf{R}, g(t))/\{id, \varphi\}$．これは $\mathbf{R}\mathrm{P}^3-\{1点\}$ に微分同相である．ここで $\varphi: S^2 \times \mathbf{R} \to S^2 \times \mathbf{R}$ は等長的包合写像 $\varphi(x, s)=(-x, 2s_0-s)$ $(\exists s_0 \in \mathbb{R})$ を表す．

この3次元漸近ソリトンの分類に対応して，3次元 κ-解は6種類のタイプに分類される．

定理 3.113（ペレルマン）　$(N, g(t))$ を向き付け可能な3次元 κ-解，$(\widehat{N}, \widehat{g}(t))$ をそれに付随する漸近ソリトンとする．このとき $(N, g(t))$ は次の六つのタイプのいずれかである．

(1) $(\widehat{N}, \widehat{g}(t))$ が定理 3.112 の (1) の標準縮小ソリトン $\Rightarrow$ $(N, g(t))$ も定理 3.112 の (1) の標準縮小ソリトン．

(2) $(\widehat{N}, \widehat{g}(t))$ が定理 3.112 の (2) の標準縮小シリンダーソリトンで $(N, g(t))$ がコンパクト $\Rightarrow$ $(N, g(t))$ は S^3 に微分同相（例えば長いシリンダー $S^2 \times [-L, L]$ に二つの球面帽をかぶせたもの）．

(3) $(\widehat{N}, \widehat{g}(t))$ が定理 3.112 の (2) の標準縮小シリンダーソリトンで $(N, g(t))$ が非コンパクトでかつ正曲率でない $\Rightarrow$ $(N, g(t))$ も定理 3.112 の (2) の標準縮小シリンダーソリトン．

(4) $(\widehat{N}, \widehat{g}(t))$ が定理 3.112 の (2) の標準縮小シリンダーソリトンで $(N, g(t))$ が非コンパクトでかつ正曲率である $\Rightarrow$ $(N, g(t))$ は $\mathbf{R}^3$ に微分同相．

(5) $(\widehat{N}, \widehat{g}(t))$ が定理 3.112 の (3) の標準縮小シリンダーソリトンの $\mathbf{Z}/2\mathbf{Z}$ 商で $(N, g(t))$ がコンパクト $\Rightarrow$ $(N, g(t))$ は $\mathbf{R}\mathrm{P}^3$ に微分同相．

(6) $(\widehat{N}, \widehat{g}(t))$ が定理 3.112 の (3) の標準縮小シリンダーソリトンの $\mathbf{Z}/2\mathbf{Z}$ 商で $(N, g(t))$ が非コンパクトでかつ正曲率でない $\Rightarrow$ $(N, g(t))$ も定理 3.112 の (3) の標準縮小シリンダーソリトンの $\mathbf{Z}/2\mathbf{Z}$ 商．

- 向き付けられた3次元閉多様体 M 上のリッチフロー $g(t)$, $t \in [0, T)$ $(T < \infty)$ に対して，M の部分集合 Ω を

$$\Omega = \left\{ x \in M \;\middle|\; t \nearrow T \text{ のとき } |\mathrm{Rm}_{g(t)}|(x) \text{ は有界にとどまる} \right\}$$

とおく．Ω は M の開集合であることが示されている．また特に任意の $x \in M - \Omega$ に対して，$R_{g(t)}(x) \nearrow \infty$ $(t \nearrow T)$ となる．よってもし $\Omega = \phi$ ならば，リッチフロー $(M, g(t))$ は時刻 T で消滅することになる．ペレルマンは，「時刻 T の少し前の任意の時刻 t において，$M - \Omega$ の各点（*i.e.*, スカラー曲率が大きい点）の近傍は，適切なスケーリングの後ある κ-解の部分集合で近似される」ことを主張する**標準近傍定理**を示した．ここで注意すべき点は，各 $x \in M - \Omega$ に対してその点がリッチフロー $g(t)$ の曲率のノルム $|\mathrm{Rm}_{g(t)}|$ の時刻 t での最大値を実現する，ということが一般には満たされていないということである．リッチフロー $(M, g(t))$ のブローアップ極限は，$t_i \nearrow T$ なる各時刻 t_i に対して $|\mathrm{Rm}_{g(t_i)}|(p_i) = \max_M |\mathrm{Rm}_{g(t_i)}|$ となる点列 $p_i \in M$ を選び定義された．いま M の点列 $\{q_i\}$ で $Q'_i := |\mathrm{Rm}_{g(t_i)}|(q_i) \nearrow \infty$ となるものを考える．スケーリング計量 $g'_i(t) := Q'_i \cdot g_i(t_i + (Q'_i)^{-1} t)$ が $M \times [-t_i Q'_i, 0]$ 上（i に依存せず）一様に評価式 $|\mathrm{Rm}_{g'_i(t)}| \leq \Lambda$ $(\exists \Lambda)$ を満たしていれば，基点付

きリッチフローの列 $\{(M, g_i'(t), q_i)\}$ はある3次元 κ-解へ幾何収束することが同様の議論で示される．このような一様評価は一般には期待できないので，標準近傍定理の証明はかなり複雑である．

$\Omega = \phi$ でなければ，Ω 上の極限計量 $\overline{g} = \lim_{t \nearrow T} g(t)$ を考えることができる．そこで任意の $\rho > 0$（ρ：十分小）に対して，Ω の部分集合 Ω_ρ を

$$\Omega_\rho = \{x \in \Omega \mid R_{\overline{g}}(x) \leq \rho^{-2}\}$$

で定義する．Ω_ρ は（リッチフローに関するシィの局所曲率勾配評価より）コンパクト集合であることが分かり，M は

$$M = \Omega_\rho \sqcup (M - \Omega_\rho)$$

と分解される．標準近傍定理および定理3.113などから次が従う．

定理 3.114（ペレルマン）　上記の設定の下，特異時刻 T において次が成立する．

(1) $\Omega = \phi$ のとき，M は（$S^3, \mathbf{R}\mathrm{P}^3$ を含む）$S^3(1)$ の計量商，$S^2 \times S^1$，$\mathbf{R}\mathrm{P}^3 \# \mathbf{R}\mathrm{P}^3$ のいずれかに微分同相である．$\Omega = \phi$ となる場合をリッチフローの消滅という．

(2) $\Omega \neq \phi$ とする．

(i) Ω_ρ と共通部分を持つような Ω の連結成分 $\{\Omega_j\}_{1 \leq j \leq j_0}$ は高々有限個で，各連結成分 Ω_j に対して $\Omega_j - \Omega_\rho$ は（**ε-管部**，**ε-帽部**，**ε-歪帽部**および **ε-角部**と呼ばれる）4種類の幾何タイプに分類される．また境界 $\partial(\Omega_j \cap \Omega_\rho)$ は有限個の S^2 の非交和である．他方 Ω_ρ と共通部分を持たないような Ω の各連結成分は，（**帽化 ε-角部**および**両側 ε-角部**と呼ばれる）2種類の幾何タイプに分類される．

(ii) 各 $\Omega_j \cap \Omega_\rho$ に対して，その境界に沿って有限個の $\overline{B^3}$ で閉じた3次元閉多様体を M_j とおく．このとき M は，$M_1, \ldots, M_{j_0}$ と，有限個の $S^2 \times S^1$ と，有限個の $\mathbf{R}\mathrm{P}^3$ を連結和したものに微分同相である．

（最初の）特異時刻 T において，各 $\Omega_j \cap \Omega_\rho$ をその境界に沿って有限個の $\overline{B^3}$ で閉じる操作をリーマン計量付きで標準的に行うことができることが示されている．その後，各連結成分 M_j 上で再び時刻 $t = T$ からリッチフローの初期値問題を解く．$M \times [0, T)$ と $\sqcup(M_j \times [T, T+\varepsilon))$ を $\sqcup(\partial(\Omega_j \cap \Omega_\rho) \times \{T\})$ で張り合わせて得られる**手術付きリッチフロー**を考える．このリッチフローが時刻 $t = T_1 > T$ で再び特異時間になったと仮定する．このとき，ある連結成分でリッチフローの消滅が起これればその連結成分は捨てる．そうでない連結成分が存在すれば，同じ操作を繰り返す．このようにして，$[0, T), [T, T_1), [T_1, T_2), \ldots, [T_i, T_{i+1})$ で手術付きリッチフローが構

成できる．この操作が有限回で終わらない場合，特異時刻の列 $\{T_i\}$ は集積しないで $T_i \to \infty$ となることも示されている．これらのことを示すには，さらにいくつかの精密な定量的結果が必要である．

- 向き付けられた 3 次元閉多様体 M は，定理 3.92 にある仮定のように，既約であると仮定する．M に $\mathbf{R}\mathrm{P}^2$ が埋め込まれているならば，向き付け可能性と既約性より M は $\mathbf{R}\mathrm{P}^3$ と同相である．この場合，$\pi_1(M) = \mathbf{Z}/2\mathbf{Z}$ で特に有限で，かつ定理 3.92 (1) および定理 3.101 (1) の主張は成立している．よって M はさらに$\mathbf{R}\mathrm{P}^2$-フリー，すなわち埋め込まれた $\mathbf{R}\mathrm{P}^2$ を含まないと仮定する．特にこのような 3 次元閉多様体 M 上でリッチフローを考えた場合に生じるブローアップ極限の κ-解も $\mathbf{R}\mathrm{P}^2$-フリーである．これらの仮定の下，定理 3.113 の (5), (6) の場合は除外され，定理 3.114 (1) の $\mathbf{R}\mathrm{P}^3$ および $\mathbf{R}\mathrm{P}^3 \# \mathbf{R}\mathrm{P}^3$ も除外される．さらに定理 3.114 (2) で ε-歪帽部（$\mathbf{R}\mathrm{P}^3 - B^3$ に微分同相）は決して現れない．このことと M の既約性より，各 $\Omega_j - \Omega_\rho$ の連結成分は B^3 または $B^3 - \{1\text{ 点}\}$ に微分同相であることが分かる．すなわち Ω_j の各 ε-角部（$S^2 \times [0, \infty)$ に微分同相）を 1 点コンパクト化した $\widehat{\Omega}_j$ は M_j と微分同相で，M_j および $\widehat{\Omega}_j$ とも $\Omega_j \cap \Omega_\rho$ を共通に含む．

M が既約かつ $\mathbf{R}\mathrm{P}^2$-フリーであるとき，（手術付きリッチフローにおける）手術を行っても与えられた M の位相は変わらない．このことを考慮して，手術付きリッチフローよりも簡潔なバブリングオフ付きリッチフローという概念が一般の n 次元多様体（$n \geq 3$）上で導入された．以下の議論および結果は（断りのない限り）ベッソン達のグループによる，ペレルマンの理論の修正版である．

定義 3.115　M を n 次元多様体とする．また M 上の C^∞ 級リーマン計量全体の成す集合 $\mathfrak{M}(M)$ には，C^2 位相を導入しておく．

(1) 閉区間 $[a, b]$ 上で定義された M 上の C^∞ 級リーマン計量の族 $\{g(t)\}$ $(t \in [a, b])$ を**発展計量**とよぶ．また $\{g(t)\}$ が以下を満たすとき，**区分的** C^1 **級**という： 有限分割 $a = \tau_0 < \tau_1 < \cdots < \tau_\ell = b$ が存在し，かつ各 τ_i に対してある C^∞ 級リーマン計量 $g_+(\tau_i)$ が存在して，写像 $[\tau_i, \tau_{i+1}] \ni t \mapsto \widetilde{g}(t) \in \mathfrak{M}(M)$; $\widetilde{g}(\tau_i) := g_+(\tau_i)$, $\widetilde{g}(t) := g(t)$ on $(\tau_i, \tau_{i+1}]$ は C^1 級である．

(2) 区分的 C^1 級発展計量 $\{g(t)\}$ の各時刻 $t \in [a, b]$ に対して，t の十分小さい近傍で $\{g(t)\}$ が C^1 級であるとき t を**正則**，そうでない t を**特異**とよぶ．

(3) 区分的 C^1 級発展計量 $\{g(t)\}$ は次を満たすとき，$[a, b]$ 上で定義された M 上の**バブリングオフ付きリッチフロー**とよばれる：

　(i) 全ての正則時刻 t において，$\{g(t)\}$ はリッチフローの方程式 $\frac{\partial}{\partial t} g(t) =$

$-2\mathrm{Ric}_{g(t)}$ を満たす.

(ii) 各特異時刻 t において, (a) $\min_M R_{g_+(t)} \geq \min_M R_{g(t)}$, (b) $g_+(t) \leq g(t)$ on M を満たす.

以上の準備の下, 次が成立する.

定理 3.116 M を向き付けられた既約な 3 次元閉多様体とする. このとき,

(1) M は $S^3(1)$ の計量商に微分同相, または

(2) 任意の時刻 $\widehat{T} > 0$ と任意のリーマン計量 g_0 に対して, g_0 を初期条件とする $[0, \widehat{T}]$ 上で定義された M 上のバブリングオフ付きリッチフロー $\{g(t)\}$ が存在する.

この定理 3.116 と次の定理 3.117 より, 定理 3.101 (1) が従う.

定理 3.117（**リッチフローの有限時間消滅**） M を有限基本群を持つ, 向き付けられた既約な 3 次元閉多様体とする. 任意のリーマン計量 g_0 に対してある有限時刻 $T(g_0) > 0$ が存在して, g_0 を初期条件とする $[0, \widehat{T}]$ 上で定義された M 上の任意のバブリングオフ付きリッチフロー $\{g(t)\}$ に対して $\widehat{T} < T(g_0)$ である.

定理 3.117 の証明. 以下の証明は, コールディング–ミニコッズィによるものである.

Step 1 M を定理の仮定を満たす 3 次元閉多様体とする. $S^2 \times [0,1]$ から M への写像の集合 $\mathcal{F}$ を

$$\mathcal{F} := \left\{ f \in C^\infty(S^2 \times [0,1], M) \;\middle|\; f(S^2 \times \{0\}) = \{\,1\text{点}\,\}, f(S^2 \times \{1\}) = \{\,1\text{点}\,\} \right\}$$

と定義する. いま $\pi_1(M)$ は有限なので, $\pi_3(M) \neq \{0\}$ が分かる. よってある $f_0 \in \mathcal{F}$ が存在して, f_0 は定値写像にホモトピックではない. f_0 のホモトピー類を $\xi = [f_0]$ とおく. このとき各 $g \in \mathfrak{M}(M)$ のエネルギー $W(g)$ を

$$W(g) := \inf_{f \in \xi} \max_{s \in [0,1]} E(f(\cdot, s))$$

と定義する. ここで $E(f(\cdot,s))$ は写像 $f(\cdot,s) : S^2 \to M$ の全エネルギー

$$E(f(\cdot,s)) = \frac{1}{2} \int_{S^2} |\nabla_x f(x,s)|_g^2 d\mu_h$$

を表す. ここで汎関数 E は S^2 上のリーマン計量 h に関して共形不変であるので, それを一つ任意に選び固定して積分を定義している.

Step 2 g_0 を M 上の任意のリーマン計量とし, $\{g(t)\}$ を g_0 を初期条件とする $[0, \widehat{T}]$ 上で定義された M 上のバブリングオフ付きリッチフローとする. 任意の各正則時刻 t では, 方程式 (3.21) より不等式 $\frac{\partial}{\partial t} R_{g(t)} \geq \Delta_{g(t)} R_{g(t)} + \frac{2}{3} R_{g(t)}^2$ が得られるので,

$$\frac{d^+}{dt}R_{\min}(t) \geq \frac{2}{3}R_{\min}^2(t) \tag{3.24}$$

が成立する．ここで，$R_{\min}(t) := \min_M R_{g(t)}$ で，$\frac{d^+}{dt}R_{\min}(t)$ はその前方微分を表す．また各特異時刻 τ_i では，バブリングオフ付きリッチフローの定義より $\lim_{t\searrow\tau_i} R_{\min}(t) \geq \lim_{t\nearrow\tau_i} R_{\min}(t)$ が成立する．従って $[0,\widehat{T}]$ 上で $R_{\min}(t)$ は t に関して単調非減少となり，結果として任意 $t \in [0,\widehat{T}]$ に対して

$$R_{\min}(t) \geq \frac{R_{\min}(0)}{1-\frac{2}{3}tR_{\min}(0)} \tag{3.25}$$

が得られる．$R_{\min}(0) > 0$ の場合は，$\widehat{T} < \frac{3}{2R_{\min}(0)} =: T_1(g_0)$ が導かれる．以下，$R_{\min}(0) \leq 0$ の場合を考える．

Step 3　各正則時刻 t の近傍では，関数 $t \mapsto W(g(t))$ は連続で，また ξ が非自明なのでガウス–ボンネの定理と不等式 (3.25) より，

$$\frac{d^+}{dt}W(g(t)) \leq -4\pi - \frac{1}{2}R_{\min}(t)W(g(t)) \leq -4\pi + \frac{R_{\min}(0)}{\frac{4tR_{\min}(0)}{3}-2}W(g(t))$$

が導かれる．従って $C = C(g_0) := \frac{3}{2\max\{|R_{\min}(0)|,1\}} > 0$ とおくと，

$$\frac{d^+}{dt}W(g(t)) \leq -4\pi + \frac{3}{4(t+C)}W(g(t))$$

が導かれ，

$$\frac{d^+}{dt}\left(W(g(t))(t+C)^{-\frac{3}{4}}\right) \leq -4\pi(t+C)^{-\frac{3}{4}} \tag{3.26}$$

が得られる．各特異時刻 τ_i では，$g_+(\tau_i) \leq g(\tau_i)$ より $\lim_{t\searrow\tau_i} W(g(t)) \leq \lim_{t\nearrow\tau_i} W(g(t))$ となる．このことと微分不等式 (3.26) より，

$$0 \leq W(g(\widehat{T}))(\widehat{T}+C)^{-\frac{3}{4}} \leq C^{-\frac{3}{4}}W(g_0) - 16\pi\{(\widehat{T}+C)^{\frac{1}{4}} - C^{\frac{1}{4}}\}$$

が得られ，

$$\widehat{T} < \left(\frac{W(g_0)}{16\pi C(g_0)^{\frac{3}{4}}} + C(g_0)^{\frac{1}{4}}\right)^4 =: T_2(g_0)$$

が導かれる．$T(g_0) := \max\{T_1(g_0), T_2(g_0)\} > 0$ とおけば，求める $T(g_0)$ を得る．　□

定理 3.116 の証明の概略． M は向き付けられた既約な 3 次元閉多様体で，さらに $S^3(1)$ の計量商に微分同相ではないと仮定する．このとき特に M は $\mathbf{R}P^2$-フリーである．示すことは，定理 3.116 の主張 (2) である．そこで任意の時刻 $\widehat{T} > 0$ と M 上

の任意のリーマン計量 g_0 を選び固定する．以下 g_0 を初期条件とする $[0, \widehat{T}]$ 上で定義された M 上のバブリングオフ付きリッチフローを構成する．ペレルマンの手術付きリッチフローの構成を模倣するのであるが，最初の特異時刻 T に十分近い直前の τ_0 $(< T)$ で止めて $(M, g(\tau_0))$ を考え，$g(\tau_0)$ に対して**計量手術**（*i.e.*, 計量の変形）の操作を行う．

$g(t)$, $t \in [0, T)$ を g_0 を初期条件とする C^∞ 級リッチフローとする．ここで T は最初の特異時刻を表す．$T > \widehat{T}$ ならば定理 3.116 の主張は示されたことになるので，以後 $T \leq \widehat{T} < \infty$ とする．$\Lambda > \max_M R_{g_0}$ を満たす十分大きい正定数 Λ に対して，T の直前の時刻 τ_0 $(0 < \tau_0 < T)$ を

$$\tau_0 := \inf \left\{ t \in [0, T) \mid \max_M R_{g(t)} = 2\Lambda \right\}$$

とおき，M のコンパクト部分集合 $\Omega_{\Lambda/2}$ を

$$\Omega_{\Lambda/2} := \left\{ x \in M \mid R_{g(\tau_0)}(x) \leq \frac{\Lambda}{2} \right\}$$

で定義する．このときある十分大きい $\Lambda \gg 1$ が存在して，定理 3.114 の (1) と同様な主張が成立する．すなわち $\Omega_{\Lambda/2} = \phi$ とすると，M の既約性を使って，M は $S^3(1)$ の計量商に微分同相であることが示せ，矛盾が導かれる．従って $\Omega_{\Lambda/2} \neq \phi$ である．再び M が既約かつ $\mathbf{R}\mathrm{P}^2$-フリーであることに注意すると，$M - \Omega_{\Lambda/2}$ の連結成分は有限個でかつその各連結成分は 3 次元開球体に微分同相であることも示される．

ここで標準的な計量変形の操作を行うことにより，M 上の新しいリーマン計量 $g_+(\tau_0)$ が存在して，

(i) $g_+(\tau_0) = g(\tau_0)$ on $\Omega_{\Lambda/2}$,　$g_+(\tau_0) \leq g(\tau_0)$ on $M - \Omega_{\Lambda/2}$

(ii) $\min_M R_{g_+(\tau_0)} \geq \min_M R_{g(\tau_0)}$

(iii) $\max_M R_{g_+(\tau_0)} \leq \Lambda$

を満たすことが示される．その後，M 上で再び時刻 $t = \tau_0$ から初期条件 $g_+(\tau_0)$ でリッチフローの初期値問題を解く．このリッチフローが時刻 $t = T_1$ $(> \tau_0)$ で再び特異時刻になったと仮定する．このとき時刻 τ_1 $(\tau_0 < \tau_1 < T_1)$ を

$$\tau_1 := \inf \left\{ t \in [\tau_0, T_1) \mid \max_M R_{g(t)} = 2\Lambda \right\}$$

で定義し，同様の操作を繰り返す．このようにして特異時刻が $(0 <)$ $\tau_0 < \tau_1 < \cdots$ となる M 上のバブリングオフ付きリッチフロー $\{g(t)\}$ が構成される．ここで $\{g(t)\}$ の各特異時刻（*i.e.*, 各計量手術の時刻）τ_i において，正定数 Λ は（取り換える必要

はなく）一様に取れ，また特異時刻の列 $\{\tau_i\}$ は集積しないことも示される．このことより，ある特異時刻 τ_ℓ が存在して $\tau_\ell > \widehat{T}$ となり，$\{g(t)\}$ は $[0, \widehat{T}]$ 上で定義された M 上のバブリングオフ付きリッチフローとなる．以上の主張の証明の詳細も，手術付きリッチフローと同様に，非常に複雑である． □

残るは，定理 3.92 (2) および定理 3.101 (2) の証明である．以後断りのない限り，M は向き付けされた既約3次元閉多様体で，$S^3(1)$ の計量商に微分同相ではないとする．また g_0 を M 上の任意のリーマン計量とする．定理 3.116 より $[0, \infty)$ 上で定義された M 上のバブリングオフ付きリッチフロー $\{g(t)\}$ が存在する．ここで $\{g(t)\}$ が $[0, \infty)$ 上で定義された M 上のバブリングオフ付きリッチフローとは，任意の有限時刻 $\widehat{T} > 0$ に対して $\{g(t)\}_{t \in [0, \widehat{T}]}$ が $[0, \widehat{T}]$ 上で定義された M 上のバブリングオフ付きリッチフローとなるときにいう．時間区間 $[0, \infty)$ 内の特異時刻 $\{\tau_i\}$ は，有限個または無限個のどちらの場合も起こりうる．後者の場合は $\tau_i \nearrow \infty$ $(i \to \infty)$ である．

注意 3.118 上記の設定の下，$\mathrm{Ric}_{g_0} \not\equiv 0$ とすると，任意の時刻 $t \in [0, \infty)$ において $R_{\min}(t) < 0$ である．なぜなら主張を否定すると，ある時刻 $t_0 \in [0, \infty)$ で

(i) $R_{\min}(t_0) > 0$
(ii) $R_{\min}(t_0) = 0$ かつ $\mathrm{Ric}_{g(t_0)} \not\equiv 0$
(iii) $\mathrm{Ric}_{g(t_0)} \equiv 0$

のいずれか一つが成立する．(i) の場合は，不等式 (3.25) と同様の評価が得られ $\{g(t)\}$ は有限時間で消滅し，仮定と矛盾するのでこのケースは起こりえない．(ii) の場合は，任意の時刻 $t > t_0$ で $R_{\min}(t_0) > 0$ となり (i) の場合に帰着され，このケースも起こりえない．(iii) の場合は，$t_0 = 0$ が導け，このケースも仮定と矛盾する．以上で $R_{\min}(t) < 0$ $(\forall t \geq 0)$ が示せた．一方 $\mathrm{Ric}_{g_0} \equiv 0$ とすると，$g(t) = g_0$, $t \in [0, \infty)$ で，$\dim M = 3$ より (M, g_0) は平坦となる．さらに M のある有限被覆は3次元トーラスとなる．特に $Y(M) = 0$ でかつ M はザイフェルト多様体である．したがってこの場合，定理 3.92 の (2) および定理 3.101 の (2) の主張は成立する．

注意 3.118 より，定理 3.92 (2) および定理 3.101 (2) の証明において，バブリングオフ付きリッチフロー $\{g(t)\}$ の初期計量 g_0 は $\mathrm{Ric}_{g_0} \not\equiv 0$ と仮定してよい．再び注意 3.118 より，$R_{\min}(t) < 0$ $(\forall t \in [0, \infty))$ である．

命題 3.119 $[0, \infty)$ 上で定義された M 上のバブリングオフ付きリッチフロー $\{g(t)\}$ に対して，スケール不変量 $\widehat{R}(t)$ を

$$\widehat{R}(t) := R_{\min}(t) V(t)^{2/3} < 0$$

によって定義する．ここで $V(t) = \mathrm{Vol}(M, g(t))$ である．このとき，関数 $[0, \infty) \ni$

$t \mapsto \widehat{R}(t) \in \mathbf{R}$ は単調非減少である.

証明. 各正則時刻 t において

$$\frac{dV(t)}{dt} = -\int_M R_{g(t)} d\mu_{g(t)} \tag{3.27}$$

である. 不等式 (3.24), $\widehat{R}(t) < 0$ および等式 (3.27) より,

$$\frac{d^+ \widehat{R}(t)}{dt} \geq \frac{2}{3} \widehat{R}(t) V(t)^{-1} \int_M (R_{\min}(t) - R_{g(t)}) d\mu_{g(t)} \geq 0$$

が成立する. 各特異時刻 τ_i においても, バブリングオフ付きリッチフローの定義より $\lim_{t \searrow \tau_i} \widehat{R}(t) \geq \lim_{t \nearrow \tau_i} \widehat{R}(t)$ が成立する. 以上により, $\widehat{R}(t)$ は単調非減少である. □

定義 3.120 バブリングオフ付きリッチフロー $\{g(t)\}$ の時空の点 $(x, t) \in M \times [0, \infty)$ に対して, 半径 $\rho(x, t) > 0$ を

$$\rho(x, t) := \sup \left\{ \rho > 0 \;\middle|\; \inf_{y \in B_\rho(x; g(t))} \min_{\pi \subset T_y M} K_{g(t)}(\pi) \geq -\frac{1}{\rho^2} \right\}$$

によって定義する. $R_{\min}(t) < 0$ より, $\rho(x, t) < \infty$ $(\forall (x, t) \in M \times [0, \infty))$ である. 正数 $\varepsilon > 0$ と $t \in [0, \infty)$ に対して, M の部分集合 $M^-(\varepsilon, t), M^+(\varepsilon, t)$ を

$$\begin{aligned} M^-(\varepsilon, t) &:= \{x \in M \mid \mathrm{Vol}(B_{\rho(x,t)}(x; g(t))) < \varepsilon\, \rho(x, t)^3\} \\ M^+(\varepsilon, t) &:= M - M^-(\varepsilon, t) \end{aligned}$$

とおく. M の部分集合 $M^-(\varepsilon, t)$ および $M^+(\varepsilon, t)$ をそれぞれ $g(t)$ に関する M の **ε-狭部**, **ε-広部**とよぶ. また分解

$$M = M^-(\varepsilon, t) \sqcup M^+(\varepsilon, t)$$

を $g(t)$ に関する M の**狭部・広部分解**とよぶ.

このときバブリングオフ付きリッチフロー $\{g(t)\}$ の $t \to \infty$ の挙動に関して, 次の決定的な結果が示されている. 以下の主張 (2) の証明には, 塩谷・山口の結果 (グラフ多様体の特徴付け) を本質的に使う.

定理 3.121 (ハミルトン, ペレルマン) M を向き付けられた既約な 3 次元閉多様体で, $S^3(1)$ の計量商に微分同相ではないとする. また $\{g(t)\}$ を $[0, \infty)$ 上で定義された M 上のバブリングオフ付きリッチフローとする. このとき次の (1), (2), (3) が成立する.

(1) ある有限時刻 $T_0 > 0$, $\lim_{t\to\infty}\varepsilon(t) = 0$ を満たす単調非増加関数 $\varepsilon : [T_0,\infty) \to (0,\infty)$, 有限体積を持つ（定曲率 -1 の）完備3次元双曲多様体の族 $\{(H_1,h,x_1),\ldots,(H_\ell,h,x_\ell)\}$, （中への）微分同相写像の族

$$\varphi(t) : B_t := \sqcup_{i=1}^{\ell} B_{\frac{1}{\varepsilon(t)}}(x_i; g(t)) \to M, \quad t \in [T_0,\infty)$$

が存在して，任意の $t \geq T_0$ に対して次の (i), (ii), (iii) を満たす．

(i) $\varphi(t)$ は（適切なスケーリングの下）ほとんど等長的である：

$$||(4t)^{-1}\varphi(t)^* g(t) - h||_{C^2(B_t;h)} < \varepsilon(t).$$

(ii) $\frac{\partial}{\partial t}\varphi(t)(x) \in T_{\varphi(t)(x)}M$ に対して，$|\frac{\partial}{\partial t}\varphi(t)(x)|_{g(t)} < \frac{\varepsilon(t)}{\sqrt{t}}$, $\quad x \in B_t$.

(iii) $M^+(\varepsilon(t),t) \subset \operatorname{Im}\varphi(t)$.

(2) $M_{\text{thin}}(t) := M - \varphi(t)(H_1(t) \sqcup \cdots \sqcup H_\ell(t))$ とおく．ここで $H_i(t) = \{x \in H_i \mid \text{dist}_h(x,x_i) < \frac{1}{2\varepsilon(t)}\}$ である．このとき十分大きいすべての $t \gg 1$ に対して，$M_{\text{thin}}(t) \supset M^-(2\varepsilon(t),t)$ かつ $M_{\text{thin}}(t)$ はグラフ多様体に微分同相である．

(3) $\ell \geq 1$ で H_i が非コンパクトとすると，そのカスプ領域 V_i の境界 ∂V_i（有限個の T^2 の非交和）の $\varphi(t)$ による像 $\varphi(t)(\partial V_i)$ は M の非圧縮的トーラスである．

注意 3.122 (2) において，狭部 $M_{\text{thin}}(t)$ の体積崩壊：$\text{Vol}(M_{\text{thin}}(t),(4t)^{-1}g(t)) \to 0$ $(t\to\infty)$ は主張していない．(3) において，$\ell \geq 2$ の場合 $H_1,\ldots,H_\ell$ は全て非コンパクトである．また $\ell = 1$ で H_1 がコンパクトの場合 M は H_1 に微分同相である．

定理 3.101 (2) の証明. $|\pi_1(M)| = \infty$ と定理 3.116 より，$\text{Ric}_{g_0} \not\equiv 0$ となるリーマン計量 g_0 を初期条件とする $[0,\infty)$ 上で定義された M 上のバブリングオフ付きリッチフロー $\{g(t)\}$ が存在する．$(M,g(t))$ に定理 3.121 を適用すると，双曲ピースとグラフ多様体のピースによる M のトーラス分解 $M = H \cup_{\mathcal{T}} G$ が定まる．M はアトロイダルであると仮定したので，非圧縮的トーラスを含まない．したがって定理 3.121 において，$\underline{\ell = 0}$かまたは$\underline{\ell = 1 \text{ かつ } H_1 \text{ がコンパクト}}$である．$\ell = 0$ の場合 M はザイフェルト多様体で，$\ell = 1$ の場合 M は双曲閉多様体に微分同相である． □

定理 3.92 (2) の証明.

<u>**Step 1**</u> $Y(M) \leq 0$ である．なぜなら $Y(M) > 0$ とすると，$R_{g_0} > 0$ となる M 上のリーマン計量 g_0 が存在する．定理 3.117 の証明の前半より，g_0 を初期条件とするバブリングオフ付きリッチフローは有限時間で消滅する．$|\pi_1(M)| = \infty$ なので，これは定理 3.116 (2) と矛盾する．

<u>**Step 2**</u> $\text{Ric}_{g_0} \not\equiv 0$ となるリーマン計量 g_0 を任意に選び，それを初期条件とする $[0,\infty)$ 上で定義された M 上のバブリングオフ付きリッチフローを $\{g(t)\}$ とする．$(M,g(t))$ に定理 3.121 を適用すると双曲ピースとグラフ多様体のピースによる M

のトーラス分解 $M = H \cup_{\mathcal{T}} G$ が定まる．トーラス分解の一意性より，この分解は g_0 の選び方に依存しない．$H = \phi$ のときは，$\mathrm{Vol}(H) = 0$ とおく．この場合は，命題3.99より $Y(M) \geq 0$ となり，結果として $Y(M) = 0$ を得る．

Step 3　$H \neq \phi$ のときは，再び定理3.121および命題3.99の証明に注意すると，任意の正数 $\varepsilon > 0$ に対し M 上のリーマン計量 g_ε で，$\min_M R_{g_\varepsilon} \geq -6 - \varepsilon$ かつ $\mathrm{Vol}(M, g_\varepsilon) \leq \mathrm{Vol}(H) + \varepsilon$ となるものが存在する．なぜならグラフ多様体はスカラー曲率の下限を保ちながら体積崩壊をさせることができ，結果として分解 $M = H \cup_{\mathcal{T}} G$ における G の近傍上でも近似的にこれらのことが可能であるからである．一般のリーマン計量 g に対してスケール不変量 $\widehat{R}(g)$ を $\widehat{R}(g) := \min_M R_g \cdot \mathrm{Vol}(M, g)^{2/3}$ とおくと，$\widehat{R}(g_\varepsilon)$ に対する不等式

$$\widehat{R}(g_\varepsilon) \geq -6\,\mathrm{Vol}(H)^{2/3} - \mathrm{const} \cdot \varepsilon$$

が得られる．他方，小林治による $Y(M) \leq 0$ の場合の山辺不変量の特徴付け（補題3.19）を $\widehat{R}(g)$ を用いて $n = 3$ のとき書き下すと，

$$Y(M) = \sup_g \widehat{R}(g) \tag{3.28}$$

となる．したがって式(3.28)より，

$$Y(M) \geq -6\,\mathrm{Vol}(H)^{2/3} \tag{3.29}$$

が得られる．

Step 4　$\widehat{R}(g(t))$ の単調性（命題3.119）と定理3.121 (1) より，任意の正数 $\varepsilon > 0$ に対し十分大きい $t \gg 1$ が存在して，

$$\widehat{R}(g_0) \leq \widehat{R}(g(t)) \leq -6\,\mathrm{Vol}(H)^{2/3} + \varepsilon \tag{3.30}$$

が成立する．g_0 は任意であったので，式(3.28), (3.30)より

$$Y(M) \leq -6\,\mathrm{Vol}(H)^{2/3} \tag{3.31}$$

が導かれる．不等式(3.29), (3.31)より，$Y(M) = -6\,\mathrm{Vol}(H)^{2/3}$ が示される．　□

以上見てきたようにリッチフローは，3次元トポロジーの研究（3次元ポアンカレ予想・幾何化予想の解決）のみならず，3次元閉多様体の山辺不変量の研究（定理3.91，特に非正の場合）における強力な手法となっている．$Y(M) > 0$ となる n 次元閉多様体 M に対して，その上の正スカラー曲率計量全体の空間 $\mathfrak{M}_+(M)$ の（$\mathfrak{M}(M)$ 内における）トポロジー・幾何の研究はアインシュタイン計量および山辺不変量の研究と深く関係し興味深い．3次元の場合，リッチフローはこのような研究においても強力である．代表的な結果を最後に述べておく．

定理 3.123（マークス） M を $Y(M)>0$ ($i.e., \mathfrak{M}_+(M)\neq\phi$) となる向き付け可能な3次元閉多様体とする．このときモジュライ空間 $\mathfrak{M}_+(M)/\mathrm{Diff}(M)$ は弧状連結である．さらに $\mathfrak{M}_+(S^3)$ は弧状連結である．ここで $\mathrm{Diff}(M)$ は M の微分同相写像全体の成す群を表す．

付録：グラスマン代数

グラスマン代数（外積代数）の扱いには大きく二つの流儀があり，ノルムの取り方まで考慮するとさらに複雑になる．これを明確にしないと精密な計算ができない．V を n 次元ベクトル空間とする．$T(V)$ をそのテンソル代数 (3.4)，$J(V)$ を $\{v\otimes v\in T(V)|\ v\in V\}$ の生成する $T(V)$ の両側イデアルとする．

定義 3.124 $\Lambda(V)=T(V)/J(V)$ を V の**グラスマン代数**と言い，テンソル積から誘導される積演算を**外積**と言い記号 $\wedge$ で表す．

定義 3.125 $\mathrm{alt}\colon T(V)\to T(V)$ を

$$\mathrm{alt}(v_1\otimes\cdots\otimes v_p)=\frac{1}{p!}\sum_{\sigma\in S_p}\mathrm{sgn}(\sigma)v_{\sigma(1)}\otimes\cdots\otimes v_{\sigma(p)},\quad v_i\in V$$

で定め，$\Lambda V=\mathrm{alt}(T(V))\subset T(V)$ と書く（式 (3.5) に同じ．Λ の後の V に括弧がないことに注意）．

するとベクトル空間の直和

$$T(V)=\Lambda V\oplus J(V) \tag{3.32}$$

を得る．

定義 3.126 $\Phi_A\colon\Lambda V\to\Lambda(V)$ を自然な写像の合成 $\Lambda V\hookrightarrow T(V)\to\Lambda(V)$ とする．$\Phi_B\colon\Lambda V\to\Lambda(V)$ を $a\in\Lambda^pV$ に対して $\Phi_B(a)=\Phi_A(a)/p!$ とする．

式 (3.32) より Φ_A, Φ_B は線形同型である．問題はここから始まる．

定義 3.127 ΛV の流儀 **A** の外積を $\Phi_A(a\wedge b)=\Phi_A(a)\wedge\Phi_A(b)$ で定義する．ΛV の流儀 **B** の外積を $\Phi_B(a\wedge b)=\Phi_B(a)\wedge\Phi_B(b)$ で定義する．

すなわち流儀 A では，$a\in\Lambda^pV$，$b\in\Lambda^qV$ に対し

$$a\wedge b=\mathrm{alt}(a\otimes b),$$

流儀 B では

$$a \wedge b = \frac{(p+q)!}{p!q!}\mathrm{alt}(a \otimes b)$$

となる．より具体的には，v, $w \in V$ に対して，流儀 A では

$$v \wedge w = \frac{1}{2}(v \otimes w - w \otimes v),$$

流儀 B では

$$v \wedge w = v \otimes w - w \otimes v.$$

この違いは**外微分**の定義の違いを導く．多様体 M 上の p 形式の全体を $A^p(M) = \Gamma(\Lambda^p T^*M)$ と書く．

定義 3.128 流儀 A の外微分は

$$da(X_0, \ldots, X_p) = \frac{1}{p+1}\left\{\sum_{i \geq 0}(-1)^i X_i a(X_0, \ldots, \hat{X}_i, \ldots, X_p) + \sum_{i<j}(-1)^{i+j} a([X_i, X_j], X_0, \ldots, \hat{X}_i, \ldots, \hat{X}_j, \ldots, X_p)\right\}.$$

流儀 B の外微分は

$$da(X_0, \ldots, X_p) = \sum_{i \geq 0}(-1)^i X_i a(X_0, \ldots, \hat{X}_i, \ldots, X_p) + \sum_{i<j}(-1)^{i+j} a([X_i, X_j], X_0, \ldots, \hat{X}_i, \ldots, \hat{X}_j, \ldots, X_p).$$

$a \in A^1(M)$ のとき，流儀 A では

$$da(X, Y) = \frac{1}{2}(Xa(Y) - Ya(X) - a([X, Y])).$$

流儀 B では

$$da(X, Y) = Xa(Y) - Ya(X) - a([X, Y]).$$

これを見て分かるように本書の方式は流儀 B である．曲率形式を表すのに余分な係数がつかない．A, B どちらの方式でも次の公式は変わらない．

$$d(a \wedge b) = da \wedge b + (-1)^p a \wedge db, \quad a \in A^p(M)$$

定義 3.129 これまで V と書いてきたものをその双対空間 V^* に置き換える．$X \in V$ に対して**内部積** $\iota_X \colon \Lambda^p V^* \to \Lambda^{p-1} V^*$ を流儀 A，B それぞれで

$$\iota_X a(X_1, \ldots, X_{p-1}) = pa(X, X_1, \ldots, X_{p-1})$$
$$\iota_X a(X_1, \ldots, X_{p-1}) = a(X, X_1, \ldots, X_{p-1})$$

と定義する．

これで共通の公式

$$\iota_X(a \wedge b) = \iota_X a \wedge b + (-1)^p a \wedge \iota_X b, \quad a \in \Lambda^p$$

が成り立つ．

一番の悩ましい問題はノルムである．V に内積 $\langle \cdot, \cdot \rangle$ が指定されているとする．この内積はテンソル代数 $T(V)$ に自然に拡張され，したがって部分空間 $\Lambda V \subset T(V)$ にノルム $|\cdot|$ が自然に定まる．$a \in \Lambda(V)$ に対して $|a|_A := |\Phi_A^{-1}(a)|$，および $|a|_B := |\Phi_B^{-1}(a)|$ のように異なるノルム $|a|_A$, $|a|_B$ が定まる．一方，直和分解 (3.32) は直交分解になっていることが容易に確かめられ，これを用いて自然に定まる $\Lambda(V)$ を標準的と言いたいところである．これは $|\cdot|_A$ と一致する．しかしいわゆる標準ノルムとされているのは $|\cdot|_A$，$|\cdot|_B$ いずれとも異なる．

定義 3.130　$a = a_1 \wedge \cdots \wedge a_p$, $b = b_1 \wedge \cdots \wedge b_p \in \Lambda^p$ に対して $(a, b) = \det(\langle a_i, b_j \rangle)$ で定まる内積を $\Lambda(V)$ の**標準内積**と言う．標準内積の定めるノルムを $|\cdot|_C$ と書き，**標準ノルム**と言う．

簡単な計算で次が分かる．

$$\sqrt{p!}\,|a|_A = |a|_C = \frac{1}{\sqrt{p!}}\,|a|_B, \quad a \in \Lambda^p$$

$(e^1, \ldots, e^n)$ を V^* の正規直交枠とすると

$$|e^1 \wedge \cdots \wedge e^p|_C = 1$$

である．また内積 $\langle \cdot, \cdot \rangle$ による同一視 $V \simeq V^*$ をして

$$(\iota_\xi a, b) = (a, \xi \wedge b).$$

こういった点が標準ノルムの良いところである．

定義 3.131　$*1 := e^1 \wedge \cdots \wedge e^n$ と書く．$*(a_1 \wedge \cdots \wedge a_p) = \iota_{a_p} \ldots \iota_{a_1} *1$ で定義される $*\colon \Lambda^p \to \Lambda^{n-p}$ を**ホッジの星**と言う．$*^2 = (-1)^{p(n-p)}$ となる．

標準内積で最も重要な性質は次の公式であろう．

$$a \wedge *b = (a, b)*1 = b \wedge *a, \quad (*a, *b) = (a, b), \quad a, b \in \Lambda^p$$

以上のように複数の流儀があり，またその組合せの仕方でさらに分かれて，どの方式を取っているのか明確にしないと無秩序に陥ってしまう．上で説明したように，すべて流儀Aで通すのが数学的に自然のように思えるが，これは現在の主流ではない．流儀Bを基本にノルムは標準内積で考えるとしている著者が多いように思える．本章は流儀Bで通した．ノルムも $|\cdot|_B$ である．標準ノルムは微分形式だけの議論をしているときには良いが，微分形式以外のテンソル場も同列に扱うときには混乱のもととなると考えたためである．

最後にどの方式でも共通な公式をもう一つ付け加えておく．$\mathbf{R}^n$ の座標を $(x^1,\ldots,x^n)$ とし，$D=[0,1]^n$ を正の向きで考えるとき

$$\int_D dx^1\wedge\cdots\wedge dx^n=1.$$

この公式が共通と言うことは，積分も定義が異なると言うことである．

参考文献

[1] 芥川和雄, 山辺不変量, 数学・論説, **66**(2014), 31–60, 日本数学会.

[2] K. Akutagawa and A. Neves, 3-manifolds with Yamabe invariant greater than that of $\mathbb{RP}^3$, J. Diff. Geom., **75**(2007), 359–386.

[3] B. Ammann, M. Dahl, and E. Humbert, Smooth Yamabe invariant and surgery, J. Diff. Geom., **94**(2013), 1–58.

[4] M. T. Anderson, Canonical metrics on 3-manifolds and 4-manifolds, Asian J. Math., **10**(2006), 127–163.

[5] M. F. Atiyah, R. Bott, and A. Shapiro, Clifford modules, Topology, **3**(1964), 3–38.

[6] T. Aubin, Equation différentielles non linéaires et Problème de Yamabe concernant la courbure scalaire, J. Math. Pures et appl., **55**(1976), 269–296.

[7] T. Aubin, Some Nonlinear Problems in Riemannian Geometry, Springer Monographs in Mathematics, Springer, 1998.

[8] L. Bessières, G. Besson, S. Maillot, M. Boileau, and J. Porti, Geometrisation of 3-Manifolds, EMS Tracts in Math., **13**, European Math. Soc., 2010.

[9] C. Böhm, M. Wang, and W. Ziller, A variational approach for compact homogeneous Einstein manifolds, Geom. Funct. Anal., **14**(2004), 407–424.

[10] H. Bray and A. Neves, Classification of prime 3-manifolds with σ-invariant greater than $\mathbb{RP}^3$, Ann. of Math., **159**(2004), 407–424.

[11] S. Brendle, Ricci Flow and the Sphere Theorem, Graduate Studies in Mathematics, **111**, Amer. Math. Soc., 2010.

[12] H.-D. Cao, B. Chow, S.-C. Chu, and S.-T. Yau (ed.), Collected Papers on Ricci Flow, International Press, 2003.

[13] T. H. Colding and W. P. Minicozzi, II, Estimates for the extinction time for the Ricci flow on certain 3-manifolds and a question of Perelman, J. Amer. Math. Soc., **18**(2005), 561–569.

[14] T. Friedrich, Dirac operators in Riemannian geometry, Amer. Math. Soc., 2000.

[15] M. Gursky and C. LeBrun, Yamabe invariants and spin^c structures, Geom. Funct. Anal., **8**(1998), 965–977.

[16] R. S. Hamilton, Three-manifolds with positive Ricci curvature, J. Diff. Geom., **17**(1982), 255–306.

[17] R. S. Hamilton, The formation of singularities in the Ricci flow, Surveys in Diff. Geom., **2**(1995), 7–136.

[18] J. Hempel, 3-Manifolds, Ann. of Math. Studies, **86**, Princeton Univ. Press, 1976.

[19] F. Hirzebruch and H. Hopf, Felder von Flächenelementen in 4-dimensionalen Mannigfaltigkeiten, Math. Ann., **136**(1958), 156–172.

[20] N. Hitchin, Harmonic spinors, Adv. in Math., **14**(1974), 1–55.

[21] G. Huisken and T. Ilmanen, The inverse mean curvature flow and the Riemannian Penrose inequality, J. Diff. Geom., **59**(2001), 353–437.

[22] W. H. Jaco and P. B. Shalen, Seifert fibered spaces in 3-manifolds, Mem. Amer. Math. Soc., **21**, 1979.

[23] K. Johannson, Homotopy equivalences of 3-manifolds with boundary, Lecture Notes in Math., **761**, Springer, Berlin, 1979.

[24] B. Kleiner and J. Lott, Notes on Perelman's papers, Geom. Topol., **12**(2008), 2587–2855.

[25] O. Kobayashi, The scalar curvature of a metric with unit volume, Math. Ann., **279**(1987), 253–265.

[26] 小林 治, 芥川和雄, 井関裕靖, 山辺の問題, 数学メモアール 7, 日本数学会, 2013.

[27] 小林亮一, リッチフローと幾何化予想, 数理物理シリーズ 5, 培風館, 2011.

[28] 小島定吉, Thurston の '怪物定理' について, 数学・論説, **34**(1982), 301–316, 日本数学会.

[29] H. B. Lawson and M. Michelsohn, Spin Geometry, Princeton Univ. Press,

1989.

[30] C. LeBrun, Four manifolds without Einstein metrics, Math. Res. Lett., **3**(1996), 133–147.

[31] C. LeBrun, Yamabe constants and the perturbed Seiberg-Witten equations, Comm. Anal. Geom., **5**(1997), 535–553.

[32] C. LeBrun, Kodaira dimension and the Yamabe problem, Comm. Anal. Geom., **7**(1999), 133–156.

[33] A. Lichnerowicz, Spineurs harmoniques, C. R. Acad. Sci. Paris, **257**(1963), 7–9.

[34] S. MacLane, Homology, Springer, 1975.

[35] F. C. Marques, Deforming three-manifolds with positive scalar curvature, Ann. of Math., **176**(2012), 815–863.

[36] W. H. Meeks III, L. Simon, and S.-T. Yau, Embedded minimal surfaces, exotic spheres, and manifolds with positive Ricci curvature, Ann. of Math., **116**(1982), 621–659.

[37] J. Milnor, Characteristic classes, Princeton, 1974.

[38] J. W. Morgan, The Seiberg-Witten equations and applications to the topology of smooth four-manifolds, Princeton, 1997.

[39] J. W. Morgan and G. Tian, Ricci Flow and the Poincaré Conjecture, Clay Math. Monogr., **3**, Amer. Math. Soc. and Clay Math. Inst., 2007.

[40] 森本勘治, 3 次元多様体入門, 培風館, 1996.

[41] R. Müller, Differential Harnack Inequalities and the Ricci Flow, EMS Series of Lect. in Math., European Math. Soc., 2006.

[42] G. Perelman, The entropy formula for the Ricci flow and its geometric applications, arXiv:math.DG/0211159, 2002.

[43] G. Perelman, Finite extinction time for the solutions to the Ricci flow on certain three-manifolds, arXiv:math.DG/0307245, 2003.

[44] G. Perelman, Ricci flow with surgery on three-manifolds, arXiv:math.DG/0303109, 2003.

[45] J. Petean, Computations of the Yamabe invariant, Math. Res. Lett., **5**(1998), 703–709.

[46] J. Petean, The Yamabe invariant of simply connected manifolds, J. Reine Angew. Math., **523**(2000), 225–231.

[47] J. Petean and G. Yun, Surgery and the Yamabe invariant, Geom. Funct. Anal., **9**(1999), 1189–1199.

[48] R. Schoen, Conformal deformation of a Riemannian metric to constant scalar curvature, J. Diff. Geom., **20**(1984), 479–495.

[49] R. Schoen, Lectures on Differential Geometry, Conference Proceedings and Lecture Notes in Geometry and Topology I, International Press, 1994.

[50] T. Shioya and T. Yamaguchi, Volume collapsed three-manifolds with a lower curvature bound, Math. Ann., **333**(2005), 131–155.

[51] N. Steenrod, The topology of fibre bundles, Princeton, 1951.

[52] S. Stolz, Simply connected manifolds of positive scalar curvature, Ann. of Math., **136**(1992), 511–540.

[53] W. P. Thurston, Three dimensional manifolds, Kleinian groups and hyperbolic geometry, Bull. (New Series) Amer. Math. Soc., **6**(1982), 357–381.

[54] 戸田正人, 3 次元トポロジーの新展開—リッチフローとポアンカレ予想, SGC ライブラリ 57, サイエンス社, 2007.

[55] N. Trudinger, Remarks concerning the conformal deformation of Riemannian structures on compact manifolds, Ann. Scuola Norm. Sup. Pisa, **22**(1968), 265–274.

[56] H. Yamabe, On the deformation of Riemannian structures on compact manifolds, Osaka Math. J., **12**(1960), 21–37.

第 4 章

調和写像

曲面上にあたえられた 2 点を結ぶ曲線の中で，長さが最小の最短線を求める問題は古くから研究され，微積分学の誕生にまでその起源を遡ることができる．このような最短線を求めるには，あたえられた 2 点を結ぶ曲線についてその長さを汎関数と考え，その最小値あるいはより一般に臨界値を求める変分問題を考えればよい．よく知られているように，臨界点となる曲線は測地線に他ならない．

曲面あるいはより一般に Riemann 多様体上の曲線に対して，その長さは接ベクトルの大きさを積分してえられる．しかし，変分問題の解として最短線あるいは測地線を求めるには，接ベクトルの大きさそのものよりも，その平方を積分してえられる作用積分（曲線のエネルギー）を汎関数として考え，その臨界点として測地線を求める方が，例えば Morse 理論の立場からも，理論上便利であることが知られている．

Eells と Sampson [6] は，無限次元 Morse 理論のアナロジーとして，曲線を 1 次元多様体からの写像ととらえ，一般に二つの Riemann 多様体 (M, g) と (N, h) の間にあたえられた写像 $f : M \to N$ に対して，エネルギー汎関数

$$E(f) = \frac{1}{2}\int_M |df|^2 d\mu_g$$

を f の微分のノルム $|df|$ の平方の積分によって定義し，その臨界点となる写像を調和写像とよんだ．このような調和写像の例は，微分幾何学のいろいろな場面にあらわれる．例えば，測地線のほか調和関数や極小部分多様体，等長写像や正則写像などがその典型的な例である．

エネルギー汎関数 $E(f)$ の臨界点を特徴づける Euler–Lagrange の方程式は，定義域や値域となる Riemann 多様体の曲がり具合を反映し，一般に非線形の楕円型偏微分方程式系 $\tau(f) = 0$ となる．したがって，その解の存在は自明ではない．Eells と Sampson は 1964 年に発表した論文 [6] において，対応する非線形放物型偏微分方程式系

$$\frac{\partial f_t}{\partial t} = \tau(f_t)$$

を考察した．そして，あたえられた写像 $f_0 : M \to N$ を初期値として，この放物型方程式系の解 $\{f_t\}$ に沿って写像を変形することにより，コンパクトな Riemann 多様体 M から非正断面曲率をもつコンパクトな Riemann 多様体 N への任意の C^∞ 写像（より一般に連続写像）は，調和写像へ自由ホモトープに変形できることを証明した．

この定理の証明にもちいられた方法は，熱方程式を利用して調和関数を求める方法の一般化とみなすことができ，調和写像に対する熱流の方法とよばれる．この熱流の方法は，1982 年に発表された Hamilton [9] による Riemann 計量の変形に関するリッチ流の方法のモデルともなった．

1 章でみたように，測地線の性質をもちいて Riemann 多様体の構造を調べることは大域的微分幾何学における常套手段であるが，その一般化として，調和写像の存在やその性質をもちいて Riemann 多様体の構造を調べることができる．そのような研究の著しい成功例として，例えば 1980 年に Siu [28], [29] により，Eells–Sampson による調和写像の存在定理をもちいて，強い意味で負曲率をもつコンパクトな Kähler 多様体の強剛性定理が証明され，また同時期に Siu と Yau [30] により，Sacks と Uhlenbeck [27] による調和球面の存在定理をもちいて，Frankel 予想が解決された．

その後，1992 年に Corlette [4] により，調和写像をもちいて階数 1 の単純 Lie 群 $Sp(n,1)$ $(n \geq 2)$ の格子に対する超剛性定理が証明され，続いて Mok と Siu および Yeung [18] と Jost と Yau [11] により，階数が 2 以上の半単純 Lie 群の格子に対する Margulis の超剛性定理の調和写像をもちいた幾何学的証明があたえられている．

本章では，4.1 節で Eells–Sampson による調和写像の存在定理を証明し，その定理の著しい応用例として，4.2 節で Siu による強剛性定理の証明の概要を解説する．Eells–Sampson の存在定理は，原論文 [6] では，熱方程式の基本解をもちいて積分方程式の問題に変換し，逐次近似により解を構成して証明されているが，ここでは Sobolev 空間上での古典的な陰関数定理をもちいて解を構成し，なるべく少ない予備知識で理解できるようにした．なお [24] では，Sobolev 空間ではなく Hölder 空間をもちいて，同様の証明を行っている．あわせて読まれることをお勧めしたい．

調和写像の理論は，最近 Finsler 多様体の間の写像に対して拡張された．この方面の研究に関しては [25], [26] をみられたい．また，調和写像の離散群の剛性問題への応用に関しては，納谷 [23] を読まれることをお勧めしたい．

原稿を閲読し多くの助言と注意をいただいた芥川和雄氏と上野慶介氏に深く感謝する．

4.1 調和写像の存在定理

この節では，コンパクトな Riemann 多様体の間の調和写像の存在問題について考察する．閉測地線の存在問題の一般化として，あたえられた写像が調和写像へ変形できるかどうかは，調和写像論の基本的な問題である．

このような変形を構成する方法として，熱流の方法とよばれる手法がある．この節では，まずこの熱流の方法の考え方について説明した後，この方法をもちいて，コンパクトな Riemann 多様体から非正断面曲率をもつコンパクトな Riemann 多様体への任意の C^∞ 写像は，調和写像へ自由ホモトープに変形できることを証明する．

4.1.1 調和写像の方程式

あたえられた二つの多様体 M と N の間の写像 $f : M \to N$ に対して定義される偏微分方程式の研究は，解析学においても幾何学においても興味深い．このような方程式，すなわち多様体 M および N の座標変換のもとで不変な偏微分方程式は，一般には非線形の方程式となる．

そのなかで，調和写像の定義方程式は非線形楕円型方程式の最も簡単で典型的な例をあたえる．この方程式は，あたえられた多様体の間の写像空間上に定義される，ある種のエネルギー汎関数に関する変分問題の Euler–Lagrange の方程式としてえられる．

例として，まず古典的によく知られた場合から話を始めよう．以下，Riemann 幾何学の基礎的な概念や手法については，1 章「リーマン幾何速成コース」を参照されたい．

例 4.1（調和関数） $M = (M, g)$ を m 次元 Riemann 多様体とする．M の局所座標系 $(x^1, \ldots, x^m) = (x^i)$ に関して，Riemann 計量 g は

$$g = g_{ij} dx^i dx^j$$

と座標表示される．ここに g_{ij} は

$$g_{ij} = g\left(\frac{\partial}{\partial x^i}, \frac{\partial}{\partial x^j}\right), \quad 1 \leq i, j \leq m$$

で定義される計量テンソルの成分であり，和については Einstein の規約がもちいられている．すなわち，座標表示式の中で上下に同じ添字が 1 組ずつあれば，その添字の動く範囲全体について和をとるものとする．

M が向き付け可能なとき，M の体積要素 $d\mu_g$ が

$$d\mu_g = \sqrt{\det(g_{ij})}\,dx^1 \wedge \cdots \wedge dx^m$$

で定義される．M が向き付け可能でない場合は，g から M 上に定義される標準的な測度を μ_g であらわすことにしよう（[24] 参照）．

M がコンパクトなとき, C^∞ 関数 $f: M \to \mathbb{R}$ に対して, f の Dirichlet 積分 $E(f)$ が

$$E(f) = \frac{1}{2}\int_M |\operatorname{grad} f|^2 d\mu_g = \frac{1}{2}\int_M g^{ij}\frac{\partial f}{\partial x^i}\frac{\partial f}{\partial x^j}d\mu_g$$

で定義される．ここに $|\operatorname{grad} f|$ は f の勾配ベクトル場

$$\operatorname{grad} f = g^{ij}\frac{\partial f}{\partial x^j}\frac{\partial}{\partial x^i}$$

のノルムであり，g^{ij} は計量テンソルから定まる正定値対称行列 (g_{ij}) の逆行列 $(g^{ij}) = (g_{ij})^{-1}$ の (i,j) 成分である．

Dirichlet 積分の変分問題は調和関数と密接に結びつく．実際，汎関数 $E(f)$ の Euler–Lagrange の方程式は，よく知られているように Laplace の方程式 $\Delta f = 0$ であたえられ，その解は M 上の調和関数である．ここに Δ は M 上の Laplace 作用素であり，

$$\Delta f = \frac{1}{\sqrt{G}}\frac{\partial}{\partial x^i}\left(\sqrt{G}g^{ij}\frac{\partial f}{\partial x^j}\right), \quad G = \det(g_{kl})$$

で定義される．また Laplace 作用素 Δ は，Riemann 多様体 M の Levi–Civita 接続から定まる共変微分 ∇ をもちいて

$$\Delta f = \operatorname{div}\cdot\operatorname{grad} f = g^{ij}\nabla_i\nabla_j f$$

とかくこともできる．ここに M 上の C^∞ ベクトル場 $X = X^i\partial/\partial x^i$ に対して

$$\operatorname{div} X = \nabla_i X^i = \frac{1}{\sqrt{G}}\frac{\partial}{\partial x^i}\left(\sqrt{G}X^i\right)$$

は X の発散であり，∇_i は $\nabla_{\partial/\partial x^i}$ をあらわす．

例 4.2（測地線） $N = (N, h)$ を n 次元 Riemann 多様体とし，$f: [0,1] \to N$ を N 上の C^∞ 曲線とする．N の局所座標系 $(y^1, \ldots, y^n) = (y^\alpha)$ に関して，曲線 f を $f(t) = (f^\alpha(t))$ と座標表示するとき，f の作用積分 $E(f)$ が

$$E(f) = \frac{1}{2}\int_0^1 |f'(t)|^2 dt = \frac{1}{2}\int_0^1 h_{\alpha\beta}(f(t))\frac{df^\alpha}{dt}\frac{df^\beta}{dt}dt$$

で定義される．

この作用積分 $E(f)$ の Euler–Lagrange の方程式は，これもよく知られているように測地線の方程式 $\nabla_{\partial/\partial t}\,df(\partial/\partial t) = 0$，すなわち

$$\frac{d^2 f^\alpha}{dt^2} + \Gamma^\alpha_{\beta\gamma}(f(t))\frac{df^\beta}{dt}\frac{df^\gamma}{dt} = 0, \quad 1 \le \alpha \le n$$

であたえられる．ここに $\Gamma^\alpha_{\beta\gamma}$ は N の Levi–Civita 接続から定まる Christoffel の記号（接続係数）であり，

$$\Gamma^\alpha_{\beta\gamma} = \frac{1}{2}h^{\alpha\delta}\left(\frac{\partial h_{\gamma\delta}}{\partial y^\beta} + \frac{\partial h_{\beta\delta}}{\partial y^\gamma} - \frac{\partial h_{\beta\gamma}}{\partial y^\delta}\right), \quad 1 \le \alpha, \beta, \gamma \le n$$

で定義される．

以上の考察のもとに，より一般に二つの Riemann 多様体 (M, g) と (N, h) の間の C^∞ 写像 $f: M \to N$ について考えてみよう．M と N の次元をそれぞれ m と n とし，M と N の局所座標系 (x^i) と (y^α) に関して，写像 f を

$$f(x) = (f^1(x^1, \ldots, x^m), \ldots, f^n(x^1, \ldots, x^m)) = (f^\alpha(x^i))$$

とあらわす．

このとき，まず写像 f の微分 df が，M の接ベクトル束 TM から N の接ベクトル束 TN への f 上の線形写像

$$df : TM \to TN$$

として定義される．すなわち，各点 $x \in M$ に対して，df は接空間の間の線形写像 $df_x : T_xM \to T_{f(x)}N$ を定める．したがって，df は M 上のベクトル束 $TM^* \otimes f^{-1}TN$ の切断面

$$df \in C^\infty(TM^* \otimes f^{-1}TN)$$

を定義していると考えられる．ここに TM^* は M の余接ベクトル束であり，$f^{-1}TN$ は TN の f による引き戻し束をあらわす．

さて，M 上のベクトル束 TM^* と $f^{-1}TN$ のテンソル積 $TM^* \otimes f^{-1}TN$ は，M と N の Riemann 計量 g および h から定まる自然なファイバー計量

$$g^* \otimes h(f) = \left(g^{ij} \cdot h_{\alpha\beta}(f)\right)$$

をもつことに注意しよう．実際，各 $x \in M$ でのファイバー $T_xM^* \otimes T_{f(x)}N$ 上の内積 $\langle\ ,\ \rangle$ を，基底

$$\left\{ (dx^i)_x \otimes \left(\frac{\partial}{\partial y^\alpha}\right)_{f(x)} \,\middle|\, 1 \le i \le m,\ 1 \le \alpha \le n \right\}$$

に対して

$$\left\langle (dx^i)_x \otimes \left(\frac{\partial}{\partial y^\alpha}\right)_{f(x)}, \ (dx^j)_x \otimes \left(\frac{\partial}{\partial y^\beta}\right)_{f(x)} \right\rangle = g^{ij}(x)h_{\alpha\beta}(f(x))$$

と定め，一般の元に双線形に拡張すればよい．

この計量に関する切断面 $df \in C^\infty(TM^* \otimes f^{-1}TN)$ のノルム $|df|$ に対して，

$$e(f) = \frac{1}{2}|df|^2 = \frac{1}{2}g^{ij}h_{\alpha\beta}(f)\frac{\partial f^\alpha}{\partial x^i}\frac{\partial f^\beta}{\partial x^j} \tag{4.1}$$

を f の**エネルギー密度**とよぶ．M がコンパクトなとき，例 4.1 および例 4.2 の場合と同様に，$e(f)$ の積分として f の**エネルギー** (energy) が

$$E(f) = \int_M e(f)d\mu_g \tag{4.2}$$

で定義される．

M から N への C^∞ 写像のなす空間を

$$C^\infty(M,N) = \{f : M \to N \mid C^\infty \text{ 写像 }\}$$

であらわす．M がコンパクトならば，$C^\infty(M,N)$ の各元 $f \in C^\infty(M,N)$ に対して，f のエネルギー $E(f) \in \mathbb{R}$ が式 (4.2) により定まるから，写像のエネルギー $E(f)$ は写像空間 $C^\infty(M,N)$ 上の汎関数

$$E : C^\infty(M,N) \to \mathbb{R}$$

を定義する．

このエネルギー汎関数 E の Euler–Lagrange の方程式を求めてみよう．そのために，$f_i^\alpha = \partial f^\alpha/\partial x^i$ とおき，座標近傍上で関数

$$F(x^i, f^\alpha, f_i^\alpha) = \frac{1}{2}g^{ij}h_{\alpha\beta}(f)f_i^\alpha f_j^\beta\sqrt{\det(g_{kl})}$$

に対して，汎関数

$$E(f) = \int F(x^i, f^\alpha, f_i^\alpha)dx, \quad dx = dx^1 \cdots dx^m$$

のコンパクトな台をもつ変分を考えると，Euler–Lagrange の方程式は

$$\frac{\partial F}{\partial f^\alpha} - \frac{\partial}{\partial x^i}\left(\frac{\partial F}{\partial f_i^\alpha}\right) = 0, \quad 1 \leq \alpha \leq n \tag{4.3}$$

であたえられる．そこで式 (4.3) を具体的に計算すると，方程式

$$g^{ij}\left\{\frac{\partial^2 f^\alpha}{\partial x^i \partial x^j} - \Gamma_{ij}^k\frac{\partial f^\alpha}{\partial x^k} + {\Gamma'}_{\beta\gamma}^\alpha(f)\frac{\partial f^\beta}{\partial x^i}\frac{\partial f^\gamma}{\partial x^j}\right\} = 0 \tag{4.4}$$

がえられる（[24] 参照）．ここに Γ_{ij}^{k} と $\Gamma'^{\alpha}_{\beta\gamma}$ はそれぞれ M と N の Levi–Civita 接続から定まる Christoffel の記号をあらわす．式 (4.4) は M 上の Laplace 作用素をもちいて

$$\Delta f^{\alpha} + g^{ij}\Gamma'^{\alpha}_{\beta\gamma}(f)\frac{\partial f^{\beta}}{\partial x^{i}}\frac{\partial f^{\gamma}}{\partial x^{j}} = 0, \quad 1 \leq \alpha \leq n \tag{4.5}$$

とかくこともできる．

上で求めた Euler–Lagrange の方程式 (4.5) を別の観点から考察してみよう．まず，M 上のベクトル束 $TM^{*} \otimes f^{-1}TN$ には自然に接続が定義されることに注意する．実際，余接ベクトル束 TM^{*} および引き戻し束 $f^{-1}TN$ に，それぞれ M および N の Levi–Civita 接続から自然に接続が誘導される．これらの接続から定まる共変微分をともに ∇ であらわすとき，求める $TM^{*} \otimes f^{-1}TN$ 上の接続に対応する共変微分 ∇ は，$\omega \in C^{\infty}(TM^{*})$ と $\theta \in C^{\infty}(f^{-1}TN)$ に対して

$$\nabla(\omega \otimes \theta) = \nabla\omega \otimes \theta + \omega \otimes \nabla\theta$$

で定義される．この接続によって，f の微分 $df \in C^{\infty}(TM^{*} \otimes f^{-1}TN)$ から切断面 $\nabla df \in C^{\infty}(TM^{*} \otimes TM^{*} \otimes f^{-1}TN)$ がえられる．

局所座標系をもちいるとき，余接ベクトル束 TM^{*} の Christoffel の記号（接続係数）は $-(TM$ の Christoffel の記号$)$ すなわち $-\Gamma_{ij}^{k}$ であたえられ，引き戻し束 $f^{-1}TN$ の Christoffel の記号は

$$\Gamma'^{\alpha}_{\beta\gamma}(f)\frac{\partial f^{\beta}}{\partial x^{i}}$$

であたえられる（[24] 参照）．よって，df の共変微分 ∇df を局所座標系により

$$\nabla df = \nabla_{i}\nabla_{j}f^{\alpha} \cdot dx^{i} \otimes dx^{j} \otimes \frac{\partial}{\partial y^{\alpha}}(f)$$

とあらわすとき，その成分 $\nabla_{i}\nabla_{j}f^{\alpha}$ は

$$\nabla_{i}\nabla_{j}f^{\alpha} = \frac{\partial^{2} f^{\alpha}}{\partial x^{i}\partial x^{j}} - \Gamma_{ij}^{k}\frac{\partial f^{\alpha}}{\partial x^{k}} + \Gamma'^{\alpha}_{\beta\gamma}(f)\frac{\partial f^{\beta}}{\partial x^{i}}\frac{\partial f^{\gamma}}{\partial x^{j}} \tag{4.6}$$

であたえられる．以下，記号の統一のために，df を ∇f とかき ∇df を $\nabla\nabla f$ とかくことも多い．

以上の考察から，結局 Euler–Lagrange の方程式 (4.5) は，∇df の $TM^{*} \otimes TM^{*}$ に関する成分を縮約して，すなわち TM^{*} の内積 $g^{*} = (g^{ij})$ に関してこの成分のトレースをとることにより

$$\mathrm{Trace}\,\nabla df = g^{ij}\nabla_{i}\nabla_{j}f = \mathrm{div} \cdot df = 0$$

とあらわされることがわかる．切断面 $df \in C^\infty(TM^* \otimes f^{-1}TN)$ に対する共変微分 ∇df は古典的には van der Waerden–Bortolotti の共変微分とよばれていたものに他ならない．また ∇df は写像 f の第 2 基本形式ともよばれる．

さて，C^∞ 写像 $f \in C^\infty(M, N)$ に対して

$$\tau(f) = \mathrm{Trace}\,\nabla df \in C^\infty(f^{-1}TN) \tag{4.7}$$

と定義することにより，f に沿った C^∞ ベクトル場 $\tau(f)$ がえられる．$\tau(f)$ はエネルギー汎関数 E の Euler–Lagrange の方程式に対応するベクトル場であり，f の**テンション場** (tension field) とよばれる．局所座標系による表示からわかるように，Euler–Lagrange の方程式 $\tau(f) = 0$ は半線形 2 階楕円型偏微分方程式系である．

式 (4.5) の左辺の第 2 項は，N の座標近傍上に f に沿ってのベクトル場

$$\Gamma(f)(df, df) = \left(g^{ij} {\Gamma'}^{\alpha}_{\beta\gamma}(f) \frac{\partial f^\beta}{\partial x^i} \frac{\partial f^\gamma}{\partial x^j} \right) \frac{\partial}{\partial y^\alpha}(f)$$

を定義するので，テンション場 $\tau(f)$ を局所的に

$$\tau(f) = \Delta f + \Gamma(f)(df, df)$$

と，Laplace 作用素と非線形項の和に分解すれば，Euler–Lagrange の方程式 $\tau(f) = 0$ の特徴が理解しやすい．ただし，この分解は M の座標変換のもとでのみ不変な意味をもち，N の座標変換に関しては不変ではないことに注意しておこう．

エネルギー汎関数 $E : C^\infty(M, N) \to \mathbb{R}$ の Euler–Lagrange の方程式は，より幾何学的に，つぎのようにしても求められる．C^∞ 写像 $f \in C^\infty(M, N)$ に対して，f に沿ったベクトル場 $V \in C^\infty(f^{-1}TN)$ をもちいて，f の変分を定義する 1 径数変形 $\{f_t\}$ を

$$f_t(x) = \exp_{f(x)}(tV(x)), \quad x \in M,\ |t| < \epsilon \tag{4.8}$$

で定義する．ここに $\exp : TN \to N$ は N の指数写像であり，定義より

$$V(x) = \left.\frac{\partial}{\partial t}\right|_{t=0} f_t(x), \quad x \in M \tag{4.9}$$

がなりたつ．このときエネルギー汎関数 E の第 1 変分に関して，つぎがえられる．

命題 4.3（第 1 変分公式） 汎関数 $E : C^\infty(M, N) \to \mathbb{R}$ の $V \in C^\infty(f^{-1}TN)$ 方向への第 1 変分 $DE(f)(V)$ は

$$DE(f)(V) = -\int_M \langle \tau(f), V \rangle d\mu_g \tag{4.10}$$

であたえられる．ここに $\langle\ ,\ \rangle$ は $f^{-1}TN$ の自然なファイバー計量をあらわす．

証明. C^∞ 写像 $f \in C^\infty(M,N)$ の変分を定義する C^∞ 1 径数族 $\{f_t\}$ を

$$\left.\frac{\partial}{\partial t}\right|_{t=0} f_t(x) = V, \quad f_0 = f$$

をみたすようにえらぶ．このとき，汎関数 E の第 1 変分は定義より

$$DE(f)(V) = \left.\frac{d}{dt}\right|_{t=0} E(f_t) \tag{4.11}$$

で求められる．

さて，$\partial/\partial t$ 方向への van der Waerden–Bortolotti の共変微分を $\nabla_t = \nabla_{\partial/\partial t}$ であらわすとき，

$$\nabla_t\left(g^{ij}h_{\alpha\beta}(f_t)\right) = 0, \quad \nabla_t\nabla_j f_t^\beta = \nabla_j\nabla_t f_t^\beta$$

であることに注意して

$$\begin{aligned}\frac{\partial}{\partial t}e(f_t) &= \nabla_t\left(\frac{1}{2}g^{ij}h_{\alpha\beta}(f_t)\nabla_i f_t^\alpha \nabla_j f_t^\beta\right) = g^{ij}h_{\alpha\beta}(f_t)\nabla_i f_t^\alpha\nabla_j\nabla_t f_t^\beta \\ &= \langle\nabla f_t, \nabla\nabla_t f_t\rangle\end{aligned}$$

をえる．ここで，右辺の $\langle\ ,\ \rangle$ はベクトル束 $TM^* \otimes f^{-1}TN$ の自然なファイバー計量をあらわす．したがって

$$DE(f)(V) = \left.\frac{d}{dt}\right|_{t=0}\int_M e(f_t)d\mu_g = \int_M \langle\nabla f, \nabla V\rangle d\mu_g.$$

一方，M 上の C^∞ ベクトル場

$$X = \left(g^{ij}h_{\alpha\beta}(f)\nabla_j f^\alpha V^\beta\right)\frac{\partial}{\partial x^i}$$

の発散を計算すると

$$\begin{aligned}\operatorname{div} X = \nabla_i X^i &= g^{ij}h_{\alpha\beta}(f)\left(\nabla_i\nabla_j f^\alpha V^\beta + \nabla_j f^\alpha \nabla_i V^\beta\right) \\ &= \langle\tau(f), V\rangle + \langle\nabla f, \nabla V\rangle\end{aligned}$$

であるから，Green の定理より式 (4.10) をえる．□

以上の準備のもとに，つぎの定義をおこう．

定義 4.4　C^∞ 写像 $f \in C^\infty(M,N)$ は，M 上で方程式

$$\tau(f) = 0 \tag{4.12}$$

をみたすとき，**調和写像** (harmonic map) とよばれる．また式 (4.12) を**調和写像の方程式**とよぶ．

調和写像の例は微分幾何学のいろいろな場面にあらわれる．以下，そのような例をいくつかみてみよう．

まず，例 4.1 でみたように，調和写像 $f:(M,g)\to\mathbb{R}$ は調和関数である．このとき，調和写像の方程式 $\tau(f)=0$ は Laplace の方程式 $\Delta f=0$ に他ならない．また例 4.2 でみたように，調和写像 $f:\mathbb{R}\to(N,h)$ は N の測地線である．実際，調和写像の方程式 $\tau(f)=0$ は測地線の方程式に他ならない．

例 4.5 $f:(M,g)\to(N,h)$ を Riemann 多様体 (M,g) から (N,h) への等長的はめこみとする．このとき, N の Riemann 計量 h を f により M 上に引き戻したテンソル

$$f^*h=h_{\alpha\beta}(f)\frac{\partial f^\alpha}{\partial x^i}\frac{\partial f^\beta}{\partial x^j}dx^i\otimes dx^j$$

は M の Riemann 計量 g と一致するから，f のエネルギー密度 (4.1) は

$$e(f)=\frac{m}{2},\quad m=\dim M$$

であたえられ，$E(f)=(m/2)\cdot(M$ の体積）となる．よって，f が調和写像であることは，f が極小部分多様体であることに他ならない．

実際，式 (4.6) で定義される共変微分 ∇df は等長的はめこみ f の第 2 基本形式に一致し，定義より f の平均曲率ベクトル場 H は $H=\tau(f)/m$ であたえられるから，調和写像の方程式 $\tau(f)=0$ は $H=0$ を意味する．

例 4.6 (M,g) と (N,h) を Kähler 多様体とする．このとき，M から N への正則あるいは反正則な写像 $f:M\to N$ は調和写像である．

実際，M と N の複素次元を m および n とし，M と N の局所複素座標系を $(z^1,\dots,z^m)=(z^i)$ および $(w^1,\dots,w^n)=(w^\alpha)$ とすると，M と N の Kähler 計量はそれぞれ

$$g=2\operatorname{Re}g_{i\bar{j}}dz^i\overline{dz^j},\quad h=2\operatorname{Re}h_{\alpha\bar{\beta}}dw^\alpha\overline{dw^\beta}$$

とあらわされる．また $(\overline{z^1},\dots,\overline{z^m})=(z^{\bar{i}})$ および $(\overline{w^1},\dots,\overline{w^n})=(w^{\bar{\alpha}})$ とかくことにすると，C^∞ 写像 $f\in C^\infty(M,N)$ に対して，調和写像の方程式 (4.4) は

$$g^{\bar{j}i}\left\{\frac{\partial^2 f^\alpha}{\partial z^i\partial\overline{z^j}}-\Gamma^A_{i\bar{j}}\frac{\partial f^\alpha}{\partial z^A}+\Gamma'^{\alpha}_{BC}(f)\frac{\partial f^B}{\partial z^i}\frac{\partial f^C}{\partial\overline{z^j}}\right\}=0$$

（およびその複素共役）とあらわされる．ここに，$\left(g^{\bar{j}i}\right)$ は正定値 Hermite 行列 $\left(g_{i\bar{j}}\right)$ の逆行列であり，添字 A は $\{1,\dots,m,\bar{1},\dots,\overline{m}\}$ の範囲を動き，添字 B,C は $\{1,\dots,n,\bar{1},\dots,\overline{n}\}$ の範囲を動く．

一方，g は Kähler 計量であるから，その Christoffel の記号は任意の A に対して

$\Gamma^{A}_{i\bar{j}}=0$ であり，また h も Kähler 計量であるから，$\Gamma'^{\alpha}_{\beta\gamma}$ 以外の Christoffel の記号は 0 となる．したがって結局，調和写像の方程式は

$$g^{\bar{j}i}\left\{\frac{\partial^2 f^\alpha}{\partial z^i \partial \overline{z^j}}+\Gamma'^{\alpha}_{\beta\gamma}(f)\frac{\partial f^\beta}{\partial z^i}\frac{\partial f^\gamma}{\partial \overline{z^j}}\right\}=0 \tag{4.13}$$

とあらわされる（4.2.1 項参照）．

f を正則または反正則写像とすると，$\partial f^\alpha/\partial\overline{z^i}=0$ または $\partial f^\alpha/\partial z^i=0$ であるから，式 (4.13) より正則または反正則な写像 f は調和写像であることがわかる．他方，正則でも反正則でもない調和写像 $f:M\to N$ が存在することも知られている（[15] 参照）．

4.1.2 放物的調和写像の方程式

$M=(M,g)$ と $N=(N,h)$ を Riemann 多様体とし，M から N への C^∞ 写像 $f:M\to N$ のなす空間を $C^\infty(M,N)$ とする．写像空間 $C^\infty(M,N)$ の位相としては，さしあたり C^∞ 位相を考えておこう．

4.1.1 項でみた調和写像の例からも容易に想像されるように，調和写像の理論における基本的な研究課題の一つは，つぎの存在問題である．

問題． 写像空間 $C^\infty(M,N)$ の各元 f を調和写像まで‘連続的に変形’できるか？ いいかえると，$C^\infty(M,N)$ の各ホモトピー類すなわち C^∞ 位相での各連結成分に調和写像が存在するか？

例えば，M を円周 S^1 としてみると，$C^\infty(S^1,N)$ のホモトピー類の全体は自由ホモトピー集合 $[S^1,N]$ に他ならない．このとき，コンパクトな N に対して，$[S^1,N]$ の各元に調和写像すなわち N の閉測地線が存在することは Hilbert の定理として知られている．

また $N=S^1$ の場合を考えてみると，$[M,S^1]\cong H^1(M,\mathbb{Z})$ であるから，M から S^1 への調和写像は M 上の調和 1 次微分形式に対応することがわかる．このとき，コンパクトで向き付け可能な M に対して，M の 1 次元コホモロジー群 $H^1(M,\mathbb{Z})$ の各元が調和 1 次微分形式で代表されることは Hodge の定理としてよく知られている．

一般の Riemann 多様体 M と N に対して存在問題の解を求めるには，調和写像の方程式 $\tau(f)=0$ を写像空間 $C^\infty(M,N)$ の各ホモトピー類上で解けばよい．しかし調和写像の方程式は非線形の偏微分方程式系なので，解の存在は自明ではない．現在までに知られている結果のうちで最も基本的なものは，1964 年に証明されたつぎの Eells と Sampson [6] による定理であろう．

定理 4.7（Eells–Sampson） M と N をコンパクトな Riemann 多様体とし，N

はいたるところ非正断面曲率 $K_N \leq 0$ をもつとする．このとき，$C^\infty(M,N)$ の各ホモトピー類に少なくとも一つ調和写像が存在する．

Eells と Sampson がこの定理を証明するのにもちいた方法は，楕円型方程式系 $\tau(f)=0$ の解の存在問題を，対応する放物型方程式系 $\partial f/\partial t = \tau(f)$ の解の存在問題へ還元する方法である．このいわゆる**熱流の方法**は Laplace の方程式 $\Delta f = 0$ の場合にはよく知られた方法である．またこの方法で Milgram と Rosenbloom [16] は，Riemann 多様体上の微分形式の Hodge 分解における調和部分を求めている．

その考え方の要点はつぎのように述べることができる．まず，C^∞ 写像の空間 $\mathcal{M} = C^\infty(M,N)$ を細かいことは気にせずに '多様体' と考え，エネルギー汎関数 $E : C^\infty(M,N) \to \mathbb{R}$ をこの多様体 $\mathcal{M}$ 上の '関数' とみなそう．

このとき，$f \in C^\infty(M,N)$ の変分を定義する1径数変形 $\{f_t\}$ は，$t=0$ において $f=f_0$ を通る $\mathcal{M}$ 内の '曲線' を定めていると考えることができる．したがって，式 (4.9) で定義される変分ベクトル場 $V \in C^\infty(f^{-1}TN)$ は，この曲線 $\{f_t\}$ の $t=0$ における点 $f \in \mathcal{M}$ での '接ベクトル' に他ならない．

一方，任意の $V \in C^\infty(f^{-1}TN)$ に対して，f の変分を定義する1径数変形 $\{f_t\}$ を式 (4.8) により定義することができるから，f に沿ったベクトル場の空間 $C^\infty(f^{-1}TN)$ は点 $f \in \mathcal{M}$ における $\mathcal{M}$ の '接空間' $T_f\mathcal{M}$ をあたえていると考えることができる．よって，$V_1, V_2 \in C^\infty(f^{-1}TN)$ に対して

$$\langle\!\langle V_1, V_2 \rangle\!\rangle = \int_M \langle V_1, V_2 \rangle \, d\mu_g$$

と定めると，$\langle\!\langle \ , \ \rangle\!\rangle$ は接空間 $T_f\mathcal{M}$ 上の '内積' を定義することになる．

さて，エネルギー汎関数 E の $V \in C^\infty(f^{-1}TN)$ 方向への第1変分は，命題 4.3 でみたように

$$DE(f)(V) = -\int_M \langle \tau(f), V \rangle \, d\mu_g = -\langle\!\langle \tau(f), V \rangle\!\rangle$$

であたえられる．式 (4.11) より，E の第1変分は $\mathcal{M}$ 上の関数 E の V 方向への '微分' を定義していると考えられるから，上式はテンション場 $\tau(f)$ が $\mathcal{M}$ 上の関数 $-E$ の勾配ベクトル場に他ならない，すなわち

$$\tau(f) = -\operatorname{grad} E(f) \tag{4.14}$$

とみなすことができることを意味している．したがって，エネルギー汎関数 E の臨界点である調和写像 f は，E の勾配ベクトル場 $\operatorname{grad} E$ の特異点（零点）に他ならないことがわかる．

式 (4.10) および (4.14) より，エネルギー汎関数 E はテンション場 $\tau(f)$ の方向に最

も効率よく減少することがわかるから，M 上のベクトル場 $\tau(f)$ が定義する‘流れ’に沿って，あたえられた写像 $f=f_0$ をエネルギーが減少する方向に‘変形’していくことが考えられる．このような変形が可能であれば，その軌跡 $\{f_t\}$ は方程式

$$\frac{\partial f_t}{\partial t}=\tau(f_t) \tag{4.15}$$

の解としてあたえられることになる．

したがって調和写像の存在問題は，この解 $\{f_t\}$ に沿って f_0 を変形していくときに，エネルギー汎関数 E の臨界点 $\tau(f_\infty)=0$ をあたえる $f_\infty\in C^\infty(M,N)$ まで到達できるかどうかということになるわけである（図 4.1）．

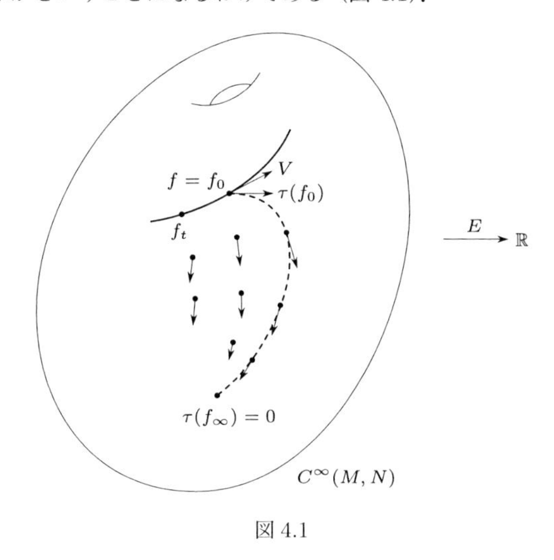

図 4.1

以上のことを念頭において，写像 $f:M\times[0,\omega)\to N$ に対して，つぎの非線形放物型方程式系の初期値問題を考えよう．

$$\begin{cases}\dfrac{\partial f}{\partial t}=\tau(f) & \text{on } M\times[0,\omega)\\ f=f_0 & \text{on } M\times\{0\}\end{cases} \tag{4.16}$$

ここに $\omega>0$ であり，$f_0\in C^\infty(M,N)$ は初期値としてあたえられた写像である．また f は $M\times[0,\omega)$ 上で連続かつ $M\times(0,\omega)$ 上で C^∞ 級な写像，すなわち

$$f\in C^0(M\times[0,\omega),N)\cap C^\infty(M\times(0,\omega),N)$$

であるとする．式 (4.16) をみたす f を初期値問題 (4.16) の解といい，式 (4.16) あるいは (4.15) の非線形放物型方程式系を**放物的調和写像の方程式**とよぶ．

定理 4.7 を証明するためには，放物的調和写像の方程式の初期値問題 (4.16) に対して，つぎのことを示せばよい．

① 写像空間 $C^\infty(M,N)$ のあたえられたホモトピー類に属する任意の f_0 に対して，初期値問題 (4.16) は時間 $\omega=\infty$ までの解 $f: M\times[0,\infty)\to N$ をもつ．

② f_0 の変形 $\{f_t\}$ を $f_t(x)=f(x,t)$ で定義するとき，$f_t\in C^\infty(M,N)$ であり，$t\to\infty$ のとき（必要ならば適当な部分列 $\{f_{t_n}\}$ をとることにより）f_t は $f_\infty\in C^\infty(M,N)$ へ C^∞ 位相で収束する．

③ f_∞ は f_0 とホモトープかつ調和写像である．

①,②,③ の各ステップの証明には，初期値問題 (4.16) の解 $f=f(x,t)$ に対して，時間 t に関する f および f の微分の‘増大度’の評価が重要な課題となってくる．その際，テンション場 $\tau(f)$ の非線形項からくる増大度への影響を精査する必要が生じる．この評価に Riemann 多様体 N の曲率が大きく関わり，N の断面曲率に関する条件 $K_N\le 0$ がもちいられるわけである．

この項では，① および ② をひとまず認めた上で，③ を確かめておこう．まず，放物的調和写像の方程式 (4.16) の解 f に対して，$f_t(x)=f(x,t)$ とおき

$$
\begin{aligned}
e(f_t) &= \frac{1}{2}\left|df_t\right|^2 = \frac{1}{2}g^{ij}h_{\alpha\beta}(f_t)\frac{\partial f_t^\alpha}{\partial x^i}\frac{\partial f_t^\beta}{\partial x^j},\\
E(f_t) &= \int_M e(f_t)d\mu_g,\\
\kappa(f_t) &= \frac{1}{2}\left|\frac{\partial f_t}{\partial t}\right|^2 = \frac{1}{2}h_{\alpha\beta}(f_t)\frac{\partial f_t^\alpha}{\partial t}\frac{\partial f_t^\beta}{\partial t},\\
K(f_t) &= \int_M \kappa(f_t)d\mu_g
\end{aligned}
\tag{4.17}
$$

と定義する．

このとき，各 f_t のエネルギー密度 $e(f_t)$ および**運動エネルギー密度** $\kappa(f_t)$ に対して，**Weitzenböck の公式**とよばれるつぎの関係式がなりたつ．

命題 4.8 f を放物的調和写像の方程式 (4.16) の解とし，$f_t(x)=f(x,t)$ とおく．このとき，$M\times(0,\omega)$ においてつぎがなりたつ．

(1)（$e(f_t)$ に対する Weitzenböck の公式）

$$
\begin{aligned}
\frac{\partial e(f_t)}{\partial t} &= \Delta e(f_t) - \left|\nabla\nabla f_t\right|^2 - \langle \mathrm{Ric}_M\,\nabla_v f_t, \nabla_v f_t\rangle\\
&\quad + \langle R_N(\nabla_v f_t, \nabla_w f_t)\nabla_w f_t, \nabla_v f_t\rangle.
\end{aligned}
\tag{4.18}
$$

(2) ($\kappa(f_t)$ に対する Weitzenböck の公式)

$$\begin{aligned}\frac{\partial\kappa(f_t)}{\partial t} &= \Delta\kappa(f_t) - \left|\nabla\frac{\partial f_t}{\partial t}\right|^2 \\ &\quad + \left\langle R_N\left(\nabla_v f_t, \frac{\partial f_t}{\partial t}\right)\frac{\partial f_t}{\partial t}, \nabla_v f_t\right\rangle.\end{aligned} \tag{4.19}$$

ここで，(1), (2) の式の右辺における添字 v, w はくりかえした部分について縮約していることを示す．また，Ric_M は M の Ricci テンソル，$R_N(\ ,\ )$ は N の曲率テンソル，$\langle\ ,\ \rangle$ はベクトル束 $f^{-1}TN$ のファイバー計量をあらわす (注意 4.9 (2) 参照)．

証明. (1) 以下，∇_t と ∇_i でそれぞれ $\partial/\partial t$ および $\partial/\partial x^i$ 方向への van der Waerden–Bortolotti の共変微分，すなわちベクトル束 $T(M\times(0,\omega))^*\otimes f^{-1}TN$ 上の自然な共変微分をあらわす．また f_t の添字 t および $h_{\alpha\beta}(f)$ の f を記号の簡略化のために省略することにする．

このとき，まず

$$\frac{\partial e(f)}{\partial t} = \nabla_t\left(\frac{1}{2}g^{ij}h_{\alpha\beta}\nabla_i f^\alpha\nabla_j f^\beta\right) = g^{ij}h_{\alpha\beta}\nabla_i\nabla_t f^\alpha\nabla_j f^\beta. \tag{4.20}$$

ここで $\nabla_t\left(g^{ij}h_{\alpha\beta}\right) = 0$ および $\nabla_t\nabla_i f^\alpha = \nabla_i\nabla_t f^\alpha$ であることをもちいた．つぎに，$\nabla_l\left(g^{ij}h_{\alpha\beta}\right) = 0$ より

$$\begin{aligned}\nabla_k\nabla_l e(f) &= \nabla_k\nabla_l\left(\frac{1}{2}g^{ij}h_{\alpha\beta}\nabla_i f^\alpha\nabla_j f^\beta\right) = \nabla_k\left(g^{ij}h_{\alpha\beta}\nabla_l\nabla_i f^\alpha\nabla_j f^\beta\right) \\ &= g^{ij}h_{\alpha\beta}\left(\nabla_k\nabla_l\nabla_i f^\alpha\nabla_j f^\beta + \nabla_l\nabla_i f^\alpha\nabla_k\nabla_j f^\beta\right).\end{aligned}$$

よって，$\nabla_k\nabla_l\nabla_i f^\alpha = \nabla_k\nabla_i\nabla_l f^\alpha$ であることに注意して

$$\Delta e(f) = g^{kl}\nabla_k\nabla_l e(f) = g^{ij}g^{kl}h_{\alpha\beta}\nabla_k\nabla_i\nabla_l f^\alpha\nabla_j f^\beta + |\nabla\nabla f|^2$$

をえる．一方，Ricci の公式より

$$\nabla_k\nabla_i\nabla_l f^\alpha = \nabla_i\nabla_k\nabla_l f^\alpha - R_M{}^m{}_{lki}\nabla_m f^\alpha + R_N{}^\alpha{}_{\gamma\delta\epsilon}\nabla_l f^\gamma\nabla_k f^\delta\nabla_i f^\epsilon$$

がなりたつから，これを上式に代入すると

$$\begin{aligned}\Delta e(f) &= g^{ij}h_{\alpha\beta}\nabla_i\left(\tau(f)^\alpha\right)\nabla_j f^\beta + |\nabla\nabla f|^2 \\ &\quad + g^{ij}h_{\alpha\beta}R_M{}^m{}_i\nabla_m f^\alpha\nabla_j f^\beta \\ &\quad - g^{ij}g^{kl}R_{N\alpha\beta\gamma\delta}\nabla_i f^\alpha\nabla_k f^\beta\nabla_j f^\gamma\nabla_l f^\delta.\end{aligned} \tag{4.21}$$

しかるに $\partial f/\partial t = \tau(f)$ だから，式 (4.20), (4.21) を合わせて結局

$$\frac{\partial e(f)}{\partial t} = \Delta e(f) - |\nabla\nabla f|^2 - g^{ij} h_{\alpha\beta} R_M{}^m{}_i \nabla_m f^\alpha \nabla_j f^\beta + g^{ij} g^{kl} R_{N\,\alpha\beta\gamma\delta} \nabla_i f^\alpha \nabla_k f^\beta \nabla_j f^\gamma \nabla_l f^\delta$$

をえる．これが求める関係式であった．

(2) (1) と同様にしてえられる．各自試みられたい．□

注意 4.9 (1) 命題 4.8 の証明において肝要なことは，f が放物的調和写像の方程式 (4.16) の解であることより，例えば

$$\left(\frac{\partial}{\partial t} - \Delta\right) e(f)$$

の計算においてあらわれる最高階の微分 $\nabla\nabla\nabla f$ を含む項が，Ricci の公式を経由して，曲率テンソルを含む 1 階微分 ∇f の非線形項 $\langle R(\nabla f, \nabla f)\nabla f, \nabla f\rangle$ に置き換えられることである．これは，一連の消滅定理の証明において，いわゆる **Bochner のトリック**とよばれる手法をもちいる際にあらわれる事情と同じである．

(2) 命題 4.8 およびその証明中にあらわれた曲率テンソルに関する記号と定義は，つぎのとおりである ([13] 参照)．

$$\begin{aligned}
&R_M(U,V)W = \nabla_U \nabla_V W - \nabla_V \nabla_U W - \nabla_{[U,V]} W,\\
&R_M\left(\frac{\partial}{\partial x^k}, \frac{\partial}{\partial x^l}\right)\frac{\partial}{\partial x^j} = R_M{}^i{}_{jkl} \frac{\partial}{\partial x^i},\\
&\mathrm{Ric}_M\left(\frac{\partial}{\partial x^i}, \frac{\partial}{\partial x^j}\right) = R_{M\,ij} = R_M{}^k{}_{ikj},\\
&R_M{}^i{}_j = g^{ik} R_{M\,kj}, \quad R_{M\,ijkl} = g_{im} R_M{}^m{}_{jkl},\\
&K_M(e_i \wedge e_j) = \langle R_M(e_i, e_j)e_j, e_i\rangle
\end{aligned}$$

ここに，$U, V, W \in C^\infty(TM)$ であり，$K_M(e_i \wedge e_j)$ は正規直交系をなす接ベクトル $e_i, e_j \in T_x M$ が張る 2 次元平面 $e_i \wedge e_j \subset T_x M$ の断面曲率をあらわす．

系 4.10 f を放物的調和写像の方程式 (4.16) の解とし，$f_t(x) = f(x,t)$ とおく．このとき，$M \times (0, \omega)$ においてつぎがなりたつ．

(1) N が非正曲率 $K_N \leq 0$ であり，かつ定数 $C > 0$ が存在して $\mathrm{Ric}_M \geq -Cg$ ならば

$$\frac{\partial e(f_t)}{\partial t} \leq \Delta e(f_t) + Ce(f_t). \tag{4.22}$$

(2) N が非正曲率 $K_N \leq 0$ ならば

$$\frac{\partial \kappa(f_t)}{\partial t} \leq \Delta \kappa(f_t). \tag{4.23}$$

証明. (1) 式 (4.18) において，条件 $K_N \leq 0$ より右辺の第 4 項は ≤ 0 となることと，$\mathrm{Ric}_M \geq -Cg$ より

$$-\langle \mathrm{Ric}_M \nabla_v f_t, \nabla_v f_t \rangle \leq Ce(f)$$

となることに注意すればよい．

(2) も式 (4.19) より容易にえられる．□

系 4.10 より，容易につぎがみちびかれる．

命題 4.11　f を放物的調和写像の方程式 (4.16) の解とし，$f_t(x) = f(x,t)$ とおくとき，つぎがなりたつ．

(1) $E(f_t)$ は単調減少関数である．すなわち

$$\frac{d}{dt}E(f_t) = -2K(f_t) \leq 0.$$

(2) N が非正曲率 $K_N \leq 0$ ならば

$$\frac{d^2}{dt^2}E(f_t) = -2\frac{d}{dt}K(f_t) \geq 0.$$

すなわち $E(f_t)$ は凸関数，かつ $K(f_t)$ は単調減少関数である．

証明. (1) 命題 4.3 の第 1 変分公式 (4.10) より

$$\frac{d}{dt}E(f_t) = -\int_M \left\langle \tau(f_t), \frac{\partial f_t}{\partial t} \right\rangle d\mu_g = -\int_M \left\langle \frac{\partial f_t}{\partial t}, \frac{\partial f_t}{\partial t} \right\rangle d\mu_g = -2K(f_t).$$

(2) 式 (4.23) と Green の定理より

$$\frac{d}{dt}K(f_t) = \frac{d}{dt}\int_M \kappa(f_t) d\mu_g = \int_M \frac{\partial \kappa(f_t)}{\partial t} d\mu_g \leq \int_M \Delta\kappa(f_t) = 0$$

をえる．□

命題 4.11 より，ステップ ① と ② のもとに，ステップ ③ をつぎのようにして確かめることができる．

系 4.12　N は非正曲率 $K_N \leq 0$ とする．f を放物的調和写像の方程式 (4.16) の解とし，$f_t(x) = f(x,t)$ とおく．このとき，$\omega = \infty$ であって，$t \to \infty$ のとき $\{f_t\}$（またはその部分列 $\{f_{t_n}\}$）が C^∞ 位相で $f_\infty \in C^\infty(M,N)$ に収束すれば，f_∞ は f_0 とホモトープな調和写像である．

証明. 命題 4.11 (1) と $E(f_t) \geq 0$ であることに注意すれば, $t \to \infty$ のとき $K(f_t) \to 0$ でなければならないことがわかる. よって $t \to \infty$ のとき, $\partial f_{t_n}/\partial t \to 0$ でなければならない. しかるに f は式 (4.16) の解であるから

$$\tau(f_{t_n}) = \frac{\partial f_{t_n}}{\partial t} \to 0.$$

一方, $\tau(f_{t_n}) \to \tau(f_\infty)$ であるから, これより $\tau(f_\infty) = 0$. すなわち f_∞ は調和写像であることがわかる.

つぎに, 変形 $\{f_t\}$ のつくり方より, 各 f_{t_n} は f_0 とホモトープである. また写像空間 $C^\infty(X, Y)$ は C^∞ 位相で局所弧状連結であるから, 十分大きな n に対して, f_{t_n} と f_∞ とはホモトープである. よって f_0 と f_∞ はホモトープとなる. □

以下, 放物的調和写像の方程式 (4.16) の解について, 残りのステップ ① と ② を順次確かめていくことにしよう.

4.1.3 関数空間と微分作用素

ここで, 以下の議論で必要となる関数空間と微分作用素に関する基本的事柄を, 記号の説明をかねてまとめておこう.

4.1.3.1 Sobolev 空間 $\boldsymbol{L^p_k}(\mathbb{R}^m)$

$\mathbb{R}^m$ を m 次元 Euclid 空間, $x = (x^1, \ldots, x^m)$ をその変数とする. 非負整数からなる多重指数 $\alpha = (\alpha_1, \ldots, \alpha_m)$ に対して

$$x^\alpha = (x^1)^{\alpha_1} \cdots (x^m)^{\alpha_m}, \quad D^\alpha = D^{\alpha_1}_{x_1} \cdots D^{\alpha_m}_{x_m}, \quad D_{x_j} = -\sqrt{-1}\frac{\partial}{\partial x^j}$$

とかく. $\mathbb{R}^m$ 上の C^∞ 関数 $f \in C^\infty(\mathbb{R}^m)$ で, すべての多重指数 α, β に対して, $|x| \to \infty$ のとき $|x^\alpha D^\beta f| \to 0$ をみたすをものを急減少 C^∞ 関数といい, 急減少 C^∞ 関数全体のなす Fréchet 空間を $\mathcal{S}(\mathbb{R}^m)$ とかく.

$\mathbb{R}^{m*}$ を $\mathbb{R}^m$ の双対空間, $\xi = (\xi_1, \ldots, \xi_m)$ をその変数とするとき, Fourier 変換

$$\mathcal{F}[f](\xi) = \int_{\mathbb{R}^m} e^{-\sqrt{-1}\langle \xi, x\rangle} f(x)dx, \quad \langle \xi, x\rangle = \xi_i x^i$$

は $\mathcal{S}(\mathbb{R}^m)$ から $\mathcal{S}(\mathbb{R}^{m*})$ への同型写像となる. $\mathcal{F}[f](\xi)$ は $\widehat{f}(\xi)$ とかかれることも多い.

$P(D) = c_\alpha D^\alpha$ を定数係数偏微分作用素, $P(\xi) = c_\alpha \xi^\alpha$ を P の微分多項式とするとき

$$\mathcal{F}[P(D)f](\xi) = P(\xi)\widehat{f}(\xi)$$

がなりたつ．この事実は P が多項式でない場合にも，つぎのように一般化される．$Q(\xi)$ を緩増加 C^∞ 関数，すなわち Q の各微分 $D^\alpha Q(\xi)$ が，$|\xi| \to \infty$ のとき ξ のある多項式より緩やかに増加する C^∞ 関数とするとき，作用素 $Q(D) : \mathcal{S}(\mathbb{R}^m) \to \mathcal{S}(\mathbb{R}^m)$ が

$$\mathcal{F}[Q(D)f](\xi) = Q(\xi)\widehat{f}(\xi)$$

で定義される．

正数 $p \geq 1$ に対して，$L^p(\mathbb{R}^m)$ を $\mathbb{R}^m$ 上の Lebesgue 可測関数で p 乗可積分なもののなす空間とする．すなわち

$$L^p(\mathbb{R}^m) = \left\{ f \;\middle|\; \int_{\mathbb{R}^m} |f(x)|^p dx < \infty \right\}.$$

$L^p(\mathbb{R}^m)$ はノルム

$$\|f\|_{L^p} = \left(\int_{\mathbb{R}^m} |f(x)|^p dx \right)^{1/p}$$

のもとで，$p = 2$ のときは Hilbert 空間となり，その他の場合は Banach 空間となる．

$\mathcal{S}(\mathbb{R}^m)^*$ を $\mathcal{S}(\mathbb{R}^m)$ の共役空間とする．$\mathcal{S}(\mathbb{R}^m)^*$ は $\mathbb{R}^m$ 上の緩増加超関数のなす空間である．このとき包含関係 $\mathcal{S}(\mathbb{R}^m) \subset L^p(\mathbb{R}^m) \subset \mathcal{S}(\mathbb{R}^m)^*$ は，それぞれのなかで稠密である．したがって作用素 $Q(D) : \mathcal{S}(\mathbb{R}^m) \to \mathcal{S}(\mathbb{R}^m)$ は，双対性により，連続な作用素 $Q(D) : \mathcal{S}(\mathbb{R}^m)^* \to \mathcal{S}(\mathbb{R}^m)^*$ に拡張される．

$W(\xi) = \left(1 + \xi_1^2 + \cdots + \xi_m^2\right)^{1/2}$ とおく．$k \in \mathbb{R}$ と $1 < p < \infty$ に対して，Sobolev 空間 $L_k^p(\mathbb{R}^m)$ を

$$L_k^p(\mathbb{R}^m) = \left\{ f \in \mathcal{S}(\mathbb{R}^m)^* \mid W(D)^k f \in L^p(\mathbb{R}^m) \right\}$$

で定義する．$L_k^p(\mathbb{R}^m)$ はノルム

$$\|f\|_{L_k^p} = \|W(D)^k f\|_{L^p}$$

により Banach 空間となる．k が正整数ならば，つぎの補題がなりたつ．

補題 4.13 k を正整数とし，$1 < p < \infty$ とする．このとき

(1) $f \in L_k^p(\mathbb{R}^m)$ であることと，$|\alpha| = \sum \alpha_i \leq k$ となるすべての多重指数 $\alpha = (\alpha_1, \ldots, \alpha_m)$ に対して $D^\alpha f \in L^p(\mathbb{R}^m)$ であることは同値である．

(2) $\|f\|_{L_k^p}$ は $\sum_{|\alpha| \leq k} \|D^\alpha f\|_{L^p}$ と同等なノルムである．

4.1.3.2 Sobolev 空間 $\boldsymbol{L_k^p(M)}$

M をコンパクトな多様体とするとき，Sobolev 空間 $L_k^p(M)$ がつぎのようにして定義される．まず $\{(U_\sigma, \psi_\sigma)\}$ を M の局所座標近傍からなる有限開被覆とし，$\{\varphi_\sigma\}$ を $\{(U_\sigma, \psi_\sigma)\}$ に従属した単位の分割とする．

このとき $f \in L_k^p(M)$ は，M 上の超関数 f であって，各 σ に対して

$$f_\sigma(x) = \begin{cases} (f \cdot \varphi_\sigma) \circ {\psi_\sigma}^{-1}(x), & x \in \psi_\sigma(U_\sigma) \\ 0, & x \notin \psi_\sigma(U_\sigma) \end{cases}$$

で定義される $\mathbb{R}^m$ 上の超関数 f_σ が $L_k^p(\mathbb{R}^m)$ に属するものとして定義される．また $L_k^p(M)$ のノルムは

$$\|f\|_{L_k^p(M)} = \sum_\sigma \|f_\sigma\|_{L_k^p}$$

であたえられる．

この定義は M の有限開被覆 $\{(U_\sigma, \psi_\sigma)\}$ および単位の分割 $\{\varphi_\sigma\}$ のとり方によらない．別の有限開被覆 $\{(U'_\sigma, \psi'_\sigma)\}$ とそれに従属した単位の分割 $\{\varphi'_\sigma\}$ をもちいても，同一の空間 $L_k^p(M)$ とその上の同等なノルム $\|f\|_{L_k^p(M)}$ がえられる．

4.1.3.3 Sobolev 空間 $\boldsymbol{L_k^p(\mathbb{R}^m \times \mathbb{R})}$

熱作用素 $\partial/\partial t - \Delta$ を扱うときには，Sobolev 空間 $L_k^p(\mathbb{R}^m)$ の定義につぎのような修正を施しておくと便利である．

まず，空間変数 x と時間変数 t を区別して

$$(x, t) = (x^1, \ldots, x^m, t) \in \mathbb{R}^m \times \mathbb{R} = \mathbb{R}^{m+1}$$

とかく．双対空間 $\mathbb{R}^{m+1^*}$ の変数 $(\xi, \eta) = (\xi_1, \ldots, \xi_m, \eta)$ に対して

$$W(\xi, \eta) = \left(1 + \xi_1^4 + \cdots + \xi_m^4 + \eta^2\right)^{1/4}$$

とおき，作用素 $W(D_x, D_t)$ を Fourier 変換をもちいて

$$\mathcal{F}[W(D_x, D_t) f](\xi, \eta) = W(\xi, \eta) \widehat{f}(\xi, \eta)$$

で定義する．

このとき，$k \in \mathbb{R}$ と $1 < p < \infty$ に対して，Sobolev 空間 $L_k^p(\mathbb{R}^m \times \mathbb{R})$ が

$$L_k^p(\mathbb{R}^m \times \mathbb{R}) = \left\{ f \in \mathcal{S}(\mathbb{R}^m \times \mathbb{R})^* \mid W(D_x, D_t)^k f \in L^p(\mathbb{R}^m \times \mathbb{R}) \right\}$$

で定義される．また $L_k^p(\mathbb{R}^m \times \mathbb{R})$ のノルムは

$$\|f\|_{L^p_k} = \|W(D_x, D_t)^k f\|_{L^p}$$

であたえられる.

このような修正のもとで，補題 4.13 はつぎの形でなりたつ.

補題 4.14　k を正の偶整数とし，$1 < p < \infty$ とする．このとき

(1) $f \in L^p_k(\mathbb{R}^m \times \mathbb{R})$ であることと，$|(\alpha, \beta)| = \sum \alpha_i + 2\beta \le k$ となるすべての多重指数 $(\alpha, \beta) = (\alpha_1, \ldots, \alpha_m, \beta)$ に対して ${D_x}^\alpha {D_t}^\beta f \in L^p(\mathbb{R}^m \times \mathbb{R})$ であることは同値である.

(2) $\|f\|_{L^p_k}$ は $\sum_{|(\alpha,\beta)| \le k} \|{D_x}^\alpha {D_t}^\beta f\|_{L^p}$ と同等なノルムである.

すなわち，空間変数 $(x^1, \ldots, x^m)$ についての 2 回偏微分が，時間変数 t についての 1 回偏微分と同じ‘重み’をもつと考えればよいことになる.

4.1.3.4　Sobolev 空間 $L^p_k(M \times [a, b])$

直積空間 $\mathbb{R}^m \times [a, b]$ 上の超関数 f で，$L^p_k(\mathbb{R}^m \times \mathbb{R})$ の関数へ拡張可能なもののなす空間を $L^p_k(\mathbb{R}^m \times [a, b])$ とする．$f \in L^p_k(\mathbb{R}^m \times [a, b])$ のノルムは

$$\|f\|_{L^p_k(\mathbb{R}^m \times [a,b])} = \inf \left\{ \|\tilde{f}\|_{L^p_k(\mathbb{R}^m \times \mathbb{R})} \;\middle|\; \tilde{f} \text{ は } f \text{ の拡張} \right\}$$

であたえられる.

M をコンパクトな多様体とするとき，4.1.3.2 項と同様にして，$L^p_k(\mathbb{R}^m \times [a, b])$ をもとに Sobolev 空間 $L^p_k(M \times [a, b])$ が定義される．そこで $L^p_k(M \times [a, b])$ の直和空間として

$$L^p_k\left(M \times [a, b], \mathbb{R}^K\right) = \bigoplus_K L^p_k(M \times [a, b])$$

を定義する．また Euclid 空間 $\mathbb{R}^K$ 内のコンパクトな部分多様体 $N \subset \mathbb{R}^K$ に対して

$$L^p_k(M \times [a, b], N) = \left\{ f \in L^p_k\left(M \times [a, b], \mathbb{R}^K\right) \;\middle|\; f(x, t) \in N \text{ a.e.} \right\}$$

と定義する．定義から $L^p_k(M \times [a, b], N)$ は Banach 空間 $L^p_k\left(M \times [a, b], \mathbb{R}^K\right)$ の閉部分集合である.

4.1.3.5　Sobolev の埋蔵定理

M をコンパクトな m 次元多様体とし，$X = M \times [a, b]$ とおく．直積多様体 X に対する Sobolev 空間 $L^p_k(X)$ は，補題 4.14 でみたように，空間変数 $(x^1, \ldots, x^m) \in M$ と時間変数 $t \in [a, b]$ について，それぞれの微分が異なる‘重み’をもつと考える点で通常の Sobolev 空間と定義が異なる.

しかしこの点に注意すれば，通常の Sobolev 空間と取り扱いは同じである．例えばつぎの諸性質がなりたつ．

定理 4.15（Sobolev の埋蔵定理） $k > (m+2)/p$, $m = \dim M$ ならば，連続関数のなす空間 $C^0(X)$ への連続な埋め込み

$$L_k^p(X) \hookrightarrow C^0(X)$$

が存在する．すなわち，$f \in L_k^p(X)$ ならば $f \in C^0(X)$ となり，f によらない正定数 C が存在して，$\|f\|_{L^\infty(X)} \leq C\|f\|_{L_k^p(X)}$ がなりたつ．

定理 4.16（Rellich の補題） $k > l$ ならば，自然な埋め込み

$$L_k^p(X) \hookrightarrow L_l^p(X)$$

はコンパクト写像である．すなわち，有界集合の像は相対コンパクトとなる．

定理 4.17（補間定理） $1 < p, q < \infty$ と $0 \leq \theta \leq 1$ に対して

$$\frac{\theta}{p} + \frac{1-\theta}{q} = \frac{1}{r}, \quad \theta h + (1-\theta)k = l$$

ならば，$L_l^r(X)$ は $L_h^p(X)$ と $L_k^q(X)$ の補間空間である．すなわち，f によらない正定数 C が存在して

$$\|f\|_{L_l^r(X)} \leq C\|f\|_{L_h^p(X)}^{\theta}\|f\|_{L_k^q(M)}^{1-\theta}$$

がなりたつ．

これらの定理の証明については，例えば [1], [8], [17] などをみるとよい．

4.1.3.6 アプリオリ評価

$M = (M, g)$ をコンパクトな Riemann 多様体とし，A を $M \times [t_0, t_1]$ 上の 2 階の線形放物型偏微分作用素とする．以下の議論でわれわれは，A として線形熱作用素 $A = \partial/\partial t - \Delta$ または $A = \partial/\partial t - \Delta - C$ のみを扱う．ここに Δ は M 上の Laplace 作用素であり，C は定数である．

線形放物型偏微分作用素 A に対して，つぎの**アプリオリ評価**がなりたつ．

定理 4.18 A を 2 階線形放物型偏微分作用素とする．$1 < p < \infty$，$-\infty < l < k$ とし，$t_0 < t < t_1$ とする．このとき，$f \in L_l^p(M \times [t_0, t_1])$ かつ $Af \in L_{k-2}^p(M \times [t_0, t_1])$ ならば，$f \in L_k^p(M \times [t, t_1])$ となり

$$\|f\|_{L_k^p(M \times [t, t_1])} \leq C\left(\|Af\|_{L_{k-2}^p(M \times [t_0, t_1])} + \|f\|_{L_l^p(M \times [t_0, t_1])}\right)$$

がなりたつ．ここに C は f によらない正定数である．

定理 4.18 の証明については，例えば [8], [7], [21] などをみるとよい．

つぎに $X = M \times [t_0, t_1]$ とおき，X 上の多項式偏微分作用素 P に対するアプリオリ評価について考える．写像 $f : X \to \mathbb{R}^K$ に対して，f に作用する偏微分作用素 P で，局所的に

$$Pf = c_{\alpha_1 \cdots \alpha_\nu}(f) D^{\alpha_1} f \cdots D^{\alpha_\nu} f, \quad |\alpha_i| \leq k, \quad \sum |\alpha_i| \leq l$$

とあらわされるものを，$f : X \to \mathbb{R}^K$ に作用する (l, k) 型の**多項式偏微分作用素**という．ただし，$c_{\alpha_1 \cdots \alpha_\nu}(f)$ は f について（一般に非線形な）C^∞ 関数であり，多重指数 α_i については

$$D^{\alpha_i} = D_{x_1}^{\alpha_{i_1}} \cdots D_{x_m}^{\alpha_{i_m}} D_t^{\alpha_{i_t}}, \quad |\alpha_i| = \alpha_{i_1} + \cdots + \alpha_{i_m} + 2\alpha_{i_t}$$

と定める．

例えば，Riemann 多様体 (N, h) を十分次元の高い Euclid 空間 $\mathbb{R}^K$ に等長的に埋め込むとき，放物的調和写像の方程式 (4.16) の非線形項としてあらわれる偏微分作用素

$$Pf = \Gamma(f) \nabla f^2 = \left(g^{ij} {\Gamma'}^1_{\beta\gamma}(f) \frac{\partial f^\beta}{\partial x^i} \frac{\partial f^\gamma}{\partial x^j}, \ldots, g^{ij} {\Gamma'}^K_{\beta\gamma}(f) \frac{\partial f^\beta}{\partial x^i} \frac{\partial f^\gamma}{\partial x^j} \right)$$

は，写像 $f : X = M \times [t_0, t_1] \to \mathbb{R}^K$ に作用する $(2, 1)$ 型の多項式偏微分作用素の例をあたえる．

多項式偏微分作用素 P に対して，つぎのアプリオリ評価がなりたつ．

定理 4.19 P を (l, k) 型の多項式偏微分作用素とする．$r \geq 0$, $1 < p, q < \infty$ とする．このとき，$r + k < s$ かつ $p(r + l) < qs$ ならば，任意の $f \in C^0(X, \mathbb{R}^K) \cap L_s^q(X, \mathbb{R}^K)$ に対して，$Pf \in L_r^p(X, \mathbb{R}^K)$ かつ

$$\|Pf\|_{L_r^p(X, \mathbb{R}^K)} \leq C \left(1 + \|f\|_{L_s^q(X, \mathbb{R}^K)}\right)^{q/p}$$

がなりたつ．ここに C は f によらない正定数である．

証明については，例えば [8], [31] をみるとよい．

4.1.3.7 最大値の原理

放物型偏微分方程式および放物型偏微分不等式に対する**最大値の原理**を，後の議論で必要になる形で述べておこう．この性質は解の一意性の証明など，放物的調和写像の方程式の場合にも，いろいろと有効に使われることが多い．

$M=(M,g)$ をコンパクトな Riemann 多様体とするとき，つぎがなりたつ．

補題 4.20 C を定数とし，$f \in C^0(M\times[t_0,t_1]) \cap C^\infty(M\times(t_0,t_1])$ は方程式

$$\frac{\partial f}{\partial t} = \Delta f + Cf$$

をみたすとする．このとき

$$\|f\|_{L^\infty(M\times\{t_1\})} \le e^{C(t_1-t_0)}\|f\|_{L^\infty(M\times\{t_0\})},$$
$$\|f\|_{L^1(M\times\{t_1\})} \le e^{C(t_1-t_0)}\|f\|_{L^1(M\times\{t_0\})}$$

がなりたつ．

証明. 正数 $\epsilon>0$ に対して，$\tilde f(x,t)=f(x,t)\cdot e^{-(C+\epsilon)(t-t_0)}$ とおく．このとき $t>t_0$ において，$\tilde f$ は方程式

$$\frac{\partial \tilde f}{\partial t} = \Delta\tilde f - \epsilon\tilde f$$

をみたすことが容易に確かめられる．この $\tilde f$ に対して

$$\|\tilde f\|_{L^\infty(M\times\{t_1\})} \le \|\tilde f\|_{L^\infty(M\times\{t_0\})}$$

がなりたつことを示そう．

$\tilde f$ は $M\times[t_0,t_1]$ 上で連続だから，ある点 $(x^*,t^*)\in M\times[t_0,t_1]$ において最大値 $\max\tilde f$ をとる．$\max\tilde f=\tilde f(x^*,t^*)>0$ としてよい．実際，$\tilde f\equiv 0$ ならば結果は自明である．また $\tilde f\not\equiv 0$ かつ $\max\tilde f\le 0$ ならば，$-\tilde f$ も同じ方程式をみたすから，$-\tilde f$ について考えればよい．

さて，$t^*=t_0$ ならば結果はなりたつ．そこで，$t^*>t_0$ と仮定する．このとき，$\tilde f$ が (x^*,t^*) において $\max\tilde f$ をとることから

$$\frac{\partial\tilde f}{\partial t}(x^*,t^*)\ge 0, \quad \Delta\tilde f(x^*,t^*)\le 0$$

でなければならないが，これは上の方程式に矛盾する．よって $t^*=t_0$ であり，結果がなりたつ．

$\tilde f$ のノルムに関する結果より，f について

$$\begin{aligned}\|f\|_{L^\infty(M\times\{t_1\})} &= e^{(C+\epsilon)(t_1-t_0)}\|\tilde f\|_{L^\infty(M\times\{t_1\})}\\ &\le e^{(C+\epsilon)(t_1-t_0)}\|\tilde f\|_{L^\infty(M\times\{t_0\})} = e^{(C+\epsilon)(t_1-t_0)}\|f\|_{L^\infty(M\times\{t_0\})}\end{aligned}$$

がなりたつ．ここで $\epsilon>0$ は任意であるから，第1の不等式をえる．

第2の不等式については，f の L^1 ノルムは

$$\|f\|_{L^1(M\times\{t\})} = \sup\left\{\int_{M\times\{t\}} fg\,d\mu_g \,\middle|\, g\in C^\infty(M\times\{t\}),\ \|g\|_{L^\infty(M\times\{t\})}\le 1\right\}$$

であたえられることに注意すれば，第1の不等式を L^1 ノルムで述べなおしたものに他ならないことがわかる． □

補題 4.21 C を定数とし，$f\in C^0(M\times[t_0,t_1])\cap C^\infty(M\times(t_0,t_1])$ は微分不等式

$$\begin{cases} \dfrac{\partial f}{\partial t}\le \Delta f + Cf & \text{on } M\times(t_0,t_1] \\ f\le 0 & \text{on } M\times\{t_0\} \end{cases}$$

をみたすとする．このとき

$$f\le 0 \quad \text{on } M\times[t_0,t_1]$$

がなりたつ．

補題 4.21 は，補題 4.20 の証明と同様にして確かめられる．また，補題 4.21 は C を一般に M 上の C^∞ 関数としてもなりたつことがわかる．

4.1.4 時間局所解の存在

この項では，放物的調和写像の方程式の初期値問題

$$\begin{cases} \dfrac{\partial f}{\partial t}=\tau(f) & \text{on } M\times[0,\omega) \\ f=f_0 & \text{on } M\times\{0\} \end{cases} \tag{4.24}$$

が時間局所解をもつ，すなわち十分小さな正数 $\epsilon>0$ に対して，解 $f: M\times[0,\epsilon)\to N$ がつねに存在することを証明しよう．この項の内容は，考える多様体の曲率には関係しない．

4.1.4.1 解の正則性

$M=(M,g)$ と $N=(N,h)$ をそれぞれ m 次元および n 次元のコンパクトな Riemann 多様体とする．式 (4.24) における放物的調和写像の方程式

$$\frac{\partial f}{\partial t}=\tau(f)$$

はじつは単独の方程式ではなく，定義域 M および値域 N の局所座標系をもちいて表示してみるとわかるように，方程式系

$$\frac{\partial f^\alpha}{\partial t} = \Delta f^\alpha + g^{ij}{\Gamma'}^\alpha_{\beta\gamma}(f)\frac{\partial f^\beta}{\partial x^i}\frac{\partial f^\gamma}{\partial x^j}, \quad 1 \le \alpha \le n$$

なので，このままでは解析的に取り扱いにくい．

そこで以下，N を十分次元の高い Euclid 空間 $\mathbb{R}^K$ へ埋め込み，値域については大域的な座標系を導入して考えよう．また，$\mathbb{R}^K$ には通常の Euclid 計量ではなく，つぎのようにして定義される Riemann 計量をあたえ，この計量も同じ記号 h であらわすことにする．

まず N の Riemann 計量 h を，$\mathbb{R}^K$ のコンパクト部分多様体 $N \subset \mathbb{R}^K$ の管状近傍 T へ滑らかに拡張し，管状近傍 T の標準的対合（各ファイバー上で -1 をかける対応）

$$\imath : T \to T, \quad v \mapsto -v$$

で平均しておく．このとき対合 $\imath : T \to T$ は等長写像となり，$\imath$ の不動点集合が N である．つぎに $B \subset \mathbb{R}^K$ を，T を含むような十分大きな半径 $R > 0$ の K 次元球体

$$B = \left\{ y = (y^1, \ldots, y^K) \;\middle|\; \sum_{\alpha=1}^{K} (y^\alpha)^2 < R \right\}$$

とする．そこで先程の T 上の計量を，B の外側では $\mathbb{R}^K$ の通常の Euclid 計量と一致するように $\mathbb{R}^K$ 全体へ拡張してえられる Riemann 計量を h とする．

このように Riemann 計量 h を定義することの利点は後の議論で明らかになる．ここでは，$(N, h) \subset (\mathbb{R}^K, h)$ が，等長写像の不動点集合なので，全測地的部分多様体となっていることに注意しておこう．

さて $p > m + 2$ とし，

$$f \in L_2^p\left(M \times [t_0, t_1], \mathbb{R}^K\right)$$

とする．このとき，定理 4.15（Sobolev の埋蔵定理）より，f および f の超関数微分 $\nabla f = \{\partial f^\alpha / \partial x^i\}$ の各成分は連続となる．よって，M はコンパクトであるから

$$f : M \times [t_0, t_1] \to B$$

と仮定してよい．

同様に，${\Gamma'}^\alpha_{\beta\gamma}$ を Riemann 多様体 $(\mathbb{R}^K, h)$ の Christoffel の記号とするとき

$$\Gamma(f)\nabla f^2 = \left\{ g^{ij}{\Gamma'}^\alpha_{\beta\gamma}(f)\frac{\partial f^\beta}{\partial x^i}\frac{\partial f^\gamma}{\partial x^j} \right\}$$

の各成分も連続となる．よって，超関数微分

$$\frac{\partial f}{\partial t} \quad \text{および} \quad \tau^B(f) = \Delta f + \Gamma(f)\nabla f^2$$

はともに $L^p\left(M\times[t_0,t_1],\mathbb{R}^K\right)$ の元として定義される．したがって，f がこの空間において放物的調和写像の方程式

$$\frac{\partial f}{\partial t}=\tau^B(f)$$

をみたすということは意味がある．以下，混同のおそれのないかぎり，$\tau^B(f)$ を単に $\tau(f)$ とかく．実際，添字 B を省略してもさしつかえないことが，4.1.4.3 項の命題 4.25 で示される．

定理 4.22（解の正則性）　$p>m+2$, $m=\dim M$ とし，$f:M\times[t_0,t_1]\to B\subset\mathbb{R}^K$ とする．$f\in L^p_2\left(M\times[t_0,t_1],\mathbb{R}^K\right)$ かつ f が放物的調和写像の方程式

$$\frac{\partial f}{\partial t}=\tau(f) \tag{4.25}$$

をみたすとき，f は $M\times(t_0,t_1]$ 上で C^∞ 級である．

証明．第 1 段．以下，簡単のために $L^p_2\left(M\times[t_0,t_1],\mathbb{R}^K\right)$ を単に $L^p_2(M\times[t_0,t_1])$ などとかく．このとき，式 (4.25) の解 f に対して，線形放物型偏微分作用素

$$Af^\alpha=\left(\frac{\partial}{\partial t}-\Delta\right)f^\alpha$$

に関するアプリオリ評価（定理 4.18）より，$t_0\le s<t<t_1$ と任意の k および $1<p<\infty$ に対して

$$\Gamma(f)\nabla f^2\in L^p_k(M\times[s,t_1]) \quad\Rightarrow\quad f\in L^p_{k+2}(M\times[t,t_1])$$

がなりたつ．

さて，仮定より $f\in L^p_2(M\times[t_0,t_1])$ かつ $p>m+2$ だから，先程みたように

$$\Gamma(f)\nabla f^2\in C^0(M\times[t_0,t_1]).$$

よって，任意の $t>t_0$ および $1<p<\infty$ に対して

$$f\in L^p_2(M\times[t,t_1])$$

がなりたつ．

第 2 段．つぎに，$\Gamma(f)\nabla f^2$ は $(2,1)$ 型の多項式偏微分作用素だから，任意の $t>t_0$ に対してアプリオリ評価（定理 4.19）より，$r+1<s$ かつ $p(r+2)<qs$ のとき

$$f\in L^q_s(M\times[t,t_1]) \quad\Rightarrow\quad \Gamma(f)\nabla f^2\in L^p_r(M\times[t,t_1])$$

がなりたつ．ここで，第2の条件において，q を任意に大きくとれるならば，p も任意に大きくとれることに注意しよう．

第3段．さて，任意の $t > t_0$ および $1 < p < \infty$ に対して $f \in L^p_s(M \times [t, t_1])$ となるとき，簡単に $f \in L^*_s$ とかくことにする．このとき，第1段および第2段の結果より

1. $f \in L^*_2$,
2. $\Gamma(f)\nabla f^2 \in L^*_s \ \Rightarrow\ f \in L^*_{s+2}$,
3. $r + 1 < s$ のとき，$f \in L^*_s \ \Rightarrow\ \Gamma(f)\nabla f^2 \in L^*_r$

がなりたつことがわかる．

これより，微分の階数を1より小さい数だけ増やしていくことによって帰納的に，任意の s に対して $f \in L^*_s$ であることが示される．したがって，定理4.15 (Sobolevの埋蔵定理) より，f のすべての階数の超関数微分の連続性が導かれ，f が $M \times (t_0, t_1]$ 上で C^∞ 級であることが結論される．□

注意 4.23　初期値 $f_0 : M \to N$ が C^∞ 写像のとき，解 f が $M \times [t_0, t_1]$ 上で C^∞ 級となることが証明できる ([8], [24] を参照)．

4.1.4.2　解の一意性

線形熱方程式

$$\frac{\partial f}{\partial t} = \Delta f$$

に対して解の一意性がなりたつことはよく知られている．式 (4.24) における放物的調和写像の方程式

$$\frac{\partial f}{\partial t} = \tau(f)$$

についても，同様に**解の一意性**がなりたつ．その結果も線形熱方程式の場合と同じく最大値の原理をもちいて証明できるが，方程式が線形でないため少し工夫が必要である．

Riemann多様体 $M = (M, g)$ と $N = (N, h)$ および N を含む十分大きな半径の K 次元球体 $N \subset B \subset (\mathbb{R}^K, h)$ は前項と同じとする．このときつぎがなりたつ．

定理 4.24 (解の一意性)　$p > m+2$, $m = \dim M$ とし，写像 $f_1, f_2 : M \times [t_0, t_1] \to N \subset B$ に対して，$f_1, f_2 \in L^p_2(M \times [t_0, t_1], \mathbb{R}^K)$ かつ f_1 と f_2 はともに放物的調和写像の方程式

$$\frac{\partial f}{\partial t} = \tau(f)$$

をみたすとする．このとき，$M \times \{t_0\}$ 上で $f_1 = f_2$ ならば，$M \times [t_0, t_1]$ 上で $f_1 = f_2$ がなりたつ．

証明. $f_1, f_2 \in L_2^p(M \times [t_0, t_1], \mathbb{R}^K)$ だから，定理 4.15（Sobolev の埋蔵定理）より，

$$f_1^\alpha, \quad f_2^\alpha, \quad \frac{\partial f_1^\alpha}{\partial x^i}, \quad \frac{\partial f_2^\alpha}{\partial x^i}$$

は $M \times [t_0, t_1]$ 上で連続である．さらに定理 4.22（解の正則性）より，f_1 と f_2 は $M \times (t_0, t_1]$ 上で C^∞ 級であることに注意する．そこで，定理の結論がなりたたないと仮定して，矛盾をみちびこう．

第 1 段．結論がなりたたないとすると，$t_0 < s \leq t_1$ となる時間 s と，直積多様体 $B \times B$ の対角線集合のある近傍 V が存在して，任意の $(x, t) \in M \times [t_0, s]$ に対して

$$(f_1(x, t), f_2(x, t)) \in V$$

であり，かつ $M \times [t_0, s]$ 全体では $f_1 \neq f_2$ となる．

以上の注意のもとに，V 上の C^∞ 関数 $\sigma : V \to \mathbb{R}$ を

$$\sigma(y_1, y_2) = \frac{1}{2} d(y_1, y_2)^2$$

で定義する．ここに $d(\ ,\ )$ は，Riemann 多様体 (B, h) での距離をあらわす．つぎに，$M \times [t_0, s]$ 上の関数 $\rho : M \times [t_0, s] \to \mathbb{R}$ を

$$\rho(x, t) = \sigma(f_1(x, t), f_2(x, t))$$

で定義する．ρ は $M \times [t_0, s]$ 上で連続，かつ $t > t_0$ で C^∞ 級である．

さて，$\partial\rho/\partial t$ を求めると，簡単な計算より

$$\frac{\partial \rho}{\partial t} = \Delta\rho - g^{ij} S(f_1, f_2)\left(\frac{\partial f_1}{\partial x^i}, \frac{\partial f_2}{\partial x^j}\right) \tag{4.26}$$

をえる．ここで

$$\begin{aligned} S(y_1, y_2)(v_1, v_2) = &\left\{\frac{\partial^2 \sigma}{\partial y_1^\beta \partial y_1^\gamma} - \frac{\partial \sigma}{\partial y_1^\alpha} {\Gamma'}^\alpha_{\beta\gamma}(y_1)\right\} v_1^\beta v_1^\gamma - 2\frac{\partial^2 \sigma}{\partial y_1^\beta \partial y_2^\gamma} v_1^\beta v_2^\gamma \\ &+ \left\{\frac{\partial^2 \sigma}{\partial y_2^\beta \partial y_2^\gamma} - \frac{\partial \sigma}{\partial y_2^\alpha} {\Gamma'}^\alpha_{\beta\gamma}(y_2)\right\} v_2^\beta v_2^\gamma \end{aligned}$$

とおいた．

第2段．式 (4.26) より，$M \times (t_0, s]$ 上で ρ について評価式

$$\frac{\partial \rho}{\partial t} \leq \Delta\rho + C\rho$$

がえられることをみよう．

まず $x \in M$ を任意に固定し，$(x^1, \ldots, x^m)$ を点 x のまわりの M の正規座標系とする．このとき点 x において，$g^{ij}(0) = \delta^{ij}$ であるから，

$$\frac{\partial \rho}{\partial t} = \Delta\rho - \sum_i S(f_1, f_2)\left(\frac{\partial f_1}{\partial x^i}, \frac{\partial f_2}{\partial x^i}\right).$$

つぎに，$f_1(x,t)$ と $f_2(x,t)$ を結ぶ測地線の中点を中心として (B,h) の正規座標系 $(y^1, \ldots, y^K)$ をえらぶと，$h_{\alpha\beta}(0) = \delta_{\alpha\beta}$ かつ ${\Gamma'}^{\alpha}_{\beta\gamma}(0) = 0$ となる．したがって，$\sigma(y_1, y_2) = \sigma(y_2, y_1)$ かつ $\sigma(y, y) = 0$ であることに注意して，σ の巾級数展開として

$$\begin{aligned}\sigma(y_1, y_2) = {} & \frac{1}{2}\delta_{\beta\gamma}(y_1^\beta - y_2^\beta)(y_1^\gamma - y_2^\gamma) \\ & + \lambda_{\beta\gamma\delta}(y_1^\beta - y_2^\beta)(y_1^\gamma - y_2^\gamma)(y_1^\delta + y_2^\delta) + O(y^4)\end{aligned}$$

をえる．よって，$y_1 = w$，$y_2 = -w$ のとき

$$\begin{aligned}\frac{\partial^2 \sigma}{\partial y_1^\beta \partial y_1^\gamma}(w, -w) &= \delta_{\beta\gamma} + \mu_{\beta\gamma\delta} w^\delta + O(w^2), \\ \frac{\partial^2 \sigma}{\partial y_1^\beta \partial y_2^\gamma}(w, -w) &= -\delta_{\beta\gamma} + O(w^2), \\ \frac{\partial^2 \sigma}{\partial y_2^\beta \partial y_2^\gamma}(w, -w) &= \delta_{\beta\gamma} - \mu_{\beta\gamma\delta} w^\delta + O(w^2).\end{aligned}$$

また，$\partial\sigma/\partial y_1^\alpha(w, -w) = O(w)$，${\Gamma'}^{\alpha}_{\beta\gamma}(w) = O(w)$ などより

$$\frac{\partial \sigma}{\partial y_1^\alpha}(w, -w){\Gamma'}^{\alpha}_{\beta\gamma}(w) = O(w^2), \quad \frac{\partial \sigma}{\partial y_2^\alpha}(w, -w){\Gamma'}^{\alpha}_{\beta\gamma}(-w) = O(w^2)$$

であるから，結局 $S(w, -w)(v_1, v_2)$ はつぎの巾級数展開をもつことがわかる．

$$\begin{aligned}S(w, -w)(v_1, v_2) = {} & \delta_{\beta\gamma}(v_1^\beta - v_2^\beta)(v_1^\gamma - v_2^\gamma) \\ & + \mu_{\beta\gamma\delta}(v_1^\beta v_1^\gamma - v_2^\beta v_2^\gamma) w^\delta + O(w^2).\end{aligned} \tag{4.27}$$

さて，式 (4.27) の右辺第1項について

$$\delta_{\beta\gamma}(v_1^\beta - v_2^\beta)(v_1^\gamma - v_2^\gamma) = |v_1 - v_2|^2.$$

また，$v_1^\beta v_1^\gamma - v_2^\beta v_2^\gamma = (v_1^\beta - v_2^\beta)v_1^\gamma + v_2^\beta(v_1^\gamma - v_2^\gamma)$ であるから，第 2 項について

$$|\mu_{\beta\gamma\delta}(v_1^\beta v_1^\gamma - v_2^\beta v_2^\gamma)w^\delta| \leq 2C|v_1 - v_2|(|v_1| + |v_2|)|w|.$$

一方，$O(w^2)$ の項は上から

$$C|v_1^\beta v_1^\gamma - 2v_1^\beta v_2^\gamma + v_2^\beta v_2^\gamma||w|^2 \leq C(|v_1| + |v_2|)^2|w|^2$$

で評価されるから，不等式

$$|v_1 - v_2|^2 - 2C|v_1 - v_2|(|v_1| + |v_2|)|w| + C^2(|v_1| + |v_2|)^2|w|^2 \geq 0$$

に注意して，結局式 (4.27) に対して評価式

$$S(w, -w)(v_1, v_2) \geq -C(|v_1| + |v_2|)^2|w|^2$$

をえる．

しかるに，$|w| = d(f_1(x,t), f_2(x,t))/2$ なる w に対して，上記の座標系のとり方より

$$S(w, -w) = S(f_1, f_2)$$

だから，これより

$$S(f_1, f_2)\left(\frac{\partial f_1}{\partial x^i}, \frac{\partial f_2}{\partial x^i}\right) \geq -C\left(\left|\frac{\partial f_1}{\partial x^i}\right| + \left|\frac{\partial f_2}{\partial x^i}\right|\right)^2 |w|^2$$

をえる．

ここで，$\partial f_1^\alpha/\partial x^i$ および $\partial f_2^\alpha/\partial x^i$ は $M \times [t_0, s]$ 上で連続だから有界であり，また $|w|^2 = \rho/2$ であるから，結局

$$S(f_1, f_2)\left(\frac{\partial f_1}{\partial x^i}, \frac{\partial f_2}{\partial x^i}\right) \geq -C\rho.$$

よって，$x \in M$ は任意でよいことに注意して，$M \times (t_0, s]$ 上で求める評価式

$$\frac{\partial \rho}{\partial t} \leq \Delta\rho + C\rho$$

をえる．

第 3 段．これより，$M \times \{t_0\}$ において $\rho = 0$ であることに注意して，補題 4.21 (最大値の原理) から

$$\rho = 0 \quad \text{on } M \times [t_0, s]$$

をえる．すなわち $M \times [t_0, s]$ 上で $f_1 = f_2$ となるが，これは仮定に矛盾する．よって定理は証明された．　□

4.1.4.3　時間局所解の存在

Riemann 多様体 $M=(M,g)$ と $N=(N,h)$ および N を含む十分大きな半径の K 次元球体 $N\subset B\subset(\mathbb{R}^K,h)$ は 4.1.4.1 項と同じとする．

このとき，C^∞ 写像 $f:M\to N\subset B$ に対して，Riemann 多様体 (N,h) への写像とみてのテンション場 $\tau^N(f)$ と，Riemann 多様体 (B,h) への写像とみてのテンション場 $\tau^B(f)$ を考えることができるが，じつはつぎがなりたつ．

命題 4.25　$p>m+2$, $m=\dim M$ とし，C^∞ 写像 $f:M\times[t_0,t_1]\to B$ に対して，$f\in L^p_2(M\times[t_0,t_1],\mathbb{R}^K)$ かつ f は放物的調和写像の方程式

$$\frac{\partial f}{\partial t}=\tau^B(f) \tag{4.28}$$

をみたすとする．このとき，$f(M\times\{t_0\})\subset N$ ならば，$f(M\times[t_0,t_1])\subset N$ かつ f は放物的調和写像の方程式

$$\frac{\partial f}{\partial t}=\tau^N(f) \tag{4.29}$$

をみたす．したがって，とくに放物的調和写像の方程式 (4.28) と (4.29) を区別する必要のないことがわかる．

証明. 第 1 段．まず，$f(M\times[t_0,t_1])\subset N$ ならば，放物的調和写像の方程式 (4.28) をみたす f は自動的に式 (4.29) をみたすことをみよう．

$\iota:N\to B$ を包含写像とする．このとき合成写像 $\iota\circ f:M\to B$ に対して，定義より

$$\nabla d(\iota\circ f)=d\iota(\nabla df)+\nabla d\iota(df,df)$$

がなりたつ（[24] 参照）．したがって

$$\tau^B(\iota\circ f)=d\iota(\tau^N(f))+\mathrm{Trace}\,\nabla d\iota(df,df)$$

をえる．一方，4.1.4.1 項における球体 $B\subset\mathbb{R}^K$ に対する Riemann 計量 h の構成法より，$(N,h)\subset(B,h)$ は全測地的部分多様体となるから，$\nabla d\iota=0$．ゆえに

$$\tau^B(f)=\tau^N(f)$$

がなりたつ．

第 2 段．つぎに，$f(M\times[t_0,t_1])\subset N$ となることをみる．結論がなりたたないと仮定して，矛盾をみちびこう．

結論を否定したことから，4.1.4.1 項でのコンパクト部分多様体 $N \subset \mathbb{R}^K$ の管状近傍 T に対して，$t_0 < s \le t_1$ となる時間 s が存在して，$f(M \times [t_0, s]) \subset T$ であるが $f(M \times [t_0, s]) \not\subset N$ でなければならない．

一方，このとき管状近傍 T の標準的対合

$$\imath : T \to T, \quad v \mapsto -v$$

は等長写像だから，合成写像 $\imath \circ f : M \times [t_0, s] \to T \subset B$ は f と同じ放物的調和写像の方程式

$$\frac{\partial(\imath \circ f)}{\partial t} = \tau^B(\imath \circ f)$$

をみたす．

しかるに，標準的対合 $\imath$ は N 上で恒等写像だから，解 $\imath \circ f$ と解 f は同じ初期値 $f|_{M \times \{t_0\}}$ をもつ．したがって，定理 4.24 の解の一意性より，$M \times [t_0, s]$ 上で $\imath \circ f = f$ となる．よって，f の像 $f(M \times [t_0, s])$ は $\imath$ の不動点集合すなわち N に含まれるが，これは仮定に反する．ゆえに命題は証明された．□

さて以上の準備のもとに，この項の目標である放物的調和写像の方程式

$$\frac{\partial f}{\partial t} = \tau(f)$$

の初期値問題の時間局所解（十分小さい時間範囲での解）の存在を証明しよう．

これまでと同様，$M = (M, g)$ と $N = (N, h)$ をコンパクトな Riemann 多様体とし，N を十分次元の高い Euclid 空間 $\mathbb{R}^K$ へ埋め込んでおく．また，$\mathbb{R}^K$ 内に十分大きな半径の K 次元球体 B を $N \subset B$ となるようにとり，B および $\mathbb{R}^K$ に 4.1.4.1 項で構成した Riemann 計量 h をあたえておく．

このとき，つぎの定理が証明される．

定理 4.26（時間局所解の存在）　$f_0 : M \to N \subset B \subset \mathbb{R}^K$ を C^∞ 写像とする．このとき，任意の $p > m + 2$, $\dim M = m$ に対して，つぎがなりたつ．

(1) 正数 $\epsilon > 0$ と時間局所解とよばれる写像 $f : M \times [0, \epsilon] \to N \subset \mathbb{R}^K$ が存在して，$f \in L_2^p(M \times [0, \epsilon], \mathbb{R}^K)$ かつ f は放物的調和写像の方程式の初期値問題

$$\begin{cases} \dfrac{\partial f}{\partial t} = \tau(f) & \text{on } M \times [0, \epsilon] \\ f = f_0 & \text{on } M \times \{0\} \end{cases}$$

をみたす．ここに $\epsilon > 0$ は初期値 f_0 に依存してきまる．

(2) 時間局所解 f は $M \times [0, \epsilon]$ 上で C^∞ 級，かつ一意的である．

証明. 定理 4.22 と注意 4.23 および定理 4.24 より，(2) は (1) から容易にみちびかれる．

一方，(1) を証明するには，命題 4.25 に注意して，写像 $f : M \times [0, t_1] \to B$ に対する放物的調和写像の方程式の初期値問題

$$\begin{cases} \dfrac{\partial f}{\partial t} = \tau^B(f) & \text{on } M \times [0, t_1] \\ f = f_0 & \text{on } M \times \{0\} \end{cases}$$

の解 f を Banach 空間 $L_2^p(M \times [0, t_1], \mathbb{R}^K)$ において求めればよい．これを Banach 空間上の古典的な陰関数定理をもちいて解こう．

第 1 段．まず非線形偏微分作用素 $P = \tau^B$ に対して，$f \in L_2^p(M \times [0, t_1], \mathbb{R}^K)$ における φ 方向の微分

$$DP(f)\varphi = \lim_{\theta \to 0} \left(P(f + \theta\varphi) - P(f) \right) / \theta$$

を求めると，簡単な計算により

$$D\tau^B(f)\varphi^\alpha = g^{ij} \left\{ \frac{\partial^2 \varphi^\alpha}{\partial x^i \partial x^j} - \Gamma_{ij}^k \frac{\varphi^\alpha}{\partial x^k} \right\} + g^{ij} \frac{\Gamma'^\alpha_{\beta\gamma}(f)}{\partial y^\delta} \varphi^\delta \frac{\partial f^\beta}{\partial x^i} \frac{\partial f^\gamma}{\partial x^j} + 2g^{ij} \Gamma'^\alpha_{\beta\gamma}(f) \frac{\partial f^\beta}{\partial x^i} \frac{\partial \varphi^\gamma}{\partial x^j}$$

をえる．したがって

$$D\tau^B(f)\varphi = \Delta\varphi + D\Gamma(f)\varphi \cdot \nabla f^2 + 2\Gamma(f)\nabla f \cdot \nabla\varphi,$$

すなわち τ^B の微分は

$$D\tau^B(f)\varphi = \Delta\varphi + a\nabla\varphi + b\varphi$$

とあらわされる．ここで

$$(a\nabla\varphi)^\alpha = a_\beta^{\alpha i} \frac{\partial \varphi^\beta}{\partial x^i}, \quad (b\varphi)^\alpha = b_\beta^\alpha \varphi^\beta$$

であり，f が C^∞ 級ならば，係数 $a = \{a_\beta^{\alpha i}\}$ および $b = \{b_\beta^\alpha\}$ の各成分は C^∞ 関数となることに注意しておこう．

第 2 段．以下，$L_2^p(M \times [0, t_1], \mathbb{R}^K)$ を簡単のために $L_2^p(M \times [0, t_1])$ とかく．また $L_2(M \times [0, t_1]/0)$ で，$M \times \{0\}$ において任意の階数の偏導関数がすべて消えている C^∞ 関数全体を L_2^p ノルムで完備化してえられる，$L_2^p(M \times [0, t_1])$ の閉部分空間をあらわす．

さて，C^∞ 写像 $f_\flat : M \times [0, t_1] \to \mathbb{R}^K$ を，$M \times \{0\}$ 上で $f_\flat = f_0$ をみたすようにえらぶ．

$$H(f) = \frac{\partial f}{\partial t} - \tau^B(f)$$

とおき，偏微分作用素 H と $f_\flat$ から定義される写像

$$\begin{array}{rcl} H : L_2^p(M \times [0, t_1]/0) & \to & L^p(M \times [0, t_1]) \\ f_\sharp & \mapsto & H(f_\flat + f_\sharp) \end{array}$$

を考えよう．H は点 $f_\sharp = 0$ において連続微分可能であり，その導関数

$$DH(f_\flat) : L_2^p(M \times [0, t_1]/0) \to L^p(M \times [0, t_1])$$

は，第 1 段の計算より

$$DH(f_\flat)\varphi = \frac{\partial \varphi}{\partial t} - \Delta\varphi - a\nabla\varphi - b\varphi$$

であたえられる．ここで，$f_\flat$ が C^∞ 級であるから，係数 $a = \{a_\beta^{\alpha i}\}$ および $b = \{b_\beta^\alpha\}$ の各成分は C^∞ 関数である．

このとき，後で述べる 4.1.4.4 項の定理 4.27 から，導関数 $DH(f_\flat)$ は同型対応であることがわかる．したがって陰関数定理により，$L_2^p(M \times [0, t_1]/0)$ の原点 0 の近傍 U に対して，H の像 $\{H(f_\flat + f_\sharp) \mid f_\sharp \in U\}$ は $L^p(M \times [0, t_1])$ における $H(f_\flat)$ の十分小さな近傍 V を含む．

第 3 段．そこで正数 $\epsilon > 0$ を十分小さくとり，

$$0 \le t \le \epsilon \text{ で } 0 \quad \text{かつ} \quad \epsilon \le t \le t_1 \text{ で } H(f_\flat) \text{ に等しい}$$

関数をえらぶと，この関数は近傍 V に属することがわかる．

したがって第 2 段の結果より，ある $f_\sharp \in U$ が存在して，$M \times [0, \epsilon]$ 上で $H(f_\flat + f_\sharp) = 0$ をみたす．そこで

$$f = f_\flat + f_\sharp$$

と定めると，この f が求める解をあたえる．実際，$f \in L_2^p(M \times [0, \epsilon], \mathbb{R}^K)$ であり，$M \times \{0\}$ 上で $f = f_0$，かつ $M \times [0, \epsilon]$ 上で

$$\frac{\partial f}{\partial t} = \tau^B(f)$$

をみたす．よって定理は証明された． □

4.1.4.4 線形放物型方程式の解の存在と一意性

ここで，定理 4.26 の証明でもちいた線形放物型方程式に対する解の存在と一意性定理を簡単に証明しておこう．

M をコンパクトな Riemann 多様体とし，前項の写像 $f : M \times [0, t_1] \to \mathbb{R}^K$ に対して，つぎの線形放物型連立偏微分方程式

$$\frac{\partial f}{\partial t} = \Delta f + a\nabla f + bf$$

を考える．ここに，$f = (f^1, \ldots, f^K) \in \mathbb{R}^K$ とおくとき

$$(a\nabla f)^\alpha = a^{\alpha i}_\beta \frac{\partial f^\beta}{\partial x^i}, \quad (bf)^\alpha = b^\alpha_\beta f^\beta$$

であり，係数の成分 $a^{\alpha i}_\beta$ および b^α_β は $M \times [0, t_1]$ 上で連続，かつ $M \times (0, t_1]$ 上で C^∞ 級な関数とする．また，$L^p_2(M \times [0, t_1], \mathbb{R}^K)$ を $L^p_2(M \times [0, t_1])$ と略記することや $L^p_2(M \times [0, t_1]/0)$ の定義などは，前項の通りとする．

このとき，つぎがなりたつ．

定理 4.27 $p > m + 2$, $m = \dim M$ とする．このとき，対応

$$\begin{array}{ccc} L^p_2(M \times [0, t_1]/0) & \to & L^p(M \times [0, t_1]) \\ f & \mapsto & \dfrac{\partial f}{\partial t} - \Delta f - a\nabla f - bf \end{array}$$

は同型写像である．

証明. 第1段．$H(f) = \partial f/\partial t - \Delta f$ および $J(f) = a\nabla f + bf$ とおく．

単独の線形放物型偏微分方程式

$$\frac{\partial f^\alpha}{\partial t} - \Delta f^\alpha = g^\alpha$$

に対する解の存在と一意性定理（[8], [7] 参照）を反復してもちいて，対応

$$H : L^p_2(M \times [0, t_1]/0) \to L^p(M \times [0, t_1])$$

が同型写像であることをみるのは，初期値が $f|_{M\times\{0\}} = 0$ であたえられていることに注意すれば容易である．

一方，J は1階の偏微分作用素だから，

$$J : L^p_2(M \times [0, t_1]/0) \to L^p_1(M \times [0, t_1]) \to L^p(M \times [0, t_1])$$

と分解する．埋め込み $L_1^p \to L^p$ はコンパクトだから，J はコンパクト作用素であることがわかる．したがって，作用素 $H-J$ は Fredholm 作用素であり，その指数は $\mathrm{Index}(H-J)=\mathrm{Index}\,H=0$ である（[14] 参照）．よって $H-J$ が同型写像であることをいうには，核が 0 すなわち $\mathrm{Ker}(H-J)=\{0\}$ であることをみればよい．

第 2 段．$f\in\mathrm{Ker}(H-J)$ を任意にとる．$p>m+2$ であるから，定理 4.15 (Sobolev の埋蔵定理) より，

$$f^\alpha \text{ および } \frac{\partial f^\alpha}{\partial x^i} \text{ は } M\times[0,t_1] \text{ 上で連続}$$

であり，かつ $f|_{M\times\{0\}}=0$ であることがわかる．

一方，線形放物型偏微分方程式

$$\frac{\partial f^\alpha}{\partial t}-\Delta f^\alpha = a^{\alpha i}_\beta \frac{\partial f^\beta}{\partial x^i}+b^\alpha_\beta f^\beta$$

に対するアプリオリ評価（定理 4.18）より，$t>0$ で各 f^α は C^∞ 級であることが帰納的にみちびかれる．

さて，$f=(f^1,\ldots,f^K)\in\mathbb{R}^K$ に対して

$$\chi=\frac{1}{2}|f|^2=\frac{1}{2}\sum_{\alpha=1}^K (f^\alpha)^2$$

とおく．このとき，χ は $M\times[0,t_1]$ 上で連続，$M\times(0,t_1]$ 上で C^∞ 級であり，かつ

$$af\nabla f=\sum_\alpha a^{\alpha i}_\beta f^\alpha \frac{\partial f^\beta}{\partial x^i},\quad bf^2=\sum_\alpha b^\alpha_\beta f^\alpha f^\beta$$

とおくとき，

$$\frac{\partial \chi}{\partial t}=\Delta\chi-|\nabla f|^2+af\nabla f+bf^2$$

をみたす．ここで M はコンパクトであるから，適当な定数 C に対して，不等式

$$-|\nabla f|^2+af\nabla f+bf^2\le \frac{1}{2}C|f|^2=C\chi$$

がなりたつ．よって χ は微分不等式

$$\frac{\partial\chi}{\partial t}\le \Delta\chi+C\chi$$

をみたす．

一方，$M\times\{0\}$ 上では $\chi=0$ であるから，補題 4.21 (最大値の原理) より，$M\times[0,t_1]$ 上で $\chi=0$，すなわち $f=0$ をえる．これが証明すべきことであった． □

4.1.5 時間大域解の存在

以上の準備のもとに，この項でステップ ① および ② を確かめて，定理 4.7 の証明を完結しよう．

そこで，$M=(M,g)$ と $N=(N,h)$ をそれぞれ m 次元および n 次元のコンパクトな Riemann 多様体とし，4.1.4.1 項と同様の方法で，N を十分次元の高い Euclid 空間 $\mathbb{R}^K$ へ埋め込んでおく．$f_0 : M \to N$ をあたえられた C^∞ 写像として，つぎの放物的調和写像の方程式の初期値問題

$$\begin{cases} f : M \times [0,\omega) \to N \\ \dfrac{\partial f}{\partial t} = \tau(f) & \text{on } M \times [0,\omega) \\ f = f_0 & \text{on } M \times \{0\} \end{cases} \tag{4.30}$$

を考える．

ステップ ① の目標は，初期値問題 (4.30) が任意の初期値 $f_0 \in C^\infty(M,N)$ に対して，時間 $\omega=\infty$ まで解けることを証明することであった．

ところで，定理 4.26 より，初期値問題 (4.30) は時間局所解，すなわち十分小さな時間範囲 $\omega=\epsilon>0$ と $p>m+2$ に対して，つねに解 $f \in L_2^p(M\times[0,\epsilon],\mathbb{R}^K)$ をもつ．また，この解は一意的かつ C^∞ 級であった．

したがって，ステップ ① を証明するには，この時間局所解 $f : M\times[0,\epsilon] \to N$ が**時間大域解**であること，いいかえると f が時間 $\omega=\infty$ まで延長されることを示せばよいことになる．そのためには，この解 f に対して，時間 t に関する f および f の微分のノルムの‘増大度’を調べる必要が生じる．その際，放物的調和写像の方程式の非線形項からくる影響を評価するのに，Riemann 多様体 N の曲率が重要な意味をもってくる．

さて，初期値問題 (4.30) の ω は，定理 4.26 で保証される時間局所解 f の存在時間の上限をあらわすとしよう．もちろん $0<\omega\le\infty$ である．以下，この ω に対して，$\delta>0$ を $\omega=\infty$ のときには $\delta=1$，また $\omega<\infty$ のときには $\delta<\omega/4$ となるようにとって，これを固定しておく．

このとき，Riemann 多様体 N の断面曲率 K_N がいたるところ非正ならば，f の増大度に関してつぎの非常に強い評価がえられる．

定理 4.28 M と N をコンパクトな Riemann 多様体とし，N はいたるところ非正断面曲率 $K_N \le 0$ をもつとする．$\omega\le\infty$ に対して，$f : M\times[0,\omega) \to N$ を初期値問題 (4.30) の解とする．このとき，任意の $1<p<\infty$ と任意の $k<\infty$ に対して，つぎの評価をえる．

$\delta \le \tau < \omega - \delta$ なる任意の τ に対して，τ に依存しない定数 C が存在して

$$\|f\|_{L_k^p(M\times[\tau,\tau+\delta],\mathbb{R}^K)} \le C$$

がなりたつ．

ここで $\omega = \infty$ のときは，$\delta \le \tau < \omega - \delta$ は $1 \le \tau < \infty$ をあらわす．また定数 C は p と k および δ に依存するが，δ については値を固定してあるので，以下の議論にさしつかえることはないことを注意しておこう．

ここで，定理 4.28 の証明をひとまず後まわしにして，この定理からステップ ① および ② が容易にみちびかれることを先に確かめておこう．実際，定理 4.28 の帰結としてつぎが証明できる．

定理 4.29 M と N をコンパクトな Riemann 多様体とし，N はいたるところ非正断面曲率 $K_N \le 0$ をもつとする．このときつぎがなりたつ．

(1) 初期値問題 (4.30) は，任意の C^∞ 写像 $f_0 : M \to N$ に対して，時間大域解

$$f : M \times [0, \infty) \to N$$

をもつ．

(2) この f に対して，C^∞ 写像 $f_t : M \to N$ を $f_t(x) = f(x,t)$ で定義するとき，$t_1 < t_2 < \cdots \to \infty$ となる列 $\{t_n\}$ が存在して，$n \to \infty$ のとき $\{f_{t_n}\}$ は C^∞ 位相で $f_\infty \in C^\infty(M,N)$ へ収束する．

証明. (1) $f : M \times [0,\omega) \to N$ を初期値問題 (4.30) の解とする．ω を定理 4.26 で保証された時間局所解 f の存在時間の上限とするとき，$\omega = \infty$ であることを示せば証明が終わる．

そこで，$\omega < \infty$ と仮定して矛盾をみちびこう．

主張 1. 任意の偏導関数 $(\partial/\partial t)^i \nabla^j f$ は，$M \times [0,\omega)$ 上で一様に有界である．

実際，各 $(\partial/\partial t)^i \nabla^j f$ に対して，定理 4.15（Sobolev の埋蔵定理）より，十分大きな p と k をとれば

$$\left\| \left(\frac{\partial}{\partial t}\right)^i \nabla^j f \right\|_{L^\infty(M\times[\tau,\tau+\delta],\mathbb{R}^K)} \le C\|f\|_{L_k^p(M\times[\tau,\tau+\delta],\mathbb{R}^K)}$$

をえる．したがって定理 4.28 より，$\delta \le \tau < \omega - \delta$ なる任意の τ に対して

$$\left\| \left(\frac{\partial}{\partial t}\right)^i \nabla^j f \right\|_{L^\infty(M\times[\tau,\tau+\delta],\mathbb{R}^K)} \le C$$

がなりたつ．ここで C は τ によらない定数であるから，主張 1 をえる．

主張 2. f は $M \times [0,\omega]$ 上の解へ C^∞ 級に拡張する．

実際，主張 1 より，任意の i,j に対して

$$\left(\frac{\partial}{\partial t}\right)^{i+1} \nabla^j f \quad \text{および} \quad \left(\frac{\partial}{\partial t}\right)^{i} \nabla^{j+1} f$$

が $M \times [0,\omega)$ 上で一様に有界となる．したがって，$(\partial/\partial t)^i \nabla^j f$ は $M \times [0,\omega)$ 上で Lipschitz 連続であることがわかる．

よって，Ascoli–Arzelà の定理と対角線論法から，$t_1 < t_2 < \cdots \to \omega$ となる列 $\{t_n\}$ を，$t_n \to \omega$ のとき

$$\text{任意の } i,j \text{ に対して，} \left(\frac{\partial}{\partial t}\right)^{i} \nabla^j f \text{ が一様収束する}$$

ようにえらべる．そこで

$$f(\ ,\omega) = \lim_{n\to\infty} f(\ ,t_n)$$

と定義して，f を $M \times [0,\omega]$ 上へ拡張する．このとき，$f_\omega(\ ) = f(\ ,\omega)$ に対して

$$\text{任意の } i,j \text{ について，} \left(\frac{\partial}{\partial t}\right)^{i} \nabla^j f \to \left(\frac{\partial}{\partial t}\right)^{i} \nabla^j f_\omega$$

となるから，主張 2 をえる．

さてそこで，$f_\omega \in C^\infty(M,N)$ を初期値として，初期値問題 (4.30) を考えよう．このとき再び定理 4.26 より，十分小さな $\epsilon > 0$ に対して，時間局所解

$$f : M \times [\omega, \omega+\epsilon] \to N$$

が存在する．構成の仕方からわかるように，この解ともとの解

$$f : M \times [0,\omega) \to N$$

は $M \times \{\omega\}$ で C^∞ 級につながる（[8] 参照）．したがって，初期値問題 (4.30) の解

$$f : M \times [0, \omega+\epsilon] \to N$$

がえられるが，これは ω のとり方に矛盾する．ゆえに $\omega = \infty$ となる．

(2) (1) の証明の主張 1 および主張 2 での議論を，$\omega = \infty$ としてそのまま反復すればよい．このとき定理 4.28 より，f の任意の偏導関数 $(\partial/\partial t)^i \nabla^j f$ が $M \times [1,\infty)$ 上で一様に有界であることがわかる．　□

注意 4.30 定理 4.29 の (2) で，部分列 $t_1 < t_2 < \cdots$ をとる必要のないことが証明できる（[10] 参照）．すなわち，C^∞ 位相で $f_\infty(x) = \lim_{t\to\infty} f(x,t)$ となる．

さて，定理 4.28 の証明にもどろう．記号は定理 4.28 の通りとする．$\omega \le \infty$ に対して，初期値問題 (4.30) の解 $f : M \times [0,\omega) \to N$ について

$$\|f\|_{L^p_k(M\times[\tau,\tau+\delta],\mathbb{R}^K)} \le C$$

を示せばよい．ここに C は τ に依存しない定数であった．

以下，記号の簡単のために，いままでと同様に $L^p_k(M \times [\tau,\tau+\delta],\mathbb{R}^K)$ を単に $L^p_k(M \times [\tau,\tau+\delta])$ とかく．また，評価式にあらわれる τ に依存しない各種の定数を，混乱の恐れのないかぎりとくに断らずに，すべて同じ記号 C であらわす．f の変形 f_t の添字 t や，積分記号 $\displaystyle\int f d\mu_g$ の $d\mu_g$ も省略することが多い．

まず，L^2_2 ノルムの評価は易しい．

補題 4.31（L^2_2 ノルム） 任意の $\delta \le \tau < \omega - \delta$ に対して，τ によらない定数 C が存在して

$$\|f\|^2_{L^2_2(M\times[\tau,\tau+\delta])} \le C$$

がなりたつ．

証明．第 1 段．定義より

$$\|f\|^2_{L^2_2(M\times[\tau,\tau+\delta])} = \int_{M\times[\tau,\tau+\delta]} \left(|\nabla\nabla f|^2 + |\nabla f|^2 + |f|^2 + \left|\frac{\partial f}{\partial t}\right|^2\right).$$

ここで，$f(M \times [\tau,\tau+\delta]) \subset N$ かつ $N \subset \mathbb{R}^K$ は有界集合だから

$$\int_{M\times[\tau,\tau+\delta]} |f|^2 \le C.$$

一方，N は非正曲率 $K_N \le 0$ であるから，命題 4.11 より

$$E(f) = \int_{M\times\{t\}} e(f) = \frac{1}{2}\int_{M\times\{t\}} |\nabla f|^2,$$

$$K(f) = \int_{M\times\{t\}} \kappa(f) = \frac{1}{2}\int_{M\times\{t\}} \left|\frac{\partial f}{\partial t}\right|^2$$

はともに t に関して単調減少関数である．よって

$$\int_{M\times[\tau,\tau+\delta]} |\nabla f|^2 \le C, \quad \int_{M\times[\tau,\tau+\delta]} \left|\frac{\partial f}{\partial t}\right|^2 \le C$$

をえる．したがって

$$\int_{M\times[\tau,\tau+\delta]}|\nabla\nabla f|^2$$

を評価すればよい．

第2段．M はコンパクトだから，定数 C が存在して M の Ricci テンソルについて不等式

$$\mathrm{Ric}_M \geq -Cg$$

がなりたつ．したがって，命題 4.8 の式 (4.18) より，N が非正曲率であることに注意して

$$\frac{\partial e(f)}{\partial t} \leq \Delta e(f) + Ce(f) - |\nabla\nabla f|^2$$

をえる．ゆえに，第1段の結果と Green の定理より

$$\begin{aligned}\frac{d}{dt}E(f) = \int_{M\times\{t\}}\frac{\partial e(f)}{\partial t} &\leq \int_{M\times\{t\}}\left(\Delta e(f) + Ce(f) - |\nabla\nabla f|^2\right)\\ &\leq C - \int_{M\times\{t\}}|\nabla\nabla f|^2.\end{aligned}$$

一方，$(d/dt)E(f) = -2K(f)$ かつ $K(f) \leq C$ より

$$-2C \leq \frac{d}{dt}E(f)$$

であるから，上式とあわせて

$$\int_{M\times\{t\}}|\nabla\nabla f|^2 \leq C$$

をえる．ここで C は τ によらない定数であるから，$[\tau,\tau+\delta]$ 上で積分して求める評価式

$$\int_{M\times[\tau,\tau+\delta]}|\nabla\nabla f|^2 \leq C$$

をえる． □

任意の $1 < p < \infty$ に対する L_2^p ノルムの評価が証明の本質的な部分である．補題 4.31 の L_2^2 ノルムの評価において，解 f のエネルギー密度 $e(f)$ が微分不等式

$$\frac{\partial e(f)}{\partial t} \leq \Delta e(f) + Ce(f) - |\nabla\nabla f|^2$$

をみたすことをもちいたが，L^p_2 ノルムを評価する場合にも，この関係式が放物的調和写像の方程式

$$\frac{\partial f}{\partial t} = \tau(f)$$

の非線形項 $\Gamma(f)\nabla f^2$ のノルムを評価する際に重要となってくる．

しかし，線形放物型偏微分作用素 $\partial/\partial t - \Delta$ に対するアプリオリ評価などは，不等式のままでは適用できない．そこで，この難点を回避するための工夫として，$e(f)$ のみたす微分不等式

$$\frac{\partial e(f)}{\partial t} \leq \Delta e(f) + Ce(f) \quad \text{on } X \times [0, \omega)$$

に対して，補助的につぎの（対応する線形放物型方程式に対する）初期値問題

$$\begin{cases} \dfrac{\partial \psi_\tau}{\partial t} = \Delta\psi_\tau + C\psi_\tau & \text{on } X \times [\tau - \delta, \tau + \delta] \\ \psi_\tau = e(f) & \text{on } X \times \{\tau - \delta\} \end{cases}$$

を考えよう．

このときこの初期値問題は，$m + 2 < p < \infty$ をみたす任意の p に対して，解 $f \in L^p_2(M \times [\tau - \delta, \tau + \delta])$ をもつ．また，この解は一意的かつ C^∞ 級であることがわかる（[7], [8], [21] 参照）．

そこで，関数 $\phi = e(f) - \psi_\tau$ を考えると，ϕ は微分不等式

$$\frac{\partial \phi}{\partial t} \leq \Delta\phi + C\phi$$

をみたすから，補題 4.21（最大値の原理）より，つぎをえる．

補題 4.32

$$e(f) \leq \psi_\tau \quad \text{on } M \times [\tau - \delta, \tau + \delta].$$

補題 4.32 により，$e(f)$ を直接に評価するのではなく，ψ_τ の評価にうまく置き換えることを考える．この方針で，L^p_2 ノルム $\|f\|_{L^p_2(M\times[\tau,\tau+\delta])}$ の評価について考えよう．

補題 4.33（L^p_2 ノルム） 任意の $\delta \leq \tau < \omega - \delta$ に対して，τ によらない定数 C が存在して

$$\|f\|_{L^p_2(M\times[\tau,\tau+\delta])} \leq C$$

がなりたつ．

証明. 第 1 段. $f = (f^1, \dots, f^K)$ は初期値問題 (4.30) の解だから，非線形楕円型偏微分作用素 $\tau(f)$ を

$$\tau(f) = \Delta f + \Gamma(f)\nabla f^2$$

と分解することにより，方程式

$$\frac{\partial f}{\partial t} - \Delta f = \Gamma(f)\nabla f^2 \tag{4.31}$$

をみたす．ここに

$$\Gamma(f)\nabla f^2 = \left(g^{ij}{\Gamma'}^1_{\beta\gamma}(f)\frac{\partial f^\beta}{\partial x^i}\frac{\partial f^\gamma}{\partial x^j}, \dots, g^{ij}{\Gamma'}^K_{\beta\gamma}(f)\frac{\partial f^\beta}{\partial x^i}\frac{\partial f^\gamma}{\partial x^j} \right)$$

であった．

式 (4.31) において，線形放物型偏微分作用素 $\partial/\partial t - \Delta$ に対するアプリオリ評価 (定理 4.18) を各成分関数 f^α にもちいることにより，評価式

$$\begin{aligned} \|f\|_{L_2^p(M\times[\tau,\tau+\delta])} &\le C\left(\left\| \frac{\partial f}{\partial t} - \Delta f \right\|_{L_0^p(M\times[\tau-\delta/2,\tau+\delta])} \right. \\ &\qquad \left. + \|f\|_{L_0^p(M\times[\tau-\delta/2,\tau+\delta])} \right) \\ &\le C\left(\left\|\Gamma(f)\nabla f^2\right\|_{L_0^p(M\times[\tau-\delta/2,\tau+\delta])} \right. \\ &\qquad \left. + \|f\|_{L_0^p(M\times[\tau-\delta/2,\tau+\delta])} \right) \end{aligned} \tag{4.32}$$

をえる．ここに，C は f によらない定数である．しかるに，線形放物型偏微分作用素 $\partial f/\partial t - \Delta f$ は t 方向の平行移動で不変な作用素であるから，C は τ によらない定数でもある．

さて，f は連続かつ f の像は $\mathbb{R}^K$ の有界集合であるから

$$\|f\|_{L_0^p(M\times[\tau-\delta/2,\tau+\delta])} \le C$$

かつ

$$|\Gamma(f)| = \max_{\substack{\alpha,\beta,\gamma \\ (x,t)}} \left|{\Gamma'}^\alpha_{\beta\gamma}(f)\right| \le C.$$

したがって，式 (4.32) より

$$\|f\|_{L_0^p(M\times[\tau,\tau+\delta])} \le C\left(1 + \|e(f)\|_{L_0^p(M\times[\tau-\delta/2,\tau+\delta])}\right)$$

をえる．

ここで，補題 4.32 より，$e(f) \leq \psi_\tau$ であることに注意すると

$$\|e(f)\|_{L_0^p} \leq \|\psi_\tau\|_{L_0^p}$$

であるから，結局 $\|\psi_\tau\|_{L_0^p(M\times[\tau-\delta/2,\tau+\delta])}$ を評価すればよいことになる．

第 2 段．まず，$k \geq m+2$ のとき，任意の $1<p<\infty$ に対して

$$\|\psi_\tau\|_{L_{-k}^p(M\times[\tau-\delta,\tau+\delta])} \leq C\|\psi_\tau\|_{L^1(M\times[\tau-\delta,\tau+\delta])} \tag{4.33}$$

がなりたつ．すなわち連続な埋め込み

$$L^1(M\times[\tau-\delta,\tau+\delta]) \hookrightarrow L_{-k}^p(M\times[\tau-\delta,\tau+\delta])$$

が存在することに注意しよう．

実際，定理 4.15 (Sobolev の埋蔵定理) より，$k \geq m+2$ ならば，任意の $1<q<\infty$ に対して，連続な埋め込み $L_k^q \hookrightarrow C^0$ が存在する．これより，q を

$$\frac{1}{p}+\frac{1}{q}=1$$

となるようにえらべば，双対性から双対空間 $L_k^{q*}=L_{-k}^p$ と C^{0*} の間に連続な埋め込み $C^{0*} \hookrightarrow L_{-k}^p$ が存在することがわかる．ここで L^1 は C^{0*} の閉部分空間だから，求める結果をえる．

つぎに，L^1 ノルムでの最大値の原理（補題 4.20）より

$$\|\psi_\tau\|_{L^1(M\times[\tau-\delta,\tau+\delta])} \leq C\|\psi_\tau\|_{L^1(M\times\{\tau-\delta\})} \tag{4.34}$$

がなりたつことに注意しよう．

しかるに，$M\times\{\tau-\delta\}$ 上では $\psi_\tau=e(f)$ であるから，式 (4.33) と式 (4.34) および命題 4.11 の (1) をあわせることにより，任意の $k \geq m+2$ と任意の $1<p<\infty$ に対して

$$\|\psi_\tau\|_{L_{-k}^p(M\times[\tau-\delta,\tau+\delta])} \leq C\|e(f)\|_{L^1(M\times\{\tau-\delta\})} \leq C$$

をえる．

第 3 段．一方，線形放物型偏微分作用素

$$\left(\frac{\partial}{\partial t}-\Delta-C\right)\psi_\tau$$

のアプリオリ評価（定理 4.18）より，任意の $-k>-\infty$ に対して

$$\|\psi_\tau\|_{L_0^p(M\times[\tau-\delta/2,\tau+\delta])} \leq C\|\psi_\tau\|_{L_{-k}^p(M\times[\tau-\delta,\tau+\delta])}$$

をえる．ここに，C は第1段のときと同じ理由で τ によらない定数である．

したがって，第2段の結果とあわせて

$$\|\psi_\tau\|_{L_0^p(M\times[\tau-\delta/2,\tau+\delta])} \leq C$$

をえる．よって補題は証明された． □

注意 4.34 補題 4.33 の証明 (第2段と第3段) より，$e(f_t)$ の L^p ノルムは $\delta \leq t < \omega$ において有界であることがわかるが，じつは $\delta \leq t < \omega$ において

$$e(f_t) \leq CE(f_0)$$

であることが証明できる ([6] 参照)．

L_2^p ノルムの評価から，高階微分のノルム

$$\|f\|_{L_k^p(M\times[\tau,\tau+\delta])}$$

は帰納的に評価される．その証明のプロセスは，定理 4.22 の f の正則性の証明の場合と同じである．

補題 4.35 (L_k^p ノルム) $1 < p < \infty$ および $k < \infty$ を任意とする．このとき，任意の $\delta \leq \tau < \omega - \delta$ に対して，τ によらない定数 C が存在して

$$\|f\|_{L_k^p(M\times[\tau,\tau+\delta])} \leq C$$

がなりたつ．

証明. $k = 2$ の場合は，補題 4.33 で証明されている．k に関する帰納法で他の場合を証明する．ただし，k は1より小さい数だけ増加していくものとする．すなわち，$l < \infty$ について

$$\|f\|_{L_l^p(M\times[\tau,\tau+\delta])} \leq C$$

が，任意の $1 < p < \infty$ と任意の $\delta \leq \tau < \omega - \delta$ に対してなりたつと仮定して，$k < l + 1$ のときを考える．

このとき，線形放物型偏微分作用素 $(\partial/\partial t - \Delta)f$ に対するアプリオリ評価 (定理 4.18) より，まず

$$\|f\|_{L_k^p(M\times[\tau,\tau+\delta])} \leq C\left(1 + \|\Gamma(f)\nabla f^2\|_{L_{k-2}^p(M\times[\tau-\delta,\tau+\delta])}\right)$$

をえる (補題 4.33 の証明の第1段を参照)．ここに C は f および τ によらない定数である．

一方，$\Gamma(f)\nabla f^2$ は $(2,1)$ 型の多項式偏微分作用素であるから，定理 4.19 のアプリオリ評価より

$$\|\Gamma(f)\nabla f^2\|_{L^p_{k-2}(M\times[\tau-\delta,\tau+\delta])} \leq C\left(1+\|f\|_{L^s_l(M\times[\tau-\delta,\tau+\delta])}\right)^{s/p}$$

をえる．ただし，ここで $k-1<l$ かつ $kp<ls$ であることが必要であった．この第 1 の条件はみたされている．第 2 の条件についても，s を十分大きくとれば，任意の p に対してみたされるので問題ない．また C は f および τ によらない定数である．

ここで，帰納法の仮定より

$$\begin{aligned}\|f\|_{L^s_l(M\times[\tau-\delta,\tau+\delta])} &\leq \|f\|_{L^s_l(M\times[\tau-\delta,\tau])} + \|f\|_{L^s_l(M\times[\tau-\delta/2,\tau+\delta/2])}\\ &\quad + \|f\|_{L^s_l(M\times[\tau,\tau+\delta])} \leq C\end{aligned}$$

だから，以上の結果を合わせて結局，任意の $1<p<\infty$ と $2\delta\leq\tau<\omega-\delta$ に対して

$$\|f\|_{L^p_k(M\times[\tau,\tau+\delta])} \leq C$$

がえられる．$\delta\leq\tau\leq 2\delta$ のときの評価は，ノルムの連続性よりえられる．　□

以上で定理 4.28 は証明された．Eells–Sampson の定理 4.7 は，定理 4.29 と系 4.12 よりえられる．

4.1.6　調和写像の一意性

調和写像の存在，すなわち調和写像の方程式 $\tau(f)=0$ の解の存在が証明されれば，つぎにはその解が一意的であるかどうかが問題となる．もちろん，調和写像が定値写像である場合には一意性はなりたたない．また図 4.2 にあるように，調和写像の像が閉測地線になる場合にも一意性がなりたたないことが容易にわかる．

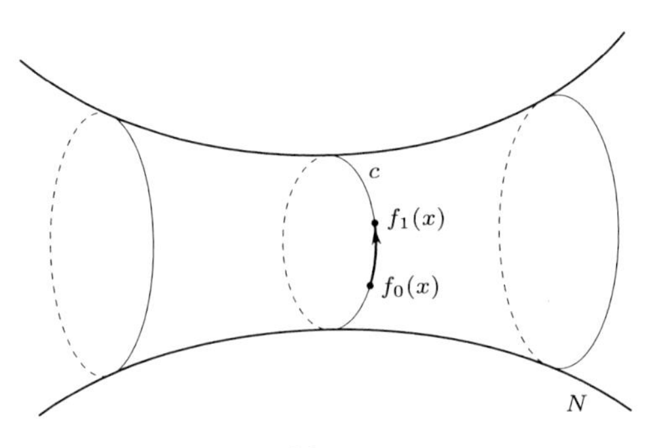

図 4.2

しかしこのような場合を除けば，定理 4.7 の Eells–Sampson の定理において解の一意性がなりたつことが証明される．すなわち，つぎの定理がなりたつ．

定理 4.36 (Hartman)　M と N をコンパクトな Riemann 多様体とし，N は非正曲率 $K_N \leq 0$ であるとする．このときつぎがなりたつ．

(1) $f_0, f_1 \in C^\infty(M, N)$ を同じホモトピー類に属する調和写像とするとき，f_0 と f_1 は調和写像の族 $\{f_s \mid 0 \leq s \leq 1\}$ を通してホモトープである．すなわち，f_0 とホモトープな調和写像のなす集合は弧状連結である．

(2) とくに N が負曲率 $K_N < 0$ であるとき，つぎの意味で調和写像の一意性がなりたつ．すなわち，$f_0, f_1 \in C^\infty(M, N)$ をホモトープな調和写像とするとき，つぎの (i), (ii) の場合をのぞいて $f_0 = f_1$ となる．

　(i) f_0 が定値写像のとき．このとき f_1 も定値写像である．

　(ii) f_0 の像 $f_0(M)$ が N のある閉測地線 c の像と一致するとき．このとき f_1 の像 $f_1(M)$ も c の像と一致し，かつ任意の $x \in M$ に対して，$f_1(x)$ は $f_0(x)$ を c の像に沿って同じ方向に一定距離ずらすことによってえられる．

[証明の方針]　(1) 調和写像の族によるホモトピー $\{f_s \mid 0 \leq s \leq 1\}$ はつぎのようにして構成される．調和写像 f_0 と f_1 に対し，

$$F : M \times [0,1] \to N, \quad F(\ ,0) = f_0, \quad F(\ ,1) = f_1$$

を f_0 と f_1 の間の C^∞ 級のホモトピーとしよう．各 $s \in [0,1]$ を固定して，つぎの非線形放物型方程式の初期値問題

$$\begin{cases} u(x,t,s) : M \times [0,\infty) \to N & \\ \dfrac{\partial u}{\partial t} = \tau(u) & \text{on } M \times [0,\omega) \\ u(x,0,s) = F(x,s) & \text{on } M \times \{0\} \end{cases}$$

を考える．N の断面曲率はいたるところ $K_N \leq 0$ だから，定理 4.29 および注意 4.30 より，この初期値問題は時間大域解

$$u(x,t,s) : M \times [0,\infty) \to N$$

をもち，$t \to \infty$ のとき $u(x,t,s)$ は調和写像へ一様収束する．このとき

$$f_s(x) = \lim_{t\to\infty} u(x,t,s)$$

が求めるホモトピーをあたえる．

じつは，より強くつぎが証明できる．すなわち，このようにしてえられるホモトピー $\{f_s \mid 0 \leq s \leq 1\}$ を修正して，f_0 と f_1 の間の調和写像の族による C^∞ 級ホモト

ピー $\{\phi_s \mid 0 \le s \le 1\}$ を，各 $x \in M$ に対して曲線 $s \mapsto \phi_s(x)$ は N の測地線であり，かつその長さは $x \in M$ によらずに一定となるようにとることができる．

(2) の一意性の証明については，さらにいくつかの議論が必要である．以上の詳細については，直接原論文 [10] を参照されたい．

4.2 調和写像と強剛性定理

4.1 節でみたように，Kähler 多様体の間の正則写像や反正則写像は調和写像である．したがって，調和写像の存在やその性質を利用して，Kähler 多様体の間の正則写像を研究することができる．

この節ではそのような応用の著しい成功例として，Eells–Sampson による調和写像の存在定理と負曲率 Kähler 多様体への調和写像の複素解析性を利用して，強い意味で負曲率をもつコンパクトな Kähler 多様体の強剛性定理を証明する．

4.2.1 Kähler 多様体の強剛性定理

$M=(M,J,g)$ を Kähler 多様体とする．ここに，M は複素多様体であり，J は M の複素構造，g は M の Kähler 計量をあらわす．また M の複素次元を m とし，$m=\dim_{\mathbb{C}} M$ とかく．Kähler 多様体に関する基本事項については [13], [19], [12] を参照するとよい．

M の局所複素座標系を $(z^1,\dots,z^m)=(z^\alpha)$ とするとき，M の Kähler 計量 g は

$$g = 2\,\mathrm{Re}\, g_{\alpha\bar\beta} dz^\alpha d\overline{z^\beta}$$

と座標表示される．ここに $g_{\alpha\bar\beta}$ は

$$g_{\alpha\bar\beta} = g\left(\frac{\partial}{\partial z^\alpha}, \frac{\partial}{\partial \overline{z^\beta}}\right), \quad 1 \le \alpha,\beta \le m$$

で定義される計量テンソルの成分であり，Re は実部を意味する．ここで，右辺の g は M を実多様体とみたときの接ベクトル束 TM 上の Hermite 計量

$$g(JX,JY)=g(X,Y), \quad X,Y \in C^\infty(TM)$$

を，TM の複素化 $TM_{\mathbb{C}} = TM \otimes_{\mathbb{R}} \mathbb{C}$ 上へ複素線形に拡張してえられるテンソルをあらわす．以下，M を実多様体とみたときの他のテンソルについても同様の取り扱いをする．

Kähler 計量 g に対して，$(1,1)$ 次実微分形式

$$\omega = \sqrt{-1}\, g_{\alpha\bar\beta} dz^\alpha \wedge d\overline{z^\beta}$$

を M の Kähler 形式という．M の Hermite 計量 g が **Kähler 計量**であるための条件は

$$d\omega = 0$$

であたえられる．すなわち，g が Kähler 計量であるための必要十分条件は

$$\frac{\partial g_{\alpha\bar{\beta}}}{\partial z^{\gamma}} = \frac{\partial g_{\gamma\bar{\beta}}}{\partial z^{\alpha}} \quad \text{および} \quad \frac{\partial g_{\alpha\bar{\beta}}}{\partial \overline{z^{\gamma}}} = \frac{\partial g_{\alpha\bar{\gamma}}}{\partial \overline{z^{\beta}}}$$

がなりたつことである．

Kähler 計量 g から定義される Levi–Civita 接続 ∇ の Christoffel の記号（接続係数）を

$$\nabla_{\partial_A}\partial_B = \Gamma_{AB}^{C}\partial_C$$

であらわし，∇ の曲率テンソル R に対して

$$R(\partial_C, \partial_D)\partial_B = R^{A}{}_{BCD}\partial_A, \quad R_{ABCD} = g(R(\partial_C, \partial_D)\partial_B, \partial_A)$$

とおく．ここで，添字 A, B, C, D は $\{1, \ldots, m, \bar{1}, \ldots, \overline{m}\}$ の範囲を動き，

$$\partial_{\alpha} = \frac{\partial}{\partial z^{\alpha}}, \quad \partial_{\bar{\alpha}} = \frac{\partial}{\partial \overline{z^{\alpha}}}, \quad 1 \leq \alpha \leq m$$

と略記している．このとき，g が Kähler 計量であることから，Christoffel の記号と曲率テンソルの成分について

$$\begin{gathered}\Gamma_{\beta\gamma}^{\alpha} = g^{\bar{\tau}\alpha}\partial_{\beta}g_{\gamma\bar{\tau}}, \quad \Gamma_{\bar{\beta}\bar{\gamma}}^{\bar{\alpha}} = g^{\bar{\alpha}\tau}\partial_{\bar{\beta}}g_{\tau\bar{\gamma}} = \overline{\Gamma_{\beta\gamma}^{\alpha}}, \\ R^{\alpha}{}_{\beta\gamma\bar{\delta}}, \quad R^{\alpha}{}_{\beta\bar{\gamma}\delta}, \quad R^{\bar{\alpha}}{}_{\bar{\beta}\gamma\bar{\delta}}, \quad R^{\bar{\alpha}}{}_{\bar{\beta}\bar{\gamma}\delta}, \\ R_{\bar{\alpha}\beta\gamma\bar{\delta}}, \quad R_{\bar{\alpha}\beta\bar{\gamma}\delta}, \quad R_{\alpha\bar{\beta}\gamma\bar{\delta}}, \quad R_{\alpha\bar{\beta}\bar{\gamma}\delta}\end{gathered}$$

以外の成分はすべて 0 になることがわかる．また，成分 $R_{\alpha\bar{\beta}\gamma\bar{\delta}}$ は

$$R_{\alpha\bar{\beta}\gamma\bar{\delta}} = \partial_{\gamma}\partial_{\bar{\delta}}g_{\alpha\bar{\beta}} - g^{\bar{\mu}\lambda}\partial_{\gamma}g_{\alpha\bar{\mu}}\partial_{\bar{\delta}}g_{\lambda\bar{\beta}} \tag{4.35}$$

であたえられ，添字の対称性に関して

$$\begin{gathered}R_{\alpha\bar{\beta}\gamma\bar{\delta}} = -R_{\bar{\beta}\alpha\gamma\bar{\delta}} = -R_{\alpha\bar{\beta}\bar{\delta}\gamma} = R_{\gamma\bar{\delta}\alpha\bar{\beta}}, \\ R_{\alpha\bar{\beta}\gamma\bar{\delta}} = R_{\gamma\bar{\beta}\alpha\bar{\delta}} = R_{\alpha\bar{\delta}\gamma\bar{\beta}}\end{gathered} \tag{4.36}$$

がなりたつことが確かめられる．

つぎに，M の断面曲率について考えてみよう．そこで

$$v = 2\operatorname{Re}\xi^{\alpha}\frac{\partial}{\partial z^{\alpha}}, \quad w = 2\operatorname{Re}\eta^{\alpha}\frac{\partial}{\partial z^{\alpha}} \tag{4.37}$$

を M の接ベクトルとし，$v \wedge w$ で v と w で張られる2次元実平面をあらわす．このとき，平面 $v \wedge w$ に対する M の断面曲率 $K(v \wedge w)$ は，複素座標では

$$
\begin{aligned}
K(v \wedge w) &= g(R(v,w)w,v) \cdot \|v \wedge w\|^{-2} \\
&= -R_{\alpha\bar{\beta}\gamma\bar{\delta}}\bigl(\xi^\alpha\overline{\eta^\beta} - \eta^\alpha\overline{\xi^\beta}\bigr)\bigl(\overline{\xi^\delta\overline{\eta^\gamma} - \eta^\delta\overline{\xi^\gamma}}\bigr)\|v \wedge w\|^{-2}
\end{aligned}
$$

とあらわされる．ここで，$\|v \wedge w\|$ は v と w の張る平行四辺形の面積をあらわし

$$
\begin{aligned}
\|v \wedge w\|^2 &= g(v,v)g(w,w) - g(v,w)^2 \\
&= g_{\alpha\bar{\delta}}g_{\gamma\bar{\beta}}\Bigl[\bigl(\xi^\alpha\overline{\eta^\beta} - \eta^\alpha\overline{\xi^\beta}\bigr)\bigl(\overline{\xi^\delta\overline{\eta^\gamma} - \eta^\delta\overline{\xi^\gamma}}\bigr) \\
&\qquad - \bigl(\xi^\alpha\eta^\gamma - \eta^\alpha\xi^\gamma\bigr)\bigl(\overline{\xi^\beta\eta^\delta - \eta^\beta\xi^\delta}\bigr)\Bigr]
\end{aligned} \tag{4.38}
$$

であたえられる．

これより，M がいたるところ非正断面曲率 $K_M \leq 0$ をもつことと，任意の複素数 ξ^α と η^α に対して不等式

$$
R_{\alpha\bar{\beta}\gamma\bar{\delta}}\bigl(\xi^\alpha\overline{\eta^\beta} - \eta^\alpha\overline{\xi^\beta}\bigr)\bigl(\overline{\xi^\delta\overline{\eta^\gamma} - \eta^\delta\overline{\xi^\gamma}}\bigr) \geq 0 \tag{4.39}
$$

が M の各点でなりたつことは同値な条件であることがわかる．

また，式 (4.39) において等号のなりたつのが，任意の α, β に対して

$$
\xi^\alpha\overline{\eta^\beta} - \eta^\alpha\overline{\xi^\beta} = 0 \tag{4.40}
$$

となるときに限るならば，M はいたるところ負の断面曲率 $K_M < 0$ をもつことがわかる．実際，式 (4.38) において行列 $(g_{\alpha\bar{\beta}})$ を対角化し，等式

$$
\bigl|\xi^\alpha\eta^\beta - \eta^\alpha\xi^\beta\bigr|^2 = \bigl|\xi^\alpha\overline{\eta^\beta} - \eta^\alpha\overline{\xi^\beta}\bigr|^2 - \bigl(\xi^\alpha\overline{\eta^\alpha} - \eta^\alpha\overline{\xi^\alpha}\bigr)\bigl(\overline{\xi^\beta\overline{\eta^\beta} - \eta^\beta\overline{\xi^\beta}}\bigr)
$$

に注意すれば，任意の α, β に対して式 (4.40) がなりたつことと

$$
\|v \wedge w\| = 0
$$

となることが同値であることが容易に確かめられる．

以上の考察のもとに，つぎの定義をおく．

定義 4.37 M の曲率テンソル R が**強い意味で負**（あるいは**強い意味で非正**）であるとは，任意の複素数 $A^\alpha, B^\alpha, C^\alpha, D^\alpha$ に対して，少なくとも1組の添字の組 (α, β) について $A^\alpha\overline{B^\beta} - C^\alpha\overline{D^\beta} \neq 0$ ならば，

$$
R_{\alpha\bar{\beta}\gamma\bar{\delta}}\bigl(A^\alpha\overline{B^\beta} - C^\alpha\overline{D^\beta}\bigr)\bigl(\overline{A^\delta\overline{B^\gamma} - C^\delta\overline{D^\gamma}}\bigr) > 0 \quad (\text{あるいは} \geq 0) \tag{4.41}
$$

が M の各点でなりたつときをいう．

先程の考察からわかるように，Kähler 多様体 M の曲率テンソル R が強い意味で負（あるいは非正）ならば，M はいたるところ負の断面曲率 $K_M < 0$（あるいは ≤ 0）をもつことに注意しよう．

定義 4.37 における曲率条件 (4.41) は，つぎのように述べることもできる．

まず，接ベクトル束に関する定義をいくつか思いだそう．M の各点 $z \in M$ において，式 (4.37) の右辺のベクトル

$$\xi = \xi^{\alpha} \frac{\partial}{\partial z^{\alpha}}$$

を z における M の正則接ベクトルといい，z における正則接ベクトルのなす m 次元複素ベクトル空間を $T_z^{1,0}M$ であらわす．また，

$$\zeta = \zeta^{\alpha} \frac{\partial}{\partial \overline{z^{\alpha}}}$$

の形であたえられるベクトルを z における M の反正則接ベクトルといい，z における反正則接ベクトルのなす m 次元複素ベクトル空間を $T_z^{0,1}M$ であらわす．正則接ベクトル空間 $T_z^{1,0}M$ の全体

$$T^{1,0}M = \bigcup_{z \in M} T_z^{1,0}M$$

は M 上の正則ベクトル束をなし，M の**正則接ベクトル束**とよばれる．一方，反正則接ベクトル空間の全体

$$T^{0,1}M = \bigcup_{z \in M} T_z^{0,1}M$$

は M 上の C^{∞} ベクトル束をなし，M の**反正則接ベクトル束**とよばれる．

さて，Hermite 形式

$$Q : (T^{1,0}M \otimes T^{0,1}M) \times (T^{1,0}M \otimes T^{0,1}M) \to \mathbb{C}$$

を，切断面 $X, Y, V, W \in C^{\infty}(T^{1,0}M)$ に対して

$$Q(X \otimes \bar{Y}, V \otimes \bar{W}) = g(R(W, \bar{V})X, \bar{Y}) \tag{4.42}$$

で定義し，

$$Q(Z) = Q(Z, Z), \quad Z \in C^{\infty}(T^{1,0}M \otimes T^{0,1}M)$$

とおく．Q の定義式 (4.42) は，$T^{1,0}M \otimes T^{0,1}M$ の一般の元に半双線形に拡張されることに注意しよう．すなわち

$$Z = Z^{\alpha\bar{\beta}} \frac{\partial}{\partial z^\alpha} \otimes \frac{\partial}{\partial \overline{z^\beta}}$$

に対して，式 (4.42) と式 (4.36) から $Q(Z)$ は

$$Q(Z) = -R_{\alpha\bar{\beta}\gamma\bar{\delta}} Z^{\alpha\bar{\beta}} \overline{Z^{\delta\bar{\gamma}}} \tag{4.43}$$

であたえられる．

ここで，正則接ベクトル

$$A = A^\alpha \frac{\partial}{\partial z^\alpha},\ B = B^\alpha \frac{\partial}{\partial z^\alpha},\ C = C^\alpha \frac{\partial}{\partial z^\alpha},\ D = D^\alpha \frac{\partial}{\partial z^\alpha}$$

に対して

$$A \otimes \bar{B} - C \otimes \bar{D} = \left(A^\alpha \overline{B^\beta} - C^\alpha \overline{D^\beta}\right) \frac{\partial}{\partial z^\alpha} \otimes \frac{\partial}{\partial \overline{z^\beta}}$$

であることに注意すると，式 (4.43) より

$$Q(A \otimes \bar{B} - C \otimes \bar{D}) = -R_{\alpha\bar{\beta}\gamma\bar{\delta}} \left(A^\alpha \overline{B^\beta} - C^\alpha \overline{D^\beta}\right) \left(\overline{A^\delta \overline{B^\gamma} - C^\delta \overline{D^\gamma}}\right)$$

をえる．

したがって，曲率条件 (4.41) は，任意の $A, B, C, D \in C^\infty(T^{1,0}M)$ に対して，$A \otimes \bar{B} - C \otimes \bar{D} \neq 0$ ならば

$$Q(A \otimes \bar{B} - C \otimes \bar{D}) < 0 \quad (\text{あるいは} \leq 0) \tag{4.44}$$

となることと同値であることがわかる．

このような曲率条件をみたす Kähler 多様体の典型的な例は，m 次元複素ユークリッド空間 $\mathbb{C}^m$ 内の球体 B^m とその商多様体である．すなわちつぎがなりたつ．

補題 4.38 $B^m = (B^m, g)$ を $\mathbb{C}^m$ 内の単位球体で標準的な不変計量（Bergman 計量）g をもつものとする．このとき，B^m の曲率テンソル R は強い意味で負である．

証明. 単位球体 B^m の不変計量 $g = 2\,\mathrm{Re}\, g_{\alpha\bar{\beta}} dz^\alpha d\overline{z^\beta}$ は，定義より

$$g_{\alpha\bar{\beta}} = \partial_\alpha \partial_{\bar{\beta}} \left(-\log\left(1 - |z|^2\right)\right)$$

であたえられる Kähler 計量である．g は不変計量だから，曲率テンソル R を原点 $0 \in \mathbb{C}^m$ において調べれば十分であることに注意しよう．

さて，関数 $-\log\left(1 - |z|^2\right)$ は

$$-\log\left(1 - |z|^2\right) = |z|^2 + \frac{|z|^4}{2} + \frac{|z|^6}{3} + \cdots$$

と Tayler 展開されるから，原点 $0 \in \mathbb{C}^m$ において g の曲率テンソル R は，式 (4.35) より

$$R_{\alpha\bar{\beta}\gamma\bar{\delta}} = \partial_\alpha \partial_{\bar{\beta}} \partial_\gamma \partial_{\bar{\delta}} \left(-\log\left(1 - |z|^2\right)\right) = \partial_\alpha \partial_{\bar{\beta}} \partial_\gamma \partial_{\bar{\delta}} \left(\frac{|z|^4}{2}\right)$$

であたえられる．よって，原点 $0 \in \mathbb{C}^m$ において曲率テンソル R の成分は

$$R_{\alpha\bar{\alpha}\alpha\bar{\alpha}} = 2, \quad R_{\alpha\bar{\alpha}\beta\bar{\beta}} = R_{\alpha\bar{\beta}\beta\bar{\alpha}} = 1 \quad (\alpha \neq \beta \text{ のとき})$$

以外はすべて 0 となることがわかる．

したがって任意の複素数 $\xi^{\alpha\bar{\beta}}$ に対して

$$\begin{aligned}
R_{\alpha\bar{\beta}\gamma\bar{\delta}} \xi^{\alpha\bar{\beta}} \overline{\xi^{\delta\bar{\gamma}}} &= \sum_\alpha \left(\sum_{\gamma,\delta} R_{\alpha\bar{\alpha}\gamma\bar{\delta}} \xi^{\alpha\bar{\alpha}} \overline{\xi^{\delta\bar{\gamma}}} \right) + \sum_{\alpha\neq\beta} \left(\sum_{\gamma,\delta} R_{\alpha\bar{\beta}\gamma\bar{\delta}} \xi^{\alpha\bar{\beta}} \overline{\xi^{\delta\bar{\gamma}}} \right) \\
&= \sum_\alpha \left(\sum_{\gamma} R_{\alpha\bar{\alpha}\gamma\bar{\gamma}} \xi^{\alpha\bar{\alpha}} \overline{\xi^{\gamma\bar{\gamma}}} \right) + \sum_{\alpha\neq\beta} R_{\alpha\bar{\beta}\beta\bar{\alpha}} \xi^{\alpha\bar{\beta}} \overline{\xi^{\alpha\bar{\beta}}} \\
&= 2\sum_\alpha \left|\xi^{\alpha\bar{\alpha}}\right|^2 + \sum_{\alpha\neq\gamma} \xi^{\alpha\bar{\alpha}} \overline{\xi^{\gamma\bar{\gamma}}} + \sum_{\alpha\neq\beta} \left|\xi^{\alpha\bar{\beta}}\right|^2 \\
&= \sum_\alpha \left|\xi^{\alpha\bar{\alpha}}\right|^2 + \sum_{\alpha,\gamma} \xi^{\alpha\bar{\alpha}} \overline{\xi^{\gamma\bar{\gamma}}} + \sum_{\alpha\neq\beta} \left|\xi^{\alpha\bar{\beta}}\right|^2 \\
&= \left|\sum_\alpha \xi^{\alpha\bar{\alpha}}\right|^2 + \sum_{\alpha,\beta} \left|\xi^{\alpha\bar{\beta}}\right|^2 \geq 0
\end{aligned}$$

をえる．

ここで，右辺で等号がなりたつのは，任意の α, β について $\xi^{\alpha\bar{\beta}} = 0$ となるときに限るから，曲率テンソル R は強い意味で負であることがわかる． □

補題 4.38 の証明において，$\xi^{\alpha\bar{\beta}}$ は任意の複素数でよいので，単位球体 (B^m, g) の曲率テンソル R は，じつは定義 4.37 よりも強い負曲率条件をみたしていることに注意しておこう．

さて 1980 年に Siu [28] により，曲率テンソルが強い意味で負であるコンパクトな Kähler 多様体はつぎの意味で**強剛性**（strong rigidity）をもつことが証明された．

定理 4.39（**強剛性定理**） M をコンパクトな m 次元 Kähler 多様体とし，$m \geq 2$ かつ M の曲率テンソル R は強い意味で負であるとする．このとき，M と同じホモトピー型をもつコンパクトな Kähler 多様体は，M と正則または反正則同型である．

ここで定理 4.39 の背景について簡単に触れておこう．まず，1960 年に Calabi と Vesentini [3] は，有界対称領域のコンパクト商多様体 M は，$\dim_{\mathbb{C}} M \geq 2$ のとき，

自明でない複素構造の無限小変形を許容しないという意味で（局所的）剛性をもつことを示した．

一方，1970 年に Mostow [20] は，非正曲率なコンパクト局所対称 Riemann 空間で，局所的に 1 次元または 2 次元の全測地的部分多様体を直積因子として含まないものは，基本群が同型ならば計量の定数倍をのぞいて等長的であることを証明し，この性質を強剛性とよんだ．

これより，とくに $\mathbb{C}^m$ 内の単位球体 B^m のコンパクト商多様体 M は，$m \geq 2$ のとき，基本群が同型ならば正則または反正則となることがわかる．

これらの結果から，コンパクトな負曲率 Kähler 多様体 M に対して，$\dim_{\mathbb{C}} M \geq 2$ のとき強剛性がなりたつことを予想するのは自然であろう．

定理 4.39 は，この予想が「M の曲率テンソル R が強い意味で負である」という，より強い曲率条件のもとで肯定的であることを示している．このように曲率に関する仮定は強くなっているが，定理 4.39 では片方（値域）の Kähler 多様体にしか，曲率に関する条件が課されていないことに注意しておこう．

4.2.2 強剛性定理の証明

定理 4.39 の証明の本質的な部分は，Eells–Sampson による調和写像の存在定理 (4.1.2 項の定理 4.7）と，つぎの調和写像の複素解析性に関する定理に帰着される．

定理 4.40 M と N をコンパクトな Kähler 多様体とし，$\dim_{\mathbb{C}} M \geq 2$ かつ M の曲率テンソル R は強い意味で負であるとする．$f : N \to M$ を調和写像とし，f の微分 $df : TN \to TM$ は N のある点において全射であるとする．このとき，f は正則または反正則写像である．

定理 4.40 の証明をひとまず後まわしにして，定理 4.7 と定理 4.40 をもとに，強剛性定理 4.39 を証明しよう．

定理 4.39 の設定はつぎの通りであった．M と N はコンパクトな Kähler 多様体であり，$\dim_{\mathbb{C}} M \geq 2$ かつ M の曲率テンソル R は強い意味で負とする．また N は M にホモトピー同値であるとする．

そこで，$f : N \to M$ を N から M への**ホモトピー同値写像**としよう．すなわち，f に対して連続写像 $g : M \to N$ が存在して，合成写像 $g \circ f$ および $f \circ g$ はそれぞれ恒等写像とホモトープとなる．ここで，必要ならば写像をホモトピーの範囲で選びなおして，f および g を C^∞ 写像としてよいことに注意しよう．

また，f がホモトピー同値写像であることから

(a) f の写像度 $\deg(f)$ は 1 であり，

(b) f から誘導されるホモロジー群の間の写像 $f_*: H_*(N,\mathbb{R}) \to H_*(M,\mathbb{R})$ は同型写像である

ことに注意しよう．したがって (b) より，とくに $\dim_{\mathbb{C}} M = \dim_{\mathbb{C}} N = m$ でなければならない．

さて以上の準備のもとに，定理 4.39 はつぎのようにして証明される．

証明． 第1段．M の曲率テンソル R は強い意味で負であるから，定義 4.37 において注意したように，M はいたるところ負の断面曲率をもつ．したがって定理 4.7 より，あたえられた C^∞ 級ホモトピー写像 $f: N \to M$ を調和写像までホモトープに変形することができる．すなわち，ホモトピー同値写像 $f: N \to M$ を調和写像として実現することができる．

第2段．このとき，f の微分 $df: TN \to TM$ は，ある空でない開集合 $U \subset N$ の各点において全射となる．実際，もしそうでないとすると，df は N の各点で退化することになり，f の像 $f(N) \subset M$ は測度0の集合となるが，これは誘導写像 $f_*: H_{2m}(N,\mathbb{R}) \to H_{2m}(M,\mathbb{R})$ が同型写像であることに矛盾する．

したがって，定理 4.40 より，調和写像 $f: N \to M$ は正則または反正則写像であることがわかる．

第3段．よって残された問題は，この f が正則または反正則な同型写像となる，すなわち f の正則または反正則な逆写像が存在することを示すことである．まず，f が正則写像の場合について考えよう．

$y \in M$ を任意の点とする．このとき，f は正則写像であるから，f の逆像 $f^{-1}(y) \subset N$ は N 内のコンパクトな複素解析的集合であり，N が Kähler 多様体であることから，ホモロジー群 $H_*(N,\mathbb{R})$ の非自明な元を定める（[19] 参照）．

ここで，誘導写像 $f_*: H_*(N,\mathbb{R}) \to H_*(M,\mathbb{R})$ は同型写像であるから，$f^{-1}(y)$ は $H_0(N,\mathbb{R})$ の元を定め，有限個の点からなる集合であることがわかる．さらに f の写像度は1であるから，任意の $y \in M$ に対して，結局 $f^{-1}(y)$ は1点からなる集合であり，$f: N \to M$ は同相写像であることがわかる．

一方，全単射な正則写像 $f: N \to M$ の微分 $df_x: T_xN \to T_{f(x)}M$ は，各点 $x \in N$ で同型写像となることが知られている（[22, Theorem 5, p. 86] 参照）．したがって f の逆写像 f^{-1} も正則写像となり，$f: N \to M$ は正則同型写像であることがわかる．

f が反正則写像の場合も，同様にして反正則同型写像であることが確かめられる．よって定理 4.39 は証明された． □

4.2.3 調和写像の複素解析性

4.2.2 項で，強剛性定理 4.39 の証明が調和写像の複素解析性に関する定理 4.40 に帰着されることをみた．そこで，この項で定理 4.40 を証明しよう．

まず，Kähler 多様体の微分幾何から若干のことを準備する（[13], [12] 参照）．

$N = (N, h)$ と $M = (M, g)$ をそれぞれ n 次元および m 次元 Kähler 多様体とする．TN と TM を N および M の実多様体としての接ベクトル束とし，$TN_{\mathbb{C}} = TN \otimes_{\mathbb{R}} \mathbb{C}$ および $TM_{\mathbb{C}} = TM \otimes_{\mathbb{R}} \mathbb{C}$ でその複素化をあらわす．このとき，$TN_{\mathbb{C}}$ と $TM_{\mathbb{C}}$ はそれぞれ正則および反正則接ベクトルのなす部分ベクトル束の直和

$$TN_{\mathbb{C}} = T^{1,0}N \oplus T^{0,1}N, \quad TM_{\mathbb{C}} = T^{1,0}M \oplus T^{0,1}M \tag{4.45}$$

に分解する．

$f : N \to M$ を N から M への C^∞ 写像とする．このとき，f の微分が定義する線形写像 $df : TN \to TM$ は自然に複素線形な写像

$$df_{\mathbb{C}} : TN_{\mathbb{C}} \to TM_{\mathbb{C}}$$

に拡張される．また式 (4.45) の分解に対応して，$df_{\mathbb{C}}$ は

$$df_{\mathbb{C}}|_{T^{1,0}N} = \partial f + \partial \bar{f}, \quad df_{\mathbb{C}}|_{T^{0,1}N} = \bar{\partial} f + \bar{\partial} \bar{f} \tag{4.46}$$

と分解される．例えば，ここで $\bar{\partial} f$ は $T^{0,1}N$ から $T^{1,0}M$ への線形写像

$$\bar{\partial} f : T^{0,1}N \to T^{1,0}M$$

であり，N 上のベクトル束 $T^{0,1}N^* \otimes f^{-1}T^{1,0}M$ の切断面

$$\bar{\partial} f \in C^\infty\bigl(T^{0,1}N^* \otimes f^{-1}T^{1,0}M\bigr)$$

を定義する．いいかえると，$\bar{\partial} f$ は $f^{-1}T^{1,0}M$ に値をもつ N 上の $(0,1)$ 次微分形式である．同様にして，∂f および $\partial \bar{f}$ と $\bar{\partial} \bar{f}$ が定義される．

(w^i) と (z^α) をそれぞれ N および M の局所複素座標系とし，以下添字は

$$1 \le i, j, k, \ldots \le n, \quad 1 \le \alpha, \beta, \gamma, \ldots \le m$$

の範囲を動くとしよう．このとき，$\bar{\partial} f$ は

$$\bar{\partial} f \left(\frac{\partial}{\partial \overline{w^i}} \right) = \frac{\partial f^\alpha}{\partial \overline{w^i}} \frac{\partial}{\partial z^\alpha}$$

と局所表示される．すなわち，$\bar{\partial} f$ は Jacobi 行列 $(\partial_{\bar{i}} f^\alpha)$ であらわされる．同様に，$\bar{\partial}\bar{f}$ および ∂f と $\partial\bar{f}$ はそれぞれ Jacobi 行列 $\left(\partial_{\bar{i}}\overline{f^\alpha}\right)$ および $(\partial_i f^\alpha)$ と $\left(\partial_i\overline{f^\alpha}\right)$ であらわされる．ここに

$$\partial_i = \frac{\partial}{\partial w^i}, \quad \partial_{\bar{i}} = \frac{\partial}{\partial \overline{w^i}}$$

とおいた．定義より，$\partial\bar{f} = \overline{\bar{\partial} f}$ および $\bar{\partial}\bar{f} = \overline{\partial f}$ であることは明らかであろう．

また，f が正則写像であることは $\bar{\partial} f = 0$ と同値であり，f が反正則写像であることは $\partial f = 0$ あるいは $\bar{\partial}\bar{f} = 0$ と同値であることに注意しておこう．

つぎに，∇ を M の Kähler 計量 g から定義される Levi–Civita 接続とする．C^∞ 写像 $f : N \to M$ に対して，f により TM を N 上に引き戻したベクトル束 $f^{-1}TM$ 上に ∇ から自然に接続 $f^{-1}\nabla$ が定義される (4.1.1 項参照)．さらに，この接続 $f^{-1}\nabla$ と N 上の微分作用素 ∂ から，$f^{-1}T^{1,0}M$ に値をもつ N 上の $(0,1)$ 次微分形式

$$\varphi \in C^\infty\left(T^{0,1}N^* \otimes f^{-1}T^{1,0}M\right)$$

に対して，φ の **∂ 外微分**

$$D\varphi \in C^\infty\left(T^{1,0}N^* \otimes T^{0,1}N^* \otimes f^{-1}T^{1,0}M\right)$$

が自然に定義される．$D\varphi$ は $f^{-1}T^{1,0}M$ に値をもつ N 上の $(1,1)$ 次微分形式である．局所複素座標系をもちいるとき，$\varphi = \left(\varphi^\alpha_{\bar{j}}\right)$ に対して

$$D\varphi = \left(\nabla_i \varphi^\alpha_{\bar{j}} dw^i \wedge d\overline{w}^j\right)$$

は，${\Gamma'}^\alpha_{\beta\gamma}$ を M の Christoffel の記号とするとき

$$\nabla_i \varphi^\alpha_{\bar{j}} = \partial_i \varphi^\alpha_{\bar{j}} + {\Gamma'}^\alpha_{\beta\gamma}(f)\partial_i f^\beta \varphi^\gamma_{\bar{j}}$$

で定義される．同様にして，

$$\varphi' \in C^\infty\left(T^{1,0}N^* \otimes f^{-1}T^{1,0}M\right)$$

に対して，$f^{-1}T^{1,0}M$ に値をもつ $(1,1)$ 次微分形式として，φ' の $\bar{\partial}$ 外微分 $\bar{D}\varphi'$ が定義される．

A^r_s を M 上の (r,s) 型複素テンソル束とする．切断面 $\sigma \in C^\infty(A^r_s)$ と引き戻し束 $f^{-1}A^s_r$ に値をとる N 上の p 次微分形式 τ に対して，$\langle\sigma,\tau\rangle$ で A^r_s の成分と A^s_r の成分を縮約してえられる N 上の p 次微分形式をあらわす．

以上の準備のもとに，つぎの命題をえる．

命題 4.41 (Bochner 型の等式)

$$\partial\bar{\partial}\langle g, \bar{\partial}f \wedge \partial\bar{f}\rangle = \left\langle R, \bar{\partial}f \wedge \partial\bar{f} \wedge \partial f \wedge \overline{\partial f}\right\rangle - \left\langle g, D\bar{\partial}f \wedge \bar{D}\partial\bar{f}\right\rangle. \tag{4.47}$$

ここに R は M の曲率テンソルであり，式 (4.47) を局所複素座標系をもちいて表示すると

$$\begin{aligned}\partial\bar{\partial}\left(g_{\alpha\bar{\beta}}\bar{\partial}f^\alpha \wedge \partial\overline{f^\beta}\right) = R_{\alpha\bar{\beta}\gamma\bar{\delta}}\bar{\partial}f^\alpha \wedge \partial\overline{f^\beta} \wedge \partial f^\gamma \wedge \overline{\partial f^\delta} \\ - g_{\alpha\bar{\beta}} D\bar{\partial}f^\alpha \wedge \bar{D}\partial\overline{f^\beta},\end{aligned}$$

ただし

$$\begin{aligned}D\bar{\partial}f^\alpha &= \partial\bar{\partial}f^\alpha + {\Gamma'}^\alpha_{\beta\gamma}(f)\partial f^\beta \wedge \bar{\partial}f^\gamma, \\ \bar{D}\partial\overline{f^\beta} &= \bar{\partial}\partial\overline{f^\beta} + \overline{{\Gamma'}^\beta_{\alpha\gamma}}(f)\bar{\partial}\overline{f^\alpha} \wedge \partial\overline{f^\gamma}\end{aligned}$$

とあらわされる．

証明．点 $x \in N$ と $y = f(x) \in M$ を任意に固定し，点 y のまわりで Kähler 多様体 (M, g) の正規座標系をえらんで，式 (4.47) を確かめればよい．

すなわち，点 y のまわりの局所複素座標系 (z^α) を，y において $dg_{\alpha\bar{\beta}} = 0$ となるようにえらぶ．このとき M の Christoffel の記号 ${\Gamma'}^\alpha_{\beta\gamma}$ は，点 y ですべて 0 である．したがって

$$\begin{aligned}R_{\alpha\bar{\beta}\gamma\bar{\delta}} &= \partial_\gamma\partial_{\bar{\delta}}g_{\alpha\bar{\beta}} \qquad &(\text{点 } y \text{ で}) \\ D\bar{\partial}f^\alpha = \partial\bar{\partial}f^\alpha, \quad \bar{D}\partial\overline{f^\alpha} &= \bar{\partial}\partial\overline{f^\alpha} \qquad &(\text{点 } x \text{ で})\end{aligned}$$

となる．

さて，点 y において $\partial_\gamma g_{\alpha\bar{\beta}} = 0$ であることと，$g_{\alpha\bar{\beta}}$ はじつは $g_{\alpha\bar{\beta}}(f)$ であることに注意して，簡単な計算から点 x において

$$\begin{aligned}\partial\bar{\partial}\left(g_{\alpha\bar{\beta}}\bar{\partial}f^\alpha \wedge \partial\overline{f^\beta}\right) = \partial_\delta\partial_\gamma g_{\alpha\bar{\beta}}\,\partial f^\delta \wedge \bar{\partial}f^\gamma \wedge \bar{\partial}f^\alpha \wedge \partial\overline{f^\beta} \\ + \partial_{\bar{\delta}}\partial_\gamma g_{\alpha\bar{\beta}}\,\partial\overline{f^\delta} \wedge \bar{\partial}f^\gamma \wedge \bar{\partial}f^\alpha \wedge \partial\overline{f^\beta} \\ + \partial_\delta\partial_{\bar{\gamma}} g_{\alpha\bar{\beta}}\,\partial f^\delta \wedge \bar{\partial}\overline{f^\gamma} \wedge \bar{\partial}f^\alpha \wedge \partial\overline{f^\beta} \\ + \partial_{\bar{\delta}}\partial_{\bar{\gamma}} g_{\alpha\bar{\beta}}\,\partial\overline{f^\delta} \wedge \bar{\partial}\overline{f^\gamma} \wedge \bar{\partial}f^\alpha \wedge \partial\overline{f^\beta} \\ - g_{\alpha\bar{\beta}}\,\partial\bar{\partial}f^\alpha \wedge \bar{\partial}\partial\overline{f^\beta}\end{aligned} \tag{4.48}$$

をえる．

ここで，$g = 2\,\mathrm{Re}\,g_{\alpha\bar{\beta}}dz^\alpha\overline{dz^\beta}$ は Kähler 計量であるから，

$\partial_\delta\partial_\gamma g_{\alpha\bar{\beta}}$ は α と γ について対称である．

一方，$\partial f^{\delta}\wedge\bar{\partial} f^{\gamma}\wedge\bar{\partial} f^{\alpha}\wedge\partial\overline{f^{\beta}}$ は α と γ について歪対称だから，式 (4.48) の右辺の第 1 項は 0 となる．同様にして，式 (4.48) の右辺の第 2 項と第 4 項も 0 となることがわかる．したがって

$$\partial\bar{\partial}\big(g_{\alpha\bar{\beta}}\bar{\partial} f^{\alpha}\wedge\partial\overline{f^{\beta}}\big)=R_{\alpha\bar{\beta}\delta\bar{\gamma}}\partial f^{\delta}\wedge\overline{\partial f^{\gamma}}\wedge\bar{\partial} f^{\alpha}\wedge\partial\overline{f^{\beta}}$$
$$-\,g_{\alpha\bar{\beta}}D\bar{\partial} f^{\alpha}\wedge\bar{D}\partial\overline{f^{\beta}}$$

をえる． □

注意 4.42 調和写像 $f:(N,h)\to(M,g)$ の性質を調べるのに，エネルギー密度 $e(f)$ のラプラシアン $\Delta e(f)$ を計算して，N あるいは M の曲率テンソルの情報を含むいわゆる Bochner 型の等式を導くことは常套手段の一つである（[5], [32] 参照）.

とくに，$f:(N,h)\to(M,g)$ が Kähler 多様体の間の写像の場合には，式 (4.46) より $df_{\mathbb{C}}=\partial f+\partial\bar{f}+\bar{\partial} f+\bar{\partial}\bar{f}$ であるから，

$$|df|^2=2\left\{\langle\partial f,\bar{\partial}\bar{f}\rangle+\langle\bar{\partial} f,\partial\bar{f}\rangle\right\}=2\left\{|\partial f|^2+|\bar{\partial} f|^2\right\}$$

となる．そこで，われわれは調和写像 f の複素解析性，すなわち $\bar{\partial} f=0$ であるかどうかに興味があるわけだから，$\Delta|\bar{\partial} f|^2$ に対する Bochner 型の等式を利用することをまず思いつく．

しかし，この場合ノルム $|\bar{\partial} f|^2$ の定義に N の余接ベクトル束 TN^* 上の計量 $h^*=(h^{\bar{j}i})$ と M の接ベクトル束 TM 上の計量 $g=(g_{\alpha\bar{\beta}})$ をもちいていることから，$\Delta|\bar{\partial} f|^2$ からえられる等式には，N と M の曲率が相異なる符号をもって寄与してくる．したがって，N と M の曲率が同符号の場合には，この等式から $\bar{\partial} f$ について有用な情報はえられないので，われわれの目的には役にたたない．

この難点を避けるために，命題 4.41 ではノルム $|\bar{\partial} f|$ のかわりに，$\bar{\partial} f\wedge\overline{\bar{\partial} f}$ の g による縮約 $\langle g,\bar{\partial} f\wedge\overline{\bar{\partial} f}\rangle$ をもちい，また Δ のかわりに微分作用素 $\partial\bar{\partial}$ をもちいている．これが Siu [28] の巧妙なアイデアである．

Bochner 型の等式とそれをもちいた ‘Bochner のトリック’ とよばれる手法については文献 [32] をみるとよい．

さて，$f:N\to M$ が調和写像であり，M の曲率テンソルが強い意味で非正である場合には，命題 4.41 の Bochner 型の等式より，つぎの結果がえられる．

命題 4.43 N をコンパクトな n 次元 Kähler 多様体，M を m 次元 Kähler 多様体とし，N と M の局所複素座標系をそれぞれ (w^i) および (z^{α}) とする．C^{∞} 写像 $f:N\to M$ に対して，$1\leq i\leq n$ および $1\leq\alpha\leq m$ とし

$$\xi^{\alpha\bar{\beta}}_{i\bar{j}}=\big(\partial_i f^{\alpha}\big)\big(\overline{\partial_j f^{\beta}}\big)-\big(\partial_{\bar{j}} f^{\alpha}\big)\big(\overline{\partial_{\bar{i}} f^{\beta}}\big) \tag{4.49}$$

とおく．このとき，f が調和写像であり，かつ M の曲率テンソル R が強い意味で非正ならば，任意の $1 \leq i, j \leq n$ に対して

$$R_{\alpha\bar{\beta}\gamma\bar{\delta}}\xi^{\alpha\bar{\beta}}_{\bar{i}\bar{j}}\overline{\xi^{\delta\bar{\gamma}}_{\bar{i}\bar{j}}} = 0 \tag{4.50}$$

となる．いいかえると，任意の $X, Y \in T^{1,0}M$ に対して

$$Q\big(\bar{\partial}f(\bar{X}) \otimes \bar{\partial}\bar{f}(\bar{Y}) - \bar{\partial}f(\bar{Y}) \otimes \bar{\partial}\bar{f}(\bar{X})\big) = 0 \tag{4.51}$$

がなりたつ．

証明．N と M の Kähler 計量をそれぞれ

$$h = 2\,\mathrm{Re}\,h_{i\bar{j}}dw^i\overline{dw^j}, \quad g = 2\,\mathrm{Re}\,g_{\alpha\bar{\beta}}dz^\alpha\overline{dz^\beta}$$

とし，ω で N の Kähler 形式

$$\omega = \sqrt{-1}\,h_{i\bar{j}}dw^i \wedge \overline{dw^j}$$

をあらわす．まずつぎに注意しよう．

第 1 段．N 上の非正値関数 χ が存在して

$$\big\langle g, D\bar{\partial}f \wedge \bar{D}\partial\bar{f}\big\rangle \wedge \omega^{n-2} = \chi\omega^n \tag{4.52}$$

となる．

式 (4.52) を証明するために，点 $x \in N$ を任意に固定し，$x \in N$ と $y = f(x) \in M$ のまわりにそれぞれ正規座標系 (w^i) と (z^α) をえらぶ．すなわち，局所複素座標系 (w^i) と (z^α) を

$$\begin{aligned} h_{i\bar{j}} &= \delta_{ij}, & dh_{i\bar{j}} &= 0 & &(\text{点 } x \text{ で}) \\ g_{\alpha\bar{\beta}} &= \delta_{\alpha\beta}, & dg_{\alpha\bar{\beta}} &= 0 & &(\text{点 } y \text{ で}) \end{aligned}$$

をみたすようにえらんでおく．

u^α と v^α を $f^\alpha = z^\alpha \circ f$ の実部および虚部とし，$f^\alpha = u^\alpha + \sqrt{-1}v^\alpha$ とおくと，

$$\begin{aligned} \big\langle g, D\bar{\partial}f \wedge \bar{D}\partial\bar{f}\big\rangle \wedge \omega^{n-2} &= \sum_\alpha \partial\bar{\partial}f^\alpha \wedge \bar{\partial}\partial\overline{f^\alpha} \wedge \omega^{n-2} \\ &= \sum_\alpha \partial\bar{\partial}\left(u^\alpha + \sqrt{-1}v^\alpha\right) \wedge \bar{\partial}\partial\left(u^\alpha - \sqrt{-1}v^\alpha\right) \wedge \omega^{n-2} \\ &= \sum_\alpha \partial\bar{\partial}u^\alpha \wedge \bar{\partial}\partial u^\alpha \wedge \omega^{n-2} + \sum_\alpha \partial\bar{\partial}v^\alpha \wedge \bar{\partial}\partial v^\alpha \wedge \omega^{n-2} \end{aligned} \tag{4.53}$$

をえる．ここで，点 x における Levi 形式 $\partial\bar{\partial}u^\alpha$ の固有値を $\lambda^\alpha_1, \ldots, \lambda^\alpha_n$ とし，必要ならば正規座標系 (w^i) をとりかえて，$\partial\bar{\partial}u^\alpha$ を対角化すると

$$\partial\bar{\partial}u^\alpha = \sum_i \lambda_i^\alpha dw^i \wedge d\overline{w^i} \tag{4.54}$$

とあらわされる．一方，$\omega = \sqrt{-1}\sum dw^k \wedge d\overline{w^k}$ であるから，式 (4.53) の最右辺第 1 項は，点 x において

$$\begin{aligned}\partial\bar{\partial}u^\alpha \wedge \bar{\partial}\partial u^\alpha \wedge \omega^{n-2} &= -\partial\bar{\partial}u^\alpha \wedge \partial\bar{\partial}u^\alpha \wedge \omega^{n-2} \\ &= -\sum_{i\neq j} \lambda_i^\alpha \lambda_j^\alpha dw^i \wedge d\overline{w^i} \wedge dw^j \wedge d\overline{w^j} \\ &\qquad \wedge (n-2)!\big(\sqrt{-1}\big)^{n-2} \bigwedge_{\substack{1\leq k\leq n \\ k\neq i,j}} \big(dw^k \wedge d\overline{w^k}\big) \\ &= \frac{1}{n(n-1)}\left(\sum_{i\neq j} \lambda_i^\alpha \lambda_j^\alpha\right)\omega^n\end{aligned}$$

となる．ここに，$\bigwedge_{1\leq k\leq n,\, k\neq i,j}\big(dw^k \wedge d\overline{w^k}\big)$ は

$$dw^1 \wedge d\overline{w^1} \wedge \cdots \wedge dw^n \wedge d\overline{w^n}$$

から $dw^i \wedge d\overline{w^i}$ と $dw^j \wedge d\overline{w^j}$ を省いてえられる $(n-2, n-2)$ 次微分形式をあらわす．

しかるに，式 (4.54) より

$$\lambda_i^\alpha = \frac{\partial^2 u^\alpha}{\partial w^i \partial\overline{w^i}}$$

であるから，f が調和写像であることと式 (4.13) より

$$\sum_i \lambda_i^\alpha = 0$$

となる．よって，等式

$$\sum_{i\neq j} \lambda_i^\alpha \lambda_j^\alpha = \left(\sum_i \lambda_i^\alpha\right)^2 - \sum_i \big(\lambda_i^\alpha\big)^2$$

に注意して

$$\partial\bar{\partial}u^\alpha \wedge \bar{\partial}\partial u^\alpha \wedge \omega^{n-2} = -\frac{1}{n(n-1)}\left\{\sum_i \big(\lambda_i^\alpha\big)^2\right\}\omega^n$$

をえる．

同様に，Levi 形式 $\partial\bar{\partial}v^\alpha$ の固有値を $\mu_1^\alpha, \ldots, \mu_n^\alpha$ とするとき

$$\partial\bar{\partial}v^\alpha\wedge\bar{\partial}\partial v^\alpha\wedge\omega^{n-2}=-\frac{1}{n(n-1)}\Big\{\sum_i\big(\mu_i^\alpha\big)^2\Big\}\omega^n$$

をえるから，これらを式 (4.53) に代入して

$$\big\langle g,D\bar{\partial}f\wedge\bar{D}\partial\bar{f}\big\rangle\wedge\omega^{n-2}=-\frac{1}{n(n-1)}\Big\{\sum_i\big(\lambda_i^\alpha\big)^2+\sum_i\big(\mu_i^\alpha\big)^2\Big\}\omega^n$$

となることがわかる．

したがって式 (4.52) がなりたつ．また，点 x で $\chi=0$ となることと，任意の α について点 x で $D\bar{\partial}f^\alpha=0$ となることが同値であることもわかる．

第 2 段．任意の点 $x\in N$ に対して，(w^i) を x のまわりの局所複素座標系で，x において $h_{i\bar{j}}=\delta_{ij}$ となるものとする．このとき，点 x において

$$\big\langle R,\bar{\partial}f\wedge\partial\bar{f}\wedge\partial f\wedge\overline{\partial f}\big\rangle\wedge\omega^{n-2}=\frac{1}{n(n-1)}\sum_{i<j}R_{\alpha\bar{\beta}\gamma\bar{\delta}}\xi_{\bar{i}\bar{j}}^{\alpha\bar{\beta}}\overline{\xi_{\bar{i}\bar{j}}^{\delta\bar{\gamma}}}\omega^n$$

がなりたつ．

実際，簡単のために

$$\begin{aligned}A_{ij}&=\big(\partial_{\bar{i}}f^\alpha\big)\big(\partial_i\overline{f^\beta}\big)\big(\partial_jf^\gamma\big)\big(\overline{\partial_jf^\delta}\big),\\B_{ij}&=\big(\partial_{\bar{i}}f^\alpha\big)\big(\partial_j\overline{f^\beta}\big)\big(\partial_if^\gamma\big)\big(\overline{\partial_jf^\delta}\big)\end{aligned}$$

とおくとき，式 (4.49) より

$$\xi_{\bar{i}\bar{j}}^{\alpha\bar{\delta}}\overline{\xi_{\bar{i}\bar{j}}^{\beta\bar{\gamma}}}=A_{ij}-B_{ij}-B_{ji}+A_{ji}$$

であるから

$$\begin{aligned}&\big\langle R,\bar{\partial}f\wedge\partial\bar{f}\wedge\partial f\wedge\overline{\partial f}\big\rangle\wedge\omega^{n-2}\\&\quad=R_{\alpha\bar{\beta}\gamma\bar{\delta}}\big(\partial_{\bar{i}}f^\alpha\big)\big(\partial_j\overline{f^\beta}\big)\big(\partial_kf^\gamma\big)\big(\overline{\partial_lf^\delta}\big)\overline{dw^i}\wedge dw^j\wedge dw^k\wedge\overline{dw^l}\\&\qquad\wedge\Big(\sqrt{-1}\sum_k dw^k\wedge\overline{dw^k}\Big)^{n-2}\\&\quad=-\sum_{\alpha,\beta,\gamma,\delta}\sum_{i\neq j}R_{\alpha\bar{\beta}\gamma\bar{\delta}}(A_{ij}-B_{ij})dw^i\wedge\overline{dw^i}\wedge dw^j\wedge\overline{dw^j}\\&\qquad\wedge(n-2)!\big(\sqrt{-1}\big)^{n-2}\bigwedge_{\substack{1\le k\le n\\k\neq i,j}}\big(dw^k\wedge\overline{dw^k}\big)\\&\quad=-(n-2)!\big(\sqrt{-1}\big)^{n-2}\sum_{\alpha,\beta,\gamma,\delta}\sum_{i<j}R_{\alpha\bar{\beta}\gamma\bar{\delta}}(A_{ij}-B_{ij}-B_{ji}+A_{ji})\end{aligned}$$

$$\times dw^1 \wedge d\overline{w^1} \wedge \cdots \wedge dw^n \wedge d\overline{w^n}$$
$$= \frac{1}{n(n-1)} \sum_{i<j} R_{\alpha\bar{\beta}\gamma\bar{\delta}} \xi^{\alpha\bar{\delta}}_{\bar{i}\bar{j}} \overline{\xi^{\beta\bar{\gamma}}_{\bar{i}\bar{j}}} \omega^n$$

をえる．ここで式 (4.36) より，$R_{\alpha\bar{\beta}\gamma\bar{\delta}}$ が β と δ について対称であることに注意すれば，求める結果がえられる．

第3段．M の曲率テンソル R が強い意味で非正であるとき，式 (4.49) と式 (4.41) および第2段の結果から，N 上の非負関数 σ が存在して

$$\langle R, \bar{\partial} f \wedge \partial \bar{f} \wedge \partial f \wedge \overline{\partial f} \rangle \wedge \omega^{n-2} = \sigma \omega^n$$

となることがわかる．

よって，式 (4.52) および命題 4.41 の式 (4.47) とあわせて

$$\begin{aligned}\partial\bar{\partial}\langle g, \bar{\partial} f \wedge \partial \bar{f} \rangle \wedge \omega^{n-2} &= \langle R, \bar{\partial} f \wedge \partial \bar{f} \wedge \partial f \wedge \overline{\partial f} \rangle \wedge \omega^{n-2} \\ &\quad - \langle g, D\bar{\partial} f \wedge \bar{D}\partial \bar{f} \rangle \wedge \omega^{n-2} \\ &= \sigma \omega^n - \chi \omega^n\end{aligned}$$

をえる．ここで左辺は完全 $2n$ 次微分形式だから，結局

$$0 = \int_N \partial\bar{\partial}\langle g, \bar{\partial} f \wedge \partial \bar{f} \rangle \wedge \omega^{n-2} = \int_N (\sigma - \chi) \omega^n$$

となることがわかる．

したがって，第2段でみたように $\sigma \geq 0$ であることと，第1段の結果より $-\chi \geq 0$ であることに注意すれば，

$$\sigma = \chi = 0$$

であることがわかる．よってとくに，任意の $1 \leq i, j \leq n$ に対して

$$R_{\alpha\bar{\beta}\gamma\bar{\delta}} \xi^{\alpha\bar{\beta}}_{\bar{i}\bar{j}} \overline{\xi^{\delta\bar{\gamma}}_{\bar{i}\bar{j}}} = 0 \tag{4.55}$$

をえる．

第4段．証明を完結するためには，点 $x \in N$ のまわりの任意の局所複素座標系 (ζ^i) に対して

$$\eta^{\alpha\bar{\beta}}_{\bar{i}\bar{j}} = \frac{\partial f^\alpha}{\partial \overline{\zeta^i}} \overline{\frac{\partial f^\beta}{\partial \zeta^j}} - \frac{\partial f^\alpha}{\partial \overline{\zeta^j}} \overline{\frac{\partial f^\beta}{\partial \zeta^i}}$$

とおくとき，任意の $1 \leq i, j \leq n$ に対して

$$R_{\alpha\bar{\beta}\gamma\bar{\delta}} \eta^{\alpha\bar{\beta}}_{\bar{i}\bar{j}} \overline{\eta^{\delta\bar{\gamma}}_{\bar{i}\bar{j}}} = 0 \tag{4.56}$$

となることを示す必要がある．

$i=j$ ならば $\eta^{\alpha\bar{\beta}}_{\bar{i}\bar{j}}=0$ となるから，$i\neq j$ のときを考えればよい．点 x において

$$\frac{\partial}{\partial\zeta^i}=a^k\frac{\partial}{\partial w^k},\quad \frac{\partial}{\partial\zeta^j}=b^k\frac{\partial}{\partial w^k}$$

とあらわされたとしよう．このとき Schmidt の直交化法より，互いに直交する単位ベクトル

$$A_{(\rho)}=\left(A^1_{(\rho)},\ldots,A^n_{(\rho)}\right),\quad \rho=1,2$$

と複素数 $c,c',c''\in\mathbb{C}$ をもちいて

$$a^k=cA^k_{(1)},\quad b^k=c'A^k_{(1)}+c''A^k_{(2)},\quad 1\leq k\leq n$$

と一意的に表示することができる．

この $A_{(1)}$ と $A_{(2)}$ を最初の二つの行ベクトルとして，n 次ユニタリ行列

$$\left(A^k_{(\rho)}\right),\quad 1\leq\rho,k\leq n$$

を構成し，点 $x\in N$ のまわりの局所複素座標系 (τ^k) を，x において

$$\frac{\partial}{\partial\tau^\rho}=A^k_{(\rho)}\frac{\partial}{\partial w^k},\quad \rho=1,2$$

となるようにとる．

ここで

$$\theta^{\alpha\bar{\beta}}=\frac{\partial f^\alpha}{\partial\overline{\tau^1}}\overline{\frac{\partial f^\beta}{\partial\tau^2}}-\frac{\partial f^\alpha}{\partial\overline{\tau^2}}\overline{\frac{\partial f^\beta}{\partial\tau^1}}$$

とおくと，点 x のまわりの局所複素座標系 (w^k) を (τ^k) にとりかえるとき，第 3 段での考察より，式 (4.55) に対応して

$$R_{\alpha\bar{\beta}\gamma\bar{\delta}}\theta^{\alpha\bar{\beta}}\overline{\theta^{\delta\bar{\gamma}}}=0 \tag{4.57}$$

がなりたつ．一方，定義より $\xi^{\alpha\bar{\beta}}_{\bar{k}\bar{l}}$ は添字 k と l について歪対称であるから

$$\begin{aligned}\eta^{\alpha\bar{\beta}}_{\bar{i}\bar{j}}&=\overline{a^k}\,\overline{b^l}\xi^{\alpha\bar{\beta}}_{\bar{k}\bar{l}}=\bar{c}\overline{c'}\,\overline{A^k_{(1)}}\,\overline{A^l_{(1)}}\xi^{\alpha\bar{\beta}}_{\bar{k}\bar{l}}+\bar{c}\overline{c''}\,\overline{A^k_{(1)}}\,\overline{A^l_{(2)}}\xi^{\alpha\bar{\beta}}_{\bar{k}\bar{l}}\\&=\bar{c}\overline{c''}\,\overline{A^k_{(1)}}\,\overline{A^l_{(2)}}\xi^{\alpha\bar{\beta}}_{\bar{k}\bar{l}}=\bar{c}\overline{c''}\theta^{\alpha\bar{\beta}}\end{aligned}$$

をえる．したがって式 (4.57) より式 (4.56) がみちびかれる． □

以上の準備のもとに，定理 4.40 を証明しよう．

以下，$M=(M,g)$ と $N=(N,h)$ をコンパクトな Kähler 多様体とし，$\dim_{\mathbb{C}} M \geq 2$ かつ M の曲率テンソル R は強い意味で負であるとする．$f:N \to M$ を N から M への調和写像とし，f の微分 $df:TN \to TM$ はある点 $x_0 \in N$ において全射であるとする．このとき，f が正則または反正則写像である，いいかえると $\bar{\partial} f = 0$ または $\bar{\partial}\bar{f} = 0$ となることを示せばよい．

まず，点 x_0 の連結な開近傍 $U \subset N$ が存在して，U の各点 x において f の微分 $df:TN \to TM$ は全射となることに注意しよう．一方，M の曲率テンソル R は強い意味で負であるから，定義 4.37 の式 (4.41) および命題 4.43 の式 (4.49) と式 (4.50) より，任意の $1 \leq i,j \leq n$ と $1 \leq \alpha,\beta \leq m$ に対して

$$\xi^{\alpha\bar{\beta}}_{\bar{i}\bar{j}} = \left(\partial_{\bar{i}} f^{\alpha}\right)\left(\overline{\partial_{j} f^{\beta}}\right) - \left(\partial_{\bar{j}} f^{\alpha}\right)\left(\overline{\partial_{i} f^{\beta}}\right) = 0$$

となることがみちびかれる．いいかえると，式 (4.44) に注意して式 (4.51) より，任意の $X, Y \in T^{1,0}N$ に対して

$$\bar{\partial} f(\bar{X}) \otimes \bar{\partial}\bar{f}(\bar{Y}) = \bar{\partial} f(\bar{Y}) \otimes \bar{\partial}\bar{f}(\bar{X}) \tag{4.58}$$

となることがわかる．

このとき，つぎがなりたつ．

補題 4.44 各 $x \in U$ と $y = f(x) \in M$ に対して，

$$\bar{\partial} f_x : T^{0,1}_x N \to T^{1,0}_y M, \quad \bar{\partial}\bar{f}_x : T^{0,1}_x N \to T^{0,1}_y M$$

のいずれかは自明な写像である．すなわち $\bar{\partial} f_x = 0$ または $\bar{\partial}\bar{f}_x = 0$ となる．

証明. $x \in U$ とし，$\bar{\partial} f_x \neq 0$ かつ $\bar{\partial}\bar{f}_x \neq 0$ と仮定して，矛盾をみちびこう．

まず，ある $X_0 \in T^{1,0}_x N$ が存在して

$$\bar{\partial} f_x(\bar{X}_0) \neq 0 \quad かつ \quad \bar{\partial}\bar{f}_x(\bar{X}_0) \neq 0$$

となることに注意する．実際，仮定より $X_1, X_2 \in T^{1,0}_x N$ が存在して

$$\bar{\partial} f_x(\bar{X}_1) \neq 0, \quad \bar{\partial}\bar{f}_x(\bar{X}_2) \neq 0$$

となる．このとき，もし

$$\bar{\partial} f_x(\bar{X}_1 + \bar{X}_2) \neq 0, \quad \bar{\partial}\bar{f}_x(\bar{X}_1 + \bar{X}_2) \neq 0$$

ならば，$X_0 = X_1 + X_2$ ととればよい．もしどちらかが 0，例えば

$$\bar{\partial} f_x(\bar{X}_1 + \bar{X}_2) = 0$$

ならば

$$\bar{\partial} f_x(\bar{X}_2) = -\bar{\partial} f_x(\bar{X}_1) \neq 0$$

だから，$X_0 = X_2$ とすればよい．以下，このような $X_0 \in T_x^{1,0}N$ を一つ固定する．

さて，式 (4.58) がなりたつのは，両辺がともに 0 となるか，または 0 でない複素数 $\alpha \in \mathbb{C}$ が存在して

$$\bar{\partial} f_x(\bar{X}) = \alpha\,\bar{\partial} f_x(\bar{Y}) \quad \text{かつ} \quad \bar{\partial} \bar{f}_x(\bar{X}) = \alpha\,\bar{\partial} \bar{f}_x(\bar{Y})$$

となる場合に限ることが容易に確かめられる．また両辺がともに 0 となるのは，それぞれのテンソル積の少なくとも一つの成分が 0 となる場合に他ならないこともわかる．

よって，式 (4.58) において $Y = X_0$ ととるとき，任意の $X \in T_x^{1,0}N$ に対して，つぎの (a), (b) のいずれかがなりたつ．

(a) $\bar{\partial} f_x(\bar{X}) = \bar{\partial} \bar{f}_x(\bar{X}) = 0.$

(b) ある 0 でない複素数 $\alpha \in \mathbb{C}$ に対して

$$\bar{\partial} f_x(\bar{X}) = \alpha\,\bar{\partial} f_x(\bar{X}_0), \quad \bar{\partial} \bar{f}_x(\bar{X}) = \alpha\,\bar{\partial} \bar{f}_x(\bar{X}_0).$$

したがって式 (4.46) に注意するとき

$$(df_{\mathbb{C}})_x(T_x^{0,1}N) = \bar{\partial} f_x(T_x^{0,1}N) \oplus \bar{\partial} \bar{f}_x(T_x^{0,1}N) \subset T_y^{1,0}M \oplus T_y^{0,1}M$$

は，$\big(\bar{\partial} f_x(\bar{X}_0), \bar{\partial} \bar{f}_x(\bar{X}_0)\big)$ で張られる $T_y M_{\mathbb{C}}$ の複素 1 次元部分空間であることがわかる．また $\partial f + \partial \bar{f} = \overline{\bar{\partial} \bar{f} + \bar{\partial} f}$ であるから

$$(df_{\mathbb{C}})_x(T_x^{1,0}N) = \partial f_x(T_x^{1,0}N) \oplus \partial \bar{f}_x(T_x^{1,0}N) \subset T_y^{1,0}M \oplus T_y^{0,1}M$$

は，$\big(\partial f_x(X_0), \partial \bar{f}_x(X_0)\big)$ で張られる $T_y M_{\mathbb{C}}$ の複素 1 次元部分空間であることもわかる．

ゆえに $(df_{\mathbb{C}})_x(T_x N_{\mathbb{C}})$ は $T_y M_{\mathbb{C}}$ の複素 2 次元部分空間となる．しかるに，仮定より $\dim_{\mathbb{C}} M \geq 2$ であるから，$\dim_{\mathbb{C}} T_y M_{\mathbb{C}} \geq 4$ でなければならない．よって f の微分 $df_x : T_x N \to T_y M$ は全射とはなりえない．これは $x \in U$ であることに矛盾する．したがって U の各点 x において，$\bar{\partial} f_x = 0$ あるいは $\bar{\partial} \bar{f}_x = 0$ となることがわかる． □

さて，以上の考察のもとに

$$U_1 = \left\{ x \in U \mid \bar{\partial} f_x = 0 \right\}, \quad U_2 = \left\{ x \in U \mid \bar{\partial} \bar{f}_x = 0 \right\}$$

とおくと，U_1 と U_2 は U の閉集合であり，U の各点で微分 $df : TN \to TM$ が全射であることと補題 4.44 より

$$U = U_1 \cup U_2, \quad U_1 \cap U_2 = \emptyset$$

となることがわかる．よって U の連結性より，U_1 と U_2 のいずれかが空集合となる．すなわち，N の空でない開集合 U 上で，$f : N \to M$ は正則あるいは反正則写像であることがわかる．

したがって，つぎの命題 4.45 より定理 4.40 がしたがう．

命題 4.45　M と N を Kähler 多様体とし，$f : N \to M$ を調和写像とする．N が連結であり，かつ f は N の空でない開集合 U 上で正則あるいは反正則写像ならば，f は N 上で正則あるいは反正則写像である．

証明. f が U 上で正則写像である場合について証明しよう．f が反正則写像である場合の証明も同様である．

仮定より，U 上で $\bar{\partial} f = 0$ である．Ω を U を含む N の部分集合で，その上で $\bar{\partial} f = 0$ となる最大の開集合とする．N は連結であるから，Ω が N の閉集合でもあることを示せば証明が終わる．

もし Ω が閉集合でないならば，Ω は境界点 q をもつ．そこで，q の連結な開近傍 $W \subset N$ を，つぎをみたすように小さくとる．

(a) W の閉包を含むある開集合上で，局所複素座標系 (w^i) が存在する．

(b) $f(W)$ の閉包を含むある開集合上で，局所複素座標系 (z^α) が存在する．

このとき $f : N \to M$ は調和写像であるから，式 (4.13) より調和写像の方程式

$$\Delta f^\alpha + 2h^{\bar{j}i}\Gamma'^{\alpha}_{\beta\gamma}(f)\partial_i f^\beta \partial_{\bar{j}} f^\gamma = 0 \tag{4.59}$$

をみたす．ここに，Δ は Kähler 多様体 $N = (N, h)$ 上の Laplace 作用素

$$\Delta = 2\, h^{\bar{j}i}\partial_i \partial_{\bar{j}} = 2\, h^{\bar{j}i}\frac{\partial^2}{\partial w^i \partial \overline{w^j}}$$

であり，$\Gamma'^{\alpha}_{\beta\gamma}$ は Kähler 多様体 $M = (M, g)$ の Christoffel の記号をあらわす．

さて，式 (4.59) を $\partial_{\bar{k}}$ で微分すると

$$\begin{aligned}
&\Delta\bigl(\partial_{\bar{k}} f^\alpha\bigr) + \bigl(2\partial_{\bar{k}} h^{\bar{j}i}\bigr)\partial_i \partial_{\bar{j}} f^\alpha \\
&\quad + \partial_{\bar{k}}\bigl(2h^{\bar{j}i}\Gamma'^{\alpha}_{\beta\gamma}(f)\partial_i f^\beta\bigr)\partial_{\bar{j}} f^\gamma + \bigl(2h^{\bar{j}i}\Gamma'^{\alpha}_{\beta\gamma}(f)\partial_i f^\beta\bigr)\partial_{\bar{k}}\partial_{\bar{j}} f^\gamma = 0
\end{aligned}$$

をえるから，W 上で定数 $C > 0$ が存在して，不等式

$$\left|\Delta\left(\partial_{\bar{k}} f^\alpha\right)\right| \leq C\left(\sum_{i,j}\left|\partial_i \partial_{\bar{j}} f^\alpha\right| + \sum_{j,\gamma}\left|\partial_{\bar{j}} f^\gamma\right| + \sum_{j,\gamma}\left|\partial_{\bar{k}} \partial_{\bar{j}} f^\gamma\right|\right)$$

がなりたつ．よって，$\partial_{\bar{k}} f^\alpha$ の実部と虚部を $u^\alpha_{\bar{k}}$ および $v^\alpha_{\bar{k}}$ とするとき

$$u^\alpha_{\bar{k}},\ v^\alpha_{\bar{k}}, \quad 1 \leq k \leq n,\ 1 \leq \alpha \leq m$$

は，W 上である定数 $C' > 0$ に対して，微分不等式系

$$\begin{aligned} \left|\Delta u^\alpha_{\bar{k}}\right|^2 &\leq C' \sum_{\beta,l}\left(\left|du^\beta_{\bar{l}}\right|^2 + \left|dv^\beta_{\bar{l}}\right|^2 + \left|u^\beta_{\bar{l}}\right|^2 + \left|v^\beta_{\bar{l}}\right|^2\right), \\ \left|\Delta v^\alpha_{\bar{k}}\right|^2 &\leq C' \sum_{\beta,l}\left(\left|du^\beta_{\bar{l}}\right|^2 + \left|dv^\beta_{\bar{l}}\right|^2 + \left|u^\beta_{\bar{l}}\right|^2 + \left|v^\beta_{\bar{l}}\right|^2\right) \end{aligned} \tag{4.60}$$

をみたすことがわかる．

したがって，Laplace 作用素 Δ について Aronszajn の一意接続性定理 [2] を式 (4.60) に対して適用することにより，$u^\alpha_{\bar{k}}$ と $v^\alpha_{\bar{k}}$ が $W \cap \Omega$ 上で 0 であることから，これらが W 上で恒等的に 0 になることがみちびかれる．しかし，これは q が Ω の境界点であることに矛盾する．よって Ω は閉集合でもあるので，$\Omega = N$ すなわち N 上で $\bar{\partial} f = 0$ となり，$f : N \to M$ は正則写像であることが結論される． □

以上で，曲率テンソルが強い意味で負であるコンパクトな Kähler 多様体に対する強剛性定理（定理 4.40）の証明は完了した．

4.2.4 Hermite 対称空間の場合

補題 4.38 でみたように，m 次元複素ユークリッド空間 $\mathbb{C}^m$ 内の単位球体 B^m に

$$g_{\alpha\bar{\beta}} = \partial_\alpha \partial_{\bar{\beta}}\left(-\log\left(1 - |z|^2\right)\right), \quad z \in B^m$$

で定義される標準的な不変計量 $g = 2\,\mathrm{Re}\, g_{\alpha\bar{\beta}} dz^\alpha \overline{dz^\beta}$ をあたえた複素双曲型空間 $B^m = (B^m, g)$ の曲率テンソル R は強い意味で負であった．

よく知られているように，複素双曲型空間 $B^m = (B^m, g)$ は定正則断面曲率 -2 をもつ Kähler 多様体であり，階数 1 の既約な非コンパクト型 Hermite 対称空間 $M = G/H$ と等長同型となる（[13] 参照）．そこでより一般に，階数が 2 以上の既約な非コンパクト型 Hermite 対称空間 $M = G/H$ を考えると，その曲率テンソル R は強い意味で非正であるが，残念ながら強い意味で負にはなっていないことがわかる．

しかしつぎのような意味で，4.2.3 項における調和写像の複素解析性に関する議論が，多少の修正のもとに適用できる程度に適切な‘負曲率条件’をみたしていることが確かめられる（[28], [29], [32] 参照）．すなわち，既約な非コンパクト型 Hermite 対称空間 $M = G/H$ の曲率テンソル R に対して，つぎの条件がなりたつ．

(i) R は強い意味で非正である.
(ii) M の空でない開集合 $U \subset M$ が存在して，つぎがなりたつ.
任意の $y \in U$ において，ある複素部分空間 $\mathcal{T}_y \subset T_y M_{\mathbb{C}}$ が存在して

$$\mathcal{T}_y \oplus \bar{\mathcal{T}}_y = T_y M_{\mathbb{C}} \tag{4.61}$$

かつ任意の $X, Y \in \mathcal{T}_y$ に対して

$$Q\big(\pi^{1,0}(X) \otimes \pi^{0,1}(Y) - \pi^{1,0}(Y) \otimes \pi^{0,1}(X)\big) = 0 \tag{4.62}$$

ならば,

$$\mathcal{T}_y = T_y^{1,0} M \quad \text{または} \quad \mathcal{T}_y = T_y^{0,1} M$$

のいずれかがなりたつ. ここに $\pi^{1,0}$ と $\pi^{0,1}$ は標準的射影

$$\pi^{1,0} : T_y M_{\mathbb{C}} \to T_y^{1,0} M, \quad \pi^{0,1} : T_y M_{\mathbb{C}} \to T_y^{0,1} M$$

をあらわす.

さて，N をコンパクトな Kähler 多様体とし，$f : N \to M$ を調和写像としよう. このとき，点 $x \in N$ と $y = f(x) \in M$ に対して，f の微分 $df_x : T_x N \to T_y M$ が全射ならば，容易にわかるように $\mathcal{T}_y = df_{\mathbb{C}}(T_x^{0,1} N)$ について，条件 (4.61) がなりたつ. 一方，任意の $Z \in T_x^{1,0} N$ に対して

$$\bar{\partial} f(\bar{Z}) = \pi^{1,0}(df_{\mathbb{C}}(\bar{Z})) \in T_y^{1,0} M, \quad \bar{\partial} \bar{f}(\bar{Z}) = \pi^{0,1}(df_{\mathbb{C}}(\bar{Z})) \in T_y^{0,1} M$$

であるから，条件 (4.62) は命題 4.43 の式 (4.51) に対応していることがわかる.

上記の曲率条件のもとで，定理 4.40 の証明を修正することにより，Siu [28], [29] によって，つぎの強剛性定理が証明されている.

定理 4.46（強剛性定理）　M を既約な非コンパクト型 m 次元 Hermite 対称空間のコンパクト商多様体とし，$m \geq 2$ とする. このとき，M と同じホモトピー型をもつコンパクトな Kähler 多様体は，M と正則または反正則同型である.

定理 4.46 の証明については，直接原論文 [28], [29] あるいは [32] を参照されたい.

参考文献

[1] R. A. Adams, Sobolev Spaces, Academic Press, 1975.
[2] N. Aronszajn, A unique continuation theorem for solutions or inequalities of second order, J. Math. Pures Appl., **36**(1957), 235–249.

[3] E. Calabi and E. Vesentini, On compact locally symmetric Kähler manifolds, Ann. of Math., **71**(1960), 472–507.

[4] K. Corlette, Archimedian superrigidity and hyperbolic geometry, Ann. of Math., **135**(1992), 165–182.

[5] J. Eells and L. Lemaire, Selected Topics in Harmonic Maps, CBMS Reginal Conference Monograph, Amer. Math. Soc., 1985.

[6] J. Eells and J. H. Sampson, Harmonic mappings of Riemannian manifolds, Amer. J. Math., **86**(1964), 109–160.

[7] A. Friedman, Partial Differential Equations of Parabolic Type, Prentice-Hall, 1964.

[8] R. S. Hamilton, Harmonic Maps of Manifolds with Boundary, Lecture Notes in Math., 471, Springer, 1975.

[9] R. S. Hamilton, Three manifolds with positive Ricci curvature, J. Differential Geom., **17**(1982), 255–306.

[10] P. Hartman, On homotopic harmonic maps, Canad. J. Math., **19**(1967), 673–687.

[11] J. Jost and S.-T. Yau, Harmonic maps and superrigidity, Proc. Symp. Pure Math., **54**(1993), 245–280.

[12] 小林昭七, 複素幾何, 岩波書店, 2005.

[13] S. Kobayashi and K. Nomizu, Foundations of Differential Geometry, Vol. 1, Vol. 2, Interscience, 1963, 1969.

[14] 黒田成俊, 関数解析, 共立出版, 1980.

[15] L. Lemaire, Harmonic nonholomorphic maps from a surface to a sphere, Proc. Amer. Math. Soc., **71**(1978), 299–304.

[16] A. Milgram and P. Rosenbloom, Harmonic forms and heat conduction I: Closed Riemannian manifolds, Proc. Nat. Acad. Sci., **37**(1951), 180–184.

[17] 宮島静雄, ソボレフ空間の基礎と応用, 共立出版, 2006.

[18] N. Mok, Y.-T. Siu, and S.-K. Yeung, Geometric superrigidity, Invent. Math., **113**(1993), 57–83.

[19] J. Morrow and K. Kodaira, Complex Manifolds, Holt, Reinhart and Winston, 1971.

[20] G. D. Mostow, The rigidity of locally symmetric spaces, Proc. Int. Congress of Math. **2**(1970), 187–197, Strong Rigidity of Locally Symmetric Spaces, Ann. of Math. Studies 78, Princeton Univ. Press, 1973.

[21] 村田 實, 倉田和浩, 楕円型・放物型偏微分方程式, 岩波書店, 2006.

[22] R. Narashimhan, Several Complex Variables, University of Chicago Press, 1971.

[23] 納谷 信, 調和写像と剛性（中島 啓 編著, 微分幾何学の最先端 第 9 章), 培風館, 2005.

[24] 西川青季, 幾何学的変分問題, 岩波書店, 2006.

[25] S. Nishikawa, Harmonic maps of Finsler manifolds, 207–247, Topics in Differential Geometry, Editura Academiei Române, 2008.

[26] S. Nishikawa, Harmonic maps from Riemann surfaces into complex Finsler manifolds, Internat J. Math., **26**(2015), 1541010, 39 pp.

[27] J. Sacks and K. Uhlenbeck, The existence of minimal immersions of 2-spheres, Ann. of Math., **113**(1981), 1–24.

[28] Y.-T. Siu, The complex-analyticity of harmonic maps and the strong rigidity of compact Kähler manifolds, Ann. of Math., **112**(1980), 73–111.

[29] Y.-T. Siu, Strong rigidity of compact quotient of exceptional bounded symmetric domains, Duke Math. J., **48**(1981), 857–871.

[30] Y.-T. Siu and S.-T. Yau, Compact Kähler manifolds of positive bisectional curvature, Invent. Math., **59**(1980), 189–204.

[31] K. Uhlenbeck, Regularity theorems for solutions of elliptic polynomial equations, Proc. Symp. in Pure Math., **10**(1967), 225–231.

[32] H. H. Wu, The Bochner Technique in Differential Geometry, Harwood Academic Publishers, 1988.

第5章

リッチフローと複素幾何

Perelman の Ricci flow 理論 [31] が複素幾何に及ぼした影響は非常に深く決定的である．本章の目的は N. Sesum–G. Tian [35] により始められ，S. Donaldson–S. Sun [21] を経て X. X. Chen–B. Wang [18] により完成された Hamilton–Tian 予想の解決に焦点をあてて，Perelman によって切り開かれた独特の flow の世界がもたらした幾何解析・複素幾何の新しい潮流を概観することである．

5.1 Ricci flow の勾配流解釈

Perelman の Ricci flow 理論 [31] の出発点は Ricci flow の勾配流解釈である．単独の Ricci flow 方程式は Riemann 計量に対する通常の意味の変分問題の勾配流にはならないが，時間発展する関数と組み合わせると勾配流解釈が可能になる．

定義 5.1（**$\mathcal{W}$-entropy** [31, 3.1]）　n 次元閉多様体 M 上の Riemann 計量 g_{ij}，関数 f，非負実数 τ に対する汎関数

$$\begin{aligned}\mathcal{W}(g_{ij}, f, \tau) &= \int_M [\tau(|\nabla f|^2 + R) + f - n](4\pi\tau)^{-\frac{n}{2}} e^{-f} dV_g \\ &= \int_M [\tau(2\triangle f - |\nabla f|^2 + R) + f - n](4\pi\tau)^{-\frac{n}{2}} e^{-f} dV_g\end{aligned}$$

を **$\mathcal{W}$-entropy** とよぶ．部分積分さえ正当化できればこの定義は完備 Riemann 多様体でも可能である．

$\mathcal{W}$-entropy は g_{ij} と τ の同時スケーリング（すなわち $g_{ij} \mapsto \lambda g_{ij}$，$\tau \mapsto \lambda\tau$ という変換）で不変な汎関数である．

命題 5.2（[31, 3.1]）　閉（または完備）多様体 M 上の測度

$$dm = (4\pi\tau)^{-\frac{n}{2}} e^{-f} dV_g$$

が時間不変確率測度という束縛条件のもとでの $\mathcal{W}$-entropy の勾配流を与える発展方程式系は

$$\begin{cases} \dfrac{\partial g_{ij}}{\partial t} = -2(R_{ij} + \nabla_i \nabla_j f) \\ \dfrac{\partial f}{\partial t} = -\triangle f - R + \dfrac{n}{2\tau} \\ \dfrac{\partial \tau}{\partial t} = -1 \end{cases}$$

である（ただし $\tau_t = -1$ だけは手で設定しなければならない）[*1]. □

これは，$\tau_t = -1$ の意味で時間 t と逆方向に流れるパラメータ τ に関する発展方程式系

$$\begin{cases} \dfrac{\partial g_{ij}}{\partial \tau} = 2(R_{ij} + \nabla_i \nabla_j f) \\ \dfrac{\partial f}{\partial \tau} = \triangle f + R - \dfrac{n}{2\tau} \end{cases}$$

に書き直せる．この発展方程式系に時間依存する Riemann 計量 g_{ij} に関する勾配ベクトル場 $-\nabla f$ によって生成される M の微分同相の 1 パラメータ族 $\{\varphi_\tau\}$ を働かせると

$$\begin{cases} \dfrac{\partial g_{ij}}{\partial \tau} = 2R_{ij} \\ \dfrac{\partial f}{\partial \tau} = \triangle f - |\nabla f|^2 + R - \dfrac{n}{2\tau} \end{cases}$$

に変換される．これが，Ricci flow の勾配流解釈である．もちろん，$\mathcal{W}$-entropy は勾配流に沿って単調非減少である[*2]．関数 f が満たす（非線型）発展方程式

$$\frac{\partial f}{\partial \tau} = \triangle f - |\nabla f|^2 + R - \frac{n}{2\tau}$$

は，関数

$$u = (4\pi\tau)^{-\frac{n}{2}} e^{-f}$$

に対する**共役熱方程式**（conjugate heat equation）とよばれる（線型の）発展方程式

$$\frac{\partial u}{\partial t} = -\triangle u + Ru$$

[*1] $\tau_t = -1$ を手で設定するところに $\mathcal{W}$-entropy の変形の可能性があるか？

[*2] $\frac{d\mathcal{W}}{dt} \geq 0$ の意味．$\frac{d\mathcal{W}}{dt}$ を明示的に表示する微分公式は後にまわし，定理 5.9 (1) で述べる．

と同値である．これは $-t$ に関して熱方程式の形だから時間区間 $t \in [0,T]$ で考えるときには時刻 $t=T$ で初期条件を与えて過去に向けて解くことになる．このとき解は $\tau = T-t$ について $\tau=0$ で初期条件を与えられた熱方程式

$$\frac{\partial u}{\partial \tau} = \triangle u - Ru$$

の解である．

5.2 Riemann 幾何的熱浴と単調量

完備 Riemann 多様体の Bishop–Gromov 体積比較定理*3は，これが使える設定では，単調量を生み出す装置として働く．同定理は Ricci flow の収束理論で根本的に重要なので，ここに述べておく．

定理 5.3 (Bishop–Gromov 体積比較定理) (M,g) を Ricci 曲率が $\mathrm{Ric} \geq (n-1)k$ を満たす n 次元完備 Riemann 多様体とする．このとき関数

$$r \to f(r) := \frac{\mathrm{Vol}(B(p,r))}{\mathrm{Vol}(B_{n,k}(r))}\ ,\ \forall r > 0$$

は単調非増加で $\lim_{r\to 0} f(r) = 1$ である．ここで，$B(p,r)$ は p を中心とし半径 r の (M,g) の距離球を表し，$B_{n,k}(r)$ は定曲率 k の n 次元空間形の半径 r の距離球を表している*4． □

この定理の測地的極座標を使う証明（たとえば [32]）を見るとわかるように，結局，被積分関数レベルの単調性，すなわち

$$r \mapsto \frac{\lambda(r,\theta)}{\lambda_{n,k}(r,\theta)}$$

が単調非増加であることと

$$\lim_{r\to 0} \frac{\lambda(r,\theta)}{\lambda_{n,k}(r,\theta)} = 1$$

が成り立つことの証明に帰着する．ここで，$\lambda(r,\theta)$ は

$$dV_g = \lambda(r,\theta) dr \wedge d\theta$$

によって定まる関数，すなわち測地的極座標で表された体積要素である．

---

*3 Bishop–Gromov 体積比較定理についてはたとえば Petersen の教科書 [32] を見よ．

*4 定曲率 k の n 次元空間形に対する量を添字 n,k をつけて表す．

5.2.1 Riemann 幾何的熱浴と Bishop–Gromov 体積比較定理

Perelman は，Ricci flow 理論にある種の熱力学的枠組みを導入すると，この装置を適用できる漸近的無限次元 Ricci-flat 空間[*5]が発生することを発見し，これに Bishop–Gromov 体積比較定理を適用して簡約体積関数，$\mathcal{W}$-entropy などとよばれる単調量を導入した．$\mathcal{W}$-entropy は幾何化予想解決 [31] の鍵となったばかりでなく，複素幾何にも驚くべき結果をもたらした強力な汎関数である[*6]．本節では Perelman [31] の発見的考察にしたがって簡約体積と $\mathcal{W}$-entropy という 2 種の汎関数 $\mathcal{V}$ と W を熱力学的に導入し，漸近的 Ricci-flat 空間に形式的に Bishop–Gromov 体積比較定理を適用することによってこれらの単調性を導く．この過程において [18] でも重要な簡約弧長関数 L が導入される．この方法は直観的に理解しやすいが完璧に厳密というわけではない[*7]．にも関わらずこの項を書く理由は，直ちには Ric の評価が得られないために Bishop–Gromov 体積比較定理をそのままでは使えない（Kähler–）Ricci flow の設定であっても Ricci flow から標準的に決まる漸近的無限次元 Ricci-flat 空間の Bishop–Gromov 体積比較定理に由来する単調量が在って Riemann 幾何の比較定理の方法を取り入れることができるという思想を強調するためである．

n 次元閉（または完備）多様体 M 上の backward Ricci flow

$$\frac{\partial g_{ij}}{\partial \tau} = 2R_{ij}$$

を未知の熱力学的システムと考える．未知のシステムを熱浴に埋め込み，熱浴との相互作用を通して理解するというのが，熱力学のアイディアである[*8]．この設定での熱浴は，巨大な次元の球面 S^N 上の Ricci flow 標準解

$$\frac{\partial g_{\alpha\beta}}{\partial \tau} = 2R_{\alpha\beta}$$

である（単位球面の計量 $g_{\alpha\beta}(1)$ を用いて $g_{\alpha\beta} = 2\tau N g_{\alpha\beta}(1)$ と表される[*9]）．熱浴との相互作用は直積 $\widetilde{M} := M \times S^N \times \mathbb{R}_+$ 上の Riemann 計量 $\widetilde{g}$ で記述される．

$$\widetilde{g}_{ij} = g_{ij} \quad \text{on } M$$
$$\widetilde{g}_{\alpha\beta} = g_{\alpha\beta} \quad \text{on } S^N$$

---

*5 ここで「漸近的」は無限次元と Ricci-flat の両方にかかっている．

*6 たとえば [35], [41], [42], [44], [45], [38], [18] とそれらの文献を参照．

*7 数学的に厳密な導入については [31], [27] を見よ．

*8 たとえば，ゴム弾性を entropy で説明する熱力学モデルを思い出せばよい．

*9 N は巨大な数を想定しているので煩雑さを避けるために N と $N-1$ を区別しない．今後も似たような状況では同様である．

$$\widetilde{g}_{00} = \frac{N}{2\tau} + R \quad \text{（スカラー曲率の和）}$$
$$\widetilde{g}_{i\alpha} = \widetilde{g}_{i0} = \widetilde{g}_{\alpha 0} = 0$$

ここで $\mathbb{R}_+ = \{\tau \in \mathbb{R} \,|\, \tau \geq 0\}$ である．Riemann 計量 $\widetilde{g}$ はブロック行列表示の意味で

$$\widetilde{g} = \left(\frac{N}{2\tau} + R\right)\widetilde{g}_{00} + \widetilde{g}_{ij} + \widetilde{g}_{\alpha\beta} = \left(\frac{N}{2\tau} + R\right)\widetilde{g}_{00} + \widetilde{g}_{ij} + g_{\alpha\beta}$$

である．$\widetilde{g}_{00}$ の定義が，未知のシステムと熱浴との相互作用を表している．我々は N として巨大な数を想定しているが，すぐには想像できない．そこで思考実験を行う．まず大きいが尋常な N を考える．このとき計量 $\widetilde{g}$ は歪んだ錐のように見える．次に N が真に巨大なときを考える．このとき計量はシリンダーのように見えるが，N が有限である限り歪みがある．錐と違い，シリンダーだとそこからの歪みは一定値からのずれと認識される点でシリンダーの方が考えやすい．これが巨大な N を考える理由である．この歪みを N の冪で展開することによって Ricci flow の不変量を取り出そうとしているのだ，と想像するとよい．

Riemann 計量 $\widetilde{g}$ の Ricci テンソルを直接計算するとテンソルのノルムの意味で

$$|\widetilde{\mathrm{Ric}}|_{\widetilde{g}} = O(N^{-1})$$

が成り立つことがわかる（計算はたとえば拙著 [27] にある）．すなわち $\widetilde{g}$ は $N \to \infty$ のとき漸近的に Ricci-flat である．基点 $(p, 0) \in M \times \mathbb{R}_+$ をとり，$q \in \widetilde{M}$ の $M \times \mathbb{R}_+$ 成分を $(q, \tau(q))$ と表す．このとき基点 $(p, 0)$ と点 $(q, \tau(q)) \in M \times \mathbb{R}_+$ を結ぶ時空 $M \times \mathbb{R}_+$ の曲線 $\gamma(t)$ の長さを N の冪で展開すると

$$\int_0^{\tau(q)} \sqrt{\frac{N}{2\tau} + R + |\dot{\gamma}(\tau)|^2}\, d\tau = \sqrt{2N\tau(q)} + \frac{1}{\sqrt{2N}} \int_0^{\tau(q)} \sqrt{\tau}(R + |\dot{\gamma}(\tau)|^2)\, d\tau + O(N^{-\frac{3}{2}})$$

である[*10]．この展開式の $N^{-\frac{1}{2}}$ の項に現れる幾何学的量に注目する．時空 $M \times \mathbb{R}_+$ の曲線 $\gamma(\tau)$ の **$\mathcal{L}$-length** を

$$\mathcal{L}(\gamma) = \int_0^{\tau(q)} \sqrt{\tau}(R + |\dot{\gamma}(\tau)|^2)_{g(\tau)}\, d\tau$$

により定義する．時空 $\widetilde{M}$ 上で定義された関数 $L(q)$ を，時空 $\widetilde{M}$ の点 q に対し

$$L(q) = \inf_{\gamma:\, \gamma(0)=p,\, \gamma(\tau(q))=q} \mathcal{L}(\gamma)$$

[*10] $\widetilde{M}$ の曲線の長さを考えるというアイディアは Li–Yau [30] に始まる．

により定義する*11．すると $\widetilde{M}$ の半径 $\sqrt{2N\tau(q)}$ の球面の定義方程式は $O(N^{-\frac{3}{2}})$ をモジュロにして

$$\sqrt{2N\tau(x)} + \frac{1}{\sqrt{2N}} L(x_M, \tau(x)) = \sqrt{2N\tau(q)}$$

で与えられる（x_M は $x \in \widetilde{M}$ の M 成分を表す．とくに $L(x) = L(x_M, \tau(x))$ である）．この式から $\sqrt{\tau(x)}$ の N 展開

$$\sqrt{\tau(x)} = \sqrt{\tau(q)} - \frac{1}{2N} L(x_M, \tau(x)) + O(N^{-2})$$

を得る．$\widetilde{M}$ の半径 $\sqrt{2N\tau(q)}$ の球面ではモジュロ $O(N^{-1})$ で考えて $L(x_M, \tau(x)) = L(x_M, \tau(q))$ だから

$$\sqrt{\tau(x)} = \sqrt{\tau(q)} - \frac{1}{2N} L(x_M, \tau(q)) + O(N^{-2})$$

である．半径 $\sqrt{2N\tau(q)}$ の球面は M 上の半径が $\sqrt{2N}\sqrt{\tau(x)} = \sqrt{2N}(\sqrt{\tau(q)} - \frac{1}{2N} L(x_M, \tau(q)) + O(N^{-2}))$ の S^N バンドルと思えるから，その体積は

$$\begin{aligned} &\mathrm{Vol}(S^N_{\mathrm{can}}) \times \sqrt{2N}^N \times \int_M \left(\sqrt{\tau(q)} - \frac{1}{2N} L(x_M, \tau(q)) + O(N^{-2}) \right)^N dV_{g(\tau(q))} \\ &= \sqrt{2N}^N \sqrt{\tau(q)}^{N+n} \left\{ \int_M \tau(q)^{-\frac{n}{2}} \exp\left(-\frac{L(x, \tau(q))}{2\sqrt{\tau(q)}} \right) dV_{g(\tau(q))} + O(N^{-1}) \right\} \end{aligned}$$

である．ここで指数関数が現れる理由は，x が小さいときに成り立つ近似式 $e^x \approx 1+x$ を用いたからである．$N \to \infty$ のとき $(\widetilde{M}, \widetilde{g})$ は漸近的 Ricci-flat だから Bishop–Gromov 体積比較定理とその局所化により次の定理を得る．

定義–定理 5.4（**簡約体積関数の単調性** [31, 6.3]）

簡約体積関数（reduced volume function）

$$\mathcal{V}(\overline{\tau}) := \int_M (4\pi\overline{\tau})^{-\frac{n}{2}} \exp\left(-\frac{L(x_M, \overline{\tau})}{2\sqrt{\overline{\tau}}} \right) dV_{g(\overline{\tau}), M}$$

は $\overline{\tau}$ に関する単調非増加関数で

$$\lim_{\overline{\tau} \to 0} \mathcal{V}(\overline{\tau}) = 1$$

---

*11 $\mathcal{L}$-length の定義で S^N 方向のゆらぎを無視している理由は，S^N の Ricci flow の標準解は標準計量の τ によるスケーリングであるため S^N 成分をどのようにとっても L の定義には影響しないからである．

を満たす．もっと強く，簡約体積関数の被積分測度

$$(4\pi\overline{\tau})^{-\frac{n}{2}}\exp\left(-\frac{L(x)}{2\sqrt{\overline{\tau}}}\right)dV_{g(\overline{\tau})}$$

は**簡約体積要素**（reduced volume element）とよばれ，τ に関して単調非増加である． □

簡約体積関数の定義に 4π を入れる理由は，Ricci 非負の完備 Riemann 多様体の Bishop–Gromov 体積比較定理において比較する距離球の半径が 0 になると体積比が 1 に漸近することを反映させるためである．定義–定理 5.4 の被積分関数の指数関数の肩に乗っている関数を

$$l((p,0),(x,\overline{\tau})) := \frac{L(x,\overline{\tau})}{2\sqrt{\overline{\tau}}}$$

と表すことによって，時空 $\widetilde{M}$ 上の関数 $l((p,0),(x,\overline{\tau}))$ が定義される．この関数は $(p,0)$ と $(x,\overline{\tau})$ の**簡約長さ関数**（reduced length function）とよばれる．

Ricci flow において計量 g_{ij} とスケールパラメータ τ の同時スケーリング $g_{ij}\mapsto\lambda g_{ij}$，$\tau\mapsto\lambda\tau$ $(\lambda>0)$ を行ったときの反応は次である：

(i) $\mathcal{L}$-length $\mathcal{L}(\gamma)$ は $\sqrt{\lambda}$ 倍される．
(ii) 関数 $L(q)$ は $\sqrt{\lambda}$ 倍される．
(iii) 簡約弧長関数 $\frac{L(x_M,\tau(q))}{2\sqrt{\tau}}$ は不変である．
(iv) 簡約体積関数 $\mathcal{V}(\tau(q))$ は不変である．

5.2.2 Riemann 幾何的熱浴と $\mathcal{W}$-entropy

Riemann 計量に対し Ricci テンソルを対応させる作業は微分同相不変だから，5.1 節で見たように，Ricci flow に時間依存する微分同相を働かせて同値な発展方程式を考えることができる．したがって Riemann 幾何的熱浴の時間依存するベクトル場つきバージョンを考えることができる．すなわち，確率測度 $dm=(4\pi\tau)^{-\frac{n}{2}}e^{-f}dV$ を保存する backward Ricci flow

$$\begin{cases}\dfrac{\partial g_{ij}}{\partial\tau}=2(R_{ij}+\nabla_i\nabla_j f)\\[2mm]\dfrac{\partial f}{\partial\tau}=\triangle f+R-\dfrac{n}{2\tau}\end{cases}\tag{5.1}$$

に対して Riemann 幾何的熱浴を考えたい．5.2.1 項で構成した Riemann 幾何的熱浴 $(\widetilde{M},\widetilde{g})$ に 2 種類の微分同相

- 時空 $\widetilde{M} = M \times S^N \times \mathbb{R}_+$ の微分同相 $\phi: (x^i, y^\alpha, \tau) \longmapsto (x^i, y^\alpha, \tau(1 - \frac{2f}{N}))$
- ∇f によって生成される微分同相 $\{\varphi_\tau\}$

を働かせて時空 $\widetilde{M} = M \times S^N \times \mathbb{R}_+$ の Riemann 計量

$$g^m := \varphi_\tau^*(\phi^* \widetilde{g}(\tau))$$

を考える．すると g^m は発展方程式系 (5.1) に対応する $\widetilde{M}$ 上の Riemann 計量で $\widetilde{g}$ と同様に $M \perp S^N$ である．補助的に $\widetilde{g}^m = \phi^* \widetilde{g}$ と定義すると $O(N^{-1})$ をモジュロに考えて

$$\begin{aligned}
\widetilde{g}^m_{ij} &= \widetilde{g}_{ij} \quad \text{on } M \\
\widetilde{g}^m_{\alpha\beta} &= \left(1 - \frac{2f}{N}\right)\widetilde{g}_{\alpha\beta} \quad \text{on } S^N \\
\widetilde{g}^m_{00} &= \widetilde{g}_{00} - 2f_\tau - \frac{f}{\tau} \\
\widetilde{g}^m_{i0} &= -\nabla_i f \\
\widetilde{g}^m_{i\alpha} &= \widetilde{g}^m_{\alpha 0} = 0
\end{aligned}$$

である．これに φ_τ による引き戻しを働かせると $g^m = \varphi_\tau^* \widetilde{g}^m$ だから

$$\begin{aligned}
g^m_{ij} &= g_{ij} \quad \text{on } M \\
g^m_{\alpha\beta} &= \left(1 - \frac{2f}{N}\right)\widetilde{g}_{\alpha\beta} \quad \text{on } S^N \\
g^m_{00} &= \widetilde{g}^m_{00} - |\nabla f|^2 = \tau^{-1}\left(\frac{N}{2} - [\tau(2\triangle f - |\nabla f|^2 + R) + f - n]\right) \\
g^m_{i0} &= g^m_{i\alpha} = g^m_{\alpha 0} = 0
\end{aligned}$$

となる．これを用いて $\widetilde{M}$ の超曲面 $\tau =$ 一定 のスカラー曲率を計算すると次のようになる（計算はたとえば [27] に書いてある）．

命題 5.5 ([31, 6.2]) $(\widetilde{M}, g^m)$ の半径 $\sqrt{\tau(q)}$ の距離球面 $\tau =$ 一定 のスカラー曲率は $O(N^{-1})$ をモジュロに考えると

$$\begin{aligned}
R^m &= \frac{N}{2\tau} + \frac{1}{\tau}[\{\tau(2\triangle f - |\nabla f|^2 + R) + f - n\} + n] \\
&= \frac{N + 2n}{2\tau} + \frac{1}{\tau}[\tau(2\triangle f - |\nabla f|^2 + R) + f - n]
\end{aligned}$$

である． □

$\widetilde{M}$ の超曲面 $\tau =$ 一定 を基点を中心とする距離球面とみなせる理由は

$$\sqrt{\tau(x)} = \sqrt{\tau(q)} - \frac{1}{2N} L(x, \tau(x)) + O(N^{-2})$$

において右辺第 2 項の変動が $O(N^{-1})$ だからである．一方，スカラー曲率は $O(1)$ の変動量を持つから，全スカラー曲率の τ で変動する部分を取り出すことに意味がある．

もともと $(\widetilde{M}, \widetilde{g})$ は $N \to \infty$ のとき漸近的 Ricci-flat だったから，$(\widetilde{M}, g^m)$ もそうである．基点を中心とする距離球面を考える．一般に，Gauss–Codazzi 公式から，d 次元 Ricci-flat な Riemann 多様体の超曲面のスカラー曲率は平均曲率の 2 乗から主曲率の 2 乗の和を引いたもの

$$\left(\sum_i \lambda_i\right)^2 - \sum_i \lambda_i^2$$

に等しいことがわかる．したがって（平均曲率の幾何的意味から）$(\widetilde{M}, g^m)$ の距離球面の外向き法線方向の変分に対する体積要素の変化率は

$$\sqrt{R^m + |II^m|^2}\, dV$$

（ただし R^m, II^m はそれぞれ，$(\widetilde{M}, g^m)$ の距離球面のスカラー曲率，第 2 基本形式）で与えられる．漸近的 Ricci-flat 空間 $(\widetilde{M}, g^m)$ の計量は巨大な N ではシリンダーに漸近することに注意して N が大きいとき各主曲率の 2 乗の大きさを評価する．$g^m_{00} = \frac{N}{2\tau}$ だから，その大きさは

$$\left(\frac{N}{2\tau} + O(1)\right)^{-1}$$

である．したがって $(\widetilde{M}, g^m)$ の距離球面の第 2 基本形式のノルムは $N \to \infty$ のときモジュロ $O(N^{-1})$ で定数に近づく．一方，命題 5.5 によりスカラー曲率は $\frac{N}{2\tau} + O(1)$ であり，同じ次元の Euclid 空間の同じ半径の距離球面のスカラー曲率との差はもとの Ricci flow に由来する $O(1)$ の大きさを持つ量（これが本質的に $\mathcal{W}$-entropy の被積分関数の τ^{-1} 倍）である．したがって，距離球面の誘導計量の法線方向の変化率

$$\sqrt{R^m + |II^m|^2}\, dV$$

において，Euclid 空間との違いはもっぱらスカラー曲率 R^m の部分から来ていると言える．考えている Ricci 非負空間の距離球面の面積要素を A，比較 Euclid 空間の距離球面の面積要素を B とすると Bishop–Gromov 体積比較定理は

$$0 \geq \frac{d}{dr}\left(\frac{A}{B}\right) = \frac{\frac{dA}{dr}B - A\frac{dB}{dr}}{B^2}$$

を意味しているから

$$\frac{1}{A}\frac{dA}{dr} \le \frac{1}{B}\frac{dB}{dr}$$

である．いまの場合，A は $\sqrt{R^m + |II^m|^2}\,dV$ であり B は Euclid 対応物 $\sqrt{R^{\mathrm{euc}} + |II^{\mathrm{euc}}|^2}\,dV$ である．A から出てくる主要項は N^{-1} の項であり，係数は $\mathcal{W}$-entropy である．以下，このことを確かめる．超曲面 $\tau =$ 一定 に g^m から誘導される Riemann 計量の体積要素は

$$\underbrace{\left(1 - \frac{2f}{N}\right)^{\frac{N}{2}}}_{\approx\ e^{-f}} \tau^{\frac{N}{2}} \sqrt{\det(g_{\alpha\beta})}\sqrt{\det(g_{ij})} \prod_{\alpha=1}^{N} U_\alpha^* \prod_{i=1}^{n} X_i^*$$

(U_α^*, X_i^* は S^N, M の座標ベクトル場の双対 1 形式）である．確率測度 $dm = (4\pi\tau)^{\frac{n}{2}} e^{-f} dV_g$ は M 上 τ に関して不変だから，命題 5.5 により全スカラー曲率は

$$\begin{aligned}
\int_{S_{\widetilde{M}}(r)} R^m dA_{S_{\widetilde{M}}} &= \frac{N+2n}{2\tau} \int_{\widetilde{M}} \tau^{\frac{N}{2}} e^{-f} \sqrt{\det(g_{\alpha\beta})}\sqrt{\det(g_{ij})} \prod_{\alpha=1}^{N} U_\alpha^* \prod_{i=1}^{n} X_i^* \\
&\quad + (4\pi)^{\frac{n}{2}} \tau^{\frac{N}{2}+\frac{n}{2}-1} \underbrace{(4\pi\tau)^{\frac{n}{2}} \int_M [\tau(R+|\nabla f|^2)+f-n] e^{-f} dV_g}_{\mathcal{W}(g_{ij}, f, \tau)} \\
&= (C_1(N,n) + \mathcal{W}(g_{ij}, f, \tau))\, \tau^{\frac{N}{2}+\frac{n}{2}-1}
\end{aligned}$$

である．一方，$N+n$ 次元 Euclid 空間の半径 r（r と τ の関係は $r = \tau^{\frac{1}{2}}$）の距離球面の全スカラー曲率は

$$\begin{aligned}
\int_{S_{\mathbb{R}^{N+n}}(r)} R_{S_{\mathbb{R}^{N+n}}(r)} dA_{S_{\mathbb{R}^{N+n}}(r)} &= \frac{(N+n-1)(N+n)}{r^2} \int_{S_{\mathbb{R}^{N+n}}(r)} dA_{S_{\mathbb{R}^{N+n}}(r)} \\
&= C_2(N,n) r^{N+n-2}
\end{aligned}$$

である．したがって，全スカラー曲率の τ に関して変化する部分は $\mathcal{W}$-entropy $\mathcal{W}(g_{ij}, f, \tau)$ である．漸近的 Ricci-flat 空間 $(\widetilde{M}, g^m)$ に Bishop–Gromov 体積比較定理を適用して全スカラー曲率が単調非増加であることを示したのだから，結局，次を得たことになる．

定理 5.6 ([31, 3.1, 6.2]) $\mathcal{W}$-entropy $\mathcal{W}(g_{ij}, f, \tau)$ は次の単調性を持つ：

- backward Ricci flow 上で考えれば τ に関して単調非増加である．
- Ricci flow 上で考えれば t に関して単調非減少である． □

Bishop–Gromov 体積比較定理は局所化できるから，$\mathcal{W}$-entropy の単調性も局所化できるはずである．実際にそれは Perelman により証明されて，Kähler–Ricci flow の収束理論で本質的な役割を担うことになる**擬局所性定理**（Pseudo-Locality Theorem）[31, Theorem 10.1] の証明に応用された．$\mathcal{W}$-entropy の単調性の局所化は次のように述べられる：

定理 5.7（[31, Proposition 9.1]） 時間区間 $[0,T]$ で定義された Ricci flow 解 $\frac{\partial g_{ij}}{\partial t} = -2R_{ij}$ を考える．$\tau = T - t$ とおく．時刻 $t = T$ で与えられた任意の初期条件をもつ共役熱方程式

$$\frac{\partial u}{\partial t} = -\triangle u + Ru$$

の解 u から

$$u = (4\pi\tau)^{-\frac{n}{2}} e^{-f}$$

により定義される関数 f を考える．このとき $\mathcal{W}$-entropy の被積分関数

$$v := [\tau(2\triangle f - |\nabla f|^2 + R) + f - n]\, u$$

は発展方程式

$$\frac{\partial v}{\partial t} = -\triangle v + Rv + 2\tau v \left| R_{ij} + \nabla_i \nabla_j f - \frac{1}{2\tau} g_{ij} \right|^2$$

の解である． □

Perelman の擬局所性定理の類似が Kähler–Ricci flow の収束では非常に重要になる．それを 5.5 節以降で詳しく述べる．擬局所性定理の statement そのものが後で必要なので，ここに述べる：

定理 5.8（**擬局所性定理** [31, Theorem 10.3]） 次の性質を満たす $\varepsilon, \delta > 0$ が在る：$g_{ij}(t)$ は $[0, (\varepsilon r_0)^2]$ 上の Ricci flow の滑らかな解で，$t = 0$ で曲率評価 $B(x_0, r_0)$ 上 $|\mathrm{Rm}| \le r_0^{-2}$ を満たし，体積比の下からの評価 $\mathrm{Vol}(B(x_0, r_0)) \ge (1-\delta)\omega_n r_0^n$ が成り立つとする（ここで ω_n は $\mathbb{R}^n$ の単位球の体積）．このとき $\forall x \in B(x_0, t, \varepsilon r_0)$, $\forall t \in [0, (\varepsilon r_0)^2]$ に対して $|\mathrm{Rm}|(x,t) \le (\varepsilon r_0)^{-2}$ が成り立つ． □

5.3 $\mathcal{W}$-entropy と Ricci soliton

Ricci flow の自己相似解は **Ricci soliton** とよばれる．Ricci flow の時刻 $t = -1$ における初期計量

$$g_{ij} = g_{ij}(-1)$$

が勾配縮小 **Ricci soliton** の方程式

$$R_{ij} - \frac{1}{2}g_{ij} + \nabla_i\nabla_j f = 0$$

を満たすとせよ．関数 f の Riemann 計量 g_{ij} に関する勾配ベクトル

$$V = \nabla_i f \quad (V \text{ は } g(V,\cdot) = df(\cdot) \text{ により定義されるベクトル場})$$

を使って M の微分同相の 1 パラメータ族 $\{\phi_t\}_{-\infty<t<0}$ を

$$\frac{d\phi_t(x)}{dt} = -\frac{1}{t}V(\phi_t(x))$$

によって定義すれば，$g_{ij}(-1)$ から微分同相とスケーリングによって作られる Riemann 計量の 1 パラメータ族

$$g_{ij}(t) := -t\,\phi_t^* g_{ij}(-1)$$

は $(-\infty,0)$ で定義された Ricci flow 解で

$$g_{ij}(-1) = g_{ij}$$

を満たし，各時刻 $t \in (-\infty,0)$ で勾配縮小 Ricci soliton の方程式

$$R_{ij} + \frac{1}{2t}g_{ij} + \nabla_i\nabla_j f = 0$$

を満たす．5.1 節で Ricci flow と共役熱方程式の組は $\mathcal{W}$-entropy の勾配流解釈であることを述べた．一方，5.2 節では Riemann 幾何的熱浴の考え方により $\mathcal{W}$-entropy の Bishop–Gromov 体積比較定理による解釈を述べた．しかし，$\mathcal{W}$-entropy の勾配流に沿う単調性の積分形がどのような公式で与えられるかについて何も言っていなかった．話の流れで遅くなったが，これをここで述べる．次の定理は閉多様体で定式化するが，部分積分さえ正当化できれば完備 Riemann 計量の世界で成り立つものである．

定理 5.9 ([31, 3.1])　(1) 閉多様体上の三つ組 $(g_{ij}(t), f, \tau)$ が発展方程式系

$$\begin{cases} \dfrac{\partial}{\partial t}g_{ij} = -2R_{ij}\ , \\ \dfrac{\partial f}{\partial t} = -\triangle f + |\nabla f|^2 - R + \dfrac{n}{2\tau}\ , \\ \dfrac{\partial}{\partial t}\tau = -1 \end{cases}$$

を満たすとせよ．このとき定理 5.6 により $\mathcal{W}$-entropy は単調非減少である．もっとくわしく，単調性公式

$$\frac{d}{dt}\mathcal{W}(g_{ij}, f, \tau) = 2\int_M \tau \left| R_{ij} - \frac{1}{2\tau}g_{ij} + \nabla_i\nabla_j f\right|^2 (4\pi\tau)^{-\frac{n}{2}} e^{-f} dV_g$$

が成り立つ．

(2) Ricci flow が縮小 Ricci soliton であることと $\mathcal{W}$-entropy が時間不変であることは同値である． □

$\mathcal{W}$-entropy を関数 f だけ動かして下限をとることにより $\boldsymbol{\mu}$ 汎関数

$$\begin{aligned}\mu(g_{ij}, \tau) &:= \inf_{\substack{f\in C^\infty(M)\\ \int_M (4\pi\tau)^{-\frac{n}{2}} e^{-f} dV_g = 1}} \mathcal{W}(g_{ij}, f, \tau)\\ &= \inf_{\substack{f\in C^\infty(M)\\ \int_M (4\pi\tau)^{-\frac{n}{2}} e^{-f} dV_g = 1}} \int_M [\tau(|\nabla f|^2 + R) + f - n](4\pi\tau)^{-\frac{2}{n}} e^{-f} dV_g\end{aligned}$$

が定義される．μ 汎関数の定義において inf を達成する f が存在することは，Riemann 多様体上の対数 Sobolev 不等式からの帰結である．ここで Riemann 多様体上の対数 Sobolev 不等式とは，次のような主張である．閉多様体で述べるが，部分積分さえ正当化できれば完備 Riemann 多様体で成り立つ．

定理 5.10（**対数 Sobolev 不等式**（たとえば [44]））　(M, g) を閉 Riemann 多様体とする．このとき，$\forall a > 0$ に対して定数 $C(a, g)$ が存在して，$\forall v \in C^\infty(M)$, $\int_M v^2 dV_g = 1$ に対して

$$\int_M (a|\nabla v|^2 - 2v^2 \log v) dV_g \geq C(a, g)$$

が成り立つ． □

これは，不等式

$$\begin{aligned}&\mathcal{W}(g_{ij}, f, \tau) \geq \mu(g_{ij}, \tau)\ ,\\ &\forall f \text{ satisfying } \int_M u dV_g = 1 \text{ where } u = (4\pi\tau)^{-\frac{n}{2}} e^{-f}\end{aligned}$$

が Riemann 多様体上の対数 Sobolev 不等式と解釈できることを意味する．等周不等式（または対応する Sobolev 不等式）から対数 Sobolev 不等式が従うことが知られている ([44, Proof of Theorem 1.1])[*12]．μ 汎関数は，定義からわかるようにもはや

---

*12 対数 Sobolev 不等式の定数 a に制限がないバージョンは non-restricted な対数 Sobolev 不等式とよばれ，a の大きさに上限を設けたバージョンは restricted な対数 Sobolev 不等式とよばれる．[44, Proof of Theorem 1.1] で示されているのは restricted な対数 Sobolev 不等式である．

局所的ではない[*13]．しかし，μ 汎関数に対しても $\mathcal{W}$-entropy と同様に Ricci flow に沿って単調非減少性

$$\frac{d}{dt}\mu(g_{ij}(t), \tau(t)) \geq 0$$

が成り立ち，等号成立は Ricci flow が勾配縮小 Ricci soliton であることと同値である．

いま，$g_{ij}(t)$ は勾配縮小 Ricci soliton とする．このとき制限条件

$$\int_M (4\pi\tau)^{-\frac{n}{2}} e^{-f} dV_{g(t)} = 1$$

のもとで $\forall f \in C^\infty(M)$ に対して不等式

$$\begin{aligned} \mathcal{W}(g_{ij}(t), f, -t) &\geq \mu(g_{ij}(t), -t) \\ &= \mu(g_{ij}(-1), 1) \end{aligned}$$

が成り立つ．この不等式を**勾配縮小 Ricci soliton 上の対数 Sobolev 不等式**とよぶ．この制限つき極値問題の最小値を実現する関数 $f(t)$ は，$t = -1$ のときの答 $f(-1)$ に初期時刻 $t = -1$ における $f(-1)$ の勾配ベクトル場

$$V = \nabla_i f(-1)$$

から

$$\frac{d\phi_t(x)}{dt} = -\frac{1}{t}V(\phi_t(x))$$

によって生成される微分同相の 1 パラメータ族 $\{\phi_t\}_{-\infty<t<0}$ を働かせて得られる関数 $f(t)$ である．したがって $\mathcal{W}$-entropy の単調性公式の等号の場合から $f(t)$ はすべての $\tau = -t > 0$ に対し勾配縮小 Ricci soliton の方程式

$$R_{ij}(\tau) - \frac{1}{2\tau}g_{ij}(\tau) + \nabla_i\nabla_j f = 0$$

を成立させる．

以上の議論から，勾配縮小 Ricci soliton の関数 f は対数 Sobolev 不等式の等号成立条件によって特徴づけられることがわかった：

定理 5.11 ([31, 4.2]) 閉多様体上の勾配縮小 Ricci soliton の時間依存する関数 f は，各時刻において $g_{ij}(t)$ に対する対数 Sobolev 不等式の等号を達成する関数である． □

[*13] すなわち，μ 汎関数は局所的に定義される微分幾何的量の積分では表せない．

例 5.12 (Gaussian soliton) $\mathbb{R}^n$ の Euclid 計量 $g = \sum_{i=1}^n (dx^i)^2$ を考える．$u(x,t) = (-4\pi t)^{-\frac{n}{2}} e^{\frac{|x|^2}{4t}}$ を，時刻 $t=0$ で原点におかれたデルタ関数を過去に向けて時間発展させた共役熱方程式の解とする．つまり $(-\frac{\partial}{\partial t} - \triangle)u = 0$ である．このとき $f(x,t) = -\frac{|x|^2}{4t}$ だから $\nabla_i \nabla_j f = -\frac{\delta_{ij}}{2t}$ となる．Euclid 計量では $R_{ij} = 0$ だから

$$R_{ij} + \frac{g_{ij}}{2t} + \nabla_i \nabla_j f = 0$$

となって $\mathbb{R}^n$ の Euclid 計量と共役熱方程式の基本解の組は勾配縮小 Ricci soliton である．このとき $\mathcal{W}$-entropy は恒等的に零である． □

5.4 Kähler–Ricci flow の直径評価

本節の目的は Perelman が予告し Sesum–Tian [35] が証明を与えた Fano 多様体上の Kähler–Ricci flow の直径評価を述べることである．本節では一般の Ricci flow ではなく Kähler–Ricci flow の設定で考える．

本論に入る前に Kähler 幾何学の基本設定をまとめておく．複素多様体上の Hermite 計量 $g_{i\bar{j}}$ に付随する Kähler 形式 ω_g を

$$\omega_g := \frac{\sqrt{-1}}{2\pi} \sum_{i,j} g_{i\bar{j}}\, dz^i \wedge d\bar{z}^j$$

によって定義する[*14]．Hermite 計量 $g_{i\bar{j}}$ が Kähler 形式であるとは，$\omega = \omega_g$ が閉形式であることと定義する．Kähler 計量 g の Ricci テンソル Ric_g に付随する Ricci 形式を

$$\mathrm{Ric}_\omega := \frac{\sqrt{-1}}{2\pi} \partial\bar{\partial} \log\det(g_{i\bar{j}})$$

によって定義する．すると de Rham コホモロジー類 $[\mathrm{Ric}_\omega]$ は第 1 Chern 類 $c_1(M) \in H^2(M,\mathbb{R})$ である．第 1 Chern 類が正であるとは de Rham コホモロジー類 $c_1(M)$ が Kähler 計量を含むことと定義し，$c_1(M) > 0$ と書く．これは反標準束 K_M^{-1} が豊富という代数幾何的条件と同値である．コンパクト Kähler 多様体 M が Fano 多様体であるとは $c_1(M) > 0$ であることを意味する．以下，現れる式を簡単にするため

$$c_1(M)^n = \int_M \omega^n = n!$$

[*14] 今後，Kähler 計量 $g = (g_{i\bar{j}})$ (resp. Ricci テンソル Ric_g) とその Kähler 形式 $2\pi\omega_g$ (resp. Ricci 形式 $2\pi\,\mathrm{Ric}_\omega$) を同一視する．このとき，体積要素 dV_g は $dV_g = (2\pi\omega)^n/n!$ で与えられる．したがって $\mathrm{Vol}_g(M) = (2\pi)^n \int_M \omega^n/n! = (2\pi)^n c_1(M)^n/n!$ である．

と仮定するが，このことによって一般性は失われない．このとき

$$\mathrm{Vol}_g(M) = \int_M dV_g = (2\pi)^n$$

である．

ここから本論に入る．Kähler 計量を初期計量にとって Ricci flow で時間発展させると Kähler 性は保存される．したがって Kähler 多様体上では Ricci flow は Kähler 計量の中で閉じた概念である．Kähler 計量を初期計量とする Ricci flow は Kähler–Ricci flow とよばれる．本章では Fano 多様体 M を考え，Kähler–Ricci flow の初期計量を第 1 Chern 類 $c_1(M) \in H^2(M, \mathbb{R})$ からとる[*15]．このような Ricci flow 解を $\widetilde{g}(s)$ とすると $\frac{\partial}{\partial s}\widetilde{g}(s) = -2\,\mathrm{Ric}(\widetilde{g}(s))$ である．時間パラメータ s を $t = t(s) = -\log(1-2s)$ に変更して，$\widetilde{g}_{i\bar{j}}(s) = (1-2s)g_{i\bar{j}}(t(s))$ によって $g_{i\bar{j}}(t)$ を定義すると，$g_{ij}(t)$ は正規化された Ricci flow 方程式

$$\begin{aligned}
&\frac{\partial}{\partial t}g_{i\bar{j}}(t) = g_{i\bar{j}}(t) - R_{i\bar{j}}(t)\ , \\
&g_{i\bar{j}}(0) = g_{i\bar{j}}
\end{aligned} \tag{5.2}$$

を満たす[*16]．今後，Fano 多様体上の Kähler–Ricci flow をこの形で考えることにする．

命題 5.13 ([12]) Fano 多様体上の Kähler–Ricci flow (5.2) には時間大域解が一意的に存在する．

(証明) 初期計量を $c_1(M)$ からとると式 (5.2) の解 $\omega_{\phi(t)}$ は $c_1(M)$ の中を動くから，$[\omega_{\phi(t)}] = [\mathrm{Ric}_{\omega_{\phi(t)}}] = c_1(M)$ である．したがって Ricci ポテンシャル $u(t)$ を

$$\omega_{\phi(t)} - \mathrm{Ric}_{\omega_{\phi(t)}} = \frac{\sqrt{-1}}{2\pi}\partial\bar{\partial}u(t)$$

によって定義できる．Kähler 多様体では Kähler ポテンシャルを使って

$$\begin{aligned}
g_{i\bar{j}}(0) &= R_{i\bar{j}}(0) + \partial_i\partial_{\bar{j}}u(0)\ , \\
g_{i\bar{j}}(t) &= g_{i\bar{j}}(0) + \partial_i\partial_{\bar{j}}\phi(t)\ , \\
R_{i\bar{j}}(t) &= -\partial_i\partial_{\bar{j}}\log\det(g_{p\bar{q}}(t))
\end{aligned}$$

[*15] Calabi–Yau の定理により M が Fano 多様体 $\Leftrightarrow$ M 上に正の Ricci 曲率をもつ Kähler 計量が在る．とくに Fano 多様体上の Kähler–Ricci flow の初期計量は $\mathrm{Ric} > 0$ とくにスカラー曲率を正にとれる．

[*16] この正規化は Kähler–Ricci flow 解の体積が一定になるような正規化である．同様の正規化をしても Kähler でないと体積一定とは限らない．

という計算ができる[*17]から，

$$\partial_i\partial_{\bar{j}}\frac{\partial\phi(t)}{\partial t}=\partial_i\partial_{\bar{j}}u(t)=g_{i\bar{j}}(t)-R_{i\bar{j}}(t)=\partial_i\partial_{\bar{j}}\left(\log\frac{\det(g_{i\bar{j}}(t))}{\det(g_{i\bar{j}}(0))}+u(0)+\phi(t)\right)$$

である．よって $\phi(t)$ は発展方程式

$$\frac{\partial\phi(t)}{\partial t}=\log\frac{\det(g_{i\bar{j}}+\partial_i\partial_{\bar{j}}\phi(t))}{\det(g_{i\bar{j}})}+\phi(t)+u(0)\ ,$$
$$\phi(0)=0$$

を満たすようにとれる．第 1 式の両辺を t で微分すると

$$\frac{\partial}{\partial t}\left(\frac{\partial\phi(t)}{\partial t}\right)=\triangle^{(t)}\frac{\partial\phi(t)}{\partial t}+\frac{\partial\phi(t)}{\partial t}$$

である．ここで $\triangle^{(t)}$ は Kähler 計量 $\omega_{\phi(t)}$ に関する Laplacian である．この式に最大値原理を適用すると，ある定数 $C>0$ が在って

$$\left|\frac{\partial\phi(t)}{\partial t}\right|\leq Ce^t$$

となる．この評価を初期条件 $\phi(0)=0$ のもとで積分すると

$$|\phi(t)|\leq Ce^t$$

である．Yau による Calabi–Yau の定理の証明の議論により $\phi(t)$ の任意階数の微分の評価が従う．こうして式 (5.2) の解は時間大域的であることが示される． □

Fano 多様体上の $c_1(M)$ に初期計量をとる Kähler–Ricci flow 解は時間大域的であることを前提としてこれ以上の詳しい議論をするためには，Kähler 計量 $g_{i\bar{j}}(t)$ の Ricci ポテンシャル $u(t)\in C^\infty(M)$ とその正規化条件を

$$g_{i\bar{j}}(t)-R_{i\bar{j}}(t)=\partial_i\partial_{\bar{j}}u(t),\ \int_M e^{-u(t)}dV(t)=(2\pi)^n \tag{5.3}$$

により定義する必要がある（Ricci ポテンシャル u は定数差を除き一意的に決まるが，積分の条件により定数差の不定性をなくす）．次の定理 5.14 が $\mathcal{W}$-entropy の複素幾何への応用の出発点となる重要な定理である．

[*17] 初期計量 ω を $c_1(M)$ からとると Kähler–Ricci flow によってもたらされる Kähler 計量の変形は第 1 Chern 類 $c_1(M)$ の中で起きるから，たとえば $g_{i\bar{j}}(t)=g_{i\bar{j}}(0)+\partial_i\partial_{\bar{j}}\phi(t)$ とおける．用語の濫用であるが，この状況で現れるポテンシャル関数 $\phi(t)$ を $g_{i\bar{j}}(t)$ の Kähler ポテンシャルとよぶ．

定理 5.14 (Perelman, Sesum–Tian [35]) M を Fano 多様体とし，初期 Kähler 計量 $g_{i\bar{j}}(0)$ を $c_1(M)$ からとる Kähler–Ricci flow を $g_{i\bar{j}}(t)$ とする．すなわち式 (5.2)

$$\frac{\partial}{\partial t} g_{i\bar{j}} = g_{i\bar{j}} - R_{i\bar{j}}$$

が成り立っている．このとき，次が成り立つ：初期計量のみによって決まる定数 C が存在して

- スカラー曲率の評価 $|R(g_{i\bar{j}}(t))| \leq C$ が成り立つ．
- 直径の評価 $\mathrm{diam}(M, g_{i\bar{j}}(t)) \leq C$ が成り立つ．
- Ricci ポテンシャル u の C^1 評価 $|u(t)|_{C^1} \leq C$ が成り立つ．

定理 5.14 の証明は $\mathcal{W}$-entropy の応用である．Kähler–Ricci flow (5.2) は正規化されているから，$\mathcal{W}$-entropy の正規化版を考えなければならない．$\mathcal{W}$-entropy は単調性公式を通して勾配縮小 Ricci soliton を特徴づけるものである．この性質は正規化版 $\mathcal{W}$-entropy でも保たれるようにしたい．勾配縮小 Ricci soliton は，時刻 $t = -1$ における初期計量を $g_{ij}(-1)$ とするとき，$g_{ij}(t) = -t\,\phi_t^* g_{ij}(-1)$ と表されるのであった．体積を一定に保つように正規化することは，スケールパラメータ $\tau = -t$ が一定であればよい．一方，$\mathcal{W}$-entropy は g と τ の同時スケーリングで不変である．したがって，$\mathcal{W}$-entropy の正規化版が Kähler–Ricci flow に沿う微分公式を通して勾配縮小 Ricci soliton を特徴づけるためにはスケールパラメータ τ が一定という変更だけを行えばよい．以下，いくつかの補題・命題に分割して定理 5.14 の証明を述べる[*18]．

補題 5.15 (Perelman, Sesum–Tian [35]) 定理 5.14 の状況で次が成り立つ：初期計量のみに依存する定数 C が存在して Ricci ポテンシャル $u(t)$ に対して

$$\int_M u(t) e^{-u(t)} dV_t \geq C$$

が成り立つ．

(証明) $\mathcal{W}$-entropy の正規化版から作られる μ 汎関数

$$\mu(g,\tau) := \inf_{\substack{f \in C^\infty(M) \\ \int_M (4\pi\tau)^{-n} e^{-f} dV_g = 0}} (4\pi\tau)^{-n} \int_M e^{-f}\{2\tau(R + |\nabla f|^2) + f - 2n\} dV_g$$

を考える．$\mathcal{W}$-entropy の正規化版ではスケールパラメータ τ は一定であり，μ 汎関数は Ricci flow にそって単調だから

*18 Perelman の Ricci flow 理論の複素幾何への応用で最も重要であるだけでなく，幾何解析の方法の展示場でもあるので，証明を詳しく述べる．

$$
\begin{aligned}
A &= \mu\left(g(0), \frac{1}{2}\right) \leq \mu\left(g(t), \frac{1}{2}\right) \\
&\leq \int_M (2\pi)^{-n} e^{-u(t)} (R(t) + |\nabla u(t)|^2 + u - 2n) dV_t \quad [\mu \text{ の定義}] \\
&= \int_M (2\pi)^{-n} e^{-u(t)} (-\triangle^{(t)} u(t) + |\nabla u(t)|^2 - n + u(t)) dV_t \quad [R = n - \triangle^{(t)} u] \\
&= \int_M (2\pi)^{-n} \triangle^{(t)} e^{-u(t)} dV_t - n + (2\pi)^{-n} \int_M u(t) e^{-u(t)} dV_t \\
&\qquad\qquad [\text{正規化 } \textstyle\int_M e^{-u(t)} dV(t) = (2\pi)^n] \\
&= -n + (2\pi)^{-n} \int_M u(t) e^{-u(t)} dV_t
\end{aligned}
$$

である．したがって A だけに依存する定数 $C(A) > 0$ が在って

$$
(2\pi)^{-n} \int_M u(t) e^{-u(t)} dV_t \geq -C(A)
$$

が成り立つ． □

時間依存する M 上の定数 $a(t)$ を

$$
a(t) := -(2\pi)^{-n} \int_M u(t) e^{-u(t)} dV_t
$$

で定める．

補題 5.16 ([35]) 補題 5.15 の定数 $C(A)$ のほかに初期計量にだけ依存する定数 C' が在って

$$
-C' \leq a(t) \leq C(A)
$$

が成り立つ．

(証明) 補題 5.15 より

$$
a(t) \leq C(A)
$$

である．関数 $\mathbb{R}_+ \ni x \mapsto xe^{-x} \in \mathbb{R}_+$ は上に有界だから，ある定数 C' があって

$$
\begin{aligned}
a(t) &= -(2\pi)^{-n} \int_M u(t) e^{-u(t)} dV_t \\
&= -\int_M \min\{u(t), 0\} e^{-\min\{u(t),0\}} dV_t - (2\pi)^{-n} \int_M \max\{u(t), 0\} e^{-\max\{u(t),0\}} dV_t \\
&\geq -(2\pi)^n \int_M \max\{u(y), 0\} e^{-\max\{u(t),0\}} dV_t \geq -C'
\end{aligned}
$$

である． □

補題 5.17 ([35]) Kähler–Ricci flow (5.2) のスカラー曲率 $R(t)$ は時間一様に下から評価できる．とくに一般性を失うことなく $R(t) > 0$ と仮定してよい．

(証明) Calabi–Yau の定理により Kähler–Ricci flow (5.2) の初期計量 ω を $\mathrm{Ric} > 0$ にとることができる．一方，任意の Ricci flow のスカラー曲率は

$$\frac{\partial}{\partial t}R(t) = \triangle^{(t)}R(t) + 2|\nabla^{(t)}R(t)|^2$$

という発展方程式を満たすから，閉多様体上の Ricci flow のスカラー曲率の最小値は単調非減少である．Kähler–Ricci flow (5.2) は Ricci flow をスケーリングしただけだから，初期計量のスカラー曲率が正ならば，任意の $t \in [0, \infty)$ に対しスカラー曲率 $R(t) > 0$ と仮定してよい． □

Kähler–Ricci flow (5.2) と Ricci ポテンシャルの定義より $\partial_i\partial_{\bar{j}}\frac{\phi(t)}{\partial t} = \frac{\partial}{\partial t}(g_{i\bar{j}} + \partial_i\partial_{\bar{j}}u(t)) = g_{i\bar{j}}(t) - R_{i\bar{j}}(t) = \partial_i\partial_{\bar{j}}u(t)$ だから

$$u(t) = \frac{\partial}{\partial t}\phi(t) \quad [\text{時間依存する定数をモジュロに考えて}] \tag{5.4}$$

である．したがって

$$\begin{aligned}\partial_i\partial_{\bar{j}}\frac{\partial u(t)}{\partial t} &= \frac{\partial}{\partial t}(g_{i\bar{j}}(t) - R_{i\bar{j}}(t)) \\ &= g_{i\bar{j}}(t) - R_{i\bar{j}}(t) + \frac{\partial}{\partial t}\partial_i\partial_{\bar{j}}\log\det(g_{i\bar{j}} + \partial_i\partial_{\bar{j}}\phi(t)) \\ &= \partial_i\partial_{\bar{j}}(u(t) + \triangle^{(t)}u(t))\end{aligned}$$

である．よって $\frac{\partial u(t)}{\partial t} - \triangle^{(t)}u(t) - u(t)$ は時間依存する定数 $c(t)$ である．定数 $c(t)$ を決定するために正規化条件 $\int_M e^{-u(t)}dV_t = (2\pi)^n$ を t で微分すると $\int_M(-\frac{\partial u}{\partial t}e^{-u} + e^{-u}\triangle u)dV_t = 0$ だから $c(t)\int_M e^{-u}dV_t = -\int_M ue^{-u}dV_t$ を得るから，正規化条件から $c(t) = a(t)$ であることがわかる．よって Ricci ポテンシャル $u(t)$ が満たす発展方程式は

$$\frac{\partial u(t)}{\partial t} = \triangle^{(t)}u(t) + u(t) + a(t) \tag{5.5}$$

である．$\triangle^{(t)}u = n - R(t)$ でありスカラー曲率 $R(t)$ は $R(t) > 0$ を満たすから $a(t) \leq C(A)$ を使って，発展不等式

$$\frac{\partial u(t)}{\partial t} = n - R(t) + u(t) + a(t) < n + C(A) + u(t) \tag{5.6}$$

を得る．Kähler–Ricci flow (5.2) の解は時間大域的だから，式 (5.4) において $\phi(t)$ を時間依存する定数関数を加えて正規化することによって

$$u(t) = \frac{\partial}{\partial t}\phi(t) \tag{5.7}$$

とおいてよい．

補題 5.18 (Perelman, Sesum–Tian [35]) 定理 5.14 の状況で次が成り立つ：初期計量だけに依存する時間に対し一様な定数 C が在って，Ricci ポテンシャル $u(t)$ に対し

$$u(t) \geq C$$

が成り立つ．

(証明) 背理法．ある t_0 に対し $u(t_0) \leq -2(n + C(A))$ となる点 $y_0 \in M$ が在ると仮定する．ここで $C(A) > 0$ は補題 5.16 の評価式 $a(t) < C(A)$ を満たす定数である．このとき $\frac{\partial u}{\partial t}(t_0, y_0) \leq n + C(A) + u(t_0, y_0) < 0$ となる．点 y_0 のある近傍 $U = U(y_0)$ が在って任意の $y \in U$ に対し $t = t_0$ において $u(y) \ll 0$ である．この評価は開集合 U 上において $\forall t \geq t_0$ に対して成り立つ．C を $n + C(A)$ より少し小さい正数とすると U 上で $\frac{\partial u}{\partial t} \leq C + u$ だから $u(t, y) \leq e^{t-t_0}(C + u(t_0)) \leq -Ce^t$ $(\forall t \geq t_0, \forall y \in U(y_0))$ となることがわかる．式 (5.7) から $\frac{\partial \phi}{\partial t} = u$ だから，この評価を積分することにより，C より少し小さい正数 C' をとると，U 上ですべての $t \geq t_0$ に対し

$$\phi(t, y) \leq \phi(t_0, y) - Ce^t \leq -C'e^t \tag{5.8}$$

となることがわかる．初期計量 $\omega(0)$ に関する Green 関数を $G^{(0)}(x, y)$ とすると，$\forall t \geq t_0$ に対し

$$\begin{aligned}
\phi(x_t, t) &= \frac{1}{\mathrm{Vol}_0(M)}\int_M \phi(y,t)dV_t + \frac{1}{\mathrm{Vol}_0(M)}\int_M \underbrace{\triangle^{(0)}\phi(y,t)}_{\mathrm{tr}_{\omega(0)}\,\omega(t) - n \geq -n} G^{(0)}(x_t, y)dV_0(y) \\
&\leq \underbrace{\frac{\mathrm{Vol}_0(M \setminus U)}{\mathrm{Vol}_0(M)}}_{<1} \sup_M \phi(t) + \frac{\mathrm{Vol}_0(U)}{\mathrm{Vol}_0(M)}\int_U \phi(y,t)dV_t + C'' \\
&\leq \sup_M \phi(t) - C'e^t + C''
\end{aligned}$$

が成り立つ．1 行目から 2 行目に移行するとき $\int_M G^{(0)}(x, y)dV_0(y) = 0$ であり，$\omega(0)$ だけに依存するある定数 C が在って $G(x, y) < C$ であることを用いた（極で $-\infty$ になる Green 関数を考える）．2 行目から 3 行目に移行するとき式 (5.8) を用いた．ここで C'' は初期計量だけに依存する定数である．この評価式において $1 - \frac{\mathrm{Vol}_0(U)}{\mathrm{Vol}_0(M)} < 1$ だから，C' と C'' を大きく取り直して

$$\max_M \phi(t) \leq -C'e^t - C'' \tag{5.9a}$$

が成り立つことがわかる．一方，正規化条件 $\int_M e^{-u(t)} dV_t = (2\pi)^n$ から，ある定数 $C(n) > 0$ が在って，すべての $t \in [0, \infty)$ に対し，点 $x_t \in M$ であって $\max_M u(x) = u(x_t, t) \geq -C(n)$ となるものが在る．一方式 (5.4) と式 (5.6) から $\frac{\partial}{\partial t}(u(t) - \phi(t)) \leq n + C(A)$ である．よって $u(x_t, t) - \phi(x_t, t) \leq \max_M(u(0) - \phi(0)) + (n + C(A))t$ である．したがって

$$\max_M \phi(t) \geq -C(n) - (n + C(A))t \tag{5.9b}$$

である．式 (5.9a) と式 (5.9b) は t が大きいとき矛盾する．したがって，初期計量だけに依存する一様な定数 C が在って $\forall t$ に対し $u(t) \geq C$ でなければならない． □

命題 5.19（非局所崩壊定理 [31], [35]） Kähler–Ricci flow (5.2) において，初期計量だけに依存する定数 $C = C(A)$ が在って，スカラー曲率の条件 $|R| \leq 1$ が満たされ，境界 $\partial B(x, 1) \neq \emptyset$ となる任意の距離球 $B(x, 1)$ に対して体積の評価 $\mathrm{Vol}(B(x, 1)) \geq C$ が成り立つ．

（証明） Kähler–Ricci flow (5.2) の解 $g(t)$ に対し，新しい時間パラメータ s を $t(s) = -\log(1 - 2s)$ で定め，Kähler 計量を $\widetilde{g}(s) = (1 - 2s)g(t(s))$ で定義すると $\widetilde{g}(s)$ は Ricci flow $\frac{\partial \widetilde{g}(s)}{\partial s} = -2\,\mathrm{Ric}(\widetilde{g}(s))$ の解である．Ricci flow 解 $\widetilde{g}(s)$ に Perelman の No Local Collapsing Theorem [31] を適用する．

“初期計量だけに依存する定数 $\kappa(\widetilde{g}(0))$ が在って，もし距離球 $B_{\widetilde{g}(s)}(p, r)$ 上でスカラー曲率評価 $|R(\widetilde{g}(s))| \leq \frac{1}{r^2}$ があって $\partial B(p, r) \neq \emptyset$ ならば，$\mathrm{Vol}_{\widetilde{g}(s)}(B(p, r)) \geq \kappa r^{2n}$ の意味で体積崩壊しない．”

その証明 [31] は以下のように背理法でなされる．結論を否定すると次のような列 (t_k, p_k, r_k) がとれる：時刻の列 $\{t_k\}_{k=1}^{\infty}$ は単調増加で $t_k \to T < \infty$，M の点列 $\{p_k\}_{k=1}^{\infty}$，距離球 $B_k := B(p_k, r_k)$ 上でスカラー曲率の評価 $|R(g(t_k))| \leq r_k^{-2}$ が満たされて $\partial B(p_k, r_k)$ は空でない．$k \to \infty$ のとき距離球 B_k は $\mathrm{Vol}(B(p_k, r_k)) r_k^{-2n} \to 0$ の意味で体積崩壊する．$\tau_k = r_k^2$ とおく．滑らかな単調減少関数 $\phi(x)$ であって $\phi(x) \equiv 1$ $(x \leq \frac{1}{2})$，$\phi(x) \equiv 0$ $(x \geq 1)$ であるものをとる．M 上の関数 u_k を $u_k = e^{2C_k}\phi(r_k^{-1}\,\mathrm{dist}(x, p_k))^2$ によって定義する．定数 C_k は正規化条件

$$e^{2C_k}(4\pi r_k^2)^{-n} \int_{B(p_k, r_k)} \phi(r_k^{-1}\,\mathrm{dist}(x, p_k))^2 dV_k = 1 \tag{5.10}$$

によって定まる．体積崩壊条件 $\mathrm{Vol}(B_k) r_k^{-2n} \to 0$ により $C_k \to \infty$ となる．$u_k = e^{-f_k}$ とおいてテスト関数 f_k に対し $\mathcal{W}$-entropy を計算すると

$$W(f_k,\tau_k) = (4\pi)^{-n} r_k^{-2n} e^{2C_k} \int_{B(p_k,r_k)} (4|\phi'(r_k^{-1}\operatorname{dist}(x,p_k))|^2 - 2\phi^2\log\phi)dV_k$$
$$+ 2r_k^2 \int_{B(p_k,r_k)} R(g(t_k))u_k^2(4\pi r_k^2)^{-n}dV_k - 2n - 2C_k$$
$$\leq (4\pi r_k^2)^{-n} e^{2C_k} \int_{B(p_k,r_k)} (4|\phi'|^2 - 2\phi^2\log\phi)dV_k + r_k^2 \max_{B_k} R - 2n - 2C_k$$

となる．ただし，簡単のために合成関数 $\phi \circ r_k^{-1}\mathrm{dist}(x,p_k)$ を ϕ と書いた．ここで

- 体積崩壊の式 $r_k^{-2n}\operatorname{Vol}(B(p_k,r_k)) \to 0$ が成り立っている．
- $B_k(p_k,r_k)$ において一様有界なスカラー曲率評価 $|r_k^2 R| \leq 1$ が成り立っている．
- 体積比 $\frac{\operatorname{Vol}(B(p_k,r_k))}{\operatorname{Vol}(B(r_k,\frac{r_k}{2}))}$ は上から一様に押さえられている．

また，仮定 $\partial B(p_k,r_k) \neq \emptyset$ と関数 ϕ のとりかたから，k によらない正の定数 C, C' が在って

$$\int_{B(p_k,r_k)} (4|\phi'|^2 - 2\phi^2\log\phi)dV_k \leq C\left(\operatorname{Vol}(B(p_k,r_k)) - \operatorname{Vol}\left(B\left(p_k,\frac{r_k}{2}\right)\right)\right)$$
$$\leq C' \operatorname{Vol}\left(B\left(p_k,\frac{r_k}{2}\right)\right)$$

となっている．正規化条件 (5.10) があるから，k によらない定数 C'' が在って

$$W(f_k) \leq C'' - 2C_k$$

である．$\mathcal{W}$-entropy は Ricci flow に沿って単調非減少であることと μ 汎関数の定義から

$$A = \mu(g(0),T) \leq \mu(g(t_k),r_k^2) \to -\infty \quad (k \to \infty)$$

である．しかし，これは矛盾である．したがって，定数 $\kappa = \kappa(g(0))$ であって，距離球 $B(p,r)$ 上でスカラー曲率評価 $|R(\widetilde{g}(s))| \leq \frac{1}{r^2}$ が成り立てば体積非崩壊の式 $\operatorname{Vol}(B(p,r)) \geq \kappa r^{2n}$ が成り立つ．

非局所崩壊定理を正規化された Kähler–Ricci flow の場合に書き換える作業は以下のようである．Ricci flow $\frac{\partial \widetilde{g}(s)}{\partial s} = -2\operatorname{Ric}(\widetilde{g}(s))$ から正規化された Kähler–Ricci flow (5.2) に移行するには時間パラメータを $t(s) = \log(1-2s)^{-1}$ に変更し $\widetilde{g}(s) = (1-2s)g(t(s))$ とスケーリングすればよかった．このとき，$\widetilde{g}(s)$ と $g(t(s))$ のスカラー曲率は $R(\widetilde{g}(s)) = \frac{R(g(t(s)))}{1-2s}$ という関係にある．したがって $g(t(s))$ の $B(x,1)$ 上のスカラー曲率条件 $|R(g(t(s)))| \leq 1$ は $\widetilde{g}(s) = (1-2s)g(t(s))$ のスカラー曲率条件 $R(\widetilde{g}(s)) \leq \frac{1}{1-2s}$ と同値である．したがって，たったいま証明した非局所崩

壊定理から，体積非崩壊の式 $\mathrm{Vol}_{\widetilde{g}(s)}(B(x,\sqrt{1-2s}))\geq\kappa(1-2s)^n$ が従う．これは，$\widetilde{g}(s)=(1-2s)g(t(s))$ だから，$g(t(s))$ に関する体積非崩壊の式 $\mathrm{Vol}(B(x,1))\geq\kappa$ と同値である． □

補題 5.20 ([35])　Kähler–Ricci flow (5.2) の Ricci ポテンシャルを $u(t)$ とする．このとき，$\triangle^{(t)}u(t)$ と $|\nabla^{(t)}u(t)|_t^2$ が満たす発展方程式は

$$\frac{\partial}{\partial t}\triangle^{(t)}u(t)=(\triangle^{(t)})^2u(t)-|\nabla^{(t)}\overline{\nabla}^{(t)}u(t)|_t^2+\triangle^{(t)}u(t)\ ,$$
$$\frac{\partial}{\partial t}|\nabla^{(t)}u(t)|_t^2=\triangle^{(t)}|\nabla^{(t)}u(t)|_t^2-|\nabla^{(t)}\nabla^{(t)}u(t)|_t^2-|\nabla^{(t)}\overline{\nabla}^{(t)}u(t)|_t^2+|\nabla^{(t)}u(t)|_t^2 \tag{5.11}$$

である．

(証明) 以下，時刻 t を示す添字を省略する．また，$\partial_i\partial_{\bar{j}}u=u_{i\bar{j}}$ などと略記する．式 (5.2) と Ricci ポテンシャルの定義から $\frac{\partial}{\partial t}g_{q\overline{p}}=g_{q\overline{p}}-R_{q\overline{p}}=u_{q\overline{p}}$ である．$\frac{\partial}{\partial t}g^{i\bar{j}}=-g^{i\overline{p}}\frac{\partial}{\partial t}g_{p\overline{q}}g^{q\bar{j}}$ だから

$$\frac{\partial}{\partial t}\triangle u=\frac{\partial}{\partial t}(g^{i\bar{j}}u_{i\bar{j}})=-g^{i\overline{p}}u_{q\overline{p}}g^{q\bar{j}}u_{i\bar{j}}+g^{i\bar{j}}((\triangle u)_{i\bar{j}}+u_{i\bar{j}})=\triangle^2u+\triangle u-|\nabla\overline{\nabla}u|^2$$

となり式 (5.11) の第1式を得る．

式 (5.2) と Ricci ポテンシャルの定義から $u_{q\overline{p}}=g_{q\overline{p}}-R_{q\overline{p}}$ であり，式 (5.5) から $\frac{\partial u}{\partial t}=\triangle u+u+a$ だから

$$\begin{aligned}\frac{\partial}{\partial t}|\nabla u|^2&=\frac{\partial}{\partial t}g^{i\bar{j}}u_iu_{\bar{j}}=-g^{i\overline{p}}u_{q\overline{p}}g^{q\bar{j}}u_{\bar{j}}+g^{i\bar{j}}((\triangle u)_i+u_i)u_{\bar{j}}+g^{i\bar{j}}u_i((\triangle u)_{\bar{j}}+u_{\bar{j}})\\&=-g^{i\overline{p}}(g_{q\overline{p}}-R_{q\overline{p}})g^{q\bar{j}}u_{\bar{j}}+g^{i\bar{j}}((\triangle u)_i+u_i)u_{\bar{j}}+g^{i\bar{j}}u_i((\triangle u)_{\bar{j}}+u_{\bar{j}})\end{aligned}$$

である．この式の Ricci テンソルが現れる項は $R^{i\bar{j}}u_iu_{\bar{j}}$ である．共変微分の順序交換に関する Ricci の公式から $(\triangle u)_i=(g^{p\overline{q}}u_{p\overline{q}})_{,i}=g^{p\overline{q}}u_{p\overline{q},i}=g^{p\overline{q}}(u_{pi,\overline{q}}-R_{\overline{q}i}{}^t{}_pu_t)$ である．この式の曲率が現れる項は $-g^{i\bar{j}}g^{p\overline{q}}R_{\overline{q}i}{}^t{}_pu_tu_{\bar{j}}=-R^{t\bar{j}}u_tu_{\bar{j}}$ となる．これらの項はキャンセルする．さらに $u_{pi,\overline{q}}u_{\bar{j}}=(u_{pi}u_{\bar{j}})_{,\overline{q}}-u_{pi}u_{\bar{j}\overline{q}}$，$u_{p\overline{q},\bar{j}}u_i=u_{p\bar{j},\overline{q}}u_i=(u_{p\bar{j}}u_i)_{,\overline{q}}-u_{p\bar{j}}u_{i\overline{q}}$ と書きかえられる．よって上の式の続きは

$$\begin{aligned}\frac{\partial}{\partial t}|\nabla u|^2&=-g^{i\overline{p}}g_{q\overline{p}}g^{q\bar{j}}u_iu_{\bar{j}}+2g^{i\bar{j}}u_iu_{\bar{j}}-g^{i\bar{j}}g^{p\overline{q}}u_{pi}u_{\overline{q}\bar{j}}\\&\quad-g^{i\bar{j}}g^{p\overline{q}}u_{p\bar{j}}u_{i\overline{q}}+g^{p\overline{q}}g^{i\bar{j}}(u_{pi}u_{\bar{j}})_{,\overline{q}}+g^{p\overline{q}}g^{i\bar{j}}(u_{p\bar{j}}u_i)_{,\overline{q}}\\&=|\nabla u|^2-|\nabla\nabla u|^2-|\nabla\overline{\nabla}u|^2+\triangle|\nabla u|^2\end{aligned}$$

となって式 (5.11) の第2式を得る． □

補題 5.21 ([35]) 補題 5.20 の設定のもとで，ある時間一様な定数 C が在って

$$|\nabla u|^2 \leq C(u+C) \tag{5.12a}$$

$$R \leq C(u+C) \tag{5.12b}$$

が成り立つ．

(証明) 式 (5.12a) の証明．補題 5.18 より，時間一様な定数 $B>0$ が在って $u(x,t) \geq -B$ である．補助関数 H を

$$H = \frac{|\nabla u|^2}{u+2B}$$

により導入する．補題 5.20 と u の発展方程式 (5.5) から，H は

$$\frac{\partial}{\partial t}H = \triangle H + \frac{-|\nabla\overline{\nabla}u|^2 - |\nabla\nabla u|^2}{u+2B} + \frac{|\nabla u|^2(2B-a)}{(u+2B)^2} + \Re\left(\frac{2\overline{\nabla}u\cdot\nabla|\nabla u|^2}{(u+2V)^2}\right) - \frac{2|\nabla u|^2}{(u+2B)^3} \tag{5.13a}$$

という発展方程式を満たすことがわかる．以下，背理法．そのために，式 (5.12a) を否定するとこの発展方程式の右辺が負になることを示したい．右辺最後の 2 項を H を使って書くと

$$\Re\left(\frac{2\overline{\nabla}u\cdot\nabla|\nabla u|^2}{(u+2V)^2}\right) - \frac{2|\nabla u|^2}{(u+2B)^3} = \Re\frac{2\overline{\nabla}u\cdot\nabla H}{u+2B} \tag{5.13b}$$

だから，任意の実数 ε に対して

$$\Re\left(\frac{2\overline{\nabla}u\cdot\nabla|\nabla u|^2}{(u+2V)^2}\right) - \frac{2|\nabla u|^2}{(u+2B)^3} = \Re\left((2-\varepsilon)\frac{|\overline{\nabla}u|\cdot\nabla H}{u+2B} + \varepsilon\frac{\overline{\nabla}u\cdot\nabla|\nabla u|^2}{(u+2B)^2}\right) - \varepsilon\frac{|\nabla u|^4}{(u+2B)^3}$$

である．Cauchy–Schwarz 不等式により $|\overline{\nabla}u\cdot\nabla|\nabla u|^2| \leq |\nabla u|^2(|\nabla\nabla u| + |\nabla\overline{\nabla}u|)$ だから

$$\varepsilon\frac{\overline{\nabla}u\cdot\nabla|\nabla u|^2}{(u+2B)^2} \leq \varepsilon\frac{|\nabla u|^2(|\nabla\overline{\nabla}u| + |\nabla\overline{\nabla}u|)}{(u+2B)^{\frac{3}{2}}(u+2B)^{\frac{1}{2}}} \leq \frac{\varepsilon}{2}\frac{|\nabla u|^4}{(u+2B)^3} + 2\varepsilon\frac{|\nabla\nabla u|^2 + |\nabla\overline{\nabla}u|^2}{u+2B}$$

である．そこで $2\varepsilon < 1$ にとれば

$$\frac{\partial}{\partial t}H \leq \triangle H + \frac{|\nabla|^2(2B-a)}{(u+2B)^2} + (2-\varepsilon)\frac{\overline{\nabla}u\cdot\nabla H}{u+2B} - \frac{\varepsilon}{2}\frac{|\nabla u|^4}{(u+2B)^3}$$

となる．H が最大値をとる点では

$$\frac{d}{dt}H_{\max} \leq \frac{|\nabla u|^2}{(u+2B)^2}\left(2B - a - \frac{\varepsilon}{2}\frac{|\nabla u|^2}{u+2B}\right)$$

となる．もし $|\nabla u|^2$ が $u+2B$ に較べて際限なく大きくなる時刻の列 $\{t_n\}$ があったとすると，十分大きいある n に対して

$$\frac{d}{dt}H_{\max}(t_n) < 0$$

となり，$t \geq t_n$ であるようなすべての t に対し $H_{\max}$ は単調減少である．これは $\frac{|\nabla u|^2}{u+2B}$ が際限なく大きくなるという仮定に矛盾する．したがって，ある時間一様な定数 C に対して $|\nabla u|^2 \leq C(u+2B)$ でなければならない．

式 (5.12b) の証明．$\triangle u = n - R$ だから式 (5.12b) を示すには $-\triangle u$ を $C(u+C)$ によって上から押さえる不等式を示せばよい．補助関数 K を

$$K = \frac{-\triangle u}{u+2B}$$

により導入する．補題 5.20 と u の発展方程式 (5.5) から，式 (5.13a), (5.13b) と同様の計算により，K は発展方程式

$$\frac{\partial}{\partial t}\left(\frac{-\triangle u}{u+2B}\right) = \triangle\left(\frac{-\triangle u}{u+2B}\right) + \frac{|\nabla\overline{\nabla}u|^2}{u+2B} + \frac{(-\triangle u)(2B-a)}{(u+2B)^2} + 2\frac{\overline{\nabla}u\cdot\nabla K}{u+2B} \tag{5.14}$$

を満たすことがわかる．$b > 1$ をとって補助関数

$$G := \frac{-\triangle u + b|\nabla u|^2}{u+2B}$$

が満たす発展方程式を計算する．式 (5.13a), (5.13b) と式 (5.14) から

$$\begin{aligned}\frac{\partial}{\partial t}\left(\frac{-\triangle u + b|\nabla u|^2}{u+2B}\right) &= \triangle\left(\frac{-\triangle u + b|\nabla u|^2}{u+2B}\right) + \frac{-b|\nabla\nabla u|^2 - (b-1)|\nabla\overline{\nabla}u|^2}{u+2B} \\ &\quad + \frac{(-\triangle u + b|\nabla u|^2)(2B-a)}{(u+2B)^2} + \frac{2\overline{\nabla}u\cdot\nabla G}{u+2B}\end{aligned}$$

を得る．最大値の原理より

$$\frac{d}{dt}G_{\max} \leq -(b-1)\frac{|\nabla\overline{\nabla}u|^2}{u+2B} + \frac{(-\triangle u + b|\nabla u|^2)(2B-a)}{(u+2B)^2}$$

である．$(\triangle u)^2 \leq n|\nabla\overline{\nabla}u|^2$ だから

$$\frac{d}{dt}G_{\max} \leq -(b-1)\frac{(\triangle u)^2}{n(u+2B)} + \frac{(-\triangle u + b|\nabla u|^2)(2B-a)}{(u+2B)^2}$$

$$\leq \frac{(-\triangle u)}{u+2B}\left\{\frac{2B-a}{u+2B} - \frac{b-1}{n}\frac{(-\triangle u)}{u+2B}\right\} + \frac{b|\nabla u|^2(2B-a)}{(u+2B)^2} \tag{5.15}$$

である．ここで，補題 5.16 と 5.18 から $\frac{2B-a}{u+2B}$ は上から時間一様な定数で押さえられることに注意する．もし $\frac{-\triangle u}{u+2B}$ が t を大きくしていったときに際限なく大きくなると仮定すると

$$\frac{d}{dt}G_{\max} < 0$$

が十分大きいすべての t に対して成り立つことになり，仮定に矛盾する．式 (5.12a) から $|\nabla u|^2$ は $C(u+C)$（C は時間一様な定数）によって上から押さえられるから，結局，ある時間一様な定数 C が在って $-\triangle u \leq C(u+2B)$ でなければならない．したがって式 (5.12b) が示された． □

補題 5.22 ([35]) 定理 5.14 の設定のもと，時間一様な定数 C が在って，Ricci ポテンシャル $u(y,t)$，スカラー曲率 $R(y,t)$，Ricci ポテンシャルの勾配 $|\nabla u|$ に対し

$$u(y,t) \leq C\ \mathrm{dist}_t^2(y,x) + C\ ,$$
$$R(y,t) \leq C\ \mathrm{dist}_t^2(y,x) + C\ ,$$
$$|\nabla u|(y,t) \leq C\ \mathrm{dist}_t(y,x) + C$$

である．ここで点 $x \in M$ は $u(x,t) = \min_{y\in M} u(y,t)$ となる点である．

(証明) 補題 5.18 により Ricci ポテンシャル u は時間一様な下からの評価がある．したがって時間を止めて u の振動量を評価するときには u に時間一様な定数を加えることによって初めから $u > \delta > 0$ と仮定してよい．よって式 (5.12a) により，時間一様な定数 C が在って

$$|\nabla\sqrt{u}| = \left|\frac{\nabla u}{2\sqrt{u}}\right| \leq C(\delta) =: C$$

である．時刻 t を止めて Riemann 多様体 $(M, g(t))$ 上で議論する．$\gamma(t)$ を点 z を出て点 y に到達する M の速さ 1 の最短測地線とすると

$$|\sqrt{u}(y,t) - \sqrt{u}(z,t)| = \left|\int_0^{\mathrm{dist}_t(y,z)} \frac{d}{dt}\sqrt{u}(\gamma(t))dt\right| \leq C\ \mathrm{dist}_t(y,z)$$

である．したがって $u(x,t) = \min_{y\in M} u(y,t)$ とすると

$$u(y,t) \leq (\sqrt{u}(x,t) + C\ \mathrm{dist}_t(y,z))^2 \leq C_1\ \mathrm{dist}_t^2(y,x) + C_1 u(x,t)$$

である．$K(t) = \min_y u(y,t)$ とおくと

$$(2\pi)^n = \int_M e^{-u} dV_t \leq e^{-K(t)} \operatorname{Vol}_t(M)$$

である．もし $K(t) \to \infty$ だとすると上の不等式の右辺 $\to 0$ となって矛盾に陥る．したがって時間一様な定数 K が在って $u(x,t) \leq K$ である．上の不等式と合わせると，結局，ある時間一様な定数 $C, \widetilde{C}$ が在って，$\forall y \in M$ に対し

$$u(y,t) \leq C \operatorname{dist}_t^2(y,x) + \widetilde{C} \tag{5.16}$$

となる．これで第1式の証明が終わる．第2式は式 (5.16) と式 (5.12b) から従う．第3式は式 (5.16) と式 (5.12a) から従う． □

補題 5.22 は次を意味する：定理 5.14 のもとでの $(M, g(t))$ の直径評価が得られれば，Ricci ポテンシャル，その勾配，およびスカラー曲率の上からの評価が得られ，定理 5.14 の証明が終わる．次の命題 5.23 は Kähler–Ricci flow (5.2) の直径の上からの時間一様な評価を与える．

命題 5.23 (Perelman, Sesum–Tian [35]**)** 定理 5.14 の設定で，ある時間一様な定数 C が在って，Kähler–Ricci flow (5.2) の直径の上からの評価

$$\operatorname{diam}(M, g(t)) \leq C$$

が成り立つ．

背理法により証明する．時間一様な直径の上からの評価がないと仮定して矛盾を導く．点 $x \in M$ を Ricci ポテンシャル $u(\cdot, t)$ を使って，以下によって定める．

$$u(x,t) = \min_{y \in M} u(y,t)$$

Kähler–Ricci flow $g(t)$ に関する点 x からの距離関数を $d_t(\cdot)$ とする：

$$d_t(\cdot) := \operatorname{dist}_t(\cdot, x) \ .$$

距離関数 $d_t(\cdot)$ を使って集合 $B(k_1, k_2)$ を

$$B(k_1, k_2) = \{z \in M \mid 2^{k_1} \leq d_t(z) \leq 2^{k_2}\}$$

により定義する．もし $\operatorname{diam}(M, g(t))$ に時間一様な上からの評価がなければいくら大きい k_1, k_2 をとってもある時刻 t で $B(k_1, k_2)$ は非常に小さくなり体積崩壊してしまう．この状況が非局所崩壊定理 5.19 と矛盾することを示すというのが証明の方針である．いくつかの補題に分割して証明を行う．

$(M, g(t))$ の直径が非常に大きいとする．補題 5.21 により，集合 $B(k, k+1)$ 上でスカラー曲率の評価

$$R \le C\,R^{2k}$$

が成り立つ．ここで C は時間一様な定数である．$(M,g(t))$ の領域 $B(k,k+1)$ は 2^{2k} 個の互いに交わらない半径 2^{-k} の距離球 $B(x_i,2^{-k})$ $(i=1,2,\ldots,2^{2k})$ を含む．各 $B(x_i,2^{-k})$ 上で上のスカラー曲率の評価があるから，非局所崩壊定理 5.19 を適用することにより

$$\mathrm{Vol}(B(x,2^{-k})) \ge C\,2^{-2kn}$$

が成り立つことがわかる．

補題 5.24 ([35]) 直径 $\mathrm{diam}(M,g(t))$ が非常に大きい時刻 t を考える．このとき，任意の $\varepsilon>0$ に対し，不等式

$$\mathrm{Vol}(B(k_1,k_2)) < \varepsilon\,, \tag{5.17}$$

$$\mathrm{Vol}(B(k_1,k_2)) \le 2^{10n}\,\mathrm{Vol}(B(k_1+2,k_2-2)) \tag{5.18}$$

を同時に満足する非常に大きい k_1, k_2 $(k_1<k_2)$ が在る．

（証明） Kähler–Ricci flow (5.2) に沿って体積 $\mathrm{Vol}((M,g(t)))$ は一定である一方で $\mathrm{diam}(M,g(t))$ は非常に大きいから，非常に大きい k_1, k_2 $(k_1<k_2)$ をとって

$$\mathrm{Vol}(B(k_1,k_2)) < \varepsilon$$

とできる．そこで

$$\mathrm{Vol}(B(k_1,k_2)) < 2^{10n}\,\mathrm{Vol}(B(k_1+2,k_2-2)) \tag{5.18a}$$

となるか否かを問うて，もし答が Yes であれば終了とする．もし答が No であれば k_1, k_2 をそれぞれ k_1+2, k_2-2 に置き換えて再出発する．このプロセスを p 回繰り返したところで次のステップで $k+2(p+1) > k_2-2(p+1)$ となって，このプロセスをこれ以上は進められない状況でも，問の答が No だったとする．第 p ステップでは最初の k_1, k_2 は k_1+2p, k_2-2p になっている．このとき $(k_2-2p)-(k_1+2p+1)\approx 1$ だから $2p \approx \frac{k_2-k_1-1}{2}$ となる．したがって $k \gg 1$ をとって $k_1=\frac{1}{2}k$，$k_2=\frac{3}{2}k$ と表せば $p\approx\frac{1}{4}k$，$k_1+2p\approx k$，$k_2-2p\approx k+1$ である．このプロセスの間つねに式 (5.18a) が成り立たないから

$$\varepsilon > \mathrm{Vol}(B(k_1,k_2)) \ge 2^{10nk/4}\,\mathrm{Vol}(B(k,k+1))$$

である．一方，非局所崩壊定理 5.19 により

$$2^{10nk/4}\,\mathrm{Vol}(B(k,k+1)) \ge 2^{10nk/4} C\,2^{2k}2^{-2nk}$$

である．したがって

$$\varepsilon > 2^{10nk/4} C\, 2^{2k} 2^{-2nk} \longrightarrow \infty \quad (k \to \infty)$$

となる．これは矛盾である．したがって $\mathrm{diam}(M, g(t))$ が非常に大きいようなすべての時刻 t において，式 (5.17), (5.18) を同時に満たすような非常に大きい k_1, k_2 が在ることがわかった． □

補題 5.25 ([35]) 引き続き補題 5.24 の設定を考え，補題 5.24 の k_1, k_2 をとる．このとき r_1, r_2 と時間一様な定数 C であって，$2^{k_1} \le r_1 \le 2^{k_1+1}$，$2^{k_2-1} \le r_2 \le r^{k_2}$，

$$\int_{B(r_1,r_2)} R \le C\,V$$

を同時に満たすものが在る．ここで $B(r_1, r_2) := \{z \in M \mid r_1 \le d_t(z) \le r_2\}$ であり $V := \mathrm{Vol}(B(r_1, r_2))$ である．

(証明) 点 x から測って距離 r の距離球面を $S(r)$ と書く．まず，$2^{k_1} \le r_1 \le 2^{k_1+1}$ であって

$$\mathrm{Vol}(S(r_1)) \le 2 \cdot 2^{-k_1} V \tag{5.19}$$

を満たすものが在ることを示す．実際，もしこのような r_1 がないと仮定すると

$$\begin{aligned}
\mathrm{Vol}(B(k_1, k_1+1)) &= \int_{2^{k_1}}^{2^{k_1+1}} \mathrm{Vol}(S(r))dr \ge 2 \cdot 2^{-k_1} V \cdot 2^{k_1} \\
&= 2V = 2\,\mathrm{Vol}(B(k_1, k_2)) \\
&\ge 2\,\mathrm{Vol}(B(k_1, k_1+1))
\end{aligned}$$

となって矛盾に陥る．同様に考えて $2^{k_2-1} \le r_1 \le 2^{k_2}$ であって

$$\mathrm{Vol}(S(r_2)) \le 2 \cdot 2^{-k_2} V \tag{5.20}$$

を満たすものが在る．実際，そうでないと仮定すると，上と同様に矛盾 $\mathrm{Vol}(B(k_2 - 1, k_2)) \ge 2\,\mathrm{Vol}(B(k_2 - 1, k_2))$ に陥る．発散定理，式 (5.19), (5.20) および補題 5.21 から従う $|\nabla u|$ の評価を用いて問題の積分を評価すると

$$\begin{aligned}
\int_{B(r_1,r_2)} R &= \int_{B(r_1,r_2)} (R - n) + n\,\mathrm{Vol}(B(r_1, r_2)) \\
&= -\int_{B(r_1,r_2)} \triangle u + n\,\mathrm{Vol}(B(r_1, r_2))
\end{aligned}$$

[∵ Ricci ポテンシャルの定義より $n - R = \triangle u$]

$$\leq \int_{S(r_1)} |\nabla u| + \int_{S(r_2)} |\nabla u| + n\,\mathrm{Vol}(B(r_1, r_2)) \quad [\text{発散定理}]$$
$$\leq 2 \cdot 2^{-k_1} V \cdot C\, 2^{k_1} + 2 \cdot 2^{-k_2} V \cdot C\, 2^{k_2} + n\,\mathrm{Vol}(B(r_1, r_2))$$

[∵ 補題 5.21 の勾配評価 $|\nabla u|_{S_1(r_1)}| \leq C\, 2^{k_1}$, $|\nabla u|_{S(r_2)}| \leq C\, 2^{k_2}$ と式 (5.19), (5.20) の体積評価]

$$\leq \overline{C}\, V + nV \ .$$

ここで $\overline{C}$ は時間一様な定数である． □

(命題 5.23 の証明) 背理法．直径 $\mathrm{diam}(M, g(t))$ が時間一様に上から評価できないと仮定する．したがって $t_i \to \infty$ であるような時刻の列 $\{t_i\}$ であって $\mathrm{diam}(M, g(t_i)) \to \infty$ だとする．正数の列 $\{\varepsilon_i\}$ を $\varepsilon_i \to 0$ となるようにとり，補題 5.24 の k_1, k_2 をとって k_1^i, k_2^i と書く．したがって

$$\mathrm{Vol}_{t_i}(B_{t_i}(k_1^i, k_2^i)) < \varepsilon_i \tag{5.21}$$
$$\mathrm{Vol}(B_{t_i}(B(k_1^i, k_2^i))) \leq 2^{10n}\,\mathrm{Vol}(B_{t_i}(k_1^i + 2, k_2^i - 2)) \tag{5.22}$$

である．そこで時刻 t_i において補題 5.25 の r_1, r_2 をとって r_1^i, r_2^i と書く．実数直線上のカットオフ関数 ϕ_i の列を，$[2^{k_1^i+2}, 2^{k_2^i-2}]$ 上で $\phi_i \equiv 1$ を満たし，$(-\infty, r_1] \cup [r_2, \infty)$ 上で $\phi_i \equiv 0$ となるようにとる．非局所崩壊定理の証明のように，$\mathcal{W}$-entropy のテスト関数

$$u_i(z) := 2^{C_i} \phi_i(\mathrm{dist}_{t_i}(z, x_i))$$

を

$$(2\pi)^{-n} \int_M u_i = 1$$

となるようにとる．ここで $x_i \in M$ は

$$d_{t_i}(x_i) = \frac{2^{k_1^i+2} + 2^{k_2^i-2}}{2}$$

となるようにとっている．式 (5.21) より

$$(2\pi)^n = e^{2C_i} \int_M \phi_i^2(\mathrm{dist}_{t_i}(\cdot, x_i)) \leq e^{2C_i}\,\mathrm{Vol}(B(k_1^i, k_2^i)) \leq e^{2C_i} \varepsilon_i$$

であり，正数列 ε_i を $\varepsilon_i \to 0$ となるようにとっているから

$$C_i \to \infty$$

でなければならない．Perelman の非局所崩壊定理 5.19 の証明と同様に μ 汎関数の単調性を使うと

$$
\begin{aligned}
A = \mu\left(g(0), \frac{1}{2}\right) &\le W\left(g(t_i), u_i, \frac{1}{2}\right) \\
&= (2\pi)^{-n} e^{2C_i} \int_{B_{t_i}(r_1^i, r_2^i)} (4|\phi_i'(\mathrm{dist}_{t_i}(z))|^2 - 2\phi_i^2 \log \phi_i) dV_{t_i} \\
&\quad + (2\pi)^{-n} \int_{B_{t_i}(r_1^i, r_2^i)} R\, u_i^2 \, dV_{t_i}^2 - 2n - 2C_i
\end{aligned}
$$

を得る．補題 5.22 の第 1 式と補題 5.25 と式 (5.22) により

$$
\begin{aligned}
\int_{B_{t_i}(r_1^i, r_2^i)} R\, u_i^2 \, dV_{t_i} &\le 2^{2C_i} \int_{B_{t_i}(r_1^i, r_2^i)} R\, dV_{t_i} \quad [\because \text{補題 5.22 の第 1 式}] \\
&\le e^{2C_i} \cdot \overline{C}\, \mathrm{Vol}_{t_i}(B_{t_i}(k_1^i, k_2^i)) \quad [\because \text{補題 5.25}] \\
&\le 2^{2C_i} \cdot C\, 2^{10n}\, \mathrm{Vol}_{t_i}(B_{t_i}(k_1^i + 2, k_2^i - 2)) \quad [\because \text{式 (5.22)}] \\
&\le C\, 2^{10n} \int_M u_i^2 dV_{t_i} = C\, 2^{10n} (2\pi)^n
\end{aligned}
$$

を得る．ここで C は時間一様な定数である．一方式 (5.22) より

$$
\begin{aligned}
e^{2C_i} &\int_{B_{t_i}(r_1^i, r_2^i)} (4|\phi_i'(\mathrm{dist}_{t_i}(z))|^2 - 2\phi_i^2 \log \phi_i) dV_{t_i} \\
&\le e^{2C_i} C\, \mathrm{Vol}_{t_i}(B_{t_i}(k_1^i, k_2^i)) \\
&\le e^{2C_i} C\, 2^{10n}\, \mathrm{Vol}_{t_i}(B_{t_i}(k_1^i + 2, k_2^i - 2)) \\
&\le C\, 2^{10n} \int_M u_i^2 dV_{t_i} = C\, 2^{10n} (2\pi)^n
\end{aligned}
$$

である．ここで C は時間一様な定数である．したがって時間一様な定数 C が在って

$$
A \le \overline{C} - 2C_i \to -\infty \quad (i \to \infty \text{ のとき})
$$

となる．これは矛盾である．　□

（定理 5.14 の証明） 命題 5.23 により，Kähler–Ricci flow (5.2) の解 $(M, g(t))$ において直径 $\mathrm{diam}(M, g(t))$ の時間一様な定数による上からの評価が示されている．補題 5.22 により Ricci ポテンシャル $u(\cdot, t)$，スカラー曲率 $R(\cdot, t)$ および Ricci ポテンシャルの勾配 $|\nabla u|^2$ はすべて

$$
C(d_t^2(\cdot) + 1) = C(\mathrm{dist}_t^2(\cdot, x) + 1)
$$

（ただし C は時間一様な定数）の形の量によって上から評価されるから，これらはすべて時間一様な定数によって上から評価される．　□

5.4 節の最後に Fano 多様体上の Kähler–Ricci flow $(M, g(t))$ の Sobolev 定数は時間一様な評価を持つという Q. S. Zhang の結果を述べる．この結果も，$\mathcal{W}$-entropy の単調性の応用である．

定理–定義 5.26 ([44, Corollary 1.1]) $(M, g(t))$ を Fano 多様体上の Kähler–Ricci flow とする．このとき，初期計量 $g(0)$ だけに依存する非負の定数 c_1, c_2 が在って，$\forall v \in W^{1,2}(M, g(t))$ と $\forall t > 0$ に対し

$$\left(\int_M v^{\frac{4n}{2n-2}} dV_t\right)^{\frac{2n-2}{2n}} \leq c_1 \int_M |\nabla v|^2 dV_t + c_2 \int_M v^2 dV_t \tag{5.23}$$

が成り立つ．不等式 (5.23) を成立させる最良定数 $c_1 + c_2$ を **Sobolev 定数**とよぶ．

証明の手順は次のようである．

- $\mathcal{W}$-entropy が Ricci flow に沿って単調非減少であることから時間一様な対数 Sobolev 不等式を示す．
- 時間一様な対数 Sobolev 不等式から熱方程式 $\triangle u(u,t) - \frac{1}{4}R(x,t)u(x,t) - \partial_t u = 0$ の熱核の上からの短時間評価を示す．
- 熱核の上からの短時間評価から Sobolev 不等式を示す．最後に Fano 多様体上の Kähler–Ricci flow ではスカラー曲率の時間一様評価があることを使う．

Riemann 多様体の対数 Sobolev 不等式は Sobolev 不等式から従う（たとえば [44, Proof of Theorem 1.1] を見よ）から，補題 5.15 の証明中の

$$A := \mu\left(g(0), \frac{1}{2}\right)$$

は $g(0)$ の Sobolev 定数によって制御されることがわかる．

定理 5.14 と定理–定義 5.26 に動機づけられて Chen–Wang [18] は Kähler–Ricci flow の空間 $\mathcal{K}(n, A)$ を導入した．これを記述するために記号を導入する．偏極 **Kähler–Ricci flow**

$$\mathcal{LM} = \{(M^n, g(t), J, L, h(t)) \,|\, t \in (-T, T) \subset \mathbb{R}\}$$

を定義したい．L は豊富直線束であり，定数 λ を

$$\lambda := \frac{c_1(M)}{c_1(L)}$$

と定める．λ の符号により，この条件は次の 3 とおりと同値である：

- $\lambda > 0$ のとき．豊富正則直線束の関係式 $L = (K_M^{-1})^{\otimes \lambda^{-1}}$ （L は多重反標準束）と同値である[*19]．

*19 以降，$\lambda > 0$ のとき（M が Fano 多様体のとき）が主な考察対象であるが，λ の符号によらずに理論が働くから，λ の符号はできるだけ一般にしておきたいのである．

- $\lambda < 0$ のとき．豊富正則直線束の関係式 $L = K_M^{\otimes(-\lambda^{-1})}$（$L$ は多重標準束）と同値である．
- $\lambda = 0$ のとき．M は Calabi–Yau 多様体であり，L は K_M と無関係の豊富直線束である．

$\mathcal{LM}$ が**偏極 Kähler–Ricci flow** とは次を意味する：

- 計量について：$\mathcal{M} = \{(M^n, g(t), J) \,|\, t \in (-T, T)\}$ は Kähler–Ricci flow 解である．すなわち
$$\frac{\partial}{\partial t} g_{i\bar{j}} = -R_{i\bar{j}} + \lambda g_{i\bar{j}}$$
が成り立つ．とくに $g_{i\bar{j}}$ の同一のコホモロジー類の中で時間発展する．
- 偏極について：$(L, h(t))$ は M 上の Hermite 直線束で $h(t)$ の Ricci 形式が $g(t)$ に対応する Kähler 形式 $\omega(t)$ に一致する．すなわち
$$\omega(t) = -\frac{\sqrt{-1}}{2\pi} \partial\bar{\partial} \log h(t)$$
が成り立つ．

記号の意味：$\mathcal{M}$ は多様体 M に Kähler–Ricci flow 計量がのっていることを表している．$\mathcal{LM}$ は偏極正則直線束 L がのっていてその Hermite 計量の曲率形式から Kähler–Ricci flow 方程式に従って時間発展する Kähler 計量が作られていることを意味している．

時間発展する関数 $\phi(x, t)$ を導入して
$$\omega(t) = \omega(0) + \frac{\sqrt{-1}}{2\pi} \partial\bar{\partial}\phi$$
と表すと，Kähler–Ricci flow の方程式は
$$\frac{\sqrt{-1}}{2\pi} \partial\bar{\partial}\dot{\phi} = -\operatorname{Ric}_{\omega(t)} + \lambda\omega(t)$$
となる．すなわち $\dot{\phi}$ は Ricci ポテンシャルである．

定義 5.27（[18, Introduction]） 空間 $\mathcal{K}(n, A)$ とは，複素 n 次元のコンパクト Kähler 多様体上の偏極 Kähler–Ricci flow $\mathcal{LM}$ で次の条件を満たすものの集まりである：
$$\begin{cases} T \geq 2\,, \\ C_S(M) + \dfrac{1}{\operatorname{Vol}(M)} + \operatorname{Osc}(\dot{\phi}) + |R - n\lambda|_{C^0(M)} \leq A, \quad \forall t \in (-T, T)\,. \end{cases}$$
ここで C_S は定理–定義 5.26 で導入した Sobolev 定数である．

Fano 多様体上の Kähler–Ricci flow に沿ってスカラー曲率，Ricci ポテンシャル $\dot{\phi}$ の振動，Sobolev 定数は一様な評価を持つから，空間 $\mathcal{K}(n, A)$ を導入することに意義が在る．

系 5.28 ([35]) 偏極は（多重）反標準束によるものと仮定する．$\mathcal{K}(n, A)$ に属する Kähler–Ricci flow に沿ってスカラー曲率と直径は有限であり，時間大域的に非崩壊である．

（証明） 定理 5.14 により，空間の局所非崩壊性だけ言えばよいが，Sobolev 定数が一様に評価されることから明らかである． □

例 5.29 どのような偏極 Kähler–Ricci flow が $\mathcal{K}(n, A)$ に入るかを考える．Fano 多様体上の Kähler–Ricci flow に沿って Sobolev 定数，直径とスカラー曲率は一様に押さえられるから，$t = 0$ スライスで考える．

(1) M を Fano 多様体，D を反標準因子で非特異と仮定し，D によって定まる正則直線束の C^∞ の標準切断 s と正曲率の C^∞ Hermite 計量を固定し

$$t := \log \|\sigma\|^{-2} > 0$$

とおく．$M \setminus D$ 上の Kähler 形式で

$$\omega_f = \sqrt{-1}\partial\bar{\partial} f(t) = f''(t)\sqrt{-1}\partial t \wedge \bar{\partial} t + f'(t)\sqrt{-1}\partial\bar{\partial} t$$

の形のものを考える．

$$f(t) = t$$

のとき ω_t は $2\pi c_1(L_D) = 2\pi c_1(M)$ に属する M 上の Kähler 計量である．

$$f(t) = t^{1+\frac{1}{n}}$$

のとき $\omega_{t^{1+\frac{1}{n}}}$ は $M \setminus D$ の完備 Kähler 計量でその体積形式は D で極をもつ正則 n 形式とその共役の積に同値である．$n = 2, 3, \ldots$ に対し

$$f'(t)(f''(t))^{n-1} = ce^{-\frac{t}{n}}$$

のときを考える（ここで $c > 0$ は定数である）．定数 c を無視すれば（形式的であるが）$n = 0$ のときが前者 $f(t) = t$，$n = \infty$ のときが後者 $f(t) = t^{1+\frac{1}{n}}$ であって，方程式 $\{(f')^n\}' = c$ により特徴づけられる．一般の n では $f(t)$ は c を無視すれば方程式

$$(f'(t))^n = n(1 - e^{-\frac{t}{n}})$$

により特徴づけられるから，Kähler ポテンシャル $f(t)$ は $(1-e^{\frac{t}{n}})^{\frac{1}{n}}$ の不定積分 $\int(1-e^{-\frac{t}{n}})^{\frac{1}{n}}dt$ の定数倍である．したがって $t=\log\|\sigma\|^{-2}$ と $e^{-\frac{t}{n}}=\|\sigma\|^{\frac{2}{n}}$ の C^∞ 関数の和となり，Kähler ポテンシャル $f(t)$ の t 以外の部分は D に沿って n 重分岐被覆をとると C^∞ になる軌道体 Kähler 形式である．この軌道体 Kähler 形式を D の近傍で C^∞ に修正した Kähler 形式の族を ω_n $(n=2,3,\dots)$ とする．$n\to\infty$ とすると Sobolev 定数はいくらでも大きくなり，いつかは $\mathcal{K}(n,A)$ から飛び出してしまう．したがって $\mathcal{K}(n,A)$ を考えている状況では $\{\omega_n\}$ という列で極限を考えることができない．

(2) M を Fano 多様体，D を C^∞ 超曲面で

$$c_1(M)=\alpha[D]\ ,\ \alpha>1$$

という状況を考える．ここで $[D]$ は超曲面 D の Poincaré 双対である．(1) と同様に

$$t=\log\|\sigma\|^{-2}$$

とおく．今度はパラメータ $s>0$ を導入して

$$g_s(t)=\left(\frac{1}{e^{-t}+s}\right)^{\frac{\alpha-1}{n}}$$

とおき $G_s(t)$ を $g_2(t)$ の不定積分とする．このとき

$$\begin{aligned}\omega_s&=\sqrt{-1}\partial\bar\partial G_s(t)\\&=g_s(t)\sqrt{-1}\partial\bar\partial t+g_s'(t)\sqrt{-1}\partial t\wedge\bar\partial t\\&=\left(\frac{1}{e^{-t}+s}\right)^{\frac{\alpha-1}{n}}\left(\sqrt{-1}\partial\bar\partial t+\frac{\alpha-1}{n}\frac{e^{-t}}{e^{-t}+s}\sqrt{-1}\partial t\wedge\bar\partial t\right)\end{aligned}$$

は M 上の C^∞ Kähler 形式で適当な λ をとれば $\lambda^{-1}c_1(M)$ に入っている．$s\to0$ のとき $\lambda\to0$ であり，$s=0$ のとき ω_0 は $M\setminus D$ 上の完備 Kähler 形式で半径 r の距離球の体積は r^{2n} の正の定数倍のオーダーで増加する．また，ω_s の Sobolev 定数は s に関して一様に押さえられる．曲率は D に近いところ（すなわち無限遠方）では，固定点からの距離の (-2) 乗の正の定数倍の大きさで減衰する．$\mathcal{K}(n,A)$ に入るためには $s\to0$ のとき $|R|\to0$ でなければならない．一般に $\{\omega_s\}$ に対してこれは成立しないから，$s\to0$ とすると ω_s はいつかは $\mathcal{K}(n,A)$ から飛び出してしまう．したがって $\mathcal{K}(n,A)$ を考えている状況では一般に $\{\omega_s\}$ の極限を考えることができない．

しかし，[4] により，もし D が Kähler–Einstein 計量を許容すれば M 上の C^∞ 関数によって ω_s の Kähler ポテンシャルを変形する（つまり L_D の Hermite 計量を取り替える）ことにより新しい ω_s を構成すると $\omega_0=\lim_{s\to0}\omega_s$ は

$$\omega_0 = \|\sigma\|^{\frac{-2(\alpha-1)}{n}} \left(\sqrt{-1}\partial\bar{\partial}t + \frac{\alpha-1}{n}\sqrt{-1}\partial t \wedge \bar{\partial}t \right)$$

と表され，$M \setminus D$ の完備 Ricci-flat Kähler 計量になる[*20]. □

問題 5.30 D が Kähler–Einstein 計量を許容しないとき，例 5.29 (2) のように L_D の Hermite 計量を何らかの方法で取り替えて新しい Kähler 計量の族 ω_s を作って，その $\lambda \to 0$ での極限 ω_0 が何らかの空間上の完備 Ricci-flat Kähler 計量になるだろうか？

5.5 Cheeger–Colding 理論と標準近傍のモデル空間のコンパクト性

5.5〜5.8 節の目的は，Sesum–Tian [35]，Chen–Wang [18]（おもに後者）にしたがって，Fano 多様体上の反標準偏極 Kähler–Ricci flow (5.2) の時間無限大における収束理論の概略を論じることである．まず本節では標準近傍のモデル空間を導入し，そのコンパクト性を論じる．主定理は定理 5.34 である．

5.5.1 標準近傍のモデル空間の定義．Anderson の間隙定理

この理論を展開するにあたって Perelman の標準近傍定理（[31, Theorem 12.1]）がモデルになる．Perelman の標準近傍定理とは，任意の 3 次元閉多様体上の Ricci flow の曲率が大きい点の近傍は κ 解により近似できるというものである．ここで，κ 解とは，非負曲率作用素をもち曲率有限で κ 非崩壊の 3 次元完備 Ricci flow の古代解（時間区間 $(-\infty, 0]$ で定義されている）のことである．ここで重要なのが，κ 解のモジュライ空間の幾何収束に関するコンパクト性 [31, Theorem 11.7] である．

Kähler–Ricci flow (5.2) の収束理論において 3 次元 Ricci flow の標準近傍を与える κ 解の働きをする空間全体がなすモジュライ空間は何か，そしてそれは有用な位相でコンパクト性をもつか，という問題を解くことが理論の要である．

M を Fano 多様体とし，初期計量を $c_1(M)$ にとれば，Kähler–Ricci flow

$$\frac{\partial}{\partial t} g_{i\bar{j}} = -R_{i\bar{j}} + g_{i\bar{j}}, \quad g_{i\bar{j}}(0) = g_{i\bar{j}} \tag{5.2}$$

の解は $c_1(M)$ にとどまり続ける．本節でも本質的には式 (5.2) の形の Kähler–Ricci

[*20] $M \setminus D$ の完備 Ricci-flat Kähler 計量は，後で導入するモデル空間の集合 $\widetilde{\mathcal{KS}}(n,\kappa)$ の元になる．ここで述べた極限は，$\mathcal{K}(n, A)$ の列とその極限が $\widetilde{\mathcal{KS}}(n,\kappa)$ に属している，一つの具体例と思える．

flow だけを考えるが，必要に応じて反標準束の正のテンソル冪 $L = (K_X^{-1})^{\otimes \nu}$ による偏極も考えなければならない．

Kähler–Ricci flow の無限時間でのふるまいを理解するためには，無限時間に現れ得る特異性を分類し解析しなければならない．特異性が現れると曲率は無限大になる[*21]．曲率無限大になっていく点を曲率がまっとうな大きさになるようにスケーリングしていった極限として現れる Ricci flow 時空が，特異点の構造を担っている．定理 5.14 により，Kähler–Ricci flow (5.2) のスカラー曲率 $R(g_{i\bar{j}}(t))$ は時間一様な評価 $|R(g_{i\bar{j}}(t))| \leq C$ を満たしている．したがって，曲率無限大を解消する放物型スケーリングによって，極限ではスカラー曲率は消滅する[*22]．Ricci flow のスカラー曲率は

$$\frac{\partial}{\partial t} R = \triangle R + 2\,|\mathrm{Ric}|^2$$

という発展方程式を満たすから，scalar-flat な Ricci flow 解である極限空間は，実はもっと強く Ricci-flat でなければならない．よって極限に現れる Ricci flow 時空は時間静的である．時間静的な Ricci flow 時空は時間スライスである Ricci-flat 空間と同一視できる．

以上の観察から，κ 解 (κ-solution) の Kähler–Ricci flow (5.2) における類似は，漸近体積崩壊しない完備 Ricci-flat Kähler 多様体を含む標準近傍のモデル空間 $\widetilde{\mathcal{KS}}(n, \kappa)$ である．

定義 5.31 ([18, Definition 2.1]) **標準近傍のモデル空間** $\widetilde{\mathcal{KS}}(n, \kappa)$ とは，次の性質を満たす長さ空間 (X, g) の全体のなす空間である：

1. X は正則部分 $\mathcal{R}$ と特異部分 $\mathcal{S}$ の非交和に分割される．点 $x \in X$ が非特異であるとは，x の近傍で，ある Riemann 多様体の凸開集合に等長的になっているものが在ることと定義する．$x \in X$ が特異であるとは，そうでないことと定義する．
2. 正則部分 $\mathcal{R}$ は空でない $2n$ 次元の Ricci-flat 多様体であって，$\mathcal{R}$ には複素構造 J が在って $(\mathcal{R}, g, J)$ は Kähler 多様体になる．
3. $\mathcal{R}$ は弱凸である，すなわち，任意の $x \in \mathcal{R}$ に対して測度ゼロの集合 C_x が在って，$X \setminus C_x$ の任意の点 y に対し x と y を結ぶただ一つの最短測地線が存在する．そして，この最短測地線の内部は正則部分 $\mathcal{R}$ に入る．
4. $\mathcal{M}$ で Minkowski 次元を表すと，特異部分に対し Minkowski 次元の評価

[*21] Hamilton の Ricci flow の収束理論 [25] から，Ricci flow の特異性はこのように定義される．言い換えれば，曲率が有界におさまっていれば Ricci flow 解に特異性は生じない．

[*22] Ricci flow 解 $g(t)$ と時刻 t_0 に対し $\lambda g(\lambda^{-1}(t - t_0))$ を考えることを因子 λ の放物型スケーリングとよぶ（長さの 2 乗と時間のスケールを同じとみなしている）．

$$\dim_{\mathcal{M}} \mathcal{S} < 2n-3$$

が成り立つ．

5. 各点 $x \in X$ に対し，体積密度関数を

$$v(x) := \lim_{r\to 0} \frac{\mathrm{Vol}(B(x,r))}{\omega_{2n} r^{2n}}$$

によって定義する．このとき $\mathcal{R}$ 上で $v \equiv 1$ であり，$\mathcal{S}$ 上で $v \leq 1 - 2\delta_0$ である．ここで δ_0 は Anderson 定数である．

6. (X,g) は漸近的 κ 非崩壊である．すなわち，各 $x \in X$ に対し (X,g) の漸近体積比

$$\mathrm{avr}(X) := \lim_{r\to\infty} \frac{\mathrm{Vol}(B(x,r))}{\omega_{2n} r^{2n}}$$

（結果として x の取り方によらない）が定義されて

$$\lim_{r\to\infty} \frac{\mathrm{Vol}(B(x,r))}{\omega_{2n} r^{2n}} \geq \kappa$$

が成り立つ．

定義 5.31 に現れる **Minkowski** 次元と **Anderson** 定数について説明する．

- X の有界集合 E が Minkowski 次元の評価 $\dim_{\mathcal{M}} E < 2n-k$ を満たすとは

$$\lim_{r\to 0} \frac{\log \mathrm{Vol}(E_r)}{\log r} > k$$

が成り立つことと定義する．ここで E_r は E の X における r 近傍である．もし E が有界でなければ，$\dim_{\mathcal{M}} E < 2n-k$ であることを，$B \cap E$ が空でない任意の測地球 B に対し $\dim_{\mathcal{M}}(E \cap B) < 2n-k$ が成り立つことと定義する．したがって，$\dim_{\mathcal{M}} \mathcal{S} < 2n-3$ ということは，もし $B(x_0,1) \cap E \neq \emptyset$ ならば，その r 近傍の体積は $o(r^3)$ であることを意味している．一般に，Hausdorff 次元は Minkowski 次元を超えないことが知られている．だから，Minkowski 次元の上からの評価は，Hausdorff 次元の上からの評価より強い主張である．
- Anderson 定数 δ_0 は，次の Anderson の間隙定理に由来する．定理の内容，証明の議論ともに空間列の収束の研究で非常に基本的なので，証明を与える．

定理 5.32（**Anderson の間隙定理** [1, Gap Lemma 3.1]）　(M,g) を実 n 次元完備 Ricci-flat 多様体とする．このとき，次元 n だけによる定数 $\varepsilon(n)$ が在って

$$\lim_{r\to\infty} \frac{\mathrm{Vol}(B(x,r))}{\omega_n r^n} \geq 1 - \varepsilon(n) \ \Leftrightarrow \ (M,g) \cong (\mathbb{R}^n, g_{\mathrm{euc}})$$

が成り立つ．ここで ω_n は $\mathbb{R}^n$ の単位球の体積である．

(証明概略) $\mathbb{R}^n$ に等長的でない n 次元完備 Ricci-flat 多様体の列 $\{(N_i, g_i)\}_{i=0}^{\infty}$ と正数列 $\{\varepsilon_i\}_{i=0}^{\infty}$ で

$$\lim_{r\to\infty} \frac{\mathrm{Vol}_{N_i}(B(r))}{\omega_n r^n} \geq 1 - \varepsilon_i\ , \quad \varepsilon_i \downarrow 0$$

を満たすものがあったと仮定して矛盾を導く．完備 Ricci-flat 多様体 N_i は $\mathbb{R}^n$ に等長的でないから，Bishop–Gromov 体積比較定理により $\lim_{r\to\infty} \frac{\mathrm{Vol}_{g_i}(B(r))}{\omega_n r^n} < 1$ である．被積分関数レベルの Bishop–Gromov 体積比較定理より N_i を漸近体積比 < 1 の Euclid 錐と比較してよい．すると (N_i, g_i) には最短でない測地線が在ることがわかる．したがって，基点 $x_{0i} \in N_i$ を $R_i := \mathrm{inj}_{N_i}(x_{0i}) < \infty$ となるようにとることができる．そこで $x_i \in N_i$ を関数

$$c_i(x) := \frac{\mathrm{inj}_{N_i}(x)}{\mathrm{dist}_{N_i}(x, \partial B(x_{0i}, R_i + i))}$$

の $B(x_{0i}, R_i + i)$ における最小値を実現するようにとる．$x = x_{0i}$ のとき $\lim_{i\to\infty} c_i(x_{0i}) \to 0$ だから $\lim_{i\to\infty} c_i(x_i) = 0$ である．N_i の新しい Riemann 計量を $h_i := (\mathrm{inj}_{N_i}(x_i))^{-2} \cdot g_i$ によって定めると (N_i, h_i) は (N_i, g_i) と同じ漸近体積比を持つ完備 Ricci-flat 多様体であり，$\mathrm{inj}_{(N_i,h_i)}(x_i) = 1$ を満たし，$\mathrm{dist}_{(N_i,h_i)}(x_i, \partial B(x_{0i}, R_i + i)) \to \infty$ である．とくに x_i のある近傍では単射半径の下からの一様な評価が成り立つ．このことから点つき完備 Ricci-flat 多様体の列 $\{(N_i, x_i, h_i)\}_{i=0}^{\infty}$ は完備 Ricci-flat 多様体 (Y, x, h) に幾何収束する*23．とくに $\mathrm{inj}_Y(x) = 1$ であり (Y, h) の漸近体積比は

$$\lim_{r\to\infty} \frac{\mathrm{Vol}(B_Y(r))}{\omega_n r^n} \geq 1$$

となる．したがって Bishop–Gromov 体積比較定理の等号が成立し (Y, h) は $\mathbb{R}^n$ と等長的である．しかし，これは $\mathrm{inj}_Y(x) = 1$ に矛盾する． □

定義 5.31 に現れる Anderson 定数 δ_0 は次のように定義される：
n 次元完備 Calabi–Yau 多様体 (M, g) に対し

$$\lim_{r\to\infty} \frac{\mathrm{Vol}(B(x,r))}{\omega_{2n} r^{2n}} \geq 1 - 2\delta_0 \ \Leftrightarrow\ (M, g) \cong (\mathbb{C}^n, g_{\mathrm{euc}}) \tag{5.24}$$

---

*23 Ricci-flat 多様体は時間静的 Ricci flow 解である．したがって Ricci flow 解の曲率テンソルの満たす発展方程式の時間微分は消える．このことから Ricci-flat 多様体の曲率テンソルは $\triangle \mathrm{Rm} + Q(\mathrm{Rm}) = 0$ の形（$Q(\mathrm{Rm})$ は Rm の 2 次式）の楕円型方程式を満たしている．今の状況は Ricci テンソルのノルムと単射半径が押さえられている状況だから，後で述べる調和座標系の存在により，$C^{1,\frac{1}{2}}$ 収束までは言えている．さらに Ricci-flat である状況では，楕円型方程式の正則性から，さらに強く幾何収束が従う．

である.

Kähler–Ricci flow (5.2) のスケーリング極限として現れる時空（の時間スライス）全体のなす空間として定義 5.31 で空間 $\widetilde{\mathcal{KS}}(n,\kappa)$ を定義した．この定義のポイントを述べる.

- 空間 $\mathcal{KS}(n)$ を n 次元完備 Calabi–Yau 多様体全体と定義する．Bishop–Gromov 体積比較定理により，$\mathcal{KS}(n)$ の元に対しては**漸近体積比**

$$\lim_{r\to\infty}\frac{\mathrm{Vol}(B(x,r))}{\omega_{2n}r^{2n}}$$

が定義される（x のとりかたによらない）．$\kappa>0$ をとり，空間 $\mathcal{KS}(n)$ の部分空間 $\mathcal{KS}(n,\kappa)$ を，$\mathcal{KS}(n)$ の元であって漸近的 κ 非崩壊であるもの，すなわち

$$\lim_{r\to\infty}\frac{\mathrm{Vol}(B(x,r))}{\omega_{2n}r^{2n}}\geq\kappa$$

を満たすもの全体とする．しかし $\mathcal{KS}(n,\kappa)$ では Kähler–Ricci flow の極限として現れる空間としては不十分である．なぜなら，Eguchi–Hanson 空間が Ricci-flat 完備軌道体 $\mathbb{C}^2/\mathbb{Z}_2$ に退化する例があるからである．しかも，体積崩壊しない完備 Ricci-flat Kähler 多様体だけを考えると，幾何収束に関してコンパクトにならない．したがって，$\mathcal{KS}(n,\kappa)$ をマイルドな特異点を許容する Ricci-flat 空間を付け加えてコンパクト化しなければならない．さらに，拡大した空間 $\widetilde{\mathcal{KS}}(n,\kappa)$ のコンパクト性を論じるための位相として，幾何収束位相は適切ではない．適切な位相は，微分同相をモジュロにした点つき長さ空間の特異点の外側での幾何収束の位相，すなわち点つき Cheeger–Gromov 位相である．点つき Cheeger–Gromov 位相での収束を記号 $\hat{C}^\infty$ で表すことにする.
- Ricci flow の非局所崩壊定理 5.19 により，極限時空は体積崩壊しない（マイルドな特異点を持つかもしれない）完備 Ricci-flat 空間である．これが第 6 項に $\widetilde{\mathcal{KS}}$ の元は体積崩壊しないことを条件に含める理由である.
- 空間 $\widetilde{\mathcal{KS}}(n,\kappa)$ は小さすぎてはいけない．Kähler–Ricci flow (5.2) のスケーリング極限時空がすべて含まれるだけの大きさを持っていなければならない.
- 空間 $\widetilde{\mathcal{KS}}(n,\kappa)$ は大きすぎてはいけない．点つき Cheeger–Gromov 位相でのコンパクト性を，Cheeger–Colding 理論（[7], [8], [11], [20]）で証明できるだけの小ささを持っていなければならない.

5.5.2　Cheeger–Colding 理論と $\widetilde{\mathcal{KS}}(n,\kappa)$ のコンパクト性

空間 $\widetilde{\mathcal{KS}}$ に Cheeger–Colding 理論を適用すると点つき Cheeger–Gromov 位相でのコンパクト性を示すことができる [18, Theorem 1.1]．以下，このことを解説する．まず用語を導入する．

定義 5.33 ([18, Definition 2.61])　長さ空間 (X,g) が複素次元 n の**錐体** (conifold) であるとは，次の条件が満たされることと定義する：

1. 定義 5.31 と同様の意味で，X は正則部分と特異部分の非交和 $X=\mathcal{R}\cup\mathcal{S}$ である．
2. 正則部分 $\mathcal{R}$ は X の空でない開集合で $(2n)$ 次元多様体であり，複素構造 J を持ち $(\mathcal{R},g,J)$ は Kähler 多様体である．
3. 正則部分 $\mathcal{R}$ は強凸である，すなわち，任意の 2 点 $x\in\mathcal{R}$ と $y\in X$ に対し，x と y を結ぶ X の最短測地線 γ であって，γ のすべての内点が $\mathcal{R}$ に入っているものが在る*24．
4. 特異部分の Minkowski 次元は評価 $\dim_{\mathcal{M}}\mathcal{S}\leq 2n-4$ を満たす．
5. 特異部分の点 $x\in\mathcal{S}$ の任意の接錐（tangent cone）は Hausdorff 次元 $2n$ の計量錐（metric cone）であって，さらに次元 n だけで決まる一様な定数 δ_0 が在って，接錐の頂点 $\hat{x}$ における単位球 $B(\hat{x},1)$ の体積は Hausdorff 測度に関する体積評価
$$\mathrm{Vol}_{d\mu}(B(\hat{x},1))\leq(1-\delta_0)\omega_{2n}$$
を満たす．

定理 5.34 ($\widetilde{\boldsymbol{\mathcal{KS}}}(\boldsymbol{n},\boldsymbol{\kappa})$ **のコンパクト性と** $\boldsymbol{X}\in\widetilde{\boldsymbol{\mathcal{KS}}}(\boldsymbol{n},\boldsymbol{\kappa})$ **の構造** [18, Theorem 1.1, Theorem 2.59, Theorem 2.60])

(1) 空間 $\widetilde{\mathcal{KS}}(n,\kappa)$ は点つき Cheeger–Gromov 位相に関してコンパクトである．

(2) $X\in\widetilde{\mathcal{KS}}(n,\kappa)$ とすると，正則部分 $\mathcal{R}$ は強凸であり，特異部分は Minkowski 次元の評価
$$\dim_{\mathcal{M}}\mathcal{S}\leq 2n-4$$
を満たす．Y を $x_0\in\mathcal{S}$ における任意の接錐*25とすると，ある $k\geq 2$ と直

*24 たとえば回転面の測地線に対する Clairault の法則を思い出すと条件 3 の言っていることの意味をイメージできる．

*25 $X\in\widetilde{\mathcal{KS}}(n,\kappa)$ とするとき，$\forall x_0\in X$ に対し接錐は一意的であろうと予想されている [18, Conjecture 2.62].

線を含まない計量錐 $C(Z)$ が在って，Y は $\widetilde{\mathcal{KS}}(n,\kappa)$ に属する計量錐であり，Cheeger–Gromoll 型の Kähler 構造込みの等長の意味での分裂

$$Y = \mathbb{C}^{n-k} \times C(Z)$$

が成り立つ．とくに定義 5.33 の意味で X は Calabi–Yau conifold である[*26]．したがって $\widetilde{\mathcal{KS}}(n,\kappa)$ は漸近的 κ 非崩壊の意味で漸近体積崩壊しない n 次元 Calabi–Yau conifold 全体のなす空間である．

（定理 5.34 の証明概略） Chen–Wang の論文 [18] では空間 $\widetilde{\mathcal{KS}}(n,\kappa)$ のコンパクト性と $X \in \widetilde{\mathcal{KS}}(n,\kappa)$ の構造に関する定理を Cheeger–Colding 理論が使えることをチェックしながら論文 [18] の 1/3 強のページ数を費やして証明している．Cheeger–Colding 理論とは Ricci 曲率が下から押さえられている Riemann 多様体とその族の極限に現れる長さ空間の構造に関する幾何解析の理論である．本シリーズの別稿に Cheeger–Colding 理論が解説されることを期待[*27]して，ここでは証明概略を述べるにとどめる．

証明のために，空間 $\widetilde{\mathcal{KS}}(n)$ を $\widetilde{\mathcal{KS}}(n,\kappa)$ の定義 5.31 の第 6 条件（漸近的 κ 非崩壊条件）を除くすべての条件を満たす長さ空間の全体とする．また

$$\widetilde{\mathcal{KS}}^*(n) := \widetilde{\mathcal{KS}}(n) \setminus \{(\mathbb{C}^n, g_{\mathrm{euc}})\},$$
$$\widetilde{\mathcal{KS}}^*(n,\kappa) := \widetilde{\mathcal{KS}}(n,\kappa) \setminus \{(\mathbb{C}^n, g_{\mathrm{euc}})\}$$

と定義する．

定理 5.34 の証明概略第 1 段

Bishop–Gromov 体積比較定理は被積分関数レベルの単調性により証明される．この事実が定理 5.34 の証明では非常に基本的である．たとえば，$x_0 \in \mathcal{R} \subset X \in \widetilde{\mathcal{KS}}(n)$ に対し

$$0 < r_1 < r_2 \quad \text{かつ} \quad \omega_{2n}^{-1} r_1^{-2n} \operatorname{Vol}(B(x_0,r_1)) = \omega_{2n}^{-1} r_2^{-2n} \operatorname{Vol}(B(x_0,r_2))$$

が成り立てば，Bishop–Gromov 体積比較定理で等号が成り立つ．いま $x_0 \in \mathcal{R}$ だから，$B(x_0,r_2)$ は $\mathbb{C}^n$ の半径 r_2 の距離球と等長的である．もし $X \in \mathcal{KS}(n)$ すなわち X が n 次元完備 Calabi–Yau 多様体ならば局所等長から等長が従うから $X = \mathbb{C}^n$ でなければならない．

[*26] 定義 5.33 の意味の錐体 X が Calabi–Yau であるとは，定義 5.33 の条件 2 に言う正則部分の Kähler 構造が Ricci-flat であることと定義する．

[*27] 筆者が技術的なことに踏み込んだ記述ができるだけの力量がないためである．

定理 5.34 の証明概略第 2 段

Anderson の間隙定理 5.32 から次の概念を導入することに意味がある.

定義 5.35（**体積半径と調和半径** [18, Definition 2.45], [1, p.432]）

(1) Anderson 定数 δ_0 を式 (5.24) の通りとする. $X \in \widetilde{\mathcal{KS}}(n,\kappa)$, $x_0 \in X$ に対し

$$\Omega_{x_0} := \{r \mid r > 0,\ r^{-2n}\,\mathrm{Vol}(B(x_0,r)) \geq (1-\delta_0)\omega_{2n}\},$$
$$\mathbf{vr}(x_0) := \begin{cases} \sup \Omega_{x_0}, & \Omega_{x_0} \neq \emptyset \text{ のとき}, \\ 0, & \Omega_{x_0} = \emptyset \text{ のとき} \end{cases}$$

と定義する. $\mathbf{vr}(x_0)$ を点 x_0 における**体積半径**（volume radius）とよぶ.

(2) $X \in \widetilde{\mathcal{KS}}(n,\kappa)$, $x_0 \in X$ に対し

$$\Omega'_{x_0} := \{r \mid r>0,\ \exists \text{ 調和微分同相 } \Psi=(u_1,\ldots,u_{2n}) : B(x,r) \to \Omega \subset \mathbb{R}^{2n} \text{ であって}$$
$$2^{-1}\delta_{ij} \leq g_{ij} = g(\partial/\partial u_i, \partial/\partial u_j) \leq 2\delta_{ij},\ r^{\frac{3}{2}}\|g_{ij}\|_{C^{1,\frac{1}{2}}} \leq 2 \text{ を満たす}\},$$
$$\mathbf{hr}(x_0) := \begin{cases} \sup \Omega'_{x_0}, & \Omega_{x_0} \neq \emptyset \text{ のとき}, \\ 0, & \Omega'_{x_0} = \emptyset \text{ のとき} \end{cases}$$

と定義する. $\mathbf{hr}(x_0)$ を点 x_0 における**調和半径**（harmonic radius）とよぶ.

Bishop–Gromov 体積比較定理により, 体積比には剛性がある. すなわち $X \in \widetilde{\mathcal{KS}}(n)$ に対し, もし非特異点 $x_0 \in \mathcal{R}$ を中心とする距離球 $B(x_0,r_1) \subset B(x_0,r_2)$ に対し等式 $\omega_{2n}^{-1} r_1^{-2n}\,\mathrm{Vol}(B(x_0,r_1)) = \omega_{2n}^{-1} r_2^{-2n}\,\mathrm{Vol}(B(x_0,r_2))$ が成り立てば, $B(x_0,r_2)$ は $\mathbb{C}^n$ の半径 r_2 の距離球と等長的である. もし $X \in \mathcal{KS}(n)$ なら X は $\mathbb{C}^n$ と等長的である. この剛性から $\forall X \in \widetilde{\mathcal{KS}}(n)$ に対し体積半径 $\mathbf{vr}$ は X 上の連続関数であることがわかる.

Anderson の間隙定理 5.32 から明らかに

$$\mathbf{vr}(x) > 0 \Leftrightarrow x \in \mathcal{R}, \quad \mathbf{vr}(x) = 0 \Leftrightarrow x \in \mathcal{S}$$
$$\exists x_0 \in X \in \widetilde{\mathcal{KS}}(n) \text{ s.t. } \mathbf{vr}(x_0) = \infty \Rightarrow X = (\mathbb{C}^n, g_{\mathrm{euc}})$$

である.

定義 5.35 (2) の調和微分同相 Ψ が存在すれば調和座標系 $(u_1,\ldots,u_{2n})$ を入れることができる. ここで, 調和座標系が存在する距離球の大きさは Ricci テンソルのノルムと単射半径だけで評価できるという Anderson の定理 [1, Main Lemma 2.2] が基本的である（[3] も見よ）. この意味で, Ricci がおさえられている空間の幾何解析では, 調和座標系が単射半径で決まるある大きさをもって定義されていることが, 正則性改善を意味する点で非常に重要である.

Anderson の間隙定理 5.32 とその証明（楕円型作用素の正則性理論を含む）と体積半径の定義 5.35 と，調和半径の大きさに関する Anderson の定理 [1, Main Lemma 2.2] を組み合わせると，直ちに次の補題（体積半径に対する局所 Harnack 型評価）が従う．

補題 5.36 ([18, Propositions 2.47, Corollary 2.48, Proposition 2.49])

(1) n だけによる定数 $\widetilde{K} = \widetilde{K}(n)$ が在って次が成り立つ：$X \in \widetilde{\mathcal{KS}}^*(n)$, $x \in X$, $r = \mathbf{vr}(x) > 0$ とすると $B(x, \widetilde{K}^{-1}r)$ の各点 x において

$$\widetilde{K}^{-1}r \leq \mathbf{vr} \leq \widetilde{K}r$$

が成り立つ．さらに各 $\rho \in (0, \widetilde{K}^{-1}r)$，$y \in B(x, \widetilde{K}^{-1}r)$ に対し

$$\begin{aligned} &\omega_{2n}^{-1}\rho^{-2n}\,\mathrm{Vol}(B(y,\rho)) \geq 1 - \frac{\delta_0}{100}\ , \\ &|\mathrm{Rm}|(y) \leq \widetilde{K}^2 r^{-2}\ , \\ &\mathrm{inj}(y) \geq \widetilde{K}^{-1}r \end{aligned}$$

が成り立つ．さらに n だけによる小さい定数 $c_a = c_a(n)$ が在って $\forall y \in B(x, c_a r)$ に対し

$$r^{2+k}|\nabla^k \mathrm{Rm}|(y) \leq c_a^{-2} \quad (0 \leq k \leq 5)$$

が成り立つ．

(2) n だけによる定数 $C = C(n)$ が在ってすべての $x \in X \in \widetilde{\mathcal{KS}}^*(n)$ に対し

$$C^{-1}\ \mathbf{hr}(x) \leq \mathbf{vr}(x) \leq C\ \mathbf{hr}(x)$$

が成り立つ．

注意：補題 5.36 (2) は体積半径と調和半径の同値性を言っている．明らかに調和半径の方が解析的にデリケートな概念であるにも関わらずこのような同値性が成り立つ根拠は Ricci-flat 空間に対する Anderson の間隙定理の証明の解析的側面（すなわち，Ricci-flat な距離球では $|\mathrm{Rm}|$ の評価から，より小さい距離球において $|\nabla^k\mathrm{Rm}|$ の評価が従う）にある．

定理 5.34 の証明概略第 3 段

もっと強力な結果を示すには Cheeger–Colding 理論（[7], [8], [11], [20]）が必要になる．

次の補題は非負 Ricci 曲率の完備 Riemann 多様体に対する Cheeger–Gromoll 分裂定理の一般化であり Cheeger–Colding 理論のエッセンスである．

証明は難しい．直接原論文 [7] を見てほしい．

補題 5.37 ([18, Lemma 2.41], [7]) $X \in \widetilde{\mathcal{KS}}(n,\kappa)$ とし，$\gamma_1, \gamma_2, \ldots, \gamma_k$ を k 本の測地線分で長さ $2L \gg 2$ とし，各 γ_i の中心が $B(x_0, 1)$ の中にあるとする．さらに，各 γ_i の端点を $p_{i,\pm}$ とし，対応する局所 Buseman 関数を $b_{i,\pm}$ とし，すべての $1 \le i < j \le k$ に対しほとんど $(\nabla b_{i,+}, \nabla b_{j,+}) = 0$ と仮定する．その意味は，$\overline{\gamma}_i$ を $\mathbb{R}^k$ の原点中心の長さ $2L$ の i 番目の座標線分とし，ψ は $\psi(0) = 0$ を満たす単調増加関数としたとき，$\gamma_1 \cup \gamma_2 \cup \cdots \cup \gamma_k$ と $\overline{\gamma}_1 \cup \overline{\gamma}_2 \cup \cdots \cup \overline{\gamma}_k$ の Gromov–Hausdorff 距離が $\Psi(L^{-1})$ で上から押さえられるということである．

以上の仮定のもと，各 i に対し $B(x_0, 4)$ 上の調和関数 u_i で境界 $\partial B(x_0, 4)$ では $b_{i,+}$ に一致するものをとる．このとき，n のみによる定数 $\alpha = \alpha(n)$ が在って

$$\int_{B(x_0,1)} \left\{ \sum_{1 \le i \le k} |\nabla u_i - 1|^2 + \sum_{1 \le i < j \le k} |(\nabla u_i, \nabla u_j)|^2 + \sum_{1 \le i \le k} |\operatorname{Hess}(u_i)|^2 \right\} \le CL^{-\alpha}$$

が成り立つ． □

補題 5.37 の不等式は，1 点の小さい近傍に中心があって，互いに近似的に直交している，両側に十分長い k 本の測地線分があれば，各測地線分から作られる局所 Buseman 関数の調和拡張から作られる写像 $u = (u_1, \ldots, u_k)$ は $B(x_0, 1)$ から $\mathbb{R}^k$ の像への近似的沈め込みになる（k 本の測地線によって張られる k 次元 Euclid 空間が近似的に分裂する）ことを言っている．

補題 5.37 から直ちに次の系が従う：

系 5.38 ([18, Proposition 2.42, Proposition 2.43, Proposition 2.44])

(1) 半径 1 の測地球の体積は Gromov–Hausdorff 距離に関して連続である．

(2) 任意の $\varepsilon > 0$ に対しある $\xi = \xi(\varepsilon, n)$ が在って次が成り立つ：任意の $(X, x_0, g) \in \widetilde{\mathcal{KS}}(n,\kappa)$ に対し近似的体積錐条件

$$\frac{\operatorname{Vol}(B(x_0, 2))}{\operatorname{Vol}(B(x_0, 1))} \ge (1 - \varepsilon) 2^{2n}$$

が成り立てば，z^* を頂点とする計量錐 Z であって

$$\operatorname{diam}(Z) < \pi + \varepsilon\ ,\ d_{\mathrm{GH}}(B(x_0, 1), B(z^*, 1)) < \xi$$

を満たすものが在る．すなわち体積の意味で近似的に錐ならば，近似的に計量錐でもある．

(3) 任意の $\varepsilon > 0$ に対しある $\xi = \xi(\varepsilon, n)$ が在って次が成り立つ：$X \in \widetilde{\mathcal{KS}}(n,\kappa)$, $x_0 \in X$ とする．$B(x_0, 2)$ 上の Lipschitz 関数 b が

$$\sup_{B(x_0,2) \setminus \mathcal{S}} |\nabla b| < 2\ ,$$

$$\mathfrak{M}_{B(x_0,2)\setminus\mathcal{S}}|\operatorname{Hess}(b)|^2 < \varepsilon^2$$

（ここで $\mathfrak{M}$ は平均をとることを意味する）を満たし，さらに近似的体積錐条件

$$\frac{\operatorname{Vol}(B(x_0,2))}{\operatorname{Vol}(B(x_0,1))} \geq (1-\varepsilon)2^{2n}$$

が成り立っているとする．このとき $B(x_0,1)$ 上のある Lipschitz 関数 $\bar{b}$ であって

$$\sup_{B(x_0,1)\setminus\mathcal{S}} |\nabla\bar{b}| \leq 3 \,,$$
$$\mathfrak{M}_{B(x_0,1)\setminus\mathcal{S}}|\nabla\bar{b} - J\nabla b|^2 \leq \xi$$

を満たすものが在る．すなわち，(2) での近似的な計量錐の分裂は Kähler の意味で起きる． □

体積半径関数 $\mathbf{vr}$ の連続性は Bishop–Gromov 体積比較から容易に従うが，実はもっと強い（$\widetilde{\mathcal{KS}}(n,\kappa)$ の空間列の収束を論じるのに有効な）性質があることが Colding–Naber [20] により示されている．次の補題は [20] の結果を $\mathbf{vr}$ 関数の言葉で解釈したものである（$\mathbf{vr}$ 関数は最短測地線の内点で大域的 Harnack 型不等式を満たす）．

補題 5.39 ([18, Proposition 2.52]) すべての十分小さい $c > 0$ に対して，次の性質を持つ定数 $\varepsilon(n,\kappa,c)$ が在る：

$(X,g) \in \widetilde{\mathcal{KS}}(n,\kappa)$, $x,y \in X$, γ をその内部が X の正則部分に入る単位速度の最短測地線で $\gamma(0) = x$, $\gamma(L) = y$, $L \leq r$ であるものとする．このとき，もし $\mathbf{vr}(y) > cr$ ならば $\forall t \in [cL, L]$ に対し $\mathbf{vr}(\gamma(t)) > \varepsilon r$ である．とくに，もし $\min\{\mathbf{vr}(x), \mathbf{vr}(y)\} > cr$ ならば $\forall t \in [0,L]$ に対し $\mathbf{vr}(\gamma(t)) > \varepsilon r$ である． □

補題 5.39 は正則部分 $\mathcal{R}$ が強凸であることの証明で本質的である．証明は原論文を見てほしい．

体積半径関数 $\mathbf{vr}$ のスケールでは補題 5.36 により $\widetilde{\mathcal{KS}}(n,\kappa)$ の列の極限において正則性が壊れないから，列の収束を論じるには，$\mathbf{vr}$ の大きさを一様に評価できることが重要である．そこで，体積半径関数 $\mathbf{vr}$ によって空間を次のように分割する：

定義 5.40 ([18, Definition 2.53]) $X \in \widetilde{\mathcal{KS}}(n,\kappa)$ とする．X の r-正則部分 $\mathcal{F}_r(X)$ と r-特異部分 $\mathcal{D}_r(X)$ を

$$\mathcal{F}_r(X) := \{x \in X \mid \mathbf{vr}(x) \geq r\} \,,$$
$$\mathcal{D}_r(X) := (\mathcal{F}_r(X))^c = \{x \in X \mid \mathbf{vr}(x) < r\}$$

によって定義する．明らかに $\mathcal{R}(X) = \cup_{r>0}\mathcal{F}_r(X)$，$\mathcal{S}(X) = \cap_{r>0}\mathcal{D}_r(X)$ である．

補題 5.36 と定義 5.40 から直ちに

$$\{x \in X \mid d(x, \mathcal{S}) \geq r\} \supset \mathcal{F}_{\widetilde{K}r}\,,$$
$$\{x \in X \mid d(x, \mathcal{S}) < r\} \subset \mathcal{D}_{\widetilde{K}r}$$

がわかる．したがって体積関数 **vr** を見ることによって特異部分 $\mathcal{S}$ への距離がわかる．

以上から次の弱コンパクト性が従う．

補題 5.41 ([18, Proposition 2.55])　任意の列 $(X_i, x_i, g_i) \in \widetilde{\mathcal{KS}}(n,\kappa)$ に対し必要なら部分列をとれば，$\widetilde{\mathcal{KS}}(n,\kappa)$ を特徴づける性質（定義 5.31）のうち 3 と 4（$\mathcal{R}$ の弱凸性と $\mathcal{S}$ の Minkowski 次元の評価）を除くすべての性質を満たす空間 $\overline{X}$ が在って，点つき Cheeger–Gromov 収束

$$(X_i, x_i, g_i) \overset{\hat{C}^\infty}{\to} (\overline{X}, \overline{x}, \overline{g})$$

が成り立つ．実は $\mathcal{S}$ の Hausdorff 次元（$\leq$ Minkowski 次元）は高々 $\leq 2n-4$ である．

(証明概略) 点つき Gromov–Hausdorff 収束 $(X_i, x_i, g_i) \overset{\text{G.H.}}{\to} (\overline{X}, \overline{x}, \overline{g})$ が成り立つことは Bishop–Gromov 体積比較定理から従う．これは標準的な Riemann 多様体の収束理論からの帰結である．系 5.38 (1)（体積の連続性）から $\overline{X}$ には距離に適合する測度が定まり X_i の $\overline{X}$ への体積収束がわかる．よって $\overline{X}$ が性質 6（漸近的 κ 非崩壊）を持つことが従う．$\overline{X}$ の正則部分 $\mathcal{R}(\overline{X})$ と特異部分 $\mathcal{S}(\overline{X})$ への分割は接空間が $\mathbb{R}^{2n}$ かどうかで決まる．Anderson の間隙定理と体積収束から $\mathcal{R}(\overline{X})$ の各点のまわりには多様体の構造が入る近傍が在り，そこには Ricci-flat Kähler 構造が入る．よって $\mathcal{R}(\overline{X}) \neq \emptyset$ なら $\overline{X}$ は性質 1 と 2 を満たす．$\overline{X}$ の各接錐は極限測度に関する体積錐であるが，系 5.38 (2) により極限計量に関する計量錐でもある．したがって Cheeger–Colding 理論 [8] が適用できて，特異部分は $\mathcal{S} = \mathcal{S}_1 \cup \mathcal{S}_2 \cup \cdots \cup \mathcal{S}_{2n}$ のように層化（stratification）される．ここで $\mathcal{S}_k$ は接錐が少なくとも $(2n-k)$ 本の直線が分裂する特異点全体のなす集合である．したがって特異点でない点の接空間は $\mathbb{R}^{2n}$ であり，特異点集合の補集合は非特異点集合 $\mathcal{R}(\overline{X})$ である．よって $(\overline{X}, \overline{g})$ は性質 2 を満たす．$\widetilde{\mathcal{KS}}(n,\kappa)$ の各空間は Kähler だから系 5.38 (3) により各接錐から分裂するのは $\mathbb{C}^k$ である．よって $\mathcal{S} = \mathcal{S}_2 \cup \mathcal{S}_4 \cup \cdots \cup \mathcal{S}_{2n}$ である．もし $\mathcal{S}_2 \neq \emptyset$ だとすると実余次元 2 の特異点集合が現れる．$\overline{X}$ の特異点集合は曲率が集中することによって発生するが，第 1 Chern 形式 c_1 が零のまま曲率が集中すると，第 2 Chern 形式 c_2 がその Poincaré 双対に集中してその結果として特異点集合が出現する．しか

し，第2 Chern 類は4次のコホモロジーの元だから実余次元2の部分空間に集中することはあり得ない（Poincaré 双対性）．したがって $\mathcal{S} = \mathcal{S}_4 \cup \cdots \cup \mathcal{S}_{2n}$ すなわち $\dim_{\mathcal{H}} \mathcal{S} \leq 2n-4$ である．$\overline{y} \in \mathcal{S}(\overline{X})$ とし $y_i \to \overline{y}$ とする．点 y_i のまわりを拡大して Anderson の間隙定理を使えば体積密度 $\leq 1 - 2\delta_0$ が分かる．したがって $(\overline{X}, \overline{g})$ は性質5を満たす．収束は実は点つき Cheeger–Gromov 収束であることを示さねばならないが，これは，Anderson の間隙定理の解析的側面から従う補題 5.36（正則性の改善）からの帰結である． □

補題 5.41（$\widetilde{\mathcal{KS}}(n,\kappa)$ の弱コンパクト性）から次の二つの系が従う．まず次の系 5.42 は基本的である．

系 5.42（[18, Proposition 2.56]） ある定数 $\varepsilon = \varepsilon(n,\kappa)$ で次の ε-正則性を持つものが在る：$X \in \widetilde{\mathcal{KS}}(n,\kappa)$, $x_0 \in X$ とする．もし z_0^* を頂点とする計量錐 $C(Z_0)$ に対し $B(x_0,1) \subset X$ と $B((z_0^*,0),1) \subset C(Z_0) \times \mathbb{R}^{2n-3}$ の GH 距離が $d_{\mathrm{GH}}(B(x_0,1), B((z_0^*,0),1)) < \varepsilon$ を満たせば，実は $\mathbf{vr}(x_0) > \frac{1}{2}$ である．

(証明概略) もしこのような性質を持つ $\varepsilon > 0$ が存在しないと仮定すると，$\widetilde{\mathcal{KS}}(n,\kappa)$ の弱コンパクト性から，$\widetilde{\mathcal{KS}}(n,\kappa)$ の空間列 (X_i, x_i)，計量錐の列 $C(Z_i)$，正数列 $\varepsilon_i \to 0$ であって $x_i \to x$, $z_i^* \to z^*$ で $d_{\mathrm{GH}}(B(x,1), B((z^*,0),1)) = 0$ となるものが在る．このとき，x の接錐は $C(Z) \times \mathbb{R}^{2n-3}$ であるが，Kähler で考えているから，結局これは $\mathbb{C}^n$ と等長的である．よって $B(x_0,1)$ は $\mathbb{C}^n$ の単位球でなければならない．これは，十分大きい i に対し $2^{2n}\,\mathrm{Vol}(B(x_i,\frac{1}{2}))$ は1に非常に近いことを意味する．よって十分大きいすべての i に対して $\mathbf{vr}(x_i) > \frac{1}{2}$ となって，矛盾に陥る．したがって ε-正則性を満たす ε は確かに存在する． □

補題 5.41 と系 5.42 により $\widetilde{\mathcal{KS}}(n,\kappa)$ に Cheeger–Naber [11] の議論が使える状況になり，次の系が成り立つ．その意義は，$\widetilde{\mathcal{KS}}(n,\kappa)$ に属する空間の正則部分 $\mathcal{R}$ は "一様に大きい" こと，とくに稠密であることを意味していることにある：

系 5.43（[18, Proposition 5.57], [11, Corollary 1.26]） 任意の $0 < p < 2$ に対し次の性質を満たす定数 $E = E(n,\kappa,p)$ が在る：$\forall (X,x,g) \in \widetilde{\mathcal{KS}}(n,\kappa)$, $\forall r > 0$ に対し，密度評価

$$r^{2p-2n} \int_{B(x,r)} \mathbf{vr}(y)^{-2p} dy \;\leq\; E(n,\kappa,p)$$

が成り立つ． □

系 5.43 は Cheeger–Naber の定理 [11, Corollary 1.26] の特異点つきバージョンで非常に強力な結果である（たとえば [13] と命題 5.94 の証明からその強力さの一

端を窺い知ることができる)．残念ながらここでは証明を述べることはできない．そのかわり系 5.43 の積分の「直観的意味」を述べる．条件 $p<2$ は特異部分 $\mathcal{S}$ の最小複素余次元が少なくとも 2 であることを示すことを目指している．実際，$X=\mathbb{C}^n$ で "特異部分" $\mathcal{S}=\mathbb{C}^{n-2}$ が $z^1=z^2=0$ であるとき，$\mathbf{vr}(y)$ は $\mathcal{S}$ までの距離関数 $\mathbf{vr}(y)=(|z^1|^2+|z^2|^2)^{\frac{1}{2}}$ である．よって $p=2-\varepsilon$ のとき系 5.43 の積分は $r^{4-2\varepsilon-2n}r^{2n-4}\int_{|z^1|^2+|z^2|^2\le r^2}t^{-4+2\varepsilon}t^3dt$ によって上下から押さえられる．$\varepsilon>0$ ならこの積分は ε^{-1} のオーダーであるが $\varepsilon=0$ とすると発散してしまう．系 5.43 の証明は [18] と [11] に直接あたってほしい．

系 5.43 の意義は，系 5.43 から $\widetilde{\mathcal{KS}}(n,\kappa)$ に属する空間の特異部分は "一様に小さい" ことが従う点にある．それは，次のように定式化される：

系 5.44 ([18, Corollary 2.58]) $\forall(X,x_0,g)\in\widetilde{\mathcal{KS}}(n,\kappa)$, $0<\forall\rho\ll 1$, $0<\forall p<2$ に対し，特異点集合の近傍の体積評価

$$\mathrm{Vol}(\{x\,|\,d(x,\mathcal{S})<\rho,\,x\in B(x_0,1)\})\;<\;C\rho^{2p}$$

が成り立つような定数 $C=C(n,\kappa,p)$ が在る．

(証明概略) ポイントは $\mathcal{F}_r$, $\mathcal{D}_r$ の定義と密度評価から従う不等式

$$(2r)^{-2p}\,\mathrm{Vol}(B(x_0,1)\cap\mathcal{F}_r\setminus\mathcal{F}_{2r})<\int_{B(x_0,1)\cap\mathcal{F}_r\setminus\mathcal{F}_{2r}}\mathbf{vr}^{-2p}<E(n,\kappa,n)$$

である．これから

$$\mathrm{Vol}(B(x_0,1)\cap\mathcal{D}_{2r}\setminus\mathcal{D}_r)<2^{2p}E(n,\kappa,p)r^{2p}$$

が従う．$\mathcal{D}_{2r}=\cup_{i=-1}^{\infty}\mathcal{D}_{2^{-i}r}\setminus\mathcal{D}_{2^{-i-1}r}$ だから上の評価を繰り返して

$$\mathrm{Vol}(B(x_0,1)\cap\mathcal{D}_{2r})<\frac{E(n,\kappa,p)}{1-4^{-p}}(2r)^{2p}$$

である．定義 5.40 の直後の包含関係から

$$\mathrm{Vol}(B(x_0,1)\cap\{x\,|\,d(x,\mathcal{S})<\rho\})\le\mathrm{Vol}(B(x_0,1)\mathcal{D}_{\widetilde{K}\rho})<\frac{E(n,\kappa,p)}{1-4^{-p}}\widetilde{K}^{2p}\rho^{2p}<C\rho^{2p}$$

である．このように，系 5.43 から系 5.44 を導く議論は大数の弱法則の証明 (Tchebyshev 不等式) によく似ている． □

定理 5.34 の証明概略第 4 段

補題 5.41 ($\widetilde{\mathcal{KS}}(n,\kappa)$ の弱コンパクト性) の極限空間 $(\overline{X},\overline{g})$ が性質 1, 2, 5, 6 を持つことは補題 5.41 で示されている．性質 3, 4 が成り立つことを示せばよい．極限空

間 $(\overline{X}, \overline{g})$ から任意の 2 点 $\overline{y}, \overline{z}$ を正則部分 $\mathcal{R}(\overline{X})$ からとると，$y_i \to \overline{y}$，$\overline{z}_i \to \overline{z}$ となる $y_i, z_i \in X_i$ が在って $\mathbf{vr}(y_i) \to \mathbf{vr}(\overline{y})$，$\mathbf{vr}(z_i) \to \mathbf{vr}(\overline{z})$ が成り立つ．よって補題 5.39 から y_i と z_i を結ぶ最短測地線 γ_i 上の $\mathbf{vr}$（体積半径）関数の一様な評価がある．したがって $\overline{y}$ と $\overline{z}$ を結ぶ最短測地線 $\overline{\gamma}$ 上で体積半径関数 $\mathbf{vr}$ は正である．もし $\overline{y} \in \overline{X}$, $\overline{z} \in \mathcal{R}(\overline{X})$ ならば上の議論の極限をとることにより $\overline{\gamma}$ の内点は非特異点からなることがわかる．これで，$\widetilde{\mathcal{KS}}(n, \kappa)$ の性質 3 だけでなく，定理 5.34 (2) の第 1 の主張，すなわち正則部分 $\mathcal{R}(\overline{X})$ が強凸であることがわかった[*28]．最後に $\widetilde{\mathcal{KS}}(n, \kappa)$ の性質 4 であるが，系 5.43 の一様性から極限空間 $(\overline{X}, \overline{g})$ でも同じ結論が成り立つ．したがって系 5.44 と同じ結論が成り立つ．Minkowski 次元の定義を思い出すと系 5.44 の結論は Minkowski 次元の評価

$$\dim_{\mathcal{M}} \mathcal{S} \leq 2n - 4$$

を意味する．弱コンパクト性では Hausdorff 次元の上限であったものが，Minkowski 次元の上限に改良されている点が重要である．それを可能にしたのが系 5.43, 5.44 である．これは $\widetilde{\mathcal{KS}}(n, \kappa)$ の性質 4 を示しているだけでなく，定理 5.34 (2) の第 2 の主張（接錐の分裂）を示している．（定理 5.34 の証明概略終わり） □

以上の $\widetilde{\mathcal{KS}}(n, \kappa)$ のコンパクト性についての議論は次のように要約される．ポイントは，$\widetilde{\mathcal{KS}}(n, \kappa)$ のもとの定義より強いことが言える点である：

(1) $\widetilde{\mathcal{KS}}(n, \kappa)$ は点つき Cheeger–Gromov 位相でコンパクトである．
(2) $\widetilde{\mathcal{KS}}(n, \kappa)$ は漸近的 κ 非崩壊すなわち

$$\lim_{r \to \infty} \frac{\mathrm{Vol}(B(x, r))}{\omega_{2n} r^{2n}} \geq \kappa$$

を満たす Calabi–Yau conifold の空間である．
(3) $X \in \widetilde{\mathcal{KS}}(n, \kappa)$ の正則部分 $\mathcal{R}$ は強凸であり，特異部分 $\mathcal{S}$ の Minkowski 次元は $\dim_{\mathcal{M}} \mathcal{S} \leq 2n - 4$ である．特異部分 $x_0 \in \mathcal{S}$ における接錐 Y は $\widetilde{\mathcal{KS}}(n, \kappa)$ の計量錐で $Y = \mathbb{C}^{n-k} \times C(Z)$ と分裂する．ただし $k \geq 2$ で $C(Z)$ は直線を含まない計量錐である．

5.5.3 時間静的 Ricci flow 時空としての Ricci-flat 空間の構造

非特異 Ricci-flat 空間は Ricci flow の時間静的解だから Perelman 理論を適用できる．$\widetilde{\mathcal{KS}}(n)$ の元は時間静的な Ricci flow の特異解であるが，長さの情報だけを使っ

[*28] これにより，極限空間 $(\overline{X}, \overline{g})$ において Bishop–Gromov 体積比較定理が成り立つことがわかる．

て定義される積分量である簡約弧長や簡約体積関数は $\widetilde{\mathcal{KS}}(n)$ の元に対しても well-defined であり，単調性（定義–定理 5.4）を満たしている．したがって，$X \in \widetilde{\mathcal{KS}}(n)$ の時空構造を知るのに Perelman の Ricci flow 理論を適用できる．

$\{(X^m, g(t))\}_{t\in[-T,0]}$ を完備 Riemann 多様体 X 上の滑らかな Ricci flow 解とする．5.2.1 項で時空の曲線 γ，$\gamma(0) = (x, 0)$，$\gamma(\overline{\tau}) = (y, -\overline{\tau})$ の **$\mathcal{L}$-length** を

$$\mathcal{L}(\gamma) = \int_0^{\overline{\tau}} \sqrt{\tau}(R + |\dot{\gamma}|^2)_{g(-\tau)} d\tau$$

によって定義した．端点を固定した時空の曲線で $\mathcal{L}$-length を最短にするもの，すなわち

$$\inf_{\gamma:\gamma(0)=(x,0),\ \gamma(\overline{\tau})=(y,-\overline{\tau})} \mathcal{L}(\gamma)$$

を実現する時空の曲線 α を**最短簡約測地線**（shortest reduced geodesic）とよぶ．そして $(x, 0)$ と $(y, -\overline{\tau})$ の間の**簡約距離**（reduced distance）を

$$l((x, 0), (y, -\overline{\tau})) = \frac{\mathcal{L}(\alpha)}{2\sqrt{\overline{\tau}}}$$

によって定義する．簡約最短測地線の速度ベクトル $V = \dot{\alpha}$ は簡約測地線方程式

$$\nabla_V V + \frac{V}{2\tau} + 2\,\mathrm{Ric}(V, \cdot) - \frac{\nabla R}{2} = 0$$

を満たす．**簡約体積関数**（reduced volume function）を

$$\mathcal{V}((x, 0), \overline{\tau}) = \int_X (4\pi\overline{\tau})^{-\frac{m}{2}} e^{-l} dV_{g(\overline{\tau})}$$

によって定義すると，5.2.1 項の議論（熱浴における Bishop–Gromov 体積比較定理）により単調非増加関数である．もっと強く Bishop–Gromov 体積比較定理の局所化により簡約体積要素

$$(4\pi\tau)^{-\frac{m}{2}} e^{-l} dV_{g(\overline{\tau})}$$

は $(x, 0)$ から $(y, -\overline{\tau})$ に向かう最短簡約測地線に沿って単調非増加である．

考えている Ricci flow 解が時間静的すなわち Ricci-flat のとき，これらの量は次のような簡単な表示をもつ．

命題 5.45（[18, §2.7]）　以上の設定のもと，もし考えている Ricci flow 解が時間静的すなわち Ricci-flat ならば

$$\begin{cases} \mathcal{L}(\alpha) = \dfrac{d^2(x,y)}{2\sqrt{\tau}} \ , \\ l((x,0),(y,-\overline{\tau})) = \dfrac{d^2(x,y)}{4\tau} \ , \\ \nabla_V V + \dfrac{V}{2\tau} = 0 \ , \\ |\dot{\alpha}|^2 = |V|^2 = |\nabla l|^2 = \tau l \ , \\ \mathcal{V}((x,0),\overline{\tau}) = \displaystyle\int_M (4\pi\overline{\tau})^{-\frac{m}{2}} e^{-\frac{d^2}{4\overline{\tau}}} dV_g \end{cases}$$

が成り立つ. □

$X \in \widetilde{\mathcal{KS}}(n)$ のときは Cheeger–Colding 理論と Perelman の Ricci flow 理論が結びつく：

定理 5.46 ([18, Theorem 2.63]) $X \in \widetilde{\mathcal{KS}}(n)$, $x \in X$ とする. $X \times (-\infty, 0]$ を時間静的 Ricci flow 解と考える. このとき漸近体積比 $\mathbf{avr}(X)$ と体積密度 $v(x)$ は次の式の意味で簡約体積と同値である：

$$\mathbf{avr}(X) = \lim_{\tau\to\infty} \mathcal{V}((x,0),\tau) \ ,$$
$$v(x) = \lim_{\tau\to 0} \mathcal{V}((x,0),\tau) \ .$$

(証明概略) 第 1 式のみ示す (第 2 式も同様にできる). $m = 2n$ とおく. 漸近体積比の定義から, 任意の $\varepsilon > 0$ に応じて H を十分大きくとれば $r > H$ であるすべての r に対し

$$|m\omega_m \, \mathbf{avr}(X) - r^{-m+1} \, \mathrm{Vol}(\partial B(x,r))| < \varepsilon$$

である. 一方, 簡約体積は

$$\mathcal{V}((x,0),H^2) = (4\pi)^{-\frac{m}{2}} H^{-m} \int_0^\infty \mathrm{Vol}(\partial B(x,r)) e^{-\frac{r^2}{4H^2}} dr$$

である. Euclid 空間 $\mathbb{C}^n$ 上のガウス積分の式

$$1 = (4\pi)^{-\frac{m}{2}} H^{-m} \int_0^\infty m\omega_m r^{m-1} e^{-\frac{r^2}{4H^2}} dr$$

を用いると

$$\begin{aligned} &\mathcal{V}((x,0),H^2) - \mathrm{avr}(X) \\ &\quad = (4\pi)^{-\frac{m}{2}} H^{-m} \int_0^\infty \{\mathrm{Vol}(\partial B(x,r)) - m\omega_m \, \mathrm{avr}(X) r^{m-1}\} 4^{-\frac{r^2}{4H^2}} dr \end{aligned}$$

である．$\varepsilon > 0$ に対し H を大きくとって右辺の積分を $\int_0^{\varepsilon H} + \int_{\varepsilon H}^{\infty}$ に分割すると

$$\left|\int_0^{\varepsilon H} \{\mathrm{Vol}(\partial B(x,r)) - m\omega_m \,\mathrm{avr}(X) r^{m-1}\} e^{-\frac{r^2}{4H^2}} dr\right| \\ \le m\omega_m \int_0^H r^{m-1} e^{-\frac{r^2}{4H^2}} fr = m\omega_m H^m \int_0^{\varepsilon} s^{m-1} e^{-\frac{s^2}{4}} ds$$

および

$$\left|\int_{\varepsilon H}^{\infty} \{\mathrm{Vol}(\partial B(x,r)) - m\omega_m \,\mathrm{avr}(X) r^{m-1}\} e^{-\frac{r^2}{4H^2}} dr\right| \\ \le \varepsilon \int_{\varepsilon H}^{\infty} r^{m-1} e^{-\frac{r^2}{H^2}} dr < \varepsilon H^m \int_{\varepsilon}^{\infty} s^{m-1} e^{-\frac{s^2}{4}} ds$$

を得る．よって

$$|\mathcal{V}((x,0),H^2) - \mathrm{avr}(X)| \le (4\pi)^{-\frac{m}{2}} \left\{ \int_0^{\varepsilon} s^{m-1} e^{-\frac{s^2}{4}} ds + \varepsilon \int_0^{\infty} s^{m-1} e^{-\frac{s^2}{4}} ds \right\}$$

である．$\varepsilon \to 0$ とすると右辺は $\{\cdots\} \to 0$ だから，所要の結果を得る． □

5.6 標準半径 $\geq r_0$ の完備 Kähler 多様体の空間の弱コンパクト性

本節では Fano 多様体上の Kähler–Ricci flow を含む一般の完備 Kähler 多様体の集団の弱コンパクト性を論じる枠組みを構成する．主結果は補題 5.52 と定理 5.53 である．

標準近傍のモデル空間 $\widetilde{\mathcal{KS}}(n,\kappa)$ のコンパクト性は Bishop–Gromov 体積比較定理に基づく Cheeger–Colding 理論が有効であったが，一般の Kähler 多様体の集団では Bishop–Gromov 体積比較定理は有効でなくなる．この困難を克服するため，まず標準近傍が属するモデル空間 $\widetilde{\mathcal{KS}}(n,\kappa)$ における先験的評価に「余裕をもたせて」Bishop–Gromov 体積比較定理が有効でない空間の極限でも使えるようにする．具体的には，系 5.43 における p を $(1.5, 2)$ の任意の数，たとえば $p_0 = 1.8$ に固定して，$E(n,p,\kappa)$ のかわりに，これより大きい

$$E := E(n,\kappa,p_0) + 200\omega_{2n}\kappa^{-1}$$

を考えると，系 5.43 の密度評価の弱形

$$r^{2p_0-2n} \int_{B(x,r)} \mathbf{vr}(y)^{-2p_0} dy < E$$

を得る．この弱形でも，次が成り立つくらいには強い．$(X_0, x_0, g) \in \widetilde{\mathcal{KS}}(n,\kappa)$，$r > 0$ を任意にとると

$$c_b := \left(\frac{\omega_{2n}\kappa}{4E}\right)^{\frac{1}{2p_0}}$$

とおけば

$$\mathcal{F}_{c_b r} \cap B(x_0, r) \neq \emptyset$$

が成り立つ．実際，$\mathbf{vr}$ は連続関数だから $\overline{B(x_0, r)}$ 上での最大値をとる点 y_0 が在る．よって

$$\begin{aligned}
\mathbf{vr}(y_0)^{-2p_0} &\leq \frac{1}{\mathrm{Vol}(B(x_0,r))} \int_{B(x_0,r)} \mathbf{vr}(y)^{-2p_0} dy \\
&\leq (\omega_{2n}\kappa)^{-1} r^{-2n} \int_{B(x_0,r)} \mathbf{vr}(y)^{-2p_0} dy \\
&\leq (\omega_{2n}\kappa)^{-1} r^{-2n} E
\end{aligned}$$

だから

$$\mathbf{vr}(y_0) \geq \left(\frac{\omega_{2n}\kappa}{E}\right)^{\frac{1}{2p_0}} > c_b r$$

である．関数 $\mathbf{vr}$ は連続だから $\mathbf{vr}(z) > c_b r$ を満たす点 $z \in \mathcal{F}_{c_b r} \cap B(x_0, r)$ が在る．E と c_b を以上のように定めれば，補題 5.39 の $\varepsilon(n, \kappa, c)$ を

$$\varepsilon_b := \varepsilon\left(n, \kappa, \frac{c_b}{100}\right)$$

によって定めることができる．このように，密度評価は正則部分 $\mathcal{R}$ が大きいことを表現している． □

以上で「余裕をもたせる」とは何かの説明を終えて，本論に入る．これらの量の意味を 5.5 節で示された $\widetilde{\mathcal{KS}}(n,\kappa)$ に属する空間に対する先験的評価と関連させてまとめておく：

$(X, x_0, g) \in \widetilde{\mathcal{KS}}(n,\kappa)$，$r > 0$ とする．

1. κ：体積比評価．$\kappa \leq \omega_{2n}^{-1} r^{-2n} \mathrm{Vol}(B(x_0, r)) \leq 1$.
2. c_a（補題 5.36）：正則性評価．各 $0 \leq k \leq 5$ に対し，距離球 $B(x_0, c_a r)$ 上で $r^{2+k}|\nabla^k \mathrm{Rm}| \leq c_a^{-1}$ が成り立つ．
3. E：(系 5.43) 密度評価．$r^{2p_0-2n} \displaystyle\int_{B(x_0,r)} \mathbf{vr}(y)^{-2p_0} dy \leq E$.

4. c_b, ε_b：(補題 5.39) 連結性評価．すべての $y_1, y_2 \in B(x_0, r) \cap \mathcal{F}_{\frac{1}{100}c_b r}(X)$ は $\mathcal{F}_{\varepsilon_b r}(X)$ に含まれる最短測地線で結ばれる．

密度評価は正則部分 $\mathcal{R}$ が大きいことを表現したものであるのに対して，連結性評価は最短測地線が特異部分に邪魔されないという意味で，特異部分 $\mathcal{S}$ が小さいことを表現したものという側面が強い．

以下，本節では (M^n, g, J) を複素 n 次元完備 Kähler 多様体とする．

定義 5.47 ([18, Definition 3.3, Definition 3.4]) (1) $x_0 \in M$, $\rho > 0$ に対し

$$I_{x_0}^{(\rho)} = \{r \,|\, 0 < r < \rho,\ \omega_{2n}^{-1} r^{-2n} \operatorname{Vol}(B(x_0, r)) \geq 1 - \delta_0\}$$

とおく．ここで δ_0 は Anderson 定数 (5.24) である．明らかに，M が非特異なら $I_{x_0}^{(\rho)} \neq 0$ である．**スケール ρ における体積半径** (volume radius) $\mathbf{vr}^{(\rho)}$ を

$$\mathbf{vr}^{(\rho)}(x_0) := \sup I_{x_0}^{(\rho)}$$

により定義する．各組 (r, ρ) $(0 < r \leq \rho)$ に対し

$$\mathcal{F}_r^{(\rho)}(M) := \{x \in M \mid \mathbf{vr}^{(\rho)}(x) \geq r\},$$
$$\mathcal{D}_r^{(\rho)}(M) := \{x \in M \mid \mathbf{vr}^{(\rho)}(x) \leq r\}$$

とおく．

(2) 部分集合 $\Omega \subset M$ が **ε-正則連結** (ε-regular connected) であるとは，任意の 2 点 $x, y \in \Omega$ が長さ $< 2d(x, y)$ の正則な曲線 $\gamma \subset \mathcal{F}_\varepsilon$ で結ばれることと定義する．

$\widetilde{\mathcal{KS}}(n, \kappa)$ の先験的評価は，次の定義を動機づける．

定義 5.48 ([18, Definition 3.5]) (1) 点 $x_0 \in M$ の，**標準近傍のモデル空間 $\widetilde{\mathcal{KS}}(n, \kappa)$ に関する標準半径** (canonical radius) $\mathbf{cr}(x_0)$ が r_0 より小さくない，すなわち

$$\mathbf{cr}(x_0) \geq r_0$$

であるとは，任意の $r < r_0$ に対し次の性質が成り立つことを言う：

1. 体積比評価：$\kappa \leq \omega_{2n}^{-1} r^{-2n} \operatorname{Vol}(B(x_0, r)) \leq \kappa^{-1}$ が成り立つ．
2. 正則性評価：もし $\omega_{2n}^{-1} r^{-2n} \operatorname{Vol}(B(x_0, r)) \geq 1 - \delta_0$ ならば距離球 $B(x_0, \frac{1}{2} c_a r)$ 上で正則性評価 $r^{2+k} |\nabla^k \mathrm{Rm}| \leq 4c_a^{-2}$ が成り立つ (c_a は補題 5.36 で導入したもの)．
3. 密度評価：$r^{2p_0 - 2n} \displaystyle\int_{B(x_0, r)} \mathbf{vr}^{(r)}(y)^{-2p_0} dy \leq 2E$ が成り立つ．

4. 連結性評価：$B(x_0, r) \cap \mathcal{F}^{(r)}_{\frac{1}{50}c_b r}(M)$ は $\frac{1}{2}\varepsilon_b r$-連結である（$c_b$, ε_b は本節冒頭で導入したもの）.

(2) $\rho_0 = \mathbf{cr}(x_0)$ のときスケール ρ_0 における x_0 の体積半径を

$$\mathbf{cvr}(x_0) := \mathbf{vr}^{(\rho_0)}(x_0)$$

と表し，x_0 における**標準体積半径**（canonical volume radius）とよぶ.

注意：(1) **cr** の定義 5.48 の性質 1, 2, 3, 4 は標準近傍のモデル空間 $\widetilde{\mathcal{KS}}(n, \kappa)$ に対して成り立つ性質に由来する．$(X, x_0, g) \in \widetilde{\mathcal{KS}}(n, \kappa)$ とし $r > 0$ をとる．定義 5.48 の性質 1 のもとになる性質は X の距離球に対する体積評価（$\widetilde{\mathcal{KS}}(n, \kappa)$ に属する空間の κ 非崩壊条件）

$$\kappa \leq \omega_{2n}^{-1} r^{-2n} \operatorname{Vol}(B(x_0, r)) \leq 1$$

である．定義 5.48 の性質 2 のもとになる性質は X の距離球 $B(x_0, c_a r)$ における正則性評価（補題 5.36）

$$r^{2+k} |\nabla^k \mathrm{Rm}| \leq c_a^{-2}\ , \ 0 \leq \forall k \leq 5$$

である．定義 5.48 の性質 3 のもとになる性質は X における密度評価（系 5.43）

$$r^{2p_0 - 2n} \int_{B(x_0, r)} \mathbf{vr}(y)^{-2p_0} dy \leq E$$

である．定義 5.48 の性質 4 のもとになる性質は X における連結性評価，すなわち $\forall y_1, y_2 \in B(x_0, r) \cap \mathcal{F}_{\frac{1}{100}c_b r}$ は正則曲線 $\gamma \subset \mathcal{F}_{\varepsilon_b r}(X)$ によって結ばれること（本節の冒頭）に由来する.

(2) **cr** と **cvr** が連続かどうかは分からないので議論の中で連続性を勝手に仮定しないように注意しなければならない.

以下

$$\mathbf{cr}(M) \geq 1$$

（ここで $\mathbf{cr}(M)$ は M 上の関数 $M \ni x \mapsto \mathbf{cr}(x) \in (0, \infty]$ の下限である）を仮定し，この仮定のもとで完備 Kähler 多様体の集団の極限を考える.

$$\mathcal{F}_r = \mathcal{F}_r^{\mathbf{cr}(M)}\ ,$$
$$\mathcal{D}_r = \mathcal{D}_r^{\mathbf{cr}(M)}$$

とおく．この定義は $\widetilde{\mathcal{KS}}(n, \kappa)$ のときにはもとの $\mathcal{F}_r$ と $\mathcal{D}_r$ の定義に一致する（なぜなら $\widetilde{\mathcal{KS}}(n, \kappa)$ からとってきた空間 M に対し $\mathbf{cr}(M) = \infty$ だから）.

仮定 $\mathbf{cr}(M) \geq 1$ のもとで体積に関して成り立つ評価式（[18]）から最も非自明な次の二つを選んで解説する．次の補題は，距離球 $B(x_0, \rho_0)$ の $\mathcal{D}_r$ の意味の特異部分の体積が小さいこと，$\mathcal{F}_r$ の意味の正則部分の体積が大きいことを意味する．証明は系 5.44 と同様である：

補題 5.49 （[18, Proposition 3.10]） 各組 (r, ρ)（ただし $0 < r \leq \rho_0 \leq 1$）と $x_0 \in M$ に対し

$$\begin{aligned}
&\mathrm{Vol}(B(x_0, \rho_0) \cap \mathcal{D}_r) < 4E\rho_0^{2n-2p_0} r^{2p_0}\ , \\
&\mathrm{Vol}(B(x_0, \rho_0) \cap \mathcal{F}_r) > (\kappa\omega_{2n} - 4Er^{2n}\rho_0^{-2n})\,\rho_0^{2n}
\end{aligned}$$

が成り立つ．とくに

$$\mathbf{cvr}(z) > c_b \rho_0$$

となる $z \in B(x_0, \rho_0)$ が在る．ただし $c_b := (\frac{\kappa\omega_{2n}}{4E})^{\frac{1}{2p_0}}$ である．

(証明概略) 密度評価（$\mathbf{cr}$ の定義 5.48 の性質 3）から

$$\begin{aligned}
r^{-2p_0}\,\mathrm{Vol}(B(x_0, \rho_0) \cap \mathcal{F}_{\frac{r}{2}} \setminus \mathcal{F}_r) &< \int_{B(x_0,\rho_0)\cap\mathcal{F}_{\frac{r}{2}}\setminus\mathcal{F}_r} \mathbf{cvr}^{-2p_0} \leq \int_{B(x_0,\rho_0)} \mathbf{cvr}^{-2p_0} \\
&\leq 2E\rho_0^{2n-2p_0}
\end{aligned}$$

である．よって

$$\mathrm{Vol}(B(x_0, \rho_0) \cap \mathcal{D}_r \setminus \mathcal{D}_{\frac{r}{2}}) \leq 2E\rho_0^{2n-2p_0} r^{2p_0}$$

である．これを繰り返して第 2 の不等式

$$\mathrm{Vol}(B(x_0, \rho_0) \cap \mathcal{D}_r) \leq \frac{2E}{1 - 4^{-p_0}} \rho_0^{2n-2p_0} r^{2p_0}$$

を得る．これと $\mathbf{cr} \geq 1$ の性質 1 から第 1 の不等式が従う．$r = c_b\rho_0$ とすると第 2 の不等式は体積評価 $\mathrm{Vol}(B(x_0, \rho_0) \cap \mathcal{F}_r) > 0$ を意味する．よって $\mathbf{cvr}(z) > r$ となる $z \in B(x_0, \rho_0)$ が在る． □

注意：体積の不等式 $\mathrm{Vol}(B(x_0, \rho_0) \cap \mathcal{D}_r) < 4E\rho_0^{2n-2p_0} r^{2p_0}$ の直観的意味は，“$\mathrm{codim}\,\mathcal{D}_r = 2p_0$” のように見えることである．

次の補題は $\mathbf{cr}$ の定義の性質 4（連結性評価）から素直に従う幾何的帰結であって，$\cup_{0<r}\mathcal{F}_r$ の意味の正則部分の連結性の言葉で特異部分 $\cap_{0<r}\mathcal{D}_r$ が小さいことを表現したものである．

補題 5.50 ([18, Proposition 3.12, Proposition 3.14]) (1) 各 $r \leq 1$ に対し $\mathcal{F}_r$ の任意の 2 点 x, y は求長曲線 $\gamma \subset \mathcal{F}_{\frac{1}{2}\varepsilon_b r}$ で $\mathrm{Length}(\gamma) < 3d(x,y)$ となるもので結べる.

(2) $x \in M$, $0 < r \leq 1$ とする. $\forall y \in \mathcal{F}_{\frac{1}{2}\varepsilon_b r} \cap \partial B(x,r)$ に対し x と y を結ぶ区分的正則曲線 γ であって長さ $< 10r$ で, 各非負整数 i に対し $\gamma \cap B(x, 2^{-i}r) \setminus B(x, 2^{-i-1}r)$ は $\mathcal{F}_{2^{-i-3}\varepsilon_b^2 r}$ に含まれる連結成分を含む. □

次は, $\widetilde{\mathcal{KS}}(n,\kappa)$ に属する標準近傍のモデルに対して **vr** が持つ性質 (補題 5.36) と類似の性質が $\mathbf{cr}(M) \geq 1$ のもとで **cvr** に対して成り立つことを主張する重要な補題である. その証明を **cr** と **cvr** の定義に帰着させるのは難しくない.

補題 5.51 ([18, Proposition 3.15, Corollary 3.16]) 定数 $K = K(n,\kappa)$ であって次の性質をもつものが在る：$x \in M$, $r = \mathbf{cvr}(x) > 0$ とする. このとき $\forall y \in B(x, K^{-1}r)$ に対し

$$
\begin{aligned}
&K^{-1}r \leq \mathbf{cvr}(y) \leq Kr \ , \\
&\omega_{2n}^{-1}\rho^{-2n}\,\mathrm{Vol}(B(y,\rho)) \geq 1 - \frac{1}{100}\delta_0 \ , \ \forall \rho \in (0, K^{-1}r) \ , \\
&|\mathrm{Rm}|(y) \leq K^2 r^{-2} \ , \\
&\mathrm{inj}(y) \geq K^{-1}r \ .
\end{aligned}
$$

とくに各 $r \in (0,1]$ に対し $\mathcal{F}_r$ は閉集合であり, **cvr** は $\mathcal{F}_r$ 上の上半連続関数である. □

本節の最後に $\mathbf{cr}(M)$ が下から正の数でおさえられる完備 Kähler 多様体の列の収束について述べる.

補題 5.52 ([18, Proposition 3.17]) (M_i, g_i, J_i) を $\mathbf{cr}(M_i) \geq r_0$ を満たす完備 Kähler 多様体の列とする. このとき点つき Gromov–Hausdorff 収束

$$(M_i, x_i, g_i) \overset{\text{G.H.}}{\to} (\overline{M}, \overline{x}, \overline{g})$$

が成り立つ. しかも $2n$ 次元 Hausdorff 測度 (体積) は

$$\mathrm{Vol}(B(\overline{x}, \rho_0)) = \lim_{i\to\infty} \mathrm{Vol}(B(x_i, \rho_0)) \ , \ \forall \rho_0 > 0 \text{ (fixed)}$$

が成り立つという意味で連続である.

(証明概略) 点つき Gromov–Hausdorff 収束は $\mathbf{cr}(M) \geq r_0$ の仮定の体積評価 (**cr** の定義 5.48 の性質 1) により, 小さな距離球による空間の充填という標準的方法で示さ

れる*29．正則性評価 ($\mathbf{cr}$ の定義 5.48 の性質 2) から，$r \ll \rho_0$ に対し，$B(x_i, \rho_0) \cap \mathcal{F}_r$ において収束は任意の C^k 位相 (とくに C^4 位相) まで強められる．したがって，体積収束は $\mathcal{F}_r$ の意味での正則部分で成り立っている．一方，密度評価 ($\mathbf{cr}$ の定義 5.48 の性質 3) からの帰結により $\mathrm{Vol}(B(x_i, \rho_0) \cap \mathcal{D}_r)$ は Cr^{2p_0} で押さえられるから，$r \to 0$ のとき 0 に収束する．したがって体積収束は $\mathcal{D}_r$ の意味での特異部分でも成り立つ (特異部分は膨張しない)．　□

定理 5.53 ([18, Theorem 3.18])　補題 5.52 と同じ仮定のもと，$\mathcal{R} \subset \overline{M}$ を C^4-Riemann 多様体の構造をもつ近傍が存在する点の集合の意味で正則点全体の集合*30とし，$\mathcal{S}$ を $\overline{M} \setminus \mathcal{R}$ とする．このとき，$\overline{M}$ の正則部分と特異部分への分解 $\overline{M} = \mathcal{R} \cup \mathcal{S}$ は次の性質を満たす：

- 正則部分 $\mathcal{R}$ は弧状連結な開集合で C^4-Riemann 多様体の構造を持つ．また，任意の 2 点 $x, y \in \mathcal{R}$ は $\gamma \subset \mathcal{R}$ を満たす長さ $\leq 3d(x, y)$ の曲線で結べる．
- 特異点集合 $\mathcal{S}$ の Minkowski 次元は $\leq 2n - 2p_0$ である．

(証明概略) 正則部分 $\mathcal{R}$ の部分集合で $\mathbf{cvr}(y_i) \geq r$ である点の極限の集まり

$$\mathcal{R}_r := \{\overline{y} \in \overline{M} \mid \exists y_i \in M_i \text{ s.t. } y_i \to \overline{y} \text{ かつ } \liminf_{i\to\infty} \mathbf{cvr}(y_i) \geq r\}$$

を定義し，

$$\mathcal{S}_r = \overline{M} \setminus \mathcal{R}_r$$

とおく．このとき，定義から

$$\mathcal{R} = \cup_{0<r\leq r_0} \mathcal{R}_r$$

であることを導くのは難しくない．$r < r_0$ を固定し $y \in \mathcal{R}_r \subset \overline{M}$ とする．密度評価 ($\mathbf{cr}$ の定義 5.48 の性質 3) から従う補題 5.49 の第 1 式の極限をとると $\forall \overline{y} \in \overline{M}$ に対して不等式

$$\mathrm{Vol}(B(\overline{y}, r_0) \cap \mathcal{S}_r) \leq 4Er_0^{2n-2p_0} r^{2p_0}$$

を得る．$y \in \mathcal{R}_r$ に対し，正則性評価 ($\mathbf{cr}$ の定義 5.48 の性質 2) から $B(y, \frac{1}{4}c_a r)$ は正則部分に含まれるから $d(y, \mathcal{S}) \geq \frac{1}{4}c_a r$，したがって $\{x \in \overline{M} \mid d(x, \mathcal{S}) < \frac{1}{4}c_a r\} \subset \mathcal{S}_r$，よって

---

*29 5.8.2 項でこの方法が必要になるので，そこで詳しく述べる．

*30 この意味では点 $\overline{y} \in \overline{M}$ が正則点であるとは $\overline{y}$ におけるある接空間が $\mathbb{C}^n$ であることになる．しかし，$\overline{y}$ における任意の接空間が $\mathbb{C}^n$ であるというのが古典的な定義である．正則点であることを証明するには，要求が低いこの定義が都合がよい．後で，定理 5.81 の証明においてこの定義と古典的な定義の折り合いをつける．

$$\{x \in \overline{M} \mid d(x, \mathcal{S}) < r\} \subset \mathcal{S}_{4c_a^{-1} r}$$

である．この 2 式から

$$\mathrm{Vol}(B(\overline{y}, r_0) \cap \{x \in \overline{M} \mid d(x, \mathcal{S}) < r\}) \leq 4^{2p_0+1} E c_a^{-2p_0} r_0^{2n-2p_0} r^{2n} = C r^{2p_0}$$

を得る．第 2 の主張である特異部分の Minkowski 次元の評価はこの体積評価から従う．第 1 の主張は連結性評価（**cr** の定義 5.48 の性質 4）からの素直な帰結である補題 5.50 から従う． □

定理 5.53 の結論はまだ弱い．たとえば

(1) 各接錐が計量錐かどうかわからない
(2) 正則部分が凸集合かどうかわからない

という問題点がある．これらは一般に無条件で成り立つことは全く望めない性質である．

次の 5.7 節では，Kähler 幾何学の剛性と Perelman の単調量を活用することによって，Fano 多様体上の Kähler–Ricci flow のよい評価をもつブローアップ列に対しては上記 (1), (2) が成り立つことを証明する．

5.7 Kähler–Ricci flow の空間の弱コンパクト性と偏極標準半径

本節では定理 5.53（標準半径 $\geq r_0$ の完備 Kähler 多様体の空間の弱コンパクト性）の Kähler–Ricci flow 版を考える．Sesum–Tian [35] は $|\mathrm{Ric}|$ が一様に有界という仮定のもとで Kähler–Ricci flow の収束を論じた．$|\mathrm{Ric}|$ が一様有界という仮定を除くと，flow の異なる時間スライスの比較ができないという困難が生じる．5.6 節で導入した **cr**（canonical radius; 標準半径）に partial-C^0-評価を取り込んだ概念である **pcr**（polarized canonical radius; 偏極標準半径）を導入してこの困難を克服する．主結果は定理 5.55，命題 5.60，定理 5.69，定理 5.71，定理 5.79，定理 5.80 である．

5.7.1 Partial-C^0-評価と偏極 Kähler–Ricci flow に対する粗い長時間擬局所性定理

定義 5.54（[18, Introduction]） (1) 偏極 **Kähler–Ricci flow**（polarized Kähler–Ricci flow）とは

$$\mathcal{LM} = \{(M^n, g(t), J, L, h(t)) \ , \ t \in (-T, T) \subset \mathbb{R}\}$$

であって

- $\mathcal{M} = \{(M^n, g(t), J)\ ,\ t \in (-T, T)\}$ は Kähler–Ricci flow であり，
- $(L, h(t))$ は M 上の Hermite 計量 $h(t)$ つき正則直線束 L であってその Ricci 形式 $\omega(t)$ は複素構造 J に関する Kähler 計量 $g(t)$ の Kähler 形式である

というものである．

定義 5.54 (1) は正則直線束の第 1 Chern 類 $c_1(L)$ が M の第 1 Chern 類 $c_1(M)$ に比例しているときにだけ意味がある．そこで

$$\lambda := \frac{c_1(M)}{c_1(L)}$$

とおく．定義 5.54 の Kähler 形式 $\omega(t)$ は正則直線束の第 1 Chern 類に属するから，$g_{i\bar{j}}(t)$ が満たすべき Kähler–Ricci flow 方程式は

$$\frac{\partial}{\partial t} g_{i\bar{j}} = -R_{i\bar{j}} + \lambda g_{i\bar{j}} \Leftrightarrow \frac{\partial}{\partial t}\omega = \frac{\sqrt{-1}}{2\pi}\partial\bar{\partial}\dot{\phi} = -\operatorname{Ric}_\omega + \lambda\omega$$

である．Kähler 形式 $\omega(t)$ は de Rham コホモロジー類 $c_1(L)$ を動くから，Kähler ポテンシャル $\phi = \phi(x,t)$ を用いて

$$\omega(t) = \omega_0 + \frac{\sqrt{-1}}{2\pi}\partial\bar{\partial}\phi$$

とおける．すると上の Kähler–Ricci flow 方程式は

$$\frac{\sqrt{-1}}{2\pi}\partial\bar{\partial}\dot{\phi} = -\operatorname{Ric}_\omega + \lambda\omega$$

と表される．したがって ϕ の時間微分 $\dot{\phi}$ は Ricci ポテンシャルである (cf. 式 (5.4))．Ricci ポテンシャル $u = u_\omega$ は時間依存する定数をモジュロに考えると $\dot{\phi}$ に一致する．5.4 節の式 (5.3) と同様に，Ricci ポテンシャル u を

$$\int_M e^{-u_\omega}\frac{(2\pi\lambda\omega)^n}{n!} = (2\pi)^n$$

を満たすように正規化する．$\int_M \frac{(2\pi\lambda\omega)^n}{n!} = (2\pi)^n$ と仮定しているから，任意の時間スライスにおいて u は M 上のどこかで零になる関数である．とくに u の振動と C^0 ノルムは同値である．Kähler–Ricci flow の方程式

$$\frac{\partial}{\partial t}\omega_t = -\operatorname{Ric}_{\omega_t} + \lambda\omega_t$$

だけでは $\dot{\phi}$ は時間依存する定数を加えるという自由度がある．それゆえ，$\dot{\phi}$ の空間方向の評価で意味をもつのは振動 (oscillation) である．そこで，$\|\dot{\phi}\|_{C^0}$ と書けば，$\dot{\phi}$ を $\sup_M \dot{\phi} = 0$ となるように正規化したあとで最大値ノルムをとったものを意味すると約束する（もちろん $\mathrm{Osc}(\dot{\phi})$ と理解してよい）．偏極 Kähler–Ricci flow の記号 $\mathcal{LM}$ に続けて，次の定義をおく：

定義 5.54 (続き [18, Introduction]) (2) 次の条件を満たす偏極 Kähler–Ricci flow $\mathcal{LM}$ の全体を $\mathcal{K}(n, A)$ と書く：

$$\begin{cases} T \geq 2\,, \\ C_S(M) + \dfrac{1}{\mathrm{Vol}(M)} + \|\dot{\phi}\|_{C^0(M)} + \|R - n\lambda\|_{C^0(M)} \leq A\,,\ \forall t \in (-T, T)\,. \end{cases}$$

ここで $C_S(M)$ は $(M, g(t))$ の Sobolev 定数すなわち Sobolev 不等式 (5.23) に現れる正定数 c_1, c_2 の和を表し，A は時間一様な定数である．

空間 $\mathcal{K}(n, A)$ が，5.6 節の最後に指摘した二つの問題点 (1), (2) が解決されるような「Kähler–Ricci flow のよい評価をもつブローアップ列」が住む空間である．

$\mathcal{LM} = \{(M^n, g(t), J, L, h(t))\,|\,t \in I\}$ を偏極 Kähler–Ricci flow とする．$N = \dim H^0(M, L) - 1$ とし $\{S_i\}_{i=0}^N$ を $H^0(M, L)$ の L^2-ONB（正規直交基底）とする．ただし $H^0(M, L)$ の Hermite 内積は正則直線束の Hermite 計量 $h(t)$ と M の Kähler 計量 $g(t)$ から決まる体積要素 $dV(t) = \omega(t)^n$ によって定まるものとする．すなわち

$$\int_M \langle S_i, S_j \rangle \omega(t)^n = \delta_{ij}$$

である．Hermite 計量 $h(t)$ とその Ricci 形式 ω_t（Kähler 形式）によって定まる Bergman 関数 $\mathbf{b} = \mathbf{b}(x, t)$ を

$$\mathbf{b}(x, t) := \log \sum_{i=0}^{N} \|S_i\|^2_{h(t)}(x)$$

によって定義する．このとき $(S_0 : S_1 : \cdots : S_N)$ によって定義される小平埋め込み

$$\iota : M \to \mathbb{P}^N(\mathbb{C})\,,\ x \mapsto (S_0(x) : S_1(x) : \cdots : S_N(x))$$

によって $\mathbb{P}^N(\mathbb{C})$ の Fubini–Study 計量 ω_{FS} を引き戻すと

$$\widetilde{\omega}(t) := \iota^*(\omega_{\mathrm{FS}}) = \omega(t) + \sqrt{-1}\partial\bar{\partial}\mathbf{b} = \omega_0 + \sqrt{-1}\partial\bar{\partial}(\phi + \mathbf{b})$$

が成り立つ．ただし $\omega_0 = \omega(0)$ である．以下，次の条件を満たす偏極 Kähler–Ricci flow $\mathcal{LM}$ を考える：

$$\|\dot{\phi}\|_{C^0(M)} + \|\mathbf{b}\|_{C^0(M)} + \|R\|_{C^0(M)} + |\lambda| + C_S(M) \le B \ , \ \forall t \in I \ . \tag{5.25}$$

評価 (5.25) は正則直線束 L に関する Bergman 関数 $\mathbf{b}$ の下からの C^0 評価を含む．このような評価は **partial-C^0-評価**とよばれる．正則直線束 L^k に誘導計量 $h(t)^k$ を入れて定義される Bergman 関数を $\mathbf{b}^{(k)}$ と書く．すると

$$\mathbf{b}^{(k)}(x,t) = \log\left(\sum_{i=0}^{\dim H^0(M,L^k)-1} \|S_i^{(k)}\|^2_{h(t)^k}(x) \right)$$

である．ただし $\{S_i^{(k)}\}_{i=0}^{\dim H^0(L^k)-1}$ は $H^0(L^k)$ に自然に誘導される Hermite 構造に関する L^2-ONB である．正則直線束 L に関して partial-C^0-評価があれば，L^k に関しても同様である．すなわち，B と k に依存する $B^{(k)}$ が在って

$$\|\dot{\phi}\|_{C^0(M)} + \|\mathbf{b}^{(k)}\|_{C^0(M)} + \|R\|_{C^0(M)} + |\lambda| + C_S(M) \le B^{(k)} \ , \ \forall t \in I \tag{5.26}$$

が成り立つ．Bergman 関数は

$$\mathbf{b}(x,t) = \log\left(\max_{S \in H^0(M,L) \ , \ \|S\|_{L^2}=1} \|S\|^2_{h(t)}(z) \right)$$

とも表される．この max は余次元 1 の部分空間 $V = \{S \in H^0(X,L) \mid S(z) = 0\}$ の直交補空間の元 S_0 で L^2 ノルムが 1 の S_0 をとってくれば $\|S_0\|^2(z)$ で与えられる．これに注意すると，$B^{(k)}$ がどのように下から評価されるかがわかる．実際

$$\frac{\|S_0^k(z)\|}{\|S_0^k\|_{L^2}} = \frac{\|S_0\|^k(z)}{k^{\frac{n}{2}} \|S_0\|^k_{L^{2k}}}$$

であり，$\mathbf{b}^{(k)}(z)$ はこの量の log をとったものによって下から押さえられる．よって

$$\mathbf{b}^{(k)}(z) \ge k \log \frac{\|S_0\|(z)}{\|S_0\|_{L^{2k}}} + \frac{n}{2k} \log k \tag{5.27}$$

である．k が大きいとき，右辺の $\log \frac{\|S_0\|(z)}{\|S_0\|_{L^{2k}}}$ は k によらない数 $\log \frac{\|S_0\|(z)}{\max_M \|S_0\|}$ によりいくらでも近似できる．実は後で命題 5.60 で示すように

$$\log \frac{\|S_0\|(z)}{\|S_0\|_{L^{2k}}} = \log\left(1 + O\left(\frac{1}{k}\right)\right) = O\left(\frac{1}{k}\right)$$

が空間方向一様に成り立つ．実は k が大きくなるとき $\mathbf{b}^{(k)}$ は n, A だけによる定数によって下から押さえられることを後に命題 5.60 で証明する．さらに，後に補題 5.85 および補題 5.88 で，次が示される．離れた 2 点 x, y に対してはこれらの 2 点におけるピークセクションが $|p_x(y)| < 100^{-1}|p_y(y)|$ のようにとれる（補題 5.85）．また，

1 点で消えないピークセクションに対しそのノルムが最大値の c 倍以下という集合が距離球と一様に同値になる（補題 5.88）．これによってもわかるように $\|\mathbf{b}^{(k)}\|_{C^0}$ は k に関して一様であるだけでなく Bergman 関数を考える点を動かすことに関しても一様である．一方，L を $L^{\otimes k}$ に変えることによって直径は $k^{\frac{1}{2}}$ 倍になるから，定理 5.14 により $\|\dot{\phi}\|_{C^0}$ は高々 k 倍で押さえられる．したがって，k に関して一様な定数 B' があって，$B^{(k)}$ は下から kB' で押さえられる．

以下，本節では Kähler–Ricci flow の存在時間は $[0,\infty)$ とする．本節の最初の目標は，次の **partial-C^0-評価を満たす偏極 Kähler–Ricci flow に対する粗い長時間擬局所性定理**である．その直観的意味は ε が十分小さければ Kähler–Ricci flow は時間静的，つまり Ricci-flat な flow で近似できるということである．

定理 5.55 ([18, Theorem 4.8]) 任意に与えられた正数の五つ組 (δ, B, ξ, r_0, T) に対し，次の性質を満たす正数 $\varepsilon := \varepsilon(n, B, \delta, \xi, r_0, T)$ が在る：$\mathcal{LM}$ を Kähler–Ricci flow で評価 (5.25) を満たすものとし，$x_0 \in M$ とする．さらに，$\Omega := B_{g(0)}(x_0, r_0)$ において曲率評価 $|\mathrm{Rm}| \le r_0^{-2}$ があるとする．もし

$$\sup_{\mathcal{M}}(|R| + |\lambda|) < \varepsilon$$

ならば，$\forall t \in [0,T]$ に対し

$$\begin{aligned}
&B_{g(t)}(x_0, (1-2\delta)r_0) \subset \Omega\ ,\\
&|\mathrm{Rm}|(\cdot, t) \le 2r_0^{-2} \text{ in } B_{g(t)}(x_0, (1-2\delta)r_0)\ ,\\
&(1-\xi)g(0) \le g(t) \le (1+\xi)g(0) \text{ in } B_{g(0)}(x_0, (1-2\delta)r_0)
\end{aligned}$$

が成り立つ．

（証明概略） 次の記法を用いる．

$$\begin{aligned}
&\Omega := B_{g(0)}(x_0, r_0)\ ,\\
&\Omega' = B_{g(0)}(x_0, (1-\delta)r_0)\ ,\\
&\Omega'' := B_{g(0)}(x_0, (1-2\delta)r_0)\ ,\\
&\widetilde{\omega}^{(k)} := \frac{1}{k}(\iota^{(k)})^*(\omega_{\mathrm{FS}})\ ,\\
&F^{(k)} := \mathrm{tr}_{\omega(t)}\,\widetilde{\omega}_0^{(k)} = n - \triangle(\phi - \mathbf{b}_0^{(k)})
\end{aligned}$$

とおく．いくつかの技術的な準備が必要である．

主張 1 ([18, Lemma 4.1]) $\mathcal{LM}$ を式 (5.25) を満たす偏極 Kähler–Ricci flow とする．u を共役熱方程式

$$\frac{\partial u}{\partial t} = -\triangle u + Ru - \lambda u$$

の正の解で $\int_M udV = 1$ を満たすものとする．このとき任意の $t_0 > 0$ に対し積分の評価

$$\int_0^{t_0} dt \int_M F^{(k)} udV \leq (n + 2B^{(k)})t_0 + 2B^{(k)}$$

が成り立つ．

証明は，まず左辺に

$$F^{(k)} = n - \triangle(\phi - \mathbf{b}_0^{(k)})$$

を代入し，次に部分積分して u の共役熱方程式を代入すればできる．(主張1の説明終わり)

主張1の積分評価を各点評価に強めることができる．それが次の主張2である．

主張 2 ([18, Lemma 4.2]) $\mathcal{LM}$ を式 (5.25) を満たす偏極 Kähler–Ricci flow とする．Ω' 上で

$$2^{-1}\omega_0 \leq \widetilde{\omega}_0^{(k)} \leq 2\omega_0$$

とする．

$$\Omega'' \text{ 上で } 1\ ,\ \Omega' \text{ の外側で } 0\ ,\ |\nabla w_0|^2 \leq \frac{40}{\delta^2} w_0 \text{ を満たす}$$

という性質をもつカットオフ関数 w_0 を出発する熱方程式

$$\frac{\partial w}{\partial t} = \triangle w$$

の解を w とする．このとき，ある定数 $C = C(B, k, \delta)$ が在って，任意の $t_0 > 0$ と $y_0 \in M$ に対し $F^{(k)}$ の M 上での点ごとの評価

$$F^{(k)}(y_0, t_0) w(y_0, t_0) \leq C$$

が成り立つ．

証明は Perelman の擬局所性定理の証明に似ていて面白いので $k = 1$ の場合の証明概略を述べる．k 一般でも同じである．$A = \frac{40}{\delta^2}$ にとると，最大値の原理から不等式 $|\nabla w|^2 - Aw \leq 0$ が保存されることがわかる．よって時空 $M \times [0, \infty)$ 上で

$$w|\nabla \log w|^2 \leq A\ ,\ 0 \leq w \leq 1$$

である．次に恒等写像 $\mathrm{id} : (M, \omega_t) \to (M, \omega_0)$ に Yau の放物的 Schwarz 補題 [37] を適用すると

$$\Box \log F \leq C'F - \lambda$$

である[*31]．ここで C' は ω_0 の正則双断面曲率によって定まる定数である．自明な式

$$\Box\phi = F - n + \dot{\phi}$$

を $-C'$ 倍して Schwarz 補題に加えると

$$\Box(\log F - C'\phi) \leq C'(n - \dot{\phi}) - \lambda$$

となる．この右辺は式 (5.25) により $\leq C''$（ここで C'' は C' と B に依存する定数）と評価される．時空の関数 u を (y_0, t_0) におかれたデルタ関数を初期条件にもつ共役熱方程式 $\Box^* u = 0$ の解とすると[*32]

$$\begin{aligned}
\frac{d}{dt}\int_M Fe^{-C'\phi}wudV &= \int_M \Box(Fe^{-C'\phi}w)udV - \int_M Fe^{-C'\phi}w\Box^* udV \\
&= \int_M \Box(Fe^{-C'\phi}w)udV \\
&= \int_M Fe^{-C'\phi}w\{\Box\log(Fe^{-C'\phi}w) - |\nabla\log(Fe^{-C'\phi}w)|^2\}udV \\
&\leq \int_M Fe^{-C'\phi}w\{\Box\log(Fe^{-C'\phi}w)\}udV \\
&= \int_M Fe^{-C'\phi}w\{\Box\log(Fe^{-C'\phi}) + \Box\log w\}udV \\
&= \int_M Fe^{-C'\phi}w\{\Box\log(Fe^{-C'\phi}) + |\nabla\log w|^2\}udV \\
&\leq C''\int_M Fe^{-C'\phi}wudV + A\int_M Fe^{-\mathbb{C}'\phi}udV.
\end{aligned}$$

式 (5.25) より

$$\|\dot{\phi}\|_{C^0(M)} \leq B$$

だから，t_0 と B による定数が在って $\|\phi\|_{C^0(M)}$ はその定数で上から押さえられる．それを A に吸収させると

$$\frac{d}{dt}\left\{e^{-C''t}\int_M Fe^{-C'\phi}wudV\right\} \leq Ae^{-C''t}\int_M FudV$$

を得る．これを 0 から t_0 まで積分すると

[*31] $\Box = \frac{\partial}{\partial t} - \triangle$ は熱作用素である．この形の Schwarz 補題の原型はたとえば [4] にある．

[*32] $\Box^* = -\frac{\partial}{\partial t} - \triangle + R - \lambda$ は共役熱作用素である．

$$e^{-C''t_0}F(y_0,t_0)w(y_0,t_0)e^{-C''\phi(y_0,t_0)} \le \int_M Fe^{-C''\phi}wudV + A\int_0^{t_0} e^{-C''t}dt\int_M FudV$$

である．右辺第1項の積分は Ω' 上に制限してよく，仮定 $2^{-1}\omega_0 \le \widetilde{\omega}_0^{(k)} \le 2\omega_0$ により F は定数に置き換えてよい．右辺第2項の $e^{-C''t}$ を $\max_{[0,t_0]} e^{-C''t}$ で置き換えて，主張1の積分評価を用いる．この議論から主張2が従う．（主張2の証明終わり）

主張3（[18, Lemma 4.3]） $\mathcal{LM}$ を式 (5.25) を満たす偏極 Kähler–Ricci flow とする．もしある $t>0$ と $r>0$ に対し $\Omega'' \subset B_{g(t)}(x_0,r)$ ならば，ある定数 $c=c(n,B,k,\delta,r_0,r,t)$ が在って，測地球 $B_{g(t)}(x_0,r)$ 上で $w(y,t)>c$ が成り立つ．

主張3は，$t=0$ におけるカットオフ関数を初期条件とする熱方程式の解の時間発展の一様性を意味する．証明は

$$w(x_0,t) = \int_M P(x_0,t;y_0,0)w_0(y)dV_y \ge \int_{\Omega''} P(x_0,t;y,0)w_0(y)dV_y$$

と表しておいて，式 (5.25) のような Sobolev 定数[*33]，スカラー曲率評価のもとでの対角線上の熱核評価と熱核の勾配評価を適用すればできる（cf. [45]）．（主張3の説明終わり）

次の主張4と5は Kähler 幾何に特有の剛性の現れである．

主張4（[39, Theorem A], [18, Lemma 4.4]） $\mathcal{LM}$ を式 (5.25) を満たす偏極 Kähler–Ricci flow とする．$x_0 \in M$，$t=0$ において Ω 上で

$$|\mathrm{Rm}| \le r_0^{-2m}$$

とする．このとき正整数 $k=k(B,r_0,\delta)$ が在って Ω' 上で

$$2^{-1}\omega_0 \le \widetilde{\omega}_0^{(k)} \le 2\omega_0$$

が成り立つ．

この主張は，偏極代数多様体の任意の偏極 Kähler 計量が Bergman 計量によって次数を高くすればいくらでも近似できるという，Tian の定理 [39] から従う．主張4は

$$|\mathrm{Rm}| \le r_0^{-2}$$

という条件によって幾何が制御された開集合 Ω 上で指定された局所的ふるまいを持つピークセクションを構成することによって示される．以下に概略を述べる．$t=0$ で考える．与えられた $x_0=x\in M$，$V\in T_xM$，任意の非負整数 $p_1,p_2,\ldots,p_n$

*33 Sobolev 不等式 (5.23) に現れる定数 c_1+c_2 のこと．

で $p = p_1 + p_2 + \cdots + p_n > 0$ なるものに対し，x のまわりの正則正規座標系 $(z_1, z_2, \ldots, z_n)$ と正則直線束 L の x のまわりの正則枠 e_L であって，Kähler 計量と Hermite 計量の局所表示 a が

$$V = \frac{\partial}{\partial z_1}\ ,\ g_{i\bar{j}}(x) = \delta_{i\bar{j}}\ ,\ dg_{i\bar{j}}(x) = 0\ ,\ \frac{\partial^{p_1+p_2+\cdots+p_n} g_{i\bar{j}}}{\partial z_1^{p_1}\partial z_2^{p_2}\cdots\partial z_n^{p_n}}(x) = 0$$

$$a(x) = 1\ ,\ da(x) = 0\ ,\ \frac{\partial^{p_1+p_2+\cdots+p_n} a}{\partial z_1^{p_1}\partial z_2^{p_2}\cdots\partial z_n^{p_n}}(x) = 0$$

となるものをとることができる．$H^0(M, L^k)$ の正規直交基底 $\{S_0^k, S_1^k, \ldots, S_{N_k}^k\}$ であって，点 $x \in M$ のまわりで $S_i = f_i^k e_L$ $(i = 0, 1, \ldots, N_k)$ と表され，

$$f_i^k(x) = 0\ (\forall i \geq 1)\ ,\ \frac{\partial f_i^k}{\partial z_j}(x) = 0\ (\forall i \geq j - 1)$$

を満たすものがとれる．このとき

$$\omega^{(k)} = \omega_0 + \frac{1}{k}\sqrt{-1}\partial\bar{\partial}\log\sum_{j=0}^{N_k}\|S_j^k\|^2 = \frac{1}{k}\sum_{j=0}^{N_k}\sum_{j=0}^{N_k}|f_j^k|^2$$

だから

$$\omega^{(k)}(V, JV) = \left|\frac{\partial f_1^k}{\partial z_1}\right|^2 \Big/ k|f_0^k|^2$$

となり，問題は $|\frac{\partial f_1^k}{\partial z_1}|^2$ と $|f_0^1|^2$ の評価に帰着する．これをピークセクションの方法で実行する．

命題 5.56 (**ピークセクションの存在** [39, Lemma 1.2])　任意の $(p_1, p_2, \ldots, p_n) \in \mathbb{Z}_{\geq 0}^n$ で $p' > p = p_1 + p_2 + \cdots + p_n > 0$ なるものに対し，$m_0 > 0$ であって次の性質をもつものが在る：$\forall m > m_0$ に対し $S \in H^0(M, L^m)$ であって，L^2 評価

$$\int_M \|S\|^2 dV_g = 1\ ,\ \int_{M\setminus\{|z|^2 \leq \frac{(\log k)^2}{k}\}} \|S\|^2 dV_g \leq \frac{1}{k^{2p'}}$$

を満たし，点 x のまわりで

$$S(z) = \lambda(p_1, p_2, \ldots, p_n)(z_1^{p_1} z_2^{p_2}\cdots z_n^{p_n} + O(|z|^{2p'}))e_L^m\left(1 + O\left(\frac{1}{m^{2p'}}\right)\right),$$

$$\lambda(p_1, p_2, \ldots, p_n) = \int_{|z|^2 \leq \frac{(\log k)^2}{k}} |z_1^{p_1} z_2^{p_2}\cdots z_n^{p_n}|^2 a^m dV_g$$

と表されるという意味で指定された局所的ふるまいをもつものが在る．□

命題の $S \in H^0(X, L^m)$ の L^2 ノルムは点 x のまわりに局在するから，ピークセクションとよばれる．ピークセクションの方法は局所的であるが，ピークセクションを構成するには $\bar{\partial}$ 方程式を（特異重みつき）L^2 評価つきで解く Hörmander 評価式という大域的な方法を使う．与えられた点において欲しい局所的ふるまいをもつ正則切断を作るときに頻繁に使われる重要な方法である．ここに基本定理（たとえば [39, Proposition 1.1]）を書いておく：

命題 5.57（**$\bar{\partial}$ 方程式に対する Hörmander の L^2 評価の方法，I**） (M^n, g, J) は完備 Kähler 多様体で (L, h) は M 上の Hermite 計量つき正則直線束とする．Ψ は M 上の $-\infty$ をとるかも知れない重み関数で C^∞ 関数の単調減少列 $\{\Psi_j\}_{1 \le j < \infty}$ により近似されるものとする．もしある定数 C があって

$$\mathrm{Ric}(h) + \mathrm{Ric}_\omega + \frac{\sqrt{-1}}{2\pi}\partial\bar{\partial}\Psi \ge C\omega$$

が成り立つと仮定する．このとき，任意の滑らかな L 値 $(0,1)$ 形式で $\bar{\partial}v = 0$ となるもので $\int_M \|v\|^2 dV_g$ が有限のものに対し，M 上の L の滑らかな切断 u であって $\bar{\partial}$ 方程式 $\bar{\partial}u = v$ の解であり，かつ L^2 評価

$$\int_M \|u\|^2 e^{-\Psi} dV_g \le \frac{1}{C}\int_M \|v\|^2 e^{-\Psi} dV_g$$

を満たすものが在る．ここで，$\mathrm{Ric}(h)$ とは Hermite 計量 $h = e^{-\phi}$ の Ricci 形式とよばれ，

$$\mathrm{Ric}(h) = \frac{\sqrt{-1}}{2\pi}\partial\bar{\partial}\phi$$

により定義される．また，$\|\cdot\|$ は h と g から自然に定まるノルムである． □

ピークセクションを構成するには，$\frac{1}{2}$ 以下で 1, 1 以上で 0 となるカットオフ関数 η を使って定義される

$$\Psi(z) = (n + 2p')\eta\left(\frac{m|z|^2}{(\log m)^2}\right)\log\left(\frac{m|z|^2}{(\log m)^2}\right)$$

を点 x で $-\infty$ となる特異重み関数とする．点 x のまわりで $|\mathrm{Rm}| \le r_0^{-2m}$ という曲率のコントロールがあり，大域的には

$$\frac{\sqrt{-1}}{2\pi}\partial\bar{\partial}\dot{\phi} + \mathrm{Ric}_\omega = \lambda\omega$$

という評価があるから，直接計算により m を大きくとると定数 C があって

$$\frac{\sqrt{-1}}{2\pi}\partial\bar{\partial}\Psi + \mathrm{Ric}(h) + \mathrm{Ric}_\omega \geq m\left(1 - \frac{C(n+2p')}{(\log m)^2}\right)\omega$$

が成り立つことがわかる．そこで

$$v := \bar{\partial}(\eta(m|z|^2/(\log m)^2))z_1^{p_1}\cdots z_n^{p_n}e_L^m$$

とおいて命題（Hörmander の方法）を $\partial u = v$ という $\bar{\partial}$ 方程式に適用する．重み関数 Ψ が点 x で $-\infty$ となるから，L^2 評価より u は x でしかるべきオーダーで消えなければならない．このようにして正則切断 $s = v - u$ が得られ，s の点 x での挙動は $|z|^{2p'}$ をモジュロに考えれば $z_1^{p_1}\cdots z_n^{p_n}e_L^m$ と同じである．これでピークセクションの方法の概説を終わる．より詳しい記述は Tian [39, Theorem A] を見よ．

ピークセクションの方法により次を得る [39, Lemma 3.2]：ある $C = C(n, B, r_0, \delta)$ が在って

$$\left|f_0^k(x) - \sqrt{\frac{(n+k)!}{k!}}\left\{1 + \frac{1}{2(k+n+1)!}(R(x) - n^2 - n)\right\}\right| < \frac{C}{k^2}\ ,$$

$$\left|\frac{\partial f_1^k}{\partial z_1}(x) - \sqrt{\frac{(n+k+1)!}{k!}}\left\{1 + \frac{1}{2(k+n+1)}(R(x) - n^3 - 3n - 2)\right\}\right| < \frac{C}{k^2}\ .$$

ここで $R(x)$ はスカラー曲率である．式 (5.25) から第 1 式における $|f_0^k|$ の正の数による下からの評価は一様に保証されている．これから $\omega^{(k)}(BV, JV)$ の評価を得る．（主張 4 の説明終わり）

主張 5（[18, Lemma 4.5]） $\mathbb{C}^n$ 上の Ricci-flat Kähler 計量 $\widetilde{g}$ に対し，

$$C^{-1}(\delta_{i\bar{j}}(z)) \leq (\widetilde{g}_{i\bar{j}}(z)) \leq C\,(\delta_{i\bar{j}}(z))\ ,\ \forall z \in \mathbb{C}^n$$

が成り立つような定数 $C > 0$ が在るとする．このとき $\widetilde{g}$ は Euclid 計量である．

この主張は今後の議論で本質的に重要であるだけでなくそれ自身としても面白いので，証明概略を与える．計量 $\widetilde{g}$ は Euclid 計量の定数倍により上下から押さえられる Ricci-flat Kähler 計量だから，主張を示すには，$\mathbb{C}^n$ 上の多重劣調和関数 u が Monge–Ampère 方程式

$$\begin{cases} \det\left(\dfrac{\partial^2 u}{\partial z^i \partial \overline{z}^j}\right) = 1 \\ C^{-1}(\delta_{i\bar{j}}) < \left(\dfrac{\partial^2 u}{\partial z^i \partial \overline{z}^j}\right) < C(\delta_{i\bar{j}}) \end{cases}$$

を満たせば 2 次多項式になることを言えばよい．この方程式の解 $u(z)$ を考える．正整数 k に対し

$$u^{(k)}(z) = \frac{u(kz)}{k^2}$$

とおいて関数 $u^{(k)}(z)$ を導入すると $u^{(k)}$ もこの方程式の解である．よって k に関して一様な定数 C があって，Evans–Krylov の Schauder 評価式 [22]

$$[\,D^2u^{(k)}\,]_{C^\alpha(B(0,1))} \leq C$$

が成り立つ．これをもとの u に戻すと $k = 1, 2, \ldots$ に対し

$$[\,D^2u\,]_{C^\alpha(B(0,k))} \leq Ck^{-\alpha}$$

となる．$k \to \infty$ とすると結局 $[\,D^2u\,]_{C^\alpha(\mathbb{C}^n)} = 0$ となる．したがって u は2次多項式である．（主張5の証明概略終わり）

定理 5.55 は次の二つの命題 5.58, 5.59 に分けられる．

命題 5.58 ([18, Proposition 4.6]) $\mathcal{LM}$ を評価 (5.25) を満たす偏極 Kähler–Ricci flow で $x_0 \in M$ とする．もし $t = 0$ において Ω 上での曲率評価

$$|\mathrm{Rm}| \leq r_0^{-2}$$

が成り立ち，さらに距離球の包含関係

$$\Omega'' \subset B_{g(t)}(x_0, r) \subset \Omega'$$

が $0 \leq \forall t \leq t_0$ で成り立てば，次の評価が成り立つ：

- 定数 $C = C(n, B, j, \delta, r_0, r, t)$ が在って

$$C^{-1}\omega_0 \leq \omega_t \leq C\omega_0$$

  が距離球 $B_{g(t)}(x_0, r)$ 上で成り立つ．
- 任意の小さい ξ とある定数 $C = C(n, B, j, \delta, r_0, r, t)$ に対して

$$|\mathrm{Rm}| \min\{|t_0 - t|, |d_t - r + \xi|^2\} \leq C$$

  が距離球 $B_{g(t)}(x_0, r - \xi)$ 上で成り立つ．ここで $d_t = d_{g(t)}(\cdot, x_0)$ である．

（証明概略） κ 非崩壊条件は Euclid 体積との比の下からの評価を意味する．また，$t = 0$ において Ω 上での曲率評価が仮定として与えられている．Cheeger–Gromov–Taylor [10] により $|\mathrm{Rm}|$ の上からの評価と体積比の下からの評価が与えられていれば，単射半径の下からの評価が成り立つ．したがって，ある一定の小さい半径の距離球による $\overline{\Omega}'$ の被覆を考えれば，それらの距離球はほとんど Euclid 体積比をもつ．これ

らの小さい距離球に Prelman の擬局所性定理 [31, Theorem 10.3]（定理 5.8）を適用して $\overline{\Omega}'$ のコンパクト性にもとづく被覆の議論を用いれば，ある $s_0 = s_0(n, \kappa, \delta) > 0$ が在って，時空 $\Omega' \times [0, s_0]$ では一様な $|\mathrm{Rm}|$ の評価が在ることがわかる．したがって命題の証明のために $t_0 > s_0$ と仮定してよい．

• 第 1 の結論の証明概略．主張 4（Bergman 計量による近似）から ω_0 と $\widetilde{\omega}_0^{(k)}$ は Ω' 上で同じ計量と思ってよい．一方，主張 2 と 3（$F^{(k)}w$ の評価と w の評価）*34から $F^{(k)}$ は Ω' 上で上から押さえられることがわかる．よって $\mathrm{tr}_{\omega_t}\omega_0 \le C$ である．$|R| + |\lambda|$ の一様な評価を体積形式が満たす発展方程式

$$\frac{\partial}{\partial t}\log\omega_t^n = n\lambda - R$$

に適用すると ω_0^n と ω_t^n は一様に同値であることがわかる．ω_0 と ω_t は tr と det の両方が一様に押さえられるから，第 1 の結論が従う．

• 第 2 の結論の証明概略．結論は，時空の境界すなわち $t \approx t_0$，$d_t(x) \approx r - \xi$ で曲率が発散しないことを意味している．結論が正しくないと仮定すると，結論の式の左辺の最大値をとる点 (y, s) $(s > s_0)$ における最大値が際限なく大きくなる列が在る．点 (y, s) において計量をスケールして新しい $|\mathrm{Rm}|$ が 1 になるようにする．$\mathcal{LM}$ は式 (5.25) を満たすから，極限*35は scalar-flat な Kähler–Ricci flow 方程式を満たすから，Ricci-flat Kähler 計量でなければならない（5.5 節の冒頭を見よ）．これは $\mathbb{C}^n$ の原点で $|\mathrm{Rm}| = 1$ を満たすから Euclid 計量ではない．一方，$(y, 0)$ で同じスケールを実行すると極限は $\mathbb{C}^n$ の Euclid 計量である．ここで第 1 の結論から，これら二つの $\mathbb{C}^n$ の Ricci-flat Kähler 計量は互いに他の定数倍によって押さえられている．これは主張 5 に矛盾する．（命題 5.58 の証明終わり） □

Wang [43] により，Ricci flow 解では

$$|\mathrm{Ric}| \le \sqrt{|\mathrm{Rm}||R|}$$

の形の評価式が成り立つ．一方，命題 5.58 第 2 の結論により，時空 $B_{g(t)}(x_0, x - \xi)$ $(t \in [0, t_0])$ において $|\mathrm{Rm}|$ の評価がある．したがって，命題 5.58 の結論は $|R| + |\lambda|$ が小さいときには改良される*36．実際，このとき上の時空で $|\mathrm{Ric}|$ が小さくなる．したがって Ricci flow に沿って計量はほとんど等長的であって，極限（C^∞ 位相で起きている）では $B_{g(0)}(x_0, (1 - \xi)r)$ と $B_{g(t)}(x_0, (1 - \xi)r)$ は $\forall t \in [0, t_0]$ に対し等長的である．

---

*34 要するに，放物的 Schwarz 補題と熱流による局所化の技法である．

*35 Perelman の擬局所性定理 [31, Theorem 10.3]（定理 5.8）と Shi の曲率勾配評価 [36] から，収束は C^∞ 位相で起きている．

*36 条件 $\sup_{\mathcal{M}}(|R| + |\lambda|) < \varepsilon$ は体積形式の変化率が小さいことを意味することに注意する．

命題 5.59 ([18, Proposition 4.7])　正の数の任意の三つ組 (r, T, ξ)（ただし ξ は小さい）に対して，次の性質を満たす $\varepsilon > 0$ が在る：

$\mathcal{LM}$ を式 (5.25) を満たす偏極 Kähler–Ricci flow とし，$x_0 \in M$ とする．$t = 0$ において Ω 上で曲率評価

$$|\mathrm{Rm}| \le r_0^{-2}$$

が成り立つとする．もし時空における評価

$$\sup_{\mathcal{M}}(|R| + |\lambda|) < \varepsilon$$

が成り立てば，$\forall t \in [0, T]$ において距離球の包含関係と計量の同値性

$$\Omega'' \subset B_{g(t)}\left(x_0, \left(1 - \frac{3}{2}\delta\right) r_0\right) \subset \Omega' ,$$
$$(1 - \xi)\omega(0) \le \omega(t) \le (1 + \xi)\omega(0) \text{ in } \Omega''$$

が成り立つ（この意味で flow はほとんど時間静的である）．

(証明概略) 第1の結論は上に述べた通り正しい．とくに距離球の包含関係が成り立つから命題 5.58 が適用できる．命題 5.58 の証明と同様の Perelman の擬局所性定理（定理 5.8）を用いる議論により，命題 5.59 の主張はある正の時間までは正しい．

第2の結論が成り立たないとして矛盾を導く．列 $\mathcal{LM}_i$ と 0 に収束する正数列 $\{\varepsilon_i\}$ であって結論が成り立たないものをとる．各 i に対し結論が成り立つような $t_i \in [0, T)$ の上限を t_i とする．時刻 t_i を超えると結論が壊れる点 x_i をとる．時刻 $t = 0$ で主張 2 で考えたカットオフ関数を x_i の近傍に台を持つようにとる．すると主張 3 により $w_i(\cdot, t_i)$ は $B_{g_i(t_i)}(x_i, (1 - \frac{3}{2}\delta) r_0)$ において一様に 0 から離れた正数によって下から押さえられる．一方，主張 4 により $\Omega'_i = B_{g_i(0)}(x_0, (1 - \frac{3}{2}\delta) r_0)$ 上で

$$2^{-1}\omega_{0,i} \le \widetilde{\omega}_{0,i}^{(k)} \le 2\omega_{0,i}$$

が成り立つ．したがって，命題 5.58 の第2の結論（曲率 $|\mathrm{Rm}|$ の一様評価）が成り立つ．上で注意したとおり Ricci flow 解では

$$|\,\mathrm{Ric}\,| \le \sqrt{|\mathrm{Rm}||R|}$$

の形の評価が成り立つ ([43]) から，

$$\sup_{\mathcal{M}}(|R| + |\lambda|) < \varepsilon$$

が成り立てば $|\mathrm{Ric}|$ が小さいことがわかる．よって $B_{g_i(0)}(x_i, (1 - \frac{3}{2}\delta) r_0)$ と $B_{g_i(t_i)}(x_i, (1 - \frac{3}{2}\delta) r_0)$ はほとんど等長的である．とくに $\forall t \in [0, t_i]$ に対し $g_i(t_i)$ と

$g_i(0)$ は非常に近い．したがって第 2 の結論が成り立つような時間区間 $[0, t_i]$ は延長できる．これは t_i のとり方に矛盾する．（命題 5.59 の証明終わり） □

（定理 5.55 の証明） 命題 5.58, 5.59 から定理 5.55 は直ちに従う． □

5.7.2 偏極標準半径の定義

本節の第 2 の目標は，偏極標準半径 (polarized canonical radius; **pcr**) という概念を導入して，**pcr** が下から正の数によって押さえられている偏極 Kähler–Ricci flow の収束理論は 5.5 節の収束理論よりもはるかによいことを証明することである．この項では **pcr** を定義する．そのために必要になる Bergman 関数の弱連続性（命題 5.60）を示すのがこの項の目標である．$\mathcal{K}(n, A)$ を定義 5.54 (2) のとおりとする．

命題 5.60 ([18, Proposition 4.9], cf. [21, Theorem 1.1]) 与えられた (n, A) だけによる正整数 $k_0 = k_0(n, A)$，正数 $\varepsilon = \varepsilon(n, A)$ と $c_0 = c_0(n, A)$ であって，次の性質をもつものが存在する：

(M, g, J, h) を偏極 Kähler 多様体で，$\mathcal{K}(n, A)$ に属する偏極 Kähler–Ricci flow の時刻 0 スライスになっているものとする．とくに条件

$$\operatorname{Osc}_M \dot{\phi} + C_S(M) + |\lambda| \le B \tag{5.28}$$

が成り立っている．ここで $B = B(n, A)$ である．この状況で，次の結論が成り立つ．

$\mathcal{K}(n, A)$ において **cr** の下からの一様な評価 $\mathbf{cr}(M) \ge 1$ が成り立っていると仮定する．このとき，もしある $(\widetilde{M}, \widetilde{x}, \widetilde{g}) \in \widetilde{\mathcal{KS}}(n, \kappa)$ に対して $d_{\mathrm{GH}}((M, x, g), (\overline{M}, \overline{x}, \overline{g})) < \varepsilon$ が成り立っていれば，partial-C^0-評価

$$\sup_{1 \le k \le k_0} \mathbf{b}^{(k)}(x) > -c_0$$

が成り立つ．

（証明概略） 背理法．標準近傍の空間 $\widetilde{\mathcal{KS}}(n, \kappa)$ は，5.4 節で示したとおり，点つき Cheeger–Gromov 位相でコンパクトである．したがって，もし結論が正しくないと仮定すると，点つき偏極 Kähler 多様体の列 (M_i, x_i, g_i) であって条件 (5.28) を満たしながら $(\overline{M}, \overline{x}, \overline{g}) \in \widetilde{\mathcal{KS}}(n, \kappa)$ に点つき Gromov–Hausdorff 収束

$$(M_i, x_i, g_i) \to (\widetilde{M}, \widetilde{x}, \widetilde{g}) \in \widetilde{\mathcal{KS}}(n, \kappa)$$

し，ある発散数列 $\{k_i\}$ (*i.e.*, $k_i \to \infty$) に対して

$$\sup_{1 \le j \le k_i} b^{(j)}(x_i) \to -\infty$$

となるものが在る．仮定 $\mathbf{cr}(M) \geq 1$ により，収束は正則部分では $\hat{C}^4$-Cheeger–Gromov 位相で起きている（補題 5.52）．$\widetilde{\mathcal{KS}}(n,\kappa)$ に属する標準近傍のモデルの点 $\tilde{x}$ における任意の接錐は Calabi–Yau 計量錐 $Y = \mathbb{C}^{n-k} \times C(Z)$ である．したがって，特異点の側面から [21, Theorem 1.1, Theorem 3.2] の議論が使える状況にあることが確かめられた．

Bergman 関数 $\mathbf{b}^{(j)}(x_i)$ の下からの評価を証明するために，正則直線束の正則切断を

- 1 点でのコントロール $\|S\|(z) \geq c_1$
- L^2 ノルムのコントロール $\|S\|_{L^2} \leq c_2$

つきで構成する Hörmander の方法を用いる．それを命題 5.60 の設定に適した形で述べる：

命題 5.61（**$\bar{\partial}$ 方程式に対する Hörmander の L^2 評価の方法，II**）　(M^n, g, J) は完備 Kähler 多様体で (L, h) は M 上の Hermite 計量つき正則直線束とする．Ψ は M 上の C^∞ 重み関数とする．もしある定数 C があって

$$\mathrm{Ric}(h) + \mathrm{Ric}_\omega + \frac{\sqrt{-1}}{2\pi}\partial\bar{\partial}\Psi \geq C\omega$$

が成り立つと仮定する．このとき，任意の滑らかな L 値 $(0,1)$ 形式で $\bar{\partial}v = 0$ となるもので $\int_M \|v\|^2 dV_g$ が有限のものに対し，M 上の L の滑らかな切断 u であって $\bar{\partial}$ 方程式 $\bar{\partial}u = v$ の解であり，かつ L^2 評価

$$\int_M \|u\|^2 e^{-\Psi} dV_g \leq \frac{1}{C}\int_M \|v\|^2 e^{-\Psi} dV_g$$

を満たすものが在る．ここで $h = e^{-\phi}$ に対し $\mathrm{Ric}(h) = \frac{\sqrt{-1}}{2\pi}\partial\bar{\partial}\phi$ であり，$\|\cdot\|$ は h と g から自然に定まるノルムである．　□

Chen–Wang [17, Theorem 3.1] にならって，この命題を次の設定（時間に依存する）で用いる：

- 偏極直線束を $(L, h_t) = (K_M^{-\lambda^{-1}}, h_t)$ にとる．ただし $h(t)$ は Hermite 計量で

$$\mathrm{Ric}(h_t) = \omega_t$$

  を満たすものである．
- 重み関数（偏極直線束の Hermite 計量を変形するもの）として $\Psi_t = \dot{\phi}$ をとる．

ここで，反標準束 K_X^{-1} のテンソル冪 j を $j = \lambda^{-1}$ としている．Hörmander の条件

$$\mathrm{Ric}(h_t) + \mathrm{Ric}_{\omega_t} + \frac{\sqrt{-1}}{2\pi}\partial\bar{\partial}\Psi_t \geq C\omega_t$$

の左辺を Ricci ポテンシャル $\dot{\phi}$ が満たす方程式

$$\lambda\omega - \mathrm{Ric}_\omega = \frac{\sqrt{-1}}{2\pi}\partial\bar{\partial}\dot{\phi}$$

を用いて書き直すと

$$\omega_t + \mathrm{Ric}_{\omega_t} + \frac{\sqrt{-1}}{2\pi}\partial\bar{\partial}\dot{\phi} = \omega_t + \lambda\omega_t = (1+\lambda)\omega_t$$

となり $C = 1 + \lambda$ にとれる．また，K_X^{-1} の Hermite 計量 h を固定して Hörmander の評価式の重みつき L^2 ノルム（重みは $e^{-\dot{\phi}}$ である）を K_X^{-j} の切断に対して書くと

$$\int_M \frac{|w|^2}{h^j} e^{-\dot{\phi}} dV_{jg}$$

の形になる．命題 5.60 の設定では Ricci ポテンシャル $\dot{\phi}$ の一様な評価があるから

$$\frac{1}{h^j} e^{-\dot{\phi}}$$

は K_M^{-1} のある Hermite 計量 $\widetilde{h}^{-1}$ をとって

$$K_M^{-j} \text{ に自然に誘導される計量 } \frac{1}{\widetilde{h}^j}$$

を考えていると思える．したがって Hörmander の方法の観点からも Donaldson–Sun の議論（とくに [21, Proposition 2.3, Proposition 2.4, Theorem 3.2]）が適用できる状況であることが確かめられた．

このあたりのことを理解するには，Hörmander による正則切断の構成方法（$\bar{\partial}$ 方程式に対する Hörmander の L^2 評価の方法）を証明を含めて理解しなければならない．Donaldson–Sun [21] にしたがって復習する．

(Hörmander による正則切断の構成方法の復習) Hermite 正則直線束 $(L, e^{-\phi})$ に値をもつ微分形式に働く Chern 接続に付随する共変外微分を記号を濫用して $\bar{\partial}$, ∂ と書く．ここで $\bar{\partial}$ 作用素は複素構造のみで決まる．一方 ∂ は Chern 接続 ∇ の $(1,0)$ 部分 ∇' 由来の共変外微分であり，計量に依る．これらの共役作用素はそれぞれ

$$\partial^* = - * \bar{\partial} * \,,\ \bar{\partial}^* = - * \partial *$$

で与えられる[*37]．この状況で，二つの Laplacian

[*37] ここで $*$ 作用素は $*1 = dV_g$，$\alpha \wedge \overline{*\beta} = (\alpha, \beta) * 1$ によって決まる (p,q) 形式を $(n-q, n-p)$ 形式に持って行く複素線型写像である．

$$\triangle_\partial := -(\partial\partial^* + \partial^*\partial)\ ,\ \triangle_{\bar\partial} := -(\bar\partial\bar\partial^* + \bar\partial^*\bar\partial)$$

が定義される*38. 直線束 L の Ricci 形式（の i 倍）が M の Kähler 形式 ω に一致している状況を考える. 我々の設定では偏極 $L = (K_M^{-1})^{\otimes\lambda^{-1}}$ であり, その Ricci 形式（の i 倍）が Kähler 計量に一致しているから, まさしくこの状況である. Chern 接続 ∇ の $(1,0)$ および $(0,1)$ 部分への分解を $\nabla = \nabla' + \nabla''$ と書く.

• 任意の $C^\infty L$ 値 (1,0) 形式に対して $-\triangle_\partial$ と $(\nabla')^*$ を比較する Bochner–Weitzenböck 公式

$$-\triangle_\partial = (\nabla')^*\nabla' - 1 + \mathrm{Ric}_g^\sharp \tag{5.29}$$

が成り立つ. ここで Ric_g は Kähler 形式 ω に対応する Kähler 計量 g の Ricci テンソルである.

実際

$$\begin{aligned}(-\triangle_\partial s - (\nabla')^*\nabla' s)_i &= \mathrm{tr}\{-s_{i,j\bar j} + s_{j,i\bar j} - s_{j,\bar j i} + s_{i,j\bar j}\} = \mathrm{tr}\{s_{j,i\bar j} - s_{j,\bar j i}\}\\ &= \mathrm{tr}\left\{(R^{L\otimes(T')^*})_{\bar j i}{}^k{}_j s_k\right\} = -s + \mathrm{Ric}_g^\sharp(s)\end{aligned}$$

である.

• 任意の $C^\infty L$ 値 (0,1) 形式に対して $-\triangle_{\bar\partial}$ と $(\nabla'')^*\nabla''$ を比較する Bochner–Weitzenböck 公式

$$-\triangle_{\bar\partial} = (\nabla'')^*\nabla'' + 1 + \mathrm{Ric}_g^\sharp \tag{5.30}$$

が成り立つ.

実際

$$\begin{aligned}(-\triangle_{\bar\partial} s - (\nabla'')^*\nabla'' s)_{\bar i} &= \mathrm{tr}\{-s_{\bar i,\bar j j} + s_{\bar j,\bar i j} - s_{\bar j,j\bar i} + s_{\bar i,\bar j j}\} = \mathrm{tr}\{s_{\bar j,\bar i j} - s_{\bar j,j\bar i}\}\\ &= \mathrm{tr}\left\{(R^{L\otimes(T'')^*})_{j\bar i}{}^{\bar k}{}_{\bar j} s_{\bar k}\right\} = s + \mathrm{Ric}_g^\sharp(s)\end{aligned}$$

である.

• L の任意の C^∞ 切断 s に対し

$$\nabla^*\nabla s = 2\bar\partial^*\bar\partial s + s \tag{5.31}$$

が成り立つ.

実際

*38 Laplacian の符号に注意. 本章では Laplacian を $dd^* + d^*d$ でなく $-(dd^* + d^*d)$ で定義している. 局所座標で表せば $\triangle = g^{i\bar j}\partial_i\partial_{\bar j}$ である.

$$\nabla^*\nabla s - 2\bar{\partial}^*\bar{\partial}s = \mathrm{tr}\{-s_{,i\bar{i}} - s_{,\bar{i}i} + 2s_{,\bar{i}i}\} = \mathrm{tr}\{s_{,\bar{i}i} - s_{,i\bar{i}}\} = \mathrm{tr}\, R^L(e_i, e_{\bar{i}})s = s$$

である．

とくに正則切断 s は $\bar{\partial}s = 0$ を満たすから

$$-\triangle_{\partial} s = \nabla^*\nabla s = s \tag{5.32}$$

である．とくに正則切断 s に対し

$$-\triangle|s| \leq |s| \tag{5.32$'$}$$

となる．Sobolev 定数（Sobolev 不等式 (5.23) に現れる定数）の一様な評価があるから，式 (5.32′) に Moser の反復法（[23]．使い方はたとえば [4], [27]）を適用することによって，$|s|$ の L^2 評価から L^∞ 評価が従う．すなわち，ある定数 $C_0 = C_0(n, A)$ が在って，L の任意の正則切断 s に対し

$$\|s\|_{L^\infty} \leq C_0 \|s\|_{L^2} \ . \tag{5.33}$$

式 (5.32) から，正則切断 s に対し

$$-\triangle_{\partial}(\partial s) = -\partial(\triangle_{\partial} s) = \partial s \tag{5.34}$$

である．正則切断 s に対し，Bochner–Weitzenböck 公式 (5.29) と式 (5.34) から各点ごとの内積の式

$$((\nabla')^*\nabla(\partial s), \partial s) = 2(\partial s, \partial s) - (\mathrm{Ric}^\sharp(\partial s), \partial s)$$

が在ることがわかる．

• ここで $\lambda > 0$ が十分小さい場合を考える[*39]．このとき，Ricci テンソル Ric_g は λ に依らないが，Ric_g の添字を上げたもの $\mathrm{Ric}_g^\sharp$ は λ に比例して小さくなる[*40]．したがって，$|(\mathrm{Ric}^\sharp(\partial s), \partial s)|$ は $(\partial s, \partial s)$ に較べて無視できる大きさになる．よって，このとき

[*39] $\lambda > 0$ が小さいことは，偏極 L として反標準束の高いテンソル冪 $L = (K_M^{-1})^{\otimes \lambda^{-1}}$ をとることを意味する．

[*40] Kähler 計量 g の Ric_g と Hermite 計量つき正則直線束の $\mathrm{Ric}(h)$ を使い分けるときの注意を述べる．本章では Riemann（とくに Kähler）計量 g の Ricci 曲率テンソルを Ric_g で表している．Kähler 形式 ω の Ricci 形式 Ric_ω は体積形式 $\det(g)$ で Hermite 計量を入れた反標準束 $(K_M^{-1}, \det(g))$ の Ricci 形式 $\mathrm{Ric}(\det(g))$ と同じものである．したがって $c_1(M) \in \sqrt{-1}H^2(M, \mathbb{R})$ に属し，Kähler 計量のスケーリングで不変である．Kähler 形式 ω の Ricci 形式は $\mathrm{Ric}_\omega = -\frac{\sqrt{-1}}{2\pi}\partial\bar{\partial}\log\det(g)$ で与えられることから，一般に Hermite 計量つき正則直線束 $(L, h = e^{-\phi})$ に対し Ricci 形式を $\mathrm{Ric}(h) = \frac{\sqrt{-1}}{2\pi}\partial\bar{\partial}\phi$ と定義する．$(L, h) = ((K_M^{-1})^{\otimes k}, \det(g)^k)$ のとき，その Ricci 形式は $kc_1(M)$ に属し，$\mathrm{Ric}(\det(g)^k) = k\,\mathrm{Ric}(\det(g))$ である．

$$((\nabla')^*\nabla'\partial s, \partial s) \leq (\partial s, \partial s)$$

の形の評価式が在る．これから

$$-\triangle|\partial s| \leq |\partial s|$$

の形の評価式が従う．この評価式に Moser 反復法（と Poincaré 不等式）を適用することにより $|\partial s|$ の L^∞ ノルムの評価が従う．すなわち，ある定数 $C_1 = C_1(n, A)$ が在って，L の任意の正則切断 s に対し勾配評価

$$\|\partial s\|_{L^\infty} \leq C_1 \|s\|_{L^2} \tag{5.35}$$

が成り立つ．同じ設定で Bochner–Weitzenböck 公式 (5.30) を見ると，右辺は無視できる大きさの $\mathrm{Ric}^\sharp$ をモジュロに考えると $1 + (\nabla'')^*\nabla$ という 1 に非負作用素を加えた形である*41．したがって，ある定数 $k = k(n, A)$ が在って $\lambda < k^{-1}$ ならば

$$-\triangle_{\bar\partial} \geq \frac{1}{2} \iff -\triangle_{\bar\partial}^{-1} \leq 2 \tag{5.36}$$

である．

以上の準備のもと，Hörmander による正則切断の構成方法（$\bar\partial$ 方程式に対する Hörmander の L^2 評価の方法）は次のように定式化できる．

命題 5.62（命題 5.61 を命題 5.60 に適合するように定式化したもの [21, Proposition 2.3]）　次のデータが与えられたとする．

1. 非コンパクト多様体 U と基点 $u_* \in U$ と u_* の開近傍 $D \Subset U$.
2. Hermite 計量つき複素直線束 $\Lambda \to U$.
3. U 上の複素構造 J と Kähler 計量 g（Kähler 形式を ω とする）.
4. 複素直線束 Λ の接続 ∇ で $-i\omega$ を Ricci 形式に持つもの．このとき Λ には $\nabla'' = \bar\partial$ となる正則直線束の構造が入る．

与えられたデータが次の性質 (H) を持つと仮定する．固定された $p > 2n$ をとる．

定数 $C > 0$ とコンパクトな台を持つ $\Lambda \to U$ の C^∞ 切断 σ があって次の性質 (H) を満たす：

(H1) $\|\sigma\|_{L^2}$ の正数による上からの評価.

(H2) $\|\sigma\|(u_*)$ の正数による下からの評価.

*41 これは，より一般の $\bar\partial$ 方程式に対する Hörmander の方法の設定では $\mathrm{Ric}(h)+\mathrm{Ric}_\omega + \frac{\sqrt{-1}}{2\pi}\partial\bar\partial\Psi \geq c\omega$ と表される条件である．ここでは重み Ψ を L の Hermite 形式に含めている．

(H3) $\overline{D}$ の近傍における $\Lambda \to U$ の任意の C^∞ 切断 τ に対し

$$\|\tau\|(u_*) \leq C\left(\|\bar{\partial}\tau\|_{L^p(D)} + \|\tau\|_{L^2(D)}\right)$$

が成り立つ*42.

(H4) $\|\bar{\partial}\sigma\|_{L^2}$ の高々 C^{-1} のオーダーの正数による上からの評価.

(H5) $\|\bar{\partial}\sigma\|_{L^p(D)}$ の高々 C^{-1} のオーダーの正数による上からの評価.

以上の設定のもと，次が成り立つ：

(U, D, u_*) を上のとおりとし，(M, g, J, L, ∇) を $\mathcal{K}(n, A)$ の任意の元の $t = 0$ スライスとする．$\chi : U \to X$ を開埋め込みでデータ $(\chi^*(J), \chi^*(g), \chi^*(L), \chi^*(\nabla))$ は性質 (H) を持つとする．このとき，

(1) $L \to X$ の正則切断 s で L^2 ノルム $\|s\|_{L^2}$ は $\|\sigma\|_{L^2} + \sqrt{2}\|\bar{\partial}\sigma\|_{L^2}$ したがってデータ (H4), (H5) に由来する量で上から押さえられる.

(2) $\chi(u_*)$ からの距離が $(4C_1)^{-1}$ より小さいような任意の x において $\|s\|(x)$ は $\frac{1}{3}\|s\|(u_*)$ より大きい．ただし C_1 は勾配評価 (5.35) のとおりである.

(証明概略) σ を χ の像の外側に 0 として C^∞ に拡張して L の C^∞ 切断と考える．$\bar{\partial}\tau = \bar{\partial}\sigma$ という $\bar{\partial}$ 方程式を解いて $s = \sigma - \tau$ とおくことにより s を構成するのがアイディアである．この $\bar{\partial}$ 方程式の解 τ は σ ではなく σ を正則切断によって調整したものをとる．すなわち L の L^2 切断のなす Hilbert 空間において正則切断のなす閉部分空間を点 σ を通るように平行移動したアファイン閉部分空間を考え，原点から最短距離の点を τ とする．このような τ は最小切断 (minimal section) とよばれ，σ を正則切断 s で調整したものである．Hodge 理論により，最小切断 τ は

$$\tau = -\bar{\partial}^* \triangle_{\bar{\partial}}^{-1} \bar{\partial}\sigma$$

である．実際 τ は任意の正則切断と直交するから $\bar{\partial}^*$ の像である．$-\triangle_{\bar{\partial}}$ は可逆だから L 値 $(0,1)$ 調和形式は自明なものしかない．よって L 値 $(0,1)$ 形式の空間は $\mathrm{Im}(\bar{\partial}) \oplus \mathrm{Im}(\bar{\partial}^*)$ と表される．よって $\tau = -\bar{\partial}^*(\triangle_{\bar{\partial}}^{-1}(\bar{\partial}a + \bar{\partial}^* b))$ の形である．$(\bar{\partial}^*)^2 = 0$ だから $\tau = -\bar{\partial}^*(\triangle_{\bar{\partial}}^{-1}(\bar{\partial}a))$ である．$\bar{\partial}^2 = 0$ だから $\bar{\partial}\tau = -\bar{\partial}\bar{\partial}^* \triangle_{\bar{\partial}}^{-1}(\bar{\partial}a) = -(\bar{\partial}\bar{\partial}^* + \bar{\partial}^*\bar{\partial})\triangle_{\bar{\partial}}^{-1}\bar{\partial}a = \bar{\partial}a$ である．よって $a = \sigma$ にとれば $\bar{\partial}s = \bar{\partial}(\sigma - \tau) = 0$ となっ

*42 楕円型微分作用素に対する評価式

$$\|\tau\|_{L_1^p(D_0)} \leq C'(\|\bar{\partial}\tau\|_{L^p(D)} + \|\tau\|_{L^2(D_0)}) \quad (D_0 \Subset D)$$

と Sobolev 不等式

$$\|\tau\|(u_*) \leq C''\|\tau\|_{L_1^p(D_0)}$$

から，与えられたデータに対し (H3) が成り立つような定数 C がとれる（たとえば [23] を見よ).

て正則切断 s を構成できた．$\bar{\partial}^2=0$ だから $\|\tau\|_{L^2}=\langle -\triangle_{\bar{\partial}}^{-1}\bar{\partial}\sigma, -\bar{\partial}\bar{\partial}^*\triangle_{\bar{\partial}}^{-1}\bar{\partial}\sigma\rangle = \langle -\triangle_{\bar{\partial}}^{-1}\bar{\partial}\sigma, \bar{\partial}\sigma\rangle \le 2\langle\bar{\partial}\sigma, \bar{\partial}\sigma\rangle$ すなわち

$$\|\tau\|_{L^2} \le \sqrt{2}\|\bar{\partial}\sigma\|_{L^2}$$

である．したがって正則切断 $s=\sigma-\tau$ の L^2 ノルム $\|s\|_{L^2}$ に対し

$$\|s\|_{L^2} \le \|\sigma\|_{L^2} + \sqrt{2}\|\bar{\partial}\sigma\|_{L^2}$$

という上からの評価を得る．以下，$\chi(D)$ 上で考える．(H3) を τ に適用して (H4), (H5) を用いる．ここで $\bar{\partial}\tau=\bar{\partial}\sigma$ だから $\|\bar{\partial}\tau\|_{L^2}$ は $\|\bar{\partial}\sigma\|_{L^p}$ に置き換えられ，上で見たように $\|\tau\|_{L^2}\le\sqrt{2}\|\bar{\partial}\sigma\|_{L^2}$ である．したがって

$$\|\tau\|(\chi(u_*)) \le C(\|\bar{\partial}\sigma\|_{L^p} + \sqrt{2}\|\bar{\partial}\sigma\|_{L^2})$$

という上からの評価を得る．正則切断に対する勾配評価 (5.35)：$\|\bar{\partial}\sigma\|_{L^\infty} \le C_1\|\sigma\|_{L^2}$ から，$\chi(u^*)$ からの距離 $\le (4C_1)^{-1}$ の範囲で

$$\|s\|(x) \ge \frac{1}{3}\|s\|(u_*)$$

である．もし (H4), (H5) における $\|\bar{\partial}\sigma\|_{L^2}$, $\|\bar{\partial}\sigma\|_{L^p}$ が十分小さければ $\|\tau\|(\chi(u_*))$ は小さく押さえられる[*43]．よって $\|s\|(\chi(u_*))$ の正数による下からの評価がある．(Hörmander による正則切断の構成方法の復習終わり) □

(命題 5.60 の証明概略の続き) Donaldson–Sun [21, Theorem 1.1, Theorem 3.2] の議論により，次の結果を得る：

主張 整数 $q=q(\overline{x})>0$，実数 $r=r(\overline{x})>0$，$C=C(\overline{x})$ であって，性質

$$\inf_{y\in B(x_i,r)} \mathbf{b}^{(q)}(y) \ge -C$$

を持つものが在る．

(主張の説明) Donaldson–Sun の議論は，計量錐上の自明直線束に Hörmander による $\bar{\partial}$ 方程式の L^2 評価を適用して Bergman 関数の評価を行うというものである．仮定

*43 $\bar{\partial}\sigma$ の L^2, L^p ノルムを小さくするには微分形式のノルムを小さくすればよい．そのためには十分高い冪 L^k を考えることによって Kähler 計量を k 倍すればよい．したがって $\mathcal{K}(n,A)$ に現れる Fano 多様体上で多重反標準束の正則切断の構成で Hörmander の方法を使うときには高いテンソル冪 $L=(K_M^{-1})^{\otimes\lambda^{-1}}$ を考えなければならない．

$$d_{\mathrm{GH}}((M,x,g),(\overline{M},\overline{x},\overline{g}))<\varepsilon$$

より極限空間は $\widetilde{\mathcal{KS}}(n,\kappa)$ の元である．したがって任意の接空間は Ricci-flat な計量錐 $\hat{Y}$ である．もちろん頂点 $\overline{x}\in\overline{M}$ は特異点であってもよい．この計量錐上の自明束を，条件

$$d_{\mathrm{GH}}((M,x,g),(\overline{M},\overline{x},\overline{g}))<\varepsilon$$

を使って M における距離球 $B(x,r)$ に「引き戻す」ことができることを Hörmander の方法で示すわけである．これを以下に説明する．極限空間 $\hat{Y}$ 上の定数切断つき自明束を $B(x,r)$ 上に引き戻したいが，まず $B(x,r)$ から $\hat{Y}$ への正則写像がない．この問題は，極限空間への収束は Cheeger–Gromov 収束であることからほとんど等長写像が存在していることで解決する．しかしほとんど等長的 C^∞ 写像 $\chi:B(x,r)\to\hat{Y}$ が構成できたとしても，引き戻して得られるデータ

$$(\chi^*(J),\chi^*(g),\chi^*(L),\chi^*(\nabla))$$

が性質 (H) を持つかどうかが，わからない．とくに問題は性質 (H2) である．なぜなら，写像 χ で自明束 L_0 を引き戻して $L\otimes(\chi^*(L_0))^*$ に引き戻しデータを入れたもの考えると，確かにその曲率は小さいが，$U=\hat{Y}$ の 1 次元コホモロジーが邪魔をするため，接続自体が自明接続に近いとは言えないからである．しかしその困難は [21, Proposition 3.11] により，L の十分高い冪をとれば性質 (H) が満たされるという形で解決される．したがって Hörmander の方法により $B(x,10)$ 上の L の至るところ 0 にならない切断 S_0 を構成できて，$\hat{Y}$ 上の自明束の定数切断を $B(x,r)$ に「引き戻したもの」と思えて主張が従う．（主張の説明終わり）

とくに，k_i は q で割り切れる整数列で $\to\infty$ となるものにとると Bergman 関数の定義と式 (5.27) から

$$\sup_{j\le k_i}\mathbf{b}^{(j)}(x_i)\ge -C\quad(\forall i\gg 1)$$

という評価を得る．

（理由）後に補題 5.85 において（Hörmander による正則切断の構成法からの一般的な帰結として）十分高い冪 k をとると 1 点におけるピークセクションは遠方（一様にとれる）において減衰することが示される．補題 5.85（離れた 2 点 x,y に対してはこれらの 2 点におけるピークセクションが $|p_x(y)|<100^{-1}|p_y(y)|$ のようにとれること）と勾配評価 (5.35) により，実は式 (5.27) において $k\to\infty$ とすると右辺は一様に

$$k\log\frac{\|S_0\|(z)}{\|S_0\|_{L^{2k}}}=O(1)$$

であることが示される．（理由終わり）

しかし，上の評価は，$k_i \to \infty$ のとき

$$\sup_{1\leq j\leq k_i} \mathbf{b}^{(j)}(x_i) \to -\infty$$

と仮定したことに矛盾する．（命題 5.60 の証明概略終わり） □

定義 5.63 ([18, Definition 4.10]) (M, g, J, L, h) を偏極 Kähler 多様体[*44]で条件 (5.28) を満たすものとし，$x \in M$ とする．点 x における**偏極標準半径**（**pcr**）**が** $\boldsymbol{r}$ **より小さくない**，すなわち $\mathbf{pcr}(x) \geq r$ が成り立つとは

- $\mathbf{cr}(x) \geq r$
- partial-C^0-評価 $\sup_{1\leq j\leq 2k_0} \mathbf{b}^{(j)}(y) \geq -2k_0 \quad \text{for} \quad \forall y \in B(x, r)$

が成り立つことと定義する．ただし k_0 は命題 5.60 の $k_0 = k_0(n, A)$ と同じものである．

この用語を使うと，命題 5.60 は **cr** と **pcr** が $\widetilde{\mathcal{KS}}(n, \kappa)$ に十分近いところでは同値な概念であることを意味している：

系 5.64 ([18, Corollary 4.11]) 小さい正の定数 $\varepsilon = \varepsilon(n, B, \kappa, r_0)$ であって次の性質を満たすものが在る：

(M, g, J, L, h) を偏極 Kähler 多様体で条件 (5.28) を満たすものとし，$\mathbf{cr}(M) \geq r_0$ とする．もしある $(\widetilde{M}, \widetilde{x}, \widetilde{g}) \in \widetilde{\mathcal{KS}}(n, \kappa)$ があって

$$d_{\mathrm{GH}}((M, x, g), (\widetilde{M}, \widetilde{x}, \widetilde{g})) < \varepsilon$$

であれば

$$\mathbf{pcr}(x) \geq r_0$$

である． □

5.7.3 pcr が一様に下から押さえられる偏極 Kähler–Ricci flow の集団の収束理論

前項で導入した **pcr** が一様に下から押さえられている偏極 Kähler–Ricci flow の収束理論では，偏極 Kähler 多様体に対する定理 5.53 より強いことが言える．

---

*44 $L = K_X^{-\lambda^{-1}}$ すなわち $\lambda = \frac{c_1(M)}{c_1(L)}$ である．以下同様．

5.7.3.1 長時間擬局所性定理 5.55 の帰結

命題 5.65 ([18, Proposition 4.12, Proposition 4.13]) 任意の $r_0 > 0$, $r \in (0, r_0)$, $T_0 > 0$ に対して $\varepsilon = \varepsilon(n, A, r_0, r, T_0)$ であって次の性質を満たすものが在る：

$\mathcal{LM}$ は式 (5.25) を満たす偏極 Kähler–Ricci flow で条件

$$\mathbf{pcr}(\mathcal{M}^t) \geq r \ , \ \forall t \in [0, T_0]$$

を満たすとする.

(1) $\sup_{\mathcal{M}}(|R| + |\lambda|) < \varepsilon$ ならば未来に向かっての正則性の改善

$$\mathcal{F}_r(M, 0) \subset \bigcap_{0 \leq t \leq T_0} \mathcal{F}_{\frac{r}{K}}(M, t)$$

が成り立つ.

(2) $\sup_{\mathcal{M}}(|R| + |\lambda|) < \varepsilon$ ならば過去に向かっての正則性の改善

$$\bigcup_{0 \leq t \leq T_0} \mathcal{F}_r(M, t) \subset \mathcal{F}_{\frac{r}{K}}(M, 0)$$

が成り立つ.

ここで $\mathcal{M}$ (resp. $\mathcal{M}^t$) は考えている Kähler–Ricci flow の時空 (resp. 時刻 t における時間スライス) を表し, K は補題 5.51 で導入された $K = K(n, \kappa)$ である.

(証明概略) (1) は定理 5.55 から直ちに従う.

(2) を示すには ε を十分小さくとれば, 結論の包含関係が壊れる最初の時刻 t_0 が $t_0 > T_0$ を満たすことを言えばよい. そこで ε が非常に小さいとして $t_0 < T_0$ と仮定して矛盾を導く. このとき, 時刻 $t_0 \in (0, T_0]$ において点 $x_0 \in \mathcal{F}_{\frac{r}{K}}(M, 0) \cap \mathcal{F}_r(M, 0)$ が見つかる. よって

$$\mathbf{cvr}(x_0, 0) = \frac{r}{K} \ , \ \mathbf{cvr}(x_0, t_0) = r$$

である. とくに

$$\mathrm{Vol}_0\left(B_{g(0)}\left(x_0, \frac{r}{K}\right)\right) = (1 - \delta_0)\left(\frac{r}{K}\right)^{2n}$$

である. ξ を小さい正数とし, $\Omega_\xi(x_0, t_0)$ を, 点 x_0 における $g(t_0)$ に関する単位ベクトルであって, それを初期ベクトルにもつ x_0 を出発する $g(t_0)$-測地線が距離 $\frac{r}{K}$ より手前で $\mathcal{D}_\xi(M, 0)$ に到達しないものからなる単位球面 $T^1_{x_0}(M, g(t_0)) \subset T_{x_0}(M, g(t_0))$ の部分集合とする.

(主張)：これが空集合ということはない．

(理由) **cr** の仮定から $|\mathrm{Rm}|_{g(t_0)}$ は $B_{g(t_0)}(x_0, \frac{r}{K})$ において一様に評価されている．主張を証明するには，ξ が $\frac{r}{K}$ に較べて十分小さければ

$$B_{g(t_0)}\left(x_0, \frac{r}{K^3}\right) \cap \mathcal{D}_\xi(M,0) = \emptyset$$

が成り立つことを示せばよい．これが成り立つ理由は以下である．もし ξ が K に較べて十分小さければ時刻 0 においては

$$B_{g(0)}\left(x_0, \frac{r}{K^3}\right) \cap \mathcal{D}_\xi(M,0) = \emptyset$$

である．このとき $\partial B_{g(0)}(x_0, \frac{r}{K^3})$ と $\partial\mathcal{D}_\xi(M,0)$ の間に一定の大きさの距離球が在る．長時間擬局所性定理 5.55 により，この距離球は時刻 t_0 でも $g(t_0)$ に関して小さくなることはない．よって上の（主張）が成り立つ．

初期ベクトルを $T^1_{x_0}(M, g(t_0)) \setminus \Omega_\xi(x_0, t_0)$ にもつ測地線は $\mathcal{D}_\xi(M,0)$ に突入する前にまず $\partial\mathcal{D}_\xi(M,0)$ に到達する．$\partial\mathcal{D}_\xi(M,0)$ の各点では $\mathbf{cvr}(\cdot, 0) = \xi$ だから，長時間擬局所性定理 5.55 から $\partial\mathcal{D}_\xi(M,0)$ 全体は時刻 t_0 でも一様に正則である．しかも $B_{g(t_0)}(x_0, \frac{r}{K})$ では一様な曲率評価があるから，補題 5.49 が使える状況になる．補題 5.49 から，ε が十分小さいとき（定理 5.55 で十分に時間静的であるとき）一様に

$$\mathrm{Vol}(\Omega_\xi(x_0, t_0)) \geq 2n\,\omega_{2n}(1 - C|\xi|^{2p_0})$$

という評価が成り立つ．ここで C は定理 5.55 に依存する一様な定数である．また，ε が十分小さいとき，点 x_0 を出発する計量 $g(t_0)$ に関する測地線は時刻 0 でもほとんど測地線だから $\mathrm{Vol}_0(B_{g(0)}(x_0, \frac{r}{K}))$ は $\mathrm{Vol}_{t_0}(B_{g(t_0)}(x_0, \frac{r}{K}))$ より小さくなることはほとんどない（定理 5.55）．補題 5.51 の K のとりかたから

$$B_{g(t_0)}\left(x_0, \frac{r}{K}\right) \geq \left(1 - \frac{\delta_0}{100}\right)\omega_{2n}\left(\frac{r}{K}\right)^{2n}$$

であった．したがって，ξ を十分小さくとり，それに応じて ε をさらに小さくとりなおして時間静的に近づけると

$$\mathrm{Vol}_0\left(B_{g(t_0)}\left(x_0, \frac{r}{K}\right)\right) \geq \left(1 - \frac{\delta_0}{2}\right)\omega_{2n}\left(\frac{r}{K}\right)^{2n}$$

となって，より Euclid 体積に近い距離球が見つかってしまい，矛盾に陥る． □

定義 5.66 ([18, Definition 4.14]) $\mathcal{K}(n,A)$ を条件 (5.25) すなわち

$$\|\dot{\phi}\|_{C^0(M)} + \|\mathbf{b}\|_{C^0(M)} + \|R\|_{C^0(M)} + |\lambda| + C_S(M) \leq B \ , \ \forall t \in I$$

を満たす偏極 Kähler–Ricci flow 全体のなす集合とする．各 $r \in (0,1]$ に対し

$$\mathcal{K}(n,A;r) := \{\mathcal{LM} \mid \mathcal{LM} \in \mathcal{K}(n,A) \ , \ \mathbf{pcr}(M \times [-1,1]) \geq r\}$$

により $\mathbf{pcr}$ が下から r で押さえられる $\mathcal{K}(n,A)$ の部分集合を定義する．

次の系 5.67 は定理 5.55，命題 5.65 の証明と定理 5.53 から従う．

系 5.67 ([18, Proposition 4.15]) $\mathcal{LM}_i \in \mathcal{K}(n,A)$ が

- $\mathbf{pcr}(M_i \times [-T_i, T_i]) \geq r_0 \quad (\forall i)$
- $\lim_{i\to\infty} \sup_{\mathcal{M}_i}(|R| + \lambda|) = 0$

を満たすと仮定する．さらに $x_i \in M_i$, $\lim_{i\to\infty} \mathbf{cvr}(x_i, 0) > 0$ と仮定する．このとき

$$(M_i, x_i, g_i(0)) \xrightarrow{\hat{C}^\infty} (\overline{M}, \overline{x}, \overline{g})$$

であり，$\overline{T} = \lim_{i\to\infty} T_i > 0$ とすると各 $t \in (-\overline{T}, \overline{T})$ に対し

$$(M_i, x_i, g_i(t)) \xrightarrow{\hat{C}^\infty} (\overline{M}, \overline{x}, \overline{g})$$

である．したがって極限 flow $(\overline{M}, \overline{x}, \overline{g})$ の正則部分は時間静的である． □

5.7.3.2 $\mathcal{W}$-entropy の単調性と極限空間の接錐の構造

命題 5.68 ([18, Proposition 4.17]) $\mathcal{LM}_i \in \mathcal{K}(n,A;r_0)$ が $\sup_{\mathcal{M}_i}(|R| + |\lambda|) \to 0$ $(i \to \infty)$ を満たすとする．u_i を共役熱方程式 $[-\frac{\partial}{\partial t} - \triangle + R - \lambda_i]u_i = 0$ の解で時空の点 $(x,0)$ におけるデルタ関数を過去に向けて時間発展させて得られるものとする．このとき u_i は $\mathcal{R} \times (-1,0]$ における極限解 $\overline{u}$ に収束する：

$$\left[-\frac{\partial}{\partial t} - \triangle + R\right]\overline{u} = 0 \ .$$

さらに，一様な定数 $C = C(n,A)$ が在って

$$\int_{-1}^{0} dt \int_{\mathcal{R}} 2|t| \left|\mathrm{Ric} + \nabla\nabla\overline{f} + \frac{\overline{g}}{2t}\right|^2 \overline{u} dV_{\overline{g}} \leq C$$

が成り立つ．ここで $\overline{u} = (4\pi|t|)^{-n}e^{-\overline{f}}$ である．また，$\mathcal{R}$ は定理 5.53 の通りである．

(証明概略) はじめからスケーリングによる拡大極限をとって $\lambda_i = 0$ としても証明はほとんど同じなので $\lambda_i = 0$ $(\forall i)$ とする．$\mathbf{pcr} \geq r_0$ の仮定から次が分かる．$\mathcal{R}_r$ を定理 5.53 の証明のとおりとし，$\overline{y} \in \mathcal{R}_r$ をとる．$(y_i, t_i) \to (\overline{y}, \overline{t})$ となる $(y_i, t_i) \in \mathcal{M}_i$ をとる．距離 $g_{g_i(0)}(y_i, x_i)$ が下から一様に正の数で押さえられる状況では，熱方程式の評価（たとえば [45]）により u_i は時空における (y_i, t_i) の近傍で一様に評価される．よって熱方程式の Schauder 評価から u_i の任意の微分が時空における (y_i, t_i) の近傍で一様に評価される．よって $(\overline{y}, \overline{t})$ の近傍での共役熱方程式解 $\overline{u}$ に C^∞ 収束する．$(\overline{y}, \overline{t})$ の選び方は任意だったから $\overline{u}$ は $\mathcal{R} \times (-1, 0]$ における共役熱方程式の解である．

$\mathcal{W}$-entropy の単調性定理 5.9 から次がわかる．

$$\int_{-1}^{0} dt \int_{M_i} 2|t| \left| \mathrm{Ric}_{g_i} + \nabla\nabla f + \frac{g_i}{2t} \right|^2 u_i dV_{g_i} = -\mathcal{W}(M_i, g_i(-1), 1) \leq C$$

ここで $\mathcal{W}(M_i, g_i(0), 1) = 0$（$u_i$ は $(x_i, 0)$ におけるデルタ関数を過去に向けて時間発展させたもの）である．よって $t = 0$ での $\mathcal{W}$-entropy はデルタ関数のサポートに局所化され，Gaussian soliton の場合と同じ値 0 をとる（例 5.12 を参照せよ）．しかも仮定から Sobolev 定数*45の一様評価があるから，$\mathcal{W}(M_i, g_i(-1), 1)$ は一様に下から評価される．その理由は Sobolev 不等式 (5.23) から対数 Sobolev 不等式が従うからである（たとえば [44, Proof of Theorem 1.1] を見よ）． □

定理 5.69 ($\mathcal{K}(n, A; r_0)$ の空間列の極限の接錐は計量錐である [18, Theorem 4.18]**)** $\mathcal{LM}_i$ を $\mathcal{K}(n, A; r_0)$ に属する偏極 Kähler–Ricci flow の列とし $x_i \in M_i$ とする．$(\overline{M}, \overline{x}, \overline{g})$ を $(M_i, x_i, g_i(0))$ の点つき Gromov–Hausdorff 極限空間とし $\overline{y} \in \overline{M}$ を任意の点とする．このとき $\overline{y}$ における任意の接錐は既約な（つまりエンドがただ一つの）計量錐である．

(証明概略) Kähler–Ricci flow そのものに対し Ric の評価がなくても，Ricci flow の Riemann 幾何的熱浴は $N \to \infty$ で無限次元 Ricci-flat 空間になる．したがって Kähler–Ricci flow そのものでは Bishop–Gromov 体積比較定理が使えなくても，Ricci-flat な熱浴における Bishop–Gromov 体積比較定理に由来する単調量である $\mathcal{W}$-entropy は働く．$\hat{Y}$ を $\overline{y} \in \overline{M}$ における任意の接錐とする．すなわち $r_k \to 0$ なる数列が在って

$$(\hat{Y}, \hat{y}, \hat{g}) = \lim_{k \to \infty} (\overline{M}, \overline{y}, \overline{g}_k)$$

である．ここで $g_k = r_k^{-2} \overline{g}$ である．対角線論法により

*45 Sobolev 不等式 (5.23) に現れる定数．

$$(\hat{Y},\hat{y},\hat{g})=\lim_{i_k\to\infty}(M_{i_k},y_{i_k},\overline{g}_{i_k})$$

と仮定してよい．ここで $\overline{g}_{i_k}=r_{i_k}^{-2}g_{i_k}(0)$ である．すると命題 5.68 により $\hat{\mathcal{R}}\times(-\infty,0]$ における共役熱方程式の極限解 $\hat{u}$ が在る．時空のスケーリングで $\mathcal{W}$-entropy は不変であった．よってスケーリングによる拡大極限である $\hat{M}$ では，任意のコンパクト部分集合 $K\subset\hat{\mathcal{R}}$ と任意の正数 H をとると

$$\int_{-H}^{0}dt\int_K 2|t|\left|\mathrm{Ric}+\nabla\nabla\overline{f}+\frac{\hat{g}}{2t}\right|^2\hat{u}dV_{\hat{g}}=0$$

でなければならない．ここで $\mathbf{pcr}\geq r_0$ の仮定を用いた．実際，$\mathbf{pcr}\geq r_0$ のもとでは $\hat{\mathcal{R}}$ への収束は点つき Cheeger–Gromov 収束で起きているから，命題 5.68 の評価式から上の評価式が従う．したがって，実は

$$\int_{-\infty}^{0}dt\int_{\hat{\mathcal{R}}}2|t|\left|\mathrm{Ric}+\nabla\nabla\hat{f}+\frac{\hat{g}}{2t}\right|^2\hat{u}dV_{\hat{g}}=0$$

が成り立っている．ここで $\hat{\mathcal{R}}$ は Ricci-flat だから

$$\nabla\nabla\hat{f}+\frac{\hat{g}}{2t}=0$$

が時空 $\hat{\mathcal{R}}\times(-\infty,0]$ で成り立っている．とくに時間スライス $t=-1$ において $\nabla\nabla\hat{f}=\frac{\hat{g}}{2}$ すなわち

$$\mathcal{L}_{\nabla\hat{f}}\hat{g}=2\nabla\nabla\hat{f}=\hat{g}$$

である．よって勾配ベクトル場 $\nabla\hat{f}$ が Riemann 計量 $\hat{g}$ に関して共形ベクトル場である[*46]．したがって $\nabla\hat{f}$ の積分曲線に沿って $\hat{g}$ は局所的に計量錐構造を持つ．

(主張) 実はこれは大域的計量錐構造である[*47]．

以下（主張）を証明する．$a>0$ に対し Ω_a を $\hat{f}\leq a$ となる点の全体とする．$\partial\Omega_1\neq\emptyset$ と仮定すると $\partial\Omega_1$ 上で $\hat{f}=1$ である．γ を $\partial\Omega_1$ 上の正則点を通る $\nabla\hat{f}$ の積分曲線とする．γ が $\Omega_1\setminus\Omega_{\frac{1}{2}}$ の特異点を通らなければ，$\nabla\hat{f}$ の積分曲線の束のなす集合 $\{\gamma\}$ であって，$\mathbb{R}^{2n-1}$ のある開集合 D が在って $D\times[\frac{1}{2},1]$ と微分同相なものが存在し，$\mathcal{L}_{\nabla\hat{f}}\hat{g}=2\nabla\nabla\hat{f}=\hat{g}$ から，$\{\gamma\}$ 上で Riemann 計量 $\hat{g}$ は

---

*46 $\mathbb{R}^{2n}$ の共形ベクトル場 $\sum_{i=1}^{2n}x^i\frac{\partial}{\partial x^i}$ は原点からの距離関数の 2 乗の勾配ベクトル場であることを思い浮かべればよい．

*47 直観的には $\mathcal{M}_i$ の $(x_i,0)$ のデルタ関数を時間発展させて得られる共役熱方程式の解を $(4\pi|t|)^n e^{-f_i}$ とおくことにより f_i が定義され，その時空のスケーリングによる拡大極限として $\hat{f}$ が定義されることから，$\hat{f}$ は頂点 $\hat{y}$ からの $\hat{g}$ に関する距離関数の 2 乗のように見える．しかしこの直観だけでは証明にならない．

$$\hat{g} = \hat{f}^{-1} d\hat{f} \otimes d\hat{f} + 4\hat{f}\, d\theta^2$$

と表される．各 γ 上で $\frac{1}{2} \le \hat{f} \le 1$ だから極座標のように $\hat{f}$ の異なるレベル集合，たとえば $\partial\Omega_{\frac{1}{2}}$ と $\partial\Omega_1$ の計量は一様に比較可能である．E を $\mathcal{S} \cap (\Omega_1 \setminus \Omega_{\frac{1}{2}})$ の点を通る ∇f の積分曲線全体の和集合とすると $\dim_{\mathcal{H}} E < 2n-2$ である．なぜなら定理 5.53 から $\mathrm{codim}_H \mathcal{S} > 3$ だからである．E は測度零だから，$\Omega_1 \setminus \Omega_{\frac{1}{2}}$ には計量アニュラス構造[*48]がある．$\varepsilon > 0$ を小さい正数として $\Omega_1 \setminus \Omega_{\frac{1}{2}}$ を $\Omega_{\varepsilon^{-1}} \setminus \Omega_{\frac{1}{2}\varepsilon}$ におきかえて上の議論を実行して $\varepsilon \to 0$ とすると，$\hat{g} = \hat{f}^{-1} d\hat{f} \otimes d\hat{f} + 4\hat{f}\, d\theta^2$ という表現から $\hat{Y} \setminus \Omega_0$ には計量錐構造があることがわかる．エンドが二つ以上あるかも知れないが，定理 5.53 から正則部分 $\mathcal{R}$ は弧状連結だから $\overline{\hat{Y} \setminus \Omega_0} = \hat{Y}$ である．よってエンドの個数はただ一つである． □

系 5.70（[18, Proposition 4.19]） 定理 5.69 と同じ設定．このとき特異部分 $\mathcal{S}$ の次元に関して

$$\dim_{\mathcal{M}} \mathcal{S} \le 2n - 2p_0 \ , \ \dim_{\mathcal{H}} \mathcal{S} \le 2n - 4$$

が成り立つ．

（証明概略） 定理 5.53 から $\dim_{\mathcal{M}} \mathcal{S} \le 2n - 2p_0$ である（p_0 は 2 より小さい正数なら何でもよい）．一方，計量錐 $\hat{Y}$ の一般形は $\mathbb{R}^k \times C(Y^{2n-k-1})$ だから，特異部分の Hausdorff 次元は整数 k である（既約性から $k = 1$ はあり得ない）．$\dim_{\mathcal{H}} \mathcal{S} \le \dim_{\mathcal{M}} \mathcal{S}$ だから $2n - k \le 2n - 2p_0$，したがって $k \ge 2p_0$ である．$p_0 = 1.8$ で k は整数だから $k \ge 4$ である．よって $\dim_{\mathcal{H}} \mathcal{S} \le 2n - 4$ である． □

5.7.3.3 $\mathcal{K}(n, A; r_0)$ の空間列のブローアップ極限空間の構造

この項の目的は $\mathcal{K}(n, A; r_0)$ $(r_0 > 0)$ のブローアップ極限空間の構造に関する構造定理 5.71 である．以下，簡単のためこの項の最後の定理 5.80 まで $r_0 = 1$ とする．最後の定理 5.80 で $\hbar = \hbar(n, A) > 0$ が在って $\mathcal{K}(n, A) = \mathcal{K}(n, A; \hbar)$ であることを示し，議論を完全なものにする．

定理 5.71（[18, Theorem 4.31]） $\mathcal{LM}_i \in \mathcal{K}(n, A; 1)$ が条件

$$\lim_{n \to \infty} \left\{ \frac{1}{T_i} + \frac{1}{\mathrm{Vol}(M_i)} + \sup_{\mathcal{M}_i}(|R| + |\lambda|) \right\} = 0 \tag{5.37}$$

を満たすとし，$x_i \in M_i$ とする．$(\overline{M}, \overline{x}, \overline{g})$ を $(M_i, x_i, g_i(0))$ の点つき Gromov–Hausdorff 極限空間とする．このとき $(\overline{M}, \overline{x}, \overline{g}) \in \widetilde{\mathcal{KS}}(n, \kappa)$ である．

[*48] 計量アニュラス構造とは，計量錐の頂点からの距離が区間 $[a, b]$ $(0 < a < b)$ に入る開集合と等長的な Riemann 構造のことである．

(証明概略) $(\overline{M}, \overline{g})$ が $\widetilde{\mathcal{KS}}(n,\kappa)$ の定義の性質 1 から 6 をすべて満たしていることを示せばよい.

- 性質 1（正則部分と特異部分への分解）について. これは既に定理 5.53 に含まれている.
- 性質 2（正則部分の Ricci-flat 性）について. $\mathcal{R}$ が scalar-flat な Ricci flow 解であることから従う. 実際 Ricci flow 解のスカラー曲率は

$$\frac{\partial R}{\partial t} = \triangle R + |\mathrm{Ric}|^2$$

という発展方程式を満たすから Ricci-flat である.
- 性質 6（漸近体積比）について. $\mathrm{Vol}(M_i) \to \infty$ であることと Sobolev 定数の一様評価は $\mathcal{K}(n, A, 1)$ の仮定に含まれている. しかも, 補題 5.52 により, 点つき Gromov–Hausdorff 収束 $(M_i, x_i, g(0)) \to (\overline{M}, \overline{x}, \overline{g})$ は体積収束である. よって漸近体積比 $\geq \kappa$ となる $\kappa > 0$ の存在が従う. この κ は一様な Sobolev 定数の評価で決まる.

性質 3, 4, 5 の証明は簡単ではない. 以下に概略を述べる.

- 性質 4（特異部分の余次元評価）について. 定理 5.55 により $\overline{M}$ の任意の接錐は計量錐である. 計量錐の特異部分の Hausdorff 次元は整数である. 一方, 定理 5.53 により特異部分の Minkowski 次元は高々 $2n - 2p_0$ である（p_0 は $p_0 < 2$ となる正数であれば何でもよい）. よって

$$\dim_{\mathcal{M}} \mathcal{S} \leq 2n - 2p_0 \ , \ \dim_{\mathcal{H}} \mathcal{S} \leq 2n - 4$$

である.
- 性質 3（$\mathcal{R}$ の弱凸性）について. 性質 3 の証明では定理 5.55（接錐構造）が本質的である. 以下に証明概略を述べる.

命題 5.72 ([18, Proposition 4.19, Proposition 4.20]) (1) $\mathcal{LM}_i \in \mathcal{K}(n, A; 1)$, $x_i \in M_i$ とする. $(\overline{M}, \overline{x}, \overline{g})$ が $(M_i, x_i, g_i(0))$ の点つき Gromov–Hausdorff 極限とし, $\mathcal{S}$ を $\overline{M}$ の特異部分とする. このとき $\dim_{\mathcal{M}} \mathcal{S} \leq 2n - 2p_0$, $\dim_{\mathcal{H}} \mathcal{S} \leq 2n - 4$ である.

(2) $\mathcal{R}$ の任意の 2 点 x, y と任意の小さい正数 ε に対し, x と y を結ぶ求長可能曲線 γ であって $\gamma \subset \mathcal{R}$ かつ $\mathrm{Length}(\gamma) < (1+\varepsilon) d(x,y)$ となるものが在る.

(証明概略) (1) は定理 5.53 と定理 5.55 から直ちに従う. (2) の曲線 γ は, x と y を結ぶ最短測地線 γ_0 の各点において錐状近傍がとれること（定理 5.55）から, 最短測

地線を局所的に微小変形してつなぎ合わせることによって構成できる（γ_0 のコンパクト性により有限回の微小変形で達成される）[*49]． □

次の命題 5.73 の (1) は，ほとんど時間静的な $\mathcal{K}(n, A; 1)$ の flow に対し，$(M, g(0))$ の ξ-特異部分 $\mathcal{D}_\xi(M, 0)$ が小さいことを簡約測地線と $\mathcal{D}_\xi(M, 0)$ の交わり方の言葉で表現したものである．

命題 5.73 ([18, Lemma 4.22, Lemma 4.23]) (1) 任意の正数の組 $0 < \xi < \eta < 1 < H$ に対し，大きい $C = C(n, A, H, \eta, \xi)$ と小さい $\varepsilon = \varepsilon(n, A, H, \eta, \xi)$ で次の性質を満たすものが在る：$\mathcal{LM} \in \mathcal{K}(n, A; 1)$，$x \in \mathcal{F}_\eta(M, 0)$ とし，Ω_ξ を $y \in M$ であって $(x, 0)$ と $(y, -1)$ を結ぶ最短簡約測地線 β が

$$\beta \cap \mathcal{D}_\xi(M, 0) \neq \emptyset$$

を満たすとせよ．このとき，$\sup_{\mathcal{M}}(|R| + |\lambda|) < \varepsilon$ ならば

$$\mathrm{Vol}(B_{g(0)}(x, H) \cap \mathcal{F}_\eta(M, 0) \cap \Omega_\xi) \leq C\xi^{2p_0 - 1}$$

である．したがって，体積 $C\xi^{2p_0-1}$ の集合の外の任意の $\overline{y}$ に対し，$(x, 0)$ と $(y, -1)$ は ξ-正則な簡約測地線で結べる．

(2) 定理 5.71 と同じ設定において $\overline{M}$ の正則部分を $\mathcal{R}$ として $\overline{x} \in \mathcal{R}$ と仮定して，$\overline{t} < 0$ を固定する．このとき，ある測度零の集合の外の任意の $\overline{y}$ に対し，$(\overline{y}, \overline{t})$ は $(\overline{x}, 0)$ と正則最短簡約測地線で結べる．

(証明概略) (1) 条件 $\sup_{\mathcal{M}}(|R| + |\lambda|) < \varepsilon$ において ε が小さいことは問題の Kähler–Ricci flow がほとんど時間静的であることを意味し，時間静的 Ricci flow は Ricci-flat だから命題 5.45 を近似的に使える状況になることから，次のように議論できる．ある $X = X(\eta, H)$ が在って $\forall z \in B_{g(0)}(x, H) \cap \mathcal{F}_\eta(M, 0)$ に対し $l((x, 0), (z, -1)) < C$ である．点 $z \in \Omega_\xi$ をとり，$(x, 0)$ と $(z, -1)$ を結ぶ最短簡約測地線 β をとり，γ を対応する $(M, 0)$ 内の空間曲線とする．$\beta \cap \mathcal{F}_\xi(M, 0) = \beta \cap \partial\mathcal{D}_\xi(M, 0) \neq \emptyset$ だから $\beta(\tau) \in \partial\mathcal{F}_\xi(M, 0)$ となる最小の τ がとれる．それを $\overline{\tau}$ とする．ある $C = C(H, \eta)$ が在って[*50] $\overline{\tau} \in [\frac{\eta^2}{C}, 1 - \frac{\eta^2}{C}]$ かつ $d_{g(0)}(\beta(\overline{\tau}), x) < C$，$|\beta'(\overline{\tau})|_{g(-\overline{\tau})} < C$ となる．点 $y \in \Omega_\xi$ に $\overline{\tau}$ を対応させると（測度零の集合上で多価になるかも知れない）写像 $\Omega_\xi \to \partial\mathcal{F}_\xi(M, 0) \cap [-1, 0]$ が定まる．これを $\Omega_\xi \cap B_{g(0)}(y, \frac{c_a \eta}{4})$ に制限する（ここで c_a は定義 5.48 の性質 3 のもの）と，その像は $(\partial\mathcal{F}_\xi(M, 0) \cap B_{g(0)}(x, C)) \times [-1, 0]$ におさまる．簡約体積 $(4\pi\tau)^n e^{-l}$ は簡約測地線に沿って単調非増加だから簡約体積

[*49] 定義 5.47 における ρ を **cr** にとったものが $\mathcal{F}_r = \mathcal{F}_r^{\mathbf{cr}}$，$\mathcal{D}_r = \mathcal{D}_r^{\mathbf{cr}}$ である．

[*50] 前に現れた C と較べて大きい方に統一する．

はある $\frac{\eta^2}{C} \le \tau \le 1 - \frac{\eta^2}{C}$ での値で上から押さえられる．一方，命題 5.45 により，ほとんど時間静的 Ricci flow 時空（ほとんど Ricci-flat 空間）では簡約体積が通常の体積要素と comparable[*51]だから，以下の評価を得る[*52]：

$$\begin{aligned}\mathrm{Vol}(B_{g(0)}(x,H)\cap\mathcal{F}_\eta(M,0)\cap\Omega_\xi) &\le C\ \mathrm{Vol}(\partial\mathcal{F}_\xi(M,0)\cap B_{g(0)}(x,C)\times[-1,0])\\ &\le C\ \mathrm{Vol}(\partial\mathcal{F}_\xi(M,0)\cap B_{g(0)}(x,C))\\ &\le C\xi^{2p_0-1}\ .\end{aligned}$$

ここで，最後の不等式は補題 5.49 による．以上の議論で $\xi \to 0$ の極限をとれば (2) を得る． □

命題 5.74 ([18, Proposition 4.25]) 定理 5.71 と同じ設定．測度零の集合の外の $\mathcal{R}$ の任意の点は $\overline{x}$ と正則な簡約測地線で結べる．したがって $\overline{M}$ の正則部分 $\mathcal{R}$ は弱凸である．

(証明概略) 命題 5.73 (2) により，$y \in \mathcal{R}$ を測度零の集合の外からとれば $(\overline{x},0)$ は $(\overline{y},-1)$ と正則最短簡約測地線で結べる．これを空間に射影したものが最短でないと仮定すると，命題 5.72 により，もっと短い $\overline{x}$ と $\overline{y}$ を結ぶ求長可能曲線がとれる．これを時空にリフトすると，Ricci-flat 時空が時間静的であることより，最初の正則最短簡約測地線よりも短い時空の曲線ができてしまって矛盾に陥る． □

- 性質 5（特異部分の体積比ギャップ）について．次の命題は条件 (7.13) のもとで flow はほとんど時間静的であり，命題 5.45 が使える状況であることから従う．

命題 5.75 ([18, Proposition 4.26]) 定理 5.71 と同じ設定．$(y_i,t_i) \in \mathcal{M}_i$ は $(\overline{y},\overline{t})$ に収束し，$\overline{y}$ は正則と仮定する．このとき

$$\lim_{i\to\infty} l((x_i,0),(y_i,t_i)) = \frac{d_0^2(\overline{x},\overline{y})}{4|\overline{t}|} = l((\overline{x},0),(\overline{y},\overline{t}))$$

が成り立つ．とくに簡約弧長は $\overline{y}$ が正則点なら Cheeger–Gromov 位相で連続である． □

補題 5.76 ([18, Lemma 4.27]) 任意の $\eta > 0$ と $H < \infty$ に対し $\varepsilon = \varepsilon(n,A,\eta,H)$ が在って次が成り立つ：$\mathcal{LM} \in \mathcal{K}(n,A)$, $x \in \mathcal{F}_\eta(M,0)$ とする．もし $\sup_{\mathcal{M}}(|R|+|\eta|) < \varepsilon$ ならば常に

[*51] すなわち，評価可能なある正数 C が在って通常の体積と簡約体積の比が C と C^{-1} の間にある．

[*52] 必要なら C を大きく取り直す．

$$\left|\mathcal{V}((x,0),1) - (4\pi)^{-n}\int_{B_{g(0)}(x,H)} e^{-l}dv\right| \leq 2a(H)\ ,$$
$$\text{ただし}\quad a(H) := (4\pi)^{-n}\int_{\{|w|>\frac{H}{100}\}\subset\mathbb{R}^{2n}} e^{-\frac{|w|^2}{4}}dw$$

となる.

(証明概略) 仮定 $\sup_{\mathcal{M}}(|R|+|\eta|)<\varepsilon$ が成り立てば体積要素の変化は小さいから Kähler であることから Ricci が小さいことが従い，ほとんど Ricci-flat になって Ricci-flat 時空による近似計算が可能な状況になる．補題の証明では直線束を考えないから $\lambda=0$ としてよい．簡約測地線の初期ベクトルを $\lim_{\tau\to 0}\sqrt{\tau}\gamma'(\tau)\in T_xM$ で定義すると，通常の測地線の初期ベクトルと同じ働きをする．そこで y に対し x と y を結ぶ最短簡約測地線の初期ベクトル $w\in T_xM$ を対応させることによって集合

$$\Omega(H) = \{y\in M\,|\,|w|>H\}$$

を定める[*53]．十分近い点では $\tau d^2(x,\widetilde{y}) \fallingdotseq d^2(x,\sqrt{\tau}\widetilde{y})$ であり，Ricci-flat で近似すれば $l \fallingdotseq \frac{d^2(x,y)}{4\tau} \fallingdotseq \frac{d^2(x,\sqrt{\tau}\widetilde{y})}{4\tau} \fallingdotseq \frac{d^2(x,\widetilde{y})}{4} \fallingdotseq \frac{|\widetilde{y}|^2}{4}$ となって接ベクトルによる近似が成り立つ．したがって定義–定理 5.4（簡約体積要素は簡約測地線に沿って τ に関して単調非増加）から

$$\int_{\Omega(H)}(4\pi)^{-n}e^{-l}dx \leq \int_{\{|w|>H\}\subset\mathbb{R}^{2n}}(4\pi)^{-n}e^{-\frac{|w|^2}{4}}dw$$

となる．ここで左辺は $t=-1$ $(\tau=1)$，右辺は $t=0$ $(\tau=0)$ における簡約体積である．$(x,0)$ と $(y,-1)$ を最短簡約測地線 γ で結ぶ．その簡約弧長を $l=H^2$ とする．これは次を意味する．Ricci-flat 時空の簡約測地線の方程式は $\nabla_V V+\frac{V}{2\tau}=0$ である．Ricci-flat 時空では簡約測地線と空間測地線の関係は単純である．実際，$\widetilde{\gamma}(s)$ を測地線，s を $|\widetilde{\gamma}'(s)|=H$ となる弧長に比例するパラメータとし $\widetilde{\gamma}(s)=\gamma(t(s))$，$\tau=s^2$ により変数変換すると，測地線方程式 $\frac{d\widetilde{\gamma}(s)}{d^2s}=0$ は $\frac{d^2\gamma}{ds^2}(\frac{d\tau}{ds})^2+\frac{d\gamma}{d\tau}\frac{d^2\tau}{ds^2}=0$ すなわち $\frac{d\gamma}{d\tau^2}+\frac{d\gamma}{d\tau}\frac{1}{2\tau}=0$ となる．これは簡約測地線方程式である．このとき $|\sqrt{\tau}\widetilde{\gamma}'(\tau)|^2=\frac{H^2}{4}$ である．簡約測地線 γ が初めて $\partial\mathcal{F}_\xi(M,0)$ に到達する τ をとる．このとき，$0<\xi<\eta$ をとると $\frac{H^2}{4}>\frac{|w|^2}{4}\fallingdotseq\frac{d^2_{g(0)}(x,\gamma(x))}{4\tau}>\frac{c_a^2\eta^2}{100\tau}$（$c_a$ は定義 5.48 の性質 3 と同じ）となる．したがって近似的に $\tau>\frac{c_a^2\eta^2}{25H^2}$ である．ω'_ξ を $(y,-1)$ が $\mathcal{F}_\xi(M,0)\times[-1,0]$ に完全に含まれる最短簡約測地線で結ばれないような y 全体のなす集合とすると，命題 5.73 と同様の議論（簡約体積の τ に関する単調非増加性と Ricci-flat 空間における簡約体積と体積の同値性）により，$C=C(n,\eta,H)$ が在って

[*53] ここで命題 5.74 の測度零の集合を無視している．以下の積分の議論には影響しない．

$$\begin{aligned}\int_{\Omega'_\xi}(4\pi)^{-n}e^{-l}dv &\le C\int_{\frac{c_a^2\eta^2}{25H^2}}\int_{B(x,H')\cap\mathcal{F}_\xi(M,0)}e^{-l}d\sigma d\tau\\ &\le C\int_{B(x,H')\cap\mathcal{F}_\xi(M,0)}d\sigma\\ &\le C\,\xi^{2p_0-1}\end{aligned}$$

となる．よって $\int_{\Omega'_\xi}(4\pi\tau)^{-n}e^{-l}dv \le a(H)$ となるように ξ を十分小さくとれる．以上を合わせて

$$\begin{aligned}\mathcal{V}((x,0),1) &= \int_M (4\pi)^{-n}e^{-l}dv\\ &= (4\pi)^{-n}\left(\int_{M\setminus(\Omega'_\xi\cup B_{g(0)}(x,H))}e^{-l}dv + \int_{\Omega'_\xi}e^{-l}dv + \int_{B_{g(0)}\setminus\Omega'_\xi}e^{-l}dv\right)\\ &\le \int_{|w|>\frac{H}{100}}e^{-\frac{|w|^2}{4}}dw + \int_{\Omega'_\xi}e^{-l}dv + \int_{B_{g(0)}(x,H)}e^{-l}dv\\ &\le 2a(H) + \int_{B_{g(0)}(x,H)}(4\pi)^{-n}e^{-l}dv\end{aligned}$$

である[*54]． □

補題 5.77 ([18, Lemma 4.28]) $\mathcal{M} = \{(M, g(t)) \mid -\tau \le t \le 0\}$ を（正規化を考えない）Kähler–Ricci flow 解とする．$x, y \in M$ に対し $d = d_{g(0)}(x,y)$ とおく．このとき

$$|\mathcal{V}((x,0),\tau) - \mathcal{V}((y,0),\tau)| < (4n+1)(e^{\frac{d}{2}} - 1)$$

が成り立つ．とくに，簡約体積は基点に対し一様連続に変化する．

(証明概略) 簡約体積

$$\mathcal{V}((x,0),\tau) = \int_M (4\pi\tau)^{-n}e^{-l}dV$$

（右辺の積分は $g(\tau)$ に関して行う）において $g(\tau)$ に関して単位速度で動く基点 $x(s)$ に対する変分を計算する．簡約測地線の初期ベクトル $\lim_{\tau\to 0}\sqrt{\tau}\gamma'(\tau)$ が定義されるから，簡約測地線に対しても簡約指数写像と付随する簡約ヤコビ場 J というべきものが定義される ([31, §7])．簡約測地線の初期ベクトルを w，変分ベクトルを $\frac{dx}{ds} = x_s$ と表せば

*54 2 行目の主要部分は第 3 項だから，実はこの評価は上下からの評価と思える．だからこの評価から補題 5.76 の結論が従う．

$$\begin{aligned}\left|\frac{d}{ds}\mathcal{V}((x(s),0),\tau)\right| &= \left|\int_M (4\pi\tau)^{-n}\langle x_s, w\rangle e^{-l}dV\right| \\ &\le (4\pi\tau)^{-n}\int_M \frac{1+|w|^2}{2}e^{-l}dV \\ &\le \frac{1}{2}\mathcal{V} + \frac{1}{2}\int_{\mathbb{R}^{2n}} |w|^2 e^{-l}(4\pi\tau)^{-n}Jdw \\ &\le \frac{1}{2}\mathcal{V} + \frac{(4\pi)^{-n}}{2}\int_{\mathbb{R}^{2n}} |w|^2 e^{-\frac{|w|^2}{4}}dw\end{aligned}$$

である．最後の不等式は簡約体積の単調性と $\lim_{\tau\to 0} J\tau^{-n} = 1$（[31, §7]）による．この評価から結論を導くのは容易である．□

命題 5.75 により簡約弧長関数は Cheeger–Gromov 位相に関して連続である．よって簡約体積関数は各スケールの距離球で Cheeger–Gromov 収束に関して連続である．これと補題 5.76 と補題 5.77 から次の命題の第 1 の主張が従う：

命題 5.78（[18, Proposition 4.29, Proposition 4.30]）　(1) 定理 5.71 と同じ設定．$-\infty < \bar{t} < 0$ とする．このとき

$$\mathcal{V}((x,0),|\bar{t}|) = \lim_{i\to\infty}\mathcal{V}((x_i,0),|\bar{t}|)$$

が成り立つ．とくに簡約体積は Cheeger–Gromov 位相に関して連続である．

(2) 定理 5.69 と同じ設定．$\overline{y} \in \mathcal{S}(\overline{M})$ ならば

$$v(\overline{y}) = \lim_{r\to 0}\omega_{2n}^{-1}r^{-2n}\operatorname{Vol}(B(\overline{y},r)) \le 1 - 2\delta_0$$

である．

（証明概略） (2) の証明に定理 5.55 が本質的である．なぜなら $(\overline{M},\overline{g})$ の漸近体積比を知れば特異点 $\overline{y}$ におけるギャップが導かれるからである．定理 5.46 より $v(\overline{y}) = \lim_{r\to 0}\omega_{2n}^{-1}r^{-2n}\operatorname{Vol}(B(\overline{y},r)) = \lim_{r\to 0}\mathcal{V}((\overline{y},0),r^2)$ である．定理 5.55（接錐構造）により $\overline{y}$ の接空間は計量錐だから $v(\overline{y}) = \mathbf{avr}(\overline{M})$ である．再び定理 5.46 より $\lim_{r\to 0}\mathcal{V}((\overline{y},0),r^2) = \lim_{r\to\infty}\mathcal{V}((\overline{y},0),r^2)$ である．簡約体積の Cheeger–Gromov 連続性 (1) により，任意の大きい H に対し i を十分大きくとれば $\mathcal{V}_{g_i}((y_i,0),H)$ は $\mathcal{V}((\overline{y}),H)$ を近似する．$\mathcal{V}((\overline{y}),H)$ は漸近体積比 $\mathbf{avr}(\overline{M})$ を近似している．$\overline{y}$ は点つき Gromov–Hausdorff 極限空間 $\overline{M}$ の特異部分からとっているから Anderson の間隙定理（定理 5.32）により極限をとる前では $\mathcal{V}_{g_i}((y_i,0),H) < 1 - 2\delta_0$ である．よって $\mathbf{avr}(\overline{M}) \le 1 - 2\delta_0$ すなわち $v(\overline{y}) \le 1 - 2\delta_0$ である．□

命題 5.78 (2) により性質 5 が成り立つことがわかった．これで定理 5.71 の証明概略は終わりである．□

定理 5.71 により $\mathcal{K}(n, A; 1)$ の空間列のブローアップ極限は $\widetilde{\mathcal{KS}}(n,\kappa)$ に属する空間である．$\widetilde{\mathcal{KS}}(n,\kappa)$ に属する空間では $\mathbf{cr} = \infty$ であった（$\widetilde{\mathcal{KS}}(n,\kappa)$ の定義 5.31 と $\mathbf{cr}$ の定義 5.48）．よって $\mathbf{cr}$ の連続性 $\lim_{i\to\infty} \mathbf{cr}(\mathcal{M}_i^0) = \infty$ が問題である．この問題に対し次の定理が成り立つ．証明は $\mathbf{cr}$ の定義にもどって地道に確認する作業なので省略する．

定理 5.79 ([18, Theorem 4.39, Corollary 4.40])　定理 5.71 と同じ設定で $\mathbf{cvr}$ と $\mathbf{cr}$ の弱い連続性

$$\lim_{i\to\infty} \mathbf{cvr}(x_i) = \mathbf{vr}(\overline{x})$$
$$\lim_{i\to\infty} \mathbf{cr}(\mathcal{M}_i^0) = \infty$$

が成り立つ．

ここまで仮定してきた $\mathcal{K}(n, A)$ 全体に通用する $\mathbf{pcr}$ の正の下限が在ることを示して本節を終える．

定理 5.80 ([18, Proposition 4.42, Theorem 4.43])　ある定数 $\hbar = \hbar(n, A)$ が在って

$$\mathcal{K}(n, A) = \mathcal{K}(n, A; \hbar)$$

である．

(証明概略) ある定数 $\hbar = \hbar(n, A)$ があって任意の $\mathcal{LM} \in \mathcal{K}(n, A)$ に対し $\forall t \in [-1, 1]$ において $\mathbf{pcr}(\mathcal{M}^r) \geq \frac{1}{\hbar}$ となることを示せばよい．正整数 j を固定する．もし $\forall t \in [-1, 1]$ において $\mathbf{pcr}(\mathcal{M}^t) \geq \frac{1}{j}$ なら終了である．ある時刻 $t_0 \in [-1, 1]$ において $\mathbf{pcr}(\mathcal{M}^{t_0}) < \frac{1}{j}$ なら，区間 $[t_0 - \frac{1}{2j}, t_0 + \frac{1}{2j}]$ において $\mathbf{pcr}(\mathcal{M}^t) \geq \frac{1}{2j}$ が成り立つかを見る．もし成り立てば終了し，もし成り立たなければこの区間内に $\mathbf{pcr}(\mathcal{M}^{t_1}) \geq \frac{1}{2j}$ となる t_1 をとって，区間 $[t_1 - \frac{1}{4j}, t_1 + \frac{1}{4j}]$ において $\mathbf{pcr}(\mathcal{M}^t) \geq \frac{1}{4j}$ が成り立つかを見る．このプロセスは M のコンパクト性により有限回で終了する．したがって時刻 t_k において $\frac{1}{2^{k+1}j} \leq \mathbf{pcr}(\mathcal{M}^t) < \frac{1}{2^k j}$ であり，区間 $[t_k - \frac{1}{2^{k+1}j}, t_k + \frac{1}{2^{k+1}j}]$ 内の任意の t に対し $\mathbf{pcr}(\mathcal{M}^t) > \frac{1}{2^{k+1}j}$ である．2^{k+1} 倍にスケールすることにより $\in \widetilde{\mathcal{LM}} \in \mathcal{K}(n, A)$ であって $\mathbf{pcr}(\widetilde{\mathcal{M}}^0) < 2$，$\mathbf{pcr}(\widetilde{\mathcal{M}}^t) \geq 1$ ($\forall t \in [-1, 1]$)，$|R| + |\lambda| < \frac{A}{2^{k+1}j}$（$\widetilde{\mathcal{M}}$ において）となるものを得る．以上は $\mathcal{K}(n, A)$ の一つの元に対する話であったが，やりたいことは $\mathcal{K}(n, A)$ 全体で通用する $\hbar$ を探すことである．そこで結論を否定する．上の議論から，$\mathcal{K}(n, A)$ の列 $\widetilde{\mathcal{LM}}_t$ であって $\mathbf{pcr}(x_i, 0) < 2$ と $\sup_{\widetilde{\mathcal{M}}_i}(|T| + |\lambda|) \to 0$ となるものが在る．すると $\lim_{i\to\infty} \mathbf{pcr}(x_i, 0) \leq 2$ となってしまい，定理 5.79 に矛盾する．したがって $\mathcal{K}(n, A)$ に備わったある正数 $\hbar$ が在って $\mathcal{K}(n, A) = \mathcal{K}(n, A; \hbar)$ が成り立つ． □

5.8 $\mathcal{K}(n,A)$ の偏極 Kähler–Ricci flow の構造

5.8.1 $\mathcal{K}(n,A)$ の列の極限の計量構造と直線束構造

定理 5.80 により $\hbar=\hbar(n,A)>0$ が在って $\mathcal{K}(n,A)=\mathcal{K}(n,A;\hbar)$ が成り立つことに注意する．この項の主結果は定理 5.81, 5.82, 5.83, 5.84 である．この項のほとんどは定理 5.81 と定理 5.82 の証明に費やされる．

定理 5.81（[18, Theorem 1.2]（計量構造）） $\mathcal{LM}_i\in\mathcal{K}(n,A)$ とする．このとき適当な部分列をとれば

$$(M_i,x_i,g_i(0))\xrightarrow{\hat{C}^\infty}(\overline{M},\overline{x},\overline{g})$$

である．このとき極限空間 $\overline{M}$ は正則部分と特異部分への分解

$$\overline{M}=\overline{\mathcal{R}}\cup\overline{\mathcal{S}}$$

を持ち，次が成り立つ：

- $(\overline{\mathcal{R}},\overline{g})$ は極限 Riemann 構造と極限 Kähler 構造 $\overline{J}$ を持ち，$(\overline{\mathcal{R}},\overline{g},\overline{J})$ は開 Kähler 多様体である．
- $\overline{\mathcal{S}}$ は閉集合で $\dim_{\mathcal{M}}\mathcal{S}\le 2n-4$ である．
- $\overline{M}$ の任意の接空間は既約な計量錐である．
- $v(y)=\limsup_{r\to 0}\omega_{2n}^{-1}r^{-2n}\operatorname{Vol}(B(y,r))$ によって $y\in\overline{M}$ における体積密度を定義すると，$y\in\overline{\mathcal{R}}\Leftrightarrow v(y)=1$，$y\in\overline{\mathcal{S}}\Leftrightarrow v(y)\le 1-2\delta_0$ である．ここで δ_0 は Anderson 定数（定理 5.32 の直後に定義がある）である．

定理 5.82（**Partial-C^0-評価による直線束構造** [18, Theorem 1.3], cf. [21, Theorem 1.1]） 正の定数 $c_0=c_0(n,A)$，$k_0=k_0(n,A)$ が在って，任意の $\mathcal{LM}\in\mathcal{K}(n,A)$ に対し Bergman 関数の下からの評価

$$\inf_{x\in M}\mathbf{b}^{(k_0)}(x,0)\ge -c_0$$

が成り立つ．

（定理 5.82 の証明概略） 定理 5.80 よりある $\hbar=\hbar(n,A)>0$ が在って $\mathcal{K}(n,A)=\mathcal{K}(n,A;\hbar)$ である．また，$\widetilde{\mathcal{KS}}(n,\kappa)$ のコンパクト性により，$k_0(n,A)$ が十分大きければ $\mathcal{M}_0$ は $\widetilde{\mathcal{KS}}(n,\kappa)$ に属する空間のどれかと Gromov–Hausdorff 距離が近い．したがって，命題 5.60 の仮定が成り立つ．すると，定理 5.82 の結論は命題 5.60 の結論を書き換えたものにほかならない． □

次の定理 5.83 は $\mathcal{K}(n,A)=\mathcal{K}(n,A;\hbar)$ の列の Cheeger–Gromov 収束への鍵となる両方向擬局所性定理である.

定理 5.83 ([18, Proposition 5.6, Theorem 5.7, Theorem 5.8]) (1) 小さい定数 $c=c(n,A)$ が在って次の性質が成り立つ. $\mathcal{LM}\in\mathcal{K}(n,A)$, $x_0\in M$ とする. $r_0:=\min\{\mathbf{cvr}(x_0,0),1\}$ とする. このとき

$$r^{2+k}|\nabla^k\mathrm{Rm}|(x,t)\leq\frac{C_k}{c^{2+k}},\ \forall k\in\mathbb{Z}^{\geq 0},\ x\in B_{g(0)}(x_0,r_0),\ t\in[-c^2r^2,c^2r^2]$$

が成り立つ. ここで $C_k=C(n,A,k)$ は定数である.

(2) (**両方向擬局所性定理**) 小さい定数 $\xi=\xi(n,A)$ が在って次が成り立つ. $\mathcal{LM}\in\mathcal{K}(n,A)$, $x_0\in M$ とし, ある $0<r<1$ に対し $\Omega=B_{g(0)}(x_0,r)$, $\Omega'=B_{g(0)}(x_0,\frac{r}{2})$ とする. もし $\mathbf{I}(\Omega)\geq(1-\delta_0)\mathbf{I}(\mathbb{C}^n)$ ならば, 時空 $\Omega'\times[-\xi^2r^2,\xi^2r^2]$ における一様正則性

$$(\xi r)^{2+k}|\nabla^k\mathrm{Rm}|(x,t)\leq C_k\ ,\ \forall k\in\mathbb{Z}^{\geq 0}\ ,\ x\in\Omega'\ ,\ t\in[-\xi^2r^2,\xi^2r^2]$$

が成り立つ. ここで $\mathbf{I}$ は等周定数を表し, $C_k=C(n,A,k)$ は定数である.

(3) (**Kähler ポテンシャルレベルの両方向擬局所性定理**) (2) と同じ設定. $2\pi c_1(M,J)$ の C^∞ Kähler form を ω_B として $\omega_t=\omega_B+\sqrt{-1}\partial\bar{\partial}\phi(x,t)$ と表す. $\phi(x_0,0)=0$ と正規化し $\mathrm{Osc}_\Omega(\phi(\cdot,0))\leq H$ とする. また $\Omega''=B_{g(0)}(x_0,\frac{r}{4})$ とおく. このとき

$$(\xi r)^{-2+k}\|\phi(\cdot,k)\|_{C^k(\Omega'',\omega_t)}\leq C_k\ ,\ \forall k\in\mathbb{Z}^{\geq 0}\ ,\ t\in[-2^{-1}\xi^2r^2,2^{-1}\xi^2r^2]$$

が成り立つ. ここで $C_k=C(n,A,k)$ は定数である.

(**定理 5.83 の証明概略**) (2) は (1) から直ちに従う. (3) は Kähler–Ricci flow 方程式

$$\begin{cases}\dot{\phi}=\log\dfrac{\omega_t^n}{\omega_B^n}+\phi+\dot{\phi}(\cdot,0)\\ -\sqrt{-1}\partial\bar{\partial}\dot{\phi}=\rho_t-\lambda\omega_t\end{cases}$$

に (2) の結果をインプットすれば得られる. したがって (1) だけ証明すればよい. 証明のポイントはブローアップ極限が $\widetilde{\mathcal{KS}}(n,\kappa)$ に入ること (定理 5.71), $\mathcal{K}(n,A;r_0)$ $(r_0>0)$ のブローアップ極限に関する $\mathbf{cr}$ の連続性 (定理 5.79) である. 結論を否定すると, ある正整数 k_0 と 0 に収束する正数列 c_i が在って, ある $y_i\in B_{g_i(0)}(x_i,r_i)$, $t_i\in[-c_i^2r_i^2,c_i^2r_i^2]$ に対し $(c_ir_i)^{2+k_0}|\nabla^{k_0}\mathrm{Rm}|(y_i,t_i)\to\infty$ となる. ここで $r_i=\min\{\mathbf{cvr}(x_i,0),1\}$ である. 新しい Ricci flow を $\widetilde{g}_i(t)=(c_ir_i)^{-2}g_i((c_ir_i)^2t+t_i)$ で定義する. このとき $\mathbf{cvr}_{\widetilde{g}_i}(y_i,0)=(c_ir_i)^{-1}\to\infty$ で

ある．一方 $\mathbf{pcr}_{\widetilde{g}_i}(y_i,0) \geq \hbar(c_ir_i)^{-1} \to \infty$ である．定理 5.80 と系 5.67 より $(M_i,y_i,\widetilde{g}_i(0)) \xrightarrow{\hat{C}^\infty} (\hat{M},\hat{y},\hat{g})$ である．定理 5.71 より $(\hat{M},\hat{y},\hat{g}) \in \widetilde{\mathcal{KS}}(n,\kappa)$ であり，定理 5.79 により $\mathbf{cvr}(\hat{y}) = \infty$ である．よって実は $(M_i,y_i,\widetilde{g}_i(0)) \xrightarrow{\hat{C}^\infty} (\mathbb{C}^n,0,g_{\mathrm{euc}})$ である．これは $(c_ir_i)^{2+k_0}|\nabla^{k_0}\mathrm{Rm}|(y_i,t_i) \to 0$ を意味するので矛盾に陥る． □

（定理 5.81 の証明概略） 定理 5.83 より正則部分 $\mathcal{R}$ における複素構造 $\overline{J}$ が在って曲率評価があるから，第 1 の主張が従う．命題 5.72 と定理 5.80 から Minkowski 次元の評価を得るから，第 2 の主張が従う．定理 5.80 と定理 5.69 から特異点における任意の接空間は既約な計量錐だから，特異点に対する第 3 の主張が従う．正則点に対する第 3 の主張を示すには，ある接空間が $\mathbb{C}^n$ ならば任意の接空間が $\mathbb{C}^n$ に等長的であることを示せばよい．そのためにはある接空間が $\mathbb{C}^n$ に等長的ならば $\overline{y}$ のある近傍が $\mathbb{C}^\infty$ 構造を持つことを示せばよい．ある $r_i \to 0$ で

$$(\overline{M},\overline{y},r_k^{-2}\overline{g}) \overset{C^\infty}{\to} (\mathbb{C}^n,0,g_{\mathrm{euc}})$$

となる列をとる．定理 5.83 から，$(y_i,0)$ のある一様な時空サイズをもつ時空の近傍における Kähler–Ricci flow 解は，$(\overline{y},0)$ のある時空サイズをもつ時空の近傍における Kähler–Ricci flow 解に幾何収束する．よって正則点に対しても第 3 の主張が成り立つ．Anderson の間隙定理から $\overline{y} \in \overline{M}$ が特異部分に入ることは

$$\limsup_{r\to 0} \frac{\mathrm{Vol}(B(\overline{y},r))}{\omega_{2n}r^{2n}} \leq 1-2\delta_0$$

と同値である． □

次の定理 5.84（密度評価）は偏極 Kähler–Ricci flow の列の部分収束で本質的である．

定理 5.84（[18, Theorem 5.12, Corollary 5.14]） (1) 任意の $\varepsilon > 0$ と任意の $0 \leq p < 2$ に対し，次の性質を持つ定数 $\delta = \delta(n,A,p)$ が在る：$\mathcal{LM} \in \mathcal{K}(n,A)$，$x \in M$ とする．このとき，計量 $g(0)$ に対し，r が $r < \delta$ を満たせば

$$\log \frac{\int_{B(x,r)} \mathbf{cvr}^{-2p}\,dv}{E(n,\kappa,p)r^{2n-2p}} < \varepsilon$$

が成り立つ．ここで $E(n,\kappa,p)$ は系 5.43 で導入されたものである．

(2) $\mathcal{LM}_i \in \mathcal{K}(n,A)$ を偏極 Kähler–Ricci flow の列とし，$\overline{M}$ の正則部分と特異部分への分解を $\overline{M} = \mathcal{R} \cup \mathcal{S}$ とする．このとき Minkowski 次元の評価 $\dim_{\mathcal{M}} \mathcal{S} \leq 2n-4$ が成り立つ．

(証明概略) (1) 定理 5.71 により任意のブローアップ極限は $\widetilde{\mathcal{KS}}(n,\kappa)$ に属する空間である．結論を否定すると，**cvr** の連続性（定理 5.79）により，系 5.43（$\widetilde{\mathcal{KS}}(n,\kappa)$ における密度評価）に矛盾する評価式が現れて，矛盾に陥る．

(2) (1) に定理 5.53 の議論を適用すると，ある定数 $C=C(n,A,p)$ が在って，特異部分 $\mathcal{S}$ の r 近傍の単位球内の体積は Cr^{2p} で上から押さえられる．結論は Minkowski 次元の定義から従う． □

5.8.2 $\mathcal{K}(n,A)$ の列の極限の局所 variety 構造

命題 5.60 から，$\mathcal{LM}\in\mathcal{K}(n,A)$ の時間スライス $(M_i,x_i,g_i(0))$ の点つき Gromov–Hausdorff 極限 $(\overline{M},\overline{x},\overline{g})$ が局所的に解析空間の構造を持つことを示したい．これは Donaldson–Sun [21, Theorem 1.1, Theorem 1.2] の $\mathcal{K}(n,A)$ 版である．この項の主結果は補題 5.85 と定理 5.87 である．

以下，$\mathcal{LM}\in\mathcal{K}(n,A)$ の時間スライス $(M_i,x_i,g_i(0))$ の点つき Gromov–Hausdorff 極限 $(\overline{M},\overline{x},\overline{g})$ が局所的に解析空間の構造をもつことを証明する．$\mathcal{LM}_i\in\mathcal{K}(n,A)$，$x_i\in M_i$ とし $(\overline{M},\overline{x},\overline{g})$ を $(M_i,x_i,g_i(0))$ の点つき Gromov–Hausdorff 極限とする．もし $\overline{M}$ がコンパクトなら，極限直線束の $\overline{L}$ の完備線型系を使って $\overline{M}$ を射影空間に有限次元射影空間に埋め込めるであろう．しかし $\overline{M}$ はコンパクトとは限らない．したがって極限直線束 $\overline{L}\to\overline{M}$ の正則切断の空間は有限次元とは限らない．そこで，$\overline{M}$ がコンパクトでなくても通用する方法で $\overline{M}$ が局所解析空間構造を持つことを示したい．Hörmander による正則切断の構成に基づく Donaldson–Sun [21] の議論を用いて，この問題を解決する．

$\overline{M}$ 全体をいきなり見るのではなく，距離球 $B(\overline{x},1)$ に注目してピークセクションの方法により $B(\overline{x},1)$ 上の $\overline{L}$ の $N+1$ 個の正則切断を並べることによって $B(\overline{x},1)$ を射影空間 $\mathbb{P}^N(\mathbb{C})$ に埋め込むことを試みる．$B(\overline{x},2)$ の ε ネットを，このネットの各点の **vr** が $\mathbf{vr}\geq c_0\varepsilon$ を満たすようにとる*55．この ε ネットの各点 y でピークセクション s_y を，単位 L^2 ノルム 1 のすべての正則切断を動かしたとき $\|s\|(y)$ の最大値を達成しているようにとる．このとき：

(主張) $\|s_y\|^2$ は $B(y,2\varepsilon)$ において一様に下から評価されていると考えてよい．

(理由) $\mathcal{K}(n,A)$ の元の時間 0 スライス $(M_i,g_i(0))$ 上の偏極を与える正則直線束 L_i の y_i におけるピークセクションをとって極限をとることにより，$(\overline{M},\overline{g},\overline{J})$ 上の極限直線束 $\overline{L}$ の $\overline{y}$ におけるピークセクション s_y を得る．5.7.2 項に述べたように，$\mathcal{K}(n,A)$

---

*55 距離空間 (X,d) の離散部分集合 S が (X,d) の ε ネットであるとは，S の任意の 2 点間の距離が少なくとも ε であるような極大な集合を意味する．S が (X,d) の ε ネットならば S の各点の 2ε 近傍の集まりは X の開被覆であり，S の各点の $\frac{\varepsilon}{2}$ 近傍は互いに共通部分が空である．

の列に Hörmander の方法を適用するときには，重み関数 Ψ として $\Psi = (1+\lambda^{-1})\dot{\phi}$ をとる．Hörmander の方法を適用するときの曲率条件

$$\mathrm{Ric}(h) + \mathrm{Ric}_\omega + \frac{\sqrt{-1}}{2\pi}\partial\bar{\partial}\Psi \geq C\omega$$

は，Ricci ポテンシャルの方程式

$$\mathrm{Ric}_\omega + \frac{\sqrt{-1}}{2\pi}\partial\bar{\partial}\dot{\phi} = \lambda\omega$$

から $C = 1+\lambda$ として確認できる．ここで $\mathrm{Ric}(h) = \lambda^{-1}\,\mathrm{Ric}_\omega$ である．定理 5.14（または補題 5.22）により

$$\dot{\phi}(y,t) \leq C\ \mathrm{dist}_t^2(y,x) + C'$$

であった．したがって Ricci ポテンシャル $\dot{\phi}$ は 1 点からの距離の 2 乗のような増大度を持つ重み関数と考えられる（増大度に関しては上からの評価という弱い意味であるが）．このことは，$\overline{M}$ がコンパクトでないときには無限遠方に逃げていく Ric_{g_i} の negativity を 1 点からの距離の 2 乗の増大度を持つ関数 $\dot{\phi}$ の $\sqrt{-1}\partial\bar{\partial}$ によって打ち消す働きをしていると考えられる．これは，$\overline{M}$ がコンパクトでないときに偏極直線束の正則切断の空間が無限次元になってしまう状況で，無限遠方で距離の 2 乗で発散する重み関数つきの L^2 性を要請することによりコンパクト部分の距離球を有限次元の射影空間に埋め込むような正則切断の存在を保証してくれていると考えられる．この考えから，$\|s_y\|$ が $B(y,2\varepsilon)$ において一様に下から押さえられることが期待できる．しかし，この期待を示すために上の考えを正当化することは必要ない．実際，$\|s_y\|(y)$ が大きいことと，s_y が勾配評価を満たすこと（すなわち $\|\partial s_y\|$ が $B(y,2\varepsilon)$ において十分小さいこと）だけを言えばよい．そして，それは上記の設定で，上で復習した $\bar{\partial}$ 方程式の Hörmander の評価式（とくに勾配評価）を使うことにより，命題 5.60 から従うのである．（理由終わり）

点 y の選び方から y において $\mathbf{vr} \geq c_0\varepsilon$ が成り立つから，ある定数 $\eta = \eta(n)$ が在って $B(r,\eta\varepsilon)$ は C^∞ 多様体構造を持つ．極限直線束 $\overline{L}^k$ の一般の正則切断の零点集合（k が大きければ，これは複雑な複素超曲面 V である）が座標超平面のようにふるまう直径が ε のオーダーであるような冪 k を考える．この k の大きさを評価するには，大雑把な関係式

$$\underbrace{\text{距離球 } B(\overline{x},1) \text{ 内の } L \text{ の一般の正則切断の零点集合の体積の } k \text{ 倍}}_{k}$$

$$\approx \underbrace{\text{半径 } \varepsilon \text{ の距離球内の } V \text{ の体積}}_{\varepsilon^{2n-2}} \times \underbrace{\text{距離球 } B(\overline{x},1) \text{ 内に詰め込み可能な } \varepsilon \text{ 球の個数}}_{\frac{1}{\varepsilon^{2n}}}$$

を考えるのがよい．この関係式から $k \approx \varepsilon^{-2}$ である．このような k をとり，y の ε 近傍で局所的に $\overline{L}^k$ の正則座標系 $z_1,\ldots,z_n$ の微小変形であるような $\overline{L}^k \to \overline{M}$ の正則切断をとる．これと s_y^k を合わせて，点 y に対応して正則切断の $(n+1)$ 個の組 $\overline{L}^k \to \overline{M}$ を得る．ここで y を ε ネットのすべての点を動かし，各 y に対応して得られる $(n+1)$ 個の正則切断の組の全体を $\{s_i\}_{i=0}^N$ とする．これを Gramm–Schmidt 直交化したものを $\{\widetilde{s}_i\}_{i=0}^N$ として，小平埋め込み写像

$$
\begin{aligned}
\iota\ :\ & B(0,2) \to \mathbb{P}^N(\mathbb{C})\ , \\
& x \mapsto [\widetilde{s}_0(x) : \widetilde{s}_1(x) : \cdots : \widetilde{s}_N(x)]
\end{aligned}
$$

を考える．各 y に対し s_y をとったことから写像 ι は well-defined な正則写像である．

スケール ε と冪 k は $\varepsilon = \frac{1}{\sqrt{k}}$ という関係を満たすと仮定してよい．テンソル冪 k_1 を k_2 に増やすことを，$\frac{1}{\sqrt{k_1}}$ ネットを $\frac{1}{\sqrt{k_2}}$ ネットに強めるとも言う．

補題 5.85 ([18, Lemma 5.16, Lemma 5.17, Lemma 5.18], [21, Proposition 4.6, Proposition 4.10, Lemma 4.11, Proposition 4.14])

(1) 任意の $w \in \iota(B(\overline{x},1))$ に対し $\iota^{-1}(w) \cap \overline{B(\overline{x},1)}$ は有限集合である．
(2) より強く，冪 k を十分に上げると，ι は $B(\overline{x},1)$ 上で単射で非退化な埋め込み写像である．
(3) 冪 k を十分上げると $W := \iota(\overline{B(\overline{x},1)})$ は任意の $y \in B(\overline{x},1)$ に対し $\iota(y)$ において正規[*56]な解析空間である．
(4) もし $y \in B(\overline{x},1) \cap \mathcal{S}$ ならば $\iota(y) \in W_{\mathrm{sing}}$ である．

(証明概略) (1) [21, Proposition 4.6] に従って，$B(\overline{x},1)$ の 2 点の距離が十分大きければ，2 点は写像 ι によって分離されることを示す．このとき k を十分大きくとれば $\overline{y}$, $\overline{z}$ を異なる接錐内の開集合 D_y, D_z によって分離できる．$s_y(\chi(y))$, s_z をそれぞれ上でとった y, z に対応するピークセクションとする．示したいことは，冪 k を大きくとって

$$
\|s_y\|(z) \leq 100^{-1}\|s_y\|(y)\ ,\ \|s_z\|(y) \leq 100^{-1}\|s_z\|(z)
$$

とできることである．s_y, s_z を Hörmander の方法で作るときの σ, τ をそれぞれ σ_y, τ_y, σ_z, τ_z と書く．たとえば $s_y = \sigma_y - \tau_y$, $\tau_y = -\bar{\partial}^* \triangle_{\bar{\partial}}^{-1} \bar{\partial}\sigma_y$ であった．$\sigma_y|_{\overline{M}\setminus D_y} \equiv 0$ だから $\tau_y|_{D_z}$ を $\triangle_{\bar{\partial}}^{-1}$ の積分核 (Green 関数) との合成積で表すと積分は D_1 の内部だけで行われる．Green 関数は D_2 の点からの距離の $2-2n$ 乗の形だ

[*56] 解析空間 $X \in \mathbb{C}^N$ が点 $x \in X$ で正規であるとは，x を含む任意の十分小さい開集合 $U \subset X$ をとると，U_{reg} 上の正則関数で任意のコンパクト部分集合 $K \subset U$ に対し $f|_{U_{\mathrm{reg}} \cap K}$ が有界なものは必ず U 全体上の正則関数に拡張することと定義する．

から，k の冪を大きくすれば k^{1-n} のオーダーで小さくなる．一方 D_y の体積は k^n のオーダーで大きくなるから Green 関数の減衰と体積の増大を合わせると k のオーダーになる．しかし，ここで被積分関数は $\bar{\partial}\sigma$ であり，積分した後で $\bar{\partial}^*$ を働かせるから，結局，計量テンソルの逆行列が 2 回寄与することになって k^{-2} が出てくる．これも合わせると，結局 k が大きくなるとき $\tau_y|_{D_z}$ は k^{-1} のオーダーで減衰する．s_y は正則切断だから，たとえば多重劣調和関数の劣平均値定理により，局所的には L^∞ ノルムが L^2 ノルムによって制御されている．そこで $s_y = \sigma_y - \tau_y$ を思い出せば，k を大きくとって

$$\|s_y|_{D_z}\|(x) \leq 100^{-1}\|s_y\|(y) \quad (\forall x \in D_z)$$

とできることがわかる．同様に k を大きくとって

$$\|s_z|_{D_y}\|(x) \leq 100^{-1}\|s_z\|(z) \quad (\forall x \in D_y)$$

とできる．よってある程度離れた 2 点 y と z は ι で分離されることがわかった．これから $\iota^{-1}(w)$ は非常に小さい距離球，たとえば $B(y, 10\varepsilon)$ に含まれることがわかる．$\iota^{-1}(w)$ の連結成分を F とすると $\iota(F)$ は $\mathbb{C}^N$ の連結部分解析空間である．したがって点である．解析的な基礎はこれだけである[*57]．

注意 5.86　写像 ι が 2 点を分離することの無限小版は次である（[21, Proposition 4.7]）．$\overline{M}$ の正則部分 $\overline{M}_{\mathrm{reg}}$ の任意のコンパクト集合 K に対して整数 $m = m(n, A, K)$ で次の性質を持つ者が在る：$\forall k \geq m$，$\forall x \in K$，$\forall v \in T_x\overline{M}_{\mathrm{reg}}$ に対して，正則切断 $s \in H^0(\overline{M}, L^k)$ であって $s(x) = 0$ と $\partial s(v) \neq 0$ を満たすものが存在する．

（補題 5.85 の証明概略続き） (2) [21, Proposition 4.10, Lemma 4.11] と同じ議論で証明できる．

(3) 正規性は局所的な性質だから [21, Lemma 4.12] と同じ議論で証明できる．

(4) 正則部分の間の対応が言えればよい．そのためには正則部分で flow 計量と Bergman 計量の同値性が言えればよい．それは放物的 Schwarz 補題と熱流による局所化の技法で示すことができる．その議論は命題 5.100 の証明に含まれるので，ここでは証明をしない（cf. [21, Proposition 4.14]）．　□

定理 5.87（[18, Theorem 5.19], [21, Proposition 4.15]）　$\mathcal{LM}_i \in \mathcal{K}(n, A)$, $x_i \in M_i$, $(\overline{M}, \overline{x}, \overline{g})$ を $(M_i, x_i, g_i(0))$ の点つき Gromov–Hausdorff 極限とする．このとき $\overline{M}$ は特異点として対数末端特異点（log terminal singularity）しか持たない正規解析空間である．

[*57] このアイディアを式 (5.27) において k が大きくなるときの挙動を知ること，命題 5.60 を証明することに使った．

(証明概略) $\mathcal{R}\cap B(\overline{x},1)$ の任意の点 y の近傍 U において $C^{-1}\le\|s\|(x)\le C$ となる $\overline{L}^k$ の正則切断 s がある．もし極限において $\overline{M}$ がコンパクトならば $\overline{L}$ として $K_{\overline{M}}^{-1}$ の冪がとれる．よって $\overline{L}^k$ を $(K_{\overline{M}}^{-1})^k$ と仮定してよい．このとき $\Theta:=(s\otimes s)^{\frac{1}{2k}}$ は $\iota(y)$ の近傍 U と $\mathcal{R}$ の共通部分で定義された正則 n 形式であり，積分の有限性

$$\int_{\mathcal{R}\cap U}\Theta\wedge\overline{\Theta}<\infty$$

を満たす．したがって $\iota(y)$ は対数末端特異点である．$\overline{M}$ がコンパクトでないときは極限直線束は冪が無限大になった状態で現れるが，ピークセクションをとるときには決まった冪 k でとったものを固定してその冪を考えるから冪根をとって正則 n 形式を作るときに困難は生じない．よって特異点の補集合で定義される正則 n 形式の局所的積分の有限性の議論がそのまま通用する． □

5.8.3 偏極 Kähler–Ricci flow の列の極限の直線束構造と偏極 Kähler–Ricci flow に沿う距離の評価

この項の目的は，$\mathcal{K}(n,A)$ の Kähler–Ricci flow の異なる時間スライスにおける距離を同じ正則切断のノルムを見ることによって較べることである．これは正則切断のノルムが $\mathcal{K}(n,A)$ の Kähler–Ricci flow に沿って安定していることを Riemann 幾何に翻訳する作業である．

補題 5.88 ([18, Lemma 5.20])　(M,L) を次の条件を満たす偏極 Kähler 多様体とする：

(1) 距離球の体積の下からの評価 $\mathrm{Vol}(B(x,r))\ge\kappa\omega_{2n}r^{2n}$．$\forall x\in M, 0<\forall r<1$.
(2) Bergman 関数 $\mathbf{b}$ に対し $|\mathbf{b}|\le 2c_0$ が成り立つ．
(3) 任意の単位 L^2 正則切断 $S\in H^0(M,L)$ に対し勾配評価 $\|\partial S\|\le C_1$ が成り立つ．

このとき，任意の $a>0$ に対し

$$\Omega(x,a)=\left\{z\,\middle|\,\|S\|^2(z)\ge e^{-2a-2c_0}\ ,\ \|S\|^2(x)=e^{\mathbf{b}(x)}\ ,\ \int_M\|S\|^2dV_g=1\right\}$$

と定義する．このとき $r:=r(n,\kappa,c_0,C_1,a)$ と $\rho:=\rho(n,\kappa,c_0,C_1,a)$ が在って

$$B(x,r)\subset\Omega(x,a)\subset B(x,\rho)$$

が成り立つ．

(証明概略) r を

$$r := \frac{1-e^{-a}}{C_1 e^{a+c_0}}$$

で定めると勾配評価より $B(x,r) \subset \Omega(x,a)$ が成り立つ．$\Omega(x,a)$ の相異なる有限個の点からなる集合 $\{x_i\}_{i=1}^N$ を，距離球 $B(x_i,r)$ は $\Omega(x,a)$ に含まれ，かつ互いに交わらないが，$B(x_i,2r)$ の和集合は $\Omega(x,a)$ を覆うようにとる．勾配評価から $B(x_i,r)$ の各点で $\|S\| \geq e^{-2a-c_0}$ だから（Tchebyshev の不等式の議論より）

$$N\kappa\omega_{2n}r^{2n} \leq \sum_{n=1}^{N} \mathrm{Vol}(B(x_i,r)) \leq \mathrm{Vol}(\Omega(x,2a)) \leq e^{4a+2c_0}$$

である．$\forall z \in \Omega(x,a)$ に対して

$$d(z,x) \leq 4Nr \leq \frac{4e^{4a+2c_0}}{\kappa\omega_{2n}r^{2n-1}} =: \rho$$

である．よって $\Omega(x,a) \subset B(x,\rho)$ である．□

補題 5.89 ([18, Lemma 5.21])　小さい定数 $\varepsilon_0 = \varepsilon_0(n,A)$ であって次の性質を満たすものが在る：$\mathcal{LM} \in \mathcal{K}(n,A)$ とする．このとき任意の $t_1,t_2 \in [-1,1]$ に対し

$$B_{g(t_1)}(x,\varepsilon_0) \subset B_{g(t_2)}(x,\varepsilon_0^{-1})$$

が成り立つ．

(証明概略) $t_1 = 0$，$t_2 = 1$ としてよい．定理 5.82 により $|\mathbf{b}| \leq 2c_0$ となる $c_0 = c_0(n,A)$ が在る（下からの評価は定理 5.82 から従う．上からの評価は正則切断に対する Moser 反復法）．さらにある一様な定数 C_1 が在って $\|\partial S\| \leq C_1$ がすべての単位 L^2 正則切断 $S \in H^0(M,L)$ に対して成り立つ*58．
(理由) 勾配評価 (5.35) は Weitzenböck 公式と Moser 反復法から従うのであった．よって勾配評価を示すには Ric_g の効果が小さいことが必要であるが，冪 k を十分高くとれば $(\partial S,\partial S) \gg |\mathrm{Ric}_g(\partial S,\partial S)|$ となるから Moser 反復法により $\|\partial(S^k)\|$ の評価を得る．これから $\|\partial S\|$ の評価を得るには次のように議論すればよい．もし $S(x)=0$ だと $\|\partial(S^k)\|(x)$ の評価から $\|S\|(x)$ の評価が得られない．そこで，x で大

*58 x で消えないピークセクション $S_0 \in H^0(M,L^{\otimes})$ を延長してできる L^2 正規直交基底 $\{S_0,S_1,\ldots,S_N\}$ から作られる小平写像 $[S_1/S_0 : \cdots : S_N/S_0]$ により Fubini–Study 計量を引き戻して得られる Bergman 計量 $\widetilde{\omega}$ を考える．このとき，partial-C^0-評価 $e^{\mathbf{b}} \geq C_0$ と単位正則切断の勾配評価 $|\nabla S| \leq C_1$ があれば Bergman 計量 $\widetilde{\omega}_0$ を flow 計量 ω_0 で上から押さえる式 $\widetilde{\omega}_0 \leq \frac{C_1^2}{C_0}\omega_0$ が成り立つ．逆向きの不等式はどうかという問題を命題 5.100 で考える．

きさ 1 の正則切断 S' で $\partial S(x)=0$ となるものをとる．S を $S+S'$ にとりかえて勾配評価すると $\|\partial(S+S')^k\|$ の評価を得る．これから $\|\partial S\|\le C_1$ の形の勾配評価を得る．（理由終わり）

Bergman 関数 $\mathbf{b}(x)$ は $e^{\mathbf{b}(x)}=\max\{\|S\|(x)\,|\,\|S\|_{L^2}=1\}$ により定義されるから，

$$\varepsilon:=\frac{e^{-c_0}}{4C_1}$$

とおけば，各 x に対して

$$\|S\|(z)\ge\frac{1}{2}e^{-c_0}\quad(\forall z\in B(x,2\varepsilon))$$

となる正則切断 S が在る．このような S を固定して

$$\Omega=\left\{z\,\middle|\,\|S\|_0(z)\ge\frac{1}{2}e^{-c_0}\right\},\ \widetilde{\Omega}=\left\{z\,\middle|\,\|S\|_1(z)\ge\frac{1}{4}e^{-c_0-A}\right\}$$

と定義すると $B(x,2\varepsilon)\subset\Omega$ であり，体積要素の時間発展方程式と勾配評価より $\Omega\subset\widetilde{\Omega}$ である．S は $t=0$ における単位 L^2 ノルムをもつ．$t=1$ における S の L^2 ノルムがどのくらい大きくなれるかを考える．体積要素の変化は発展方程式から高々 e^A 倍である．ノルムの 2 乗の変化を調べるため，L の Hermite 計量を h_t と書く．h_t は $\mathrm{Ric}\,h_t=\omega_t$ となることだけが $\mathcal{K}(n,A)$ の元の偏極直線束の Hermite 計量が満たすべき条件である．すなわち

$$\frac{\sqrt{-1}}{2\pi}\partial\bar\partial\log h_t=\omega_t\ \Rightarrow\ \frac{\sqrt{-1}}{2\pi}\partial\bar\partial\left(\frac{\partial}{\partial t}(\log h_t)\right)=-\mathrm{Ric}_\omega+\lambda\omega_t=\frac{\sqrt{-1}}{2\pi}\partial\bar\partial\dot\phi_t=\frac{\sqrt{-1}}{2\pi}\partial\bar\partial u$$

である．よって $\log h_t$ の時間変化を正規化された Ricci ポテンシャル $u(t)$ の時間変化に等しくとることができる．定理 5.14 により u は有界だから u が満たすべき正規化条件により u の振動と $\|u\|_{C^0}$ は同値である．すると $\sqrt{-1}\partial\bar\partial\log\frac{h_1}{h_0}=\sqrt{-1}\partial\bar\partial(u_1-u_0)$ である．したがって L のノルムの変化は正規化された Ricci ポテンシャル u の変化を e の肩に乗せたものである．よって $\mathcal{K}(n,A)$ の定義により，$\frac{h_1}{h_0}$ も高々 e^A である．$t=1$ における S の L^2 ノルムがどのくらい小さくなれるかも同様で，両方とも高々 e^{-A} である．したがって $t=1$ における S の L^2 ノルムは区間 $[e^{-2A},e^{2A}]$ のどこかに在る．よって

$$e^{2A}\ge\int_M\|S\|_1^2dV_1>\mathrm{Vol}(\widetilde{\Omega})\frac{1}{16}e^{-2c_0-2A}$$

であり，したがって

$$\mathrm{Vol}_1(\widetilde{\Omega})<16e^{2c_0+4A}$$

である．

次に，補題 5.88 と同じ議論で $\widetilde{\Omega}$ の $g(1)$ に関する直径を評価する．$\widetilde{\Omega}$ の N 個の $B(x_i, 2\varepsilon)$ による被覆で，$B(x_i, \varepsilon)$ は $\widetilde{\Omega}$ に含まれていて互いに交わらないものをとる．このとき $\kappa = \kappa(n, A)$ が在って $\mathrm{Vol}(B(x_i, \varepsilon)) \geq \kappa\omega_{2n}\varepsilon^{2n}$ と仮定してよい．よって補題 5.88 の 3 条件が満たされた．計量 $g(1)$ に関して

$$N\kappa\omega_{2n}\varepsilon^{2n} \leq \sum_{i=1}^{N} \mathrm{Vol}(B(x_i, \varepsilon)) \leq \mathrm{Vol}(\widetilde{\Omega}) < 16e^{2c_0+4A} \ \Rightarrow\ N < \frac{16e^{2c_0+4A}}{\kappa\omega_{2n}\varepsilon^{2n}}$$

である．よって計量 $g(1)$ に関して

$$\begin{aligned}\operatorname{diam} B_{g(0)}(x, \varepsilon) \leq \operatorname{diam}\Omega \leq \operatorname{diam}\widetilde{\Omega} \leq 4N\varepsilon &< \frac{16e^{2c_0+4A}}{\kappa\omega_{2n}\varepsilon^{2n-1}} \\ &= \frac{4^{2n+2}e^{(2n+3)c_0+4A}C_1^{2n-1}}{\kappa\omega_{2n}}\end{aligned}$$

である．そこで

$$\varepsilon_0 := \min\left\{\frac{e^{-c_0}}{4C_1}, \frac{\kappa\omega_{2n}}{4^{2n+2}e^{(2n+3)c_0+4A}C_1^{2n-1}}\right\}$$

とおくと

$$\operatorname{diam}_{g(1)} B_{g(0)}(x, \varepsilon_0) < \varepsilon_0^{-1}$$

である．□

補題 5.90 ([18, Lemma 5.22]) 任意の小さい $r > 0$ に対し，次の性質を満たす $\delta > 0$ が在る：$\mathcal{LM} \in \mathcal{K}(n, A)$ とし，$M \times [-1, 1]$ 上で $|R| + |\lambda| < \delta$ が成り立つとする．このとき，任意の $t_1, t_2 \in [-1, 1]$ に対し

$$B_{g(t_1)}(x, \varepsilon_0 r) \subset B_{g(t_2)}(x, \varepsilon_0^{-1} r)$$

が成り立つ．ここで ε_0 は補題 5.89 と同じである．

(証明概略) $t_1 = 0$，$t_2 = 1$ としてよい．時間方向を r^{-2} 倍，空間方向を r^{-1} 倍することにより，示すべきことは

$$B_{g(0)}(x, \varepsilon_0) \subset B_{g(r^{-2})}(x, \varepsilon_0^{-1})$$

となる．以下，背理法．ある $r_0 > 0$ に対し点列 $x_i \in M$ で

$$B_{g(0)}(x_i, \varepsilon_0) \not\subset B_{g(r_0^{-2})}(x_i, \varepsilon_0^{-1})$$

を満たし $i\to\infty$ のとき C^0 ノルムで $|R|+|\lambda|\to 0$ となるものがとれる．$|R|+|\lambda|\to 0$ だから部分列をとって

$$(M_i,x_i,g_i(0))\xrightarrow{\hat{C}^\infty}(\overline{M},\overline{x},\overline{g})$$

とできる．非特異点 $\overline{z}\in\overline{M}$ を $\overline{x}$ の近くにとる．$z_i\in M_i$ を $z_i\to z$ となるようにとる．これは各時間スライスに拡張する：

$$(M_i,z_i,g_i(t))\xrightarrow{\hat{C}^\infty}(\overline{M},\overline{x},\overline{g})\quad \forall t\in[0,r_0^{-2}]\ .$$

右辺の flow は非特異点では時間静的である．ここで x_i は特異点かも知れない $\overline{x}$ に収束する．$\overline{x}$ は時間とともに動いているかも知れない．正規化された Ricci ポテンシャル u は $\overline{M}$ の正則部分上の極限多重調和関数に収束すると仮定してよい．偏極直線束の Hermite 計量の時間変化 h_1/h_0 は正規化された Ricci ポテンシャル u_t の時間変化量を e の肩に乗せたものである．$i\to\infty$ のとき $|R|+|\lambda|\to 0$ だから極限では Ricci ポテンシャル u は定数関数である．しかし u は正規化条件を満たすから極限関数は $M\times[0,r_0^{-2}]$ において恒等的に 0 である．よって偏極直線束の極限 $\overline{L}$ において極限 Hermite 計量 $\overline{h}$ は時間静的である．したがって固定された正則切断 S のノルム関数 $\|S\|^2$ の決まったレベルのレベル面は時間静的である．S_i を $t=0$ での計量に関して x_i でピークを持つ L_i のピークセクションとする．補題 5.89 の ε_0 のとりかたにより，$B(x_i,\varepsilon)$ 上において $\|S_i\|^2\geq\frac{1}{2}e^{-c_0}$ である，すなわち

$$B(x,\varepsilon_0)\subset\Omega_{i,t}:=\left\{z\ \middle|\ \|S_i\|_t(z)\geq\frac{1}{2}e^{-c_0}\right\}$$

である．補題 5.90 の設定では補題 5.88 の仮定は満たされるから，補題 5.88 により各 $\Omega_{i,t}$ の直径は上下から一様に評価される．そこで $\overline{\Omega}$ を $\Omega_{i,0}$ の極限とすると，各 t に対しても $\Omega_{i,t}$ の極限になっている．このとき $\overline{z}\in\overline{\Omega}$ としてよい．$\overline{y}$ を y_i の極限点で，y_i は $B_{g_i(0)}(x,\varepsilon_0)$ の点で，時刻 t_i が $B(x_i,\varepsilon_0^{-1})$ から逃げ出す瞬間になっているとする．このとき $\lim_{i\to\infty}t_i=\overline{t}$ と仮定してよい．よって

$$\overline{y}\in B_{\overline{g}(0)}(\overline{x},\varepsilon_0)\ ,\ d_{\overline{g}(\overline{t})}(\overline{y},\overline{x}(\overline{t}))=\varepsilon_0^{-1}$$

である．$i\to\infty$ のとき体積要素と偏極直線束の Hermite 計量はほとんど時間静的だから y_i は $\Omega_{i,t}$ から出ることはない．よって $\overline{y}\in\overline{\Omega}$ である．同様に $\overline{x}(t)\in\overline{\Omega}$ である．これは

$$d_{\overline{g}(\overline{t})}(\overline{y},\overline{x}(t))\leq\operatorname{diam}_{\overline{g}(\overline{t})}\overline{\Omega}$$

を意味する．補題 5.89 の議論（$\operatorname{diam}\widetilde{\Omega}$ の直径評価）を極限偏極空間 $(\overline{M},\overline{L})$ に適用する*59と，ε_0 を補題 5.89 のようにとれば $\overline{\Omega}$ の $\overline{g}(\overline{t})$ に関する直径評価

*59 特異部分の余次元が十分高いことと S_i の勾配評価があることにより，適用できる．

$$\operatorname{diam}_{\overline{g}(\overline{t})} \overline{\Omega} \leq \rho(n, \kappa, c_0, C_1) < \varepsilon_0^{-1}$$

を得る．とくに $d_{\overline{g}(\overline{t})}(\overline{y}, \overline{x}(t)) < \varepsilon_0^{-1}$ である．これは $d_{\overline{g}(\overline{t})}(\overline{y}, \overline{x}(\overline{t})) = \varepsilon_0^{-1}$ であったことに矛盾する． □

補題 5.90（と定理 5.80）から，系 5.67 は次のように強められる．すなわち極限 flow $(\overline{M}, \overline{x}, \overline{g})$ は正則部分だけでなく特異部分も含めた全体で時間静的である：

命題 5.91（[18, Proposition 5.23]） $\mathcal{LM}_i \in \mathcal{K}(n, A)$ が条件

$$\lim_{i \to \infty} \sup_{\mathcal{M}_i}(|R| + |\lambda|) = 0$$

を満たすとする．このとき $\overline{T} = \lim_{i \to \infty} T_i$ とすると任意の $x_i \in M_i$ に対し

$$(M_i, x_i, g_i(t)) \xrightarrow{\hat{C}^\infty} (\overline{M}, \overline{x}, \overline{g}) \quad \forall t \in (-\overline{T}, \overline{T})$$

が成り立つ．したがって（等長ではない）恒等写像 id : $(M_i, x_i, g_i(0)) \to (M_i, x_i, g_i(t))$ は極限（等長）恒等写像 id : $(\overline{M}, \overline{x}, \overline{g}) \to (\overline{M}, \overline{x}, \overline{g})$ に $\hat{C}^\infty$ 収束する．

命題 5.91 により，定理 5.71 は flow 版（bubble の時空構造）に強められる．

定理 5.92（[18, Theorem 5.24]） $\mathcal{LM}_i \in \mathcal{K}(n, A)$ が条件

$$\lim_{n \to \infty} \left\{ \frac{1}{T_i} + \frac{1}{\operatorname{Vol}(M_i)} + \sup_{\mathcal{M}_i}(|R| + |\lambda|) \right\} = 0$$

を満たすとし，$x_i \in M_i$ とする．このとき $\overline{T} = \lim_{i \to \infty} T_i$ とすると

$$(M_i, x_i, g_i(t)) \xrightarrow{\hat{C}^\infty} (\overline{M}, \overline{x}, \overline{g}) \quad \forall t \in (-\overline{T}, \overline{T})$$

であり $(\overline{M}, \overline{x}, \overline{g}) \in \mathcal{KS}(n, \kappa)$ である．したがって $\mathcal{LM}_i \in \mathcal{K}(n, A)$ は時間静的な Ricci flow 時空に Cheeger–Gromov 収束する．

補題 5.93（[18, Theorem 5.25]） 任意の小さい $\varepsilon > 0$ に対し $\delta = \delta(n, A, \varepsilon)$ で次の性質を持つものが在る：$\mathcal{LM} \in \mathcal{K}(n, A)$，$x, y \in M$，$\operatorname{dist}_{g(0)}(x, y) < 1$ が与えられたとする．このとき距離関数の一様連続性

$$|d_{g(t)}(x, y) - d_{g(0)}(x, y)| < \varepsilon \quad \forall t \in (-\delta, \delta)$$

が成り立つ．

(証明概略) 背理法．ある $\overline{\varepsilon} > 0$ と $|t_i| \to 0$ を満たす時間列 $\{t_i\}$ と定理の結論に反する $\mathcal{K}(n, A)$ の列をとる．各 x_i の近傍 $B_{g(0)}(x_i, \frac{\varepsilon_0^2 \overline{\varepsilon}}{10})$ 内に点 x_i' であって $t = 0$ で一

様正則性を満たすものをとる．ここで ε_0 は補題 5.89 のとおりである．定理 5.83 (2) により時刻 t_i においても x' において一様正則性が成り立っているとしてよい．同様に y_i の近傍に y'_i をとる．すると補題 5.89 により

$$d_{g_i(0)}(x'_i, y'_i) - \frac{\varepsilon_0^2\overline{\varepsilon}}{5} \le d_{g_i(0)}(x_i, y_i) \le d_{g_i(0)}(x'_i, y'_i) + \frac{\varepsilon_0^2\overline{\varepsilon}}{5}$$
$$- d_{g_i(t_i)}(x'_i, y'_i) - \frac{\overline{\varepsilon}}{5} \le -d_{g_i(t_i)}(x_i, y_i) \le -d_{g_i(t_i)}(x'_i, y'_i) + \frac{\overline{\varepsilon}}{5}$$

である．命題 5.72 (2) より正則部分 $\mathcal{R}$ の任意の 2 点 x, y は $\mathcal{R}$ 内の曲線 γ で長さ $< (1+\varepsilon)d(x,y)$ のもので結べる（$\varepsilon > 0$ は任意にとれる）から

$$\lim_{i\to\infty} d_{g_i(t_i)}(x'_i, y'_i) = \lim_{i\to\infty} d_{g_i(0)}(x'_i, y'_i)$$

が成り立つ．よって

$$-\frac{(1+\varepsilon_0^2)}{5}\overline{\varepsilon} \le \lim_{i\to\infty}\{d_{g_i(t_i)}(x_i, y_i) - d_{g_i(0)}(x_i, y_i)\} \le \frac{(1+\varepsilon_0)^2}{5}\overline{\varepsilon}$$

となるが，$\frac{(1+\varepsilon_0^2)}{4}\overline{\varepsilon} < \overline{\varepsilon}$ だからこれは背理法の仮定に矛盾する． □

5.8.4 曲率が大きい領域の体積評価

$\mathcal{LM}_i \in \mathcal{K}(n,A)$ を偏極 Kähler–Ricci flow とし $(\overline{M}, \overline{x}, \overline{g})$ を $(M_i, x_i, g_i(0))$ の極限空間とする．定理 5.80 と定理 5.69 より $\overline{M}$ の各接空間は既約な計量錐である．そこで $\overline{y} \in \overline{M}$ における $\overline{M}$ の接錐を $\hat{Y}$ とする．接錐の定義から，$r_i \to 0$ となる数列があって，$\widetilde{g}_i(t) = r_i^{-2} g_i(r_i^2 t)$ とおき，必要なら部分列をとると Cheeger–Gromov 収束

$$(M_i, y_i, \widetilde{g}_i(0)) \xrightarrow{\hat{C}^\infty} (\hat{Y}, \hat{y}, \hat{g})$$

を得る．$\widetilde{\mathcal{KS}}(n,\kappa)$ はコンパクトだから $(\hat{Y}, \hat{y}, \hat{g}) \in \widetilde{\mathcal{KS}}(n,\kappa)$ である．定理 5.34 (2) により直線を含まない計量錐 $C(Z)$ が在って $\hat{Y}$ は Kähler 錐の正則等長の意味で

$$\hat{Y} = C(Z) \times \mathbb{C}^{n-k}$$

と表される．次の命題で示されるように，$\mathcal{K}(n,A)$ に属する偏極 Kähler–Ricci flow の時間スライスの極限空間の接錐で可能な k は，実は 0 と 2 だけである．

命題 5.94 ([18, Proposition 5.27]) $\mathcal{LM}_i \in \mathcal{K}(n,A)$ とし $x_i \in M_i$ とする．$(M_i, x_i, g_i(0))$ の極限空間を $(\overline{M}, \overline{x}, \overline{g})$ とする．$\hat{Y}$ を $\overline{M}$ の接空間とする．このとき $k = 0$ または $k = 2$ すなわち

$$\hat{Y} = \mathbb{C}^n \quad \text{または} \quad C(Z^3) \times \mathbb{C}^{n-2}$$

である．

(証明概略) [13] にならって半径 r の距離球 B に溜まっている曲率の "エネルギー" を

$$r^{2-n}\int_B |\mathrm{Rm}|^2 dV$$

で定義する．曲率のエネルギーは計量のスケーリング $g \mapsto \lambda g$ に対し r^{n-2} と同じように反応する．したがって B が計量錐の頂点を中心とする距離球ならば $r^{2-n}\int_B |\mathrm{Rm}|^2 dV$ と r^{n-2} の比は r によらない定数である．後出の命題 5.95 で正確に示す*60が，ある定数 $C = C(n, A)$ が在って $\mathcal{K}(n, A)$ に属する任意の空間において曲率 $|\mathrm{Rm}| > r^{-2}$ となる領域は $\mathcal{D}_{cr}$ を含み $\mathcal{D}_{c^{-1}r}$ に含まれる．したがって曲率のエネルギーにおいて $|\mathrm{Rm}|$ のかわりに $\mathbf{vr}^{-2}$ をとってもよい．すると密度評価（定理 5.84）*61が使えて

$$\begin{aligned}
r^{2-n}\int_B |\mathrm{Rm}|^2 dV &\le r^{2-n}\left(\int_B |\mathrm{Rm}|^{p_0}\right)^{\frac{2}{p_0}} \mathrm{Vol}(B)^{1-\frac{2}{p_0}} \quad [\text{Hölder}]\\
&= O\left(r^{2-n}\left(\int_B \mathbf{vr}^{-2p_0}\right)^{\frac{2}{p_0}} \mathrm{Vol}(B)^{1-\frac{2}{p_0}}\right)\\
&= O\left(r^{2-n}(r^{2n-2p_0})^{\frac{2}{p_0}}(r^{2n})^{1-\frac{2}{p_0}}\right) \quad [\text{密度評価}]\\
&= O(r^{n-2})
\end{aligned}$$

となる．ここで p_0 は 2 よりわずかに小さい定数である．B は計量錐の頂点を中心とする距離球だから関数

$$r \mapsto r^{2-n}\int_B |\mathrm{Rm}|^2 dV$$

は半径 r だけに依存する関数である．それが関数 r^{n-2} の定数倍に一致しなければならない．ここで B が十分小さければ $|\mathrm{Rm}|$ はほとんど定数だから，上の評価において Hölder の不等式は等号で近似できる．そこで $|\mathrm{Rm}|$ を定数 $|\mathrm{Rm}| = c$ とすると十分小さい B 上の積分は近似的に

$$r^{2-n}\int_B |\mathrm{Rm}|^2 dV = c^2 \cdot r^{n+2}$$

である．これが r^{n-2} の定数倍になるためには $c = 0$ でなければならない．これが任意の小さい B で起きている．したがって $C(Z)$ は平坦な Kähler 錐 $\mathbb{C}^k/\Gamma$（Γ は $U(n)$ の有限部分群）でなければならない．しかし，これが非特異な空間列の

*60 命題 5.95 の証明に命題 5.94 を使うことはない．

*61 定義 5.48 の 3 番目の性質でもある．

Cheeger–Gromov 極限に現れると，商特異点 $\mathbb{C}^k/\Gamma$ $(k \geq 3)$ の剛性 ([34]) に矛盾する． □

もし $\overline{M}$ の接空間に現れる $\hat{Y} = C(Z) \times \mathbb{C}^{n-2}$ において Z に特異点があったとすると，$Z_{\text{sing}} \times \mathbb{C}^{n-2}$ は $\hat{Y}$ の特異点集合である．これは $\overline{M}$ の特異部分が複素次元 ≥ 3 の成分を持つことになり，命題 5.94 のブローアップの議論により再び 3 次元以上の高次元商特異点の剛性に矛盾する．したがって，$\overline{M}$ の接空間に現れる $\hat{Y} = C(Z) \times \mathbb{C}^{n-2}$ において Z は非特異である．結局 $C(Z)$ は $\mathbb{C}^*$ 作用をもつ対数末端特異点だから，有限群 G と $\mathbb{P}^1$ 上の G-不変な負の直線束 L があって，$C(Z)$ は $L/\{0$ 切断$\}$ の G による商空間である ([33])．

命題 5.94 によると，2 次錐特異点 $(z^1)^2 + \cdots + (z^{n+1})^2 = 0$ のうち $n = 2$ の場合だけが $\mathcal{K}(n,A)$ の時刻 $t = 0$ スライスの極限空間の特異点として現れ，$n \geq 3$ の 2 次錐特異点は現れない．この現象が成り立つ理由を，$\mathcal{K}(n,A)$ の条件のどれが不成立のためなのか，調べてみよう．

(i) まず，Sobolev 定数の一様評価が破綻していないかをチェックする．命題 5.94 の証明は粗い長時間擬局所性の定理 5.55 にもとづいていて，定理 5.55 の証明には Sobolev 定数の一様な評価が本質的に使われている[*62]．実際，本項の開始部で

$$(M_i, y_i, \widetilde{g}_i(0)) \stackrel{\hat{C}^\infty}{\to} (\hat{Y}, \hat{y}, \hat{g})$$

というブローアップ極限の設定を固定したが，極限空間 $(\hat{Y}, \hat{y}, \hat{g})$ が $\widetilde{\mathcal{KS}}(n,K)$ に入るという大事なところで，定理 5.55 が効いている．2 次錐特異点は $(z^1)^2 + \cdots + (z^{n+1})^2 = \varepsilon$ $(\varepsilon > 0)$ という変形によって解消される．したがって，極小部分多様体の等周不等式により $\varepsilon \to 0$ のとき誘導計量の Sobolev 定数の一様な評価が成り立っている．だから Sobolev 定数の一様評価が障害になって 2 次錐特異点が現れないのではない．

(ii) 次に，Ricci ポテンシャルの一様評価が破綻していないかをチェックする．定理 5.55 の証明には Bergman 関数の一様評価が本質的に使われている．また，補題 5.88 において $\mathcal{K}(n,A)$ の $t = 0$ スライスとして現れる空間列の距離構造の安定性が Bergman 関数 $\mathbf{b}$ の一様有界性のもとで示されている．一方，命題 5.60 において，Bergman 関数 $\mathbf{b}$ の下からの一様な評価が Ricci ポテンシャルの一様評価のもとで示されている．したがって，$\mathcal{K}(n,A)$ の $t = 0$ スライスとして現れる空間列の Gromov–Hausdorff 収束を，Ricci ポテンシャルが一様評価をもつという仮定のもとで論じられる．2 次超曲面

---

*62 定理 5.55 の証明概略の主張 3 を見よ．

$$f_\varepsilon(z) := (z^1)^2 + \cdots + (z^{n+1})^2 = \varepsilon \quad (\varepsilon > 0)$$

には Calabi–Yau 構造が入ること，$\varepsilon \to 0$ としたときの Gromov–Hausdorff 極限として Calabi–Yau 錐が現れるという事実をもとに，Ricci ポテンシャルの一様有界性が破綻しているのかどうかをチェックしよう．2次超曲面の Calabi–Yau 構造は次のように表される．まず2次超曲面の正則 n 形式 η は Poincaré residue 公式（たとえば [24]）により

$$\eta = \sum_{i=1}^{n+1} (-1)^{i-1} z^i dz^1 \wedge \cdots \wedge \widehat{dz^i} \wedge \cdots \wedge dz^{n+1}$$

で与えられる．2次超曲面を S^n の複素化と考えると $\mathrm{SO}(n+1)$ 対称性により余等質次元1である．そこで

$$\sinh x = \left(\frac{\|z\|^2 - \varepsilon}{2\varepsilon} \right)^{\frac{1}{2}}$$

とおくと x は2次超曲面 $(z^1)^2 + \cdots + (z^{n+1})^2 = \varepsilon$ 上の $\mathrm{SO}(n+1)$ 不変関数である．Ricci-flat Kähler ポテンシャルを $g(x)$ の形で求めるには常微分方程式

$$(g'(x))^{n-1} g''(x) = (\sinh 2x)^{n-1}$$

を解けばよい．解は

$$g'(x) = \left(\int_0^x n(\sinh 2t)^{n-1} dt \right)^{\frac{1}{n}}$$

で与えられる．偏極 Kähler–Ricci flow の $t = 0$ スライスの極限をとることは，$\varepsilon \to 0$ のとき計量

$$\varepsilon \cdot \sqrt{-1}\partial\bar{\partial} g(x)$$

において $\varepsilon \to 0$ という極限を考えることである（球面 $\|z\| = \varepsilon$ に誘導される計量が半径 $O(\sqrt{\varepsilon})$ でなければならないから）．この設定で $\varepsilon \to 0$ としたときの Ricci ポテンシャルの振動量（oscillation）を調べると，$n = 2$ のときだけ一様に有界で，$n \geq 3$ では $\varepsilon \to 0$ とすると際限なく大きくなってしまうことがわかる．したがって2次錐が命題 5.94 に現れない理由は Ricci ポテンシャルの一様評価が破綻しているからであることがわかった．

命題 5.95（[18, Proposition 5.28]） $\hat{Y} = C(Z) \times \mathbb{C}^{n-k} \in \widetilde{\mathcal{KS}}(n, \kappa)$ とする．このとき次の性質を持つ小さい定数 $\varepsilon = \varepsilon(n, A, \hat{Y})$ が在る：$\mathcal{ML} \in \mathcal{K}(m, A)$，$x \in M$ に対し

$$d_{\mathrm{GH}}((M, x.g(0)), (\hat{Y}, \hat{y}, \hat{g})) < \varepsilon$$

ならば，正則写像

$$\Psi = (u_{k+1}, u_{k+2}, \ldots, u_n) \,:\, B(x, 10) \to \mathbb{C}^{n-k}$$

であって次の性質を満たすものが在る：

$$|\nabla\Psi| \le C(n, A) \,,$$
$$\sum_{k+1 \le i,j \le n} \int_{B(x,10)} |\delta_{ij} - \langle \nabla u_i, \nabla u_j \rangle| dV \le \eta(n, A, \varepsilon) \,,$$

ここで $C(n,A)$ は n, A だけによる定数であり，η は $\lim_{\varepsilon\to 0} \eta = 0$ となる小さい数である．

(証明概略) Hörmander の方法を使って所要の正則写像を作る．$\hat{Y}$ 上の自明束の定数切断 1 を偏極直線束 L を $B(x,10)$ に制限して得られる正則直線束上の至るところ 0 にならない切断に「引き戻す」．しかし問題がある．極限空間 $\hat{Y}$ 上の定数切断つき自明束を $B(x,10)$ 上に引き戻したいが，まず $B(x,10)$ から $\hat{Y}$ への正則写像がない．これに対しては極限空間への収束は Cheeger–Gromov 収束であることからほとんど等長写像が存在していることで解決する．しかし，C^∞ 写像 $\chi : B(x,10) \to \hat{Y}$ が構成できたとしても，引き戻して得られるデータ $(\chi^*(J), \chi^*(g), \chi^*(L), \chi^*(\nabla))$ が性質 (H) を持つかどうかわからない．とくに問題は性質 (H2) である[*63]．なぜなら，写像 χ で自明束 L_0 を引き戻して $L \otimes (\chi^*(L_0))^*$ に引き戻しデータを入れたものを考えると，確かにその曲率は小さいが，$U = \hat{Y}$ の 1 次元コホモロジーが邪魔をするため，接続自体が自明接続に近いとは言えないからである．しかしその困難は [21, Proposition 3.11] により，L の十分高い冪をとれば性質 (H) が満たされるという形で解決される．したがって Hörmander の方法により $B(x,10)$ 上の L の 0 にならない切断 S_0 を構成できて，$\hat{Y}$ 上の自明束の定数切断の引き戻しと思える．このとき $B(x,10)$ 上では L の任意の切断は $B(x,10)$ 上の正則関数 u を使って $S = uS_0$ と表される．分裂 $\hat{Y} = C(Z) \times \mathbb{C}^{n-k}$ から $\hat{Y}$ 上には $\mathbb{C}^{n-k}$ の正則座標関数 $\{z_{k+1}, \ldots, z_n\}$ が在る．これに Hörmander の方法を適用することにより L の正則切断 $\{S_j\}_{j=k+1}^n$ を作る．所要の正則写像は

$$u_j = \frac{S_j}{S_0} \quad (j = k+1, \ldots, n)$$

を並べて

*63 5.7.2 項の命題 5.62 を見よ．

$$\Psi(y) = (u_{k+1}, \dots, u_n)$$

と定義すればよい．$|\nabla S_i|$ の評価が在ることは 5.8.2 項で示したとおりである．また，$\langle \nabla u_i, \nabla u_j \rangle$ は特異点の外側では各点ごとに δ_{ij} を近似するから，所要の積分の評価式を得る． □

定理 5.96 (**ε-正則性** [18, Theorem 5.29]) 次の ε-正則性が成り立つ．次の性質を持つ小さい定数 $\varepsilon = \varepsilon(n, A)$ が存在する：$\mathcal{LM} \in \mathcal{K}(n, A)$，$x \in M$，$0 < r \leq 1$ とする．このとき計量 $g(0)$ に関して

$$r^{4-2n} \int_{B(x,r)} |\mathrm{Rm}|^2 dV \leq \varepsilon$$

ならば

$$\sup_{B(x,\frac{1}{2}r)} |\mathrm{Rm}| \leq r^{-2}$$

が成り立つ．

(証明概略) $r = 1$ と仮定してよい．もし主張が成り立たないと仮定すると，点列 $x_i \in M_i$ であって計量 $g(0)$ に関して

$$\int_{B(x_i,1)} |\mathrm{Rm}|^2 dV \to 0 \ , \quad \sup_{B(x_i,\frac{1}{2})} |\mathrm{Rm}| \geq 1$$

となるものが在る．曲率が有限な場所では C^∞ 収束するから，曲率が $B(x_i, \frac{1}{2})$ より少し大きいところで有限であるはずはない．もし有限だったら極限計量の曲率積分が 0 となり極限計量はそこで平坦になり評価 $\sup_{B(x_i \frac{1}{2})} |\mathrm{Rm}| \geq 1$ に矛盾するからである．したがって

$$\int_{B(x_i,1)} |\mathrm{Rm}|^2 dV \to 0 \ , \quad \sup_{B(x_i,\frac{3}{4})} |\mathrm{Rm}| \to \infty$$

でなければならない．$(\overline{M}, \overline{x}, \overline{g})$ を $(M_i, x_i, g_i(0))$ の極限空間とすると，距離球 $B(\overline{x}, \frac{3}{4})$ は少なくとも一つ特異点 $\overline{y}$ を含む．したがって，はじめから $\overline{y} = \overline{x}$ としてよい．すると $B(\overline{x}, \frac{1}{4})$ は特異点以外では平坦であり，それは特異点の外側における幾何収束の結果である（曲率積分が 0 だから）．よって $\overline{x}$ における $\overline{M}$ の任意の接錐 $\hat{Y}$ は平坦な計量錐である．Cheeger–Gromov 収束するブローアップ列

$$(M_i, x_i, \widetilde{g}_i(0)) \xrightarrow{\hat{C}^\infty} (\hat{Y}, \hat{x}, \hat{g})$$

が在る．ここで $\widetilde{g}_i(t) = r_i^{-2} g_i(r_i^2 t)$, $r_i \to 0$ である．命題 5.94 により，$\mathbb{C}^2$ の非自明な等長変換からなる有限群 Γ が在って

$$\hat{Y} = (\mathbb{C}^2/\Gamma) \times \mathbb{C}^{n-2}$$

である．十分大きい i に対し $(M_i, x_i, \widetilde{g}_i(0)) = (M, x, \widetilde{g})$ とおいて，命題 5.95 の正則写像

$$\Psi : B(x, 10) \to \mathbb{C}^{n-2}$$

をとる．一般の $z = (z_3, z_4, \ldots, z_n)$, $|z| < 1/10$ に対し $\Psi^{-1}(z) \cap B(x,5)$ は境界のある複素曲面 Ω で $\partial\Omega = \Psi^{-1}(\{z\}) \cap B(x,5) = (S^3/\Gamma) \times \{z\}$ と思ってよい．このとき命題 5.95 の勾配評価より $|\nabla\Psi|$ は上から評価されるから

$$\int_\Omega |\mathrm{Rm}|^2 dV_\Omega \to 0$$

でなければならない．とくに第 2 Chern 形式のノルムは $|\mathrm{Rm}|^2$ の定数倍で上から押さえられるから

$$\int_\Omega c_2 \to 0$$

である．3 次元多様体 $\partial\Omega$ の接束は自明だから Ω から直交枠束への切断が $\partial\Omega$ 上で構成できる．それを複素曲面 Ω の直交枠束に滑らかに拡張することは一般にできないが，Ω を単体分割して切断を拡張していくと，有限個の点 S の外側までは区分的滑らかな拡張 σ が定義できる．定義できない有限個の点 S に近づくと σ は S の点上のファイバーであるような 3 次元曲面 $\cup_{s\in S} F_s$（重複度込み）で近似される．したがって Stokes の定理により σ のグラフ上での c_2 の積分は $\int_{\partial\Omega} \hat{c}_2$ と $\sum_{s\in S} \int_{F_s} \hat{c}_2$ の差に等しい．すなわち

$$\int_\Omega c_2 = \int_\Omega \sigma^*(c_2) = \int_\Omega \sigma^*(d\hat{c}_2) = \int_{\partial\Omega} \hat{c}_2 - \sum_{s\in S} \int_{F_s} \hat{c}_2$$

である．一方，Kähler 曲面 Ω の c_2 を直交枠束に持ち上げると $d\hat{c}_2$ と表され，計量は特異点の外側で平坦計量に幾何収束するから，Chern の transgression 公式（[19, Appendix]）により，

$$\hat{c}_2(\partial\Omega) \to \frac{1}{|\Gamma|}\,,$$
$$\int_{F_s} \hat{c}_2 \in \mathbb{Z} \quad (\forall s \in S)$$

が成り立つ．$\int_\Omega c_2 \to 0$ だから，$\frac{1}{|\Gamma|}$ は整数をモジュロに考えると 0，したがって $|\Gamma| = 1$ でなければならない．しかし，これは Γ が非自明であることに矛盾する． □

小さい $r>0$ に対し，$\mathcal{Z}_r$ を $|\mathrm{Rm}|>r^{-m}$ となる点の r 近傍（巨大曲率近傍と言うべき領域）と定義する．一方，$\mathcal{D}_r$ は $\mathbf{cvr}\le r$ となる点の集合であった．これらはともに極限に行くと特異点集合の近傍になる．次の命題は，$\mathcal{Z}_r$ と $\mathcal{D}_r$ が実は同値であることを主張する．

命題 5.97 ([18, Proposition 5.30]) ある定数 $c=c(n,A)$ で次の性質をもつものが在る．$\mathcal{LM}\in\mathcal{K}(n,A)$，$0<r<\hbar$ とする．このとき

$$\mathcal{D}_{cr}\subset\mathcal{Z}_r\subset\mathcal{D}_{\frac{1}{c}r}$$

が成り立つ．

(証明概略) $\mathcal{D}_r$ は $\mathbf{cvr}\le r$ という性質で定義されるのであった．まず $\mathcal{D}_{cr}\subset\mathcal{Z}_r$ を背理法で示す．そのために $\mathbf{cr}$ が小さいのに曲率が大きくない，すなわち，正数列 $c_i\to 0$ と $\mathcal{K}(n,A)$ の flow の列であって，ある $r_i<\hbar$ に対して $\exists x_i\in\mathcal{D}_{c_ir_i}\cap\mathcal{Z}_{r_i}^c$ となるものが在るとする．計量をスケーリングして $\mathbf{cvr}(x_i)=1$ となるようにすると，背理法の仮定により，$\widetilde{\mathcal{KS}}(n,\kappa)$ における極限として $\mathbb{C}^n$ が現れる．すると定理 5.79（$\mathbf{cvr}$ 関数の連続性）により $\mathcal{M}_i^0$ の $\mathbf{cvr}$ は無限大に近づく．しかし，これは $\mathbf{cvr}(x_i)=1$ $(\forall i=1,2,\dots)$ に矛盾する．

次に $\mathcal{Z}_r\subset\mathcal{D}_{\frac{1}{c}r}$ を示す．もし $z\in\mathcal{Z}_r$ ならば $|\mathrm{Rm}|(y)\ge r^{-2}$ となる点 $y\in B(z,r)$ が在る．よって定義 5.48 の性質 2 により $\mathbf{cvr}(z)\le\frac{2}{c_a}r$，したがって $z\in\mathcal{D}_{\frac{2}{c_a}r}$ である． □

定理 5.98 ([18, Theorem 5.31, Corollary 5.32, Theorem 5.33])

(1) $\mathcal{LM}\in\mathcal{K}(n,A)$ とする．計量 $g(0)$ のもとで

$$\mathrm{Vol}(\mathcal{Z}_r)\le Cr^4$$

が成り立つ．ここで C は n, A, $\mathcal{K}(n,A)\ni\mathcal{LM}$ の $t=0$ スライス $(M,g(0))$ における $\int_M|\mathrm{Rm}|^2dV$ の上限にのみ依存する定数である．

(2) $\mathcal{LM}_i\in\mathcal{K}(n,A)$ とする．計量 $g_i(0)$ に対し一様に $\int_{\mathcal{M}_i^0}|\mathrm{Rm}|^2dV\le H$ と仮定する．$(\overline{M},\overline{x},\overline{g})$ を $(M_i,x_i,g_i(0))$ の点つき Gromov–Hausdorff 極限空間とする．このとき，定数 $C=C(n,A,H)$ で次の性質をもつものが在る．任意の小さい $r>0$ に対し

$$\mathrm{Vol}(\mathcal{S}_r)\le Cr^4$$

が成り立つ．ここで $\mathcal{S}_r$ は定理 5.53 の証明で導入された集合で，$\overline{y}\in\overline{M}$ であって $\mathbf{cvr}(x_i)\ge r$ である点 x_i の極限にならない $\overline{M}$ の点の集合である．とくに $\overline{M}$ の特異部分 $\mathcal{S}$ の Minkowski 次元に対して

$$\dim_{\mathcal{M}} \mathcal{S} \leq 2n-4$$

が成り立つ．

(3) $\mathcal{LM}_i \in \mathcal{K}(n,A)$ とする．計量 $g_i(0)$ に対し一様に

$$\mathrm{Vol}(\mathcal{M}_i^0) + \int_{M_i} |\mathrm{Rm}|^2 dV \leq H$$

が成り立つとする．このとき $(M_i, x_i, g_i(0))$ の点つき Gromov–Hausdorff 極限空間 $(\overline{M}, \overline{x}, \overline{g})$ は，十分高い冪 $k = k(n,A)$ をとれば $H^0(\mathcal{M}_i^0, L^k)$ の正規直交基底による小平埋め込みの極限として射影的正規多様体 Z として実現される．ここで $\overline{M}$ の非特異部分 $\mathcal{R}$ は Z の非特異部分 Z_{reg} に双正則に対応し，特異部分 Z_{sing} は対数末端特異点から成る．

(証明概略) (1) 命題 5.97 により $\mathrm{Vol}(\mathcal{D}_{cr}) \leq Cr^4$ を示せばよい．ε-正則性定理 5.96 と命題 5.97 より，もしある $r < \hbar$ に対し $r^{4-2n} \int_{B(x,r)} |\mathrm{Rm}|^2 dV < \varepsilon$ ならば $x \in \mathcal{F}_{cr}$ である．これの対偶をとれば，もし $x \in \mathcal{D}_{cr}(M, g(0))$ ならば

$$r^{4-2n} \int_{B(x,r)} |\mathrm{Rm}|^2 dV \geq \varepsilon$$

である．$\mathcal{D}_{cr}$ の有限被覆 $\cup_{i=1}^N B(x_i, 2r)$ であって，各 $x_i \in \mathcal{D}_{cr}$ であり $B(x_i, r)$ は互いに交わらないようなものをとる．すると

$$N\varepsilon r^{2n-4} \leq \sum_{i=1}^N \int_{B(x_i,r)} |\mathrm{Rm}|^2 dV \leq \int_M |\mathrm{Rm}|^2 dV \leq H \Longrightarrow N \leq \frac{H}{\varepsilon} r^{4-2n}$$

である．これより

$$\mathrm{Vol}(\mathcal{D}_{cr}(M, g(0))) \leq \sum_{i=1}^N \mathrm{Vol}(B(x_i, 2r)) \leq \frac{H}{\varepsilon} r^{4-2n} \kappa^{-1} \omega_{2n} (2r)^{2n} \leq Cr^4$$

を得る．

(2) これは (1) から直ちに導かれる．

(3) 条件と非局所崩壊性から $M_i(0)$ の直径は一様に有界である．したがって $\overline{M}$ はコンパクトである．定理 5.82（partial-C^0-評価）と 5.8.2 項の議論とくに定理 5.87 から $\overline{M}$ は特異点として高々対数末端特異点のみ許容する射影的正規多様体である．$\overline{M}$ の非特異部分 $\mathcal{R}$ が Z の非特異部分 Z_{reg} と双正則に対応することは 5.8.2 項の議論とくに補題 5.85 から従う．□

命題 5.60（partial-C^0-評価）の $k(n,A)$ が $\mathcal{K}(n,A)$ 上の一様な定数，すなわち (n,A) だけで決まることが背理法によりわかるのであった．したがって (n,A) だけ

に依存する $k(n,A)$ の上限を具体的に計算できるか，という問題がある．定理 5.98 と定義 5.48 を使うと，この問題に対して次のような計算ができる．$\mathcal{K}(n,A)$ に属する偏極 Kähler–Ricci flow の偏極 L を $(K^{-1})^{\otimes\lambda^{-1}}$ と表す．$\mathcal{LM}\in\mathcal{K}(n,A)$ とし (M,g) を $t=0$ スライスとする．$\varepsilon>0$ を固定し，(M,g) の離散部分集合 $\{x_i\}_{i=1}^N$ を，性質 $\mathrm{dist}_g(x_i,x_j)\geq\varepsilon$ $(\forall i\neq j=1,2,\ldots,N)$ を満たす極大なものにとり，値をとる写像 (evaluation map)

$$\mathrm{ev}: H^0(M,L^{\lambda k})\mapsto\oplus_{i=1}^N L_{x_i}^{\lambda k}$$

を考える．もし ev が単射でないとすると単位 L^2 ノルムの正則切断 $s\in H^0(M,L^{\lambda k})$ であって，すべての x_i で消えるものが在る．すると勾配評価 (5.35) から

$$\|s\|_{L^\infty}\leq 2\varepsilon C_1$$

となる．n 次元 Fano 多様体の変形型は有限である（とくに $c_1(M)^n$ は n だけによる定数 $C(n)$ で押さえられる）から，もし ε が十分小さいと $\|s\|_{L^2}$ が 1 より小さくなってしまい，矛盾に陥る．したがって $\varepsilon>0$ が十分小さければ ev は単射である．一方，各 x_i の $\frac{\varepsilon}{2}$ 近傍は互いに交わらないから体積評価

$$\kappa\omega_{2n}\left(\frac{\varepsilon}{2}\right)^{2n}N\leq V(k):=\frac{k^n c_1(M)^n}{n!}$$

が成り立つ．これより

$$N\leq\frac{2^{2n}}{\kappa\omega_{2n}}\left(\frac{1}{\varepsilon}\right)^{2n}V(k)$$

である．一方

$$1=\|s\|_{L^2}\leq 2\varepsilon C_1V^{\frac{1}{2}}(k)\Longrightarrow\frac{1}{\varepsilon}\leq 2C_1V^{\frac{1}{2}}(k)$$

である．よって

$$N\leq\frac{2^{4n}C_1^{2n}}{\kappa\omega_{2n}}V^{n+1}(k)$$

である．こうして

$$\dim H^0(M,L^{\lambda k})\leq\frac{2^{4n}C_1^{2n}}{\kappa\omega_{2n}}V^{n+1}(k)$$

が示された．

5.8.5 異なる時間スライスの $|\boldsymbol{R}|+|\boldsymbol{\lambda}|\to 0$ を仮定しない比較

$|R|+|\lambda|\to 0$ を仮定しないで $\mathcal{K}(n,A)$ の flow の異なる時間スライスを比較する．そのために Bergman 計量 $\widetilde{\omega}_t$ と flow 計量 ω_t を比較する．

命題 5.99 ([18, Lemma 5.25, Proposition 5.36]) (1) $\mathcal{LM}\in\mathcal{K}(n,A)$ とし，h_t, ω_t に関する L^2 計量を入れた正則切断の空間 $H^0(\mathcal{M}^t,L)$ の正規直交基底による小平写像で Fubini–Study 計量を引き戻したものを $\widetilde{\omega}_t$ と書く．このとき時間発展不等式

$$-2A\widetilde{\omega}_t\le\frac{d}{dt}\widetilde{\omega}_t\le 2A\widetilde{\omega}_t$$

が成り立つ．

(2) $\mathcal{LM}\in\mathcal{K}(n,A)$ に対し

$$e^{-2A|t|}\widetilde{\omega}_0\le\widetilde{\omega}_0\le e^{2A|t|}\widetilde{\omega}_0$$

の意味で Bergman 計量の同値性が成り立つ．

(証明概略) (2) は (1) から直ちに従う．(1) のみ証明する．$\{s_i\}_{i=0}^N$ を時刻 0 における正規直交基底，$\{\widetilde{s}_i\}_{i=0}^N$ を時刻 t における正規直交基底，二つの基底の間の変換を $\widetilde{s}_i=s_jG_{ji}$ とする．このとき，二つの基底に対応する小平写像 ι はそれぞれ $\widetilde{\omega}_0=\iota^*\omega_{\mathrm{FS}}$，$\widetilde{\omega}_t=\iota^*(G^*\omega_{\mathrm{FS}})$ である．したがって

$$\left.\frac{d}{dt}\widetilde{\omega}_t\right|_{t=0}=\iota^*\left(\left.\frac{d}{dt}G^*(\omega_{\mathrm{FS}})\right|_{t=0}\right)$$

である．行列 G_{ij} は

$$\delta_{ik}=G_{ij}\overline{G}_{kl}\int_M\langle s_j,s_l\rangle_{h_t}\frac{\omega_t^n}{n!}$$

を満たす．そこで時刻 0 において $B=\dot{G}$ と書くと

$$0=B_{ik}+\overline{B}_{ki}+\int_M(-\dot{\phi}+n\lambda-R)\langle s_i,s_k\rangle_{h_0}\frac{\omega_0^n}{n!}$$

である．ここで Ricci ポテンシャル $\dot{\phi}$ は L の Hermite 計量（の時間変化する部分）として（$\dot{\phi}$ が満たすべき発展方程式とは別建てに）たとえば $\sup_M\dot{\phi}=0$ となるように正規化している．よって任意の $v\in\mathbb{C}^{N+1}$ に対し

$$|v_i(B_{ij}+\overline{B}_{ji})\overline{v}_j|=\left|v_i\overline{v}_j\int_M(-\dot{\phi}+n\lambda-R)\langle s_i,s_j\rangle_{h_0}\frac{\omega_0^n}{n!}\right|\le A|v|^2$$

である．よって Hermite 行列 $B+B^*$ の固有値の絶対値は A で押さえられ，所要の発展不等式を得る． □

命題 5.100 ([18, Proposition 5.37, Corollary 5.38]) (1) 定数 $C:=C(n,A,r)$ で次の性質を持つものが在る：$\mathcal{LM}\in\mathcal{K}(n,A)$，$x\in\mathcal{F}_r(M,0)$ とする．このとき

$$\frac{1}{C}\omega_0(x)\le\omega_t(x)\le C\omega_0(x)\quad(\forall t\in[-1,1])$$

の意味で $[-1,1]$ における flow 計量の同値性が成り立つ．

(2) 定数 $\delta=\delta(n,A,r)$ で次の性質を持つものが在る：$\mathcal{LM}\in\mathcal{K}(n,A)$，$r>0$ とする．このとき

$$\mathcal{F}_r(M,0)\subset\bigcap_{-1\le t\le 1}\mathcal{F}_\delta(M,t)$$

の意味で $[-1,1]$ における曲率が大きくない（正則性評価が成り立つ）領域の同値性が成り立つ．

（証明概略） 両方向擬局所性定理 5.83 (2) と時空のスケーリングにより，はじめから $\omega_{-1}(x)$ と $\omega_1(x)$ を比較してよい．L の十分高い冪をとって Tian の定理 [39, Theorem A] を適用することにより，初めから $\omega_0(x)$ と $\widetilde{\omega}_0(x)$ は一様に同値としてよい．体積要素 ω_t^n の発展方程式から，$t\in[-1,1]$ において ω_t^n は ω^n に一様に同値である．命題 5.99 より命題 5.100 の証明は "flow 計量と Bergman 計量の比較不等式"

$$\Lambda_{\omega_1}\widetilde{\omega}_0\le C\ ,\ \Lambda_{\omega_0}\widetilde{\omega}_{-1}\le C$$

を示すことに帰着する．この二つの不等式は定理 5.55 の証明中の主張 2 の議論に現れたものである．そこでの議論を使って命題を証明する．まず，x のまわりに台を持つカットオフ関数 w_0 をとって熱方程式で時間発展させる．補題 5.89 により計量 $g(t)$ による $B_{g(0)}(x,r)$ の直径は上から一様に押さえられるから，定理 5.55 の証明中の主張 3 の仮定が満たされて $w(x,1)$ は一様に正の数により下から押さえられる（熱流による局所化の技法）．すると定理 5.55 の証明中の主張 2 の方法により

$$\Lambda_{\omega_1(x)}\widetilde{\omega}_0(x)=F(x,1)\le\frac{C}{w(x,1)}$$

となって第 1 の不等式を得る (放物的 Schwarz 補題の応用)．一方，補題 5.49 により，常に $y_0\in\mathcal{F}_{c_b\hbar}(M,-1)\cap B_{g(-1)}(x,\hbar)$ をとることができる．時刻 -1 において y_0 のまわりに台を持つカットオフ関数を時間発展させて得られる関数 w' は，$B_{g(0)}(y_0,\hbar)$ の直径の上からの評価（補題 5.89）によって定理 5.55 の証明中の主張 3 の仮定が満

たされて，$w'(x,0)$ は一様に下から正の数により押さえられる．すると定理 5.55 の証明中の主張 2 の方法により

$$\Lambda_{\omega_0(x)}\widetilde{\omega}_{-1}(x) = F(x,0) \leq \frac{C}{w'(x,0)}$$

となって第 2 の不等式を得る．

(2) (1) により命題 5.58 の仮定（距離球の包含関係）が満たされる．したがって (2) の証明は命題 5.58 の第 2 の結論（距離球の包含関係から正則性へ）の証明に帰着する． □

次の**長時間両方向擬局所性定理**により，偏極 Kähler–Ricci flow の Cheeger–Gromov 極限が定義される．

定理 5.101 ([18, Theorem 1.4]) $\mathcal{LM} \in \mathcal{K}(n,A)$ とする．$x_0 \in M$，$\Omega = B_{g(0)}(x_0, r)$，$\Omega' = B_{g(0)}(x_0, \frac{r}{2})$ とする．もし等周定数に対し $\mathbf{I}(\Omega) \geq (1-\delta_0)I(\mathbb{C}^n)$（ここで $\delta_0 = \delta_0(n)$ は式 (5.24) で定義された Anderson 定数）が成り立てば

$$|\nabla^k \mathrm{Rm}|(x,t) \leq C_k \ , \ \forall k \in \mathbb{Z}^{\geq 0} \ , \ \forall x \in \Omega' \ , \ \forall t \in [-1,1]$$

である．ここで C_k は n, A, r, k だけによる定数である．

（証明概略） 定理 5.83 (2)（両方向擬局所性定理）は $0 < r < 1$ で短い時間区間 $[-\xi^2 r^2, \xi^2 r^2]$ で成り立つ擬局所性であった．命題 5.100 (2) により，**cvr** で定義される正則性に対し $\mathcal{F}_r$（$\mathbf{cvr} \geq r$ となる点の集合）の両方向に向けて一様な長さの時間区間で同値性が成り立つことを意味している．したがって定理 5.83 (2) を繰り返し適用することによって，領域 $\mathcal{F}_r$ の同値性が成り立つような時空における直積型の領域では，短い時間区間 $[-\xi^2 r^2, \xi^2 r^2]$ を長時間 $[-1,1]$ に延長することができる． □

次の定理 5.102 は

偏極 Kähler–Ricci flow の空間 $\mathcal{K}(n,A)$ は弱コンパクト性を持つ

ことを主張する基本的定理で，Chen–Wang 理論 [18] の一つの到達点である．

定理 5.102 ([18, Theorem 5.40, Theorem 1.5]) $\mathcal{LM}_i \in \mathcal{K}(n,A)$，$x_i \in M_i$ とする．このとき偏極 Kähler–Ricci flow の Cheeger–Gromov 収束

$$(\mathcal{LM}_i, x_i) \xrightarrow{\hat{C}^\infty} (\overline{\mathcal{LM}}, \bar{x})$$

が成り立つ．ここで $\mathcal{LM}$ は高々対数末端特異点しかもたない正規解析空間 $\overline{M}$ 上の偏極 Kähler–Ricci flow であり，各 $\overline{g}(t)$ に対し，特異部分 $\mathcal{S}$ の Minkowski 余次元は高々 4 である．もし $\overline{M}$ がコンパクトなら $\overline{M}$ は射影的正規代数多様体である．

(証明概略) 定理 5.101 により極限の偏極 Kähler–Ricci flow $\overline{\mathcal{LM}}$ が well-defined である．$\mathcal{LM}_i \in \mathcal{K}(n, A)$，$x_i \in M_i$ とする．すると各 $t \in [-1, 1]$ に対し

$$(M_i, x_i, g_i(t)) \xrightarrow{\hat{C}^\infty} (\overline{M}(t), \overline{x}(t), \overline{g}(t))$$

である．$\overline{M} = \overline{M}(0)$ と $\overline{M}' = \overline{M}(1)$ がどう関連しているかを調べる．以下，$\mathrm{Vol}(M_i)$ は一様に有限と仮定する．このとき，局所非崩壊条件（Sobolev 定数の一様有界性）によりともにコンパクトである．定理 5.82（flow にそって一様な partial-C^0-評価がある）により，Bergman 関数 $\mathbf{b}$ は一様に下から押さえられている．このとき [21, Theorem 1.1] が成り立つから [21] の結果を使える．実際，一様 partial-C^0-評価から補題 5.85 が成り立つ．$\overline{M}$ がコンパクトという設定では有限個の距離球 $B(x, 1)$ による $\overline{M}$ の有限開被覆をとって各距離球ごとの小平写像を並べる（すなわち補題 5.85 を有限回使う）ことにより [21] の議論が使える．補題 5.85 (2) より時刻 0 において

$$\mathrm{Id}_0 : (\overline{M}, \overline{x}, \overline{g}) \to (\overline{M}, \overline{x}, \widetilde{\overline{g}})$$

は位相同型である．ここで $(\overline{M}, \overline{x}, \widetilde{\overline{g}})$ は $(M_i, x_i, \widetilde{g}_i(0))$ の Cheeger–Gromov 極限であり，$\widetilde{g}_i(0)$ は Bergman 計量である．同様に時刻 1 において

$$\mathrm{Id}_1 : (\overline{M}', \overline{x}', \overline{g}') \to (\overline{M}', \overline{x}', \widetilde{\overline{g}}')$$

は位相同型である．命題 5.99 (2)（Bergman 計量の同値性）より

$$\mathrm{Id}_{01} : (\overline{M}, \overline{x}, \overline{g}) \to (\overline{M}', \overline{x}', \widetilde{\overline{g}}')$$

は Lipschitz 同型である．これらを合成して得られる

$$\Psi := \mathrm{Id}_1^{-1} \circ \mathrm{Id}_{01} \circ \mathrm{Id}_0 : (\overline{M}, \overline{x}, \overline{g}) \to (\overline{M}', \overline{x}', \widetilde{\overline{g}}')$$

は位相同型である．補題 5.85 (3) により $\Psi|_{\mathcal{R}(\overline{M})} : \mathcal{R}(\overline{M}) \to \mathcal{R}(\overline{M}')$ は双正則同型であり，$\Psi|_{\mathcal{S}(\overline{M})} : \mathcal{S}(\overline{M}) \to \mathcal{S}(\overline{M}')$ は位相同型である．したがって variety 構造は t に依存しない．はじめに $\overline{M}$ がコンパクトと仮定したが，これは本質的ではない．補題 5.85 をはじめとする 5.8.2 項の議論をコンパクト部分集合の増大列に対して実行すれば，$\overline{M}$ が非コンパクトであっても写像 ι のターゲット $\mathbb{P}^n$ を $\mathbb{P}^\infty$ に変更するという形式的な変更しか必要ではない．以上の議論により $\overline{M}(t)$ の variety 構造は t に依存しない．したがって $T = \lim_{i\to\infty} T_i$ とおくと時間区間ごとの極限を貼り合わせることにより時間大域的な Cheeger–Gromov 収束

$$\{(M_i, x_i, g_i(t)),\ -T_i < t < T_i\} \xrightarrow{\hat{C}^\infty} \{(\overline{M}, \overline{x}, \widetilde{\overline{g}}(t)),\ -\overline{T} < t < \overline{T}\}$$

を得る．しかも $\overline{M}_{\mathrm{reg}}$ 上で $\{(\overline{M},\overline{x},\widetilde{\overline{g}}(t))\ ,\ -\overline{T}<t<\overline{T}\}$ は Kähler–Ricci flow である．したがって Kähler–Ricci flow の Cheeger–Gromov 収束

$$(\mathcal{M}_i,x_i)\xrightarrow{\hat{C}^\infty}(\overline{\mathcal{M}},\overline{x})$$

が成り立つ．これは，$\overline{\mathcal{M}}$ に極限偏極を与えれば，偏極 Kähler–Ricci flow の Cheeger–Gromov 収束

$$(\mathcal{LM}_i,x_i)\xrightarrow{\hat{C}^\infty}(\overline{\mathcal{LM}},\overline{x})$$

となる．これらの収束において，$\overline{M}$ がコンパクトなら基点 $x_i,\overline{x}$ は不要である．

$\overline{M}$ の variety 構造は定理 5.87 から従う．

特異部分 $\mathcal{S}$ の Minkowski 余次元 ≤ 4 は定理 5.98 (2) から従う． □

特殊な状況では極限偏極 Kähler–Ricci flow の構造がわかる．

補題 5.103 ([18, Proposition 5.41, Proposition 5.42])

(1) $\mathcal{LM}_i(n,A)$ が条件

$$\int_{-T_i}^{T_i}\int_{M_i}|R-n\lambda|dV dt\to 0$$

を満たすとする．このとき，$\overline{\mathcal{LM}}$ は時間静的な偏極 Kähler–Ricci flow である．言い換えれば $\overline{g}(t)=\overline{g}(0)$ は Kähler–Einstein 計量である．

(2) $\mathcal{LM}_i(n,A)$ が条件

$$\lambda_i>\lambda_0>0\ ,$$
$$\mu\left(M_i,g_i(T_i),\frac{\lambda_i}{2}\right)-\mu\left(M_i,g_i(-T_i),\frac{\lambda_i}{2}\right)\to 0$$

を満たすとする．ここで μ は Perelman の μ 汎関数である[*64]．$\overline{\mathcal{LM}}$ を $\mathcal{LM}_i$ の Cheeger–Gromov 収束による極限とする．すると $\overline{\mathcal{M}}$ は勾配縮小 Kähler–Ricci soliton である：$\mathcal{R}(\overline{M})\times(-T,T)$ 上の実数値 C^∞ 関数 $\hat{f}$ があって

$$\hat{f}_{jk}=\hat{f}_{\overline{jk}}=0\ ,$$
$$R_{j\overline{k}}+\hat{f}_{j\overline{k}}-\hat{g}_{j\overline{k}}=0$$

が成り立つ．ここで $\hat{g}_{j\overline{k}}$ は $\overline{\mathcal{M}}$ の極限 flow 計量であり $R_{j\overline{k}}$ はその Ricci テンソルである．

*64 定理 5.9 (2) の直後と補題 5.15 の証明を見よ．

(証明概略) (1) は明らかだから (2) だけ示す．

(2) の証明．λ が正の数によって下から押さえられるという仮定のもとで $\mathrm{Vol}(M) \propto c_1(L)^n$ は一様に押さえられる．Sobolev 定数の一様な評価から非局所崩壊条件が従い，結局直径 $\mathrm{diam}(M)$ も一様に押さえられる．したがって $\mathcal{LM}_i \in \mathcal{K}(n, A)$ が $\lambda_i > \lambda_0 > 0$ を満たせば基点なしで $\lambda_i \to \lambda > 0$, $\mathcal{LM}_i \overset{\hat{C}^\infty}{\to} \overline{\mathcal{LM}}$ と思ってよい．さらに $\lambda_i = 1$ としてよい．$t = 1$ において $\mathcal{W}$-entropy の最小値を実現する関数 f をとって $u := (2\pi)^{-n}e^{-f}$ を共役熱方程式 $\Box^* u = (-\frac{\partial}{\partial t} - \triangle + R - n\lambda)u = 0$ にのせて過去にむけて時間発展させる（同じ記号 u で表す）．すると定理 5.9 (1)（μ 汎関数の単調性）[*65]から

$$\begin{aligned}
&\int_{-1}^{1}\int_M (2\pi)^{-n}\{|R_{j\bar{k}} + f_{j\bar{k}} - g_{j\bar{k}}|^2 + |f_{jk}|^2 + |f_{\overline{jk}}|^2\}e^{-f}dV \\
&\le \mu\left(M, g(1), \frac{1}{2}\right) - \mu\left(M, g(-1), \frac{1}{2}\right) \\
&\le \mu\left(M, g(T), \frac{1}{2}\right) - \mu\left(M, g(-T), \frac{1}{2}\right) \\
&\to 0
\end{aligned} \tag{5.38}$$

となる．$t = 1$ において $\mathcal{W}$-entropy の最小値を実現する関数 f は楕円型方程式の解だから楕円型作用素の正則性理論により，よい正則性をもつ．一方，定理 5.102 により flow 計量は $\overline{\mathcal{LM}}$ の正則部分における flow 計量に C^∞ 収束する．$t \in (-1, 1)$ においては熱核の評価から f はよい正則性をもつ．したがって時空の領域 $\mathcal{R} \times (-1, 1)$ において f は極限関数 $\hat{f}$ に収束し Kähler–Ricci soliton の方程式 (5.38) を満たす．時間区間は任意の $a \in (1, \overline{T})$ に対し $(-a, a)$ に置き換えられ $\hat{f}^{(a)}$ が定まるから，$a \to \overline{T}$ とすれば（対角線論法により）極限関数 $\hat{f}^{(\overline{T})}$ が定まって $\mathcal{R} \times (-1, 1)$ 上で式 (5.38) が成り立つ． □

もし極限空間 $(\overline{M}, \overline{g}(0))$ が正則部分で Kähler–Einstein ならば定理 5.34 と命題 5.74 の証明から極限空間 $(\overline{M}, \overline{g}(0))$ は錐体であることがわかる．ここで錐体という概念は定義 5.33 で導入されたものである．とくに補題 5.103 (1) の設定では $(\overline{M}, \overline{g}(0))$ は錐体である．補題 5.103 (2) では極限空間が錐体かどうかは未解決問題である．定理 5.69 により，極限空間の任意の接錐は計量錐であることがわかっている．したがって，極限空間の正則部分 $\mathcal{R}$ が凸かどうかが問題である．

[*65] 補題 5.15 の証明を見よ．

5.8.6　偏極 Kähler–Ricci flow の空間 $\mathcal{K}(n,A)$ の弱コンパクト性定理 5.102 の応用

ここでは Fano 多様体上の反標準偏極 Kähler–Ricci flow を考える．定理 5.102 から次の Hamilton–Tian 予想が解決される．

定理 5.104（Hamilton–Tian 予想 [18, Theorem 1.6]）　$\{(M^n, g(t)),\ 0 \le t < \infty\}$ を Fano 多様体 (M,J) 上の反標準偏極 Kähler–Ricci flow とする．各 $s > 1$ に対し

$$g_s(t) := g(t+s)\ ,$$
$$\mathcal{M}_s := \{(M^n, g_s(t)) \mid -s \le t \le s\}$$

と定義する．このとき任意に与えられた発散数列 $s_i \to \infty$ に対し，必要なら部分列をとることにより，Cheeger–Gromov 収束

$$(\mathcal{M}_{s_i}, g_{s_i}) \xrightarrow{\hat{C}^\infty} (\overline{\mathcal{M}}, \overline{g})$$

が成り立ち，極限時空 $\overline{\mathcal{M}}$ は $\mathbb{Q}$-Fano 正規多様体 $(\overline{M}, \overline{J})$ 上の Kähler–Ricci soliton である．さらに時間に関して一様な定数 C が在って，各計量 $\overline{g}(t)$ に対し $\overline{M}$ の特異部分 $\mathcal{S}$ の r 近傍の体積は高々 Cr^4 である．

(証明概略) $\mathcal{M}_s := \{(M^n, g_s(t)) \mid -s \le t \le s\}$ を $t \in (-T, T)$ に制限したものを切頭 flow 列とよぶことにする．定理 5.14 と定理–定義 5.26 により，空間 $\mathcal{K}(n,A)$ を特徴づける条件（定義 5.27）が，一様な A でもって切頭 flow 列に対して成り立つ．したがって切頭 flow 列は $\mathcal{K}(n,A)$ に属する列である．よって，定理 5.102 により，切頭 flow 列は射影的正規代数多様体（の正則部分）上の Kähler–Ricci flow に $\hat{C}^\infty$ 収束する．したがって：

- この列では λ は正で一定だから，極限射影的正規代数多様体は $\mathbb{Q}$-Fano 多様体であり，極限偏極は反標準偏極である．
- 定理 5.102 により切頭 flow 列は $\hat{C}^\infty$ 収束し，定理 5.14 によりスカラー曲率は一様に押さえられるから μ 汎関数は切頭 flow 列にそって上に有界である．

Ricci flow に沿って μ 汎関数は単調非減少だから，結局，切頭 flow 列において補題 5.103 (2) の条件が満たされることがわかる．よって補題 5.103 (2) により，切頭 flow 列の極限は Kähler–Ricci soliton である．$\mathcal{S}(\overline{M})$ の r 近傍の体積評価は定理 5.98 (2) で示されている．□

次の応用は Fano 多様体上の反標準偏極 Kähler–Ricci flow の収束の問題である．

命題 5.105 ([18, Proposition 6.2]) $\mathcal{M}_s = \{(M_s^n, g_s(t)) \,|\, 0 \le t < \infty\ ,\ s \in X\}$ を Fano 多様体 (M_s, J_s) 上の反標準偏極 Kähler–Ricci flow の滑らかな族とする．ここで X は連結なパラメータ空間である．$(M, g_{s_i}(t_i))$ の $X \ni s_i \to \overline{s} \in X$，$t_i \to \infty$ における Gromov–Hausdorff 極限 $(\overline{M}, \overline{g})$ を極限空間とよぶことにする．X 上の関数として

$$f_s := \lim_{t\to\infty} \mu\left(g_s(t), \frac{1}{2}\right)$$

は上半連続と仮定する．このとき，次が成り立つ．

- 極限空間全体のなす空間 $\mathcal{M}$ は Gromov–Hausdorff 位相で連結である．
- すべての極限空間は Kähler–Ricci soliton である．

(証明概略) 第1の主張．背理法．$\mathcal{M}$ が連結でないと仮定すると，$\mathcal{M}$ の異なる連結成分に属する極限空間 $\overline{M}_a$ と $\overline{M}_b$ が在る．パラメータ空間 X をコンパクトと仮定してよい．すると $\mathcal{M}_a$ と $\mathcal{M}$ はともにコンパクトであり，$\mathcal{M}_a$ と $\mathcal{M} \setminus \mathcal{M}_a$ の間に正の距離がある，すなわち

$$\inf_{X \in \mathcal{M}\setminus\mathcal{M}_a} d_{\mathrm{GH}}(X, \mathcal{M}_a) =: \eta_a > 0$$

である．大きい i, j をとって

$$d_{\mathrm{GH}}((M_{s_i}, g_{s_i}(t_i)), \overline{M}_a) < \frac{\eta_a}{100}\ ,\ d_{\mathrm{GH}}((M_{s_j}, g_{s_j}(t_j)), \overline{M}_b) < \frac{\eta_a}{100}$$

となる．よって

$$d_{\mathrm{GH}}((M_{s_i}, g_{s_i}(t_i), \mathcal{M}_a)) < \frac{\eta_a}{100}\ ,\ d_{\mathrm{GH}}((M_{s_j}, g_{s_j}(t_j), \mathcal{M}_a)) > \frac{99\eta_a}{100}$$

となる．しかし，中間値の定理により $X \times [t_i, t_j]$ において (s_i, t_i) と (s_j, t_j) を結ぶ曲線上の点 (s_{ij}, t_{ij}) が在って

$$d_{\mathrm{GH}}(M_{s_{ij}}, g_{s_{ij}}(t_{ij}), \mathcal{M}_a) = \frac{\eta_a}{2}$$

となる．これは $\eta_a > 0$ が $\mathcal{M}_a$ と $\mathcal{M} \setminus \mathcal{M}_a$ の間の距離であったことに矛盾する．

第2の主張．$s_i \to \overline{s}$，$t_i \to \infty$ のとき極限空間が Kähler–Ricci soliton であることを示す．このとき任意の $\varepsilon > 0$ に対し T_ε を十分大きくとれば

$$\mu\left(g_{\overline{s}}(T_\varepsilon), \frac{1}{2}\right) > f_{\overline{s}} - \varepsilon$$

である．f_s は X 上の関数として上半連続だから，十分大きい i に対し

$$\mu\left(g_{s_i}(T_\varepsilon), \frac{1}{2}\right) > f_{s_i} - \varepsilon$$

である．$t_i \to \infty$ であることと μ 汎関数の単調性から

$$0 \leq \mu\left(g_{s_i}(t_i + 1), \frac{1}{2}\right) - \mu\left(g_{s_i}(t_i - 1), \frac{1}{2}\right) < \varepsilon$$

である．したがって

$$\lim_{i\to\infty}\left\{\mu\left(g_{s_i}(t_i + 1), \frac{1}{2}\right) - \mu\left(g_{s_i}(t_i - 1), \frac{1}{2}\right)\right\} = 0$$

である．補題 5.103 (2) により $(M, g_{s_i}(t_i))$ は Kähler–Ricci soliton に Cheeger–Gromov 収束する[*66]． □

定理 5.106 ([18, Theorem 6.4]) $\mathcal{M}_i = \{(M_s^n, J_s, g_s(t)) \mid 0 \leq t < \infty,\ s \in X\}$ を Fano 多様体 (M_s, J_s) 上の反標準偏極 Kähler–Ricci flow の滑らかな族で $(M_s, J_s, g_s(0))$ は [15] の意味で "adjacent" と仮定する[*67]．ここで X は連結なパラメータ空間である．各 flow に沿って満渕 K-energy が下から有界と仮定する．Ω を，$g_s(t)$ が有界な曲率を持つ $s \in X$ 全体のなす X の部分集合とする．このとき $\Omega = \emptyset$ または $\Omega = X$ である．

(証明概略) $\Omega \subset X$ が開かつ閉を言う．Ω が開であることは次のように示される．$s \in \Omega$ とする．すると $g_s(t)$ は $t \to \infty$ のとき Kähler–Einstein 多様体 (M', g', J') に収束する．実際 K-energy の Kähler–Ricci flow に沿う時間微分は

$$-\frac{1}{V}\int_M |\nabla\dot{\phi}|^2\omega^n$$

($\dot{\phi}$ は Ricci ポテンシャル) であり，K-energy は下から有界と仮定していて曲率が有界だから $t \to \infty$ とすると $\dot{\phi}$ は定数関数に収束する．しかし J_s が "adjacent" という仮定から，Chen–Sun の一意退化定理 [15] により (M', g', J') はその近傍においてただ一つの Kähler–Einstein 多様体である．Sun–Wang [38] の定理により

---

*66 極限空間は発散列 $\{t_i\}$ の取り方によって異なるかも知れない．

*67 (M, ω, J) を Kähler 多様体とし $\mathcal{H}$ をコホモロジー類 $[\omega]$ に属する Kähler 計量全体とする．M 上の別の Kähler 構造 (ω', J') が $\mathcal{H}$ に "adjacent" であるとは，Kähler 計量の列 $\omega_i \in \mathcal{H}$ と M の微分同相の列 f_i であって，$f_i^*\omega_i \to \omega'$，$f_i^*J \to J'$ となることと定義する．したがって "adjacent" という概念はたとえば $\mathbb{P}^2$ の 3 点ブローアップで典型的であるような複素構造のジャンプ (3 点が一般の位置にあれば 3 点ブローアップは同型であるが 3 点が 1 直線上にのると複素構造がジャンプする) を定式化したものである．

Kähler–Einstein 構造 (M, g, J) はその小さい（テンソル）近傍で安定である[*68]．したがって $s \in \Omega$ の X におけるある開近傍は Ω に含まれる．

Ω が閉集合であることは次のように示される．$s_i \in \Omega$ が $s_i \to s \in X$ を満たすとする．K-energy は下から押さえられていて flow に沿って曲率が有限であることから，極限計量 $\lim_{t\to\infty} g_{s_i}(t)$ は存在して Kähler–Einstein 計量である．そして J_s は "adjacent" と仮定しているから，Chen–Sun の一意退化定理 [15] により，収束先の Kähler–Einstein 多様体は全部同じ (M', g', J') であり，それは極限空間の孤立点である．命題 5.105 により極限空間全体は Gromov–Hausdorff 位相で連結だから，$g_{\overline{s}}$ は (M', g', J') に収束しなければならない．よって $\overline{s} \in \Omega$ である． □

$X = \Omega$ のとき命題 5.105 との整合性を確認する．このとき命題 5.105 の仮定が満たされるから，すべての極限空間は特異かも知れない Kähler–Einstein 多様体である（実際，K-energy が下から有界だから収束先の Kähler–Ricci soliton は Kähler–Einstein でなければならない）．$s_i \in \Omega$ だったから，収束先は非特異 Kähler–Einstein 多様体である（命題 5.105 における各 flow の極限空間は一意的）．さらに J_s は "adjacent" と仮定していたから，Chen–Sun の一意退化定理 [15] により，各 $g_{s_i}(t)$ の収束先は s_i に依存しない Kähler–Einstein 多様体 (M', g', J') である．

系 5.107（**Perelman** [41, 2], [18, Corollary 6.5]） (M, J) を Kähler–Einstein 計量 g_{KE} を持つ Fano 多様体とする．このとき (M, J) 上の反標準偏極 Kähler–Ricci flow は (M, g_{KE}, J) に収束する[*69]．

（証明概略） $c_1(M)$ の任意の Kähler 計量は $\omega = \omega_{\mathrm{KE}} + \frac{\sqrt{-1}}{2\pi}\partial\bar{\partial}\phi$ と表される．したがって (M, J) 上の Kähler 計量

$$\omega_s = \omega_{\mathrm{KE}} + s\frac{\sqrt{-1}}{2\pi}\partial\bar{\partial}\phi\ ,\ s \in [0, 1]$$

をとり (M, ω_s, J) という族に定理 5.106 を適用すればよい． □

系 5.108（[18, Corollary 6.6], [12, Theorem 1.7]） $\mathcal{X} \to \mathbb{D}$ を非特異なテスト配位，すなわち単位円板 $\mathbb{D} \subset \mathbb{C}$ 上の反標準偏極 Fano 多様体の族 (M_s, J_s) で $\mathbb{C}^*$ 作用を持つものとする．中心ファイバー (M_0, g_0, J_0) は Kähler–Einstein 計量 $(M_0, g_{\mathrm{KE}}, J_0)$ を持つとする．このとき任意の $s \in D$ 上のファイバーにおいて (M_s, g_s, J_s) を出発する Kähler–Ricci flow は $(M_0, g_{\mathrm{KE}}, J_0)$ に収束する（とくに複素構造は J_0 にジャン

---

*68 初期 Kähler 構造をその近傍にとって Kähler–Ricci flow を走らせると，ある Kähler–Einstein 多様体に収束する．とくに複素構造が "adjacent" ならば，Chen–Sun の一意退化定理 [15] によりその近傍内のどこに初期計量をとっても収束先は (M, g, J) と同型である．

*69 系 5.107 の Kähler–Ricci soliton 版が [18] で予告されている．

プする).

(証明概略) 系 5.108 の仮定のもと，Chen の定理 [12, Theorem 1.7] によりテスト配位 $\mathcal{X} \to D$ の各ファイバーにおいて K-energy 汎関数は一様に下に有界，とくに各ファイバーを出発する Kähler–Ricci flow に沿って K-energy は下に一様に有界である．系 5.107 により中心ファイバーでは Kähler–Ricci flow は $(M_0, g_{\mathrm{KE}}, J_0)$ に収束する．したがって定理 5.106 を $X = D$ として適用できる状態になった．定理 5.106 より，$\mathcal{X} \to D$ のすべてのファイバーを出発する Kähler–Ricci flow の曲率は有界である．よって C^∞ Kähler–Einstein 計量に収束する．考えている族は "adjacent" だから Chen–Sun [15] の一意退化定理により収束先は $(M_0, g_{\mathrm{KE}}, J_0)$ である． □

最後に，定理 5.102 の，$\mathcal{K}(n,A)$ に属するとは限らない Kähler–Ricci flow の初期時刻における partial-C^0-評価への応用について述べる．次の定理は，$\mathcal{K}(n,A)$ に属するとは限らない Kähler–Ricci flow におけるスカラー曲率と Ricci ポテンシャルの評価を与える．

定理 5.109 ([26]) $\mathcal{M} = \{(M^n, g(t), J) \mid 0 \le t < \infty\}$ を反標準偏極 Kähler–Ricci flow であって $t = 0$ において

$$\|\mathrm{Ric}^-\|_{C^0(M)} + |\log \mathrm{Vol}(M)| + C_S(M, g(0)) \le F$$

を満たすとする．このとき定数 $C = C(n,F)$ が在って

$$|R| + |\nabla\dot{\phi}|^2 \le \frac{C}{t^{n+1}}\ , \ 0 < \forall t < 1$$

が成り立つ． □

定理 5.109 の仮定の評価式における $C_S(M, g(0))$ の評価，定理 5.109 の結論の $0 < t < 1$ における $|R|$ の評価（初期計量の R の評価を仮定していないことに注意)，Sobolev 不等式から対数 Sobolev 不等式が従うこと [44, proof of Theorem 1.1] から，$0 < t < 1$ を満たす時刻 t（何でもよいから一つ選ぶ）における μ 汎関数の F（と選ばれた t）だけによる下からの評価が在る．したがって，定理 5.109 の Kähler–Ricci flow に沿って μ 汎関数は本質的に F だけによる定数によって下から一様に押さえられることがわかる．一方，命題 5.23 の証明では，$\mathcal{W}$-entropy の単調性から従う

$$A = \mu\left(g(0), \frac{1}{2}\right) \le W\left(g(t_i), u_i, \frac{1}{2}\right) = \cdots$$

という評価式にうまいテスト関数を入れてやると flow 計量 $g(t)$ の直径を上から評価できるのであった．我々の状況では μ 汎関数の時刻 0，したがってすべての時刻にお

ける一様な下からの評価がある*70から，直径は時間一様に上から押さえられる．したがって，補題 5.22 から $\|\dot{\phi}\|$ の時間一様に上から押さえられる．さらに Sobolev 定数の時間一様な評価（定理–定義 5.26）を合わせると，結局

$$\|R\|_{C^0(M)} + \|\nabla\dot{\phi}\|_{C^1(M)} + C_S(M, g(t)) \leq C(n, F, t) \ , \ \forall t > 0$$

という時間一様な評価が成り立つことがわかった．したがって，初期時刻 $t = 0$ を除くといつでも定理 5.102 を適用することができて，定理 5.102 を次のように初期計量に関する収束にまで強められる：

定理 5.110 ([18, Theorem 6.9]) $\mathcal{M}_i = \{(M_i^n, g_i(t), J_i) \,|\, 0 \leq t < \infty\}$ を反標準偏極 Kähler–Ricci flow の列とし，初期時刻 $t = 0$ において一様に定理 5.109 の仮定が満たされているとする．このとき，Cheeger–Gromov 収束

$$(\mathcal{M}_i, g_i) \stackrel{\hat{C}^\infty}{\longrightarrow} (\overline{\mathcal{M}}, \bar{g})$$

が成り立つ．ここで極限空間 $\overline{M}$ は $\forall t > 0$ において同一の $\mathbb{Q}$-Fano 正規多様体である．

定理 5.111（**初期時刻における Partial-C^0-評価** [18, Theorem 6.10]） 定数 $k_0 = k_0(n, F)$ と $c_0 = c_0(n, F)$ で次の性質を満たすものが在る：$\mathcal{M} = \{(M^n, g(t), J) \,|\, 0 \leq t < \infty\}$ を反標準偏極 Kähler–Ricci flow とし，初期時刻 $t = 0$ において定理 5.109 の仮定が満たされているとする．このとき partial-C^0-評価

$$\inf_{x \in M} \mathbf{b}^{(k_0)}(x) \geq -c_0$$

が成り立つ．

（証明概略） Fano 多様体上の反標準偏極 Kähler–Ricci flow を考える．$\mathbf{b}(x, t)$ を Bergman 関数とすると

$$\int_M \|S\|^2_{h(0)} \frac{\omega^n}{n!} = 1 \ , \ \mathbf{b}(x, 0) = \log \|S\|^2_{h(0)}(x)$$

となる正則切断 $S \in H^0(M, K_M^{-1})$ が在る．K_M^{-1} の Hermite 計量の時間発展は $h(t) = h(0)e^{-\phi(t)}$ と書けるから，命題 5.13 により $\|S\|_{h(1)}$ と $\|S\|_{h(0)}$ は一様に同値である*71．一方，命題 5.60 の証明中の式 (5.32) から正則 n ベクトルに対し $-\triangle_{\partial} S = nS$ だから $-\triangle\|S\| \leq n\|S\|$ である．よって，初期時刻において Moser

*70 μ 汎関数は t に関して単調非減少 $\frac{d\mu}{dt} \geq 0$ である．

*71 命題 5.13 における定数 C は $C = C(n, F)$ である．

反復法を適用すると $\|S\|^2_{h(0)} \le C$ を得る．したがって $\|S\|^2_{h(1)} \le C$ でもある．ここで C は n, F で決まる定数で現れる場所によって異なる．時刻 $t=1$ と $t=0$ で Bergman 関数を較べる．$\widetilde{S} = \lambda S$ を時刻 $t=1$ で S を正規化したものとすると

$$\begin{aligned}\mathbf{b}(x,1) &\ge \log\|\widetilde{S}\|^2_{h(1)}(x)\\ &= \log\|S\|^2_{h(1)} + \log\lambda^2\\ &= \log\|S\|^2_{h(0)}(x) - \phi(1) + \log\lambda^2\\ &= \mathbf{b}(x,0) - \phi(1) + \log\lambda^2\\ &\ge \mathbf{b}(x,0) - C\end{aligned}$$

である．時間反転させた不等式も $\mathbf{b}^{(k)}$ に対する不等式も導ける：

命題 5.112（[18, Proposition 6.11]）　$\mathcal{M} = \{(M^n, g(t), J) \,|\, 0 \le t < \infty\}$ を定理 5.109 の仮定を満たす反標準偏極 Kähler–Ricci flow とする．各正整数 k に対し $C = C(n,F,k)$ が在って

$$\mathbf{b}^{(k)}(x,0) - C \le \mathbf{b}^{(k)}(x,1) \le \mathbf{b}^{(k)}(x,0) + C\ ,\ \forall x \in M$$

が成り立つ．

（定理 5.111 の証明概略続き） 定理 5.110（定理 5.109 の仮定を満たす偏極 Kähler–Ricci flow の空間の弱コンパクト性）と定理 5.82（$\mathcal{K}(n,A)$ における時刻 0 での partial-C^0-評価）により，時刻 $t=1$ において partial-C^0-評価が成り立つ．命題 5.112 により時刻 $t=0$ においても partial-C^0-評価が成り立つ．よって定理 5.111 が成り立つ．（定理 5.111 の証明概略終わり）　□

定理 5.113（**Tian's Partial-C^0-Conjecture** [18, Theorem 1.7]）　与えられた $R_0 > 0$ と $V_0 > 0$ に対し整数 $k_0 = k_0(R_0, V_0) > 0$ と定数 $c_0 = c_0(R_0, V_0) > 0$ で，次の性質をもつものが在る：(M, ω, J) を $\mathrm{Ric} \ge R_0$，$\mathrm{Vol}(M) \ge V_0$，$[\omega] \in c_1(M,J)$ を満たすコンパクト Kähler 多様体とする．このとき partial-C^0-評価

$$\inf_{x \in M} \mathbf{b}^{(k_0)}(x) > -c_0$$

が成り立つ．

（証明概略） Ricci 曲率が正のコンパクト Riemann 多様体の Sobolev 定数の評価により，定理 5.113 は定理 5.111 の系である．　□

Chen–Donaldson–Sun の定理，すなわち「Fano 多様体上の Kähler–Einstein 計量の存在と反標準偏極に関する K 安定性は同値である」という主張の，Hamilton–Tian

予想の解決に基づく別証明が Chen–Sun–Wang [16] により与えられた．最後にこの結果だけを紹介してこの論説の締めくくりとする．

定理 5.114 ([16]) X を反標準偏極された Fano 多様体とする．このとき次が成り立つ：

(1) もし X が K 不安定ならば，X 上の Kähler–Ricci flow は弱 Kähler–Ricci soliton 計量が与えられた $\mathbb{Q}$-Fano 多様体 X_∞ に収束し，この極限は flow に対して一意的である．
(2) もし X が K 安定ならば，Kähler–Ricci flow は X 上の一意的な Kähler–Einstein 計量に収束する．
(3) もし X が K 半安定で K 安定でないならば，Kähler–Ricci flow は弱 Kähler–Einstein 計量が与えられた X_∞ に収束し，この極限は flow に対して一意的である．

(1), (3) の場合の一意性について，Chen–Sun–Wang [16] は，Kähler–Ricci flow の極限は初期計量 ω_0 のとり方によらないと予想している．

5.9 展望

Chen–Wang 理論 [18] からいくつかの問題が自然に生じる．このような問題をいくつか提起したい．

問題 5.115 Hamilton–Tian の定理により反標準偏極 Kähler–Ricci flow の切頭 flow 列の極限は $\mathbb{Q}$-Fano 正規多様体上の Kähler–Ricci soliton である．では，$\mathcal{W}$-entropy の定義に何らかの修正を施すことにより，切頭 flow に適当な（時間依存する）微分同相を働かせた修正切頭 flow の極限が，何らかの $\mathbb{Q}$-Fano 多様体上の Kähler–Einstein 計量に収束するようにできるだろうか？

問題 5.116 問題 5.115 に言う Kähler–Einstein $\mathbb{Q}$-Fano 多様体が見つかったとしよう．この Kähler–Einstein $\mathbb{Q}$-Fano 多様体が非特異になる場合はどのように特徴づけられるのだろうか？

問題 5.117 Chen–Sun–Wang [16] は [18] の方法で [14], [40] で解決された Yau–Tian–Donaldson 予想（Fano 多様体に対して Kähler–Einstein 計量の存在と K 安定性の同値性）の別証明を与えている．そこで [16] と問題 5.116 の関連を問う．

問題 5.118 Chen–Wang は [18, Remark 5.3] で補題 5.103 ([18, Proposition 5.15])

の極限空間 $(\overline{M}, \overline{g}(0))$ が定義 5.33 の意味で錐体かどうかを問題としていて，$(\overline{M}, \overline{g}(0))$ の正則部分が Kähler–Einstein の場合は肯定的であることを指摘している．そこで，Chen–Wang の問題と問題 5.115 との関連を問う．

問題 5.119 さらに問題 5.115 に関連して次を問う．任意の Fano 多様体は Kähler–Einstein 多様体と双有理同値だろうか？

問題 5.120 例 5.29 (2) において D が Kähler–Einstein 計量を許容しないとき，$M \setminus D$ に完備 Ricci-flat Kähler 計量は在るだろうか？

問題 5.121 問題 5.119 と問題 5.116 の関連を問う問題．D が Kähler–Einstein 計量を許容しないとき，D に対する問題 5.116 と $M \setminus D$ に対する問題 5.118 の関連は何だろうか？

問題 5.122 コンパクト Kähler 多様体上の Monge–Ampère 方程式の C^0 先験的評価は Yau による Calabi 予想の解決で本質的であった．Yau の方法は Moser 反復法と Sobolev 不等式による大域的なものであった．Kolodziej [28], [29] は多重ポテンシャル論にもとづく C^0 評価の局所的方法を開拓した．これにより，大域的な Sobolev 不等式によらない C^0 評価が可能になった．偏極 Kähler–Ricci flow の空間 $\mathcal{K}(n, A)$ の定義では Sobolev 定数 $C_S(M)$ の一様評価を要請していた．これをはずしてしまうと，標準近傍のモデルとなり得る空間として（κ 解の空間に相当する $\widetilde{\mathcal{KS}}(n, \kappa)$ の元の一般化）として，Calabi–Yau 錐体のほかに体積増大度が Euclid 的増大度よりオーダーが小さく，一様な Sobolev 定数をもたない非コンパクト Calabi–Yau 多様体が入ってくる．そこで，次を問う．Sobolev 定数の一様な評価を要請しないバージョンに $\mathcal{K}(n, A)$ を拡大して [18] の理論を拡張できないだろうか？

問題 5.123 命題 5.94 において $\mathcal{K}(n, A)$ の $t = 0$ スライスの列の Gromov–Hausdorff 極限空間の接空間の構造は $\mathbb{C}^n$ または $\mathbb{C}^{n-2} \times C(Z)$ であることが示されている．これは特異点生成に対する制限を与えている．一方，K 不安定な Fano 多様体上の Kähler–Ricci flow による不安定化テスト配位の構成（たとえば系 5.108）を考える[*72]．曲率が集中してサイクルが消滅することによって特異点が生成される場所があると同時に，曲率集中が起きる場所では別の方向には膨張が起こっていてサイクルの生成があるはずである．膨張によるサイクル生成を検出する方法は何だろうか？ これは問題 5.115〜5.119 とも関連していると思われる．

[*72] 不安定化テスト配位については X. X. Chen [12] を見よ．

参考文献

[1] M. T. Anderson, Convergence and rigidity of manifolds under Ricci curvature bounds, Inventiones Math., **102**(1990), 429–445.

[2] S. Bando, Real analyticity of solutions of Hamilton's equation, Math. Z., **195**(1987), 93–97.

[3] S. Bando, A. Kasue, and H. Nakajima, On a construction of coordinates at infinity on manifolds with fast curvature decay and maximal volume growth, Invent. Math., **97**(1989), 313–349.

[4] S. Bando and R. Kobayashi, Ricci-flat Kähler metrics on affine algebraic manifolds, II, Math. Ann., **287**(1990), 175–180.

[5] R. J. Berman, S. Boucksom, P. Eyssidieux, V. Guedj, and A. Zeriahi, Kähler–Einstein metrics and the Kähler–Ricci flow on log Fano varieties, arXiv: 1111.7158.

[6] H.-D. Cao, Deformation of Kähler metrics to Kähler–Einstein metrics on compact Kähler manifolds, Inventiones Math., **81**(1985), 359–372.

[7] J. Cheeger and T. H. Colding, Lower bounds on Ricci curvature and the almost rigidity of warped products, Ann. Math., **144**(1996), 189–237.

[8] J. Cheeger, T. H. Colding, and G. Tian, On the singularities of spaces with bounded Ricci curvature, GAFA. Geom. funct. Anal., **12**(2002), 873–914.

[9] J. Cheeger and D. Gromoll, On the structure of complete manifolds of nonnegative curvature, Ann. Math., **96**(1972), 413–443.

[10] J. Cheeger, M. Gromov, and M. Taylor, Finite propagation speed, kernel estimates for functions of the Laplace operator, J. Diff. Geom., **17**(1982), 15–53.

[11] J. Cheeger and A. Naber, Lower bounds on Ricci curvature and quantitative behavior of singular sets, Invent. Math., **191**(2013), 321–339.

[12] X.-X. Chen, Space of Kähler metrics (IV) - On the lower bound of the K-energy, arXiv:0809.4081.

[13] X.-X. Chen and S. Donaldson, Volume estimates for Kähler–Einstein metrics and rigidity of complex structures, J. Diff. Geom., **93**(2013), 191–201.

[14] X.-X. Chen, S. Donaldson, and S. Sun, Kähler–Einstein metrics on Fano manifolds, III : limits as cone angle approaches 2π and completion of the main proof, arXiv:1302.0282.

[15] X.-X. Chen and S. Sun, Calabi flow, geodesic rays, and uniqueness of con-

stant scalar curvature Kähler metrics, arXiv:1004.2012.

[16] X.-X. Chen, S. Sun, and B. Wang, Kähler–Ricci flow, Kähler–Einstein metric, and K-stability, arXiv:1508.04397v1.

[17] X.-X. Chen and B. Wang, Spaces of Ricci flows (I), Comm. Pure Appl. Math., **65-10**, 1399–1457.

[18] X.-X. Chen and B. Wang, Spaces of Ricci flows (II), arXiv:1405.6797 v4.

[19] S.-S. Chern, Complex Manifolds without Potential Theory, 2nd ed., Springer-Verlag, 1991.

[20] T. H. Colding and A. Naber, Sharp Hölder continuity of tangent cones for spaces with a lower Ricci curvature bound and applications, Ann. Math., **176**(2012), 1173–1229.

[21] S. Donaldson and S. Sun, Gromov–Hausdorff limits of Kähler manifolds and algebraic geometry, arXiv:1206.2609.

[22] L. C. Evans, Partial Differential Equations, 2nd ed., Amer. Math. Soc., 2010.

[23] D. Gilbarg and N. Trudinger, Elliptic Partial Differential Equations of Second Order, Springer-Verlag, 1983.

[24] P. A. Griffiths and J. Harris, Principles of Algebraic Geometry, John Wiley & Sons, 1978.

[25] R. S. Hamilton, The formation of singularities in the Ricci flow, Surveys in Diff. Geom, **2**(1995), 7–136.

[26] W.-S. Jiang, Bergman kernel along the Kähler–Ricci flow and Tian's conjecture, arXiv:1311.0428.

[27] 小林亮一, リッチフローと幾何化予想, 培風館, 2011.

[28] S. Kolodziej, The complex Monge–Ampère equation, Acta Math., **180**(1998), 69–117.

[29] S. Kolodziej, The complex Monge–Ampère equation and pluripotential theory, Mem. Amer. Math. Soc. (2005).

[30] P. Li and S.-T. Yau, On the parabolic kernel of the Schrödinger operator, Acta Math., **156**(1986), 153–201.

[31] G. Perelman, The entropy formula for the Ricci flow and its geometric applications, arXiv:math.DG/0211159.

[32] P. Petersen, Riemannian Geometry, Springer-Verlag, 1997.

[33] H. Pinkham, Normal surface singularities with $\mathbb{C}^*$ action, Math. Ann., **227**(1977), 183–193.

[34] M. Schlessinger, Rigidity of quotient singularities, Invent. Math., **14**(1971),

17–26.

[35] N. Sesum and G. Tian, Bounding scalar curvature and diameter along Kähler–Ricci flow (after Perelman) and some applications, J. Inst. Math. Jussieu., **7**(2008), 575–587.

[36] W.-X. Shi, Deforming the metric on complete Riemannian manifolds, J. Diff. Geom., **30**(1989), 223–301.

[37] J. Song and B. Weinkove, Lecture notes on the Kähler Ricci flow, arXiv:1212.3653.

[38] S. Sun and Y. Q. Wang, On the Kähler–Ricci flow near a Kähler–Einstein metric, arXiv:1004.2018v3.

[39] G. Tian, On a set of polarized Kähler metrics on algebraic manifolds, J. Diff. Geom., **32**(1990), 99–130.

[40] G. Tian, K-stability and Kähler–Einstein metrics, arXiv:1211.4669.

[41] G. Tian and X. Zhu, Convergence of Kähler Ricci flow, J. Amer. Math. Soc., **20**(2007), 675–699.

[42] G. Tian and X. Zhu, Convergence of Kähler Ricci flow II, arXiv:1102.4798.

[43] B. Wang, On the condition to extend Ricci flow (II), arXiv:1107.5107v1.

[44] Q.-S. Zhang, A uniform Sobolev inequality under Ricci flow, arXiv:0706.1594v4.

[45] Q.-S. Zhang, Some gradient estimates for the heat equation on domains and for an equation by Perelman, arXiv:math/0605518v3.

索引

幾何学百科 II
幾　何　解　析

定価はカバーに表示

2018 年 11 月 5 日　初版第 1 刷
2022 年 7 月 25 日　　　第 2 刷

著　者　酒　井　　　隆
小　林　　　治
芥　川　和　雄
西　川　青　季
小　林　亮　一

発行者　朝　倉　誠　造
発行所　株式会社 朝　倉　書　店
東京都新宿区新小川町 6-29
郵 便 番 号　162-8707
電　話　03(3260)0141
F A X　03(3260)0180
https://www.asakura.co.jp

〈検印省略〉

中央印刷・渡辺製本

ISBN 978-4-254-11617-5　C 3341　Printed in Japan